Mathematik für Wirtschaftswissenschaftler
Das Übungsbuch

D1734039

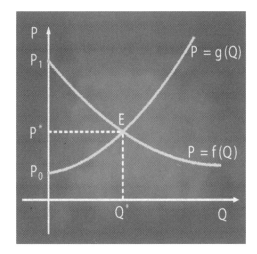

Fred Böker

Mathematik für Wirtschaftswissenschaftler

Das Übungsbuch

2., aktualisierte Auflage

Higher Education

München • Harlow • Amsterdam • Madrid • Boston
San Francisco • Don Mills • Mexico City • Sydney

a part of Pearson plc worldwide

Bibliografische Information der Deutschen Nationalbibliothek
Die Deutsche Nationalbibliothek verzeichnet diese Publikation in der Deutschen Nationalbibliografie; detaillierte bibliografische Daten sind im Internet über http://dnb.dnb.de abrufbar.

10 9 8 7 6 5 4 3 2 1

15 14 13

ISBN   978-3-86894-190-6

© 2013 by Pearson Deutschland GmbH
Martin-Kollar-Straße 10–12, D-81829 München/Germany
Alle Rechte vorbehalten
www.pearson.de
A part of Pearson plc worldwide

Lektorat: Martin Milbradt, mmilbradt@pearson.de
Einbandgestaltung: Thomas Arlt, tarlt@adesso21.net
Herstellung: Elisabeth Prümm, epruemm@pearson.de
Satz: PTP-Berlin, Protago-TEX-Production GmbH, Berlin (www.ptp-berlin.de)
Druck und Verarbeitung: Drukarnia Dimograf, Bielsko-Biala

Printed in Poland

Inhaltsverzeichnis
Teil I Aufgaben

Inhaltsverzeichnis
Teil II Lösungen

Vorwort

Ein Übungsbuch zu Sydsæter und Hammond: *Mathematik für Wirtschaftwissenschaftler.* Braucht man das?

Wir selbst in Göttingen haben dieses Buch (damals noch die englische Originalausgabe) wegen seiner vielen Beispiele (insbesondere auch ökonomischen Beispiele) und vielen Übungsaufgaben gewählt. Und dennoch ein zusätzliches Übungsbuch?

Ja! Mathematik ist wie ein Sport, für den man trainieren muss und für dieses Training braucht man Material, d. h. Übungsaufgaben. Und nur wer andauernd und fair trainiert, wird es zum Erfolg bringen, d.h. zum erhofften Mathe-Schein. Mit *fair* ist gemeint, fair gegenüber sich selbst: Es wird nicht helfen nach dem Lesen der Aufgabe gleich in die Lösung zu schauen. Auch wenn die Lösung noch so verständlich ist, sollten Sie zunächst versuchen, die Aufgabe selbstständig zu lösen. Die Aufgaben sind nach Unterkapiteln analog zum Lehrbuch geordnet. Wenn eine Aufgabe z.B. in Kapitel 7.1 steht, dann hat diese Aufgabe etwas mit dem im Lehrbuch in Kap. 7.1 vermittelten Inhalten zu tun und in Kap. 7.1 sollte sich eine Formel oder ein Beispiel finden, die oder das bei der Lösung der Aufgabe weiterhilft. Treten Sie in einen Dialog zwischen Übungsbuch und Lehrbuch ein. Erst im letzten Schritt sollten Sie in die Lösungen schauen. Wenn es sich einmal nicht vermeiden lässt, in die Lösungen zu schielen, sollten Sie dann aber versuchen, die weiteren Teilaufgaben, wenn es welche gibt, allein zu lösen. Die Lösungen sind nicht starr immer nach demselben Schema angelegt. Auch bei ähnlichen Aufgaben, gibt es verschiedene Wege zum Ziel. Es ist Absicht, dass das Buch für denselben Aufgabentyp verschiedene Lösungswege anbietet. In den Lösungen des Übungsbuches wird häufig nur eine Formelnummer, z.B. (1.3.3), angegeben. Diese Nummer bezieht sich dann auf Formel (3) in Kap. 1.3 des Lehrbuches, hier auf die dritte binomische Formel $(a + b)(a - b) = a^2 - b^2$. Es ist Absicht, dass wir meistens nur die Nummer und nicht die Formel angeben, weil wir Sie in Ihr Glück zwingen wollen, in den Dialog mit dem Buch einzutreten, um auf diese Weise mit dem Buch vertraut zu werden und zu verstehen, was Sie machen.

Dieses Buch ist aus alten, für dieses Übungsbuch überarbeiteten Klausuraufgaben entstanden, die hier in Göttingen unter meinem Namen gestellt wurden, an denen viele (Tutoren und Mitarbeiter) in unterschiedlicher Weise mitgewirkt haben. Stellvertretend für alle (ich würde bestimmt einige vergessen, würde ich Namen nennen) bedanke ich mich bei Nils Heidenreich, der als Tutor und seit einigen Jahren als Mitarbeiter in verantwortungsvoller und sorgfältiger Weise an den Aufgaben mitgewirkt hat. Einige Optimierungsaufgaben stammen aus den Klausuren zur Vorlesung *Fortgeschrittene Mathematik – Optimierung*. Hier bedanke ich mich bei Michael Scholz. Für die Fehler bin ich allein verantwortlich.

Herr Martin Milbradt von Pearson Studium hatte einen entscheidenden Anteil am Zustandekommen dieses Buches und an der raschen Umsetzung. Dafür herzlichen Dank.

Liebe Studierende, das Übungsbuch ist für Euch gemacht als Hilfe zur Überwindung der Hürde *Mathematik*. Damit Ihr und das Buch zu einem Erfolg kommt, bitte ich um Eure Mithilfe. Wenn Ihr Fehler findet oder etwas, was unverständlich erklärt ist, oder wenn Themen zu kurz kommen (und da wird sich bestimmt etwas finden), bitte ich darum, es mir zu sagen, per mail an *fboeker@uni-goettingen.de*. Und: Macht das bitte auch.

Änderungen in der 2. Auflage

Die wesentliche Änderung in der zweiten Auflage ist: Jetzt gibt es zu jedem Kapitel ein abschließendes Unterkapitel mit *weiteren Aufgaben*. Damit ist nicht sofort klar, mit welchen Methoden die Aufgaben zu lösen sind. Steht z.B. eine Aufgabe in Kap. 9.6, so ist sofort klar, dass *Integration durch Substitution* anzuwenden ist. Steht eine Aufgabe in *Weitere Aufgaben zu Kap. 9*, so könnte auch partielle Integration oder etwas anderes zum Ziele führen. Ansonsten sind einige Unterkapitel durch zusätzliche Aufgaben ergänzt worden. Einige Aufgaben zu gleichen Themen wurden zusammengefasst. Ich hoffe, dass dieses Buch einigen Studierenden hilft, die Hürde *Mathematik* zu bewältigen.

Göttingen   *Fred Böker*

Vielen Dank für Hinweise auf Fehler an

Marius Burckschadt, Ferdinand Kreutzkamp, Christopher Henkel. Torben Paetzold, Michael Scholz, Julia Blank, Arne Kramer, Timon Keller, Clas Bock, Arne Kramer, Marco Roll, Alexey Poljak, Ines Brauns und Sergej Richert.

Einführung, I: Algebra

1

ÜBERBLICK

1.1 Die reellen Zahlen

[1] Welche der folgenden Zahlen ist eine natürliche oder ganze Zahl, rationale oder irrationale Zahl? Schreiben Sie die Brüche als endliche oder unendliche Dezimalzahlen.

a) 247   **b)** -27 **c)** 0   **d)** 1/3   **e)** 1/7   **f)** 1/4
g) 0.12112211122221111122222...

1.2 Potenzen mit ganzzahligen Exponenten

[1] Vereinfachen Sie für die reellen Zahlen a, b und c die folgenden Ausdrücke so weit wie möglich.

a) $(a + b + c)^0 \cdot (a - b - c)^0 + 5^1 \cdot 5^1$ **b)** $(a^3 \cdot a^5)^2$
c) $(5.43)^{-7} \cdot (5.43)^3 \cdot (5.43)^4 \cdot e$ **d)** $100\,000 \cdot (1.1)^2 \cdot 10^{-3}$

[2] Bestimmen Sie die Unbekannte x in dem Ausdruck $4^5 + 4^5 + 4^5 + 4^5 = 4^x$.

[3] Mit welchem Exponenten x muss man 3 potenzieren, um 729 zu erhalten?

[4]
a) Die Kosten eines Unternehmens sind in den letzten drei Jahren jeweils um 10% gestiegen. Um wieviel % sind die Kosten insgesamt in den drei Jahren gestiegen?
b) Der Gewinn eines Unternehmens ist in den letzten vier Jahren jeweils um 10% zurückgegangen. Um wieviel Prozent insgesamt ist der Gewinn in den letzten vier Jahren zurückgegangen?

[5] Die in einem landwirtschaftlichen Betrieb pro Hektar eingebrachte Menge einer Getreidesorte sei vom Jahr 2000 auf das Jahr 2001 um 25% gestiegen. Von 2001 auf 2002 sei sie um 22% gefallen.
a) War die pro Hektar eingebrachte Ernte im Jahr 2000 oder 2002 höher?
b) Bei welchem prozentualem Rückgang der Erträge von 2001 auf 2002 sind die Erträge im Jahr 2000 und 2002 gleich?

[6] Sie lesen in der Zeitung am
Dienstag: Der DAX ist gegenüber dem Vortag um 2.34% gestiegen.
Mittwoch: Der DAX ist gegenüber dem Vortag um 1.63% gefallen.
Donnerstag: Der DAX ist gegenüber dem Vortag um 2.47% gefallen.
Freitag: Der DAX ist gegenüber dem Vortag um 4.80% gestiegen.

Um wieviel Prozent ist der DAX im gesamten Zeitraum gestiegen oder gefallen?

1.3 Regeln der Algebra

[1] Vereinfachen Sie die folgenden Ausdrücke so weit wie möglich:

a) $(-1 + x - x^2)(1 + x)$ **b)** $\left[\left(\dfrac{x}{3} \right)^4 \cdot \dfrac{9^2}{x^{-2}} \right]^{-2}$

[2] Verwenden Sie die Formel (1.3.3) für die Differenz von Quadraten, um die folgenden Ausdrücke möglichst einfach (ohne Taschenrechner) zu berechnen.

a) $7 \cdot 13$ **b)** $27 \cdot 33$ **c)** $97 \cdot 103$

[3] Zerlegen Sie die folgenden Ausdrücke unter Verwendung der binomischen Formeln (1.3.1) – (1.3.3) in Faktoren.

a) $\dfrac{49}{16}a^4 + \dfrac{7}{2}a^2 + 1$ **b)** $9a^2 + 3a + \dfrac{1}{4}$ **c)** $16a^4 - 16a^3 + 4a^2$

d) $4a^4 - 4a + \dfrac{1}{a^2}$ **e)** $4a^2 - 9$ **f)** $81b^2 - 144a^2$

1.4 Brüche

[1] Vereinfachen Sie so weit wie möglich.

a) $\dfrac{144x^3y^9}{12x^2 \cdot 12y^7}$ **b)** $\dfrac{25a^2 - 49b^2}{5a + 7b}$ für $5a + 7b \neq 0$ **c)** $\dfrac{1}{1 - \dfrac{1}{2}} + \dfrac{1}{1 - \dfrac{1}{4}} + \dfrac{1}{1 + \dfrac{1}{2}}$

d) $\dfrac{4x^2 - 9y^2}{4x^2 - 12xy + 9y^2}$ **e)** $\dfrac{(r^2 - 2rst + s^2t^2)(r + st)}{r^2 - s^2t^2}$ **f)** $\dfrac{6xy^5}{18(xy)^3}$

g) $\dfrac{(2c + 4ab)(6c + 12ab)}{c^2 + 4cab + 4a^2b^2}$

[2] Vereinfachen Sie die folgenden Ausdrücke so weit, dass im Ergebnis nur noch **ein** Bruch auftaucht.

a) $\dfrac{2x + 1}{x} + \dfrac{1}{2x} - \dfrac{x + 5}{x^2}$ **b)** $\dfrac{1}{a + 1} - \dfrac{1}{a - 1} + \dfrac{1}{a^2 - 1}$

1.5 Potenzen mit gebrochenen Exponenten

[1] Berechnen und vereinfachen Sie die folgenden Ausdrücke so weit wie möglich:

a) $2^{10}32^{-9/5}$ **b)** $\dfrac{a^5 \cdot a^{-2}}{a^{1/2}}$ **c)** $a^2 \cdot b^{-1/3} \cdot a^4 \cdot b^{4/3} \cdot a^{-6} + b$ **d)** $\left(a^2 a^{-3} a^4\right)^{1/3} \cdot \left(\sqrt{a}\right)^4$

[2] Bestimmen Sie $\left(\dfrac{x}{y}\right)^3$, wenn $\sqrt{\dfrac{x}{y}} = 2$.

[3] Vereinfachen Sie den Ausdruck $B = \dfrac{\sqrt{x} \cdot x^{3/2}}{x^{1/3} \cdot x^{2/3}}$ so weit wie möglich und schreiben sie B in Abhängigkeit von a, wenn $\sqrt[3]{x} = a > 0$.

[4] Ein Kapital von 20 000 Euro wachse bei konstantem Zinssatz bei jährlicher Zinsgutschrift in 10 Jahren auf 30 000 Euro an. Geben Sie den Zinssatz in Prozent mit zwei Stellen nach dem Dezimalpunkt an.

1.6 Ungleichungen

[1] Bestimmen Sie jeweils alle x, für die die folgenden Ungleichungen erfüllt sind.

a) $x(x - 1)(x - 2) > 0$ **b)** $11 + 2x - 22 < 10x + 1 - 5x$

c) $x^2 + 6x - 7 < 0$ **d)** $64x^{5/2} > 8x^4$, wobei $x > 0$ vorausgesetzt sei.

[2] Ermitteln Sie jeweils diejenigen x, für die die folgenden Ungleichungen erfüllt sind und stellen Sie das Ergebnis auf der Zahlengeraden grafisch dar.

a) $-4x + 4 \geq x - 6$

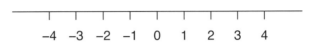

b) $\dfrac{2x - 1}{x + 1} > 1$

[3] Lösen Sie die Ungleichung $\dfrac{x(x + 3)}{x + 5} > 0$ mit Hilfe eines Vorzeichendiagramms. Zeichnen Sie die entsprechenden Bereiche in die untenstehende Grafik ein. Schreiben Sie jeweils vorne links, welchen Ausdruck Sie untersuchen. Verwenden Sie eine durchgezogene Linie für positive Werte und eine gestrichelte Linie für negative Werte. Setzen Sie in die Zeile hinter „**Vorzeichen:**" für die einzelnen Bereiche das korrekte Vorzeichen des Gesamtausdrucks.

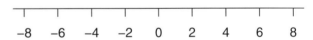

Vorzeichen:

[4] Ein mobiles Telefon kostet 10 Euro Grundgebühr im Monat und zusätzlich 0.15 Euro pro Minute. Wie viele Minuten kann mindestens bzw. darf höchstens telefoniert werden, wenn die monatliche Telefonrechnung zwischen 28 Euro und 37 Euro liegen soll?

1.7 Intervalle und Absolutbeträge

[1] Bestimmen Sie jeweils diejenigen x, die die folgenden Ungleichungen erfüllen.

a) $|3x + 5| \leq 7$ **b)** $|2 - 7x| < 16$ **c)** $|3 - 6x| \leq 9$ **d)** $|4x^2 - 0.58| \leq 0.42$

[2] Bestimmen Sie alle x, die die folgenden Ungleichungen erfüllen.

a) $|x^2 - 4| > 2$ **b)** $|4x^2 - 0.58| \geq 0.42$

[3] Bestimmen Sie für die folgenden Ungleichungen jeweils eine äquivalente Ungleichung für $|x|$.

a) $|x^2 - 9| \leq 16$ **b)** $\left| \dfrac{x^2 - 5}{2} \right| < 2$

[4] Auf dem Beipackzettel eines Arzneimittels steht: „Dieses Medikament entfaltet nur dann seine volle Wirksamkeit, wenn es bei einer Temperatur zwischen 41° und 50° Fahrenheit aufbewahrt wird." Sie haben jedoch nur ein in Grad Celsius geeichtes Thermometer zur Verfügung. Der Zusammenhang zwischen Grad Fahrenheit F und Grad Celsius C ist $F = \dfrac{9}{5}C + 32$. Geben Sie das entsprechende offene Intervall in Grad Celsius an!

Weitere Aufgaben zu Kapitel 1

[1] Vereinfachen Sie die folgenden Ausdrücke so weit wie möglich und bestimmen Sie, ob das Ergebnis eine rationale, irrationale, ganze oder natürliche Zahl ist.

a) $\dfrac{1}{2} + \dfrac{1}{3} + \dfrac{5}{6}$ **b)** $2\sqrt{2} - \sqrt{8}$ **c)** $2 + \dfrac{1}{2} - \sqrt{2}$

[2] Vereinfachen Sie die folgenden Ausdrücke so weit wie möglich. Setzen Sie voraus, dass alle vorkommenden Ausdrücke definiert sind.

a) $\dfrac{8 \cdot \left(\frac{a}{2} \right)^3}{a^{-4}}$ **b)** $\dfrac{\left(a^{3c} \right)^{-1} a^{3c}}{a^{-5c} \left(a^{2c} \right)^2}$ **c)** $\dfrac{1}{1 + x} + \dfrac{1}{1 - x^2} + \dfrac{1}{1 - x}$

d) $\dfrac{3.1 \cdot 6.2^4 \cdot a^{-1}}{3.1^2 \cdot 6.2^3} \cdot a^2$ **e)** $\dfrac{(a^2 + 4a + 4)(a - 2)}{a^2 - 4}$

[3] In der Physik gilt das folgende Weg-Zeit-Gesetz: Bei einer Bewegung mit konstanter Beschleunigung b ist der in der Zeit t zurückgelegte Weg s gleich $s = \dfrac{1}{2}bt^2$.

a) Um welchen Faktor steigt der zurückgelegte Weg, wenn die Zeit vervierfacht wird?

b) Für einen bestimmten Weg werde bei konstanter Beschleunigung die Zeit $t = 40$ Sekunden benötigt. Nach welcher Zeit $t_{1/4}$ ist das erste Viertel des Weges zurückgelegt?

[4] Bestimmen Sie alle x, für die die Ungleichung $|x^2 - 7| < 29$ erfüllt ist.

[5] Vereinfachen Sie den Ausdruck $\dfrac{1}{\sqrt{a} + \sqrt{b}} - \dfrac{1}{\sqrt{a} - \sqrt{b}}$ so, dass Sie im Nenner keine Wurzelzeichen mehr haben.

Einführung, II: Gleichungen

2

ÜBERBLICK

2.1 Lösen einfacher Gleichungen

[1] Lösen Sie die folgenden Gleichungen nach der angegebenen Variablen auf.
a) $5^{2p-1} = 125^{-p}$ nach p **b)** $Y = (500 + 0.8\,Y) + 100$ nach Y

[2] Herr K. hat 10 000 Euro zu einem jährlichen Zinssatz von 6% angelegt. Wieviel Geld muss er zusätzlich bei einem Zinssatz von 5% anlegen, um insgesamt 1 000 Euro als jährliche Zinszahlungen zu erhalten.

[3] Frau K. arbeitet 36 Stunden pro Woche. Für Überstunden erhält sie den doppelten Lohn. In der letzten Woche hat sie 47 Stunden gearbeitet und 812 Euro erhalten. Geben Sie den regulären Stundenlohn von Frau K. an.

[4] Ein Unternehmen benötigt eine bestimmte Menge eines Rohstoffs für die Herstellung eines bestimmten Produkts in der kürzest möglichen Zeit. Der Rohstoff fließe kontinuierlich in einer Art Pipeline. Drei Lieferanten bieten diesen Rohstoff zu gleichen Preisen, jedoch unterschiedlichen Geschwindigkeiten an. Lieferant A allein braucht 10 Stunden, Lieferant B 20 Stunden und Lieferant C 25 Stunden Lieferzeit, um den Gesamtbedarf zu decken. Welche Zeit wird benötigt, wenn alle drei Firmen gleichzeitig jeweils in ihrer Geschwindigeit liefern. Geben Sie das Ergebnis als gerundete Dezimalzahl mit zwei Stellen nach dem Dezimalpunkt an.

2.2 Gleichungen mit Parametern

[1] Lösen Sie die folgenden Gleichungen nach der angegebenen Variablen auf:
a) $\sqrt{KLM} - \alpha L = B$ nach K, wenn $K \geq 0$ und $LM > 0$

b) $AK^{1/5}L^{3/5} = Y_0$ nach L, wenn $A > 0$ und $K > 0$

c) $\dfrac{1}{x} + \dfrac{1}{z} = \dfrac{1}{y}$ nach x **d)** $\dfrac{a^2 - b^2}{a - b} = xa + xb$ nach x für $a \neq b$

[2] Lösen Sie die folgenden Gleichungen nach der jeweils angegebenen Variablen auf. Falls Ihre Lösung nicht uneingeschränkt gilt, da Sie eventuell durch **NULL** dividieren würden, so geben Sie dies bitte an.

a) $\dfrac{a + b}{2} \cdot y = F$ nach b **b)** $ky - y = by + a$ nach y

c) $x \cdot c = \dfrac{\sqrt{x^{1/3}b^{1/3}}}{(xb)^{1/6}}$ nach x, wobei $x > 0$ und $b > 0$

d) $Y = I + a(Y - (c + bY))$ nach Y

[3] Um das Volumen eines Kegels zu berechnen, verwendet man die Formel $V = \dfrac{1}{3}\pi r^2 h$. Lösen Sie diese Gleichung nach r auf.

2.3 Quadratische Gleichungen

[1] Lösen Sie die folgenden quadratischen Gleichungen nach der p, q-Formel (2.3.3):
a) $y = x^2 + x - 6$ **b)** $60 - 4x^2 - 8x = 0$ **c)** $-1.5x^2 - 7.5x - 9 = 0$

[2] Die quadratische Gleichung $10x^2 - 15x = -5$ soll gelöst werden, indem Sie diese Gleichung zunächst durch 10 dividieren und dann auf der linken Seite die geeignete quadratische Ergänzung suchen.

[3] Lösen Sie die folgenden quadratischen Gleichungen nach der a, b-Formel (2.3.4) und geben Sie anschließend die Faktorenzerlegung nach (2.3.5) an.
a) $3x^2 + 12x - 63 = 0$ **b)** $2x^2 - 2x - 12$ **c)** $x^2 + 6x + 5$

[4] Für welche Werte von c hat die quadratische Gleichung $x^2 - c^2 - 2x - 6c + 8 = 0$ genau eine Lösung?

[5] Verwenden Sie die Methode der quadratischen Ergänzung um die folgenden quadratischen Ausdrücke in der Gestalt: $(x - x_1)(x - x_2)$ zu schreiben.
a) $x^2 + 2x - 15$ **b)** $x^2 - 2x - 8$

[6] Schreiben Sie die folgenden quadratischen Gleichungen in der Gestalt $(y + r)^2 = s$, wobei r und s Konstanten sind.
a) $y^2 - 4y - 5 = 0$ **b)** $y^2 + 8y - 9 = 0$

[7] Bestimmen Sie a, b und c, so dass die folgende Gleichung für alle x erfüllt ist:
$5x^2 - 10x + c = a(x + b)^2 - 7$

[8] Schreiben Sie $3x^2 - 30x + 32$ in der Form $a(x + b)^2 + c$. Bestimmen Sie a, b und c.

[9] Bestimmen Sie die Lösungen der Gleichung $\left(\sqrt{2x}\right)^4 - \left(\sqrt{32x}\right)^2 + 28 = 0$

[10] Für die Lösungen $x_{1,2}$ der quadratischen Gleichung $x^2 + px + q = 0$ gelte $x_1 + x_2 = 5$ und $x_1 \cdot x_2 = 6$. Bestimmen Sie p und q.

2.4 Lineare Gleichungen mit zwei Unbekannten

[1] Lösen Sie folgendes Gleichungssystem:

$$15x + 10y = 16$$
$$\frac{9}{5}x - y = 5$$

[2] Frau L. hat insgesamt 10 000 Euro angelegt, einen Betrag A zu einem jährlichen Zinssatz von 4% und einen Betrag B zu einem jährlichen Zinssatz von 6%. Während des ganzen Jahres finden keine Um- oder Abbuchungen statt. Bestimmen Sie A und B, wenn die Zinseinnahmen am Ende des Jahres 520 Euro betragen.
Anmerkung: Weitere Aufgaben zu diesem Thema finden Sie in Kapitel 15.1.

2.5   Nichtlineare Gleichungen

[1] Geben Sie alle Lösungen der folgenden Gleichungen an:

a) $(x^3 - 64)\sqrt{x^2 - 9} = 0$ **b)** $(1 - z^2)x = (1 - z^2)(1 - y)$ **c)** $x^3 - 4x^2 + 10x = 0$

[2] Geben Sie alle Lösungen der folgenden Gleichungen an.

a) $\dfrac{4 - x^2}{\sqrt{4 + x^2}} = 0$ **b)** $\dfrac{y(2y^2 - 8y + 6)}{(y^4 + 3)^{5/2}} = 0$ **c)** $\dfrac{z^2 - z}{\sqrt{z^2 - 1}} = 0$

d) $\dfrac{\sqrt{x^2 + 1} \cdot x^{7/5}}{x - 1} = 0$ **e)** $\dfrac{x(4x^2 - 8x - 12)}{(x^4 - 81)^2} = 0$

[3] Lösen Sie die Gleichung $6x - \dfrac{8x}{3} = \dfrac{25}{x} + \dfrac{10x}{3} - 5$ nach x auf.

[4] Lösen Sie die Gleichung $y = \sqrt{2y + 8}$. Bei dieser Aufgabe ist eine Probe erforderlich!

Weitere Aufgaben zu Kapitel 2

[1] Lösen Sie jeweils nach x auf.

a) $\dfrac{x + 4}{x + 3} - \dfrac{4 - x}{3 - x} = 0$ **b)** $x = \left(x + \dfrac{5}{2}\right)^2 - \dfrac{13}{4}$

[2] Schreiben Sie $2x^2 + 6x - 8$ als Produkt von zwei linearen Faktoren und gegebenenfalls einer Konstanten.

[3] Bestimmen Sie die quadratische Ergänzung zu $x^2 - 6x$, d.h. bestimmen Sie b^2, so dass $x^2 - 6x + b^2 = (x - b)^2$.

[4] Bestimmen Sie Y und C in dem makroökonomischen Modell $Y = C + \bar{I}$ und $C = a + bY$ mit $a = 300$, $b = 0.7$ und $\bar{I} = 600$.

Einführung, III: Verschiedenes

3

ÜBERBLICK

3.1 Summennotation

[1] Berechnen Sie die folgenden Summen:

a) $\displaystyle\sum_{j=3}^{6}(2j-5)^2$ **b)** $\displaystyle\sum_{i=0}^{3}\frac{i}{(i+1)(i+2)}$ **c)** $\displaystyle\sum_{k=-2}^{3}(k+3)^k$ **d)** $\displaystyle\sum_{k=0}^{3}(k+1)^{k-1}$

e) $\displaystyle\sum_{j=0}^{4}j\cdot 2^{j+1}$ **f)** $\displaystyle\sum_{i=2}^{4}(2i^2-i+1)$ **g)** $\displaystyle\sum_{k=1}^{3}(-1)^k k^k$

[2] Schreiben Sie die folgenden Summen in Summennotation:

a) $1+3+5+\ldots+199$ **b)** $1+\dfrac{x^3}{4}+\dfrac{x^6}{7}+\dfrac{x^9}{10}+\ldots+\dfrac{x^{30}}{31}$

c) $1+\dfrac{t}{3}+\dfrac{t^2}{5}+\dfrac{t^3}{7}+\ldots+\dfrac{t^{12}}{25}$ **d)** $\dfrac{a^3}{10b^2}+\dfrac{a^4}{13b^3}+\dfrac{a^5}{16b^4}+\ldots+\dfrac{a^{10}}{31b^9}$

[3] Berechnen Sie die Summe $\displaystyle\sum_{i=1}^{3}\left(a^{i+1}\right)^i$ für $a=2$.

Hinweis: Schreiben Sie zunächst die einzelnen Summanden auf und überlegen Sie, welche Potenzen von $a=2$ Sie benötigen. Zur Hilfe seien Ihnen die folgenden Zahlen gegeben: 2 4 8 16 32 64 128 256 512 1 024 2 048 4 096

[4] Berechnen Sie $\displaystyle\sum_{i=1}^{4}(p_i q_i)$, wenn p_i und q_i durch die folgende Tabelle gegeben sind:

i	1	2	3	4
p_i	2	1	3	6
q_i	5	10	4	3

3.2 Regeln für Summen, Newtons Binomische Formeln

[1] Berechnen Sie:

a) $\displaystyle\sum_{i=1}^{100}6$ **b)** $\displaystyle\sum_{i=1}^{5}i^2$ **c)** $\displaystyle\sum_{i=1}^{5}7\cdot i^2$ **d)** $\displaystyle\sum_{i=0}^{3}\frac{5\cdot 2^i}{i+1}$ **e)** $\displaystyle\sum_{k=10}^{20}(2k+3)$

[2] Berechnen Sie:

a) $\dbinom{17}{3}$ **b)** $\dbinom{9}{3}$ **c)** $\dbinom{16}{14}$ **d)** $\dfrac{3(n-3)!}{n!}\dbinom{n}{3}$ (Beachten Sie (3.2.11).)

e) $\displaystyle\sum_{k=0}^{5}\dbinom{5}{k}$

[3] Berechnen Sie $\displaystyle\sum_{i=1}^{n}\left(\frac{x_i}{3}\cdot\frac{y_i}{4}\right)$, wenn bekannt ist, dass $\displaystyle\sum_{i=1}^{n}x_i=54;\ \sum_{i=1}^{n}y_i=144$ und $\displaystyle\sum_{i=1}^{n}x_i y_i=924$.

3.3 Doppelsummen

[1] Berechnen Sie:

a) $\displaystyle\sum_{i=3}^{4}\sum_{j=5}^{6}(i-j)$ **b)** $\displaystyle\sum_{i=1}^{5}\sum_{j=1}^{10}\frac{1}{5}i^2\cdot j$ **c)** $\displaystyle\sum_{i=1}^{3}\sum_{j=1}^{5}\frac{2j}{i+2}$ **d)** $\displaystyle\sum_{j=0}^{1}\sum_{i=10}^{13}\frac{i}{j+1}$

3.4 Einige Aspekte der Logik

[1] Vervollständigen Sie die folgenden Implikationen:

a) $x^{-1}y^{-1}=4\Longrightarrow x^2y^2=$ **b)** $x^{16}=4\Longrightarrow\left(x^{-2}\right)^7\left(x^3\right)^2=$

[2] Setzen Sie in die Kästchen die Zeichen $\Longleftarrow$, $\Longrightarrow$ oder $\Longleftrightarrow$ je nachdem, ob es sich um eine Implikation (in die entsprechende Richtung) oder eine Äquivalenzrelation handelt.

a) $x=2$ und $y=-2$ $\boxed{}$ $x+y=0$

b) $(x-3)(x^2+2)=0$ $\boxed{}$ $x=3$

c) $x^2=9$ $\boxed{}$ $x=3$

d) $x=\sqrt{9}$ $\boxed{}$ $x=3$

e) $x^4>0$ $\boxed{}$ $x>0$

f) $2x(x-5)=0$ $\boxed{}$ $x=0$ ODER $x=5$

g) $x^2+y^2=0$ $\boxed{}$ $x=0$ ODER $y=0$

h) $x=0$ und $y=0$ $\boxed{}$ $x^2+y^2=0$

i) $(x-1)(x+2)(x-3)=0$ $\boxed{}$ $x=3$

j) $x>z^2$ $\boxed{}$ $x>0$

k) $x\neq 2$ und $\dfrac{x-1}{x-2}=0$ $\boxed{}$ $x=1$

l) $0\leq x<6$ $\boxed{}$ $x^2<36$

m) $x^3>0$ $\boxed{}$ $x>0$

n) $x=0$ und $y>0$ $\boxed{}$ $x^2+y^2>0$

o) $x>1$ $\boxed{}$ $x>z\geq 1$

p) $x=1$ und $y=1$ $\boxed{}$ $x^2+y^2=2$

q) $(x-3)^2=0$ $\boxed{}$ $x=3$

3.5 Mathematische Beweise

[1] Zeigen Sie mit einem direkten und einem indirekten Beweis: Unter der Voraussetzung $x^2 + y^2 = 9$ gilt: Aus $x^2 \geq 8$ folgt $|y| \leq 1$.

[2] Für die Variable x gelte $0 \leq x \leq 3$ und für die Konstante λ gelte $\lambda \geq 0$ und $\lambda = 0$, falls $x < 3$. Zeigen Sie mit einem indirekten Beweis: Wenn $\lambda > 0$, gilt $x = 3$.

3.6 Wesentliches aus der Mengenlehre

[1] Es sei $A = \{1, 2, 3, 4, 5, 6, 7, 8, 9, 10\}; B = \{2, 3, 4, 5, 6\}; C = \{6, 7, 8, 9, 10, 11, 12, 13\}$
Bestimmen Sie:
a) $A \cup B$; $A \cup C$; $A \cup B \cup C$; $B \cup C$ **b)** $A \cap B$; $A \cap C$; $A \cap B \cap C$; $B \cap C$
c) $A \setminus B$; $B \setminus A$; $C \setminus B$ **d)** $A \setminus (B \cup C)$; $A \setminus (B \cap C)$; $(A \cap B) \setminus (B \cap C)$; $(A \cap B) \setminus (A \cup B)$

[2] Die Häuptlinge Anton und Bruno konkurrieren um die Gunst ihrer 450 Krieger. Die Menge aller Krieger sei Ω. Es sei A die Menge der Krieger, die Anton mögen und B die Menge der Krieger, die Bruno mögen. Es gibt 20 Krieger, die weder zu A noch zu B gehören. Die Anzahl der Elemente in einer Teilmenge C von Ω sei mit $n(C)$ bezeichnet. Es sei bekannt, dass $n(B \setminus A) = \dfrac{n(A \setminus B)}{2}$ und $n(A \cap B) = 20 \cdot n(A \setminus B)$.
Berechnen Sie $n(A \setminus B)$, $n(B \setminus A)$ und $n(A \cap B)$ und veranschaulichen Sie Ihr Ergebnis durch ein mit Namen und Zahlen beschriftetes Venn-Diagramm.

[3] Eine Befragung von 200 Studierenden der Betriebswirtschaftslehre ergab, dass 100 von ihnen gerne die Mathematik-Vorlesung besuchen. 80 Studierende gaben an, gerne an der Statistik-Vorlesung teilzunehmen. 70 Studierende sagten aus, dass sie weder die Mathematik-Vorlesung noch die Statistik-Vorlesung gerne besuchen. Wie groß ist die Anzahl N der befragten Studierenden, die beide Vorlesungen gerne besuchen?

[4] Unter 90 Personen waren 60 Personen, die gern Kaffee trinken, 50 Personen, die gern Tee trinken und 40 Personen, die gern Milch trinken. Diese Zahlen schließen 35 Personen ein, die gern Kaffee und Tee trinken, 25 Personen, die gern Kaffee und Milch trinken, und 20 Personen, die gern Tee und Milch trinken. Diese Zahlen wiederum schließen 15 Personen ein, die gern Kaffee, Tee und Milch trinken. Wie viele Personen trinken keins der drei Getränke gern?

3.7 Mathematische Induktion

[1] Durch vollständige Induktion soll gezeigt werden, dass $2n + 1 < n^2 < 2^n$ für alle natürlichen Zahlen $n \geq n_0 = 5$ gilt.
a) Zeigen Sie, dass die Ungleichung für das erste Element $n_0 = 5$ gilt. (Induktionsanfang)
b) Schreiben Sie für diese konkrete Ungleichung die Induktionsvoraussetzung (Induktionshypothese) auf und führen Sie den Induktionsschritt durch.

[2] Die Aussage $A(n)$: $1 \cdot 2 + 2 \cdot 3 + 3 \cdot 4 + \ldots + n \cdot (n + 1) = \frac{1}{3}n(n + 1)(n + 2)$ soll mit mathematischer Induktion für alle natürlichen Zahlen n bewiesen werden.

a) Geben Sie die Gleichung für den Induktionsanfang an und zeigen Sie, dass beide Seiten der Gleichung dasselbe Ergebnis liefern.

b) Schreiben Sie die Induktionshypothese auf und führen Sie den Induktionsschritt durch.

Weitere Aufgaben zu Kapitel 3

[1] Schreiben Sie $2x_1y_1 + 2x_2y_2 + \ldots + 2x_{20}y_{20}$ mit Hilfe des Summenzeichens.

[2] Setzen Sie in die Kästchen die Zeichen $\Longleftarrow$, $\Longrightarrow$ oder $\Longleftrightarrow$ je nachdem, ob es sich um eine Implikation (in die entsprechende Richtung) oder eine Äquivalenzrelation handelt. Dabei seien A, B, C Teilmengen einer Grundmenge Ω.

a) $x \in \{1; 2; 3\}$ $x \in \{1; 2; 3; 4\}$

b) $A \cup B = \Omega$ $B = A^c$

c) $A \cap B = \emptyset$ $B \subset A^c$

d) $A \setminus B = A$ $B = \emptyset$

[3] Bestimmen Sie $\sum_{i=1}^{n}(x_i + y_i)^2$, wenn $\sum_{i=1}^{n}x_i = 54$; $\sum_{i=1}^{n}y_i = 144$; $\sum_{i=1}^{n}x_i^2 = 384$; $\sum_{i=1}^{n}y_i^2 = 2\,364$; $\sum_{i=1}^{n}x_iy_i = 924$.

[4] Die Mengen A und B seien Teilmengen der Grundmenge Ω. Mit $n(A), n(B), \ldots$ sei die Anzahl der Elemente in A, in $B, \ldots$ bezeichnet. Es gelte $n(\Omega) = 200$; $n(A) = 50$; $n(B) = 70$; $n(A \cap B) = 30$. Bestimmen Sie $n(\Omega \setminus (A \cup B))$.

[5] Berechnen Sie $\sum_{i=1}^{2}\sum_{j=1}^{4}(i \cdot j + 1)$.

Funktionen einer Variablen

4

ÜBERBLICK

4.1 Einführung

4.2 Grundlegende Definitionen

[1] Bestimmen Sie den Definitionsbereich D der folgenden Funktionen:

a) $f(x) = \dfrac{1}{\sqrt{(5+x)(3-x)}}$ **b)** $f(x) = \dfrac{1}{3}x^3\sqrt{4-x^2}$ **c)** $f(x) = 3x^2 + \sqrt{|-2+x^2|}$

d) $f(x) = \dfrac{6x^2}{\sqrt{5-|3-8x|}}$ **e)** $f(x) = \left[(-x)^3\right]^{1/2} + 3x^{-2}$ **f)** $f(x) = \dfrac{1}{36x^2 - 9}$

g) $f(x) = 1 + x^2 - \dfrac{1}{x^2}$ **h)** $f(x) = \sqrt{x+1} + \dfrac{2}{x^2 - 49}$ **i)** $f(x) = \dfrac{\sqrt{-2x-4}}{(x^2+1)(x^2-4)}$

[2] Die Kosten für die Herstellung von x Einheiten eines Gutes seien $C(x) = 25 + 10x + x^2$. Um wieviel steigen die Kosten, wenn statt x Einheiten $x+1$ Einheiten hergestellt werden sollen?

4.3 Graphen von Funktionen

[1] Sei $y = f(x) = \dfrac{1}{2}x^2 - 1$. Vervollständigen Sie die folgende Wertetabelle und skizzieren Sie den Graphen der Funktion.

x	-1	0	1
$y = f(x)$			1

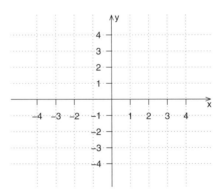

[2] Gegeben seien drei leere Gefäße A, B und C, die links in der Abbildung zu sehen sind.

Jedes Gefäß werde nun kontinuierlich mit Wasser gefüllt. Die Zuströmgeschwindigkeit des Wassers sei stets konstant. Der Füllvorgang beginne stets bei einer Füllhöhe $h = 0$

zur Zeit $t = 0$. Zu jedem Zeitpunkt $t \geq 0$ ergibt sich somit genau eine Füllhöhe h, d.h. die Füllhöhe h ist eine Funktion $h(t)$ der Zeit t. Bestimmen Sie welche Graphen der Füllhöhen, die rechts in der Abbildung zu sehen sind, zu welchem Gefäß gehören.

4.4 Lineare Funktionen

[1] Bestimmen Sie die Gleichung $y = ax + b$ der Geraden durch
a) die Punkte $(2, 3)$ und $(4, 0)$ **b)** den Punkt $(1, 1)$ mit der Steigung 2
c) die Punkte $(3, 10)$ und $(5, 14)$ **d)** die Punkte $(3, 8)$ und $(3, -33)$
e) den Punkt $(4, 9)$ mit der Steigung 0.1.

[2] Bestimmen Sie jeweils die Steigung a der Geraden, wenn Ihnen folgende Informationen gegeben sind:
a) $5 = 3x + 7y - 6$
b) Die Punkte $(3c, 2c)$ und $(c, -c)$ liegen auf der Geraden, wobei $c \neq 0$ eine Konstante ist.
c) Der Graph der Geraden ist in folgender Abbildung gegeben.

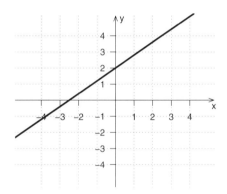

d) Die Punkte $(-4, -1)$ und $(-6, 9)$ liegen auf der Geraden.

[3] Bestimmen Sie jeweils den y-Achsenabschnitt b, wenn Ihnen folgende Informationen über die Gerade gegeben sind.
a) Die Steigung ist 3 und der Punkt $(2, 2)$ liegt auf der Geraden.
b) Die Steigung ist 3 besitzt und die Gerade geht durch den Punkt $(13, 5)$.
c) Die Punkte $(3, 10)$ und $(5, 14)$ liegen auf der Geraden.

[**4**] Skizzieren Sie in der xy-Ebene die Menge aller Zahlenpaare (x, y), die die folgenden Ungleichungen erfüllen.

a) $120x - 60y - 120 \geq 0$ (linke Grafik)   **b)** $17y - 34x \geq 68$ (rechte Grafik)

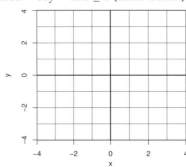
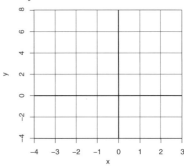

[**5**] Die folgende Grafik zeigt die beiden Geraden $y = x - 2$ und $y = -x + 4$. Skizzieren Sie den Bereich, in dem $y + x \geq 4$ und $y - x \leq -2$ gilt.

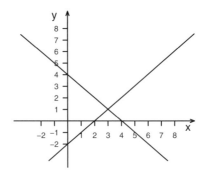

[**6**] Lösen Sie die folgenden Gleichungssysteme auf grafische Weise, indem Sie das unten gegebene Koordinatensystem verwenden.

a)
$$\begin{aligned} x + y &= 4 \\ x - y &= 2 \end{aligned}$$

b)
$$\begin{aligned} 2x - y &= 1 \\ x + 2y &= 4 \end{aligned}$$

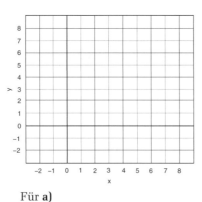
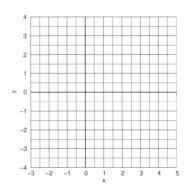

Für **a)**   Für **b)**

c)
$$\begin{aligned} x + y &= 5 \\ x + y &= -3 \end{aligned}$$

d)
$$\begin{aligned} 3x + 18y &= -9 \\ x + 6y &= -3 \end{aligned}$$

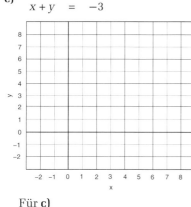

Für **c)**

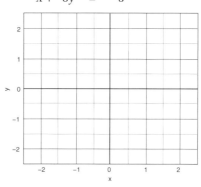

Für **d)**

4.5 Lineare Modelle

[1] Auf der bevorstehenden Messe sollen Kugelschreiber mit Aufdruck (Firmenemblem) ausgegeben werden. Ein Lieferant bietet 500 Stück zum Gesamtpreis von 450 Euro und 2 000 Stück zum Gesamtpreis von 900 Euro an.

a) Berechnen Sie für eine Abnahmemenge von 500 Stück und von 2000 Stück jeweils den durchschnittlichen Preis p_d pro Kugelschreiber.
b) Unterstellen Sie eine lineare Angebotsfunktion $P(x)$, die den Gesamtpreis in Abhängigkeit von der Stückzahl x beschreibt. Geben Sie die Gleichung für $P(x)$ an.
c) Berechnen Sie den Gesamtpreis für eine Abnahmemenge von 2 500 Stück.

[2] Bestimmen Sie für die folgenden linearen Nachfrage- und Angebotsfunktionen jeweils den Gleichgewichtspreis P^* und die Gleichgewichtsmenge Q^*.

a) $Q_N = 45 - 3P \qquad Q_A = 10 + 2P$ **b)** $D = 117 - 4.5P \qquad S = 19 + 2.5P$
c) $D = 200 - 3P \qquad S = 25 + 5P$

[3] Betrachten Sie die lineare Nachfrage- und Angebotsfunktion $D = a - 4.5P$ und $S = 19 + 2.5P$. Welchen Wert muss a annehmen, damit die Gleichgwichtsmenge $Q^* = 50$ ist?

[4] Gegeben sei die Konsumfunktion $C(Y) = 120 + 0.6Y$ eines Haushalts in Abhängigkeit des zur Verfügung stehenden Einkommens Y. Wie hoch ist das Existenzminimum (= Mindestkonsum) des Haushalts, wie hoch die Grenzneigung zum Konsum?

[5] Für die Produktion eines Gutes stehen 150 Geldeinheiten und zwei alternative Maschinen zur Verfügung. Bei der ersten Maschine M_1 entstehen fixe Kosten von 60 Geldeinheiten und variable Stückkosten von 0.25 Geldeinheiten. Bei der zweiten Maschine M_2 entstehen fixe Kosten von 30 Geldeinheiten und variable Stückkosten von 0.4 Geldeinheiten. Welche der beiden Maschinen ermöglicht eine höhere Produktion des Gutes? Geben Sie die von dieser Maschine produzierte Anzahl Q_{max} an.

[**6**] Die Produktion einer Firma weist eine lineare Kostenfunktion $C(x)$ auf. Dabei verursachen 5 Einheiten des produzierten Gutes 6 Euro Kosten, während 25 Einheiten in der Produktion 25 Euro kosten. Geben Sie die Kostenfunktion $C(x)$ an.

[**7**] Gegeben sei ein Markt mit der Angebotsfunktion $S = p - 2$ und der Nachfragefunktion $D = -\frac{4}{3}p + 12$ Lösen Sie das Gleichgewichtsproblem grafisch und geben Sie die Koordinaten des Gleichgewichtspunktes in dem Koordinatensystem an.

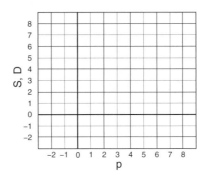

4.6   Quadratische Funktionen

[**1**] Formen Sie die Gleichung $f(x) = -7x^2 + 42x - 50$ so um, dass der Scheitelpunkt (x_s, y_s) ablesbar ist, d.h. bringen Sie die Gleichung in die Form $f(x) = a(x - x_s)^2 + y_s$ (siehe (4.6.2)). Geben Sie den Scheitelpunkt (x_s, y_s) an.

[**2**] Ein Unternehmen erzielt durch die Produktion und den Verkauf von x Einheiten eines Gutes den Gewinn $G(x) = -\frac{1}{100} \cdot (x - 1\,000)^2 + 500$.

a) Bestimmen Sie die Produktionsmenge x^*, die den Gewinn maximiert. Geben Sie auch den maximalen Gewinn an.

b) Geben Sie unter Annahme der obigen Gewinnfunktion die Kostenfunktion $K(x)$ an, wenn der Preis für eine verkaufte Einheit 25 Euro beträgt.

[**3**] Bestimmen Sie die Gleichung der Parabel $y = ax^2 + bx + c$, die durch die drei Punkte $(0, 0)$, $(1, 1)$ und $(-1, 1)$ verläuft.

[**4**] Ein Unternehmen verkaufe Q Einheiten eines Gutes zu einem Preis von $P = 860 - 20Q$ pro Einheit. Die Kosten für die Herstellung und den Verkauf von Q Einheiten dieses Gutes betragen $C = 20Q + Q^2$. Bestimmen Sie die Menge Q^*, die den Gewinn maximiert und geben Sie den maximalen Gewinn an.

[**5**] Für welche Werte von a hat die quadratische Funktion $f(x) = 4x^2 + 8x + a$ genau eine Nullstelle, zwei Nullstellen bzw. keine Nullstellen?

[**6**] Ein Unternehmen besitzt eine quadratische Gewinnfunktion $\pi(x) = ax^2 + bx + c$, wobei x die Menge der produzierten Gütereinheiten angibt. Der maximale Gewinn wird bei 8 produzierten Gütereinheiten erzielt. Wird nur eine Einheit produziert, wird ein Gewinn von 0 Euro erzielt. Wird gar nichts produziert, entstehen dem Unternehmen dennoch Kosten von 15 Euro. Geben Sie die Gewinnfunktion $\pi(x)$ an.

[7] Schreiben Sie die quadratische Funktion $y = 3x^2 - 15x + 18$ in der Form $a(x - x_1)(x - x_2)$.

[8] Der Graph einer quadratischen Funktion $y = x^2 + bx + c$ schneidet die y-Achse an der Stelle $y = 4$ und hat eine Nullstelle an der Stelle $x = -2$. Bestimmen Sie die Konstanten b und c.

4.7 Polynome

[1] Schreiben Sie $q(x) = 3(x - 3)(x + 5)(x - 1)$ in der allgemeinen Form (4.7.1) einer kubischen Funktion und geben Sie alle Nullstellen an.

[2] Für welches k ist das Polynom $x^3 - 7x^2 + 2x + k$ ohne Rest durch das Polynom $x + 1$ teilbar?

[3] Bestimmen Sie alle ganzzahligen Nullstellen der folgenden Polynome $q(x)$ und schreiben Sie dann $q(x)$ als Produkt von linearen Faktoren und evtl. einer Konstanten.
a) $3x^3 - 6x^2 - 3x + 6$ **b)** $x^3 + 2x^2 - 5x - 6$ **c)** $x^4 - 5x^3 + 5x^2 + 5x - 6$

[4] Führen Sie jeweils die angegebenen Polynomdivisionen durch und bestimmen Sie dann alle Nullstellen des Polynoms.
a) $(x^3 - 7x^2 + 15x - 9) \div (x - 1)$ **b)** $(x^4 - x^3 - 4x^2 + 4x) \div (x^2 + x - 2)$
c) $(x^3 + 2x^2 + 10x - 36) \div (x - 2)$

[5] Die Funktion $f(x) = \dfrac{-34x^3 + 136x}{x + 2}$ stimmt für $x \neq -2$ mit einer quadratischen Funktion $g(x) = ax^2 + bx$ überein. Bestimmen Sie $g(x)$.

4.8 Potenzfunktionen

[1] Die Kosten für die Herstellung von x Einheiten eines bestimmten Gutes seien $C(x) = 5x^3$. Um welchen Faktor k verändern sich die Kosten, wenn die doppelte Menge hergestellt wird?

4.9 Exponentialfunktionen

[1] Bestimmen Sie jeweils alle x-Werte, die die gegebene Gleichung erfüllen.
a) $3^{2x} = 81$ **b)** $4^{x^2 - 2x + 2} = 16$ **c)** $2^{3x}4^x = 32$
d) $2^{3x} = 64$ **e)** $e^{4x - 8} = 1$ **f)** $e^{3x - 9} = 1$

[2] Für eine allgemeine Exponentialfunktion $f(x) = Aa^x$ gelte $f(0) = 10$ und $f(1) = 30$. Berechnen Sie $f(4)$.

[3] Bestimmen Sie den Wertebereich R_f der durch $f(x) = 3 \cdot e^{x^2} - 1$ definierten Funktion f.

[4] Im Jahre 2003 betrug die Einwohnerzahl eines Staates 2.4 Millionen Menschen bei einer Fläche von $24\,000\,\text{km}^2$. Es wird eine konstante Wachstumsrate von 5% pro Jahr vorausgesagt. Wie viele m^2 Fläche stehen einem Einwohner im Durchschnitt – unveränderte Wachstumsrate vorausgesetzt – in 100 Jahren zur Verfügung?

4.10   Logarithmusfunktionen

[1] Bestimmen Sie jeweils den Wert von t, für den die folgende Gleichung gilt. Rechnen Sie dabei keine Werte der ln- oder e-Funktion aus.

a) $e^{-2t} = 1/2$ **b)** $\ln(4t) = 3$ **c)** $\ln(4t - 13) = 1$ **d)** $2e^t - e^{-2t} = 0$

[2] Ermitteln Sie die Zahlenwerte folgender Logarithmen:

a) $\ln e^2$ **b)** $\ln 1 + \log_{10} 1$ **c)** $\log_9 27$ **d)** $\log_2 70 + \log_3 18$

e) $\log_2 32 + \log_3 3 + \log_4 1$ **f)** $5^{3\log_5(2)}$ **g)** $\log_3(81)$ **h)** $\log_2\left(2^3 \cdot 2^4\right)$

[3] Bestimmen Sie den Definitionsbereich D der folgenden Funktionen:

a) $f(x) = \dfrac{1}{\ln(x - 5)}$ **b)** $g(x) = 5x - \ln\left(\dfrac{1}{\ln x}\right)$ **c)** $y = f(x) = \sqrt{\ln(x) - 1}$

[4] Bestimmen Sie den Wertebereich R_f der Funktion f, die für alle $x \geq 0$ definiert ist durch $f(x) = \ln(x + 1) - \ln(x + 2) = \ln\left(\dfrac{x + 1}{x + 2}\right)$.

[5] Eine Bevölkerung wachse mit einer konstanten Wachstumsrate von 2% pro Jahr. Nach wie vielen Jahren hat sich die Bevölkerung verdoppelt? Geben Sie das Ergebnis in Jahren an, gerundet auf die nächstliegende ganze Zahl.

[6] Lösen Sie die Formel $C_n = (1 + i)^n$ nach n auf.

[7] Vereinfachen Sie die folgenden Ausdrücke so weit wie möglich.

a) $e^{2\ln x} + \ln x - \ln x^3$ **b)** $\exp\left[4\ln x + \ln y - 2\ln(xy)\right]$

c) $\left[\ln(e^{2x})^2\right]^2$ **d)** $\ln\left(e^{\ln(2x+1)} - 2x\right)$

[8] Lösen Sie die folgenden Gleichungen nach x auf.

a) $\ln(x^2 - 4x + 5) = 0$ **b)** $4^x - 4^{x-1} = 2^{x+1} - 2^x$ **c)** $\ln x + \ln x^2 = 5$

[9] Die folgende Abbildung zeigt den Graphen der Funktion $y = 2^x$. Bestimmen Sie auf grafische Weise den Logarithmus von 10 zur Basis 2, d.h. $\log_2(10)$.

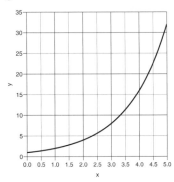

[10] Im Göttinger Tageblatt war am 22.04.2008 zu lesen, dass der Umsatz eines Unternehmens sich in den letzten 10 Jahren verdoppelt habe. Berechnen Sie das durchschnittliche Wachstum des Unternehmens in den letzten 10 Jahren in Prozent, d. h. nehmen Sie an, dass der Umsatz in den letzten 10 Jahren jährlich jeweils um $p\%$ gewachsen ist.

Weitere Aufgaben zu Kapitel 4

[1] Die Kosten für die Herstellung von x Einheiten eines Gutes seien $C(x) = 50 + 20x + x^2$. Um wieviel steigen die Kosten, wenn statt x Einheiten $x + 1$ Einheiten hergestellt werden sollen?

[2] Bestimmen Sie den Definitionsbereich D der Funktion $g(x) = \ln(e^x - 1)$.

[3] Ordnen Sie die beiden dargestellten Graphen jeweils einer der vier folgenden allgemeinen Funktionsgleichungen zu, wobei alle Parameter größer als Null sind.

$$y = -ax^4 + bx^2 - c; \quad y = -ax^5 + bx^3 + cx^2 + d; \quad y = Ax^r \text{ mit } 0 < r < 1; \quad y = (\ln(x))^2$$

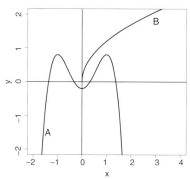

[4] Im Jahre 2003 betrug die Einwohnerzahl eines Staates 1.8 Millionen Menschen bei einer Fläche von $18\,000\text{km}^2$. Es wird eine konstante Wachstumsrate von 5% pro Jahr vorausgesagt. Nach wie vielen Jahren hat die Bevölkerungsdichte, d. h. die Anzahl der Einwohner pro km^2, den Wert 500 erreicht? Geben Sie das Ergebnis mit zwei Stellen nach dem Dezimalpunkt an.

[5] Die Anzahl der Haustiere in einem Staat geht jährlich um 7% zurück. Heute gibt es 7 000 000 Haustiere. Wie lange dauert es in Jahren bis die Anzahl der Haustiere auf die Hälfte geschrumpft ist?

[6] Nehmen Sie an, dass Sie am Anfang eines Jahres ein Sparkonto mit 1 000 Euro eröffnet haben. Der Zinssatz beträgt 3%, wobei die Zinsen am Ende des Jahres gutgeschrieben werden. Sie schauen nur am Ende des Jahres auf dieses Sparkonto. Nach wie vielen **ganzen Jahren** sind erstmals mehr als 2 000 Euro auf dem Konto?

[7]

a) An welchen Stellen x_1 und x_2 schneidet die Gerade $y = -2x + 3$ die Normalparabel $y = x^2$?

b) Beschreiben Sie, wie man die Gleichung $x^2 - x - 2 = 0$ grafisch lösen kann, wenn Ihnen ein Bild mit dem Graphen der Normalparabel $y = x^2$ gegeben ist.

[8] Gegeben sei eine Gerade durch die Punkte $(0, 4)$ und $(1, 2)$. Bestimmen Sie den x-Achsenabschnitt dieser Geraden, d.h. bestimmen Sie die Koordinate x_0, an der die Gerade die x-Achse schneidet.

[9] Für welche x gilt die folgende Gleichung?

a) $\dfrac{e^{x+1}\ln(x+2)}{x^2+4} = 0$ **b)** $e^{x^2-6x+9} = 1$ **c)** $\ln(x^3 - 7) = 0$ **d)** $x^3 = 64$

Eigenschaften von Funktionen

5

ÜBERBLICK

5.1   Verschiebung von Graphen

[1] Betrachten Sie die Nachfragefunktion $D = 150 - P/2$ und die Angebotsfunktion $S = 20 + 2P$.

a) Bestimmen Sie den Gleichgewichtspreis P^* und die zugehörige Menge Q^*.

b) Nehmen Sie an, dass der Hersteller pro Einheit 2 Euro Steuer bezahlen muss. Bestimmen Sie den neuen Gleichgewichtspreis $\hat{P}$ und die zugehörige Menge $\hat{Q}$.

c) Um welchen Betrag verringern sich die Gesamteinnahmen des Herstellers nach Einführung der Steuer?

[2] Die Funktion $y = f(x) = x^2$, deren Graph auch als Normalparabel bezeichnet wird, verläuft durch den Ursprung $(0, 0)$. Der Graph der Gleichung $x^2 + 4x - y = -1$ entsteht durch eine oder mehrere Verschiebungen der Normalparabel. Geben Sie an, um wie viele Einheiten und in welche Richtungen die Normalparabel verschoben werden muss.

[3] Lösen Sie die Gleichung $(x - 1)^2 + 2 = -(x - 1)^2 + 2$ auf grafische Weise, indem Sie die beiden Seiten der Gleichung als Funktionen $y_1 = f_1(x) = (x - 1)^2 + 2$ bzw. $y_2 = f_2(x) = -(x - 1)^2 + 2$ auffassen. Zeichnen Sie die Graphen der beiden Funktion $y_1 = f_1(x)$ und $y_2 = f_2(x)$ und bestimmen Sie den oder die Schnittpunkt(e) der beiden Graphen. Denken Sie an die Verschiebung von Graphen!

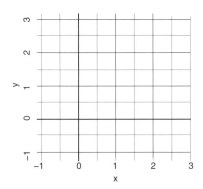

[4] Welche Schritte sind erforderlich, um ausgehend vom Graphen der Funktion $f(x) = \sqrt{x}$ zum Graphen der Funktion $g(x) = 3 - \sqrt{x + 2}$ zu gelangen?

5.2   Verknüpfung von Funktionen

[1] Berechnen Sie:

a) $\ln[\ln(e^2) - 1]$ **b)** $[\ln(e)]^2$

[2] Es sei $f(x) = \sqrt{2x}$ und $g(x) = \dfrac{2}{x^2}$. Berechnen Sie $f(g(x))$ und $(g \circ f)(x)$. Geben Sie jeweils den zugehörigen (größtmöglichen) Definitionsbereich D der Verkettungen an.

[3] Es sei $f(x) = 3x + 7$. Bestimmen Sie alle Werte von x, für die **a)** $f(f(x)) = 55$ und **b)** $(f(x))^2 = 64$ gilt.

[**4**] Berechnen Sie jeweils die angegebenen Ausdrücke für die gegebenen Funktionen.

a) $(f + g + h)(x)$ und $f(g(h(2)))$ für $f(x) = x^2 - 1$; $g(x) = x(1 - x)$; $h(x) = x^3 - x^2 - x + 1$.

b) $f(g(9))$ und $(g \circ f)(3)$ für $f(x) = x^3 + 2x + 3$ und $g(x) = \sqrt{x} - 2$.

c) $(f \circ g)(z)$ und $f(g(1))$ für $f(x) = e^x + e^{-x}$ und $x = g(z) = \ln z$.

d) $f(g(-1))$ und $(g \circ f)(-1)$ für $f(x) = 16x^2$ und $g(x) = \log_2(x + 2)$.

e) $(f + g)(8)$; $(f \cdot g)(-1)$; $f(g(27))$ und $(g \circ f)(\sqrt{7})$ für $f(x) = x^2 + 1$ und $g(x) = \sqrt[3]{x}$.

f) $f(8) \cdot g(8)$ und $(f \circ g)(8)$ für $f(x) = (x + 1)^3$ und $g(x) = \sqrt[3]{x} - 1$.

[**5**] Es sei $f(x) = -4x + 3$. Die Gleichung $f(f(x)) = 0$ hat genau eine Lösung x_0. Bestimmen Sie diese.

5.3 Inverse Funktionen

[**1**] Geben Sie für die folgenden Funktionen $y = f(x)$ jeweils die inverse Funktion $g(x) = f^{-1}(x)$ und deren Definitionsbereich D_g an. Verwenden Sie für die Inverse wieder x als freie Variable.

a) $f(x) = 3x^2 + 9$ für $x \geq 0$
b) $f(x) = \ln(x - 3) - 3$ für $x > 3$

c) $f(x) = \sqrt{\ln(x) - 1}$ für $x \in$??
d) $f(x) = \ln\left(\dfrac{x}{x + 1}\right)$ für $x > 0$

e) $f(x) = \sqrt[4]{2x}$ für $x \in$??
f) $f(x) = \dfrac{2x - 4}{x - 1}$ für $x \neq 1$

[**2**] Die Funktion $f(x)$ sei die Inverse der Funktion $g(x)$. Beide seien für alle $x \geq 0$ definiert. Bestimmen Sie $f(g(x)) + g(f(x))$ für $x = 3$.

[**3**] Zeichnen Sie zu den Graphen der folgenden Funktion $f(x)$ bzw. $g(x)$ jeweils den Graphen der inversen Funktion $f^{-1}(x)$ bzw. $g^{-1}(x)$ ein, falls diese existiert.

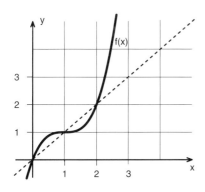 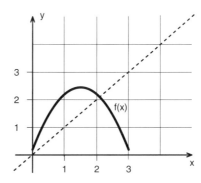

[**4**] Die folgende Abbildung zeigt eine strikt monoton steigende Funktion $y = f(x)$. Sie hat demnach eine inverse Funktion $x = g(y)$. Bestimmen Sie den Funktionswert der zu f inversen Funktion $g(y)$ an der Stelle $y_0 = 0.35$ auf grafische Weise, d.h. zeichnen Sie zwei geeignete Geraden ein, so dass $x_0 = g(0.35)$ abgelesen werden kann.

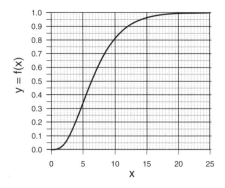

[5] Berechnen Sie für $f(x) = (x + 1)^3$ die Ausdrücke a) $f^{-1}(8)$ und b) $(f(1))^{-1}$.

5.4   Graphen von Gleichungen

[1] Skizzieren Sie den Graphen von $y^2 = x$ und $y^2 = 4x$. Für welche Werte von x und y ist diese Gleichung definiert? Bestimmen Sie y, wenn $x = 0, 1, 4, 9$ und 16. Wird durch diese Gleichungen eine Funktion definiert?

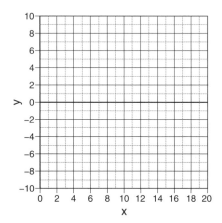

5.5   Abstand in der Ebene, Kreise

[1] Bestimmen Sie jeweils den Abstand d zwischen den beiden Punkten
a) $P = (2, 3)$ und $Q = (5, 7)$ b) $P = (s, t)$ und $Q = (-t, s)$, wobei $s^2 + t^2 = 8$
c) $P = (a, -6)$ und $Q = (3 + a, 2)$

[2] Bestimmen Sie die Gleichung des Kreises, wenn der Punkt
a) $(3, 2)$ auf dem Kreis mit dem Mittelpunkt $(1, 1)$ liegt.
b) $(3, 3)$ auf dem Kreis mit dem Mittelpunkt $(1, 0)$ liegt.
c) $(4, 3)$ auf dem Kreis mit dem Mittelpunkt $(1, 2)$ liegt.

[3] Betrachten Sie in der Ebene die drei verschiedenen Punkte $P = (2, 4)$, $Q = (5, 6)$ und $R = (5, y)$. Bestimmen Sie y so, dass der Punkt $R \neq Q$ den gleichen Abstand von P hat wie Q von P.

[4] Bestimmen Sie alle möglichen Werte von y, für die der Punkt $(5, y)$ auf dem Kreis mit dem Mittelpunkt $(1, 2)$ und dem Radius $r = 5$ liegt.

[5] Die Gleichung $x^2 + y^2 - 8x + 6y = -16$ beschreibt einen Kreis in der Ebene. Geben Sie die Kreisgleichung in der Form (5.5.2), d.h. $(x - a)^2 + (y - b)^2 = r^2$ an, so dass man daraus den Mittelpunkt und den Radius des Kreises ablesen kann.

5.6   Allgemeine Funktionen

[1] Entscheiden Sie, welche der folgenden Regel eine Funktion definiert. Welche der Funktionen sind umkehrbar eindeutig?
a) Die Regel, die jedem Tag des Monats Oktober 2010 die an der Wetterstation in Göttingen-Geismar gemessene Tageshöchsttemperatur zuordnet.
b) Die Regel, die jedem Bewohner der Stadt Göttingen einen Supermarkt zuordnet, der nicht weiter als 5 km von seiner Wohnung entfernt ist.
c) Die Regel, die jedem Betriebstag der Zentralmensa der Universität Göttingen die Anzahl der Studierenden der Universität Göttingen zuordnet, die ihr Essen nicht mit der Chipkarte bezahlt haben.
d) Die Regel, die jedem Gast des Cafe Campus an der Universität Göttingen einen anderen Gast zuordnet, mit dem er sich während seines Besuches unterhalten hat.
e) Die Regel, die jeder Mutter ihr erstgeborenes Kind zuordnet.

Weitere Aufgaben zu Kapitel 5

[1] Es sei $f(x) = 4x$ und $g(x) = 3x - 2$. Bestimmen Sie $f(g(x)) - g(f(x))$.

[2] Bestimmen Sie die zu $y = f(x) = \ln x^2 + \ln x^3$; $(x > 0)$ inverse Funktion $g(y)$.

[3] Betrachten Sie in der (x, y)-Ebene die drei Punkte $R = (2, 5)$; $S = (1, 8)$; $T = (a, 2)$. Für welche Werte von a ist der Abstand zwischen R und T gleich dem Abstand zwischen R und S?

[4] Es sei $f(x) = x^2 + x - 1$. Bestimmen Sie $f(x + 1)$.

[5] Bestimmen Sie jeweils die inverse Funktion.
a) $y = \dfrac{e^x}{1 - e^x}$; $x < 0$ **b)** $y = \ln x - \ln(x + 2)$; $x > 0$

Differentialrechnung

6

ÜBERBLICK

6.1 Steigung von Kurven

[1] In welchen der in der Grafik gegebenen Punkte A bis E ist die Steigung der Funktion $f'(x) = -1$ bzw. $= 0$ bzw. $= 2$?

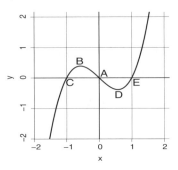

[2] Die folgende Abbildung zeigt den Graphen einer Funktion $y = f(x)$ zusammen mit der Tangente im Punkt $(3, 1)$. Bestimmen Sie die Steigung der Kurve im Punkt $(3, 1)$.

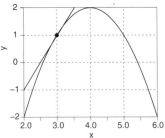

[3] Gegeben sei eine Abbildung mit dem Graphen einer Funktion $y = f(x)$ und einer Tangente an den Graphen im Punkt $(1, 1)$. Die Tangente verläuft durch den Punkt $(2, 4)$. Bestimmen Sie $f'(1)$.

6.2 Ableitung, Tangenten

[1] Die Funktion $f(x)$ sei stetig. Für eine andere Funktion $g(x)$ und $\Delta x > 0$ gelte

$$f(x)\Delta x \leq g(x + \Delta x) - g(x) \leq f(x + \Delta x)\Delta x$$

Bestimmen Sie die Ableitung $g'(x)$.

[2] Bestimmen Sie den Differenzen-Quotienten (gegebenenfalls an der angegebenen Stelle) für die folgenden Funktionen und vereinfachen Sie diesen so weit wie möglich.
a) $f(x) = x(4x - 3)$ **b)** $y = f(x) = 0.2x^2$ an der Stelle $x = 2$
c) $f(x) = 3x^2 + 2x$ an der Stelle $x = 2$

[3] Sei $f(x) = x^3 - 2x^2$ für $x \in \mathbb{R}$.
a) Bilden Sie den Differenzenquotienten an der Stelle $x = x_0^-$.

b) Bestimmen Sie die Steigung der Tangente an den Graphen der Funktion an der Stelle $x = 3$ als Grenzwert des Differenzenquotienten.

[4] Die folgende Abbildung zeigt den Graphen einer Funktion $y = f(x)$ zusammen mit der Tangente im Punkt $(5, 1)$. Bestimmen Sie die Gleichung dieser Tangente in der Form $y = ax + b$.

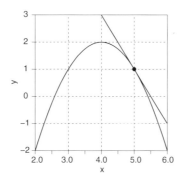

[5] Für eine gewisse Funktion $y = f(x)$ sei der Differenzenquotient an der Stelle $x = 4$ durch den Ausdruck $\dfrac{f(4 + \Delta x) - f(4)}{\Delta x} = \dfrac{1}{\sqrt{4 + \Delta x} + \sqrt{4}}$ gegeben. Bestimmen Sie $f'(4)$.

[6] Bestimmen Sie die Gleichung der Tangente (in der Form $y = ax + b$) an den Graphen der Funktion $y = f(x) = x^3$ im Punkt $(1, 1)$.

6.3 Monoton wachsende und fallende Funktionen

[1] Bestimmen Sie die Bereiche (Intervalle), in denen die folgenden Funktionen monoton wachsend bzw. monoton fallend sind.

a) $f(x) = 2x^3 + 3x^2 - 36x + 4$ **b)** $f(x) = -\dfrac{2}{3}x^3 - x^2 + 12x$

c) $f(x) = \begin{cases} (x^2 - 3)^2 & x \geq -2 \\ -|x| & \text{sonst} \end{cases}$

[2] Die folgende Abbildung zeigt den Graphen der ersten Ableitung einer auf ganz $\mathbb{R}$ definierten Funktion $y = f(x)$. Alle Nullstellen der ersten Ableitung sind in der Abbildung zu sehen. Bestimmen Sie die Intervalle, auf denen die Funktion f monoton wachsend bzw. fallend ist.

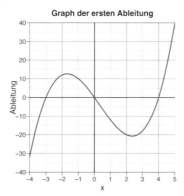

Graph der ersten Ableitung

6.4 Änderungsraten

[1] Die Größe eines Bestandes zur Zeit t sei $B(t) = t^2 + 10t + 10$. Berechnen Sie die relative Änderungsrate $\dot{B}(t)/B(t)$ zur Zeit $t = 1$.

[2] Die Gesamtkosten für die Herstellung von Q eines Gutes seien $C(Q) = Q^3 - 15Q^2 + 900Q$. Für welchen Wert Q^* sind die Grenzkosten am geringsten?

[3] Die Kosten zur Herstellung von Q Einheiten eines Gutes seien $C(Q) = \dfrac{1}{3}Q^3 - 6Q^2 + 160Q + 15$.
a) Bestimmen Sie die Grenzkosten $C'(Q)$.
b) Formen Sie den Ausdruck für $C'(Q)$ mit einer geeigneten quadratischen Ergänzung so in zwei nichtnegative Summanden um, dass offensichtlich wird, dass die Grenzkosten positiv sind.
c) Geben Sie die angenäherten und die exakten Mehrkosten an, wenn statt 3 jetzt 4 Einheiten hergestellt werden.

[4] Die Kostenfunktion für die Produktion von x Einheiten eines Gutes sei $C(x) = 12\left(x^2 - 2x - 2\right)$.
a) Bestimmen Sie die momentane und die relative Änderungsrate der Kostenfunktion.
b) Für welche Produktionsmengen ist die relative Änderungsrate gleich der momentanen Änderungsrate?

[5] Sei $K(x) = \dfrac{1}{9}x^3 - \dfrac{1}{2}x^2 + x + \dfrac{3}{2}$ eine Kostenfunktion. Bestimmen Sie die durchschnittliche Änderungsrate, wenn sich x von 3 auf $3 + \Delta x$ ändert.

[6] Bestimmen Sie die relative Änderungsrate der in der Abbildung gezeigten Funktion f an den Stellen $x = 1$, 4 und 7. Bestimmen Sie auch die durchschnittliche Änderungsrate, wenn x von $x_0 = 1$ auf $x_0 + \Delta x = 4$ bzw. auf 7 geändert wird. Wie kann man die durchschnittliche Änderungsrate grafisch interpretieren?

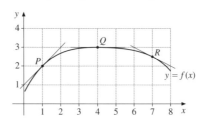

[7] Für eine gegebene Funktion $y = f(x)$ ergibt sich für den Differenzenquotienten $\dfrac{f(x_0 + \Delta x) - f(x_0)}{\Delta x} = 6x_0^2 + 6x_0\Delta x + 2(\Delta x)^2$. Bestimmen Sie die durchschnittliche Änderungsrate von f an der Stelle $x_0 = 4$, wenn $\Delta x = 1$ bzw. 0.5 bzw. 0.1. Bestimmen Sie dann die momentane Änderungsrate von f an der Stelle $x_0 = 4$. Was stellen Sie fest, wenn Sie diese vier Werte betrachten?

6.5 Exkurs über Grenzwerte

[1] Bestimmen Sie die folgenden Grenzwerte.

a) $\displaystyle\lim_{h\to 0}\frac{(x+h)^4 - x^4}{h}$

b) $\displaystyle\lim_{h\to -\infty}\frac{(c+h)(c-h)}{h^2}$ für eine reelle Konstante c

c) $\displaystyle\lim_{x\to\infty} 2 - \frac{1.5}{x+1}$

d) $\displaystyle\lim_{x\to 3}\frac{2x^2 - 4x - 6}{x-3}$

e) $\displaystyle\lim_{x\to -2}\frac{2x^2 + 5x + 2}{x^2 - 4}$

f) $\displaystyle\lim_{x\to 3}\left(\frac{1}{x-3} - \frac{5}{x^2 - x - 6}\right)$

g) $\displaystyle\lim_{x\to 0^+}\ln x^2$

h) $\displaystyle\lim_{x\to 0}\frac{2e^x}{3x + 7e^x}$

i) $\displaystyle\lim_{x\to -\infty}\frac{(2+3x)(2-3x)}{x^2}$

j) $\displaystyle\lim_{x\to -5}\frac{10 + 60x}{(x-5)^2}$

k) $\displaystyle\lim_{x\to -3}\frac{x^2 - 9}{x+3}$

l) $\displaystyle\lim_{x\to 2}(x^2 + 1)^2$

m) $\displaystyle\lim_{x\to\infty}\frac{2}{x^2 + 1}$

[2] Die Funktion $y = f(x)$ besitze den in der Abbildung gezeigten Graphen. Beschreiben Sie mit Hilfe der Grenzwertsymbolik $(\lim\limits_{x\to a} f(x) = b)$ das Verhalten der Funktion an den Stellen A, B, C und D.

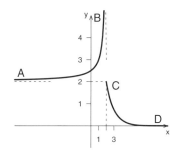

6.6 Einfache Regeln der Differentiation

[1] Bestimmen Sie für die folgenden Funktionen jeweils die Gleichung der Tangente an der angegebenen Stelle. Geben Sie das Ergebnis in der Gestalt $y = ax + b$ an.

a) $f(x) = -2x^2 + x$ an der Stelle $x_0 = 2$.

b) $f(x) = 4x^2 + 3x - 4$ an der Stelle $x_0 = 0$.

c) $f(x) = x^3 + 3x^2 + 6x$ an der Stelle $x_0 = -1$.

d) $f(x) = \sqrt{x}$ an der Stelle $x_0 = 4$.

[2] Bestimmen Sie die Ableitungen der folgenden Funktionen.

a) $f(x) = \sqrt{x}$

b) $f(x) = 4\sqrt{x} + 3$

c) $f(x) = \dfrac{1}{\sqrt[3]{x}}$

d) $f(x) = \dfrac{3}{\sqrt[4]{x}} + 12$

[3] Bestimmen Sie die relative Änderungsrate der Funktion $f(x) = -\dfrac{2}{x\sqrt{x}}$.

6.7   Summen, Produkte und Quotienten

[1] Finden Sie für die folgenden Funktionen jeweils die Ableitung.

a) $f(t) = 2t^{10} + \dfrac{1}{5}t^5$ **b)** $f(x) = 3x^5 - 2x^3 + 1/x$.   **c)** $f(x) = x^3 + 25x$

d) $f(x) = \dfrac{x^2 + 4}{x^2 - 4}$ **e)** $g(x) = \dfrac{3x^2 - 5x}{x + 1}$ **f)** $h(x) = \sqrt{x}(x^2 + 3x + 4)$

g) $h(x) = (x - 4)(x^3 + 2x^2 + 4x)$ **h)** $h(x) = \dfrac{x^2 + 3x}{\sqrt{x}}$

6.8   Kettenregel

[1] Berechnen Sie die Ableitungen der folgenden Funktionen und vereinfachen Sie Ihr Ergebnis so weit wie möglich.

a) $h(x) = (x^3 + 3x^2 - 4)^2$ **b)** $h(x) = (x^3 + 1)^4$

c) $f(x) = x\sqrt{9 - x}$ **d)** $h(x) = \sqrt{x^2 + 2x - 8}$

6.9   Ableitungen höherer Ordnung

[1] Berechnen Sie $f'(x)$ und $f''(x)$, wenn

a) $f(x) = 2 - \dfrac{1}{x + 1}$ **b)** $f(x) = \dfrac{x + 1}{x^2 - 1}$

[2] Berechnen Sie die zweite Ableitung der Funktion $g(x) = 3[h(x)]^2$ an der Stelle $x = x_0$. Es sei bekannt, dass $h'(x_0) = 1$ und $h''(x_0) = 0$.

[3] Bestimmen Sie alle Ableitungen bis zur vierten Ordnung, wenn

a) $f(x) = 2x^3 + 12x^2 + 4x + 3$ **b)** $f(x) = \sqrt{x} = x^{1/2}$ **c)** $f(x) = x^3 + x^{-3}$

[4] Die folgenden Abbildungen zeigen jeweils den Graphen der zweiten Ableitung einer auf ganz $\mathbb{R}$ definierten Funktion $y = f(x)$. Alle Nullstellen der zweiten Ableitung sind in den Abbildungen zu sehen. In welchen Intervallen ist die Funktion $y = f(x)$ konvex bzw. konkav?

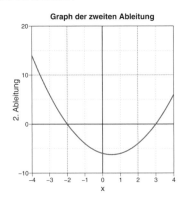

Graph der zweiten Ableitung

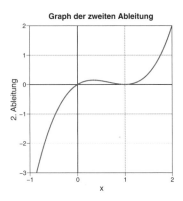

Graph der zweiten Ableitung

[5] Geben Sie alle Werte der Konstanten a an, für die die Funktion $f(x) = ax^2 + bx + c$ (b und c sind konstant) auf dem gesamten Definitionsbereich konvex ist.

[6] In welchen Intervallen sind die folgenden Funktionen konvex bzw. konkav?

a) $f(x) = x^3 + 3x^2 + 6x$ **b)** $f(x) = 4x^5 - \dfrac{10}{3}x^3 + 2x$

6.10 Exponentialfunktionen

[1] Bestimmen Sie die erste Ableitung für

a) $f(x) = 5x - e^{2x-4}$ **b)** $h(x) = \sqrt{(x^2 + 4)e^{2x}}$ **c)** $g(x) = 2xe^{(x+3)x}$

d) $f(x) = e^x 2^x$ **e)** $h(x) = 4\sqrt{e^x}$ **f)** $h(x) = \dfrac{x^2}{e^x}$

[2] Bestimmen Sie $f'''(x)$, wenn

a) $f(x) = xe^x$ **b)** $f(x) = \dfrac{1}{4}e^{2x+1} + 2x^2$

[3] Bestimmen Sie die Ableitung zweiter Ordnung, wenn

a) $f(x) = e^{1/x} = e^{x^{-1}}$ **b)** $h(x) = 2xe^x$ **c)** $f(x) = e^{x^2}$.

[4] Bestimmen Sie die relative Änderungsrate, wenn

a) $f(x) = e^{-3x}$ **b)** $f(x) = (x + e^x)^2$

c) $h(t) = f(t)e^{g(t)}$, wobei $f(t)$ und $g(t)$ differenzierbare Funktion von t sind

d) $F(x) = f(x)/g(x)$, wobei $f(x) = x^2$ und $g(x) = e^x$. Verwenden Sie (6.7.4).

[5] Bestimmen Sie $f''(x)/f(x)$, wenn $f(x) = e^{g(x)}$.

6.11 Logarithmusfunktionen

[1] Berechnen Sie die Ableitung erster Ordnung, wenn

a) $y = \ln(\sqrt{x})$ für $x > 0$ **b)** $h(x) = \dfrac{\ln x^2}{x^2}$ für $x \neq 0$

c) $h(x) = 2x \ln\left(x\sqrt{x^2 + 1}\right)$ **d)** $h(x) = \dfrac{\ln x}{e^x}$ für $x > 0$

e) $h(x) = \dfrac{x \cdot \ln(x)}{x - 1}$ für $x > 0$ **f)** $g(x) = e^{\ln(2x)}$ für $x > 0$

[2] Bestimmen Sie die Ableitungen der folgenden Funktionen, indem Sie zunächst die Rechenregeln für Logarithmen verwenden, um den Ausdruck für die Funktion zu vereinfachen.

a) $f(x) = \ln(5x^3) - \ln(3x^2)$ **b)** $f(x) = \ln(5x^2)$ für $x \neq 0$

[3] Bestimmen Sie die zweite Ableitung, wenn

a) $f(x) = \ln(2x)$ für $x > 0$ **b)** $f(x) = \ln(x^2 + 3)$

c) $y = \ln h(x)$, wobei $h(x) > 0$ und differenzierbar

[4] Berechnen Sie die Ableitung dritter Ordnung, wenn $f(x) = x \ln x$

[5] Berechnen Sie durch logarithmisches Differenzieren $\dfrac{y'}{y}$, wenn

a) $y = x^{e^x}$ für $x > 0$

b) $y = x^{g(x)}$ für $x > 0$, wobei $g(x)$ eine differenzierbare Funktion ist.

c) $y = x^2 e^{\sqrt[3]{x}}$ für $x > 0$

[6] Bestimmen Sie durch logarithmisches Differenzieren die Ableitung y', wenn

a) $y = (4x)^{2x}$ für $x > 0$ **b)** $y = (x^2 + 1)^{x^2+1}$.   **c)** $y = x^{\ln x}$ für $x > 0$

[7] Sei $f(x) = \ln(x) \cdot e^{-x}$ für $x > 0$. An welcher Stelle x_0 schneidet der Graph der Funktion die x-Achse? Bestimmen Sie die Gleichung der Tangente in diesem Punkt.

Weitere Aufgaben zu Kapitel 6

[1] Bestimmen Sie die Gleichung der Tangente an den Graphen der Funktion $f(x) = \sqrt{x} = x^{1/2}$ im Punkt $(4, 2)$. Geben Sie das Ergebnis in der Form $y = ax + b$ an.

[2] Für welche Werte von x sind die folgenden Funktionen strikt monoton fallend bzw. strikt monoton wachsend?

a) $f(x) = x^3 \ln(x)$ **b)** $f(x) = e^{x^2} \cdot e^x$ **c)** $f(x) = x^3 - 3x^2$

[3] Bestimmen Sie die Grenzwerte der folgenden Ausdrücke, indem Sie diese Ausdrücke als Differenzenquotienten auffassen und die zugehörige Ableitung verwenden. Beachten Sie, dass wir nicht von vornherein Δx als Notation für die Variable verwenden, die gegen Null konvergieren soll.

a) $\displaystyle\lim_{h\to 0} \frac{\sqrt[3]{27 + h} - 3}{h}$ **b)** $\displaystyle\lim_{h\to 0} \frac{(x + h)^3 - x^3}{h}$

c) $\displaystyle\lim_{h\to 0} \frac{(x + h)^2 - x^2}{h}$ **d)** $\displaystyle\lim_{h\to 0} \frac{\sqrt{25 + h} - 5}{h}$

[4] In welchen Intervallen sind die folgenden Funktionen konvex bzw. konkav?

a) $f(x) = 2x^2 - e^{2x-4}$ **b)** $x^4 - 6x^2 + 6x + 4$

[5] Bestimmen Sie jeweils die 1. Ableitung.

a) $h(x) = \dfrac{x^2 + 2x}{e^x}$ **b)** $f(x) = 2^{e^x}$ **c)** $f(x) = \left(e^{2x}\right)^4$

d) $y = \ln(2^x)$ **e)** $f(x) = (2e^x + x^3)^3$ **f)** $f(x) = a^{x^2}$ mit $a > 1$

[6] Bestimmen Sie jeweils die relative Änderungsrate:

a) $f(x) = e^{x^2}$ **b)** $f(x) = \ln x^2$ mit $x > 0$ **c)** $f(x) = e^{x^2}$

[7] Bestimmen Sie jeweils die 2. Ableitung:

a) $f(x) = x^2 \ln x$ $(x > 0)$ **b)** $f(x) = e^{x^2}$

[8] Die Kosten für die Herstellung und den Verkauf von x Einheiten eines Gutes seien $C(x) = x^2 + 3x + 100$ für $x \geq 0$. Für welches x ist die Ableitung der Durchschnittskosten $\dfrac{C(x)}{x}$ gleich Null?

[9] Bestimmen Sie die Ableitung als Grenzwert des Differenzenquotienten für $\Delta x \rightarrow$ 0, wenn Ihnen folgende Informationen gegeben sind:

a) $\dfrac{f(x + \Delta x) - f(x)}{\Delta x} = 3x^2 + 3x\Delta x + (\Delta x)^2 - 4x - 2\Delta x$

b) $\Delta y = f(x + \Delta x) - f(x) = -\dfrac{\Delta x}{x(x + \Delta x)}$ für $x \neq 0$

[10] Die folgende Abbildung zeigt den Graphen einer Funktion $y = f(x)$. Bestimmen Sie die relative Änderungsrate von f an der Stelle $x = 1$ sowie die durchschnittliche Änderungsrate von f, wenn x sich von $x = 2$ auf $x + \Delta x = 4$ ändert.

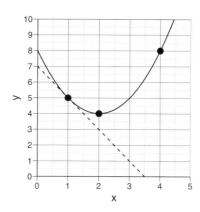

Anwendungen der Differentialrechnung

7

ÜBERBLICK

7.1 Implizites Differenzieren

[1] Bestimmen Sie jeweils y', wenn y implizit durch die folgende Gleichung als Funktion von x definiert wird. Falls ein Punkt angegeben ist, so bestimmen Sie bitte y' in diesem Punkt.

a) $x^3 + y^3 = 3xy$ im Punkt $(3/2, 3/2)$.

b) $x^4y + e^{xy} = x$ im Punkt $(x, y) = (1, 0)$.

c) $x^3 \ln(xy + 1) + e^{xy} = x$ im Punkt $(x, y) = (1, 0)$.

d) $2x^2y^3 - \ln x + e^{xy} = y$ im Punkt $(e, 0)$.

e) $y = x^2 + 2xy + 0.5y^2 + 2x + 4y - 7$.

f) $2y^3 + 6x^3 - 24x + 6y = 0$ in den Punkten $(0, 0)$ und $(2, 0)$.

g) $(2x + 3y)^2 + e^{xy} = x + 10$ im Punkt $(0, 1)$.

h) $x^3y = a$.

[2] Die Gleichung eines Kreises um den Ursprung $(0, 0)$ als Mittelpunkt mit dem Radius r ist gegeben durch $x^2 + y^2 = r^2$.

a) Gesucht ist die Steigung im Punkt (x, y) mit $y \neq 0$. Berechnen Sie durch implizites Differenzieren y' als Funktion von x und y.

b) Die Abbildung zeigt den Kreis $x^2 + y^2 = 10$. Bestimmen Sie die Steigung der Tangente im Punkt $(1, 3)$ und dann die Gleichung dieser Tangente.

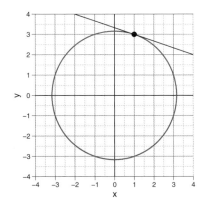

[3] Für $p > 0$ wird durch die Gleichung $y^2 = 2px$ eine nach rechts geöffnete Parabel beschrieben. Nehmen Sie an, dass der Punkt (x, y) mit $y \neq 0$ auf der Parabel liegt. Bestimmen Sie durch implizites Differenzieren die Steigung y' im Punkt $(x, 1)$.

[4] Bestimmen Sie die zweite Ableitung y'' im angegebenen Punkt, wenn y implizit als differenzierbare Funktion von x durch die folgende Gleichung definiert wird.

a) $3y^2 - 2xy = -1$ im Punkt $(2, 1)$.   **b)** $y + \ln y = 1 + x$ im Punkt $(0, 1)$.

7.2 Ökonomische Beispiele

[1] Gegeben sei die Gleichung $Y = C + \bar{I} + X - M$ mit $C = 10 + 0.9 \cdot Y$, $M = M(Y)$ und der Konstanten $\bar{I}$. Bestimmen Sie $\dfrac{dY}{dX}$ durch implizites Differenzieren.

[2] Es sei L eine differenzierbare Funktion von K, die die Gleichung $K^2 + 2KL + L^3 = 9$ erfüllt. Bestimmen Sie dL/dK im Punkt $K = 2$ und $L = 1$.

7.3 Ableitung der Inversen

[1] Bestimmen Sie für die folgenden Funktionen f jeweils die Steigung ihrer inversen Funktion g an der angegebenen Stelle.

a) $y = f(x) = 4x^{2/3}$ für $x > 0$ an der Stelle $y_0 = 1$.

b) $f(x) = \ln(3x + 1/2)$ an der Stelle $y_0 = 0$.

c) $y = f(x) = e^{x^2 + 2x - 8}$ für $x > -1$ an der Stelle $y_0 = 1$. Es gilt $f(2) = 1$.

d) $y = f(x) = 5x^3 - 2$ für $x > 0$ an der Stelle $y_0 = 3$.

[2] In der Statistik bezeichnet man die Verteilungsfunktion der Standardnormalverteilung mit $\Phi(x)$. Sie ist definiert auf $(-\infty, \infty)$, strikt monoton steigend mit Werten in $(0, 1)$. Ferner ist $\Phi'(x) = \dfrac{1}{\sqrt{2\pi}}\, e^{-x^2/2}$ und $\Phi(0) = 1/2$. Die Umkehrfunktion oder Inverse dieser Funktion wird mit Φ^{-1} bezeichnet und es gilt $\Phi^{-1}(1/2) = 0$. Geben Sie die Steigung der Umkehrfunktion Φ^{-1} an der Stelle $1/2$ an.

[3] Die Funktionen $f(x)$ und $g(x)$ seien gegenseitig invers. Es sei $h(x) = f(g(x))$. Bestimmen Sie $h''(x)$.

[4] Die beiden folgenden Abbildungen zeigen jeweils eine strikt monoton steigende Funktion $y = f(x)$, die somit eine inverse Funktion $x = g(y)$ haben.

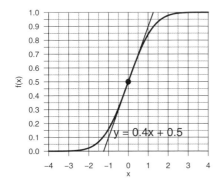 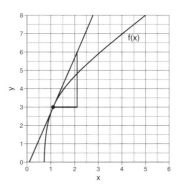

a) Die linke Abbildung zeigt auch die Tangente und die Gleichung der Tangente an den Graphen von f im Punkt $(x_0, y_0) = (0, 0.5)$. Bestimmen Sie die Steigung der zu f inversen Funktion $x = g(y)$ an der Stelle $y_0 = 0.5$.

b) Bestimmen Sie für die rechte Abbildung die Ableitung der inversen Funktion g an der Stelle 3, indem Sie das in der Abbildung dargestellte Steigungsdreieck für f an der Stelle $(\ln(3), 3)$ mit $\Delta x = 1$ verwenden.

7.4 Lineare Approximation

[1] Bestimmen Sie für die folgenden Funktionen jeweils die lineare Approximation um den angegebenen Punkt.

a) $f(x) = \sqrt{1 + x^2}$ um $x = 1$. **b)** $f(x) = 2xe^{x^2}$ um $x = 0$.

c) $f(x) = 2xe^{1-x}$ um $x = 1$. **d)** $f(x) = e^x - e^{-x}$ um $x = 0$.

[2]

a) Bestimmen Sie die lineare Approximation an $f(x) = \sqrt{x}$ um $x = 49$.

b) Nutzen Sie das Ergebnis aus a) zur Approximation von $f(48)$. Berechnen Sie auch den Fehler, den Sie bei dieser Approximation machen.

[3] Bestimmen Sie die folgenden Differentiale.

a) $d(\ln(x^2) + 1)$ **b)** $d(x^3 + 7x^2 + 8x - 16)$.

[4] Sei $y = f(x) = \sqrt{9 + x^4}$. Bestimmen Sie das Differential df von f bezüglich x und berechnen Sie dann approximativ mit Hilfe des Differentials die Änderung von f, wenn sich x von 2 auf 2.1 ändert. Wie groß ist die tatsächliche Änderung von f, wenn sich x von 2 auf 2.1 ändert.

[5] Die folgende Abbildung zeigt den Graphen der Funktion $y = f(x) = x^4$. Die Tangente ist an der Stelle $x = 2$ eingezeichnet.

y = f(x) mit Tangente an der Stelle x = 2

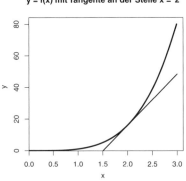

a) Zeichnen Sie für $x + dx = 2.5$ die folgenden Größen deutlich sichtbar und beschriftet in die Abbildung ein: dx, dy und Δy.

b) Geben Sie einen allgemeinen Ausdruck für das Differential dy an, wenn $y = x^4$ ist. Bestimmen Sie anschließend für die Situation in a) die Zahlenwerte für dx, dy und Δy.

[6] Berechnen Sie für die folgenden Funktionen zunächst einen allgemeinen Ausdruck für das Differential $dy = df$ und anschließend einen Zahlenwert für dy und Δy, wenn x ausgehend von $x = 1$ um $dx = 0.1$ geändert wird.

a) $y = f(x) = x^3 \cdot \ln x$ für $x > 0$ **b)** $y = f(x) = \ln x$ für $x > 0$ **c)** $y = f(x) = e^x$

7.5 Polynomiale Approximation

[1] Bestimmen Sie für die folgenden Funktionen die quadratische Approximation um den angegebenen Punkt.

a) $f(x) = 2xe^{2x}$ um $x = 0$. **b)** $f(x) = (x^2 + 2x + 6)^2$ um $x = 0$.

c) $f(x) = \dfrac{1}{3}x^2 + 2x + 10$ um $x = 0$. **d)** $f(x) = (1 + x)^{-1/2}$ um $x = 3$.

[2] Approximieren Sie die Funktion $f(x) = e^{2x}$ um $x_0 = 0$ durch ein Polynom dritten Grades.

[3] In der Statistik bezeichnet man die Verteilungsfunktion der Standardnormalverteilung mit $\Phi(x)$. Es gilt $\Phi'(x) = \dfrac{1}{\sqrt{2\pi}}e^{-x^2/2}$. Ferner ist $\Phi(0) = 1/2$. Bestimmen Sie die lineare und quadratische Approximation der Funktion $\Phi(x)$ in der Nähe von $x = 0$.

[4]
a) Bestimmen Sie für $f(x) = (x\ln(x))^2$ das Taylor-Polynom 2. Grades um $x = 1$.
b) Wie groß ist der Fehler, wenn Sie diese Approximation an der Stelle 1.1 verwenden?
c) Was ergibt sich für die lineare Approximation?

[5] Bestimmen Sie für die folgenden Funktionen jeweils das Taylor-Polynom zweiten Grades um $x = 0$.
a) $f(x) = g(x) \cdot \ln(g(x))$, wobei $g(0) = g'(0) = g''(0) = 1$.
b) $f(x) = \ln(g(x))$, wobei $g(0) = g'(0) = g''(0) = 1$.

7.6 Taylor-Formel

[1] Geben Sie die Taylor-Formel (7.6.3) an, wenn
a) $f(x) = x^3 - 1$ und $n = 3$. **b)** $f(x) = e^x + x^2$ und $n = 2$.

[2] Geben Sie für $f(x) = \sqrt{x + 5}$ das Restglied $R_3(x)$ des Taylor-Polynoms um $x = 0$ mit $n = 2$ an.

[3] Bestimmen Sie die quadratische Approximation der für $x > 0$ definierten Funktion $f(x) = \ln x$ um $x = 1$. Bestimmen Sie die kleinste obere Schranke für das Restglied $R_3(x)$ bei dieser Approximation für $x \in [1, 2]$.

7.7 Warum Ökonomen Elastizitäten benutzen

[1] Die Nachfrage D nach einem Gut als Funktion des persönlichen Einkommens r wurde durch die Funktion $D = Br^{0.3}$ geschätzt, wobei B eine Konstante ist. Um wieviel Prozent steigt die Nachfrage ungefähr, wenn sich das persönliche Einkommen um 1% erhöht.

[2] Bestimmen Sie jeweils die Elastizitäten der folgenden Funktionen.

a) $f(x) = x\sqrt{x}x^{4/3}$ **b)** $f(x) = \dfrac{x^3}{\sqrt{x}}$ **c)** $f(x) = \dfrac{x+1}{x-1}$ **d)** $f(x) = e^x \cdot \ln x$

e) $L(t) = \dfrac{100}{t\sqrt{t}}$ für $t > 0$ **f)** $f(x) = \ln x$ **g)** $f(x) = \ln(x^2)$ für $x > 1$ **h)** $f(x) = e^{5x}$

[3] Die Preiselastizität der Nachfrage nach einem Gut sei -1.5. Beim Preis von 5 Euro pro Einheit des Gutes sei die Nachfrage 200. Der Preis dieses Gutes wird nun von 5 Euro auf 5.05 Euro erhöht. Geben Sie einen Näherungswert für die Nachfrage bei diesem neuen Preis an.

7.8 Stetigkeit

[1] Wo, d.h. für welche Werte von x sind die folgenden Funktionen stetig?

a) $f(x) = \dfrac{1}{\sqrt{x}\ln(x)} + \dfrac{x^2}{2-x}$ **b)** $f(x) = \dfrac{\ln x}{x-3}$ **c)** $f(x) = 2\ln(x+1) - \dfrac{1}{\sqrt{x-2}}$

[2] Für welche Werte von a sind die folgenden Funktionen stetig?

a) $f(x) = \begin{cases} \sqrt{x}+2 & 0 \le x < 4 \\ ax+3 & x \ge 4 \end{cases}$

b) $f(x) = \begin{cases} \dfrac{x^2-1}{x-1} & \text{für} \quad x < 1 \\ \ln(x)+ax & \text{für} \quad x \ge 1 \end{cases}$

c) $f(x) = \begin{cases} x^2-a & \text{für} \quad x < 2 \\ x+1 & \text{für} \quad x \ge 2 \end{cases}$

7.9 Mehr über Grenzwerte

[1] Sei $f(x) = \dfrac{xe^{2x}}{x+1}$ für $x \ne -1$. Bestimmen Sie $\lim\limits_{x \to -1^+} f(x)$ und $\lim\limits_{x \to -1^-} f(x)$

[2] Bestimmen Sie $\lim\limits_{x \to \infty} \ln\left(\dfrac{3x}{x+1}\right)$.

[3] Bestimmen Sie den linksseitigen Grenzwert $\lim\limits_{x \to 0^-} f(x)$ und den rechtsseitigen Grenzwert $\lim\limits_{x \to 0^+} f(x)$, wenn $f(x) = \begin{cases} 0 & x = 0 \\ \dfrac{x}{\sqrt{|x|}} & x \ne 0 \end{cases}$

[4] Bestimmen Sie alle horizontalen und vertikalen Asymptoten der Funktion $f(x) = \dfrac{x-2}{(x-1)^2}$.

7.10   Zwischenwertsatz. Newton-Verfahren

[1] Bestimmen Sie mit dem Newton-Verfahren näherungsweise eine Nullstelle der folgenden Funktionen, indem Sie eine Iteration mit dem angegebenen Startpunkt x_0 durchführen.

a) $f(x) = x^3 + 7x^2 + 8x - 16$ mit $x_0 = 2$ **b)** $f(x) = -x^4 + 2x^2 + 3x - 2$ mit $x_0 = 0$

c) $f(x) = x^3 + 3x - 8$ mit $x_0 = 1$ **d)** $f(x) = e^{-x} + 7x - 10$ mit $x_0 = 0$

[2] Bestimmen Sie mit dem Newton-Verfahren näherungsweise eine Nullstelle der folgenden Funktionen, indem Sie zwei Iterationen mit dem angegebenen Startpunkt x_0 durchführen.

a) $f(x) = 2x^3 - 4x^2 - 8x + 6$ mit $x_0 = 0$ **b)** $f(x) = x^3 + 3x - 6$ mit $x_0 = 1$

c) $f(x) = -e^{2x} - 2x + 3$ mit $x_0 = 0$

[3] Die in der folgenden Abbildung dargestellte Funktion $f(x)$ hat eine Nullstelle zwischen 0 und 1. Bestimmen Sie die Nullstelle, indem Sie das Newton-Verfahren einmal anwenden und $x_0 = 0$ als Startpunkt verwenden.

Hinweis: Alle benötigten Werte lassen sich aus der Grafik ablesen, wobei $g(x)$ die Tangente an die Funktion $f(x)$ an der Stelle $x_0 = 0$ ist.

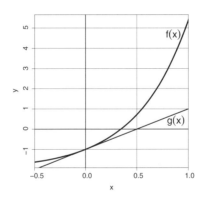

[4] Berechnen Sie die erste Näherung x_1 für die Lösung der Gleichung $2^x = 7$ nach dem Newton-Verfahren, wenn Sie als Startwert $x_0 = 3$ verwenden.

[5] Es gilt $\sqrt[5]{34} \approx 2$. Finden Sie eine bessere Approximation, indem Sie das Newton-Verfahren einmal anwenden.

7.11 Unendliche Folgen

[1] Sei $a_n = \dfrac{n^2 - 3n + 4}{2n^2 - 1}$ und $b_n = \dfrac{4 - n}{2n - 1}$ $n = 1, 2, \ldots$. Berechnen Sie

a) $\displaystyle\lim_{n\to\infty} a_n$ b) $\displaystyle\lim_{n\to\infty} b_n$ c) $\displaystyle\lim_{n\to\infty} (a_n + b_n)$

d) $\displaystyle\lim_{n\to\infty} (a_n - b_n)$ e) $\displaystyle\lim_{n\to\infty} (a_n b_n)$ f) $\displaystyle\lim_{n\to\infty} (a_n/b_n)$

[2] Bestimmen Sie jeweils den Grenzwert der Folge für $n \to \infty$.

a) $\displaystyle\lim_{n\to\infty} \left(29 - \dfrac{1}{n^2 - 1} + \dfrac{1}{n^2 + 1} \right)$ b) $\displaystyle\lim_{n\to\infty} \left(\dfrac{5n - 1}{n} \right)^2$

c) $\dfrac{(2n + 1)^2}{n^2}$ d) $\displaystyle\lim_{n\to\infty} \left(\dfrac{n^2 + n}{n^2} \right)^n$

7.12 Umbestimmte Formen und Regeln von L'Hôspital

[1] Bestimmen Sie die Grenzwerte der folgenden Ausdrücke, wenn $x \to 1$.

a) $\dfrac{a^{2x} - a^2}{2x - 2}$ b) $\dfrac{x^x - x}{1 - x + \ln x}$ **Hinweis:** Nach (6.11.4) ist $(x^x)' = x^x(\ln x + 1)$.

c) $\dfrac{x^n - 1}{x - 1}$ d) $\dfrac{\ln x}{e^x - e}$ e) $\dfrac{x^4 - 2x^2 + 1}{x^4 - 4x + 3}$ f) $\dfrac{\ln x - x + 1}{(2x - 2)^2}$

[2] Bestimmen Sie die Grenzwerte der folgenden Ausdrücke, wenn $x \to 0$.

a) $\dfrac{e^{3x} - e^x}{\ln(1 + x)}$ b) $\dfrac{e^{x^2} - 1}{2x^2}$ c) $\dfrac{e^{3x} - 3x - 1}{2x^2}$

[3] Bestimmen Sie die folgenden Grenzwerte.

a) $\displaystyle\lim_{x\to 3} \dfrac{2x^2 - 4x - 6}{x - 3}$ b) $\displaystyle\lim_{x\to -2} \dfrac{2x^2 + 5x + 2}{x^2 - 4}$ c) $\displaystyle\lim_{x\to\infty} \dfrac{x^2 + 1}{e^x}$ d) $\displaystyle\lim_{x\to\infty} \dfrac{3x + \ln x}{x}$

e) $\displaystyle\lim_{x\to\infty} \dfrac{xe^{2x}}{x + 1}$ f) $\displaystyle\lim_{x\to -\infty} \dfrac{xe^{2x}}{x + 1}$ g) $\displaystyle\lim_{x\to\infty} \dfrac{10(x - 4)}{x^2 + 9}$

h) $\displaystyle\lim_{x\to\infty} \dfrac{\ln x}{x}$ i) $\displaystyle\lim_{x\to\infty} \dfrac{x}{\ln x}$ j) $\displaystyle\lim_{x\to\infty} \dfrac{x^3}{e^x}$

Weitere Aufgaben zu Kapitel 7

[1]

a) Bestimmen Sie den Definitionsbereich D_f und den Wertebereich R_f der Funktion
$$f(x) = \ln \left(\dfrac{2 + x}{2 - x} \right) = \ln(2 + x) - \ln(2 - x).$$

b) Zeigen Sie, dass f strikt monoton steigend ist und somit eine Inverse g hat.

c) Es gilt $f(1) = \ln 3$. Bestimmen Sie die Ableitung der Inversen g an der Stelle $\ln 3$.

[2] Sei $f_1(x) = e^x$ und $f_2(x) = \ln(x)$. Bestimmen Sie die Grenzwerte der folgenden Funktionen für $x \to \infty$.

a) $f_1(x) + f_2(x)$ b) $f_1(x) \cdot f_2(x)$ c) $f_1(x)/f_2(x)$ d) $f_2(x)/f_1(x)$ e) $f_1(x) - f_2(x)$

[3] Der Punkt $(1, 1)$ liegt auf dem Graphen der Gleichung $y^2 - x = 0$. Bestimmen Sie durch implizites Differenzieren die 2. Ableitung y'' in diesem Punkt.

[4] Bestimmen Sie das Differential dy von $y = f(x) = 2xe^{x^2}$, wenn x ausgehend von $x = 0$ um $dx = 0.25$ vergrößert wird. Wie groß ist die tatsächliche Änderung des Funktionswertes?

[5] Bestimmen Sie die folgenden Grenzwerte:

a) $\lim\limits_{n \to \infty} \dfrac{5n^3 - 3n^2 + 2n + 6}{n^3 - n^2 + n}$ **b)** $\lim\limits_{x \to 1} \dfrac{x - 1}{x^2 - 1}$ **c)** $\lim\limits_{x \to 0^+} x \ln x$

[6] Bestimmen Sie die Elastizitäten der folgenden Funktionen:

a) $y = f(x) = e^{x^2}$ **b)** $f(x) = e^x$ **c)** $f(x) = \dfrac{\ln x}{x}$ für $x > 0$

d) $f(x) = \dfrac{x^3}{\sqrt{x}} + x^{3/2} \cdot x^3 \cdot x^{-2}$; $x > 0$

[7] Wenden Sie das Newton-Verfahren jeweils einmal mit dem Startwert x_0 an, um eine angenäherte Lösung x_1 der folgenden Gleichungen zu bestimmen:

a) $e^x = 2$ mit $x_0 = 0$ **b)** $x^2 - \ln x = 2$ mit $x_0 = 2$

[8] Bestimmen Sie die lineare Approximation von $y = f(x) = 2e^{x^2}$ um $x_0 = 0$.

[9] Bestimmen Sie das Restglied in der Taylorformel, wenn für die Funktion $f(x) = 4x^2 + 2x$ die lineare Approximation um $x_0 = 0$ verwendet wird?
Hinweis: Das Restglied, d.h. der Fehler bei der linearen Approximation kann hier exakt bestimmt werden!

[10] Approximieren Sie die Funktion $y = f(x) = \ln x$ für $x > 0$ um $x_0 = 1$ durch ein Taylorpolynom dritter Ordnung.

[11] Verwenden Sie die lineare und die quadratische Approximation von $y = e^x$ um $x = 0$ zur angenäherten Berechnung von $e^{0.2}$ und $e^{0.5}$. Bestimmen Sie auch die exakten Werte mit einem Taschenrechner.

Univariate Optimierung

8

ÜBERBLICK

8.1 Einführung

[**1**] Für welchen Wert der Konstanten c hat die Funktion $f(x) = \dfrac{1}{6}x^3 - \dfrac{5}{4}x^2 + cx + 3$ einen stationären Punkt an der Stelle $x = 1$?

[**2**] Bestimmen Sie alle stationären Punkte der folgenden Funktionen

a) $f(x) = x^3 - \dfrac{1}{4}x^4$ **b)** $f(x) = 2x^2 - e^{x^2}$ **c)** $f(x) = x^x$ für $x > 0$

[**3**] Die Funktion $f(x) = e^{x^2+2x}$ hat genau einen Minimumpunkt. Bestimmen Sie den Punkt x^*, an dem f das Minimum annimmt.

8.2 Einfache Tests auf Extrempunkte

[**1**] Bestimmen Sie für die folgenden Funktionen alle stationären Punkte. Untersuchen Sie dann das Vorzeichen der ersten Ableitung, um zu entscheiden, ob es sich um einen Maximumpunkt, einen Minimumpunkt oder um keinen Extrempunkt handelt.

a) $f(x) = (x + 1)e^{-x}$ für $x \in \mathbb{R}$ **b)** $f(x) = \dfrac{x - 2}{(x - 1)^2}$ für $x > 1$

c) $f(x) = 3x^3 \ln(x)$ für $x > 0$ **d)** $f(x) = \dfrac{10(x - 4)}{x^2 + 9}$ für $x > 0$ **e)** $f(x) = e^{x^2+4x+4}$

[**2**] Die folgenden Abbildungen zeigen jeweils den Graphen der ersten Ableitung einer Funktion $y = f(x)$, die genau einen Extrempunkt hat. Geben Sie die x-Koordinate des Extrempunktes an. Ist es ein Maximum oder ein Minimum?

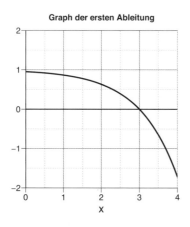

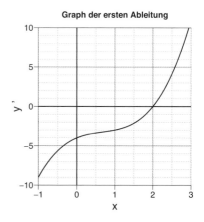

8.3 Ökonomische Beispiele

[**1**] Durch die Produktion und den Verkauf von Q Einheiten eines Produkts hat ein Unternehmen den Erlös $R(Q) = -0.0012Q^2 + 40Q$ und die Kosten $C(Q) = 0.0008Q^2 + 4Q + 32\,000$. Für welche Produktionsmenge Q^* wird der Gewinn maximal und wie hoch ist der maximale Gewinn?

[2] Ein Anbieter habe für sein Produkt die Kostenfunktion $C(Q) = Q^3 - 12Q^2 + 42Q + 240$. Die Kapazitätsgrenze liege bei 15 Mengeneinheiten. Der Marktpreis betrage $P = 69$ Geldeinheiten pro Mengeneinheit. Bestimmen Sie die bei diesem Preis gewinnmaximale Angebotsmenge Q^*.

[3] Bestimmen Sie das Produktionsniveau Q^*, das den Gewinn $\pi(Q) = R(Q) - C(Q)$ maximiert, wenn $R(Q) = 1\,840Q$ und $C(Q) = 2Q^2 + 40Q + 5\,000$.

[4] Die Kostenfunktion für die Herstellung von x Einheiten eines Gutes sei $K(x) = x\sqrt{x} + 500$. Bei welcher Produktionsmenge x_0 werden die Stückkosten $k(x) = K(x)/x$, d.h. die durchschnittlichen Kosten für die Herstellung einer Einheit des Gutes minimal?

[5] Die Kostenfunktion für die Herstellung eines Gutes sei $C(Q) = 25Q^2 + 16Q + 400$. Bestimmen Sie denjenigen Wert Q^*, der die Durchschnittskosten $A(Q) = C(Q)/Q$ minimiert.

[6] Bei der Produktion eines Gutes fallen variable Kosten von 25 Geldeinheiten (GE) pro produzierter Einheit und jährliche fixe Kosten von 1 100 GE an. Der Preis, den das Unternehmen für x Einheiten des Gutes erzielt, variiert mit der nachgefragten Menge x wie folgt $p(x) = 45 - 0.02x$. Ermitteln Sie den maximal erzielbaren Jahresgewinn.

[7] Sei $C(x) = 2x^2 + 12x$ die Kostenfunktion in Abhängigkeit von der Menge x. Der Verkaufspreis sei $p = 50$. Welche Menge x sollte eingesetzt werden, um den Gewinn zu maximieren?

[8] Für einen Monopolisten sei die Preis-Absatzfunktion $P(y) = 500 - \frac{1}{5}y$ und die Kostenfunktion $K(y) = y^2 - 28y + 48\,000$. Berechnenie die den Gewinn maximierende Angebotsmenge y^*, den dazu gehörigen Preis P^* und den maximalen Gewinn.

8.4 Der Extremwertsatz

[1] Bestimmen Sie die globalen Extrempunkte und die zugehörigen Extremwerte der folgenden Funktionen
a) $f(x) = x^3 - 9x$ für $x \in [-4, 4]$ **b)** $f(x) = x^3 e^{-x}$ für $x \in [0, 6]$

[2] Wo ist die Funktion $f(x) = \frac{1}{3}x^3\sqrt{4 - x^2}$ definiert? Bestimmen Sie die globalen Extrempunkte dieser Funktion.

[3] Bestimmen Sie die globalen Extrempunkte und Extremwerte der Funktion
$$f(x) = \begin{cases} -2x^2 + 8x - 4 & \text{für} \quad 0 \leq x \leq 3 \\ 2x^2 - 16x + 32 & \text{für} \quad 3 < x \leq 6 \end{cases}$$

8.5 Weitere ökonomische Beispiele

[1] Die Produktionsfunktion eines Unternehmens sei $Q(A) = 9A^2 - \frac{1}{16}A^3$ für $A \in [0, 100]$, wobei A die Anzahl der Arbeitskräfte bezeichne.
a) Welche Anzahl A^* von Arbeitskräften maximieren den Output $Q(A)$?
b) Welche Anzahl A^{**} maximiert den Output pro Arbeitskraft $Q(A)/A$, wobei $A > 0$?

[2] Ein Anbieter kann maximal Q_{max} = 80 Mengeneinheiten seines Produktes herstellen. Die Kostenfunktion sei $C(Q) = 3Q + 280$. Der Verkaufspreis für eine Einheit des Produktes sei 12 Geldeinheiten. Bei welcher Produktionsmenge Q^* wird der Stückgewinn, d.h. der Gewinn pro Mengeneinheit maximiert?

[3] Ein Unternehmen kann maximal 40 Einheiten eines Produkts pro Tag herstellen. Die Kosten für die Herstellung und den Verkauf von Q Einheiten seien $2Q^2 + 10Q + 450$. Der Preis pro Einheit sei 210 Euro. Berechnen Sie den maximalen Stückgewinn.

[4] Gegeben sei die Kostenfunktion $C(x) = 6x^2 - 72x + 350$ für $x \in [0, 20]$. Bestimmen Sie diejenige Menge x^*, die die höchsten Kosten verursacht.

[5] Der Preis P eines Gutes, sowie die Gesamtkosten C für die Produktion hängen von der Nachfrage Q ab: $P(Q) = 40 - 0.002Q$ und $C(Q) = 0.003Q^2 + 10Q + 6\,800$. Geben Sie denjenigen Wert Q^* an, der den Gewinn maximiert. Geben Sie außerdem den maximalen Gewinn $\pi(Q^*)$ an.

[6] Die Kostenfunktion eines Unternehmens sei $C(x) = 2x + \sqrt{x + 34}$. Aufgrund der Produktionstechnik können maximal 30 Gütereinheiten produziert werden. Geben Sie den Punkt x^* an, in dem maximale Kosten entstehen und geben Sie diese maximalen Kosten an.

8.6   Lokale Extrempunkte

[1] Bestimmen Sie für die folgenden Funktionen die lokalen Extrempunkte und die zugehörigen Extremwerte.

a) $f(x) = x^3 e^{-x}$ **b)** $f(x) = \frac{1}{3}x^3 - x^2 - 3x + 6$ **c)** $f(x) = x^3 - 3x$

[2] Bestimmen Sie für die folgenden Funktionen die lokalen Extrempunkte.

a) $f(x) = e^{x^2} + e^{2-x^2}$ **b)** $f(x) = \frac{1}{2}x(x - 2)^3$ **c)** $f(x) = x^2 e^{-x} + 0.75 e^{-x}$

[3] Bestimmen Sie die lokalen Extrempunkte der Funktion f, wenn deren Ableitung durch $f'(x) = (e^x - 1)(e^x - 4)$ gegeben ist.

[4] Die folgenden Abbildungen zeigen jeweils den Graphen der ersten Ableitung einer Funktion $f(x)$. Bestimmen Sie die stationären Punkte von f und klassifizieren Sie diese.

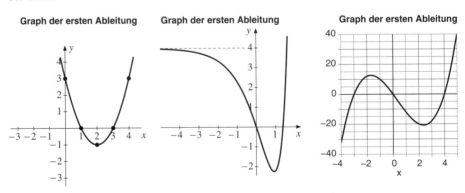

[5] Die Abbildung zeigt ein Vorzeichendiagramm für die erste Ableitung einer Funktion f. Bestimmen Sie die stationären Punkte von f und klassifizieren Sie diese.

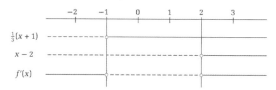

8.7 Wendepunkte

[1] Bestimmen Sie die Wendepunkte der folgenden Funktionen.

a) $f(x) = \exp(-x^2/2)$ **b)** $f(x) = \left(x + \dfrac{1}{2}\right)e^{-2x}$ **c)** $f(x) = x^4 - 12x^2 + 1$

d) $f(x) = x^3 - 16x^2 + 6x - 4$ **e)** $f(x) = 3x^5 - 10x^4$

[2] Die Funktion f hat den Definitionsbereich $D_f = (-1, \infty)$. Bestimmen Sie die Wendepunkte, wenn die erste Ableitung gegeben ist durch $f'(x) = \dfrac{x^2 - x^3}{2(x+1)}$.

[3] Bestimmen Sie die Wendepunkte der Funktion f, wenn die erste Ableitung von $f(x)$ gegeben ist durch $f'(x) = e^{3x^2 + 2x}$.

[4] Bestimmen Sie die Zahlen a und b so, dass der Graph der Funktion $f(x) = ax^3 + bx^2$ durch den Punkt $(1, 1)$ verläuft und an der Stelle $x = 2$ einen Wendepunkt hat.

[5] In welchen offenen Intervallen sind die folgenden Funktionen strikt konvex bzw. strikt konkav?

a) $f(x) = x^3 - 2x^2 + 4x + 6$ **b)** $f(x) = x^2 - x^3$

[6] Die folgenden Abbildungen zeigen die zweite Ableitung einer auf ganz $\mathbb{R}$ definierten Funktion $f(x)$. Alle Nullstellen der zweiten Ableitung sind in der Abbildung zu sehen. Bestimmen Sie die Wendepunkte der Funktion f. In welchen Intervallen ist die Funktion konkav bzw. konvex.

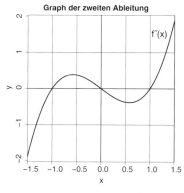 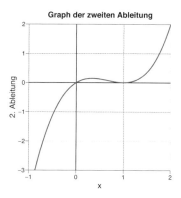

[7] Ist die Funktion $f(x) = \dfrac{x}{\sqrt{|x|}}$ auf dem Intervall $(0, \infty)$ konvex, strikt konvex, konkav oder strikt konkav?

Weitere Aufgaben zu Kapitel 8

[1] Die folgenden Grafiken zeigen die erste und zweite Ableitung einer Funktion $f(x)$.

Graph der ersten Ableitung

Graph der zweiten Ableitung

a) Geben Sie den (die) Wendepunkt(e) der Ursprungsfunktion $f(x)$ an. In welchem Bereich ist $f(x)$ strikt konkav bzw. strikt konvex?

b) Bestimmen Sie die x-Koordinaten der beiden lokalen Extremstellen der Funktion f und geben Sie an, ob die Funktion dort ein lokales Maximum oder ein lokales Minimum hat.

[2] Untersuchen Sie die Funktion $y = f(x) = \dfrac{1}{3}x^3 - x^2 + x$ auf mögliche lokale Extrempunkte und Wendepunkte.

[3] Die folgenden Abbildungen zeigen jeweils den Graphen der zweiten Ableitung $y'' = f''(x)$ einer Funktion $y = f(x)$. Bestimmen Sie die Wendepunkte der Funktion f und geben Sie die Art des Übergangs an, d.h. ob die Funktion (von links aus gesehen) von einer konvexen in eine konkave Funktion übergeht oder umgekehrt.

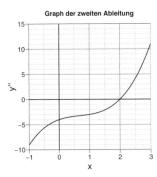

Graph der zweiten Ableitung

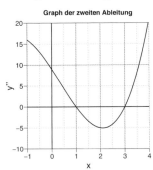

Graph der zweiten Ableitung

[4] Bestimmen Sie jeweils die globalen Extrempunkte, wenn Ihnen folgende Informationen gegeben sind:

a) $f(x) = e^{x^2 - 2x + 1}$ für $\in [0, 1]$ **b)** $f(x) = e^{x^2 + 2x + 1}$ **c)** $f(x) = \ln(x^2 - 6x + 11)$

[5] Die Funktion f sei für $x > 0$ definiert und habe die Ableitung $y' = f'(x) = \ln(x^2 - 2x + 2)$. Untersuchen Sie die Funktion auf mögliche lokale Extrempunkte und Wendepunkte.

Integralrechnung

9

ÜBERBLICK

9.1 Unbestimmte Integrale

[1] Bestimmen Sie die folgenden Integrale.

a) $\int e^{x/3} + 3e^{3x}\, dx$ **b)** $\int \dfrac{4}{2x-3}\, dx$ **c)** $\int (7x^2 + 9x^3)\sqrt{x}\, dx$

d) $\int (x^2 - 1)^2\, dx$ **e)** $\int e^{-2x}\, dx$

[2] Bestimmen Sie $F(x)$, wenn

a) $F'(x) = \dfrac{1}{x} + x^2 + e^{2x}$ für $x > 0$.   **b)** $F'(x) = x^{3/2} + e^{-x} + x^{-1}$ für $x \neq 0$.

[3] Die Funktion $F(x) = \dfrac{5}{4}x^2 - \dfrac{1}{2}x^2 \ln x$ sei ein unbestimmtes Integral der Funktion $f(x)$. Bestimmen Sie die Funktion f.

[4] Es gelte $f''(x) = 3x^2 + 2x + 3$. Ferner sei bekannt, dass $f'(1) = 6$ und $f(0) = 0$. Bestimmen Sie $f(x)$.

9.2 Flächen und bestimmte Integrale

[1] Berechnen Sie die bestimmten Integrale

a) $\displaystyle\int_0^2 (3t^2 + 2t + 5)\, dt$.   **b)** $\displaystyle\int_{P_N}^{P_L} (a - bP^{1-\alpha})\, dP$ für $\alpha \neq 2$.   **c)** $\displaystyle\int_0^1 x(x-1)(x-2)\, dx$.

d) $\displaystyle\int_0^t \lambda e^{-\lambda x}\, dx$ für $t > 0$ und eine Konstante $\lambda > 0$.   **e)** $\displaystyle\int_3^4 \dfrac{5}{x-2}\, dx$.   **f)** $\displaystyle\int_1^2 \dfrac{2}{x^3}\, dx$.

[2] Berechnen Sie jeweils die Fläche F zwischen dem Graphen der gegebenen Funktion und der x-Achse und den angegebenen Grenzen:

a) $f(x) = x^2(1-x)^2$ von 0 bis 1.   **b)** $f(x) = 6(x-3)(x+2)$ von -5 bis 5.

c) $f(x) = x^2 - 1$ von $x = -1$ bis $x = +1$.   **d)** $f(x) = \dfrac{1}{2}x^2 - 8$ von $x = -2$ bis $x = 3$.

[3] Berechnen Sie jeweils die Fläche F zwischen dem Graphen der gegebenen Funktion und der x-Achse und den angegebenen Grenzen.

a) $f(x) = (x-3)(x+3)(x-1)$ (siehe linke Abbildung) von $x = -3$ bis $x = 3$.

b) $f(x) = x^3$ (siehe rechte Abbildung) von $x = -2$ bis $x = 2$.

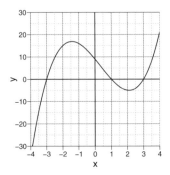 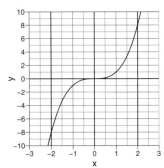

[4] Betrachten Sie den in der folgenden Abbildung gegebenen Graphen der Funktion f. Die in der Abbildung grau markierte Fläche hat den Flächeninhalt $4/3$.

a) Geben Sie den Gesamtflächeninhalt F zwischen dem Graphen der Funktion und der x-Achse über dem Intervall $[-5, 1]$ an.

b) Geben Sie den Wert des bestimmten Integrals $\int_{-4}^{1} f(x)\,dx =$ an.

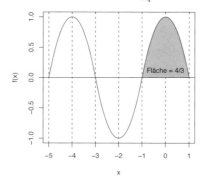

[5] Die Fläche F unter dem Graphen einer nichtnegativen Funktion $f(x)$ von 1 bis t sei gegeben durch $F(t) = \ln(t)$ für $t \geq 1$. Berechnen Sie die Fläche unter dem Graphen von 1 bis $e = \exp(1) = 2.7182818$ und ebenso die Höhe des Graphen (d.h. den Abstand zwischen dem Graphen und der x-Achse) an derselben Stelle.

[6] Die Funktion $F(x) = \dfrac{5}{4}x^2 - \dfrac{1}{2}x^2 \ln x$ sei ein unbestimmtes Integral der Funktion $f(x)$. Berechnen Sie die Fläche A von $x = 1$ bis $x = e^2$ zwischen dem Graphen von $f(x)$ und der x-Achse. Bestimmen Sie zunächst das Vorzeichen von f in $[1, e^2]$.

[7] Bestimmen Sie a, so dass gilt

a) $\displaystyle\int_{1}^{a} \frac{1}{2}x\,dx = \frac{3}{4}$ für $a > 1$. **b)** $\displaystyle\int_{1}^{a} \frac{1}{x}\,dx = 1$ für $a > 1$. **c)** $\displaystyle\int_{0}^{a} 3x^2\,dx = 64$ für $a > 0$.

[8] Für alle $x \in [0, 1]$ gilt $f(x) = \dfrac{1}{x+2} \geq g(x) = \dfrac{1}{3}x^2 \geq 0$. Berechnen Sie die Fläche A zwischen den beiden Funktionen über dem Intervall $[0, 1]$.

[9] Es sei bekannt, dass $A = 1$ gilt für eine Fläche A, die durch die Funktion $f(x) = x - 1$, die Gerade $x = 0$ und die Gerade $x = a > 1$ begrenzt ist. Bestimmen Sie a.

9.3 Eigenschaften bestimmter Integrale

[1] Es sei $F(x) = \dfrac{1}{\sqrt{2\pi}} \displaystyle\int_{-\infty}^{x} e^{-y^2/2}\,dy$. Bestimmen Sie $F'(x)$.

[2] Berechnen Sie die folgenden Ableitungen

a) $\dfrac{d}{dt} \displaystyle\int_{t}^{10} \ln x^2\,dx$ **b)** $\dfrac{d}{dt} \displaystyle\int_{0}^{t^2} e^x\,dx$ **c)** $\dfrac{d}{dt} \displaystyle\int_{t}^{2t} x^2\,dx$

9.4 Ökonomische Anwendungen

[1] Die Nachfragefunktion sei $f(Q) = 200 - 0.2Q$ und die Angebotsfunktion sei $g(Q) = 20 + 0.1Q$. Bestimmen Sie den Gleichgewichtspreis P^* und die Konsumentenrente CS.

[2] Sei $B(t)$ die Größe eines Bestandes zur Zeit t. Die Wachstumsrate sei $\dot{B}(t) = 3t^2 + t + 10$. Geben Sie die gesamte Änderung des Bestandes im Zeitraum von $t = 0$ bis $t = 10$ an.

[3] Sei $K(t)$ der Kapitalbestand zur Zeit t. Die Wachstumsrate sei $\dot{K}(t) = 3t^2 + 2t + 5$. Geben Sie die gesamte Änderung des Bestandes im Zeitraum von $t = 0$ bis $t = 2$ an.

[4] Betrachten Sie die Nachfragefunktion $P = f(Q) = 500 - 1.3Q$ und die Angebots-funktion $P = g(Q) = 14 + 0.2Q$. Dabei ist P der Preis und Q die Menge. Bestimmen Sie den Gleichgewichtspreis P^*, die Konsumentenrente CS und die Produzentenrente PS.

[5] Ermitteln Sie für die Angebotsfunktion $g(Q) = 0.6Q^2 + 11.25$ und die Nachfrage-funktion $f(Q) = 30 - 0.15Q^2$ die Konsumentenrente CS und die Produzentenrente PS im Marktgleichgewicht.

[6] Berechnen Sie für die in den folgenden Abbildungen dargestellten Angebots- und Nachfragefunktionen links die Konsumentenrente CS und rechts die Produzen-tenrente PS und schraffieren Sie diese jeweils in den Abbildungen.

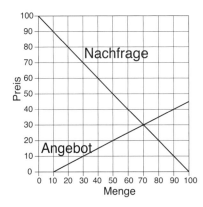
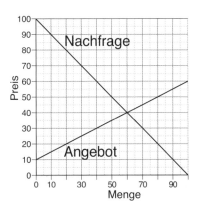

9.5 Partielle Integration

[1] Bestimmen Sie die folgenden Integrale.

a) $\displaystyle\int 3xe^{-x/2}\,dx$ b) $\displaystyle\int xe^{x-1}\,dx$ c) $\displaystyle\int (a + bx)e^{-x}\,dx$ d) $\displaystyle\int \frac{x-1}{e^x}\,dx$

[2] Berechnen Sie die bestimmten Integrale.

a) $\displaystyle\int_0^2 x2^x\,dx$ b) $\displaystyle\int_0^2 (x^2 + x + 1)\,e^x\,dx$

9.6 Integration durch Substitution

[1] Berechnen Sie

a) $\int x^2 e^{x^3} \, dx$ **b)** $\int \dfrac{x}{\sqrt{x^2+1}} \, dx$ **c)** $\int\limits_0^1 -axe^{-ax^2} \, dx$, wobei $a \neq 0$ eine Konstante ist.

[2] Berechnen Sie

a) $\int\limits_0^{\sqrt[3]{\ln(5)}} 3x^2 e^{x^3} \, dx$ **b)** $\int\limits_0^1 4x(2x^2-1)^6 \, dx$ **c)** $\int\limits_0^4 7x\sqrt{x^2+9} \, dx$

9.7 Integration über unendliche Intervalle

[1] Berechnen Sie

a) $\int\limits_1^\infty \dfrac{2}{x^3} \, dx$ **b)** $\int\limits_0^\infty 2te^{-t} \, dt$ **c)** $\int\limits_1^\infty \dfrac{2}{x^2} \, dx$ **d)** $\int\limits_0^\infty x^2 e^{-x} \, dx$

e) $\int\limits_{-\infty}^t e^x \, dx$ **f)** $\int\limits_{-\infty}^0 e^x \, dx$ **g)** $\int\limits_0^\infty e^x \, dx$ **h)** $\int\limits_0^\infty \dfrac{1}{x^2} \, dx$

i) $\int\limits_0^\infty \dfrac{1}{1+t} \, dt$ **j)** $\int\limits_{-\infty}^0 e^{2x} \, dx$ **k)** $\int\limits_0^\infty \exp(-x^4)x^3 \, dx$

9.8 Ein flüchtiger Blick auf Differentialgleichungen

[1] Im Jahr 2 005 betrug die Bevölkerungszahl der Volksrepublik China 1 302 Millionen. Unterstellen Sie ein exponentielles Wachstum mit $P(t) = P_0 e^{kt}$ und $k = 0.006$.
a) Berechnen Sie $P(2\,010)$.
b) Nach wieviel Jahren hat China mehr als 2 000 Millionen Einwohner?
c) In welcher Zeit verdoppelt sich die Bevölkerung?

[2] Im Jahr 2005 betrug die Einwohnerzahl Indiens 1 095 Millionen Menschen. 5 Jahre zuvor war die Einwohnerzahl um 81 Millionen geringer. Unterstellen Sie dem Land ein exponentielles Wachstum mit $P(t) = Ae^{kt}$. Hierbei bezeichnet $P(t)$ die Einwohnerzahl zum Zeitpunkt t in Jahren. Berechnen Sie die relative Änderungsrate k. Runden Sie Ihr Ergebnis auf fünf Stellen nach dem Dezimalpunkt. Geben Sie eine Prognose für das Jahr 2 015 ab.

[3] Frieda beobachtet in ihrem Gemüsegarten, dass das Unkraut mit einer relativen Änderungsrate von 0.25 zunimmt. Sie misst aus, dass zum Zeitpunkt $t = 0$ ein Drittel der Fläche mit Unkraut bewachsen ist. Welcher Anteil der Fläche des Gemüsegartens wird mit Unkraut bewachsen sein, wenn Frieda die nächsten vier Jahre kein Unkraut jäten wird? Gehen Sie von einem Wachstum gegen eine obere Schranke $K = 1$ aus.

[4] Der Vorrat einer Rohstoffquelle zur Zeit $t = 0$ sei $x(0) = 10\,000$ Mengenein-heiten. Der Abbau der Vorräte erfolge kontinuierlich mit einer konstanten relativen Änderungsrate von $r = -0.05$.

a) Geben Sie die Größe des Bestandes zur Zeit $t = 10$ an.

b) Nach welcher Zeit hat sich der Vorrat auf $1\,000$ Mengeneinheiten reduziert?

9.9   Separierbare und lineare Differentialgleichungen

[1] Bestimmen Sie die Lösung der Differentialgleichung $\dot{x} + 3x = t^2$. Vereinfachen Sie das Ergebnis so weit wie möglich, indem Sie partielle Integration benutzen. Bestimmen Sie die Lösungskurve durch $(0, 0)$.

[2] Lösen Sie die Differentialgleichung $\dot{x} = t(x - 1)^2$ mit dem Anfangswert $x(0) = 3$.

[3] Lösen Sie die Differentialgleichung $\dot{x} = x^2 + 2x + 1$. Bestimmen Sie die Lösungskurve, die durch $(1, 1)$ geht.

Weitere Aufgaben zu Kapitel 9

[1] Berechnen Sie die Fläche A, die begrenzt ist durch den Graphen der Funktion $f(x) = (x^3 + 1)^2 3x^2$, die x-Achse und die Geraden $x = 2$ und $x = 5$.

[2] Bestimmen Sie die folgenden Integrale. In einer Teilaufgabe könnte Ihnen der folgende Hinweis helfen: $\displaystyle\int \ln u \, du = u \ln u - u + C$

a) $\displaystyle\int x^2 e^{-x} \, dx$ **b)** $\displaystyle\int_1^2 (2x + 2) \ln(x^2 + 2x) \, dx$ **c)** $\displaystyle\int 3x^2 \ln x \, dx$

d) $\displaystyle\int_1^e \frac{2 \ln(x^2)}{x} \, dx$ **e)** $\displaystyle\int 2^{x^2+4x}(2x + 4) \, dx$ **f)** $\displaystyle\int (x - 3)(x + 3)(x - a) \, dx$

g) $\displaystyle\int_0^1 axe^x \, dx$ **h)** $\displaystyle\int_1^{e^3} \frac{1}{x} \, dx$ **i)** $\displaystyle\int (x + 1)e^{x^2+2x+1} \, dx$

j) $\displaystyle\int_0^\infty e^{-x/4} \, dx$ **k)** $\displaystyle\int 9x^2 \cdot \ln x \, dx$ für $x > 0$ **l)** $\displaystyle\int \frac{e^x}{e^x + 1} \, dx$

m) $\displaystyle\int \frac{x^2 + 3x}{x + 1} \, dx$ **n)** $\displaystyle\int \frac{x^4 + x^3 - 2x^2 + 5x + 4}{x^2 + 2x} \, dx$

[3] Bestimmen Sie $f(x)$, wenn $f'(x) = 3x^2 + 2x$ und $f(0) = 2$.

[4] Berechnen Sie

a) $\displaystyle\frac{d}{dt} \int_1^t \frac{1}{x} \, dx \ (t > 1)$ **b)** $\displaystyle\frac{d}{dt} \left[\int_t^{2t} \frac{1}{x} \, dx \right] \ (t > 0)$

[5]

a) Berechnen Sie das bestimmte Integral $\int_{\ln 2}^{\ln 5} e^x \, dx$ und schraffieren Sie in der linken Abbildung die Fläche, die dadurch berechnet wird.

b) Berechnen Sie die Fläche F zwischen der x-Achse und dem Graphen der Funktion $f(x) = x^2 - 4$ von $x = -3$ bis $x = 3$. Skizzieren Sie die berechnete Fläche in der rechten Abbildung.

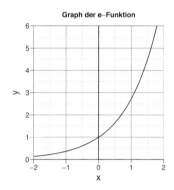

Graph der e–Funktion

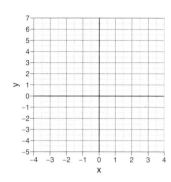

Themen aus der Finanzmathematik

10

ÜBERBLICK

10.1   Zinsperioden und effektive Raten

[1] Nehmen Sie an, dass Sie 1 000 Euro bei einer Bank A zu einem jährlichen Zinssatz von 6% anlegen können. Bank B bietet Ihnen auch einen jährlichen Zinssatz von 6%, jedoch bei monatlicher Zinsgutschrift, während Bank A nur am Jahresende die Zinsen gutschreibt. Wieviel Geld haben Sie am Ende des ersten Jahres mehr, wenn Sie Ihr Geld bei Bank B anlegen?

[2] Berechnen Sie jeweils den effektiven jährlichen Zinssatz in %.
a) Jährlicher Zinssatz 15% bei halbjährlicher Zinszahlung.
b) Jährlicher Zinssatz von 6.5% bei vierteljährlicher Zinsgutschrift.
c) Jährlicher Zinssatz von 9.9% bei jährlicher Zinsgutschrift.
d) Jährlicher Zinssatz von 9.5% bei monatlicher Zinsgutschrift.

[3] 20 000 Euro werden für fünf Jahre angelegt. Die Bank bietet eine Verzinsung von 5% jährlich an. Die Zinsen werden immer nach drei Monaten dem Konto gutgeschrieben.
a) Wie hoch ist das Guthaben am Ende des fünften Jahres?
b) Wie hoch ist die effektive jährliche Zinsrate? Und wie hoch wäre die effektive jährliche Zinsrate, wenn die Zinsen monatlich gezahlt werden?

[4] Der Betrag S_0 sei mit vierteljährlicher Zinsgutschrift und einem effektiven jährlichen Zinssatz von 17% angelegt.
a) Der Anleger schaut nur am Jahresende auf sein Guthaben. Wann, d.h. nach wie vielen ganzen Jahren, stellt er erstmals fest, dass mehr als das Doppelte des Anfangskapitals auf seinem Konto ist?
b) Wie hoch ist der nominale jährliche Zinssatz?

[5]
a) Ein Betrag von 200 Euro wird zu einem Zinssatz von 3% pro Periode angelegt, d.h. am Ende jeder Periode werden dem Kapital jeweils 3% gutgeschrieben. Nach wie vielen ganzen Perioden ist zum ersten Mal der Betrag von 1 000 Euro überschritten?
b) Wann sind zum ersten Mal 1 500 Euro überschritten, wenn bei gleichem Zinssatz 1 000 Euro angelegt wurden?

10.2   Stetige Verzinsung

[1] Berechnen Sie den effektiven jährlichen Zinssatz bei stetiger Verzinsung, bei einem jährlichen Zinssatz von
a) $p = 10\%$ **b)** $p = 6\%$

[2] In welcher Zeit verdoppelt sich ein Kapitalbetrag von 1 000 Euro, der zu einem jährlichen Zinssatz von 5% bei stetiger Zinsgutschrift angelegt wurde? Ändert sich das Ergebnis, wenn statt 1 000 Euro ein Betrag von 2 000 Euro angelegt wird?

[3] Der Wert einer Maschine nehme stetig mit einer jährlichen Rate von 10% ab. Nach welcher Zeit hat sich der Wert halbiert?

[4] Ein Anfangskapital von $S_0 = 10\,000$ Euro werde stetig zu einem jährlichen Zinssatz von 6% verzinst.

a) Berechnen Sie $S(10)$, d.h. das Endkapital nach 10 Jahren.

b) Wie lange dauert es, bis dieses Anfangskapital das Endkapital von 18 000 Euro erreicht hat?

[5] Auf ein Konto mit stetiger Verzinsung werden einmalig S_0 Euro eingezahlt. Nach 15 Jahren hat sich das Startkapital verdreifacht. Wie hoch war der Zinssatz p in Prozent?

[6] Wie hoch ist die effektive jährliche Zinsrate bei stetiger Verzinsung, wenn die jährliche nominale Zinsrate $r = 0.04$ ist?

[7] Ein Anleger hat 5 000 Euro zur Verfügung, die auf einem Sparkonto zu einer jährlichen Zinsrate von 2% angelegt werden. Wie lange dauert es, bis sich die 5 000 Euro bei stetiger Verzinsung verdreifacht haben? Geben Sie außerdem die relative Wachstumsrate des Kapitals an.

[8] Auf welchen Betrag wachsen 100 Euro nach 100 Jahren an, wenn Sie zu einem jährlichen Zinssatz von 6% stetig verzinst werden?

10.3 Barwert

[1] Berechnen Sie den gegenwärtigen Wert von 200 Euro, die Sie in 10 Jahren an eine gute Freundin zu zahlen haben, wenn der jährliche Zinssatz 4% beträgt und die Zinsen

a) jährlich   b) stetig berechnet werden.

[2] Welchen Wert müssen Sie heute anlegen, wenn Sie davon in vier Jahren einen Betrag von 2 000 Euro bezahlen wollen, der jährliche Zinssatz 3% beträgt und die Zinsen stetig berechnet werden.

[3] Berechnen Sie den Barwert für einen Betrag $K = 10$ Euro, der in 2 Jahren fällig ist, wenn bei stetiger Verzinsung der jährliche nominale Zinssatz $p = 5\%$ ist.

10.4 Geometrische Reihen

[1] Betrachten Sie die unendliche Folge $32, 16, 8, 4, 2, 1, 1/2, 1/4, \ldots$.

a) Berechnen Sie die Summe s_{10} der ersten 10 Glieder dieser Folge.

b) Berechnen Sie die Summe S der unendlichen Reihe.

[2] Von einem begehrten Rohstoff seien an einem bestimmten Ort 2 000 Mengeneinheiten vorhanden. Es gebe ein Gesetz, dass die Vorräte niemals (d.h. in endlicher Zeit niemals) ganz ausgeschöpft werden dürfen. Die verantwortlichen Besitzer beschließen daher, dass im ersten Jahr a Mengeneinheiten abgebaut werden dürfen, im zweiten Jahr nur die Hälfte von a, im dritten ein Viertel, dann ein Achtel von a usw.. Sie wissen jedoch nicht, wie groß Sie a maximal wählen dürfen, damit die Quelle nie ganz versiegt. Geben Sie die Obergrenze für a an.

[3] Berechnen Sie die unendliche Summe $\sum_{i=0}^{\infty} 300(0.97)^i$.

[4] Bestimmen Sie für die folgenden geometrischen Reihen jeweils die angegebene endliche Summe und die unendliche Summe, wenn die Reihe konvergiert.

a) s_6 für $2 + 1.5 + 1.125 + \dots$ b) s_4 für $2 + \dfrac{2}{5} + \dfrac{2}{25} + \dfrac{2}{125} + \dots$

c) s_{10} für $2 + 4 + 8 + 16 + \dots$ d) s_{10} für $3 + 3/4 + 3/16 + \dots$

[5] Überprüfen Sie bei den folgenden unendlichen Reihen, ob sie geometrisch sind und bestimmen Sie die Summen derjenigen geometrischen Reihen, die konvergieren.

a) $b - \dfrac{1}{3}b + \dfrac{1}{9}b - \dfrac{1}{27}b + \dots$ b) $1 + 3 + 9 + 27 + \dots$ c) $1 + \dfrac{1}{4} - \dfrac{1}{9} + \dfrac{1}{16} - \dfrac{1}{25} + \dots$

d) $1 + 1/9 + 1/81 + 1/729 + \dots$ e) $2^{1/4} + 1 + 2^{-1/4} + 2^{-1/2} + \dots$ f) $2 - \dfrac{3}{2} + \dfrac{9}{8} - \dfrac{27}{32} + \dots$

g) $5 - 5/2 + 5/4 - 5/8 \dots$ h) $3 + 3/2 + 1 + 3/4 \dots$ i) $e + 1 + e^{-1} + e^{-2} + \dots$

10.5   Gesamtbarwert

[1] Für $n = 10$ Perioden werde ein Betrag von 100 Euro jeweils am Ende der Periode gezahlt. Der Zinssatz sei $p = 5\%$ pro Periode. Berechnen Sie den gegenwärtigen Wert (Barwert) und den zukünftigen Wert (unmittelbar nach der letzten Zahlung).

[2] Betrachten Sie einen konstanten Einkommensstrom über $T = 10$ Jahre von 100 Euro pro Jahr mit einer stetigen Verzinsung von $p = 5\%$ pro Jahr. Berechnen Sie den gegenwärtigen (diskontierten) Wert und den zukünftigen Wert zur Zeit $T = 10$.

[3] Der Barwert einer Annuität über 10 Perioden bei einem Zinssatz von 7.5% pro Periode ist 120 000 Euro. Wie hoch ist der Zahlungsbetrag a pro Periode?

[4] Nach wievielen Jahren ergibt sich für eine Annuität ein Barwert von 40 000 Euro, wenn der Zinssatz 10% pro Periode und der Zahlungsbetrag 5 000 Euro pro Periode beträgt?

[5] Für $n = 5$ Perioden werde ein Betrag von 50 Euro jeweils am Ende der Periode gezahlt. Der Zinssatz sei $p = 3\%$ pro Periode. Berechnen Sie den gegenwärtigen Wert (Barwert) in Euro.

[6] Beginnend im Jahre 2010 und endend im Jahr 2019 wird am Ende jeden Jahres ein Betrag von 100 Euro bei einem Zinssatz von 3.99% angelegt. Welcher Betrag F ist am Ende des Jahres 2019 auf dem Konto?

10.6   Hypothekenrückzahlungen

[1] Ein Kredit von 1 000 Euro soll in fünf Jahresraten zu je a Euro zurückgezahlt werden, wobei die erste Rate nach einem Jahr zu zahlen ist. Der Zinssatz betrage $p = 6\%$. Welcher Betrag a muss jährlich gezahlt werden?

[2] Eine Person leiht sich zu Beginn eines Jahres 5 000 Euro und verpflichtet sich, diesen Betrag durch drei jährliche Zahlungen am Ende jeden Jahres bei einem Zinssatz von 6% und jährlicher Verzinsung zurückzuzahlen.

a) Bestimmen Sie den jährlichen Zahlungsbetrag a.

b) Welcher Betrag b ist nach dem ersten Jahr getilgt worden?

[3] Eine Person zahlt drei Jahre lang am Ende jeden Jahres 115 762.50 Euro an seine Bank zurück. Der Zinssatz beträgt 5% bei jährlicher Verzinsung. Wie hoch war der Kredit K, den die Person am Anfang der drei Jahre aufgenommen hat?

10.7 Interne Ertragsrate

[1] Nehmen Sie an, Sie investieren 50 Euro in ein Projekt. Nach einem Jahr erhalten Sie 30 Euro, nach dem zweiten Jahr 40 Euro. Berechnen Sie den gegenwärtigen Nettowert des Investitionsprojektes. Verwenden Sie dafür einen Zinssatz von $p = 5\%$.

[2] Einer einmaligen Anfangsausgabe von 20 000 Euro für das Investitionsprojekt I folgen in den nächsten beiden Jahren jährliche Einnahmen von 18 000 Euro, denen jährliche Ausgaben von 3 000 Euro gegenüber stehen. Bestimmen Sie die interne Ertragsrate r für dieses Investitionsprojekt.

[3] Die Anfangsauslage einer Investition in eine neue Maschine beträgt 600 000 Euro. Am Ende jedes der nächsten zwei Jahre sind Erträge in Höhe von 400 000 Euro zu erwarten. Bestimmen Sie die zugehörige interne Ertragsrate r in Prozent.

[4] Ein Investitionsprojekt hat eine Anfangsauslage von 100 000 Euro. Am Ende des ersten Jahres bringt es einen Ertrag von 50 000 Euro ein. Am Ende des zweiten Jahres wird ein Ertrag von 80 000 Euro anfallen. Bestimmen Sie die interne Ertragsrate r des beschriebenen Investitionsprojektes.

10.8 Ein flüchtiger Blick auf Differenzengleichungen

[1] Berechnen Sie für die folgenden Differenzengleichungen jeweils x_1 und x_2. Geben Sie eine allgemeine Formel für die Lösung an, berechnen Sie damit x_5 und untersuchen Sie das Verhalten von x_t für $t \to \infty$.

a) $x_{t+1} = 3x_t$ mit $x_0 = 1$ **b)** $x_{t+1} = \dfrac{x_t}{3}$ mit $x_0 = 1$ **c)** $2x_{t+1} = 3x_t$ mit $x_0 = \dfrac{2}{3}$

d) $3x_{t+1} = 2x_t$ mit $x_0 = \dfrac{3}{2}$ **e)** $x_{t+1} = -x_t$ mit $x_0 = 1$

[2] Berechnen Sie für die folgenden Differenzengleichungen jeweils x_1 und x_2. Geben Sie eine allgemeine Formel für die Lösung an, berechnen Sie damit x_5 und untersuchen Sie das Verhalten von x_t für $t \to \infty$.

a) $x_{t+1} = 3x_t - 1$ mit $x_0 = 1$ und $x_0 = -1$

b) $x_{t+1} = \dfrac{1}{3}x_t + 2$ mit $x_0 = 21$ und $x_0 = -24$

[3] Ein Kredit der Höhe $K = 40\,000$ Euro werde in vierteljährlichen Beträgen von $A = 1\,000$ Euro zurückgezahlt bei einem nominalen jährlichen Zinssatz von $p = 4\%$.

a) Berechnen Sie die Restschuld b_t nach t Perioden für $t = 4, 8, 20$ und 40 (vgl. Beispiel 10.8.6).

b) Für welchen Rückzahlungsbetrag A ergibt sich der Gleichgewichtszustand? Was bedeutet das? Oder: Wie hoch sollte der Rückzahlungsbetrag mindestens sein, wenn die Schulden reduziert werden sollen?

Weitere Aufgaben zu Kapitel 10

[1] Eine Bank unterbreitet Ihnen das Angebot, dass sich Ihr angelegtes Geld innerhalb von 10 Jahren verdoppelt. Berechnen Sie den Zinssatz (in %), wenn jährliche Verzinsung angenommen wird und den Zinssatz (in %), wenn stetige Verzinsung angenommen wird.

[2] Wie viele Perioden n sind nötig, um einen Kredit der Höhe 500 Euro vollständig zu tilgen, wenn pro Periode 100 Euro zurückgezahlt werden und die Zinsrate $r = 0.05$ pro Periode ist? Wie hoch ist die letzte Zahlung?

[3] Welcher Betrag K muss heute angelegt werden, um daraus die drei Zahlungen 1\,000 Euro in 5 Jahren, 2\,000 Euro in 10 Jahren und 3\,000 Euro in 15 Jahren tätigen zu können? Der Zinssatz sei $p = 5\%$ bei jährlicher Verzinsung. Welcher Betrag ist nach 5 bzw. 10 Jahren noch auf dem Konto, nachdem die erste bzw. zweite Zahlung getätigt wurde? Welcher Betrag ist unmittelbar vor der letzten Zahlung auf dem Konto?

[4] Herr H. möchte eine Waschmaschine kaufen. Er kann die Waschmaschine bar für 450 Euro kaufen oder in 24 gleichen Monatsraten der Höhe a bei einem jährlichen effektiven Zinssatz von 6%.

a) Wie hoch ist die monatliche Belastung a?

b) Wie hoch ist der Barwert aller 24 Zahlungen des Betrages a zu Beginn der 1. Periode?

c) Wie hoch ist der zukünftige Wert aller 24 Zahlungen des Betrages a unmittelbar nach der letzten Zahlung?

d) Auf welchen Betrag wachsen 450 Euro in zwei Jahren an, wenn sie zu einem Zinssatz von 6% mit jährlicher Zinsgutschrift angelegt werden?

Funktionen mehrerer Variablen

11

ÜBERBLICK

11.1 Funktionen von zwei Variablen

[1] Bestimmen Sie für die folgenden homogenen Funktionen jeweils $F(2x_0, 2y_0)$, wenn $F(x_0, y_0)$ den angegebenen Wert hat.

a) $F(x, y) = 6x^{1.5}y^{0.5}$, wenn $F(x_0, y_0) = 3$.   **b)** $F(x, y) = x^2y^3$, wenn $F(x_0, y_0) = 3$.

c) $F(x, y) = 4x^{1.5}y^{2.5}$, wenn $F(x_0, y_0) = 10$.   **d)** $F(x, y) = \sqrt{xy}$, wenn $F(x_0, y_0) = 6$.

[2] Bestimmen Sie den Definitionsbereich der folgenden Funktionen

a) $F(x, y) = \ln(x)\sqrt{x-1} + \dfrac{\sqrt{y-2}}{\ln(y-1)}$ **b)** $f(x, y) = \dfrac{\sqrt{9-x^2}}{y-x-2}$

c) $f(x, y) = \dfrac{\sqrt{1-x^2-y^2}}{x\sqrt{\ln y}}$ **d)** $f(x, y) = \dfrac{1}{xy}\ln(\sqrt{x}) + \sqrt{y+1}$

e) $g(x, y) = \dfrac{1}{\sqrt{x^2+y^2-9}} + \sqrt{25-x^2-y^2}$ **f)** $f(x, y) = \dfrac{\ln(16-x^2-y^2)}{x^2+y^2-16}$

[3] Sei $f(x, y) = x^3 + 7x^3y + y^5$. Bestimmen Sie $f(2, 1)$, $f(1, 2)$ und $f(k, 2)$.

[4] Schraffieren Sie in der folgenden Grafik den Definitionsbereich der Funktion $f(x, y) = \sqrt{xy}$.

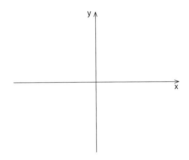

[5] Bestimmen Sie alle x, für die $f(x, 4) = 2$ gilt, wenn $f(x, y) = \sqrt{25-x^2-y^2}$.

[6] Bestimmen Sie den Wertebereich R_f der Funktion $f(x, y) = 3 - \sqrt{xy}$ für $x \geq 0$ und $y \geq 0$.

[7] Bestimmen Sie den Definitionsbereich D_f der Funktion $f(x, y) = \ln(9 - x^2 - y^2)$ und skizzieren Sie diesen in der folgenden Abbildung. Legen Sie dabei besondere Beachtung auf den Rand des Definitionsbereiches.

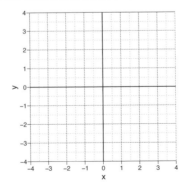

[8] Skizzieren Sie den Definitionsbereich der Funktion $f(x, y) = \dfrac{\ln(x^2 + y^2 - 4)}{\sqrt{x+1}}$.

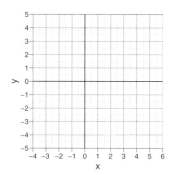

11.2 Partielle Ableitungen bei zwei Variablen

[1] Bestimmen Sie die folgenden partiellen Ableitungen

a) $\dfrac{\partial}{\partial x}(x^3 y^2 + e^{2x})$ **b)** $\dfrac{\partial^2}{\partial y^2}\left(x^3 y^2 + \ln(x^2)\right)$ **c)** $\dfrac{\partial^2}{\partial x \partial y}\left(x^3 y^2 + \exp(x + y)\right)$

d) $f_1'(x, y)$, wenn $f(x, y) = \sqrt{xy} + 2$ für $x > 0$ und $y > 0$

e) $f_x'(x, y)$ und $f_y'(x, y)$, wenn $f(x, y) = (xy)^3 + xy^2$

f) $f_1'(x, y)$ und $f_2'(x, y)$, wenn $f(x, y) = (x - 3)^2 + 2xy^2 - 16 + x^2 e^{7y}$

g) $K_{12}''(x_1, x_2)$ und $K_{21}''(x_1, x_2)$, wenn $K(x_1, x_2) = \dfrac{5x_1}{x_2}$

h) $f_x'(x, y)$ und $f_y'(x, y)$, wenn $f(x, y) = e^{xy} + x^2 y^2 - 7x$

i) $\dfrac{\partial^2 z}{\partial y^2}$, wenn $z = xy + xe^{1/y}$ **j)** $f_{12}''(K, L)$, wenn $f(K, L) = K^2 L + e^{2KL}$

[2] Bestimmen Sie alle partiellen Ableitungen zweiter Ordnung der Funktion $x(A, K) = 120A^{0.85}K^{0.3}$.

[3] Bilden Sie für die Funktion $f(x, y) = x^3 y^2$ die Differenzenquotienten

$$\frac{f(x + \Delta x, y) - f(x, y)}{\Delta x} \quad \text{und} \quad \frac{f(x, y + \Delta y) - f(x, y)}{\Delta y}.$$

Vereinfachen Sie Ihre Ergebnisse so weit wie möglich.

[4] Bilden Sie für die Funktion $f(x, y) = xye^{xy}$ die partielle Ableitung dritter Ordnung f_{xyx}'''. Welche partiellen Ableitungen dritter Ordnung führen zum selben Ergebnis?

11.3 Geometrische Darstellung

[1] Zeigen Sie, dass alle Punkte (x, y), die die Gleichung $xy = 2$ erfüllen, auf einer Höhenlinie $f(x, y) = c$ der Funktion $f(x, y) = \dfrac{3(xy + 2)^2}{x^2 y^2 - 1}$ liegen und bestimmen Sie den Wert der Konstanten c.

[2] Sei $f(x, y) = 4 - 4x - 2y$. Zeichnen Sie die Höhenlinie von f zum Niveau $c = 0$ als gestrichelte Linie und zum Niveau $c = 4$ als durchgezogene Linie in das unten gegebene Koordinatensystem.

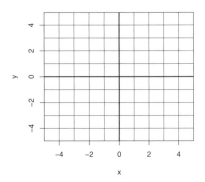

[3] Sei $f(x, y) = \ln\left[(x - 3)(y + 4)\right]$. Betrachten Sie die Höhenlinie durch den Punkt $(5, 0)$. Bestimmen Sie die y-Koordinate y_0 des Schnittpunktes dieser Höhenlinie mit der y-Achse.

[4] Der Punkt $(40, 10)$ liegt auf einer bestimmten Höhenlinie der Funktion $f(x, y) = 3\sqrt{x}\sqrt{y}$. Bestimmen Sie denjenigen Punkt $P = (x, y)$ auf dieser Höhenlinie, für den $x = y$ gilt.

[5] Betrachten Sie die Höhenlinie zum Niveau $c = 60$ der Produktionsfunktion $Q = F(K, L) = 3K^{1/2}L^{1/2}$. Wie groß muss der Arbeitsinput L_0 sein, wenn der Kapitalinput $K_0 = 10$ ist, damit der Punkt $(K_0, L_0) = (10, L_0)$ auf der Höhenlinie $F(K, L) = 60$ liegt?

11.4   Flächen und Abstand

[1] Bestimmen Sie jeweils den Abstand d zwischen den gegebenen Punkten
a) $(2, 2, -2)$ und $(2, -2, 1)$ **b)** $(2, 2, 3)$ und $(3, 4, 5)$
c) $(10, y, 5)$ und $(6, y + 7, 9)$ **d)** $(2, 3, 6)$ und $(4, -2, 7)$

[2] Bestimmen Sie die Gleichung der Kugel, wenn der Mittelpunkt M und ein beliebiger Punkt P auf der Kugel gegeben sind.
a) $M = (-2, -2, -2)$ und $P = (2, -2, -2)$ **b)** $M = (1, 0, 2)$ und $P = (2, 2, 0)$

[3] Gegeben sei die Gleichung einer Kugel $(x - 1)^2 + (y + 2)^2 + (z - 3)^2 = 25$. Bestimmen Sie die x-Koordinate des Punktes $P = (x, -2, 6)$, so dass der Abstand zwischen P und dem Mittelpunkt der Kugel $d = 5$ beträgt. Geben Sie alle Lösungsmöglichkeiten an.

[4] Die Punkte $P_1 = (0, 0, 0)$, $P_2 = (1, 0, 0)$ und $P_3 = (0, 1, 0)$ liegen auf der Oberfläche einer Kugel mit Radius $r = 1/\sqrt{2}$. Bestimmen Sie den Mittelpunkt M der Kugel.

[5] Bestimmen Sie a so, dass die Punkte $(6, -4, 0)$ und $(8, 1, a)$ den Abstand $d = 7$ aufweisen.

[6] Geben Sie die Gleichung der Kugel mit dem Mittelpunkt $(-5, \sqrt{2}, 3)$ und dem Radius 2 an. Berechnen Sie anschließend den Abstand d des Kugelmittelpunktes vom Ursprung.

[7] Bestimmen Sie alle Werte von a, für die der Abstand zwischen $P(-1, 0, 2)$ und $Q(-3, -1, a)$ kleiner ist als $\sqrt{14}$.

[8] Durch $K = \{(x, y, z): x^2 + y^2 + z^2 + 4(x + y + z) = 4\}$ wird eine Kugel beschrieben. Bestimmen Sie den Mittelpunkt $M = (a, b, c)$ und den Radius r der Kugel.

[9] Ein Raum ist 5m lang, 2.30m hoch und 4.50m breit. Bestimmen Sie die Länge der Diagonalen, die quer durch diesen Raum geht. Hinweis: Geben Sie dem unteren Endpunkt der Diagonalen die Koordinaten $(0, 0, 0)$ und überlegen Sie, welche Koordinaten dann der obere Eckpunkt hat.

[10] Bestimmen Sie die Koordinate $z > 0$, so dass der Punkt $P = (\sqrt{8}, \sqrt{8}, z)$ auf der Kugel mit dem Mittelpunkt $O = (0, 0, 0)$ und dem Radius $r = 5$ liegt.

11.5 Funktionen von mehreren Variablen

[1] Sei $y = f(x_1, x_2, x_3, x_4) = 1.7 x_1^{0.9} x_2^{0.7} x_3^{0.8} x_4^{0.6}$.
a) Was passiert mit y, wenn alle unabhängigen Variablen verdreifacht werden?
b) Schreiben Sie die Beziehung in loglinearer Form.

[2] Es sei $f(w, x, y, z) = wx + xy + yz$. Ferner sei der Funktionswert an der Stelle (w_0, x_0, y_0, z_0) gleich $f(w_0, x_0, y_0, z_0) = 3$. Bestimmen Sie $f(2w_0, 2x_0, 2y_0, 2z_0)$.

11.6 Partielle Ableitungen bei mehreren Variablen

[1] Bestimmen Sie alle partiellen Ableitungen erster Ordnung für die Funktion $f\left(x, y, z\right) = x^2 y + xy^3 + y \ln x + \dfrac{y^2}{z}$.

[2] Bestimmen Sie die Hesse-Matrix für
a) $f(x, y, z) = xye^z$ **b)** $f(x, y) = e^{x^2} e^y$ **c)** $f(x, y) = x^2 y + e^{xy}$
d) $f(x, y, z) = \sqrt{x + 2y} + z^3 + y^2 z$ **e)** $f(\mathbf{x}) = f(x_1, x_2, x_3) = x_1^2 + x_2^2 + x_3^2$
f) $f(x, y) = x^3 \ln y$ für $x > 0$ und $y > 0$ **g)** $f(\mathbf{x}) = f(x_1, x_2, x_3) = x_1^2 x_2 + x_2^2 x_3$
h) $f(x, y) = x^2 y^3$ **i)** $f(x, y) = x^2 + y^3$

11.7 Ökonomische Anwendungen

[1] Eine Produktionsfunktion sei durch eine Cobb-Douglas-Funktion $F(K, L) = AK^a L^b$ gegeben. Dabei sei K das investierte Kapital und L der eingesetzte Arbeits-Input. A, a und b seien positive Konstanten. Bestimmen Sie die Änderungsrate des Grenzprodukts des Kapitals bezüglich K.

[2] Gegeben sei die Produktionsfunktion $Y = F(A, K) = -3A^3 + 2A^2 + 50A - 3A^2 K + 2AK^2 - 3K^3 + 5K^2$ mit A = Arbeit und K = Kapital. Ermitteln Sie die partiellen Ableitungen zweiter Ordnung für $A = 2$ und $K = 5$.

[3] Ein Unternehmen erzeuge unter Einsatz der Produktionsfaktoren A für Arbeit und K für Kapital den Output Y anhand der Produktionsfunktion $Y(A, K) = 18A + 30K + AK + \sqrt{A} \cdot \sqrt{K}$. Berechnen Sie das Grenzprodukt der Arbeit $\frac{\partial Y}{\partial A}$ und das Grenzprodukt des Kapitals $\frac{\partial Y}{\partial K}$.

11.8 Partielle Elastizitäten

[1] Bestimmen Sie die folgenden partiellen Elastizitäten.

a) $\text{El}_x z$, wenn $z = x^2 y^2 \exp(a_1 x + a_2 y)$, wobei a_1 und a_2 Konstanten sind.

b) $\text{El}_x z$ und $\text{El}_y z$, wenn $z = f(x, y) = \dfrac{x^2 y}{1 + x^2}$.

c) $\text{El}_x z$ und $\text{El}_y z$, wenn $z = f(x, y) = 3x^2 y + xy = (3x^2 + x)y$.

d) $\text{El}_y z$, wenn $z = x^5 \sqrt{y} = x^5 y^{1/2}$.

e) $\text{El}_y z$, wenn $z = x - y$.

f) $\text{El}_x z$ und $\text{El}_y z$, wenn $z = f(x, y) = \sqrt{xy} \quad (x > 0, y > 0)$.

g) $\text{El}_x z$, wenn $z = f(x, y) = x^3 + y^3$.

h) $\text{El}_x z$ und $\text{El}_y z$, wenn $z = f(x, y) = xy^2 e^{x^2}$.

[2] Ermitteln Sie für die Produktionsfunktion $Y = F(A, K) = (10A^{0.4} + 15K^{0.4})^{2.5}$ in Abhängigkeit von der Arbeit A und dem Kapital K die partielle Elastizität bezüglich des Faktors K.

[3] Die Nachfrage nach einem Gut hängt außer von dem Preis p_1 dieses Gutes auch noch vom Preis p_2 eines anderen Gutes ab. Die Nachfrage wird durch die Funktion $D(p_1, p_2) = 200 - p_1 + p_2^2$ beschrieben. Geben Sie die ungefähre prozentuale Änderung der Nachfrage an, wenn p_2 um ein Prozent steigt und p_1 konstant bleibt.

Weitere Aufgaben zu Kapitel 11

[1] Zeichnen Sie die mit $z = 6 - 2x - y$ gegebene Ebene in das linke dreidimensionale Koordinatensystem. **Hinweis:** Markieren Sie zunächst die Schnittpunkte mit den Achsen und verbinden Sie diese. Zeichnen Sie die Ebene ausschließlich im ersten Oktanten, d.h. $x \geq 0, y \geq 0$ und $z \geq 0$! Zeichnen Sie die Höhenlinien zum Niveau $c = 2$, $c = 4$ und $c = 6$ in das rechte zweidimensionale Koordinatensystem.

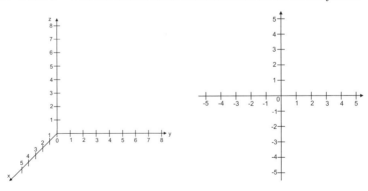

[2] Berechnen Sie

a) $f''_{xy}(x, y)$ und $f''_{11}(x, y)$, wenn $f(x, y) = e^{xy} + \ln(xy)$ für $x > 0, y > 0$

b) $f''_{11}(x, y)$ und $f''_{12}(x, y)$, wenn $f(x, y) = 4\sqrt{xy}$ für $x \geq 0, y \geq 0$

c) $f''_{11}(x, y)$ und $f''_{12}(x, y)$, wenn $f(x, y) = e^{x^2 + y^2}$

d) $\dfrac{\partial z}{\partial x} + \dfrac{\partial z}{\partial y}$, wenn $z = x^2 e^y$

e) f'''_{xyz}, wenn $f(x, y, z) = xy^2 z^3 + x^2 y^3 z + x^3 y z^2$

[3] Schreiben Sie die folgende Beziehung in log-linearer Form: $y = 3x_1^2 \cdot x_2^4 \cdot x_3^3$, wobei $x_i > 0$, $i = 1, 2, 3$

[4] Bestimmen Sie die partiellen Elastizitäten:

a) $\mathrm{El}_x z$, wenn $z = e^{x^2 + y^2}$ b) $\mathrm{El}_x z + \mathrm{El}_y z$, wenn $z = x^3 + y^3$.

[5] Beschreiben Sie die Höhenlinie der Funktion $f(x, y) = e^{x^2 + y^2}$ zum Niveau $c = e^4$.

[6] Gegeben sei die Produktionsfunktion $Q = F(K, L) = 2\sqrt{KL}$. Für die Produktion von $c = 100$ Einheiten stehen $L_0 = 20$ Einheiten Arbeit zur Verfügung. Wie hoch muss der Kapitalinput K_0 sein, um den Auftrag von 100 Einheiten erfüllen zu können? Mit anderen Worten: Gesucht ist K_0, so dass der Punkt $(K_0, L_0) = (K_0, 20)$ auf der Isoquante $F(K, L) = 100$ liegt.

Handwerkszeug für komparativ statische Analysen

12

ÜBERBLICK

12.1 Eine einfache Kettenregel

[1] Die Nachfrage eines repräsentativen Haushalts nach einem Gut sei eine Funktion $E(p, m) = \dfrac{Am}{p}$, wobei p der Preis des Gutes, m das Einkommen des Haushalts und A eine positive Konstante sei. Ferner seien p umd m Funktionen der Zeit t. Finden Sie einen Ausdruck für $\dot{E}/E$ in Abhängigkeit von $\dot{p}/p$ und $\dot{m}/m$.

[2] Bestimmen Sie die totale Ableitung $\dfrac{dz}{dt}$, wenn $z = F(x, y) = \ln(2x) + 5y^3 + 3^x$ mit $x = 2t + 1$ und $y = 2t^2$.

[3] Bestimmen Sie mit der Kettenregel $\dfrac{dw}{dt}$, wenn $w = \dfrac{2}{3}e^{xy}$ mit $x = t^{3/2}$ und $y = t^{1/2}$. Überprüfen Sie Ihr Ergebnis, indem Sie die Ausdrücke für x und y in w einsetzen und nach t differenzieren.

[4] Bestimmen Sie $\dfrac{dz}{dt}$ an der Stelle $t = 2$, wenn $z = F(x, y) = e^x \cdot \ln y$ mit $x = \ln t$ und $y = e^{t^2 + 2t}$ für $t > 0$.

12.2 Kettenregel für n Variablen

[1] Sei $z = F(x, y) = x^2 + y\ln(y)$, wobei $x = 2t + s$ und $y = ts$. Bestimmen Sie $\dfrac{\partial z}{\partial t}$ und $\dfrac{\partial z}{\partial s}$ für $t = s = 1$.

[2] Bestimmen Sie

a) $\dfrac{\partial w}{\partial t}$, wenn $w = x^2 + xyz^2$, $x = t$, $y = st$, $z = s$.

b) $\dfrac{\partial w}{\partial t}$, wenn $w = xy + xz + yz$, $x = \dfrac{2t}{e^s}$, $y = s^2 - e^s$, $z = -s^2$.

c) $\dfrac{\partial v}{\partial t}$, wenn $v = F(x, y, z) = x^2y + z^2$ mit $x = t^2$, $y = s^3$ und $z = \sqrt{t + s}$.

d) $\dfrac{\partial z}{\partial t}$, wenn $z = f(x, y) = 7x^2 + 2y$ mit $x = 2t + 3r$ und $y = e^{rt}$.

[3] Bestimmen Sie die totale Ableitung $\dfrac{df}{dt}$ für die Funktion $f(x, y, z) = x^2 + 2xy - yz^2$, wenn $x(t) = 2t + 1$, $y(t) = t^2 - 1$ und $z(t) = t - 2$.

[4] Es sei $u = \ln(x^3 + y^3 + z^3)$ und $v = \ln(3xyz)$. Bestimmen Sie

$$\left(x \cdot \frac{\partial u}{\partial x} + y \cdot \frac{\partial u}{\partial y} + z \cdot \frac{\partial u}{\partial z} \right) - \left(x \cdot \frac{\partial v}{\partial x} + y \cdot \frac{\partial v}{\partial y} + z \cdot \frac{\partial v}{\partial z} \right).$$

12.3   Implizites Differenzieren entlang einer Höhenlinie

[1] Die Gleichung $3xe^{xy^2} - 2y = 3x^2 + y^2$ definiert y als differenzierbare Funktion von x im Punkt $(x^*, y^*) = (1, 0)$.
a) Bestimmen Sie die Steigung des Graphen in diesem Punkt durch implizites Differenzieren nach den Methoden aus Kap. 7.1 und mit (12.3.1).
b) Bestimmen Sie die lineare Approximation von y in der Nähe von $x^* = 1$.

[2] Bestimmen Sie y', d.h. die Steigung der durch die folgenden Gleichungen gegebenen Kurve im jeweils angegebenen Punkt. Nehmen Sie an, dass y implizit als differenzierbare Funktion von x definiert wird.
a) $xe^{x^2y} + 3x^2 = 2y + 4$ im Punkt $(x, y) = (1, 0)$
b) $x^2y^3 + (y + 1)e^{-x} = x + 2$ im Punkt $(x, y) = (0, 1)$

[3] Für $x \geq 0$ und $y \geq 0$ wird durch $xy + y^2 + 2x + 2y = c$, wobei c eine Konstante ist, y implizit als differenzierbare Funktion von x definiert. Bestimmen Sie y' in Abhängigkeit von x und y nach den Methoden aus Kap. 7.1 und mit (12.3.1).

[4] Bestimmen Sie die Steigung der folgenden Höhenlinien im angegebenen Punkt.
a) v' in $(0, 1)$, wenn $F(u, v) = ue^v - v^2e^{-u} + (u + 1)v = 0$
b) y' in $(1, 1)$, wenn $6x^2y + 2xy^2 + 4xy = 12$
c) x' in $(x, y) = (1, 0)$, wenn $F(x, y) = 2x^2y^3 + e^{xy}(1 + x) = 2$
d) y' in $(2, 4)$, wenn $F(x, y) = 12x - x^2 - y^2 + 12y = 52$
e) y' in $(1, 1)$, wenn $F(x, y) = x^2y = 1$

[5] Eine Kurve in der xy-Ebene sei gegeben durch die Gleichung $\ln x + 2xy + e^y - 1 = 0$. Bestimmen Sie y'' im Punkt $(1, 0)$.

[6] Für die Funktion $F(x, y) = 3ax + 6xy + by + 8$ gelte $F(1, -1) = 2$. Außerdem sei die Steigung der Höhenlinie im Punkt $(1, 1)$ gegeben durch $y' = 1/2$. Bestimmen Sie a und b.

12.4   Allgemeinere Fälle

[1] Die Gleichung $\ln x + 2(\ln x)^2 = \frac{1}{2}\ln K + \frac{1}{3}\ln L$ definiere x als differenzierbare Funktion von K und L. Bestimmen Sie $\dfrac{\partial x}{\partial K}$ und $\dfrac{\partial^2 x}{\partial K \partial L}$.

[2] Betrachten Sie die Gleichung $F(x, y, z) = xyz + xz^2 = 2$. Nehmen Sie an, dass durch $z = f(x, y)$ eine Funktion definiert ist, die für alle (x, y) die Gleichung $F(x, y, z) = 2$ erfüllt. Bestimmen Sie z'_x für $x = y = z = 1$.

[3] Bestimmen Sie z'_x und z'_y, wenn $F(x, y, z) = xyz + xz^3 - xy^2z^5 = 1$.

[4] Betrachten Sie die Funktion $F(x, y, z) = x^2 - 3xy + 3z + 6yz$. Bestimmen Sie z'_x und z'_y für den Punkt $(1, 1, 1)$, der auf der Höhenlinie $F(x, y, z) = 7$ liegt.

12.5   Substitutionselastizität

[1] Berechnen Sie die Substitutionselastizität σ_{yx} zwischen y und x, wenn
a) $F(x, y) = x^3 + y^3$ für $x > 0$ und $y > 0$.
b) $F(x, y) = x^a y^a$ für $x > 0$, $y > 0$ und $a \neq 0$.
c) $F(x, y) = \dfrac{3x^3 y - 4xy^3}{xy}$ **d)** $F(x, y) = 2x^2 + 3y^2$ für $x > 0$ und $y > 0$.
e) $F(x, y) = \sqrt{\dfrac{x}{y}}$ für $x > 0$ und $y > 0$ **f)** $F(x, y) = e^{x^2} e^{y^2}$

[2] Bestimmen Sie die Substitutionselastizität σ_{ts} zwischen t und s, wenn $F(s, t) = s^b + t^b$ für $s \geq 0$ und $t \geq 0$. Dabei ist b eine Konstante mit $b \neq 0$ und $b \neq 1$.

[3] Bestimmen Sie für die folgenden Produktionsfunktionen $Y = F(K, L)$ die Grenzrate der Substitution R_{KL} von K bezüglich L und die Substitutionselastizität σ_{KL} zwischen K und L.
a) $F(K, L) = A \left(aK^4 - bL^4 \right)^{-2/5}$ **b)** $F(K, L) = AK^\alpha L^{1-\alpha}$ mit $A > 0$ und $0 < \alpha < 1$
c) $F(K, L) = AK^{1/4} L^{3/4}$ mit $A > 0$

[4] Gegeben sei die Nutzenfunktion $U(x_1, x_2) = 2x_1^{0.8} x_2^{0.6}$. Ermitteln Sie, für das mit den verfügbaren Konsummengen $x_1 = 24\,ME$ und $x_2 = 32\,ME$ erreichbare Nutzenniveau, die Grenzrate der Substitution von y bezüglich x.

[5] Bestimmen Sie für die folgenden Funktionen jeweils die Grenzrate der Substitution R_{yx} von y bezüglich x an der angegebenen Stelle. Geben Sie das Niveau der zugehörigen Höhenlinie und die Steigung der Höhenlinie an dieser Stelle an.
a) $F(x, y) = x^2 y$ in $(x, y) = (10, 10)$ **b)** $F(x, y) = x^2 + y^2$ in $(x, y) = (3, 4)$

[6] Es sei $Q = F(K, L)$ eine Produktionsfunktion mit dem Kapitalinput K und dem Arbeitsinput L. Bestimmen Sie die Substitutionselastizität σ_{KL} zwischen K und L, wenn die Grenzrate der Substitution von K bezüglich L gegeben ist durch
a) $R_{KL} = \dfrac{2}{3} \left(\dfrac{K}{L} \right)^2$ **b)** $R_{KL} = \left(\dfrac{K}{L} \right)^{4/3}$

[7] Betrachten Sie die Cobb-Douglas-Funktion $Y = F(K, L) = 3\sqrt{KL}$. Dann ist nach Beispiel 12.5.2 die Grenzrate der Substitution $R_{KL} = \dfrac{K}{L}$. Der Punkt $(K_0, L_0) = (10, 40)$ liegt auf der Isoquante zum Niveau 60. Bestimmen Sie die Steigung dieser Isoquante im Punkt $(10, 40)$.

12.6   Homogene Funktionen von zwei Variablen

[1] Betrachten Sie die homogene Funktion $f(x, y) = x^2 y^2 + xy^3$. Geben Sie den Grad k der Homogenität an. Bestimmen Sie $xf_1'(x, y) + yf_2'(x, y)$. Geben Sie Ihr Ergebnis in Abhängigkeit von $f(x, y)$ an.

[2] Für die Funktion $F(x, y) = ax^b y^c$ mit $b + c = 2$ gelte $F(x_0, y_0) = 1$. Bestimmen Sie $F(3x_0, 3y_0)$.

[3] Bestimmen Sie den Homogenitätsgrad k der folgenden Funktionen

a) $f(a, b) = a^2 b^5 + \dfrac{b^{22/3}}{\sqrt[3]{a}}$ **b)** $f(r_1, r_2) = r_1^\alpha r_2^{1-\alpha}$ **c)** $f(x, y) = \sqrt{xy} \cdot e^{x/\ln 2^x}$

d) $f(x, y) = \dfrac{x^2 + xy + y^2}{x + y}$ **e)** $f(x, y) = \dfrac{x^2 y^2 - xy^3 + x^3 y + y^4}{2xy}$

[4] Die tägliche Produktionsmenge eines Unternehmens sei gegeben durch $F(L, K) = L^{1/2} K^{1/2}$, wobei L die Anzahl der Arbeiter und K das investierte Kapital ist. Dann gilt $L\dfrac{\partial F}{\partial L} + K\dfrac{\partial F}{\partial K} = c \cdot F(L, K)$ für eine Konstante c. Geben Sie den Wert dieser Konstanten c an.

[5] Für die Funktion $f(x, y) = 4x^3 y^3 + 2x^2 y^4$ gilt $xf_1'(x, y) + yf_2'(x, y) = cf(x, y)$. Geben Sie die Konstante c an.

[6] Betrachten Sie die homogene Funktion $F(x, y) = \dfrac{6x^3 y^2}{x^{1.5} y^{0.5}}$. Es gelte $F(x_0, y_0) = 3$. Bestimmen Sie $F(2x_0, 2y_0)$.

[7] Die Funktion $f(x, y)$ sei homogen vom Grad 3 und es gelte $f(2, 4) = 20$. Bestimmen Sie $2f_1'(2, 4) + 4f_2'(2, 4)$.

12.7 Allgemeine homogene und homothetische Funktionen

[1] Zeigen Sie, dass die Funktion $f(x, y, z) = x^3 y^2 z^2 \exp\left(\dfrac{x + y}{y + z}\right)$ homogen ist und bestimmen Sie den Homogenitätsgrad k.

[2] Bestimmen Sie den Homogenitätsgrad k der folgenden Funktionen
a) $f(p, r, w) = Bp^{-2.5} r^3 w^{1.08}$, wobei $p > 0$, $r > 0$, $w > 0$ und B eine Konstante
b) $x(r_1, r_2, r_3, r_4) = 4r_1 r_2^2 + 2r_2 r_3 r_4 - 0.5r_4^3$

[3] Betrachten Sie die folgende homogene Funktion $f(x, y, z) = (x^2 + y^2)^3 \cdot e^{x/y} + z^6$.
a) Begründen Sie, dass f homogen ist und bestimmen Sie den Grad k der Homogenität.
b) Bestimmen Sie den Grad der Homogenität der partiellen Ableitungen $f_i'(x, y, z)$, $i = 1, 2, 3$.

[4] Über die homogene Funktion f von n Variablen sei folgendes bekannt: Die Summe der partiellen Elastizitäten ist 2. Ferner ist $f(x_1^0, x_2^0, \ldots, x_n^0) = 1$. Bestimmen Sie $f(3x_1^0, 3x_2^0, \ldots, 3x_n^0)$.

[5] Betrachten Sie eine Produktionsfunktion $f(\mathbf{v}) = f(v_1, v_2, \ldots, v_n)$. Dabei ist f der Output und v_i sind die Inputfaktoren. Berechnen Sie den durch $\varphi(t) = f(t\mathbf{v})/t = f(tv_1, tv_2, \ldots, tv_n)/t$ definierten durchschnittlichen Skalenertag $\varphi(t)$, wenn f homogen vom Grad 1 ist.

[6] Die Funktion $z = f(x, y, z)$ sei homogen vom Grad $k = 2$. Bestimmen Sie $f(3x_0, 3y_0, 3z_0)$, wenn $f(x_0, y_0, z_0) = 4$.

12.8   Lineare Approximation

[**1**] Bestimmen Sie die lineare Approximation der Funktion
a) $f(x, y) = e^x \ln y$ um $(x_0, y_0) = (0, 1)$.
b) $f(x, y) = \sqrt{x} + \sqrt{y}$ um $(x_0, y_0) = (4, 4)$.
c) $f(x, y, z) = (x - y)^2 + (y + z)^2$ um $(2, 0.5, 1)$.
d) $f(x, y, z) = e^{x+y+z}$ um $(0, 0, 0)$.
e) $z = f(x, y) = e^x + \ln y;\ y > 0$ um $(0, 1)$.

[**2**] Bestimmen Sie die Gleichung der Tangentialebene an den Graphen der Funktion
a) $z = f(x, y) = x^3 + y^3$ im Punkt $(x_0, y_0, z_0) = (1, 2, f(1, 2))$.
b) $f(x, y) = 3e^{2x+4y}$ im Punkt $(0, 0, f(0, 0))$.
c) $f(x, y) = 15x^2 - 16y^2 + 2xy$ im Punkt $(1, 1, f(1, 1))$.

[**3**] Ein Quader mit den Seitenlängen $a = 3, b = 4$ und $c = 5$ hat das Volumen $V(3, 4, 5) = 60$.
a) Welches Volumen besitzt der Quader mit den Seitenlängen $a = 3.1, b = 3.9$ und $c = 5.2$?
b) Welchen Wert erhält man durch lineare Approximation von $V(3.1, 3.9, 5.2)$ um $(3, 4, 5)$?

12.9   Differentiale

[**1**] Bilden Sie das Differential dz, wenn
a) $z = F(x_1, x_2) = x_1 x_2 - \ln\left(x_1^2 + x_2^2\right)$, wobei $(x_1, x_2) \neq (0, 0)$.
b) $z = f(x, y) = \sqrt{x} \cdot y^2 + 7x$, wobei $x \geq 0$.
c) $z = f(x, y) = \ln(xy) + 2\sqrt{x}$, wobei $x > 0$ und $y > 0$.
d) $z = f(x, y) = e^{xy} + 2\sqrt{x}$, wobei $x > 0$.

[**2**] Bestimmen Sie das Differential dz, in Termen von dx und dy, wenn $z = \ln(f(x, y))$, wobei $f(x, y)$ differenzierbar sei. Wie würden Sie die Koeffizienten von dx und dy bezeichnen? Denken Sie an Änderungsraten, d.h. welche Änderungsraten stehen vor dx und dy?

[**3**] Bestimmen Sie zunächst eine allgemeine Formel für das Differential dz der Funktion $z = f(x, y) = \ln(1 + x^2 + y^2)$. Um wieviel ändert sich z ungefähr, wenn x und y ausgehend von $x = 2$ und $y = 2$ jeweils um 0.1 geändert werden, d.h. $dx = dy = 0.1$? Wie groß ist die tatsächliche Änderung von z in der gerade beschriebenen Situation?

[**4**] Bestimmen Sie für die Funktion $z = f(x, y) = \sqrt{x} + \sqrt{y}$, wobei $x > 0$ und $y > 0$, die tatsächliche Änderung des Funktionswertes Δz sowie die Approximation dieser Änderung durch das Differental dz, wenn (x, y) ausgehend von $(x, y) = (4, 4)$ um jeweils 0.41 auf $(4.41, 4.41)$ geändert wird.

[**5**] Betrachten Sie die Produktionsfunktion $Y = F(K, L) = 12K^{1/2}L^{2/3}$, wobei K und L der Kapital- bzw. Arbeitsinput seien. Bestimmen Sie das Differential dY.

[6] Gegeben sei die Produktionsfunktion $z = f(x, y) = \dfrac{xy^2}{1 + y^2}$.

a) Berechnen Sie das totale Differenzial dz.

b) Verwenden Sie das totale Differenzial, um die folgende Frage zu beantworten: Um wieviele Einheiten verändert sich der Output ungefähr, wenn die Inputfaktoren ausgehend von $(x, y) = (3, 2)$ um jeweils 2 Einheiten erhöht werden?

c) Wie groß ist die tatsächliche Änderung des Outputs für die in b) geschilderte Situation?

[7] Für eine Produktionsfunktion $Y = F(L, K)$ sei für eine gegebene Kombination von Arbeit L_0 und Kapital K_0 das Grenzprodukt der Arbeit mit $F'_L = 1.3$ und das Grenzprodukt des Kapitals mit $F'_K = 1.2$ gegeben. Berechnen Sie den approximativen Zuwachs von Y für $dL = 0.2$ und $dK = 0.1$ mit Hilfe des Differentials dY.

[8] Betrachten Sie die Cobb-Douglas-Produktionsfunktion $Y = F(K, L) = 3\sqrt{KL} = 3K^{1/2}L^{1/2}$. Für $(K_0, L_0) = (10, 40)$ ergibt sich der Output $Y = F(10, 40) = 60$. Nehmen Sie an, dass beide Inputfaktoren um 1 erhöht werden. Berechnen Sie die tatsächliche Änderung des Outputs ΔY und das Differential dY.

[9] Gegeben sei die Produktionsfunktion $Y = 2A^{0.2}K^{0.8}$ (mit A = Arbeit, K = Kapital, Y = Output). Ermitteln Sie für die vorgegebene Faktorinputkombination $A = 20$ und $K = 10$ die partiellen Outputänderungen dY_A (d.h. die approximative Änderung in Y, wenn A bei konstantem K um dA geändert wird) und dY_K (d.h. die approximative Änderung in Y, wenn K bei konstantem A um dK geändert wird), sowie die totale Outputänderungen dY für $dA = -0.3$ und $dK = 0.1$.

[10] Bestimmen Sie das Differential der Funktion $f(T, V) = \dfrac{RT}{V - b}$, wobei b und R Konstanten sind und $V \neq b$.

12.10 Gleichungssysteme

[1] Bestimmen Sie die Anzahl der Freiheitsgrade für die folgenden Gleichungssysteme

a)
$$
\begin{aligned}
2xy + z^2 &= \sqrt{2}w \quad &(1)\\
xy &= 1 \quad &(2)\\
\sqrt{2}xy + \frac{z^2}{\sqrt{2}} &= w \quad &(3)
\end{aligned}
$$

b)
$$
\begin{aligned}
abc + bcd &= 2 \quad &(1)\\
bc &= 2/(a + d) \quad &(2)\\
\sqrt{2}de + \sqrt{2}bf &= 4 \quad &(3)
\end{aligned}
$$

[2] Nehmen Sie an: Sie haben 10 Variablen $x_1, x_2, \ldots, x_{10}$. Die folgenden fünf Gleichungen sollen erfüllt werden:

$$x_1 + x_2 = 10 \qquad x_3 + x_4 = 14 \qquad (x_1 + x_2)/2 = 5 \qquad x_3 - x_4 = 10 \qquad x_5 + x_6 + \ldots + x_{10} = 0$$

Wie viele Freiheitsgrade FG hat dieses System?

12.11 Differenzieren von Gleichungssystemen

[1] Betrachten Sie das Gleichungssystem

$$6u + v = 6x + 8y$$
$$2u + v = 2x - 4y$$

Bestimmen Sie die partiellen Ableitungen $\dfrac{\partial u}{\partial x}$ und $\dfrac{\partial u}{\partial y}$.

[2] Betrachten Sie das Gleichungssystem

$$5u + 2v = 2y + 3x$$
$$10u - 3v = y - x$$

Bestimmen Sie die Differentiale du und dv in Abhängigkeit von dx und dy.

[3] Das Volkseinkommen Y sei abhängig vom Konsum C, den Investitionen I und den Staatsausgaben G, wobei C wiederum von Y und den Steuern T abhänge. Betrachten Sie das Modell:

$$Y = C + I + G$$
$$C = a + b(Y - T)$$

Dabei sind a und b Konstanten mit $a \geq 0$ und $0 < b < 1$. Entscheiden Sie, ob eine Senkung der Steuern T um eine Einheit oder eine Erhöhung der Staatsausgaben G um eine Einheit zu einer stärkeren Erhöhung von Y führt, indem Sie das Differential dY bilden für $dT = -1$ mit $dI = dG = 0$ und für $dG = 1$ mit $dI = dT = 0$. Vereinfachen Sie Ihr Ergebnis so weit wie möglich. Durch welche Änderung wird eine stärkere Erhöhung erreicht?

Weitere Aufgaben für Kapitel 12

[1] Die Nachfrage nach einem Gut sei $f(W, P)$, wobei W die Ausgaben für Werbung und P der Preis des Gutes seien. Die Angebotsfunktion sei $g(P)$. Im Gleichgewicht gilt $f(W, P) = g(P)$. Bestimmen Sie $\dfrac{dP}{dW}$.

[2] Bestimmen Sie

a) $\dfrac{\partial z}{\partial r}$, wenn $z = x_1 x_2 x_3$ mit $x_1 = rt$; $x_2 = s + t$; $x_3 = rs$

b) $h'(t)/h(t)$, wenn $z = F(x, y) = e^{xy}$ mit $x = f(t) = 2t$; $y = g(t) = t^2$ und $h(t) = e^{f(t) \cdot g(t)}$

[3]
Bestimmen Sie jeweils die Steigung y' der Höhenlinie:
a) $F(x, y) = x^2 + 2xy + y^2 = 16$ b) $F(x, y) = e^{x^2 + y} = 1$

[4]
Bestimmen Sie die Grenzrate der Substitution R_{yx} von y bezüglich x, wenn
a) $F(x, y) = e^{2x + y - 10} = 1$ mit $x \geq 0$, $y \geq 0$ b) $F(x, y) = \ln(x^2 + y^2 - 4) = 0$
c) $F(x, y) = x^3 y^2$ für $x > 0$, $y > 0$

[5] Bestimmen Sie die Gleichung der Tangentialebene für

a) $f(x, y) = x^2 y^2$ im Punkt $(1, 1, 1)$.

b) $f(x, y) = \ln(x + y)$ mit $x > 0$, $y > 0$ im Punkt $(0.5, 0.5, f(0.5, 0.5))$.

[6] Berechnen Sie in den folgenden Situationen die approximative Änderung des Funktionswertes und wenn möglich auch die tatsächliche Änderung des Funktionswertes, wenn Ihnen folgende Informationen gegeben sind:

a) $f'_x(x_0, y_0) = 3$; $f'_y(x_0, y_0) = 2$. Ausgehend von (x_0, y_0) werde x um $dx = 0.1$ und y um $dy = 0.1$ geändert.

b) $z = f(x, y) = xy$ und $x_0 = y_0 = 4$, $dx = 0.8$ und $dy = 0.3$.

c) Cobb-Douglas-Produktionsfunktion $Y = F(K, L) = 2\sqrt{KL} = 2K^{1/2}L^{1/2}$. Für $(K_0, L_0) = (30, 30)$ ergibt sich der Output $Y = 60$. Die Inputfaktoren (K, L) werden ausgehend von $(K_0, L_0) = (30, 30)$ jeweils um 5 Einheiten erhöht.

[7] Bestimmen Sie den Homogenitätsgrad k der Funktionen

a) $f(x, y) = \dfrac{(x + y)^2}{e^{x/y}}$; $x > 0, y > 0$ **b)** $f(x, y, z) = \dfrac{x^3 y + 4x^2 yz + 2xyz^2 + 6yz^3}{(x + y)^2}$

Multivariate Optimierung

13

ÜBERBLICK

13.1 Zwei Variablen: Notwendige Bedingungen

[1] Bestimmen Sie den einzig möglichen Extrempunkt (x_0, y_0) von
a) $f(x, y) = -2x^2 + y^2 + 48x - 36y - 100$ **b)** $f(x, y) = 2x^2 + y^2 - 48x - 16y + 100$

[2] Ein Unternehmen produziert zwei verschiedene Qualitäten A und B eines Gutes. Die täglichen Kosten für die Herstellung von x Einheiten der Qualität A und y Einheiten der Qualität B seien $K(x, y) = 2x^2 - 4xy + 4y^2 - 40x - 20y + 14$. Die Preise pro Einheit seien 24 Euro für Qualität A und 12 Euro für Qualität B. Das Unternehmen ist in der Lage, den gesamten Output zu diesen festen Preisen zu verkaufen. Die Gewinnfunktion besitzt unter diesen Voraussetzungen ein Maximum. Bestimmen Sie die Werte von x und y, die den Gewinn maximieren.

[3] Ein Unternehmen produziert zwei verschiedene Arten A und B von Spezialwerkzeugen. Für die Herstellung von x Einheiten von A und y Einheiten von B seien die täglichen Kosten beschrieben durch $K(x, y) = 6x^2 - 24x + 12xy - 120y + 12y^2 + 344$. Eine Einheit des qualitativ hochwertigeren Spezialwerkzeug A bietet das Unternehmen für 120 Euro an. Der Verkaufspreis eines Spezialwerkzeugs der Art B beträgt 60 Euro. Unter diesen Voraussetzungen und der Annahme, dass alle hergestellten Güter zu den gegebenen Preisen abgesetzt werden, besitzt die Gewinnfunktion genau ein Maximum. Wie viele Einheiten x und y der Spezialwerkzeuge A und B muss das Unternehmen täglich produzieren, um den Gewinn zu maximieren?

[4] Die Funktion $f(x, y) = x^2 + xy + y^2 - 18x - 21y$ hat ein Minimum. Bestimmen Sie die Stelle (x_0, y_0), an der das Minimum angenommen wird. Bestimmen Sie außerdem den Minimalwert, d.h. $f(x_0, y_0)$.

[5] Ein Unternehmen habe die Produktionsfunktion $Q = F(K, L) = K^{1/2}L^{1/4}$ mit $K > 0$ als Kapitalinput und $L > 0$ als Arbeitsinput. Der Erlös pro verkaufter Einheit sei P. Die Kosten pro Einheit Kapital bzw. Arbeit seien r bzw. w. Das Unternehmen möchte seinen Gewinn $\pi(K, L)$ maximieren.
a) Geben Sie die notwendigen Bedingungen für ein Maximum des Gewinns an.
b) Nehmen Sie nun an, dass das Unternehmen einen Preis von $P = 8$ erzielen kann. Die Kosten für die beiden Inputfaktoren sind $r = 2$ und $w = 2$. Außerdem ist die gewinnoptimale Menge für den Inputfaktor Kapital $K^* = 8$. Berechnen Sie die gewinnoptimale Menge L^*.

13.2 Zwei Variablen: Hinreichende Bedingungen

[1] Für welche (x, y) ist die Funktion $f(x, y) = e^{xy}$ konvex?

[2]
a) Ist die Funktion $f(x, y) = 2x^2 + 6y^2 + 4xy + 8y - 16x + 5$ konkav oder konvex?
b) Bestimmen Sie den einzigen stationären Punkt dieser Funktion. Ist dies ein Maximum- oder Minimumpunkt?

[3] Die GoeKart AG produziert zwei verschiedene Arten A und B eines Fahrzeugs. Der Preis für ein Fahrzeug des Typs A beträgt 1000 Euro und der Preis für ein Fahrzeug

des Typs B beträgt 800 Euro. Die Kosten der Produktion von x Einheiten des Typs A und y Einheiten des Typs B betragen $C(x, y) = 150x^2 - 100xy + 60y^2 - 600x - 400y + 10\,000$. Finden Sie das Produktionsniveau (x^*, y^*), das den Gewinn der GoeKart AG maximiert.

13.3 Lokale Extrempunkte

[1] Bestimmen Sie die stationären Punkte der Funktion $f(x, y) = x^4/4 - 3x^3 - y^2 + 4$ und klassifizieren Sie diese mit Hilfe der zweiten Ableitungen. Es ist möglich, dass Sie dabei keine Entscheidung treffen können.

[2] Bestimmen Sie die stationären Punkte der Funktion $f(x, y) = (x + y - 2)^2 + (x^2 + y - 2)^2 - 8$ und klassifizieren Sie diese. Untersuchen Sie auch, ob die Extrempunkte gegebenenfalls globale Extrempunkte sind.

[3] Ermitteln Sie alle stationären Punkte und klassifizieren Sie diese, wenn
a) $f(x, y) = x^3 + 2xy - 6y^2$ b) $f(x, y) = 10x^3 - 15xy + y^3 + 8$
c) $f(x, y) = -\dfrac{1}{3}x^3 + \dfrac{1}{2}x^2 + y^2$ d) $f(x, y) = \dfrac{1}{3}x^3 - x + y^2 + 10$

13.4 Lineare Modelle mit quadratischer Zielfunktion

[1] Ein Produkt werde auf zwei isolierten Märkten angeboten, die Preise und Mengen seien P_i und Q_i, $i = 1, 2$, wobei gelte $P_1 = 100 - Q_1$ und $P_2 = 90 - 2Q_2$. Die Kosten für die Herstellung seien $C = 10(Q_1 + Q_2)$. Unter diesen Voraussetzungen besitzt die Gewinnfunktion ein eindeutig bestimmtes Maximum. Bestimmen Sie die Mengen Q_i^* und die Preise P_i^*, $i = 1, 2$, die die Gewinnfunktion maximieren. Geben Sie auch den maximalen Gewinn an.

[2] Ein Unternehmen vertreibe ein Produkt auf zwei verschiedenen Märkten mit den Nachfragefunktionen $P_1 = 150 - 2Q_1$ und $P_2 = 79 - Q_2$. Die Kostenfunktion sei $C = 2Q_1 + Q_2$.
a) Welche Preise P_1 und P_2 maximieren den Gewinn? Setzen Sie voraus, dass es ein Maximum gibt.
b) Welcher Preis P maximiert den Gewinn, wenn „Diskriminieren" verboten ist, d.h. wenn auf beiden Märkten derselbe Preis gilt? Begründen Sie in diesem Fall, dass Sie das Maximum gefunden haben.

13.5 Der Extremwertsatz

[1] Die Funktion $f(x, y) = x^2 + y^2 + y - 2$ sei definiert auf dem abgeschlossenen, beschränkten Bereich $D = \{(x, y): 0 \le x \le 1, \ 0 \le y \le 1\}$, d.h. auf dem positiven Einheitsquadrat. Zeichnen Sie sich den Bereich auf. Bestimmen Sie den globalen Maximum- und Minimum-Punkt dieser Funktion in D.

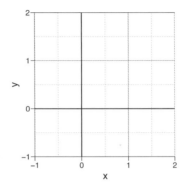

[2] Bestimmen Sie die Maximumpunkte und Minimumpunkte der Funktion $f(x, y) = x^4 + y^4$. Der Definitionsbereich der Funktion sei $D = \{(x, y): 0 \le x \le 2 \text{ und } 0 \le y \le 2\}$. Gehen Sie davon aus, dass die Funktion keine stationären Punkte im Innern von D hat.

[3] Bestimmen sie die Extremstellen der Funktion $f(x, y) = 2x^2 + 3y^2 + 6y + x + 3$ mit dem Definitionsbereich $D = \{(x, y): 0 \le x \le 2, 0 \le y \le 2x\}$.

[4] Die Funktion f sei auf dem Kreis $K = \{(x, y): x^2 + y^2 \le 1\}$ definiert durch $f(x, y) = x^2 + y^2 + y$. Bestimmen Sie die globalen Extrempunkte und die zugehörigen Extremwerte.

[5] Betrachten Sie die auf der Menge $D = \{(x, y): x^2 + y^2 \le 9\}$ definierte Funktion $f(x, y) = x^3 - x^2 - y^2 + 9$. Nach dem Extremwertsatz hat diese Funktion ein Maximum und ein Minimum. Bestimmen Sie den Maximumpunkt und den Maximalwert sowie den Minimumpunkt und den Minimalwert.

[6] Die Funktion $f(x, y) = 9x + 8y - 6(x + y)^2$ ist gegeben auf dem Definitionsbereich $D = \{(x, y)| 0 \le x \le 4; y \ge 0; y \le \frac{1}{2}x + 1\}$. Bestimmen Sie die globalen Extrempunkte der Funktion. Skizzieren Sie sich zunächst den Definitionsbereich in der folgenden Abbildung.

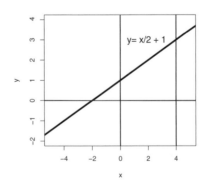

13.6 Drei oder mehr Variablen

[1] Bestimmen Sie alle stationären Punkte für
a) $f(x_1, x_2, x_3) = x_1^2 x_2 + x_2^2 x_3 - x_3$
b) $f(x_1, x_2, x_3) = x_1^4 - 2x_1^2 x_2 + x_2^2 + (x_1 - 1)^2 + x_3^4$
c) $f(x, y, z) = x^3 + xy + 4y + z^4$

[2] Ein Unternehmen produziere von drei verschiedene Gütern die Mengen A, B und C nach der Gesamtkostenfunktion $K(A, B, C) = A^2 + 2B^2 + 3C^2 + AB + BC + 100$. Die Marktpreise der Güter seien dabei exogen vorgegeben mit $p_A = 40$; $p_B = 50$ und $p_C = 80$. Ermitteln Sie die gewinnmaximalen Produktionsmengen von A, B und C. Hinweis: Betrachten Sie nur die notwendigen Bedingungen.

[3] Ein Unternehmen produziert drei verschiedene Güter auf drei Aggregaten. Dabei entstehen für die Gesamtproduktion Fixkosten in Höhe von 500 Euro. Daneben entstehen variable Kosten in Höhe von $x^2/2$, $y^2/4$ und $z^2/8$, wobei x, y, z die produzierten Mengen sind. Das Unternehmen kann für alle drei Güter jeweils 50 Euro auf dem Markt verlangen. Berechnen Sie die gewinnmaximierende Angebotsmenge (x^*, y^*, z^*) für alle drei Güter. Hinweis: Betrachten Sie nur die notwendigen Bedingungen.

[4] Bestimmen Sie den einzigen Extrempunkt der Funktion $g(x, y) = e^{(x^2 - 4x + 4 + y^2)}$. Ist es ein Maximum oder ein Minimum? Hinweis: Die Maximierung (Minimierung) einer Funktion ist äquivalent zur Maximierung (Minimierung) einer strikt monoton wachsenden Transformation dieser Funktion.

[5] Die Funktion $f(x, y, z) = \ln\left(\sqrt{-x^2 - y^2 - z^2 + 20x + 30y + 26z}\right)$ besitzt einen Maximumpunkt. Bestimmen Sie diesen. Beachten Sie, dass sowohl die ln-Funktion als auch die Wurzelfunktion strikt monoton wachsende Funktionen sind.

[6] Die Funktion $h(x, y) = 1 + \ln(x^3 - 3xy + y^3 + 2)$ hat genau einen lokalen Extrempunkt. Bestimmen Sie die Koordinaten (x_0, y_0) dieses Extrempunktes und geben Sie an, ob es sich um ein Maximum oder Minimum handelt. Hinweis: Die Rechnung lässt sich wesentlich vereinfachen, wenn Sie eine monotone Transformation der gegebenen Funktion betrachten.

13.7 Komparative Statik und das Envelope-Theorem

[1]
a) Ein Unternehmen produziere x Einheiten eines Gutes. Die gesamte hergestellte Ware kann zum festen Stückpreis p verkauft werden. Die Kostenfunktion sei $C(x) = \dfrac{x^2}{2} - 2x$. Das Unternehmen möchte seinen Gewinn maximieren. Es stellt sich die Frage, wie der maximale Gewinn π^* vom Preis abhängt. Bestimmen Sie den optimalen Gewinn $\pi^*(p)$ als Funktion des Preises p und geben Sie die Änderungsrate der Optimalwertfunktion bezüglich p an.
b) Beantworten Sie dieselben Fragen für folgende Situation: Der Stückpreis sei $p > 6$ und die Kostenfunktion $C(x) = 4x + x^2$. Außerdem sind für jede produzierte Einheit 2 Geldeinheiten Steuern zu entrichten.

c) Bestimmen Sie den optimalen Gewinn $\pi^*(p)$ als Funktion des Preises p und geben Sie die Änderungsrate der Optimalwertfunktion bezüglich p an, wenn dem Unternehmen Fixkosten für die Miete der Produktionshalle in Höhe von 500, Materialkosten in Höhe von $20x$, Belastungen durch Abgaben und Steuern in Höhe von $2x^2$ entstehen.

[2] Für einen Monopolisten gelte die Nachfragefunktion $P(Q)$, wobei P der Preis ist, wenn der Output Q ist. Die Kosten pro produzierter Einheit seien k. Die Gewinnfunktion ist dann $\pi(Q) = QP(Q) - kQ$. Das Maximum werde bei $Q^* = 145$ Einheiten erreicht. Um wieviel Euro ändert sich ungefähr der maximale Gewinn, wenn die Kosten um einen Euro steigen?

[3] Ein Unternehmen produziert und verkauft zwei Güter A und B. Die Preise pro Einheit seien P_A bzw. P_B. Die Kosten für die Produktion von x bzw. y Einheiten seien $C(x, y)$. Die Gewinnfunktion ist dann $\pi(x, y) = P_A \cdot x + P_B \cdot y - C(x, y)$. Das Unternehmen erzielt seinen maximalen Gewinn, wenn es 50 Einheiten von Gut A und 75 Einheiten von Gut B produziert, d.h. $x^* = 50$ und $y^* = 75$. Wie ändert sich der maximale Gewinn ungefähr, wenn der Preis (pro Einheit) für Gut A um einen Euro fällt, während der Preis (pro Einheit) für Gut B um einen Euro steigt?

Weitere Aufgaben zu Kapitel 13

[1] Sei $g(x, y) = 3 + x^3 - x^2 - y^2$ mit dem Definitionsbereich $D = \{(x, y): x^2 + y^2 \leq 1, \ x \geq 0\}$.

a) Skizzieren Sie den Definitionsbereich D in dem folgenden Koordinatensystem. Geben Sie dabei deutlich zu erkennen, welche Linien zu D bzw. nicht zu D gehören, indem Sie durchgezogene bzw. gestrichelte Linien verwenden.

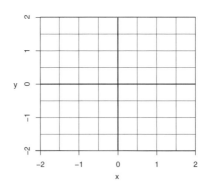

b) Bestimmen Sie die stationären Punkte von g im Innern von D und klassifizieren Sie diese.

c) Bestimmen Sie die globalen Extrempunkte und Extremwerte von g in D.

[2] Ein Unternehmen produziert $Q = a \ln L$ Einheiten eines Gutes, wenn $L > 0$ der Arbeitsinput ist. Der pro Einheit erzielte Preis sei P und die Kosten pro Einheit Arbeitsinput seien w. Alle Konstanten (a, P und w) seien positiv. Bestimmen Sie die partiellen

Ableitungen der Optimalwertfunktion $\pi^*(a, P, w)$, indem Sie das Envelope-Theorem verwenden. Um wieviel verändert sich ungefähr der maximale Gewinn, wenn a, P bzw. w um 1 steigt? Geben Sie jeweils eine ökonomische Interpretation an.

[3] Sei $F(x, y) = -ax^2 + x(y + 1) - \dfrac{1}{2}y^2$, wobei $a \neq \dfrac{1}{2}$.

a) Bestimmen Sie den einzigen Kandidaten für einen globalen Extrempunkt.

b) Unter welchen Voraussetzungen an den Parameter a sind die hinreichenden Bedingungen für einen globalen Maximumpunkt erfüllt?

c) Um wieviel ändert sich der Optimalwert ungefähr, wenn a ausgehend von 1 um eine Einheit vergrößert wird?

[4] Untersuchen Sie die folgenden Funktionen auf globale Extrempunkte. Geben Sie an, ob es ein Maximum oder Minimum ist.

a) $f(x, y) = 4x^2 + 2y^2 - 48x - 16y + 100$

b) $f(x, y) = x^3 + y^3 - 3x - 12y$ für $x > 0, y > 0$

c) $f(x, y) = (x^2 + y^2)(x + 1) = x^3 + x^2 + xy^2 + y^2$ mit $(x, y) \in D = \{(x, y): 1 \leq x^2 + y^2 \leq 4\}$

d) $f(x, y) = \ln(x^2 + y^2 + 1)$ **e)** $f(x, y) = e^{(x+y)^2}$

[5] Untersuchen Sie die Funktion $z = f(x, y) = x^2 + 2xy + 3$ auf lokale Extrempunkte.

[6] Für welche Werte von (x, y) ist die Funktion $f(x, y) = xe^x + ye^y$ konkav?

[7] Ein Unternehmen produziert zwei verschiedene Güter A und B. Die Kosten für die Herstellung von x bzw. y Einheiten seien $C(x, y)$. Die Verkaufspreise pro Einheit von A bzw. B seien p bzw. q. Dann ist die Gewinnfunktion $\pi(x, y) = px + qy - C(x, y)$. Das Unternehmen erzielt maximalen Gewinn für $(x^*, y^*) = (100, 200)$. Um wieviele Geldeinheiten verändert sich der maximale Gewinn ungefähr, wenn p um eine halbe Geldeinheit fällt, während q um eine Geldeinheit steigt?

Optimierung unter Nebenbedingungen

14

ÜBERBLICK

14.1 Die Methode der Lagrange-Multiplikatoren

[1] Bestimmen Sie die Lösungskandidaten für die folgenden Probleme. Bestimmen Sie dabei auch den Wert von λ.

a) $\max f(x, y) = -xy$ unter der Nebenbedingung $x - y = 2$

b) $\max f(x, y) = 10xy$ unter der Nebenbedingung $x + 2y = 8$

c) $\max(\min) \, 4x + 2y$ unter der Nebenbedingung $2x^2 + y^2 = 12$

[2] Ein Unternehmen produziert unter Einsatz zweier Faktoren entsprechend der Produktionsfunktion $y = r_1 \cdot r_2^3$. Dabei fallen Fixkosten in Höhe von 50 Euro an. Die variablen Kosten ergeben sich aus den Faktorpreisen $p_1 = 4$ und $p_2 = 3$. Geben Sie unter der Voraussetzung, dass eine Ausbringungsmenge von $y = 64$ realisiert werden soll, die kostenminimalen Faktoreinsatzmengen r_1^* und r_2^* an. Geben Sie die notwendigen Bedingungen für ein Minimum an, bestimmen Sie damit den Kandidaten für ein Minimum und das zugehörige λ.

[3] Die tägliche Produktionsmenge eines Unternehmens sei gegeben durch $F(L, K) = L^{1/2}K^{1/2}$, wobei L die Anzahl der Arbeiter und K das investierte Kapital ist. Jeder Arbeiter erhält ein Jahresgehalt von 50 000 Euro. Die Zinsen für das investierte Kapital betragen 8% pro Jahr. Das Unternehmen hat 1 Millionen Euro für Lohn- und Zinszahlungen zur Verfügung. Finden Sie diejenigen Werte von L und K, die den Output unter der gegebenen Budgetbeschränkung maximieren. Untersuchen Sie nur die notwendigen Bedingungen und geben Sie auch den Wert von λ an.

[4] Bestimmen Sie die Lösung zu dem folgenden Maximierungsproblem einer Cobb-Douglas Funktion $\max \, 3x^{1/3}y^{2/3}$ unter der Nebenbedingung $10x + 20y = 3\,000$.

[5] Zeigen Sie, dass der Punkt $(x_0, y_0) = (1, 1)$ die notwendigen Bedingungen für das Problem $\max(\min) \ln x + y$ unter der Nebenbedingung $x^2 + xy + y^2 = 3$ erfüllt. Bestimmen Sie zunächst den zugehörigen Wert des Lagrange-Multiplikators λ.

[6] Bestimmen Sie die Lösung (x^*, y^*) zu dem Problem $\max \, 5x^3y^5$ unter der Nebenbedingung $2x + \dfrac{1}{5}y = 8$.

[7] Bestimmen Sie den (die) Lösungskandidaten des Problems $\max(\min) \, f(x, y) = x^{1/3}y^{2/3}$ unter den Nebenbedingungen $g(x, y) = x^{1/3} + y^{2/3} = 8$, $x > 0$, $y > 0$, indem Sie das Problem in ein univariates Optimierungsproblem umwandeln.

[8] Bestimmen Sie die Lösung (x^*, y^*) für das Problem $\max \, 20x^{5/2} \cdot \sqrt{y}$ unter der Nebenbedingung $50x + 7y = 35$.

14.2 Interpretation des Lagrange-Multiplikators

[1] Die Produktionsfunktion $F(K, L) = 60KL$, wobei K der Kapitalinput und L der Arbeitsinput ist, soll unter der Nebenbedingung $3K + 6L = m = 120$ maximiert werden. Bestimmen Sie den Schattenpreis der Ressource m.

[2] Bei der Optimierung einer Funktion $f(x, y)$ unter der Nebenbedingung $g(x, y) = c$ ergab sich die Optimalwertfunktion $f^*(c) = 3c^{4/3}$. Bestimmen Sie den von c abhängigen Wert des Lagrange-Multiplikators.

[3] Zum Kauf von x-Einheiten des Gutes A und y Einheiten des Gutes B stehen Ihnen 2 000 Geldeinheiten zur Verfügung. Der Preis pro Einheit sei 2 für Gut A und 4 für B. Der Nutzen aus dem Kauf dieser Güter sei $U(x, y) = xy$. Das Nutzenmaximierungsproblem max $U(x, y) = xy$ unter der Nebenbedingung $2x + 4y = 2\,000$ hat dann die Lösung $x^* = 500$, $y^* = 250$. Welchen approximativen Wert hat eine zusätzliche Geldeinheit für Sie, d.h. um wieviel erhöht sich der Wert der Optimalwertfunktion ungefähr, wenn die Ressource Geld sich um eine Einheit erhöht?

[4] Eine Person ziehe den Nutzen $U(x_1, x_2) = x_1 x_2 + x_1 + 2x_2 + 2$ aus dem Kauf von x_1 Einheiten des Gutes 1 und x_2 Einheiten des Gutes 2. Der Preis pro Einheit ist 5 Euro für Gut 1 und 10 Euro für Gut 2. Die Person erhalte 1 000 Euro geschenkt mit der Bedingung, dass sie dieses Geld vollständig für den Kauf dieser beiden Güter ausgeben muss.

a) Geben Sie die Werte x_1^* und x_2^* an, die den Nutzen unter dieser Nebenbedingung maximieren. Gehen Sie davon aus, dass die notwendigen Bedingungen in diesem Fall auch hinreichend sind.

b) Geben Sie den maximalen Nutzen U^* an.

c) Um wieviele Einheiten dU^* steigt der maximale Nutzen ungefähr, wenn die Person statt 1 000 Euro 1 005 Euro erhält?

[5] Betrachten Sie das Problem max(min) $f(x, y) = \dfrac{1}{3}x^3 + xy^2 - x + 1$ unter der Nebenbedingung $x^2 + y^2 = a$, wobei $a > 0$. Es gibt einen Lösungskandidaten, d.h. einen Punkt (x, y), der die notwendigen Bedingungen erfüllt, für den $y = 0$ und $x > 0$ ist. Bestimmen Sie nur diesen Lösungskandidaten. Bestimmen Sie auch den zugehörigen Wert des Lagrange-Multiplikators λ. Setzen Sie voraus, dass dieser Punkt auch die hinreichenden Bedingungen für einen Optimalwert erfüllt. Bestimmen Sie dann die Ableitung der Optimalwertfunktion $f^*(a)$ nach a, d.h. $\dfrac{df^*(a)}{da}$.

[6] Die Produktionsfunktion $F(K, L) = 120KL$ wird unter der Nebenbedingung $2K + 5L = 120$ maximiert durch $K^* = 30$ und $L^* = 12$. Geben Sie eine Approximation des Zuwachses im Output an, wenn die Konstante in der Nebenbdingung auf 121 erhöht wird.

[7] Die Funktion $z = f(x, y)$ werde unter der Nebenbedingung $x^2 + y^2 = 8$ durch $x^* = 2$ und $y^* = 2$ maximiert. Der zugehörige Wert des Lagrange-Multiplikators sei $\lambda = 3/2$. Geben Sie die approximative Veränderung des Optimalwertes an, wenn bei der Nebenbedingung die Konstante um 25% ansteigt.

14.3 Mehrere Lösungskandidaten

[1] Die Funktion $f(x, y) = x^3 - x^2 - y^2$ soll unter der Nebenbedingung $x^2 + y^2 = 16$ maximiert bzw. minimiert werden. Bestimmen Sie alle Lösungskandidaten.

14.4   Warum die Methode der Lagrange-Multiplikatoren funktioniert

[1] Lösen sie die folgenden Probleme, indem Sie diese auf ein univariates Problem zurückführen. Zeigen Sie auch, dass Sie die Lösung gefunden haben.

a) $\max 12x\sqrt{y}$ unter $x + y = 3$, wobei $y > 0$

b) $\min x^2 + y^2$ unter $x + 2y = 4$

c) $\min x^2 + 2y^2$ unter $x + y = 12$

d) $\max x^2 + 3xy + y^2$ unter $x + y = 100$

14.5   Hinreichende Bedingungen

[1] Bestimmen Sie die Lösung (x^*, y^*) zu dem Problem $\min x^2 + y^2$ unter der Nebenbedingung $x + 2y = 8$. Erläutern Sie mit einem geometrischen Argument, warum Sie die Lösung gefunden haben.

[2] Lösen Sie das Problem $\max(\min) x^2 + y^2$ unter der Nebenbedingung $x + y = 1$. Geben Sie auch λ an. Zeichnen Sie die zulässige Menge, d.h. die Menge der Punkte (x, y), die die Nebenbedingung erfüllen, in die folgende Grafik ein. Tragen Sie auch den Lösungspunkt (x^*, y^*) in die Grafik ein und entscheiden Sie anhand der Grafik, ob Sie das Maximum oder Minimum gefunden haben.

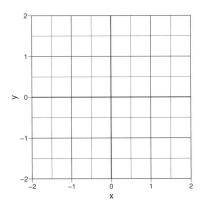

[3] Ist die zu dem Problem $\max 6x^{1/4}y^{1/2}$ unter der Nebenbedingung $3x + 2y = m$ gehörige Lagrange-Funktion im Bereich $\{(x, y) : x \geq 0, y \geq 0\}$ konkav oder konvex?

[4] Gesucht wird der minimale und der maximale (quadratische) Abstand des Punktes $(x, y) = (4, 2.5)$ vom Kreis mit dem Mittelpunkt $(x, y) = (2, 1)$ und dem Radius 5, d.h. das Problem ist $\min(\max) (x - 4)^2 + (y - 2.5)^2$ unter $(x - 2)^2 + (y - 1)^2 = 25$.

a) Lösen Sie die Aufgabe grafisch, indem Sie die folgenden Abbildung verwenden. Berechnen Sie die jeweiligen Optimalwerte.

b) Überprüfen Sie die gefundene Lösung mit der Lagrange-Methode. Stellen Sie zunächst die Lagrange-Funktion auf und geben Sie die notwendigen Bedingungen an. Drücken Sie den Lagrange-Multiplikator λ durch x und durch y aus. Zeigen

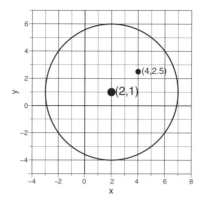

Sie, dass die in a) gefundenen Lösungen die notwendigen Bedingungen erfüllen. Geben Sie jeweils den zugehörigen Wert des Lagrange-Multiplikators an.

c) Begründen Sie, dass Sie die globalen optimalen Punkte gefunden haben.

14.6 Zusätzliche Variablen und zusätzliche Nebenbedingungen

[1] Die Funktion $x^2 + y^2 + z^2$ besitzt unter den Nebenbedingungen $x + y + z = 0$ und $2x - y + z = 14$ ein Minimum an der Stelle $(x, y, z) = (4, -5, 1)$. Bestimmen Sie die Lagrangeschen Multiplikatoren λ_1 und λ_2, wobei λ_i für $i = 1, 2$ die zur i-ten Nebenbedingung gehörigen Lagrangeschen Multiplikatoren sind.

[2] Maximieren Sie die Funktion $x + 2z$ unter den Nebenbedingungen $x + y + z = 1$ und $y^2 + z = \dfrac{1}{2}$. Gehen Sie davon aus, dass die hinreichenden Bedingungen für ein Maximum erfüllt sind und berechnen Sie die Koordinaten (x^*, y^*, z^*) des Maximumpunktes sowie die Werte der Lagrange-Multiplikatoren λ_i, $i = 1, 2$.

[3] Die Zielfunktion $f(x, y, z) = x + y + z^2$ soll unter der Nebenbedingung $x^2 + y^2 + z^2 = 1$ optimiert werden. Bestimmen Sie alle Lösungskandidaten.

[4] Betrachten Sie das Problem $\max(\min) \ x^2 + y^2 + z^2$ unter den Nebenbedingungen $x + y + z = 30$ und $x - y - z = 10$. Die notwendigen Bedingungen werden von genau einem Punkt (x^*, y^*, z^*) erfüllt. Bestimmen Sie diesen Punkt und die zugehörigen Werte der Lagrange-Multiplikatoren λ_1 und λ_2. Löst dieser Punkt das Maximierungs- oder Minimierungsproblem?

[5] Bestimmen Sie den Maximumpunkt von $f(x, y, z) = x^2 + x + y^2 + z^2$ unter der Nebenbedingung $x^2 + 2y^2 + 2z^2 = 16$.

[6] Bestimmen Sie den einzigen Lösungskandidaten für das Problem $\max(\min) \ x^2 + xy + z^2$ unter den Nebenbedingungen $x + y + z = 10$ und $x = 2y$, indem Sie es auf ein zweidimensionales Optimierungsproblem mit einer Nebenbedingung vereinfachen. Dieser Kandidat löst eins der beiden Probleme. Welches Problem kann es dann nur sein?

[7] Das Optimierungsproblem max(min) $4x^2 + 2y^2 + z^2$ unter den Nebenbedingungen $x + 2y + 2z = 100$ und $x - y + z = 80$ hat genau eine Lösung. Bestimmen Sie diese einschließlich der Werte der Lagrange-Multiplikatoren. Welches Problem wird gelöst, das Maximierungs- oder Minimierungsproblem?

[8] Ein Unternehmen produziert drei verschiedene Güter A, B und C. Der Gewinn aus der Produktion und dem Verkauf von x Einheiten des Gutes A, y Einheiten des Gutes B und z Einheiten des Gutes C ist $G(x, y, z) = -\dfrac{1}{300}x^2 + 8x - \dfrac{3}{125}y^2 + 48y + 24z - 5\,000$. Da alle drei Produkte auf einer Maschine gefertigt werden, liegt eine Kapazitätsbeschränkung in der folgenden Form vor: $x + 4y + 6z = 3\,300$. Bestimmen Sie den einzig möglichen Kandidaten zur Lösung dieses Problems.

14.7 Komparative Statik

[1] Ein Unternehmen benutzt K Einheiten Kapital und L Einheiten Arbeit, um $F(K, L)$ Einheiten eines Gutes herzustellen. Die Preise pro Einheit seien r und w für Kapital bzw. Arbeit. Die Kostenfunktion $C = rK + wL$ soll unter der Nebenbedingung $F(K, L) = Q$ minimiert werden. Bestimmen Sie die partielle Ableitung der Minimal-Kostenfunktion $C^*(r, w, Q)$ bezüglich Q.

[2] Betrachten Sie die Funktion $f(x, y, z) = x^2 + y^2 + z$ unter der Nebenbedingung $x^2 + 2y^2 + 4z^2 = 1$, d.h. die Funktion wird auf einer abgeschlossenen beschränkten Menge betrachtet und nimmt somit Maximum und Minimum an.
a) Bestimmen Sie alle Extrempunkte mit den zugehörigen Extremwerten und den zugehörigen Werten von λ.
b) Die Nebenbedingung wird geändert in $x^2 + 2y^2 + 4z^2 = 1.02$. Geben Sie die angenäherte Änderung der Extremwerte an.

[3] Die Funktion $f(x, y, z) = e^x + y + z$ wird unter den Nebenbedingungen $x + y + z = 1$ und $x^2 + y^2 + z^2 = 1$ maximiert durch $(x^*, y^*, z^*) = (1, 0, 0)$. Geben Sie die angenäherte Änderung des Maximalwertes der Zielfunktion f an, wenn die Nebenbedingungen durch $x + y + z = 1.02$ und $x^2 + y^2 + z^2 = 0.98$ ersetzt werden.

[4] In einem multivariaten Optimierungsproblem mit zwei Nebenbedingungen ergibt sich im Optimum $\lambda_1 = 25$ und $\lambda_2 = 15$. Die Ressourcen, d.h. die Konstanten in beiden Nebenbedingungen werden jeweils um eine Einheit erhöht. Um wieviel steigt dann ungefähr der Optimalwert der Zielfunktion?

[5] Der Nutzen durch den Kauf der Mengen x_1, x_2 bzw. x_3 der drei Güter G_1, G_2 bzw. G_3 sei gegeben durch $U(x_1, x_2, x_3) = \ln(x_1 - 6) + 2\ln(x_2 - 5) + \ln(x_3 - 4)$. Die Kosten pro Einheit für jedes dieser drei Güter seien 1 Euro. Insgesamt haben Sie für den Kauf dieser drei Güter 36 Euro zur Verfügung, d.h. die Nutzenfunktion $U(x_1, x_2, x_3)$ soll unter der Nebenbedingung $x_1 + x_2 + x_3 = 36$ maximiert werden.
a) Bestimmen Sie die Mengen x_1^*, x_2^* und x_3^*, die den Nutzen maximieren. (Hinweis: Es ist möglich auch Bruchteile einer Einheit zu erwerben. Untersuchen Sie nur die notwendigen Bedingungen).
b) Um wieviel steigt der maximale Nutzen ungefähr, wenn Sie 37 Euro statt 36 Euro zur Verfügung haben?

14.8 Nichtlineare Programmierung: Ein einfacher Fall

[1] Die Funktion $x^2 - y^2 + y$ soll unter der Nebenbedingung $x^2 + y^2 \leq 1$ maximiert werden. Ermitteln Sie mit Hife der Kuhn-Tucker-Bedingungen alle möglichen Kandidaten (x^*, y^*) für die Lösung dieses Problems. Bestimmen Sie auch die zugehörigen Werte von λ.

[2] Bestimmen Sie die einzige mögliche Lösung des Problems $\max 5x + y$ unter der Nebenbedingung $10 \geq x^2 + y + x$.

[3] Das Maximierungsproblem $\max \sqrt{x} + \sqrt{y}$ unter der Nebenbedingung $10x + 5y \leq 150$ hat genau eine Lösung (x^*, y^*) mit $x^* > 0$ und $y^* > 0$. Bestimmen Sie diese.

[4] Bestimmen Sie den einzig möglichen Lösungskandidaten (x^*, y^*) und das zugehörige λ für das Problem $\max 8x + 9y$ unter der Nebenbedingung $4x^2 + 9y^2 \leq 100$.

[5] Bestimmen Sie den einzig möglichen Lösungskandidaten für das Maximum der Funktion $f(x, y) = 4 - \dfrac{1}{2}x^2 - 4y$ unter der Nebenbedingung $6x - 4y \leq 12$.

14.9 Mehrere Nebenbedingungen in Ungleichheitsform

[1] Die Funktion $2x^2 + 2y^2 - x$ soll unter den Nebenbedingungen $(x + 2)^2 + (y - 3)^2 \leq 1$ und $\dfrac{3}{2}x \leq 0$ maximiert werden. Skizzieren Sie die zulässige Menge, d.h. die Menge der (x, y), die die Nebenbedingungen erfüllen.

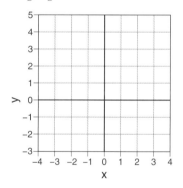

[2] Betrachten Sie das Problem $\max 40a - 0.02a^2 + 36b - 0.03b^2$ unter den Nebenbedingungen $4a + 3b \leq 1\,950$ und $\left(\dfrac{a}{30}\right)^2 + \left(\dfrac{b}{50}\right)^2 \geq 100$. Bestimmen Sie die einzige Lösung (a^*, b^*) des Problems, wenn bekannt ist, dass der Lagrange-Multiplikator λ_1 für die erste Nebenbedingung größer als Null ist, während die zweite Ungleichung nicht bindend ist, d.h. $\left(\dfrac{a}{30}\right)^2 + \left(\dfrac{b}{50}\right)^2 > 100$.

[3] Das Maximierungsproblem $\max f(x, y, z)$ unter den Nebenbedingungen $g_1(x, y, z) \leq 5$ und $g_2(x, y, z) \leq 10$ habe die Lösung $x^* = 4$; $y^* = 2$; $z^* = 3$; $\lambda_1 = 12$; $\lambda_2 = 36$. Um wieviel ändert sich der Maximalwert der Zielfunktion ungefähr, wenn die Konstante in der zweiten Nebenbedingung in 10.2 geändert wird.

[4] Das Problem max $2x + y - \frac{1}{3}x^3 - xy - y^2$ unter den Nebenbedingungen $x \geq \frac{1}{4}$ und $x + y \leq 3$ hat genau eine Lösung (x^*, y^*), für die beide Nebenbedingungen nicht bindend sind. Bestimmen Sie die Lösung.

[5] Die Funktion $f(x, y, z) = x^2 + x + y^2 + z^2$ hat unter der Nebenbedingung $x^2 + 2y^2 + 2z^2 \leq 16$ einen eindeutig bestimmten Minimumpunkt, der im Innern der zulässigen Menge liegt. Bestimmen Sie die Koordinaten (x^*, y^*, z^*) dieses Minimumpunktes.

14.10   Nichtnegativitätsbedingungen

[1] Betrachten Sie das nichtlineare Programmierungsproblem min $(x - 3)^2 + (y - 3)^2$ unter der Nebenbedingung $\frac{1}{4}x + y \geq 10$ und der Nichtnegativitätsbedingung $x \geq 0$. Schreiben Sie die notwendigen Kuhn-Tucker-Bedingungen in der in (14.9.4 - 5) gegebenen Form und bestimmen Sie dann alle Lösungskandidaten mit dem zugehörigen Wert von λ.

[2] Bestimmen Sie den einzigen Lösungskandidaten (einschließlich der Werte der Lagrange-Multiplikatoren λ_1 und λ_2) des Problems

$$\max \ \frac{2}{3}x - \frac{1}{2}x^2 + \frac{1}{12}y \quad \text{unter den Nebenbedingungen} \begin{cases} x \leq 5 \\ -x + y \leq 1 \end{cases} \quad x \geq 0, y \geq 0$$

[3] Das nichtlineare Optimierungsproblem max $xy - y - z^2$ unter $x + y^2 + z^2 \leq 2$ und $x \geq 0$ hat genau eine Lösung. Bestimmen Sie zunächst alle Lösungskandidaten mit den zugehörigen Werten von λ, indem Sie eine geeignete Fallunterscheidung verwenden. Entscheiden Sie dann, welcher Kandidat das Problem löst.

Weitere Aufgaben zu Kapitel 14

[1] Bestimmen Sie jeweils alle Lösungskandidaten und auch λ:
a) max(min) $x^2 + y^2$ unter der Nebenbedingung $4x^2 + y^2 = 4$
b) min e^{-xy} unter der Nebenbedingung $x + y = 2$
c) max $z = x^2 + y^2$ unter der Nebenbedingung $(x - 2)^2 + (y - 2)^2 = 2$

[2] Die Produktionsfunktion eines Unternehmens für die Herstellung eines Gutes sei gegeben durch $Q = F(x, y) = 10\sqrt{x}\sqrt{y}$. Dabei sind x und y die Mengen, die von den beiden Produktionsfaktoren A und B eingesetzt werden. Eine Einheit des Faktors A kostet 2 Geldeinheiten, eine Einheit des Faktors B kostet 8 Geldeinheiten. Es sollen 800 Einheiten bei minimalen Kosten produziert werden. Bestimmen Sie die optimalen Mengen x^* und y^*, die die Kosten unter der Nebenbedingung minimieren.

[3] Das Problem max $xz + yz$ unter $x^2 + y^2 + z^2 \leq 1$ hat zwei Lösungen. Für beide Lösungen hat der Lagrangemultiplikator denselben Wert $\lambda > 0$. Bestimmen Sie die beiden Lösungen und λ.

[4] Das Problem max $x^2 + y^2 + x^2 y$ unter der Nebenbedingung $x^2 + y^2 \leq 1$ hat die Lösung $(x, y) = (\sqrt{2/3}, \sqrt{1/3})$. Bestimmen Sie den zugehörigen Wert des Lagrangemultiplikators λ.

[5] Die Nebenbedingungen in einem Optimierungsproblem seien $x + 2y \leq 600$; $x - y \leq 50$; $x \geq 0$; $y \geq 0$. Skizzieren Sie die zulässige Menge Z in der folgenden Abbildung.

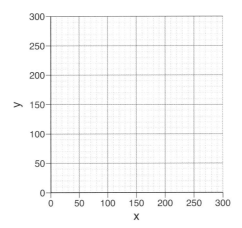

[6] Bei der Optimierung einer Gewinnfunktion $\pi(x_1, x_2)$ bei der Produktion von zwei Gütern unter drei Nebenbedingungen (Ressourcenbeschränkungen) ergibt sich als Lösung $x_1^* = 5$; $x_2^* = 22$; $\lambda_1 = 3$; $\lambda_2 = 0$; $\lambda_3 = 10$. Um wieviel ändert sich der maximale Gewinn ungefähr, wenn von jeder der drei Ressourcen eine Einheit mehr zur Verfügung steht?

[7] Ein Unternehmen setzt K Einheiten Kapital und L Einheiten Arbeit ein, um $Q = F(K, L)$ Einheiten eines Gutes zu produzieren. Die Kosten für Kapital und Arbeit pro Einheit seien r bzw. w. Die Kostenfunktion $C = rK + wL$ wird unter der Nebenbedingung $F(K, L) = Q$ minimal für $K^* = 50$ und $L^* = 60$. Nehmen Sie an, dass die Kosten r für Kapital um 0.6 Geldeinheiten fallen, während die Kosten für Arbeit um 0.4 Geldeinheiten steigen. Um ungefähr wie viele Einheiten **steigen** oder **fallen** die minimalen Kosten?

Matrizen und Vektoralgebra

15

ÜBERBLICK

15.1   Systeme linearer Gleichungen

[1] Lösen Sie die folgenden Gleichungssysteme, wenn möglich.

a)
$$\begin{aligned} x_1 + 2x_2 &= 3 \\ 2x_1 + 4x_2 &= 8 \end{aligned}$$

b)
$$\begin{aligned} x_1 + 2x_2 &= 4 \\ x_2 + x_3 &= 2 \end{aligned}$$

c)
$$\begin{aligned} x_1 + 2x_2 &= 4 \\ x_1 + x_2 &= 2 \end{aligned}$$

d)
$$\begin{aligned} x - y + z &= 2 \\ x + y - z &= 1 \\ 3x + y - z &= 4 \end{aligned}$$

e)
$$\begin{aligned} x_1 + x_2 + x_3 &= 9 \\ x_1 - x_2 - x_3 &= -3 \\ x_1 - x_2 + x_3 &= 5 \end{aligned}$$

f)
$$\begin{aligned} 2x_1 + 4x_2 &= 8 \\ x_1 + 2x_2 &= 4 \end{aligned}$$

[2] Entscheiden Sie, welche der folgenden Gleichungen in den Variablen a, b, c und d linear sind und welche nicht. Vereinfachen Sie dabei zunächst die gegebenen Gleichungen.

a) $\dfrac{6ab}{b} + \dfrac{c^3 + dc^3}{7c^2} = 12$

b) $d + c + a + b = (b + c + d + a)^2$

c) $-\dfrac{a^2 + b^2 - 2ab}{b - a} = 6$, wobei $a \neq b$

d) $(a + c)(b + d)(a + d)(c + b) = 69$

15.2   Matrizen und Matrizenoperationen

[1] Berechnen Sie $A + B$, $A - B$ und $2A + 4B$, wenn

$$A = \begin{pmatrix} 8 & 1 & 2 \\ 3 & 4 & 5 \\ 0 & 4 & 9 \end{pmatrix} \quad \text{und} \quad B = \begin{pmatrix} -8 & 1 & 5 \\ 3 & -4 & 5 \\ 2 & 7 & 1 \end{pmatrix}$$

[2] Berechnen Sie $3A - 2B$, wenn $A = \begin{pmatrix} 1 & 4a \\ 5 & 6 \\ 3 & 3 \end{pmatrix}$ und $B = \begin{pmatrix} 0 & -1 \\ 4 & 3a \\ a - 2 & 1 \end{pmatrix}$.

15.3   Matrizenmultiplikation

[1] Berechnen Sie die Matrizenprodukte AB und BA, wenn sie definiert sind.

a) $A = \begin{pmatrix} 2 & 1 & 0 \\ 0 & 1 & 1 \end{pmatrix}$ und $B = \begin{pmatrix} 1 & 2 & 0 \\ 0 & 1 & 1 \\ 1 & 0 & 1 \end{pmatrix}$

b) $A = \begin{pmatrix} 2 & 6 & 0 \\ 1 & 7 & 0 \\ 0 & 4 & 0 \end{pmatrix}$ und $B = \begin{pmatrix} 4 & 5 & 1 \\ 1 & 2 & 3 \\ 0 & 0 & 0 \end{pmatrix}$

c) $A = \begin{pmatrix} 1 & 2 & 3 \\ 2 & 1 & 0 \\ 1 & 2 & 1 \end{pmatrix}$ und $B = \begin{pmatrix} 1 & 2 \\ 0 & 1 \\ 2 & 0 \end{pmatrix}$

[2] Ein lineares Gleichungssystem mit drei Gleichungen und drei Variablen x_1, x_2 und x_3 sei in Matrixform gegeben durch $Ax = b$, wobei $A = \begin{pmatrix} 2 & 0 & 3 \\ 1 & 2 & 1 \\ 0 & 1 & 2 \end{pmatrix}$; $x = \begin{pmatrix} x_1 \\ x_2 \\ x_3 \end{pmatrix}$

und $b = \begin{pmatrix} 4 \\ 2 \\ 6 \end{pmatrix}$. Schreiben Sie die drei Gleichungen des Gleichungssystems in der üblichen Form auf.

[3] Schreiben Sie die folgenden Gleichungssysteme in Matrixform, d.h. in der Gestalt $Ax = b$.

a)
$$\begin{aligned} x_1 + 2x_2 &= 4 \\ x_1 + x_2 &= 2 \end{aligned}$$

b)
$$\begin{aligned} x_1 + x_2 + x_3 &= 9 \\ x_1 - x_2 - x_3 &= -3 \\ x_1 - x_2 + x_3 &= 5 \end{aligned}$$

15.4 Regeln für die Matrizenmultiplikation

[1] Betrachten Sie die Matrizen $C = \begin{pmatrix} 1 & 3 & -7 \\ 2 & 5 & 1 \\ 1 & 2 & 7 \end{pmatrix}$ und $D = \begin{pmatrix} a & b & c \\ -13 & 14 & -15 \\ -1 & 1 & -1 \end{pmatrix}$.

Für welche Werte von a, b und c gilt $CD = I_3$, wobei I_3 die Einheitsmatrix der Ordnung 3 sei.

[2] Es sei $A = \begin{pmatrix} 0 & 1 & 0 \\ 0 & 1 & 1 \\ 1 & 0 & 1 \end{pmatrix}$. Berechnen Sie A^2; A^3 und $A^3 - 2A^2 + A$.

[3] Für welche Werte von a ist die Matrix $A = \dfrac{1}{3} \begin{pmatrix} 2 & a & a \\ a & 2 & a \\ a & a & 2 \end{pmatrix}$ idempotent?

Hinweis: Eine Matrix A ist idempotent, wenn $A^2 = A$.

[4] Es werden drei Güter G_j aus vier Rohstoffen hergestellt. Die folgende Matrix A enthält in der j-ten Spalte den Verbrauchsvektor für das Gut j. Zum Beispiel für die Herstellung einer Einheit des Gutes G_1 werden 2 Einheiten von R_1, 1 Einheit R_2, 3 Einheiten R_3 und 2 Einheiten R_4 gebraucht (die Zahlen stehen in der ersten Spalte). Der Vektor x gibt an, wie viele Einheiten der Güter G_j hergestellt werden. Berechnen Sie den Bedarf der Rohstoffe. Schreiben Sie das Ergebnis als Spaltenvektor b.

$$\begin{array}{c} \\ R_1 \\ R_2 \\ R_3 \\ R_4 \end{array} \begin{array}{c} G_1\ G_2\ G_3 \\ \begin{pmatrix} 2 & 1 & 3 \\ 1 & 3 & 2 \\ 3 & 2 & 1 \\ 2 & 2 & 2 \end{pmatrix} \end{array} = A \qquad x = \begin{pmatrix} 3 \\ 4 \\ 5 \end{pmatrix} \begin{array}{c} G_1 \\ G_2 \\ G_3 \end{array} \qquad b = \begin{pmatrix} b_1 \\ b_2 \\ b_3 \\ b_4 \end{pmatrix} \begin{array}{c} R_1 \\ R_2 \\ R_3 \\ R_4 \end{array}$$

[5] Die Produkte P_i eines Unternehmens werden in den Ländern L_j verkauft. Die geplanten Verkaufsmengen V_{ij} für jedes Produkt und Land sind in der Matrix

$$V = \begin{pmatrix} 1 & 1 & 1 \\ 2 & 1 & 3 \\ 3 & 2 & 1 \end{pmatrix}$$ gegeben. Die Umsatzziele sind im Vektor $z = \begin{pmatrix} 60 \\ 120 \\ 120 \end{pmatrix}$ gegeben. Wie hoch müssen die Preise (p_1, p_2, p_3) gewählt werden, um die gesteckten Umsatzziele zu erreichen?

15.5 Die transponierte Matrix

[1] Es sei $A = \begin{pmatrix} 3 & 2 \\ 1 & 0 \end{pmatrix}$ und $B = \begin{pmatrix} 0 & 2 \\ 2 & 1 \end{pmatrix}$. Berechnen Sie $(AB)'$ auf zwei unterschiedliche Arten.

[2] Berechnen Sie AA' und $A'A$, wenn $A = \begin{pmatrix} 2 & 1 & 4 \\ 0 & -1 & 3 \end{pmatrix}$.

[3] Bestimmen Sie $(3A)'$, wenn $A = \begin{pmatrix} 1 & a-1 & 2a^2-2) \\ 3-a & 7 & 6-a^2 \\ a^2+1 & a & 4 \end{pmatrix}$, wobei a eine Konstante ist. Gibt es ein a, so dass $A = A'$?

[4] Für welche Werte von a und b ist die Matrix $A = \begin{pmatrix} a & a^2+2 & 6 \\ 4a-2 & 2b & b^2-1 \\ a-4b & 0 & -2 \end{pmatrix}$ symmetrisch?

[5] Für das Produkt der Matrizen $A_{4\times 3}$ und $B_{3\times 2}$ gelte $AB = \begin{pmatrix} 4 & 2 \\ 2 & 1 \\ 1 & 0 \\ 7 & 2 \end{pmatrix}$. Bestimmen Sie das Matrizenprodukt $B'A'$.

15.6 Gauß'sche Elimination

[1] Lösen Sie die folgenden Gleichungssysteme nach dem Gauß'schen Eliminationsverfahren. Wenden Sie auf das Gleichungsystem so lange elementare Zeilenumformungen an, bis Sie eine Treppenstufenform erhalten, d.h. die Koeffizienten der führenden Einträge sollen 1 sein und unterhalb der führenden Einträge sollen Nullen stehen. Oberhalb der führenden Einträge sollen noch keine Nullen erzeugt werden. Schreiben Sie das Gleichungssystem zunächst in Treppenstufenform auf und dann für dieses Stadium die entsprechende Matrixform $Ax = b$. Geben Sie dann die Lösung an.

a)
$$\begin{aligned} -2x + 4y - 2z &= -2 \\ -3x + y + 2z &= -5 \\ -7y + 4z &= 23 \end{aligned}$$

b)
$$\begin{aligned} x + 3y - 2z &= 4 \\ 2y - z &= -5 \\ 4x - 2y - 6z &= 2 \end{aligned}$$

[2] Lösen Sie die folgenden Gleichungssysteme nach dem Gauß'schen Eliminationsverfahren, indem Sie die zu diesem Gleichungssystem gehörende erweiterte Koeffizientenmatrix bilden und diese auf Treppenstufenform bringen, d.h. die Koeffizienten der führenden Einträge sollen 1 sein und unterhalb der führenden Einträge sollen Nullen stehen. Oberhalb der führenden Einträge sollen noch keine Nullen erzeugt werden. Schreiben Sie dann das zu diesem Stadium gehörende Gleichungssystem auf und geben Sie die Lösung an.

a)
$$\begin{aligned}
4x_1 + 2x_2 + 3x_3 &= 9 \quad \text{(i)}\\
20x_1 + 13x_2 + 17x_3 &= 50 \quad \text{(ii)}\\
8x_1 + 4x_2 + 8x_3 &= 20 \quad \text{(iii)}
\end{aligned}$$

b)
$$\begin{aligned}
x_1 + 4x_2 - 5x_3 &= 8 \quad \text{(i)}\\
3x_1 - 2x_2 + 3x_3 &= 4 \quad \text{(ii)}\\
-4x_1 + 2x_2 + x_3 &= 2 \quad \text{(iii)}
\end{aligned}$$

[3] Fassen Sie die folgenden Matrizen als erweiterte Koeffizientenmatrizen eines linearen Gleichungssystems auf. Falls das Gleichungssystem eine Lösung hat, so formen Sie die erweiterte Koeffizientenmatrix weiter um, bis Sie auch über den führenden Einträgen Nullen erhalten haben. Geben Sie dann die Lösung an (siehe (15.6.1 - 3)).

a) $\begin{pmatrix} 1 & 4 & -5 & 8 & 4 \\ 0 & 1 & -3 & 1 & 6 \\ 0 & 0 & 1 & 4 & 3 \\ 0 & 0 & 0 & 1 & 3 \end{pmatrix}$
b) $\begin{pmatrix} 1 & 2 & 3 & 1 \\ 0 & 3 & 4 & 2 \\ 0 & 0 & 0 & 3 \end{pmatrix}$
c) $\begin{pmatrix} 1 & 3 & -2 & 4 \\ 0 & 1 & -1 & -5 \end{pmatrix}$

[4] Lösen Sie die folgenden Gleichungssysteme, indem Sie nach (15.6.1 - 15.6.3) vorgehen.

a)
$$\begin{aligned}
x \quad\quad - z &= -5\\
3x + y - 3z &= -12\\
x + 2y - 2z &= 6
\end{aligned}$$

b)
$$\begin{aligned}
x_1 + x_2 + x_3 &= 7\\
2x_1 - x_2 - x_3 &= -4\\
3x_1 + x_2 - x_3 &= 5
\end{aligned}$$

15.7 Vektoren

[1] Bilden Sie für die Vektoren $\mathbf{a} = (1, 2, 3)$ und $\mathbf{b} = (3, 2, 1)$ das innere Produkt $\mathbf{a} \cdot \mathbf{b}$, sowie die Matrizenprodukte $\mathbf{a}'\mathbf{b}$ und $\mathbf{ab}'$. Was fällt Ihnen dabei auf?

[2] Sei $\mathbf{x} = \begin{pmatrix} 3 \\ 2 \\ 4 \end{pmatrix}$. Berechnen Sie $\mathbf{x} \cdot \mathbf{x}$, $\mathbf{x}'\mathbf{x}$ und $\mathbf{xx}'$.

[3] Bestimmen Sie für die beiden Vektoren $\mathbf{x} = (2, 3, 6)$ und $\mathbf{y} = (1, -3, -2)$ die Linearkombination $3\mathbf{x} + 2\mathbf{y}$.

15.8 Geometrische Interpretation von Vektoren

[1] Bestimmen Sie die Länge oder Norm der Vektoren $\mathbf{a} = (2, 1, 2)$; $\mathbf{b} = (-2, 4, 1)$; $\mathbf{c} = (5, 3, 2)$ und $\mathbf{d} = (5, 7)$.

[2] Die linke Abbildung zeigt die Vektoren **a** und **b**. Konstruieren Sie in den nebenstehenden Grafiken die Vektoren $\mathbf{a} + \mathbf{b}$ und $\mathbf{a} - \mathbf{b}$

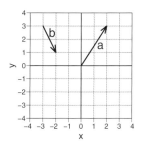 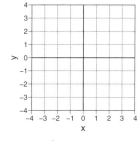 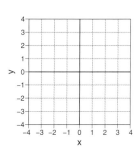

[3] Die Abbildung zeigt die Vektoren $\boldsymbol{a}$ und $\boldsymbol{b}$. Bestimmen Sie die Vektoren $\boldsymbol{c} = \boldsymbol{a} + 0.5\boldsymbol{b}$ und $\boldsymbol{d} = -\boldsymbol{a} - \boldsymbol{b}$ und zeichnen Sie diese in die Abbildung ein.

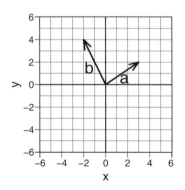

[4] Die folgende Grafik zeigt die Vektoren $\boldsymbol{a}$ und $\boldsymbol{b}$ in der Ebene. Zeichnen Sie den Vektor $\boldsymbol{a} - \boldsymbol{b}$ ein.

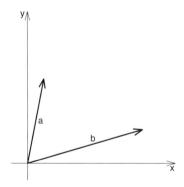

[5] Es sei $\boldsymbol{a} = (2, 1, 2)$ und $\boldsymbol{b} = (-1, 2, b_3)$. Bestimmen Sie b_3, so dass die beiden Vektoren $\boldsymbol{a}$ und $\boldsymbol{b}$ orthogonal sind.

[6] Betrachten Sie die beiden Vektoren $\boldsymbol{a} = (3, 1, 1)$ und $\boldsymbol{b} = (1, -2, -1)$. Geben Sie den Winkel θ zwischen diesen beiden Vektoren in Grad an.

[7] Bestimmen Sie die Werte für a und b so, dass die Vektoren $\boldsymbol{x} = (1, a, 2)$ und $\boldsymbol{y} = (3, 4, b)$, sowie auch $\boldsymbol{u} = (3, 5, a)$ und $\boldsymbol{v} = (b, 2, 3)$ orthogonal zueinander sind.

[8] Für welche Werte von t sind die Vektoren $\boldsymbol{a} = (3, -t, 1)$ und $\boldsymbol{b} = (t, -2t, 1)$ orthogonal?

[9] Für welche Werte von a ist der Vektor $\boldsymbol{x} = \left(\dfrac{2}{4}, \dfrac{\sqrt{3}}{4}, \dfrac{a}{4} \right)$ normiert, d.h. ist die Länge $\|\boldsymbol{x}\| = 1$?

15.9 Geraden und Ebenen

[1] Bestimmen Sie die Gleichung der Ebene durch den Punkt a mit der Normalen p in der Gestalt $c_1 x_1 + c_2 x_2 + c_3 x_3 = b$, wenn

a) $a = (1, -1, 2)$ und $p = (1, 1, 3)$ b) $a = (1, 2, 2)$ und $p = (1, 1, 0)$

[2] Bestimmen Sie den Schnittpunkt (s_1, s_2, s_3) der Geraden mit der Ebene, wenn

a) die Ebene durch die Gleichung $x_1 + 2x_2 + 3x_3 = 8$ und die Gerade durch die drei Koordinatengleichungen $x_1 = 1 - 2t$; $x_2 = 2 - t$ und $x_3 = 2 + t$ gegeben ist.

b) die Ebene durch $x_1 + x_2 + x_3 = 9$ und die Gerade durch $x_1 = -5t + 2$; $x_2 = 3t + 3$ und $x_3 = -2t + 4$ mit $t \in \mathbb{R}$ gegeben ist.

[3] Bestimmen Sie die Gerade im $\mathbb{R}^3$, die durch die Punkte a und b verläuft. Geben Sie die Gleichungen für die drei Komponenten (x_1, x_2, x_3) aller Punkte x auf der Geraden an, wenn

a) $a = (2, 4, 1)$ und $b = (7, 2, 6)$ b) $a = (-1, 1, 3)$ und $b = (1, 2, 2)$

[4] Bestimmen Sie die Gleichung der Ebene durch die Punkte $A = (2, 3, 4)$, $B = (3, 1, 1)$ und $C = (-5, 2, 5)$. Die Gleichung ist in der Form $p_1 x_1 + p_2 x_2 + p_3 x_3 = c$ anzugeben.

Weitere Aufgaben zu Kapitel 15

[1] Gegeben seien die Matrizen $A = \begin{pmatrix} 2 & 1 \\ 3 & 4 \\ 1 & 2 \end{pmatrix}$; $B = \begin{pmatrix} 2 & 3 \\ 1 & 2 \end{pmatrix}$;

$C = \begin{pmatrix} 1 & 2 & 0 \\ 2 & 1 & 2 \\ 0 & 2 & 1 \end{pmatrix}$; $D = \begin{pmatrix} 1 & 3 & 1 \\ 3 & 1 & 3 \end{pmatrix}$. Bestimmen Sie $3AB$; CD' und $(A'C - 2BD)'$.

[2] Bestimmen Sie die Werte von a, b mit $a + b + 1 = 0$ und

$$\begin{pmatrix} 1 & 2 \\ 2 & 4 \end{pmatrix} \begin{pmatrix} a & 0 \\ 0 & b \end{pmatrix} \begin{pmatrix} 3 & 6 \\ 1 & 2 \end{pmatrix} = \begin{pmatrix} 0 & 0 \\ 0 & 0 \end{pmatrix}.$$

[3] Sei $A = \begin{pmatrix} 1 & -4 \\ -2 & 5 \\ 3 & -6 \end{pmatrix}$ und $B = \begin{pmatrix} 1 & 3 & 2 \\ 2 & 1 & 3 \end{pmatrix}$. Berechnen Sie $AB, B'A, A' +$ B und $A + B$, falls diese Ausdrücke definiert sind.

[4] Es sei $\alpha = \sqrt{2}$, sowie $B = \begin{pmatrix} 2 & 0 \\ 0 & 2 \end{pmatrix}$. Berechnen Sie A, wenn folgender Zusammenhang gilt: $\alpha \cdot A' = B$

[5] Für welches $a > 0$ ist der Vektor $(3a, 4a)$ normiert, d.h. hat der Vektor die Länge 1?

[6] Berechnen Sie $b'Ab$ für $A = \begin{pmatrix} 2 & 3 & 4 \\ 1 & 3 & 2 \\ 2 & 1 & 1 \end{pmatrix}$ und $b = \begin{pmatrix} 2 \\ 1 \\ 3 \end{pmatrix}$.

[7] Berechnen Sie ABC für $A = \begin{pmatrix} 2 & 0 & 0 \\ 0 & 2 & 0 \\ 0 & 0 & 2 \end{pmatrix}$; $B = \begin{pmatrix} 2 & 1 \\ 1 & 2 \\ 0 & 1 \end{pmatrix}$; $C = \begin{pmatrix} 1 \\ 2 \end{pmatrix}$

[8] Es sei $a = (2, 1, 3)$ und $b = (1, 2, 3)$. Berechnen Sie $(2a) \cdot (3b)$; $2a + 3b$ sowie die Matrizenprodukte $(2a)(3b)'$ und $(2a')(3b)$.

Determinanten und inverse Matrizen

16

ÜBERBLICK

16.1 Determinanten der Ordnung 2

[1] Bestimmen Sie $\begin{vmatrix} 6 & 5 \\ 2 & 7 \end{vmatrix}$ und $\begin{vmatrix} -1 & 2 \\ 2 & -5 \end{vmatrix}$.

[2] Bestimmen Sie mit der Cramer'schen Regel die Lösung (x, y) des Gleichungssystems

$$\begin{aligned} 2x + y &= -2 \\ -2x - 3y &= 14 \end{aligned}$$

[3] Stellen Sie sich vor, Sie lösen gerade ein lineares Gleichungssystem mit zwei Gleichungen und zwei Unbekannten x_1 und x_2 nach der Cramer'schen Regel. Für den Nenner in der Cramer'schen Regel haben Sie den Wert 4 erhalten und für x_1 den Wert $23/4$. Gerade als Sie mit der Lösung für x_2 beginnen, kippt Ihnen ein Becher Kaffee über Ihr Manuskript, so dass Sie die Koeffizienten von x_2 nicht mehr lesen können. In Ihrer Verzweiflung wenden Sie sich an Ihren Mathe-Tutor und der sagt Ihnen, dass Sie das Gleichungssystem trotzdem lösen können. Bestimmen Sie nun also x_2, wenn der Rest auf Ihrem Papier so aussieht, wobei das Fragezeichen für die verflossenen Koeffizienten steht: $\begin{aligned} 2x_1 + ?x_2 &= 7 \\ 3x_1 + ?x_2 &= 6 \end{aligned}$

[4] Berechnen Sie die graue Fläche A mit den Vektoren $(a_{11}, a_{12}) = (2, 1)$ und $(a_{21}, a_{22}) = \left(\dfrac{1}{2}, 2 \right)$.

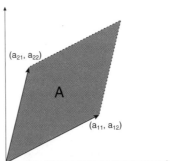

16.2 Determinanten der Ordnung 3

[1] Berechnen Sie die folgenden Determinanten nach (16.2.3).

a) $\begin{vmatrix} 0 & 2 & 0 \\ 3 & 4 & 5 \\ 2 & 1 & 6 \end{vmatrix}$ b) $\begin{vmatrix} 3 & 1 & 1 \\ 2 & 1 & 0 \\ 1 & 3 & 3 \end{vmatrix}$

[2] Berechnen Sie die Determinanten der folgenden Matrizen nach der Regel von Sarrus:

a) $\begin{pmatrix} 1 & 2 & 0 \\ 4 & 2 & 1 \\ 0 & 1 & 1 \end{pmatrix}$ b) $A = \begin{pmatrix} 1 & 2 & 3 \\ 2 & 3 & 1 \\ 3 & 1 & 2 \end{pmatrix}$

[3] Berechnen Sie die Determinante der Matrix $\begin{pmatrix} 3 & 2 & 4 \\ 2 & 5 & 3 \\ 6 & 2 & 4 \end{pmatrix}$ nach der Regel von Sarrus.

[4] Bachelor-Student Max ist gerade dabei mithilfe einer ihm aus der Vorlesung bekannten Regel eine Determinante der Ordnung 3 der Matrix A zu berechnen, als ihm ein Missgeschick passiert. Kaffeeflecken machen nun einen Teil der Zahlen unkenntlich. Helfen Sie ihm weiter und berechnen Sie die Determinante. Auf seinem Zettel ist noch folgendes erkennbar:

[5] Lösen Sie mit der Cramer'schen Regel:

$$x_1 + 2x_2 + 3x_3 = 14 \qquad x_1 + 2x_2 + 3x_3 = 1 \qquad x_1 + x_2 = 4$$
$$x_1 + 3x_2 + 4x_3 = 19 \qquad 2x_1 + 3x_2 + x_3 = 0 \qquad x_2 + x_3 = 5$$
$$x_1 + 3x_2 + 5x_3 = 22 \qquad 3x_1 + x_2 + 2x_3 = 0 \qquad x_1 + x_3 = 6$$

[6] Stellen Sie sich vor, Sie lösen gerade ein lineares Gleichungssystem mit drei Gleichungen und drei Unbekannten x_1, x_2 und x_3 nach der Cramer'schen Regel. Für den Nenner in der Cramer'schen Regel haben Sie den Wert -1 erhalten, für x_1 den Wert 2 und für x_2 den Wert 3. Gerade als Sie mit der Lösung für x_3 beginnen, kippt Ihnen ein Becher Kaffee über Ihr Manuskript, so dass Sie die Koeffizienten von x_3 nicht mehr lesen können. In Ihrer Verzweiflung wenden Sie sich an Ihre Mathe-Tutorin und die sagt Ihnen, dass Sie das Gleichungssystem trotzdem lösen können. Bestimmen Sie nun also x_3, wenn der Rest auf Ihrem Papier wie folgt aussieht, wobei das Fragezeichen für die verflossenen Koeffizienten steht:

$$2x_1 + 3x_2 + ?x_3 = 7$$
$$x_1 + x_2 + ?x_3 = 11$$
$$x_1 + 2x_2 + ?x_3 = 2$$

16.3 Determinanten der Ordnung n

[1] Laut Definition ist die Determinante einer 4 × 4-Matrix eine Summe von Produkten von je vier Elementen, wobei in allen Produkten aus jeder Zeile und Spalte je ein Element vorkommen muss. Ein mögliches Produkt ist das Produkt der vier eingerahmten Zahlen: $1 \cdot 2 \cdot 6 \cdot 1 = 12$, wobei als Vorzeichen für dieses Produkt + zu verwenden wäre. In diesem Fall gibt es bei der Berechnung der Determinante nur zwei weitere Produkte, die nicht Null sind. Bestimmmen Sie diese beiden weiteren Produkte mit dem korrekten Vorzeichen und ermitteln Sie dann den Wert der Determinante.

$$\begin{vmatrix} 0 & \boxed{2} & 3 & 4 \\ \boxed{1} & 3 & 0 & 0 \\ 2 & 0 & 0 & \boxed{1} \\ 0 & 0 & \boxed{6} & 8 \end{vmatrix}$$

[2] Die Determinante einer 4 × 4 Matrix ist eine Summe von Produkten von je vier Zahlen. Wie viele Summanden gibt es bei der Determinante einer 4 × 4-Matrix? Einer dieser Summanden ist das Produkt der eingerahmten Elemente. Bestimmen Sie diesen Term mit seinem korrekten Vorzeichen.

$$\begin{pmatrix} 5 & 6 & \boxed{1} & 1 \\ \boxed{8} & 5 & 9 & 18 \\ 17 & \boxed{3} & 1 & 3 \\ 8 & 2 & 5 & \boxed{9} \end{pmatrix}$$

16.4 Grundlegende Regeln für Determinanten

[1] Es sei $A = \begin{pmatrix} 1 & 0 & 0 \\ 2 & 4 & 0 \\ 1 & 2 & 3 \end{pmatrix}$ und $B = \begin{pmatrix} 1 & 1 & 2 \\ 0 & 1 & 3 \\ 0 & 0 & 2 \end{pmatrix}$. Dann ist $C = AB = \begin{pmatrix} 1 & 1 & 2 \\ 2 & 6 & 16 \\ 1 & 3 & 14 \end{pmatrix}$. Berechnen Sie die Determinante von C auf möglichst einfache Weise.

[2] Bestimmmen Sie $|AB|$, wenn $A = \begin{pmatrix} 0 & b & 0 \\ a & 0 & 0 \\ 0 & 0 & c \end{pmatrix}$ und $B = \begin{pmatrix} 1 & 0 & 1 \\ 0 & 1 & 1 \\ 1 & 1 & 0 \end{pmatrix}$.

[3] Bestimmen Sie die Determinante der Transponierten A', wenn

$$A = \begin{pmatrix} 0 & 1 & 2 & -3 \\ 1 & 0 & 0 & 3 \\ 0 & -5 & 0 & 0 \\ 0 & 0 & 0 & 3 \end{pmatrix}.$$

[4] Berechnen Sie $\begin{vmatrix} 4 & 12 & 10 \\ a & b & c \\ 2 & 6 & 5 \end{vmatrix}$.

[5] Berechnen Sie $\begin{vmatrix} 1 & 0 & 0 & 2 \\ 0 & 1 & 0 & -3 \\ 0 & 0 & 1 & 4 \\ 2 & 3 & 4 & 11 \end{vmatrix}$, indem Sie zunächst eine Dreiecksmatrix erzeugen.

16.5 Entwicklung nach Co-Faktoren

[1] Schreiben Sie die Determinante von $A = \begin{pmatrix} 2 & 0 & 0 & 8 & 0 \\ 0 & 8 & 0 & 5 & 0 \\ 8 & 1 & 2 & 7 & 9 \\ 1 & 1 & 0 & 0 & 1 \\ 2 & 0 & 2 & 1 & 2 \end{pmatrix}$ als eine Linear-

kombination von mehreren 3 × 3 Determinanten, indem Sie die Determinante von A nach der ersten Zeile und die dann entstehenden 4 × 4 Determinanten auch alle nach der ersten Zeile entwickeln.

[2] Berechnen Sie für die folgenden Matrizen jeweils den angegebenen Cofaktor.

a) C_{21} für $\begin{pmatrix} 15 & 0 & 18 & 20 \\ 30 & 20 & 15 & 12 \\ 13 & 10 & 0 & 13 \\ 14 & 0 & 8 & 0 \end{pmatrix}$

b) C_{23} für $\begin{pmatrix} 0 & 0 & 5 & 3 \\ 5 & 7 & 2 & 7 \\ 7 & 18 & 5 & 13 \\ 2 & 0 & 13 & 0 \end{pmatrix}$

c) C_{23} für $\begin{pmatrix} 0 & 3 & b & 1 \\ b & a^2 & c & b^2 \\ 1 & 0 & a^2 & 2 \\ -2 & 0 & \sqrt{a} & 1 \end{pmatrix}$

d) C_{21} für $\begin{pmatrix} 1 & 2 & 0 & 3 \\ 2 & 1 & 1 & 2 \\ 1 & 3 & 0 & 1 \\ 2 & 3 & 1 & 4 \end{pmatrix}$

[3] Berechnen Sie die Determinanten von $B = \begin{pmatrix} 3 & 5 & 0 \\ 8 & 9 & a \\ 4 & 5 & b \end{pmatrix}$ und $C = \begin{pmatrix} 3 & 8 & 4 \\ 5 & 9 & 5 \\ 0 & a & b \end{pmatrix}$.

[4] Berechnen Sie $\begin{vmatrix} 3 & 2 & 0 \\ 3 & 4 & c \\ 2 & 1 & 0 \end{vmatrix}$.

16.6 Die Inverse einer Matrix

[1] Nehmen Sie an, dass A, B, C, D und E jeweils $n \times n$-Matrizen sind, wobei D und $B - C$ invertierbar sind. Lösen Sie die Matrizengleichung $A + BXD - CXD = E$ für die $n \times n$-Matrix X.

[2] Es sei $A = \begin{pmatrix} 1 & 0 & 1 \\ 2 & 1 & 1 \\ 0 & 1 & 1 \end{pmatrix}$ und $B = \begin{pmatrix} 1 & 0 & 0 \\ 0 & 0 & 1 \\ 0 & 1 & 0 \end{pmatrix}$. Bestimmen Sie die Matrix X,

so dass $B + XA^{-1} = A^{-1}$ gilt.

[3] Bestimmen Sie a und b so, dass A die Inverse von B ist, wenn $A = \begin{pmatrix} 2 & -1 & -1 \\ a & 1/4 & b \\ 1/8 & 1/8 & -1/8 \end{pmatrix}$ und $B = \begin{pmatrix} 1 & 2 & 4 \\ 0 & 1 & 6 \\ 1 & 3 & 2 \end{pmatrix}$.

[4] Es sei $A_t = \begin{pmatrix} 1 & 0 & t \\ 2 & 1 & t \\ 0 & 1 & 1 \end{pmatrix}$ und $B = \begin{pmatrix} 1 & 0 & 0 \\ 0 & 0 & 1 \\ 0 & 1 & 0 \end{pmatrix}$. Für welche Werte von t hat A_t

eine Inverse und für welche Werte von t ist die Matrix $I - BA_t$ singulär? (Dabei sei I die Einheitsmatrix der Ordnung 3.)

[5] Für eine invertierbare $n \times n$-Matrix A gelte die Gleichung $A^3 - 2A^2 + A - I = 0$. Dabei ist I die Einheitsmatrix und 0 die Nullmatrix der Ordnung n. Geben Sie eine Formel für A^{-1} an.

[6] Bestimmen Sie A^{-1} und $(A')^{-1}$, wenn $A = \begin{pmatrix} 3 & 0 \\ 2 & -1 \end{pmatrix}$. Zeigen Sie zunächst, dass A eine Inverse hat.

[7] Für welche Werte von t ist $A_t = \begin{pmatrix} t & 0 & t \\ 0 & 1 & 0 \\ 2 & 1 & t \end{pmatrix}$ singulär?

[8] Für welche Werte von a hat $A_a = \begin{pmatrix} 1 & 2 & 3 \\ 0 & a-1 & 1 \\ 1 & 2 & a+1 \end{pmatrix}$ eine Inverse?

[9] Bestimmen Sie, falls möglich, die Inverse von

a) $A = \begin{pmatrix} 4 & 3 \\ 2 & 2 \end{pmatrix}$ b) $B = \begin{pmatrix} 4 & 8 \\ 3 & 6 \end{pmatrix}$ c) $C = \begin{pmatrix} 2 & 3 \\ 1 & 5 \end{pmatrix}$

[10] Das Produkt der drei invertierbaren Matrizen A, B und C sei $ABC = I$, wobei I die Einheitsmatrix sei. Bestimmen Sie jeweils die Inversen dieser drei Matrizen als Produkt der anderen Matrizen.

[11] Es seien A, B, C und X Matrizen, so dass alle folgenden Operationen erlaubt sind. Ferner seien die Matrizen A und B invertierbar. Lösen Sie unter diesen Voraussetzungen die Gleichung $AXB = C$ nach X auf.

[12] Sei $A = \begin{pmatrix} 2 & 2 \\ 3 & 4 \end{pmatrix}$ und $AB = \begin{pmatrix} 2 & 4 & 6 \\ 1 & 0 & 4 \end{pmatrix}$. Bestimmen Sie B.

[13] Sei $A = \begin{pmatrix} 2 & 2 \\ 3 & 4 \end{pmatrix}$ und $B^{-1} = \begin{pmatrix} 1 & 2 \\ 4 & 6 \end{pmatrix}$. Bestimmen Sie $(AB)^{-1}$.

[14] Die Matrizen A und B seien jeweils invertierbar und es gelte $AB = \begin{pmatrix} 4 & 1 \\ 2 & 3 \end{pmatrix}$. Bestimmen Sie die Matrix X so, dass $B^{-1}A^{-1}XB^{-1}A^{-1} = I$ gilt.

16.7   Eine allgemeine Formel für die Inverse

[1] Bestimmen Sie die inverse Matrix A^{-1} mit Hilfe der adjungierten Matrix, wenn

a) $A = \begin{pmatrix} 1 & 0 & 2 \\ 2 & -1 & 0 \\ 0 & 2 & -1 \end{pmatrix}$ b) $A = \begin{pmatrix} 1 & a & 2 \\ 2 & 0 & 2 \\ 4 & 3 & 4 \end{pmatrix}$ c) $A = \begin{pmatrix} 0 & 3 & 4 \\ 0 & 1 & 0 \\ 1 & 0 & 0 \end{pmatrix}$

[2] Berechnen Sie die Inverse der Matrix A durch elementare Zeilenoperationen, wenn

a) $A = \begin{pmatrix} 1 & 1 & 1 \\ 1 & 2 & 1 \\ 4 & 1 & 2 \end{pmatrix}$ b) $A = \begin{pmatrix} 1 & 0 & 0 \\ 3 & 1 & 0 \\ 4 & 0 & 1 \end{pmatrix}$ c) $A = \begin{pmatrix} 1 & 3 & 3 \\ 0 & 1 & 1 \\ 0 & 1 & 0 \end{pmatrix}$

[3] Bestimmen Sie die Adjungierte adj(A), wenn

a) $A = \begin{pmatrix} 1 & 2 & 3 \\ 0 & -1 & 1 \\ 1 & 2 & 1 \end{pmatrix}$ b) $A = \begin{pmatrix} 2 & 3 & 1 \\ 3 & 2 & 4 \\ 1 & 1 & b \end{pmatrix}$ c) $A = \begin{pmatrix} 1 & 0 & 0 \\ 2 & 3 & 0 \\ 4 & 5 & 6 \end{pmatrix}$

16.8 Cramer'sche Regel

[1] Für welche Werte von t hat das folgende Gleichungssystem keine eindeutige Lösung?

$$\begin{aligned} x - y + z &= 2 \\ x + y - z &= 1 \\ 3x + y + tz &= 4 \end{aligned}$$

[2] Für welche Werte von t hat das homogene Gleichungssystem

$$\begin{aligned} -2x + 4y - tz &= 0 \\ -3x + y + tz &= 0 \\ (t - 2)x - 7y + 4z &= 0 \end{aligned}$$

nichttriviale Lösungen und für welche Werte von t hat das Gleichungssystem

$$\begin{aligned} -2x + 4y - tz &= t - 4 \\ -3x + y + tz &= 3 - 4t \\ (t - 2)x - 7y + 4z &= 23 \end{aligned}$$

eine eindeutige Lösung?

16.9 Das Leontief Modell

[1] Betrachten Sie das Leontief-Modell in Beispiel 16.9.1. Stellen Sie die zugehörige Leontief-Matrix A sowie die zugehörigen Vektoren x und b aus (16.9.5) auf. Schreiben Sie dann das Modell in der Matrixform der Gestalt (16.9.6) bzw. (16.9.7). Formulieren Sie das (16.9.7) entsprechende Gleichungssystem für dieses Modell. Berechnen Sie entsprechend (16.9.8) den Stückgewinn, wenn die Preise für die drei Güter p_1, p_2 bzw. p_3 sind. Interpretieren Sie die drei Gleichungen für den Stückgewinn mit den Bedeutungen der Variablen aus Beispiel 16.9.1.

Weitere Aufgaben zu Kapitel 16

[1] Bestimmen Sie die folgenden Determinanten:

a) $\begin{vmatrix} 3 & 5 \\ 2 & 4 \end{vmatrix}$
b) $\begin{vmatrix} 1 & 0 & 0 \\ 4 & 2 & 0 \\ 5 & 6 & 3 \end{vmatrix}$
c) $\begin{vmatrix} 1 & 2 & 3 & 4 \\ 1 & 3 & 1 & 2 \\ 2 & 0 & 3 & 0 \\ 2 & 4 & 6 & 8 \end{vmatrix}$

d) $\begin{vmatrix} 7 & 0 & 0 & 1 \\ 0 & 2 & 0 & 0 \\ 0 & 0 & 3 & 0 \\ 1 & 0 & 0 & 1 \end{vmatrix}$
e) $\begin{vmatrix} 1 & 0 & 0 & 0 & 0 \\ 0 & 0 & 2 & 0 & 0 \\ 0 & 3 & 0 & 0 & 0 \\ 0 & 0 & 0 & 0 & 4 \\ 0 & 0 & 0 & 5 & 0 \end{vmatrix}$
f) $\begin{vmatrix} 2a & 0 & b & 0 \\ 0 & 3 & 0 & 2 \\ 2 & 0 & 2 & 2 \\ 0 & 1 & 0 & 1 \end{vmatrix}$

[2] Sei $A = \begin{pmatrix} a & b & 0 \\ -b & a & b \\ 0 & -b & a \end{pmatrix}$ für beliebige Konstanten a und b. Unter welchen Bedingungen an die Konstanten a und b ist die Matrix A invertierbar?

[3] Sei $A_t = \begin{pmatrix} 1 & t & 0 \\ -2 & -2 & -1 \\ 0 & 1 & t \end{pmatrix}$. Für welche Werte von t ist A_t nichtsingulär?

[4] Es sei $A = \begin{pmatrix} 0 & 2 & 0 \\ 0 & 1 & 1 \\ 1 & 0 & 1 \end{pmatrix}$. Bestimmen Sie $|A|$; $|A^3|$; $|A^{-1}|$ und $|A'|$.

[5] Die Koeffizientenmatrix in einem homogenen linearen Gleichungssystem sei $A_t = \begin{pmatrix} 1 & 0 & t \\ t & 1 & 2 \\ 0 & 1 & 1 \end{pmatrix}$. Für welche Werte von t hat das Gleichungssystem nichttriviale Lösungen?

[6] Bestimmen Sie $|A|$, wenn $|AB| = 36$ und $B = \begin{pmatrix} 2 & 1 \\ 4 & 3 \end{pmatrix}$.

[7] Seien A und B quadratische 2×2-Matrizen mit $(AB)^{-1} = \begin{pmatrix} 1 & 2 \\ 2 & 1 \end{pmatrix}$ und $B = \begin{pmatrix} 1 & 0 \\ 2 & 1 \end{pmatrix}$. Bestimmen Sie A^{-1}.

[8] Lösen Sie das Gleichungssystem $Ax = A \begin{pmatrix} x_1 \\ x_2 \\ x_3 \end{pmatrix} = \begin{pmatrix} 1 \\ 2 \\ 3 \end{pmatrix}$, wenn

$A \begin{pmatrix} 1 & -2 & 1 \\ 0 & 1 & -2 \\ 0 & 0 & 1 \end{pmatrix} = I_3 = \begin{pmatrix} 1 & 0 & 0 \\ 0 & 1 & 0 \\ 0 & 0 & 1 \end{pmatrix}$.

Lineare Programmierung

17

ÜBERBLICK

17.1   Ein grafischer Ansatz

[1] Die Nebenbedingungen in einem LP-Problem, wobei die beiden Variablen x_1 und x_2 Produktionsmengen sind, seien

$A1:$ $x_1 + 0.5x_2 \leq 10$
$A2:$ $2x_1 + \quad 2x_2 \leq 25$
$A3:$ $2x_1 + \quad 4x_2 \leq 40$

Zeichnen Sie die Nebenbedingungen in das x_1x_2–Koordinatensystem. Beachten Sie, dass x_1 und x_2 Produktionsmengen und daher nichtnegativ sind. Schraffieren Sie den zulässigen Bereich!

[2] Skizzieren Sie die zulässige Menge und lösen Sie auf grafische Weise das Problem

$$\min \ x_1 + 2x_2 \text{ unter} \begin{cases} x_1 + \ x_2 \ \geq \ \ 1 \\ x_1 - \ x_2 \ \geq \ -\dfrac{1}{2} \\ x_1 + 2x_2 \ \geq \ \ \dfrac{3}{2} \\ x_1 - \ x_2 \ \geq \ -3 \end{cases}$$

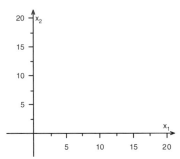

[3] Ein Pharmakonzern produziert in den Betriebsteilen A und B gleichzeitig die Medikamente M_1, M_2 und M_3. Die folgende Tabelle enthält die in den Betriebsteilen hergestellten Mengen pro Stunde.

	M_1	M_2	M_3
A	1	1	3
B	4	1	1

Der Konzern erhält einen Auftrag für 8 Einheiten von M_1, 4 Einheiten von M_2 und 6 Einheiten von M_3. Die Betriebskosten pro Stunde belaufen sich für Teil A auf 600 und für Teil B auf 300 Geldeinheiten. Aus betriebstechnischen Gründen muss der Betriebsteil A mindestens 1/4 der Zeit des Betriebsteils B genutzt werden. Seien u_1 bzw. u_2 die Anzahl der Stunden, in denen die beiden Betriebsteile genutzt werden. Formulieren Sie das lineare Programmierungsproblem zur Minimierung der Kosten und Erfüllung des Auftrags. Lösen Sie es mit einem grafischen Argument. Nutzen Sie dazu das Koordinatensystem in der folgenden Abbildung, in das Sie den zulässigen Bereich und eine Höhenlinie der Zielfunktion einzeichnen. Geben Sie die exakten Koordinaten des Lösungspunktes an, d. h. berechnen Sie den Schnittpunkt zweier Geraden. Wie hoch sind die Kosten für den Konzern im Optimalpunkt?

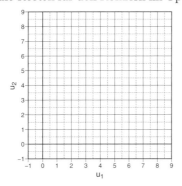

17.2 Einführung in die Dualitätstheorie

[1] Formulieren Sie das duale Problem zu

$$\max \; x_1 - \frac{1}{2}x_2 + \frac{3}{2}x_3 - 3x_4 \quad \text{unter} \quad \begin{cases} x_1 + x_2 + x_3 + x_4 & \leq & 1 \\ x_1 - x_2 + 2x_3 - x_4 & \leq & 2 \end{cases} \quad x_1, x_2, x_3, x_4 \geq 0$$

[2] Formulieren Sie das duale Problem zu

$$\max \; 2x_1 + 3x_2 + 2x_3 \quad \text{unter} \quad \begin{cases} x_1 + 4x_2 & \leq k \\ x_1 - x_2 + 3x_3 \leq 5 \end{cases}, \quad x_1 \geq 0, x_2 \geq 0, x_3 \geq 0$$

Dabei ist k eine Konstante. Lösen Sie das duale Problem auf grafische Weise, wenn $k = 3$. Geben Sie die Koordinaten des Lösungspunktes exakt an, indem Sie den Schnittpunkt zweier geeigneter Geraden bestimmen. Welchen Wert hat die Zielfunktion des dualen Problems im Optimum?

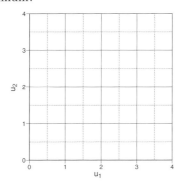

17.3 Das Dualitätstheorem

[1] Fassen Sie das in Aufg. 3 in Kap. 17.1 formulierte Minimierungsproblem als duales Problem zu einem Maximierungsproblem auf. Formulieren Sie dieses Maximierungsproblem. Wie groß kann der Maximalwert höchstens sein?

17.4 Eine allgemeine ökonomische Interpretation

[1] In Aufg. 2 in Kap. 17.5 wird gezeigt, dass das Problem

$$\max\ 2x_1 + 3x_2 + 2x_3 \quad \text{unter} \quad \begin{cases} x_1 & + & 4x_2 & & \leq 3 \\ x_1 & - & x_2 & + & 3x_3 \leq 5 \end{cases}, \quad x_1 \geq 0, x_2 \geq 0, x_3 \geq 0$$

die Lösung $x_1^* = 3$, $x_2^* = 0$ und $x_3^* = 2/3$ hat, während das duale Problem die Lösung $u_1^* = 4/3$ und $u_2^* = 2/3$ hat. Wie ändert sich der Wert der Zielfunktion, wenn beide Ressourcen um 0.1 erhöht werden?

17.5 Komplementärer Schlupf

[1] Fassen Sie das in Aufg. 3 in Kap. 17.1 formulierte Minimierungsproblem als duales Problem zu einem Maximierungsproblem auf. Formulieren Sie das zugehörige primäre Maximierungsproblem (siehe Aufg. 1 in Kap. 17.3). Lösen Sie das primäre Problem unter Verwendung der komplementären Schlupfbedingungen. Betrachten Sie dazu auch die Abbildung in der Lösung zu Aufg. 3 in Kap. 17.1. Bestimmen Sie auch den Maximalwert. Überrascht Sie dieses Ergebnis?

[2] Das zu

$$\max\ 2x_1 + 3x_2 + 2x_3 \quad \text{unter} \quad \begin{cases} x_1 & + & 4x_2 & & \leq 3 \\ x_1 & - & x_2 & + & 3x_3 \leq 5 \end{cases}, \quad x_1 \geq 0, x_2 \geq 0, x_3 \geq 0$$

duale Problem hat die Lösung $u_1^* = 4/3$ und $u_2^* = 2/3$. Welche Nebenbedingungen des dualen Problems sind im Optimum bindend bzw. nicht bindend. Verwenden Sie die komplementären Schlupfbedingungen, um das primäre Problem zu lösen.

[3] Für welche Werte von k hat das primäre Problem

$$\max\ 2x_1 + 3x_2 + 2x_3 \quad \text{unter} \quad \begin{cases} x_1 & + & 4x_2 & & \leq k \\ x_1 & - & x_2 & + & 3x_3 \leq 5 \end{cases}, \quad x_1 \geq 0, x_2 \geq 0, x_3 \geq 0$$

eine optimale Lösung mit $x_1^* > 0$ und $x_3^* > 0$? Lösen Sie zur Beantwortung dieser Frage zunächst das duale Problem unter den obigen Annahmen. Überlegen Sie dann, was die Lösung des dualen Problems über die Lösung des primären Problems und insbesondere über die Nebenbedingungen des primären Problems aussagt. Für welche Werte von k sind die Nebenbedingungen erfüllbar?

[4] Gegeben sei das folgende lineare Optimierungsproblem

$$\max\ 50\,x_1 + 60\,x_2 \quad \text{unter} \quad \begin{cases} x_1 + 2\,x_2 \leq 8 \\ x_1 + x_2 \leq 6 \\ -x_1 + x_2 \leq 2 \end{cases} \quad \text{und}\ x_1, x_2 \geq 0$$

a) Lösen Sie das gegebene Problem mit einem grafischen Argument. Zeichnen Sie in die folgende Abbildung den zulässigen Bereich und eine Höhenlinie der Zielfunktion ein.

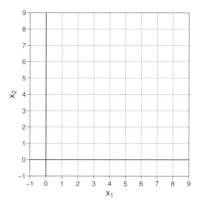

b) Geben Sie den Optimalwert und die exakten Koordinaten des Lösungspunktes an, d. h. berechnen Sie den Schnittpunkt zweier Geraden.

c) Formulieren Sie das duale Problem.

d) Welchen Optimalwert hat das duale Problem nach der Dualitätstheorie? Lösen Sie das duale Problem mit Hilfe des in a) gefundenen Optimalpunktes. Verwenden Sie dabei die komplementären Schlupfbedingungen.

17.6 Die Simplexmethode, erklärt an einem einfachen Beispiel

[1] Der Bäcker aus Beispiel 17.1.1 kann dem neu angebotenen Fertigmehl nicht widerstehen und benötigt in Zukunft für seine Kuchen nur noch Mehl (Fertigmehl) und Butter. Er hat 149 kg Mehl und 26 kg Butter zur Verfügung. Für die gleichen Mengen Kuchen der Sorte A benötigt er jetzt 4 kg Mehl und 1 kg Butter, für die Kuchen der Sorte B benötigt er jetzt 7 kg Mehl und 1 kg Butter. Die Gewinnfunktion sei wie bisher $z = 20x_1 + 30x_2$. Lösen Sie das Problem analog dem Vorgehen in Kap. 17.6.

17.7 Mehr über die Simplexmethode

[1] Lösen Sie das Problem

$$\max\ 50\,x_1 + 60\,x_2 \quad \text{unter} \quad \left\{ \begin{array}{r} x_1 + 2\,x_2 \le 8 \\ x_1 +\ \ x_2 \le 6 \\ -x_1 +\ \ x_2 \le 2 \end{array} \right. \quad \text{und}\ x_1, x_2 \ge 0$$

nach der Simplexmethode, indem Sie wie in Kap. 17.7 Schlupfvariablen einführen und das zugehörige Gleichungssystem durch elementare Zeilenumformungen so lange verändern, bis Sie die Lösung des Problems ablesen können.

17.8   Die Simplexmethode im allgemeinen Fall

[1] Lösen Sie das Problem

$$\max\ 8x_1 + 4x_2 + 6x_3 \quad \text{unter} \quad \begin{cases} x_1 + x_2 + 3x_3 + 4x_4 \le 600 \\ 4x_1 + x_2 + \ x_3 - \ x_4 \le 300 \end{cases} \quad \text{und}\ x_1, \dots, x_4 \ge 0$$

mit dem Simplexverfahren (vgl. Aufg. 1 in Kap. 17.5).

17.9   Dualität mit Hilfe der Simplexmethode

[1] Bei der Lösung eines LP-Problems mit Hilfe der Simplex-Methode ergibt sich als abschließende Matrix (vgl. Aufg. 1 in Kap. 17.8)

$$\begin{pmatrix} 1 & 1 & 3 & 5 & 0 & 0 & 1 & 1\,500 \\ 0 & 1/2 & -1/2 & -3/2 & 0 & 1 & 5/2 & 150 \\ 0 & -1/2 & 3/2 & 11/2 & 1 & 0 & -7/2 & 150 \end{pmatrix}$$

Bestimmen Sie die Lösung des dualen Problems, sowie die Lösungen der Schlupfvariablen. Sind die Ungleichungen im primären Problem bindend oder nicht bindend?

[2] Lösen Sie das Problem

$$\max\ 2x_1 + 3x_2 + 2x_3 \quad \text{unter} \quad \begin{cases} x_1 + 4x_2 \quad\quad\ \ \le 3 \\ x_1 - \ x_2 + 3x_3 \le 5 \end{cases}, \quad x_1 \ge 0, x_2 \ge 0, x_3 \ge 0$$

nach der Simplexmethode. Lesen Sie aus der Endform der Matrix sowohl die Lösungen des primären als auch des dualen Problems ab, sowie den Wert der Zielfunktion und die Werte der Schlupfvariablen.

17.10   Sensitivitätsanalyse

[1] Betrachten Sie das Minimierungsproblem aus Aufg. 3 in Kap. 17.1. Wir haben das zugehörige primäre Maximierungsproblem in Aufg. 1 in Kap. 17.8 mit dem Simplexverfahren gelöst. Die abschließende Matrix (vgl. Aufg. 1 in Kap. 17.8) war

$$\begin{pmatrix} 1 & 1 & 3 & 5 & 0 & 0 & 1 & 1\,500 \\ 0 & 1/2 & -1/2 & -3/2 & 0 & 1 & 5/2 & 150 \\ 0 & -1/2 & 3/2 & 11/2 & 1 & 0 & -7/2 & 150 \end{pmatrix}$$

a) Wie verändert sich der Optimalwert, falls der Kunde anstelle von 6 Einheiten von M_3 7 Einheiten bestellt? Was ist dann die neue optimale Lösung im Minimierungsproblem?

b) Wie verändert sich der Optimalwert, falls gleichzeitig die Kosten pro Stunde Laufzeit von A auf 700 Geldeinheiten und von B auf 500 Geldeinheiten steigen?

[2] Bei der Lösung des Problems

$$\max\ 50\,x_1 + 60\,x_2 \quad \text{unter} \quad \begin{cases} x_1 + 2\,x_2 \le 8 \\ x_1 + \ x_2 \le 6 \\ -x_1 + \ x_2 \le 2 \end{cases} \quad \text{und}\ x_1, x_2 \ge 0$$

ergab sich in Aufg. 1 in Kap. 17.7 als Abschlussgleichungssystem

(1) $\quad z \;+\; 10y_1 \;+\; 40y_2 \qquad\qquad\qquad\qquad\qquad = \quad 320$

(2) $\qquad\quad -y_1 \;+\; 2y_2 \qquad\quad +\; x_1 \qquad\qquad = \quad 4$

(3) $\qquad\quad -2y_1 \;+\; 3y_2 \;+\; y_3 \qquad\qquad\qquad = \quad 4$

(4) $\qquad\qquad y_1 \;-\; y_2 \qquad\qquad\qquad +\; x_2 \;= \quad 2$

a) Schreiben Sie dieses Gleichungssystem in Matrixform und lesen Sie daraus erneut die Lösung des primären Problems sowie des dualen Problems (siehe dazu auch Aufg. 4 in Kap. 17.5) einschließlich der Optimalwerte ab.

b) Berechnen Sie die Änderung des Optimalwertes, falls die Zielfunktion im primären Problem zu $f(x_1, x_2) = 60\,x_1 + 80\,x_2$ geändert wird?

Weitere Aufgaben zu Kapitel 17

[1] Betrachten Sie das lineare Programmierungsproblem

$$\max\; 30x_1 + 40x_2 \quad \text{unter} \quad \begin{cases} x_1 \;+\; x_2 \;\le\; 120 & \text{(I)} \\ x_1 \;+2x_2 \;\le\; 160 & \text{(II)} \\ \qquad\;\; x_2 \;\le\; 50 & \text{(III)} \end{cases}$$

a) Lösen Sie das Problem grafisch, indem Sie das folgende Koordinatensystem verwenden. Geben Sie die Koordinaten des Lösungspunktes exakt an, indem Sie den Schnittpunkt zweier geeigneter Geraden bestimmen. Geben Sie auch den Optimalwert der Zielfunktion an.

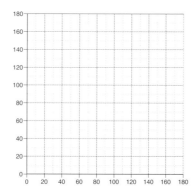

b) Formulieren Sie das zu dem obigen Problem duale Problem. Welchen Optimalwert erwarten Sie für die Zielfunktion im dualen Problem?

c) Lösen Sie das duale Problem, indem Sie die komplementären Schlupfbedingungen verwenden. Stimmt Ihre Erwartung aus b) bezüglich des Optimalwertes?

d) Lösen Sie das primäre Problem nach der Simplex-Methode, indem Sie die Matrix-Schreibweise verwenden. Lesen Sie aus der Endform der Matrix die Lösungen des primären und des dualen Problems, den Wert der Zielfunktion sowie die Werte der Schlupfvariablen ab.

e) Wie ändert sich der Optimalwert der Zielfunktion, wenn Sie die Wertschöpfungskoeffizienten $c_1 = 30$, $c_2 = 40$ in der Zielfunktion $c_1 x_1 + c_2 x_2 = 30x_1 + 40x_2$ um

$\Delta c_1 = \Delta c_2 = 10$ erhöhen? Argumentieren Sie zunächst, dass die Lösungen des primären Problems sich bei diesen Änderungen der Wertschöpfungskoeffizienten nicht ändern (siehe Anmerkung in Kap. 17.10).

Hinweis: Die Lösungsgrafik zu a) könnte Ihnen bei dieser Argumentation hilfreich sein.

f) Nehmen Sie an, dass Sie nur c_1 um Δc_1 erhöhen. Wie groß darf Δc_1 maximal sein, damit die Lösung des primären Problems sich nicht ändert?

g) Erläutern Sie kurz, welche Bedeutung die Zahlen haben, die unterhalb der Lösungen des dualen Problems stehen. Diese Zahlen wurden im Buch mit $c_{11}, \ldots, c_{mm}$ bezeichnet. Wozu werden sie gebraucht?

[2] Das duale Problem zu einem linearen Programmierungsproblem sei gegeben durch

$$\min 8u_1 + 20u_2 + 3u_3 \quad \text{unter} \quad \begin{cases} u_1 & +5u_2 & & \geq & 1 \\ 2u_1 & +2u_2 & +u_3 & \geq & 1 \end{cases}$$

a) Formulieren Sie das primäre Problem.

b) Lösen Sie das primäre Problem auf grafische Weise, indem Sie das folgende Koordinatensystem verwenden. Geben Sie die Koordinaten des Lösungspunktes exakt an, indem Sie den Schnittpunkt zweier geeigneter Geraden bestimmen. Geben Sie auch den Optimalwert der Zielfunktion an.

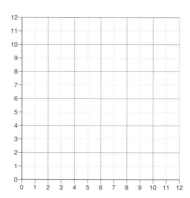

c) Verwenden Sie die komplementären Schlupfbedingungen, um die Lösung des dualen Problems zu bestimmen. Geben Sie auch den Optimalwert der Zielfunktion im dualen Problem an. War dieser Wert zu erwarten?

d) Lösen Sie das primäre Problem nach der Simplex-Methode, indem Sie die Matrix-Schreibweise verwenden. Lesen Sie aus der Endform der Matrix die Lösungen des primären und des dualen Problems, den Wert der Zielfunktion sowie die Werte der Schlupfvariablen ab.

e) Wie ändert sich die optimale Lösung, wenn die rechten Seiten der Nebenbedingungen im primären Problem alle um 2 Einheiten erhöht werden? Sind diese Änderungen in den rechten Seiten hinreichend klein, so dass Sie die Änderungen der optimalen Lösung aus der Endmatrix des Simplexverfahrens ablesen können?

Lösungen zu Kapitel 1: Einführung, I: Algebra

1

ÜBERBLICK

1.1   Die reellen Zahlen

[1]

a) 247 ist eine natürliche und auch eine ganze Zahl.

b) -27 ist eine ganze Zahl.

c) 0 ist eine ganze Zahl, keine natürliche Zahl.

d) $1/3 = 0.333\ldots$ ist eine rationale Zahl mit der Periode 3, d.h. eine unendliche Dezimalzahl.

e) $1/7 = 0.\overline{142857}$ ist eine rationale Zahl mit der Periode 142857, d.h. eine unendliche Dezimalzahl.

f) $1/4 = 0.25$ ist eine rationale Zahl mit einer endlichen Dezimaldarstellung.

g) $0.12112211122211112222\ldots$ ist eine unendliche nichtperiodische Dezimalzahl, d.h eine irrationale Zahl.

1.2   Potenzen mit ganzzahligen Exponenten

[1]

a) $(a+b+c)^0 \cdot (a-b-c)^0 + 5^1 \cdot 5^1 = 1 \cdot 1 + 5 \cdot 5 = 1 + 25 = 26$

b) $(a^3 \cdot a^5)^2 = (a^{3+5})^2 = (a^8)^2 = a^{8 \cdot 2} = a^{16}$

c) $(5.43)^{-7} \cdot (5.43)^3 \cdot (5.43)^4 \cdot e = (5.43)^{-7+3+4} \cdot e = (5.43)^0 \cdot e = 1 \cdot e = e$

d) $100\,000 \cdot (1.1)^2 \cdot 10^{-3} = 10^5 \cdot 10^{-3} \cdot (1.1)^2 = 10^2 \cdot 1.21 = 100 \cdot 1.21 = 121$

[2] $4^5 + 4^5 + 4^5 + 4^5 = 4^5(1+1+1+1) = 4^5 \cdot 4 = 4^{5+1} = 4^6 = 4^x$, d.h. $x = 6$

[3] **Entweder**: Sie multiplizieren 3 so lange mit sich selbst, bis Sie bei 729 ankommen. Das ist der Fall, wenn Sie 3 sechsmal mit sich selbst multipliziert haben, d.h. $3^6 = 729$. Also ist $x = 6$. **Oder** mit Methoden aus Kap. 4.10: $3^x = 729 \iff x \cdot \ln 3 = \ln 729 \iff$ $x = \dfrac{\ln 729}{\ln 3} = 6$

[4]

a) Wenn C die Kosten im Jahre 0, so sind die Kosten nach drei Jahren $C \cdot \left(1 + \dfrac{10}{100}\right)^3 = C \cdot 1.1^3 = C \cdot 1.331$, d.h. die Kosten sind um 33.1% gestiegen.

b) Wenn π der Gewinn im Jahre 0, so ist der Gewinn im vierten Jahr $\pi \cdot \left(1 - \dfrac{10}{100}\right)^4 = \pi \cdot (1-0.1)^4 = \pi \cdot 0.9^4 = \pi \cdot 0.6561$, d.h. der Rückgang ist $\pi - \pi \cdot 0.6561 = \pi \cdot 0.3439$, d.h. der Gewinn ist um 34.39% zurückgegangen.

[5]

a) Wenn E die Ernte pro Hektar im Jahr 2000, so ist die Ernte pro Hektar im Jahr 2002: $E(1 + 0.25)(1 - 0.22) = E \cdot 0.975$, dh. der Ertrag ist 2002 niedriger als 2000.

b) Der Rückgang von 2001 auf 2002 sei $p\%$. Dann sind die Erträge in den Jahren 2002 und 2000 gleich, wenn $\left(1 + \dfrac{25}{100}\right)\left(1 - \dfrac{p}{100}\right) = 1$, d.h. wenn $1 - \dfrac{p}{100} = \dfrac{1}{1.25} = \dfrac{4}{5} = 0.8$, d.h. wenn $\dfrac{p}{100} = 1 - 0.8 = 0.2$, d.h wenn $p = 20$.

[6] Wenn A_0 der Anfangstand ist, so berechnet sich der Endstand A_e nach der Formel

$$A_e = A_0 \cdot 1.0234 \cdot (1 - 0.0163) \cdot (1 - 0.0247) \cdot 1.048 = A_0 \cdot 1.028982$$

Der DAX ist also um 2.90% gestiegen.

1.3 Regeln der Algebra

[1]

a) $(-1 + x - x^2)(1 + x) = (-1 + x - x^2) \cdot 1 + (-1 + x - x^2) \cdot x = -1 + x - x^2 - x + x^2 - x^3$
$= -1 - x^3 = -(1 + x^3)$

b) $\left[\left(\dfrac{x}{3} \right)^4 \cdot \dfrac{9^2}{x^{-2}} \right]^{-2} = \left[\dfrac{x^4}{81} \cdot 81 \cdot x^2 \right]^{-2} = \left[x^6 \right]^{-2} = x^{-12} = \dfrac{1}{x^{12}}$

[2]

a) $7 \cdot 13 = (10 - 3)(10 + 3) = 10^2 - 3^2 = 100 - 9 = 91$
b) $27 \cdot 33 = (30 - 3)(30 + 3) = 30^2 - 3^2 = 900 - 9 = 891$
c) $97 \cdot 103 = (100 - 3)(100 + 3) = 100^2 - 3^2 = 10\,000 - 9 = 9\,991$

[3]

a) $\dfrac{49}{16} a^4 + \dfrac{7}{2} a^2 + 1 = \left(\dfrac{7}{4} a^2 + 1 \right)^2$

b) $9a^2 + 3a + \dfrac{1}{4} = \left(3a + \dfrac{1}{2} \right)^2$

c) $16a^4 - 16a^3 + 4a^2 = (4a^2 - 2a)^2$

d) $4a^4 - 4a + \dfrac{1}{a^2} = \left(2a^2 - \dfrac{1}{a} \right)^2$

e) $4a^2 - 9 = (2a + 3)(2a - 3)$

f) $81b^2 - 144a^2 = (9b + 12a)(9b - 12a)$

1.4 Brüche

[1]

a) xy^2

b) Mit der dritten binomischen Formel (1.3.3), angewendet auf den Zähler, ist
$$\frac{25a^2 - 49b^2}{5a + 7b} = \frac{(5a + 7b)(5a - 7b)}{5a + 7b} = 5a - 7b$$

c) Nach der dritten binomischen Formel ist $\left(1 - \dfrac{1}{2} \right)\left(1 + \dfrac{1}{2} \right) = \left(1 - \dfrac{1}{4} \right)$. Daher
ist der kleinste gemeinsame Nenner aller drei Brüche gleich $\left(1 - \dfrac{1}{4} \right)$. Damit ist

$$\frac{1}{1 - \dfrac{1}{2}} + \frac{1}{1 - \dfrac{1}{4}} + \frac{1}{1 + \dfrac{1}{2}} = \frac{\left(1 + \dfrac{1}{2} \right) + 1 + \left(1 - \dfrac{1}{2} \right)}{1 - \dfrac{1}{4}} = \frac{3}{\dfrac{3}{4}} = \frac{3 \cdot 4}{3} = 4.$$

d) Wir wenden die dritte binomische Formel (1.3.3) auf den Zähler und die zweite (1.3.2) auf den Nenner an und erhalten: $\dfrac{4x^2 - 9y^2}{4x^2 - 12xy + 9y^2} = \dfrac{(2x + 3y)(2x - 3y)}{(2x - 3y)^2} =$
$\dfrac{2x + 3y}{2x - 3y}$

e) Wir wenden im Zähler die zweite binomische Formel (1.3.2) und im Nenner die dritte (1.3.3) an und erhalten: $\dfrac{(r^2 - 2rst + s^2t^2)(r + st)}{r^2 - s^2t^2} = \dfrac{(r - st)^2(r + st)}{(r + st)(r - st)} = r - st$

f) $\dfrac{6xy^5}{18(xy)^3} = \dfrac{6xy^5}{6 \cdot 3x^3y^3} = \dfrac{y^2}{3x^2}$

g) Unter Anwendung der ersten binomischen Formel (1.3.1) für den Nenner erhalten wir: $\dfrac{(2c + 4ab)(6c + 12ab)}{c^2 + 4cab + 4a^2b^2} = \dfrac{2(c + 2ab) \cdot 6(c + 2ab)}{(c + 2ab)^2} = 12$

[2]

a) $\dfrac{2x+1}{x} + \dfrac{1}{2x} - \dfrac{x+5}{x^2} = \dfrac{4x^2+2x}{2x^2} + \dfrac{x}{2x^2} - \dfrac{2x+10}{2x^2} = \dfrac{4x^2+x-10}{2x^2}$

b) Nach der dritten binomischen Formel (1.3.3) ist $a^2 - 1 = (a+1)(a-1)$, so dass

$$\frac{1}{a+1} - \frac{1}{a-1} + \frac{1}{a^2-1} = \frac{(a-1)-(a+1)+1}{a^2-1} = \frac{a-a-1-1+1}{a^2-1} = \frac{-1}{a^2-1}$$

1.5 Potenzen mit gebrochenen Exponenten

[1]

a) $2^{10}32^{-9/5} = \dfrac{2^{10}}{32^{9/5}} = \dfrac{2^{10}}{\left(2^5\right)^{9/5}} = \dfrac{2^{10}}{2^{5\cdot9/5}} = \dfrac{2^{10}}{2^9} = 2^{10-9} = 2^1 = 2$

b) $\dfrac{a^5 \cdot a^{-2}}{a^{1/2}} = \dfrac{a^{5-2}}{a^{1/2}} = \dfrac{a^3}{a^{1/2}} = a^{3-1/2} = a^{5/2}$

c) $a^2 \cdot b^{-1/3} \cdot a^4 \cdot b^{4/3} \cdot a^{-6} + b = a^2 \cdot a^4 \cdot a^{-6} \cdot b^{-1/3} \cdot b^{4/3} + b = a^{2+4-6} \cdot b^{-1/3+4/3} + b = a^0 \cdot b^1 + b = 2b$

d) $\left(a^2 a^{-3} a^4\right)^{1/3} \cdot \left(\sqrt{a}\right)^4 = \left(a^{2-3+4}\right)^{1/3} \cdot \left(a^{1/2}\right)^4 = a^{3\cdot1/3} \cdot a^{4/2} = a^1 \cdot a^2 = a^{1+2} = a^3$

[2] $\left(\dfrac{x}{y}\right)^3 = \left(\left(\sqrt{\dfrac{x}{y}}\right)^2\right)^3 = \left(\sqrt{\dfrac{x}{y}}\right)^6 = 2^6 = 64$

[3] $B = \dfrac{\sqrt{x} \cdot x^{3/2}}{x^{1/3} \cdot x^{2/3}} = \dfrac{x^{1/2+3/2}}{x^{1/3+2/3}} = \dfrac{x^2}{x^1} = x$. Aus $\sqrt[3]{x} = x^{1/3} = a$ folgt $x = a^3$.

[4] Nach Kap. 1.2 gilt $20\,000\left(1 + \dfrac{p}{100}\right)^{10} = 30\,000$ und damit $\left(1 + \dfrac{p}{100}\right)^{10} = 1.5$, so dass $1 + p/100 = (1.5)^{1/10}$. Auflösen nach p ergibt $p = 100[(1.5)^{1/10} - 1] = 4.137974 \approx 4.14$.

1.6 Ungleichungen

[1]

a) Sei $A = x(x-1)(x-2)$. Dann gilt $A = 0$ für $x = 0, x = 1$ und $x = 2$. Für $x < 0$ sind alle drei Faktoren negativ, also ist das Produkt negativ. Für $0 < x < 1$ ist der erste Faktor positiv, die beiden anderen sind negativ, also ist das Produkt positiv. Für $1 < x < 2$ sind die beiden ersten Faktoren positiv, der dritte ist negativ, das Produkt ist also negativ. Für $2 < x$ sind alle drei Faktoren positiv, das Produkt ist also positiv. Somit haben wir: Die Ungleichung ist erfüllt für $0 < x < 1$ und für $x > 2$.

b) Zusammenfassen ergibt: $11+2x-22 < 10x+1-5x$ ist äquivalent zu $2x-11 < 5x+1$, was wegen (1.6.2) äquivalent ist zu $-3x < 12$. Wegen (1.6.5) ist dies äquivalent zu $3x > -12$, d. h. $x > -4$.

c) $x^2 + 6x - 7 = 0$, gilt für $x_{1,2} = -3 \pm \sqrt{9+7} = -3 \pm 4$, d. h. $x_1 = -7; x_2 = 1$. Die Funktion $x^2 + 6x - 7$ ist zwischen den Nullstellen negativ, d. h. zwischen -7 und 1, d. h. die Ungleichung gilt für $-7 < x < 1$. Setzen Sie z. B. $x = 0$ ein. Vor der ersten Nullstelle, z. B. für $x = -8$, und nach der 2. Nullstelle, z. B. für $x = 2$, ist $x^2 + 6x - 7 > 0$.

d) Da $x > 0$, gilt $64x^{5/2} > 8x^4$ genau dann, wenn $8x^{5/2} > x^4$, d. h. wenn $8 > x^{4-5/2} = x^{3/2}$, d. h. wenn $x < 8^{2/3} = 4$.

[2]

a) Wegen (1.6.2) und (1.6.4) ist $-4x + 4 \geq x - 6$ äquivalent zu $10 \geq 5x$, d. h. $5x \leq 10$, d. h. $x \leq 2$.

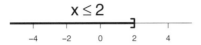

b) Der Nenner ist Null für $x = -1$. Da sich dort das Vorzeichen des Nenners ändert, unterscheiden wir die Fälle
1.) $x > -1$.   Dann ist $x + 1 > 0$ und somit gilt in diesem Fall die Ungleichung genau dann, wenn $2x - 1 > x + 1$, d.h. wenn $x > 2$.
2.) $x < -1$.   Dann ist $x + 1 < 0$ und somit gilt in diesem Fall die Ungleichung genau dann, wenn $2x - 1 < x + 1$, d.h. wenn $x < 2$. Somit gilt die Ungleichung für alle $x < -1$.

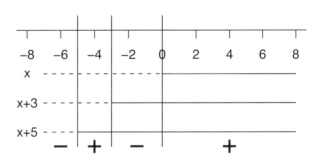

[3]
a)

Vorzeichen:

Aus dem Vorzeichendiagramm ergibt sich, dass die Ungleichung für $-5 < x < -3$ und $x > 0$ erfüllt ist.

[4] Wenn x die im Monat telefonierte Zeit in Minuten ist, so ist der monatliche Preis $10 + 0.15x$. Es muss gelten $28 < 10 + 0.15 \cdot x < 37$. Die Ungleichung bleibt jeweils unverändert, wenn wir

mit 100 multiplizieren:	$2\,800 < 1\,000 + 15 \cdot x < 3\,700$
1 000 subtrahieren:	$1\,800 < 15 \cdot x < 2\,700$
durch 15 dividieren:	$120 < x < 180$

1.7 Intervalle und Absolutbeträge

[1]

a) Nach (1.7.4) gilt $|3x + 5| \leq 7$ genau dann, wenn $-7 \leq 3x + 5 \leq 7$. Die Ungleichung bleibt nach (1.6.6) bzw. (1.6.4) erhalten, wenn wir an allen Stellen der Ungleichung 5 subtrahieren und anschließend durch 3 dividieren. Dies ergibt zunächst $-12 \leq 3x \leq 2$ und dann $-4 \leq x \leq \dfrac{2}{3}$.

b) Nach (1.7.3) gilt $|2 - 7x| < 16$ genau dann, wenn $-16 < 2 - 7x < 16$. Nach (1.6.6) bleibt die Ungleichung erhalten, wenn wir an allen Stellen der Ungleichung 2 subtrahieren. Wir erhalten $-18 < -7x < 14$ und dividieren durch -7. Bei der Division durch eine negative Zahl drehen sich die Ungleichheitszeichen nach (1.6.5) um, so dass wir $-2 < x < 18/7$ erhalten.

c) Nach (1.7.4) gilt $|3 - 6x| \leq 9$ genau dann, wenn $-9 \leq 3 - 6x \leq 9$. Subtraktion von 3 ergibt $-12 \leq -6x \leq 6$. Divsion durch -6 ergibt unter Beachtung von (1.6.5) $2 \geq x \geq -1$, d.h. $-1 \leq x \leq 2$.

d) Nach (1.7.4) gilt $|4x^2 - 0.58| \leq 0.42$ genau dann, wenn $-0.42 \leq 4x^2 - 0.58 \leq 0.42$. Addition von 0.58 und Division durch 4 ergibt zunächst $0.16 \leq 4x^2 \leq 1$ und dann $0.04 \leq x^2 \leq 1/4$. Nun gilt für $a \geq 0$ und $b \geq 0$ die Ungleichung $a \leq x^2 \leq b$ genau dann, wenn $\sqrt{a} \leq |x| \leq \sqrt{b}$ d.h. hier, wenn $0.2 \leq |x| \leq 0.5$. Nach Definition des Absolutbetrages (1.7.1) ist $|x| = x$, wenn $x > 0$ und $|x| = -x$, wenn $x < 0$. Für den Fall $x > 0$ ist die Ungleichung $0.2 \leq |x| \leq 0.5$ äquivalent zu $0.2 \leq x \leq 0.5$. Für $x < 0$ ist die Ungleichung $0.2 \leq |x| \leq 0.5$ äquivalent zu $0.2 \leq -x \leq 0.5$, woraus durch Multiplikation mit -1 nach (1.6.5) folgt, dass $-0.5 \leq x \leq -0.2$, d.h. die gegebene Ungleichung ist erfüllt, wenn $0.2 \leq x \leq 0.5$ oder wenn $-0.5 \leq x \leq -0.2$.

[2]

a) Wie in der Definition des Absolutbetrages unterscheiden wir die beiden Fälle, ob das Argument des Betrages ≥ 0 oder < 0 ist, d.h. in diesem Fall, ob $x^2 - 4 \geq 0$ oder $x^2 - 4 < 0$.

1. Fall: $x^2 - 4 \geq 0$. Dann ist nach (1.7.1) $|x^2 - 4| = x^2 - 4$ und es gilt $x^2 - 4 > 2$ genau dann, wenn $x^2 > 6$ und dies ist der Fall, wenn $x < -\sqrt{6}$ oder wenn $x > \sqrt{6}$.

2. Fall: $x^2 - 4 < 0$. Dann ist nach (1.7.1) $|x^2 - 4| = -(x^2 - 4) = 4 - x^2$ und es gilt: $4 - x^2 > 2$ genau dann, wenn $x^2 < 2$ und dies ist der Fall, wenn $-\sqrt{2} < x < \sqrt{2}$.

    Zusammengefasst: Die Ungleichung gilt also, wenn $x < -\sqrt{6}$ oder $-\sqrt{2} < x < \sqrt{2}$ oder $x > \sqrt{6}$.

b) Analog zu **a)** unterscheiden wir die Fälle $4x^2 - 0.58 \geq 0$ und $4x^2 - 0.58 < 0$.

1. Fall: $4x^2 - 0.58 \geq 0$. Nach (1.7.1) ist dann $|4x^2 - 0.58| = 4x^2 - 0.58$ und es gilt $4x^2 - 0.58 \geq 0.42$ genau dann, wenn $4x^2 \geq 1$, d.h. wenn $x^2 \geq 0.25$ und dies ist der Fall, wenn $x \geq 0.5$ oder wenn $x \leq -0.5$.

2. Fall: $4x^2 - 0.58 < 0$. Nach (1.7.1) ist dann $|4x^2 - 0.58| = -4x^2 + 0.58$ und es gilt $-4x^2 + 0.58 \geq 0.42$ genau dann, wenn $-4x^2 \geq -0.16$, d.h. unter Beachtung von (1.6.5) wenn $4x^2 \leq 0.16$, d.h. $x^2 \leq 0.04$ und dies ist der Fall, wenn $-0.2 \leq x \leq 0.2$.

    Zusammengefasst: Die Ungleichung gilt also, wenn $x \leq -0.5$ oder $-0.2 \leq x \leq 0.2$ oder $x \geq 0.5$.

[3]

a) Nach (1.7.4) ist $|x^2 - 9| \leq 16$ gleichbedeutend zu $-16 \leq x^2 - 9 \leq 16$. Die Ungleichung bleibt erhalten, wenn wir an jeder Stelle 9 addieren: $-16 + 9 \leq x^2 \leq 16 + 9$, d.h. $-7 \leq x^2 \leq 25$. Da ein Quadrat immer ≥ 0 ist, ist diese Ungleichung äquivalent zu $0 \leq x^2 \leq 25$, was genau dann gilt, wenn $-5 \leq x \leq 5$ und damit muss nach (1.7.4) gelten: $0 \leq |x| \leq 5$.

b) Nach (1.7.3) ist $\left| \dfrac{x^2 - 5}{2} \right| < 2$ äquiavlent zu $-2 \leq \dfrac{x^2 - 5}{2} \leq 2$. Multiplikation der gesamten Ungleichung mit 2 und anschließende Addition von 5 ergeben die äquivalenten Ungleichungen $-4 \leq x^2 - 5 \leq 4$ bzw. $1 \leq x^2 \leq 9$, d.h. $1 \leq |x| \leq 3$.

[4] Nach (1.7.3) gilt die Ungleichung genau dann, wenn $-29 < x^2 - 7 < 29$. Durch Addition von 7 folgt: $-22 < x^2 < 36$. Da $x^2 \geq 0$ für alle $x \in \mathbb{R}$, ist die linke Ungleichung immer erfüllt, d.h. die gegebene Ungleichung gilt genau dann, wenn $x^2 < 36 \iff |x| < 6 \iff -6 < x < 6$.

[5] Unter Verwendung der dritten binomischen Formel (1.3.3) $a^2 - b^2 = (a + b)(a - b)$, angewendet auf $a = \sqrt{a}, b = \sqrt{b}$, folgt: $\dfrac{1}{\sqrt{a} + \sqrt{b}} - \dfrac{1}{\sqrt{a} - \sqrt{b}} = \dfrac{(\sqrt{a} - \sqrt{b}) - (\sqrt{a} + \sqrt{b})}{(\sqrt{a} + \sqrt{b})(\sqrt{a} - \sqrt{b})} = \dfrac{-2\sqrt{b}}{a - b}$

Lösungen zu den weiteren Aufgaben zu Kapitel 1

[1]

a) $\dfrac{1}{2} + \dfrac{1}{3} + \dfrac{5}{6} = \dfrac{3 + 2 + 5}{6} = \dfrac{10}{6} = \dfrac{5}{3}$ und das ist eine rationale Zahl.

b) $2\sqrt{2} - \sqrt{8} = \sqrt{4 \cdot 2} - \sqrt{8} = \sqrt{8} - \sqrt{8} = 0$ und das ist eine ganze Zahl.

c) $2 + \dfrac{1}{2} - \sqrt{2} = \dfrac{5}{2} - \sqrt{2}$ und das ist eine irrationale Zahl.

[2]

a) $\dfrac{8 \cdot \left(\frac{a}{2}\right)^3}{a^{-4}} = \dfrac{8 \cdot \left(\frac{a^3}{2^3}\right)}{1/a^4} = 8 \cdot \dfrac{a^3}{8} \cdot a^4 = a^3 \cdot a^4 = a^{3+4} = a^7$

b) $\dfrac{\left(a^{3c}\right)^{-1} a^{3c}}{a^{-5c} \left(a^{2c}\right)^2} = \dfrac{1}{a^{-5c} \left(a^{2c \cdot 2}\right)} = \dfrac{a^{5c}}{a^{4c}} = a^{5c - 4c} = a^c$

c) Unter Beachtung der dritten binomischen Formel (1.3.3) sieht man, dass der kleinste gemeinsame s Nenner für alle drei Brüche gleich $1 - x^2 = (1 + x)(1 - x)$ ist. Damit folgt $\dfrac{1}{1 + x} + \dfrac{1}{1 - x^2} + \dfrac{1}{1 - x} = \dfrac{(1 - x) + 1 + (1 + x)}{1 - x^2} = \dfrac{3}{1 - x^2}$

d) $\dfrac{3.1 \cdot 6.2^4 \cdot a^{-1}}{3.1^2 \cdot 6.2^3} \cdot a^2 = \dfrac{6.2^4 \cdot 6.2^{-3}}{3.1^2 \cdot 3.1^{-1}} \cdot a^{-1} \cdot a^2 = \dfrac{6.2^{4-3}}{3.1^{2-1}} \cdot a^{-1+2} = \dfrac{6.2}{3.1} \cdot a = 2a$

e) Nach (1.3.1) und (1.3.3) ist $\dfrac{(a^2 + 4a + 4)(a - 2)}{a^2 - 4} = \dfrac{(a + 2)^2(a - 2)}{(a + 2)(a - 2)} = a + 2$.

[3]

a) Wenn s_4 der in der vierfachen Zeit $t_4 = 4t$ zurückgelegte Weg ist, so gilt:

$$s_4 = \frac{1}{2}bt_4^2 = \frac{1}{2}b(4t)^2 = \frac{1}{2}b(4^2t^2) = 16 \cdot \left(\frac{1}{2}bt^2\right) = 16 \cdot s$$

In der vierfachen Zeit wird der 16-fache Weg zurückgelegt.

b) Es ist $s_{1/4} = \frac{1}{2}bt_{1/4}^2$ und andererseits $s_{1/4} = \frac{1}{4}s = \frac{1}{4} \cdot \frac{1}{2}bt^2$. Gleichsetzen der rechten Seiten ergibt $t_{1/4}^2 = \frac{1}{4}t^2$. Da die Zeiten positiv sind, folgt $t_{1/4} = \frac{1}{2}t = \frac{40}{2} = 20$

[4]

Nach (1.7.3) gilt die Ungleichung genau dann, wenn $-29 < x^2 - 7 < 29$. Durch Addition von 7 folgt: $-22 < x^2 < 36$. Da $x^2 \geq 0$ für alle $x \in \mathbb{R}$, ist die linke Ungleichung immer erfüllt, d.h. die gegebene Ungleichung gilt genau dann, wenn $x^2 < 36 \Longleftrightarrow |x| < 6 \Longleftrightarrow -6 < x < 6$.

[5]

Unter Verwendung der dritten binomischen Formel (1.3.3) $a^2 - b^2 = (a+b)(a-b)$, angewendet auf $a = \sqrt{a}, b = \sqrt{b}$, folgt: $\dfrac{1}{\sqrt{a}+\sqrt{b}} - \dfrac{1}{\sqrt{a}-\sqrt{b}} = \dfrac{(\sqrt{a}-\sqrt{b})-(\sqrt{a}+\sqrt{b})}{(\sqrt{a}+\sqrt{b})(\sqrt{a}-\sqrt{b})} = \dfrac{-2\sqrt{b}}{a-b}$

Lösungen zu Kapitel 2: Einführung, II: Gleichungen

2

ÜBERBLICK

2.1 Lösen einfacher Gleichungen

[1]

a) Es gilt $125 = 5^3$ und damit ist $125^{-p} = \left(5^3\right)^{-p} = 5^{3 \cdot (-p)} = 5^{-3p}$ und damit gilt die gegebene Gleichung genau dann, wenn $2p - 1 = -3p$ und das gilt genau dann, wenn $5p = 1$, d.h. genau dann, wenn $p = 1/5$ ist.

b) $Y = (500 + 0.8Y) + 100 = 600 + 0.8Y$ gilt genau dann, wenn $0.2Y = 600$, d.h. $Y = 600/0.2 = 5 \cdot 600 = 3\,000$

[2] Wenn x der zusätzliche Anlagebetrag ist, so sind die Zinseinnahmen: $10\,000 \cdot \dfrac{6}{100} + x \cdot \dfrac{5}{100} = 600 + x \cdot \dfrac{5}{100} = 1\,000$. Dies gilt genau dann, wenn $x \cdot \dfrac{5}{100} = 400$, d.h.
$x = 400 \cdot \dfrac{100}{5} = 8\,000$

[3] Bei 47 Stunden Arbeitszeit hat Frau K. $47 - 36 = 11$ Überstunden. Bei einem Stundenlohn von x Euro erhält sie dann $x \cdot 36 + 2x \cdot 11 = 58x = 812$, d.h. $x = \dfrac{812}{58} = 14$

[4] Lieferant A liefere a Einheiten des Rohstoffs pro Stunde, Lieferant B liefere b und Lieferant C liefere c Einheiten pro Stunde. Der Gesamtbedarf ist dann $10a = 20b = 25c$. Daraus folgt $a = 5c/2$ und $b = 5c/4$. Wenn alle drei Quellen gleichzeitig fließen, fließen pro Stunde $a+b+c = (5/2 + 5/4 + 1) \cdot c = 19c/4$ Einheiten. Um den Gesamtbedarf von $25c$ Einheiten zu erfüllen, werden $(25c)/(19c/4) = 100/19 = 5.263158 \approx 5.26$ Stunden benötigt.

2.2 Gleichungen mit Parametern

[1]

a) Mit den Regeln aus Kap. 1.5 ist $\sqrt{KLM} - \alpha L = B$ äquivalent zu $\sqrt{K} \cdot \sqrt{LM} - \alpha L = B$, d.h. $\sqrt{K} \cdot \sqrt{LM} = B + \alpha L$. Da $LM > 0$, folgt $\sqrt{K} = \dfrac{B + \alpha L}{\sqrt{LM}}$ und damit $K = \dfrac{(B + \alpha L)^2}{LM}$.

b) Da $A > 0$ und $K > 0$ folgt mit den Regeln aus Kap. 1.5 zunächst $L^{3/5} = Y_0 A^{-1} K^{-1/5}$ und dann $L = \left(Y_0 A^{-1} K^{-1/5}\right)^{5/3} = Y_0^{5/3} A^{-5/3} K^{-1/3}$.

c) $\dfrac{1}{x} + \dfrac{1}{z} = \dfrac{1}{y}$ gilt genau dann, wenn $\dfrac{1}{x} = \dfrac{1}{y} - \dfrac{1}{z} = \dfrac{z - y}{yz}$. Indem wir den Kehrwert bilden, erhalten wir $x = \dfrac{yz}{z - y}$.

d) Nach der dritten binomischen Formel (1.3.3) ist $a^2 - b^2 = (a + b)(a - b)$, so dass die linke Seite der gegebenen Gleichung gleich $\dfrac{a^2 - b^2}{a - b} = \dfrac{(a + b)(a - b)}{a - b} = a + b$ ist, d.h. die Gleichung ist äquiavlent zu $a + b = x(a + b)$ und daraus folgt $x = 1$.

[2]

a) $\dfrac{a + b}{2} \cdot y = F$ ist äquivalent zu $ay + by = 2F$, d.h. $by = 2F - ay$. Daraus folgt $b = \dfrac{2F - ay}{y}$, falls $y \neq 0$.

b) $ky - y = by + a$ ist äquivalent zu $ky - y - by = a$, d.h. $y(k - 1 - b) = a$. Daraus folgt $y = \dfrac{a}{k - 1 - b}$, falls $k - b \neq 1$.

c) Mit den Regeln aus Kap. 1.5 ist $x \cdot c = \dfrac{\sqrt{x^{1/3}b^{1/3}}}{(xb)^{1/6}} = \dfrac{\sqrt{(xb)^{1/3}}}{(xb)^{1/6}} = \dfrac{\left((xb)^{1/3}\right)^{1/2}}{(xb)^{1/6}} = \dfrac{(xb)^{1/3 \cdot 1/2}}{(xb)^{1/6}} = \dfrac{(xb)^{1/6}}{(xb)^{1/6}} = 1$, d.h. die gegebene Gleichung ist äquivalent zu $x \cdot c = 1$ und dic gilt genau dann, wenn $x = 1/c$ für $c \neq 0$.

d) Es ist $Y = I + a(Y - (c + bY)) = I + a(Y - c - bY) = I + aY - ac - abY$. Dies gilt genau dann, wenn $Y - aY + abY = I - ac$, d.h. wenn $Y(1 - a + ab) = I - ac$. Daraus folgt $Y = \dfrac{I - ac}{1 - a + ab}$, wenn $1 - a + ab \neq 0$, d.h. $a(1 - b) \neq 1$.

[3] $V = \dfrac{1}{3}\pi r^2 h$ gilt genau dann, wenn $3V = \pi r^2 h$, d.h. $\dfrac{3V}{\pi h} = r^2$ und damit $r = \left(\dfrac{3V}{\pi h}\right)^{1/2} = \sqrt{\dfrac{3V}{\pi h}}$. Eine negative Lösung kommt für r nicht in Frage, da r als Radius nur positiv sein kann.

2.3 Quadratische Gleichungen

[1]

a) Nach (2.3.3) gilt $x_{1,2} = -\dfrac{1}{2} \pm \sqrt{\dfrac{1}{4} + 6} = -\dfrac{1}{2} \pm \sqrt{\dfrac{25}{4}} = -\dfrac{1}{2} \pm \dfrac{5}{2}$, d. h. $x_1 = -3$, $x_2 = 2$.

b) Wir teilen die gegebene Gleichung durch -4 und erhalten nach Umordnen $x^2 + 2x - 15 = 0$. Die Lösungen sind $x_{1,2} = -1 \pm \sqrt{1 + 15} = -1 \pm 4$, d.h. $x_1 = -1 + 4 = 3$ und $x_2 = -1 - 4 = -5$.

c) Wir teilen die gegebene Gleichung durch -1.5 und erhalten $x^2 + 5x + 6 = 0$ mit den Lösungen $x_{1,2} = -\dfrac{5}{2} \pm \sqrt{\dfrac{25}{4} - \dfrac{24}{4}} = -\dfrac{5}{2} \pm \dfrac{1}{2}$, d.h. $x_1 = -2$ und $x_2 = -3$.

[2] $10x^2 - 15x = -5$ gilt genau dann, wenn $x^2 - \dfrac{3}{2}x = -\dfrac{1}{2}$. Die quadratische Ergänzung findet man durch Anwendung der zweiten binomischen Formel (1.3.2) $a^2 - 2ab + b^2 = (a - b)^2$. Hier ist $a^2 - 2ab = x^2 - \dfrac{3}{2}x$, d.h. $a = x$ und $2ab = \dfrac{3}{2}x$, d.h. $b = \dfrac{3}{4}$ und somit $b^2 = (3/4)^2 = 9/16$. Wir addieren $9/16$ auf beiden Seiten der obigen Gleichung:

$x^2 - \dfrac{3}{2}x + \dfrac{9}{16} = -\dfrac{1}{2} + \dfrac{9}{16} = \dfrac{1}{16}$, d.h. $\left(x - \dfrac{3}{4}\right)^2 = \dfrac{1}{16}$ und das gilt genau dann, wenn

$x - \dfrac{3}{4} = \dfrac{1}{4}$ oder $x - \dfrac{3}{4} = -\dfrac{1}{4}$, d.h. wenn $x = \dfrac{1}{4} + \dfrac{3}{4} = 1$ oder $x = -\dfrac{1}{4} + \dfrac{3}{4} = \dfrac{1}{2}$.

[3]

a) Nach (2.3.4) mit $a = 3$, $b = 12$ und $c = -63$ gilt $x_{1,2} = \dfrac{-12 \pm \sqrt{12^2 - 4 \cdot 3 \cdot (-63)}}{2 \cdot 3} = \dfrac{-12 \pm \sqrt{144 + 756}}{6} = \dfrac{-12 \pm \sqrt{900}}{6} = \dfrac{-12 \pm 30}{6} = -2 \pm 5$, d.h. $x_1 = 3$ und $x_2 = -7$.

Mit (2.3.5) folgt $3x^2 + 12x - 63 = 3(x - 3)(x + 7)$.

b) Nach (2.3.4) mit $a = 2$, $b = -2$ und $c = -12$ gilt $x_{1,2} = \dfrac{2 \pm \sqrt{2^2 - 4 \cdot 2 \cdot (-12)}}{2 \cdot 2} =$

$\dfrac{2 \pm \sqrt{4 + 4 \cdot 24}}{4} = \dfrac{2 \pm \sqrt{100}}{4} = \dfrac{2 \pm 10}{4}$, d.h. $x_1 = \dfrac{12}{4} = 3$ und $x_2 = -\dfrac{8}{4} = -2$. Mit

(2.3.5) folgt $2x^2 - 2x - 12 = (x - 3)(x + 2)$.

c) Nach (2.3.4) mit $a = 1$, $b = 6$ und $c = 5$ gilt $x_{1,2} = \dfrac{-6 \pm \sqrt{6^2 - 4 \cdot 1 \cdot 5}}{2 \cdot 1} =$

$\dfrac{-6 \pm \sqrt{36 - 20}}{2} = \dfrac{-6 \pm \sqrt{16}}{2} = \dfrac{-6 \pm 4}{2}$, d.h. $x_1 = -1$ und $x_2 = -5$. Mit (2.3.5)

folgt $x^2 + 6x + 5 = (x + 1)(x + 5)$.

[4] $x^2 - c^2 - 2x - 6c + 8 = 0$ ist äquivalent zu $x^2 - 2x - c^2 - 6c + 8 = 0$. Nach der p, q-Formel (2.3.3) folgt für die Lösungen $x_{1,2} = 1 \pm \sqrt{1 + c^2 + 6c - 8} = 1 \pm \sqrt{c^2 + 6c - 7}$. Es gibt genau eine Lösung, wenn $c^2 + 6c - 7 = 0$. Dies ist eine quadratische Gleichung in c, deren Lösungen nach (2.3.3) durch $c_{1,2} = -3 \pm \sqrt{9 + 7} = -3 \pm 4$, d.h. $c_1 = 1$ und $c_2 = -7$ gegeben sind. Damit gibt es für $c = 1$ und $c = -7$ genau eine Lösung.

[5]

a) $x^2 + 2x - 15 = (x^2 + 2x + 1) - 1 - 15 = (x + 1)^2 - 16$, wobei wir die erste binomische Formel (1.3.1) verwendet haben. Jetzt wenden wir die dritte binomische Formel (1.3.3) an: $(x + 1)^2 - 16 = (x + 1 - 4)(x + 1 + 4) = (x - 3)(x + 5)$, d.h. $x^2 + 2x - 15 = (x - 3)(x + 5)$.

b) Nach der zweiten binomischen Formel ist die quadratische Ergänzung zu $x^2 - 2x$ gleich 1, daher schreiben wir $x^2 - 2x - 8 = (x^2 - 2x + 1) - 1 - 8 = (x - 1)^2 - 9$. Mit (1.3.3) folgt $(x - 1)^2 - 9 = (x - 1 + 3)(x - 1 - 3) = (x + 2)(x - 4)$, d.h. $x^2 - 2x - 8 = (x + 2)(x - 4)$. Alternativ kann man statt quadratischer Ergänzung auch die Lösungen x_1 und x_2 der quadratischen Gleichung mit (2.3.3) oder (2.3.4) bestimmen. Diese sind $x_1 = 4$ und $x_2 = -2$. Nach (2.3.5) gilt $x^2 - 2x - 8 = (x - x_1)(x - x_2) = (x - 4)(x + 2) = (x + 2)(x - 4)$.

[6]

a) $y^2 - 4y - 5 = 0$ gilt genau dann, wenn $y^2 - 4y = 5$. Die quadratische Ergänzung zu $y^2 - 4y$ ist nach der zweiten binomischen Formel (1.3.2) gleich 4. Wir addieren auf beiden Seiten der Gleichung 4 und wenden die zweite binomische Formel (1.3.2) an: $y^2 - 4y + 4 = 5 + 4$, d.h. $(y - 2)^2 = 9$.

b) $y^2 + 8y - 9 = 0$ gilt genau dann, wenn $y^2 + 8y = 9$. Die quadratische Ergänzung zu $y^2 + 8y$ ist nach (1.3.1) gleich 16. Wir addieren auf beiden Seiten der Gleichung 16 und wenden dann (1.3.2) an. $y^2 + 8y + 16 = 9 + 16$, d.h. $(y + 4)^2 = 25$.

[7] Die rechte Seite der Gleichung ist $a(x + b)^2 - 7 = a(x^2 + 2bx + b^2) - 7 = ax^2 + 2abx + ab^2 - 7$. Durch Vergleich der Koeffizienten ergibt sich $a = 5$; $2ab = -10$; $ab^2 - 7 = c$. Setzt man $a = 5$ in die zweite Gleichung ein, ergibt sich $10b = -10$ und damit $b = -1$. Setzt man die Werte für a und b in die dritte Gleichung ein, ergibt sich $c = 5(-1)^2 - 7 = 5 - 7 = -2$.

[8] $3x^2 - 30x + 32 = 3(x^2 - 10x) + 32$. Die quadratische Ergänzung zu $x^2 - 10x$ ist 25. Wenn wir in der Klammer 25 addieren, müssen wir wegen des Faktors 3 vor der Klammer 75 subtrahieren. $3(x^2 - 10x) + 32 = 3(x^2 - 10x + 25) + 32 - 75 = 3(x - 5)^2 - 43$, wobei wir im letzten Schritt die zweite binomische Formel (1.3.2) angewendet haben. Damit ist $a = 3$, $b = -5$ und $c = -43$.

[9] $\left(\sqrt{2x}\right)^4 - \left(\sqrt{32x}\right)^2 + 28 = 0$ ist äquivalent zu $(2x)^2 - 32x + 28 = 4x^2 - 32x + 28 = 0$. Division durch 4 ergibt die äquivalente Gleichung $x^2 - 8x + 7 = 0$ mit den Lösungen nach (2.3.3) $x_{1,2} = 4 \pm \sqrt{16 - 7} = 4 \pm 3$, d.h. $x_1 = 7$ und $x_2 = 1$. (Anmerkung: Hier zeigt sich der Vorteil der vom Autor bevorzugten p, q-Formel (2.3.3) gegenüber der a, b-Formel (2.3.4): Versuchen Sie die Gleichung $4x^2 - 32x + 28 = 0$ nach (2.3.4) mit $a = 4$, $b = -32$ und $c = 28$ ohne Taschenrechner zu lösen. Natürlich wird es einfacher, wenn Sie (2.3.4) auf die äquivalente Gleichung $x^2 - 8x + 7 = 0$ anwenden.)

[10] Nach (2.3.6) muss für die Lösungen $x_{1,2}$ der quadratischen Gleichung $x^2 + px + q = 0$ gelten: $x_1 + x_2 = -p$ und $x_1 \cdot x_2 = q$. Hier ist also $p = -5$ und $q = 6$.

2.4 Lineare Gleichungen mit zwei Unbekannten

[1] Multiplikation der zweiten Gleichung mit 10 ergibt folgendes Gleichungssystem:

$$
\begin{aligned}
15x + 10y &= 16 \\
18x - 10y &= 50
\end{aligned}
$$

Durch Addieren der beiden Gleichungen erhält man $33x = 66$, d.h $x = 2$. Setzen wir $x = 2$ in die erste Gleichung ein, ergibt sich $15 \cdot 2 + 10y = 16$, d.h. $10y = 16 - 30 = -14$. Division durch 10 ergibt $y = -1.4$.

[2] Es ist das folgende Gleichungssystem zu lösen:

$$
\begin{aligned}
A + B &= 10\,000 \\
\frac{4}{100}A + \frac{6}{100}B &= 520
\end{aligned}
$$

Aus der ersten Gleichung folgt $A = 10\,000 - B$. Wir multiplizieren die zweite Gleichung mit 100 und erhalten $4A + 6B = 52\,000$. Wir setzen den obigen Ausdruck für A in diese Gleichung ein und erhalten: $4(10\,000 - B) + 6B = 40\,000 - 4B + 6B = 40\,000 + 2B = 52\,000$. Daraus folgt $2B = 52\,000 - 40\,000 = 12\,000$, d.h. $B = 6\,000$ und $A = 10\,000 - B = 10\,000 - 6\,000 = 4\,000$.

2.5 Nichtlineare Gleichungen

[1]

a) Ein Produkt kann nur Null sein, wenn mindestens ein Faktor Null ist, d.h. die Gleichung $(x^3 - 64)\sqrt{x^2 - 9} = 0$ ist erfüllt, wenn $x^3 - 64 = 0$ oder $\sqrt{x^2 - 9} = 0$. Die erste Gleichung ist erfüllt, wenn $x^3 = 64$, d.h. wenn $x = 4$, während die zweite Gleichung erfüllt ist, wenn $x^2 - 9 = 0$, d.h. wenn $x^2 = 9$ ist, d.h. wenn $x = \pm 3$. Die Lösungen sind also ± 3 und 4.

b) Die Gleichung ist nach (2.5.1) genau dann erfüllt, wenn $1 - z^2 = 0$, d.h. wenn $z^2 = 1$, d.h. wenn $z = \pm 1$ oder wenn $x = 1 - y$.

c) $x^3 - 4x^2 + 10x = x(x^2 - 4x + 10) = 0$, wenn $x = 0$ oder $x^2 - 4x + 10 = 0$. Eine quadratische Gleichung $ax^2 + bx + c = 0$ hat nach (2.3.4) und den dort anschließenden Bemerkungen nur dann reelle Lösungen, wenn $b^2 - 4ac \geq 0$. In unserem Fall ist $a = 1$, $b = -4$, $c = 10$, d.h. $b^2 - 4ac = 16 - 4 \cdot 1 \cdot 10 = 16 - 40 = -24 < 0$. Die quadratische Gleichung hat also keine Lösung. Damit ist $x = 0$ die einzige Lösung. (Anstelle 2.3.4 kann man auch (2.3.3) verwenden, um zu zeigen, dass die quadratische Gleichung keine Lösung hat.)

[2]

a) Der Nenner ist stets größer als 0. Daher ist der Quotient Null, wenn der Zähler Null ist. $4 - x^2 = 0$ gilt genau dann, wenn $x^2 = 4$, d.h. wenn $x = \pm 2$.

b) Der Nenner ist niemals Null, daher ist der Quotient Null, wenn der Zähler Null ist. $y(2y^2 - 8y + 6) = 2y(y^2 - 4y + 3) = 0$ gilt genau dann, wenn ein Faktor des Produkts Null ist, d.h. wenn $y = 0$ oder $y^2 - 4y + 3 = 0$. Die Lösungen der quadratischen Gleichung erhält man z.B. nach der p, q-Formel (2.3.3): $y_{1,2} = 2 \pm \sqrt{4 - 3} = 2 \pm 1$, d.h. $y_1 = 3$ und $y_2 = 1$. Damit sind die Lösungen der gegebenen Gleichung $0, 1$ und 3.

c) Dieser Ausdruck ist genau dann Null, wenn der Zähler Null ist, wobei darauf zu achten ist, ob der gegebene Ausdruck definiert ist, d.h. der Nenner $\sqrt{z^2 - 1}$ muss definiert sein und darf nicht Null sein. Für den Zähler gilt $z^2 - z = z(z - 1) = 0$, wenn $z = 0$ oder $z = 1$. Wenn $z = 0$, ist der Nenner $\sqrt{-1}$, welches nicht definiert ist. Wenn $z = 1$, ist der Nenner Null, d.h. der Quotient ist nicht definiert, d.h. es gibt keine Lösungen.

d) Der Ausdruck ist nur definiert, wenn $x \neq 1$. Ein Bruch ist nur dann Null, wenn sein Zähler Null ist. Daher muss gelten: $\sqrt{x^2 + 1} \cdot x^{7/5} = 0$. Da $\sqrt{x^2 + 1}$ immer größer als Null ist, muss $x^{7/5} = 0$ sein. Dies gilt nur für $x = 0$.

e) Ein Quotient ist Null, wenn der Zähler Null ist, wobei der Nenner an dieser Stelle nicht Null sein darf. Für den Zähler gilt: $x(4x^2 - 8x - 12) = 0$, wenn $x = 0$ oder $4x^2 - 8x - 12 = 0$. Für die Lösungen der quadratischen Gleichung ergeben sich nach der a/b-Formel (2.3.4) mit $a = 4$, $b = -8$ und $c = -12$ die Lösungen $x_{1,2} = \dfrac{8 \pm \sqrt{64 - 4 \cdot 4 \cdot (-12)}}{2 \cdot 4} = \dfrac{8 \pm \sqrt{256}}{8} = \dfrac{8 \pm 16}{8} = 1 \pm 2$, d.h. $x_1 = 3$ und $x_2 = -1$. Für $x_1 = 3$ ist der Nenner Null, denn $x_1^4 - 81 = 3^4 - 81 = 81 - 81 = 0$, d.h. der Quotient ist für $x_1 = 3$ nicht definiert. Für $x = 0$ und $x = -1$ ist der Nenner ungleich Null, so dass 0 und -1 Lösungen der Gleichung sind.

[3] Zu beachten ist, dass x nicht 0 sein darf, da es als Nenner vorkommt. Indem wir mit 3 multiplizieren, sehen wir, dass $6x - \dfrac{8x}{3} = \dfrac{25}{x} + \dfrac{10x}{3} - 5$ genau dann gilt, wenn $18x - 8x = \dfrac{75}{x} + 10x - 15$, d.h. wenn $15 = \dfrac{75}{x}$, d.h. wenn $x = \dfrac{75}{15} = 5$.

[4] Wenn $y = \sqrt{2y + 8}$, so folgt $y^2 = 2y + 8$, d.h. $y^2 - 2y - 8 = 0$. Die Lösungen dieser Gleichung sind nach (2.3.3) $y_{1,2} = 1 \pm \sqrt{1 + 8} = 1 \pm 3$, d.h. $y_1 = 4$ und $y_2 = -2$. Setzt man diese beiden Werte in die ursprüngliche Gleichung $y = \sqrt{2y + 8}$ ein, so sieht man, dass nur $y_1 = 4$ diese Gleichung erfüllt, denn $\sqrt{2 \cdot (-2) + 8} = \sqrt{4} = 2 \neq y_2 = -2$.

Lösungen zu den weiteren Aufgaben zu Kapitel 2

[1]

a) Zu beachten ist, dass x nicht ± 3 sein darf. Unter dieser Voraussetzung gilt $\frac{x+4}{x+3} - \frac{4-x}{3-x} = 0$ ist äquivalent zu $(x+4)(3-x) - (4-x)(x+3) = 0$. Ausmultiplizieren ergibt. $3x - x^2 + 12 - 4x - 4x - 12 + x^2 + 3x = -2x = 0$, d.h. $x = 0$.

b) Ausmultiplizieren ergibt die äquivalente Gleichung $x = x^2 + 5x + \frac{25}{4} - \frac{13}{4}$, d.h. $x = x^2 + 5x + 3$ oder $x^2 + 4x + 3 = 0$ mit den Lösungen nach (2.3.3): $x_{1,2} = -2 \pm \sqrt{4-3} = -2 \pm 1$, d.h. $x_1 = -1$ und $x_2 = -3$.

[2] Es sind die Lösungen der Gleichung $2x^2 + 6x - 8 = 0$ zu bestimmen. Es gilt $2x^2 + 6x - 8 = 0$ genau dann, wenn $x^2 + 3x - 4 = 0$. Nach (2.3.3) sind die Nullstellen $x_{1,2} = -\frac{3}{2} \pm \sqrt{\frac{9}{4} + 4} = -\frac{3}{2} \pm \sqrt{\frac{9}{4} + \frac{16}{4}} = -\frac{3}{2} \pm \sqrt{\frac{25}{4}} = -\frac{3}{2} \pm \frac{5}{2}$, d.h. $x_1 = 1$ und $x_2 = -\frac{8}{2} = -4$. Nach (2.3.5) gilt dann $2x^2 + 6x - 8 = 2(x-1)(x+4)$.

[3] Nach (1.3.2) ist $-6 = -2b$, d.h. $b = 3$, so dass $b^2 = 9$.

[4] Nach Gleichung (**) in Beispiel 2.2.1 ist $Y = \frac{a}{1-b} + \frac{1}{1-b}\bar{I} = \frac{300}{0.3} + \frac{1}{0.3}600 = 1\,000 + 2\,000 = 3\,000$. Daraus folgt $C = a + bY = 300 + 0.7 \cdot 3\,000 = 2\,400$.

Lösungen zu Kapitel 3: Einführung, III: Verschiedenes

3

ÜBERBLICK

3.1 Summennotation

[1]

a) $\displaystyle\sum_{j=3}^{6}(2j-5)^2 = (2\cdot 3-5)^2 + (2\cdot 4-5)^2 + (2\cdot 5-5)^2 + (2\cdot 6-5)^2 = 1^2 + 3^2 + 5^2 + 7^2 =$

$1 + 9 + 25 + 49 = 84$

b) $\displaystyle\sum_{i=0}^{3}\frac{i}{(i+1)(i+2)} = \frac{0}{1\cdot 2} + \frac{1}{2\cdot 3} + \frac{2}{3\cdot 4} + \frac{3}{4\cdot 5} = \frac{1}{6} + \frac{2}{12} + \frac{3}{20} = \frac{10+10+9}{60} = \frac{29}{60}$

c) $\displaystyle\sum_{k=-2}^{3}(k+3)^k = (-2+3)^{-2} + (-1+3)^{-1} + (0+3)^0 + (1+3)^1 + (2+3)^2 + (3+3)^3 =$

$1^{-2} + 2^{-1} + 3^0 + 4^1 + 5^2 + 6^3 = 1 + \frac{1}{2} + 1 + 4 + 25 + 216 = 247.5$

d) $\displaystyle\sum_{k=0}^{3}(k+1)^{k-1} = 1^{-1} + 2^0 + 3^1 + 4^2 = 1 + 1 + 3 + 16 = 21$

e) $\displaystyle\sum_{j=0}^{4}j\cdot 2^{j+1} = 0\cdot 2^1 + 1\cdot 2^2 + 2\cdot 2^3 + 3\cdot 2^4 + 4\cdot 2^5 = 0 + 4 + 16 + 48 + 128 = 196$

f) $\displaystyle\sum_{i=2}^{4}(2i^2 - i + 1) = (2\cdot 4 - 2 + 1) + (2\cdot 9 - 3 + 1) + (2\cdot 16 - 4 + 1) = 7 + 16 + 29 = 52$

g) $\displaystyle\sum_{k=1}^{3}(-1)^k k^k = (-1)^1\cdot 1^1 + (-1)^2\cdot 2^2 + (-1)^3\cdot 3^3 = -1 + 4 - 27 = -24$

[2]

a) $\displaystyle\sum_{i=1}^{100}(2i-1) = (2\cdot 1-1) + (2\cdot 2-1) + (2\cdot 3-1) + \ldots + (2\cdot 100-1) = 1 + 3 + 5 + \ldots + 199$

b) $\displaystyle\sum_{i=0}^{10}\frac{x^{3i}}{3i+1} = \frac{x^{3\cdot 0}}{3\cdot 0+1} + \frac{x^{3\cdot 1}}{3\cdot 1+1} + \frac{x^{3\cdot 2}}{3\cdot 2+1} + \frac{x^{3\cdot 3}}{3\cdot 3+1} + \ldots + \frac{x^{3\cdot 10}}{3\cdot 10+1} = 1 + \frac{x^3}{4} + \frac{x^6}{7} +$

$\frac{x^9}{10} + \ldots + \frac{x^{30}}{31}$

c) $\displaystyle\sum_{i=0}^{12}\frac{t^i}{2i+1} = \frac{t^0}{2\cdot 0+1} + \frac{t^1}{2\cdot 1+1} + \frac{t^2}{2\cdot 2+1} + \frac{t^3}{2\cdot 3+1} + \ldots + \frac{t^{12}}{2\cdot 12+1} = 1 + \frac{t}{3} + \frac{t^2}{5} +$

$\frac{t^3}{7} + \ldots + \frac{t^{12}}{25}$

d) $\displaystyle\sum_{i=3}^{10}\frac{a^i}{(3i+1)b^{i-1}} = \frac{a^3}{(3\cdot 3+1)b^{3-1}} + \frac{a^4}{(3\cdot 4+1)b^{4-1}} + \frac{a^5}{(3\cdot 5+1)b^{5-1}} + \ldots +$

$\frac{a^{10}}{(3\cdot 10+1)b^{10-1}} = \frac{a^3}{10b^2} + \frac{a^4}{13b^3} + \frac{a^5}{16b^4} + \ldots + \frac{a^{10}}{31b^9}$

[3] $\displaystyle\sum_{i=1}^{3}\left(a^{i+1}\right)^i = \left(a^2\right)^1 + \left(a^3\right)^2 + \left(a^4\right)^3 = a^2 + a^6 + a^{12} = a^2\left(1 + a^4 + a^{10}\right) = 4(1 + 16 + 1024) =$

$4\cdot 1\,041 = 4\,164$

[4] $\displaystyle\sum_{i=1}^{4}(p_i q_i) = 2\cdot 5 + 1\cdot 10 + 3\cdot 4 + 6\cdot 3 = 10 + 10 + 12 + 18 = 50$

3.2 Regeln für Summen, Newtons Binomische Formeln

[1]

a) Nach (3.2.3) mit $n = 100$ und $c = 6$ gilt $\displaystyle\sum_{i=1}^{100} 6 = 100 \cdot 6 = 600$.

b) $\displaystyle\sum_{i=1}^{5} i^2 = 1^2 + 2^2 + 3^2 + 4^2 + 5^2 = 1 + 4 + 9 + 16 + 25 = 55$ oder mit $n = 5$ nach (3.2.5):

$$\sum_{i=1}^{5} i^2 = \frac{1}{6} n(n+1)(2n+1) = \frac{1}{6} \cdot 5 \cdot 6 \cdot 11 = \frac{330}{6} = 55$$

c) Nach (3.2.2) gilt: $\displaystyle\sum_{i=1}^{5} 7 \cdot i^2 = 7 \cdot \sum_{i=1}^{5} i^2 = 7 \cdot \left(1^2 + 2^2 + 3^2 + 4^2 + 5^2\right) = 7 \cdot (1+4+9+16+25) =$

$7 \cdot 55 = 385$. Alternativ kann man für die Berechnung von $\displaystyle\sum_{i=1}^{5} i^2$ auch (3.2.5) mit

$n = 5$ verwenden und erhält als Wert dieser Summe $\dfrac{1}{6} \cdot 5 \cdot 6 \cdot 11 = \dfrac{1}{6} \cdot 330 = 55$, so

dass man für die gesuchte Summe den Wert $7 \cdot 55 = 385$ erhält.

d) Nach (3.2.2) gilt $\displaystyle\sum_{i=0}^{3} \frac{5 \cdot 2^i}{i+1} = 5 \cdot \sum_{i=0}^{3} \frac{\cdot 2^i}{i+1} = 5 \left(\frac{2^0}{0+1} + \frac{2^1}{1+1} + \frac{2^2}{2+1} + \frac{2^3}{3+1} \right) =$

$5 \cdot \left(1 + 1 + \dfrac{4}{3} + 2 \right) = \dfrac{80}{3}$.

e) $\displaystyle\sum_{k=10}^{20} (2k+3) = 23 + 25 + \ldots + 43 = 363$ oder (vgl. Aufg. 3.2.5 im Buch) $\displaystyle\sum_{k=10}^{20} (2k+3) =$

$\displaystyle 2\sum_{k=10}^{20} k + \sum_{k=10}^{20} 3$, wobei sich für die zweite Summe analog (3.2.3) der Wert $11 \cdot 3 = 33$

ergibt. Für die Summe $\displaystyle\sum_{k=10}^{20} k$ schreiben wir $\displaystyle\sum_{i=0}^{10}(10+i) = 11 \cdot 10 + \sum_{i=0}^{10} i = 110 + \sum_{i=1}^{10} i =$

$110 + \dfrac{1}{2} 10 \cdot 11 = 110 + 55 = 165$, so dass sich insgesamt $\displaystyle\sum_{k=10}^{20}(2k+3) = 2\sum_{k=10}^{20} k + \sum_{k=10}^{20} 3 =$

$2 \cdot 165 + 33 = 330 + 33 = 363$ ergibt.

[2]

a) Nach (3.2.8) ist $\dbinom{17}{3} = \dfrac{17 \cdot 16 \cdot 15}{1 \cdot 2 \cdot 3} = 17 \cdot 8 \cdot 5 = 17 \cdot 40 = 680$.

b) Nach (3.2.8) ist $\dbinom{9}{3} = \dfrac{9 \cdot 8 \cdot 7}{1 \cdot 2 \cdot 3} = 3 \cdot 4 \cdot 7 = 84$.

c) Nach (3.2.9) und (3.2.8) gilt $\dbinom{16}{14} = \dbinom{16}{2} = \dfrac{16 \cdot 15}{1 \cdot 2} = 8 \cdot 15 = 120$.

d) Mit (3.2.11) folgt $\dfrac{3(n-3)!}{n!} \dbinom{n}{3} = \dfrac{3(n-3)!}{n!} \cdot \dfrac{n!}{3!(n-3)!} = \dfrac{3}{3!} = \dfrac{3}{1 \cdot 2 \cdot 3} = \dfrac{1}{2}$.

e) $\displaystyle\sum_{k=0}^{5} \binom{5}{k} = \binom{5}{0} + \binom{5}{1} + \binom{5}{2} + \binom{5}{3} + \binom{5}{4} + \binom{5}{5}$

Wegen (3.2.9) ist $\binom{5}{0} = \binom{5}{5}$; $\binom{5}{1} = \binom{5}{4}$ und $\binom{5}{2} = \binom{5}{3}$, so dass mit (3.2.8) folgt

$$\sum_{k=0}^{5} \binom{5}{k} = 2\left(\binom{5}{0} + \binom{5}{1} + \binom{5}{2} \right) = 2(1 + 5 + 10) = 32.$$

[**3**] Nach (3.2.2) gilt $\displaystyle\sum_{i=1}^{n} \left(\frac{x_i}{3} \cdot \frac{y_i}{4} \right) = \frac{1}{12} \sum_{i=1}^{n} (x_i y_i) = \frac{924}{12} = 77.$

3.3   Doppelsummen

[**1**]

a) $\displaystyle\sum_{i=3}^{4}\sum_{j=5}^{6}(i - j) = \underbrace{[(3 - 5) + (3 - 6)]}_{i=3} + \underbrace{[(4 - 5) + (4 - 6)]}_{i=4} = -2 - 3 - 1 - 2 = -8$

b) Wir verwenden in Schritt (1) die Formel (3.2.2), denn für die Summe über j ist $\frac{1}{5}i^2$ wie eine Konstante zu behandeln, im Schritt (2) Formel (3.2.4) für die Summe der natürlichen Zahlen von 1 bis $n = 10$, im Schritt (5) die Formel (3.2.2) und im Schritt (6) die Formel (3.2.5) für die Summe der Quadrate der natürlichen Zahlen von 1 bis $n = 5$.

$$\sum_{i=1}^{5}\sum_{j=1}^{10} \frac{1}{5}i^2 \cdot j \overset{(1)}{=} \sum_{i=1}^{5}\left[\frac{1}{5}i^2 \sum_{j=1}^{10} j \right] \overset{(2)}{=} \sum_{i=1}^{5}\left[\frac{1}{5}i^2 \cdot \left(\frac{1}{2} \cdot 10 \cdot (10 + 1) \right) \right] = \sum_{i=1}^{5}\left[\frac{1}{5}i^2 \cdot 55 \right] =$$

$$\sum_{i=1}^{5} 11 \cdot i^2 \overset{(5)}{=} 11 \sum_{i=1}^{5} i^2 \overset{(6)}{=} 11 \cdot \frac{1}{6} \cdot 5 \cdot 6 \cdot 11 = 11 \cdot 5 \cdot 11 = 605$$

c) Wir verwenden in Schritt (1) die Formel (3.2.2), in Schritt (2) Formel (3.2.4) für die Summe der natürlichen Zahlen von 1 bis $n = 5$ und in Schritt (3) wieder die Formel (3.2.2).

$$\sum_{i=1}^{3}\sum_{j=1}^{5} \frac{2j}{i + 2} \overset{(1)}{=} 2\sum_{i=1}^{3}\left(\frac{1}{i + 2} \cdot \sum_{j=1}^{5} j \right) \overset{(2)}{=} 2\sum_{i=1}^{3}\left(\frac{1}{i + 2} \cdot \frac{1}{2} \cdot 5 \cdot 6 \right) \overset{(3)}{=} 30\sum_{i=1}^{3} \frac{1}{i + 2} =$$

$$30\left(\frac{1}{3} + \frac{1}{4} + \frac{1}{5} \right) = \frac{47}{2} = 23.5.$$

d) $\displaystyle\sum_{j=0}^{1}\sum_{i=10}^{13} \frac{i}{j + 1} = \sum_{i=10}^{13} \frac{i}{1} + \sum_{i=10}^{13} \frac{i}{2} = \sum_{i=10}^{13} i + \frac{1}{2}\sum_{i=10}^{13} i = \frac{3}{2}\sum_{i=10}^{13} i = \frac{3}{2}(10 + 11 + 12 + 13) =$

$\frac{3}{2} \cdot 46 = 69$

3.4   Einige Aspekte der Logik

[**1**]

a) $x^{-1}y^{-1} = 4 \implies xy = \frac{1}{4} \implies x^2 y^2 = (xy)^2 = \left(\frac{1}{4} \right)^2 = \frac{1}{16}$

b) $\left(x^{-2} \right)^7 \left(x^3 \right)^2 = x^{-14} x^6 = x^{-8} = \frac{1}{x^8} = \frac{1}{\left(x^{16} \right)^{1/2}} = \frac{1}{4^{1/2}} = \frac{1}{2}$

[2]

a) $x = 2$ und $y = -2$ $\boxed{\implies}$ $x + y = 0$

$x = 2$ und $y = -2 \Rightarrow x + y = 2 + (-2) = 2 - 2 = 0$. Die Umkehrung gilt nicht, denn z.B. für $x = 3$ und $y = -3$ gilt auch $x + y = 0$.

b) $(x - 3)(x^2 + 2) = 0$ $\boxed{\iff}$ $x = 3$

$x = 3 \Rightarrow (x - 3)(x^2 + 2) = (3 - 3)(3^2 + 2) = 0 \cdot (9 + 2) = 0$
$(x - 3)(x^2 + 2) = 0 \Rightarrow (x - 3) = 0$ oder $x^2 + 2 = 0$. Letzteres ist unmöglich, da $x^2 \geq 0 \Rightarrow x^2 + 2 \geq 2 > 0$, d.h. $x - 3$ muss Null sein, d.h. $x = 3$.

c) $x^2 = 9$ $\boxed{\Longleftarrow}$ $x = 3$

$x^2 = 9 \Rightarrow x = \pm 3$, d.h. aus $x^2 = 9$ folgt nicht $x = 3$.
$x = 3 \Rightarrow x^2 = 3^2 = 9$

d) $x = \sqrt{9}$ $\boxed{\iff}$ $x = 3$

$\sqrt{9} = 3$ (siehe auch Anmerkung 1.5.2).

e) $x^4 > 0$ $\boxed{\Longleftarrow}$ $x > 0$

$x > 0 \Rightarrow x^4 > 0$. Die Umkehrung gilt nicht, denn z.B. für $x = -2$ ist $x^4 = 16 > 0$ und $x < 0$.

f) $2x(x - 5) = 0$ $\boxed{\iff}$ $x = 0$ ODER $x = 5$

Wenn $2x(x - 5) = 0$, so muss entweder $x = 0$ oder $x = 5$ sein. Wenn $x = 0$, so ist $2x(x - 5) = 0$. Wenn $x = 5$ ist $x - 5 = 0$ und somit auch $2x(x - 5) = 0$

g) $x^2 + y^2 = 0$ $\boxed{\implies}$ $x = 0$ ODER $y = 0$

Für alle x, y gilt $x^2 \geq 0$ und $y^2 \geq 0$. Die Summe $x^2 + y^2$ kann nur Null sein, wenn $x^2 = 0$ und $y^2 = 0$, d.h. $x = 0$ und $y = 0$. Wenn beide Null sind, ist auch mindestens einer von beiden Null, was die Aussage rechts bedeutet. Mindestens einer von x und y gleich Null, reicht aber nicht, damit $x^2 + y^2 = 0$ ist. Deshalb gilt die umgekehrte Richtung nicht.

h) $x = 0$ und $y = 0$ $\boxed{\iff}$ $x^2 + y^2 = 0$

$x = 0$ und $y = 0 \Rightarrow x^2 = 0$ und $y^2 = 0 \Rightarrow x^2 + y^2 = 0$
Da $x^2 \geq 0$ und $y^2 \geq 0$ gilt: $x^2 + y^2 = 0 \Rightarrow x^2 = 0$ und $y^2 = 0 \Rightarrow x = 0$ und $y = 0$

i) $(x - 1)(x + 2)(x - 3) = 0$ $\boxed{\Longleftarrow}$ $x = 3$

$x = 3 \Rightarrow x - 3 = 0 \Rightarrow (x - 1)(x + 2)(x - 3) = 0$. Die Umkehrung gilt nicht, denn das Produkt auf der linken Seite ist z.B. auch 0, wenn $x = 1$.

j) $x > z^2$ $\boxed{\implies}$ $x > 0$

$x > z^2 \geq 0 \Rightarrow x > 0$. Die Umkehrung gilt nicht, denn z.B. für $x = 2 > 0$ und $z = 3$ gilt $x = 2 < 9 = 3^2 = z^2$, d.h. $x \ngtr z^2$.

k) $x \neq 2$ und $\dfrac{x - 1}{x - 2} = 0$ $\boxed{\iff}$ $x = 1$

Für $x \neq 2$ ist der Bruch genau dann Null, wenn der Zähler Null ist, d.h genau dann, wenn $x = 1$.

l) $0 \leq x < 6 \quad \boxed{\implies} \quad x^2 < 36$

Für $0 \leq x < 6$ ist $x^2 < 36$. Die Umkehrung gilt nicht, denn z.B. auch für $x = -1$ ist $x^2 = 1 < 36$.

m) $x^3 > 0 \quad \boxed{\iff} \quad x > 0$

n) $x = 0$ und $y > 0 \quad \boxed{\implies} \quad x^2 + y^2 > 0$

$x = 0$ und $y > 0 \Rightarrow x^2 = 0$ und $y^2 > 0 \Rightarrow x^2 + y^2 > 0$. Die Umkehrung gilt nicht, denn $x^2 + y^2 > 0$ gilt z.B. auch für $x = -1$ und $y = -1$.

o) $x > 1 \quad \boxed{\impliedby} \quad x > z \geq 1$

$x > z \geq 1 \Rightarrow x > 1$ (nach 1.6.3). Die Umkehrung gilt nicht, denn auf der linken Seite wird nichts über z ausgesagt, d.h. die linke Seite ist z.B. für $x = 2$ und $z = 0$ erfüllt.

p) $x = 1$ und $y = 1 \quad \boxed{\implies} \quad x^2 + y^2 = 2$

$x = 1$ und $y = 1 \Rightarrow x^2 = 1$ und $y^2 = 1 \Rightarrow x^2 + y^2 = 2$. Die Umkehrung gilt nicht, denn z.B. ist auch $(-1)^2 + 1^2 = 2$.

q) $(x - 3)^2 = 0 \quad \boxed{\iff} \quad x = 3$

$x = 3 \iff x - 3 = 0 \iff (x - 3)^2 = 0$

3.5 Mathematische Beweise

[1] Direkter Beweis: Unter der Voraussetzung $x^2 + y^2 = 9$ gilt $y^2 = 9 - x^2$. Wenn $x^2 \geq 8$, gilt nach (1.6.5) $-x^2 \leq -8$ und nach (1.6.2) $y^2 = 9 - x^2 \leq 9 - 8 = 1$, d.h. $y^2 \leq 1 \iff |y| \leq 1$, was zu zeigen war.
Indirekter Beweis: Zu zeigen ist: Wenn $|y| \leq 1$ nicht gilt, gilt auch $x^2 \geq 8$ nicht. Wenn $|y| \leq 1$ nicht gilt, ist $|y| > 1$ und somit $y^2 > 1$. Dann ist nach (1.6.5) $-y^2 < -1$ und nach (1.6.2) $x^2 = 9 - y^2 < 9 - 1 = 8$, d.h. $x^2 \geq 8$ gilt nicht, was zu zeigen war.

[2] Beim indirekten Beweis ist zu zeigen: Wenn $x = 3$ nicht gilt, gilt auch $\lambda > 0$ nicht. Wenn $x = 3$ nicht gilt, gilt $x < 3$, da $0 \leq x \leq 3$ vorausgesetzt ist. Wenn $x < 3$ ist, gilt nach Voraussetzung $\lambda = 0$, d.h. $\lambda > 0$ gilt nicht. Damit haben wir gezeigt: Wenn $\lambda > 0$, gilt $x = 3$.

3.6 Wesentliches aus der Mengenlehre

[1]

a) $A \cup B = A$; $A \cup C = \{1, 2, 3, 4, 5, 6, 7, 8, 9, 10, 11, 12, 13\}$; $A \cup B \cup C = A \cup C$; $B \cup C = \{2, 3, 4, 5, 6, 7, 8, 9, 10, 11, 12, 13\}$

b) $A \cap B = B$; $A \cap C = \{6, 7, 8, 9, 10\}$; $A \cap B \cap C = \{6\}$; $B \cap C = \{6\}$

c) $A \setminus B = \{1, 7, 8, 9, 10\}$; $B \setminus A = \emptyset$; $C \setminus B = \{7, 8, 9, 10, 11, 12, 13\}$

d) $A \setminus (B \cup C) = \{1\}$; $A \setminus (B \cap C) = \{1, 2, 3, 4, 5, 7, 8, 9, 10\}$; $(A \cap B) \setminus (B \cap C) = \{2, 3, 4, 5\}$; $(A \cap B) \setminus (A \cup B) = \emptyset$

[2] Es gilt $n(\Omega) = 450$. Es sei $a = n(A \setminus B)$. Damit wissen wir:

$n(\Omega \setminus (A \cup B)) = 20$ $n(A \setminus B) = a$ $n(B \setminus A) = \dfrac{a}{2}$ $n(A \cap B) = 20a$

Es gilt $n(\Omega) = n(\Omega \setminus (A \cup B)) + n(A \setminus B) + n(B \setminus A) + n(A \cap B)$, da Ω die Vereinigung der entsprechenden disjunkten Mengen ist, d.h. $450 = 20 + a + \dfrac{a}{2} + 20a \iff \dfrac{43}{2}a = 430 \iff a = 20$. Somit gilt $n(A \setminus B) = a = 20$; $n(B \setminus A) = \dfrac{a}{2} = 10$; $n(A \cap B) = 20a = 400$.

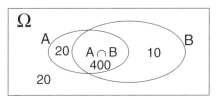

[3] Mit M und S bezeichnen wir die Mengen der Studierenden, die gern die Mathematik- bzw. Statistik-Vorlesung besuchen. Mit $n(\cdot)$ geben wir die Anzahl der Studierenden der jeweiligen Menge an. Ω bezeichne die Menge aller Befragten. Gegeben ist $n(\Omega) = 200$; $n(M) = 100$; $n(S) = 80$; $n(\Omega \setminus (M \cup S)) = 70$ Gesucht ist $N = n(M \cap S)$ und es gilt $n(\Omega) = n(\Omega \setminus (M \cup S)) + n(M) + n(S) - n(M \cap S)$. Daraus folgt $N = n(M \cap S) = n(\Omega \setminus (M \cup S)) + n(M) + n(S) - n(\Omega) = 70 + 100 + 80 - 200 = 50$.

[4] Mit K, T und M bezeichnen wir die Mengen der Kaffee-, Tee- und Milchtrinker. Mit $n(K)$, $N(T)$ usw. bezeichnen wir die Anzahl der Kaffee- bzw. Teetrinker. Gegeben ist $n(K) = 60$; $n(T) = 50$; $n(M) = 40$; $n(K \cap T) = 35$; $n(K \cap M) = 25$; $n(T \cap M) = 20$; $n(K \cap T \cap M) = 15$ Mit Ω sei die Menge aller Befragten bezeichnet. Es ist $n(\Omega) = 90$. Gesucht ist $n(\Omega \setminus (K \cup T \cup M)) = n(\Omega) - n(K \cup T \cup M) = 90 - n(K \cup T \cup M)$. Nun ist $n(K \cup T \cup M) = n(K) + n(T) + n(M) - n(K \cap T) - n(K \cap M) - n(T \cap M) + n(K \cap T \cap M) = 60 + 50 + 40 - 35 - 25 - 20 + 15 = 85 \Rightarrow n(\Omega \setminus (K \cup T \cup M)) = 90 - n(K \cup T \cup M) = 90 - 85 = 5$.

3.7 Mathematische Induktion

[1]

a) Für $n = n_0 = 5$ besagt die Ungleichung, dass $2n_0 + 1 = 2 \cdot 5 + 1 = 11$ kleiner als $n_0^2 = 5^2 = 25$ sein soll und dies wiederum soll kleiner als $2^{n_0} = 2^5 = 32$ sein. Nun gilt offensichtlich $11 < 25 < 32$, d.h. für $n = 5$ ist die Ungleichung wahr.

b) Induktionsvoraussetzung: Die Ungleichung gilt für ein $k \geq 5$, d.h. für k gilt: $2k + 1 < k^2 < 2^k$. Im Induktionsschritt ist zu zeigen, dass die Ungleichung dann auch für $k + 1$ gilt, d.h. es ist zu zeigen, dass dann auch $2(k+1) + 1 < (k+1)^2 < 2^{k+1}$. Nun ist $2(k+1) + 1 = 2k + 2 + 1 = (2k+1) + 2$. Und dies ist nach Induktionsvorausetzung kleiner als $k^2 + 2 < k^2 + 2k + 1 = (k+1)^2$. Damit ist der erste Teil der Ungleichung für $k+1$ gezeigt. Für den zweiten Teil schreiben wir $(k+1)^2 = k^2 + 2k + 1$. Nach Induktionsvoraussetzung ist $k^2 < 2^k$ und damit $k^2 + 2k + 1 < 2^k + 2k + 1$. Da nach Induktionsvoraussetzung $2k + 1 < 2^k$ (erster und dritter Teil der Doppelungleichung), folgt $2^k + 2k + 1 < 2^k + 2^k = 2 \cdot 2^k = 2^{k+1}$. Damit gilt die Doppelungleichung auch für $k + 1$.

[2]

a) $A(1)$: $\quad 1 \cdot 2 = 2 = \dfrac{1}{3} \cdot 1 \cdot 2 \cdot 3 = \dfrac{6}{3} = 2$

b) Induktionshypothese: $A(k)$: $1 \cdot 2 + 2 \cdot 3 + 3 \cdot 4 + \ldots + k \cdot (k+1) = \dfrac{1}{3} k(k+1)(k+2)$

Zu zeigen ist, dass unter dieser Annahme auch $A(k+1)$ wahr ist, d.h. dass

$1 \cdot 2 + 2 \cdot 3 + \ldots + k \cdot (k+1) + (k+1) \cdot (k+2) = \dfrac{1}{3}(k+1)(k+2)(k+3)$. Nun gilt unter

Verwendung der Induktionshypothese $[1 \cdot 2 + 2 \cdot 3 + \ldots + k \cdot (k+1)] + (k+1) \cdot (k+2) =$

$\dfrac{1}{3}\boldsymbol{k(k+1)(k+2) + (k+1) \cdot (k+2)} = \left(\dfrac{1}{3}k + 1\right)(k+1)(k+2) = \dfrac{1}{3}(k+3)(k+1)(k+2) =$

$\dfrac{1}{3}(k+1)(k+2)(k+3)$, d.h. die Aussage gilt auch für $k+1$.

Lösungen zu den weiteren Aufgaben zu Kapitel 3

[1] $\displaystyle\sum_{i=1}^{20} 2x_i y_i = 2\sum_{i=1}^{20} x_i y_i$, wobei (3.2.2) verwendet wurde.

[2]

a) $x \in \{1; 2; 3\}$ $\qquad \boxed{\Longrightarrow} \qquad$ $x \in \{1; 2; 3; 4\}$.

Wenn $x \in \{1; 2; 3\}$, so gilt auch $x \in \{1; 2; 3; 4\}$. Die Umkehrung gilt nicht, denn $4 \notin \{1; 2; 3\}$.

b) $A \cup B = \Omega$ $\qquad \boxed{\Longleftarrow} \qquad$ $B = A^c$

Wenn $B = A^c$, so ist $A \cup B = A \cup A^c = \Omega$. Die Umkehrung gilt nicht, da z.B. für $A \neq \emptyset$ auch $A \cup \Omega = \Omega$ und $\Omega \neq A^c$.

c) $A \cap B = \emptyset$ $\qquad \boxed{\Longleftrightarrow} \qquad$ $B \subset A^c$

$A \cap B = \emptyset$, d.h. für alle $x \in B$ gilt $x \notin A$, d.h. $x \in A^c$, d.h. $B \subset A^c$. Und: $B \subset A^c$, d.h. für alle $x \in B$ gilt $x \in A^c$, d.h. $x \notin A$, d.h. $A \cap B = \emptyset$.

d) $A \setminus B = A$ $\qquad \boxed{\Longleftarrow} \qquad$ $B = \emptyset$

Wenn $B = \emptyset$, ist $A \setminus B = A$. Die Umkehrung gilt nicht, denn: Wenn $B \subset A^c$, gilt auch $A \setminus B = A$.

[3] $\displaystyle\sum_{i=1}^{n}(x_i + y_i)^2 = \sum_{i=1}^{n} x_i^2 + 2\sum_{i=1}^{n}(x_i y_i) + \sum_{i=1}^{n} y_i^2 = 384 + 2 \cdot 924 + 2\,364 = 4\,596$

[4] $n(\Omega \setminus (A \cup B)) = n(\Omega) - n(A \cup B) = 200 - n(A \cup B)$ und $n(A \cup B) = n(A) + n(B) - n(A \cap B) = 50 + 70 - 30 = 90$, d.h. $n(\Omega \setminus (A \cup B)) = 200 - 90 = 110$.

[5] $\displaystyle\sum_{i=1}^{2}\sum_{j=1}^{4}(i \cdot j + 1) = \sum_{i=1}^{2}(1 \cdot i + 1 + 2 \cdot i + 1 + 3 \cdot i + 1 + 4 \cdot i + 1) = \sum_{i=1}^{2}(10i + 4) = 10 + 4 + 20 + 4 = 38.$

Alternativ kann man sich auch alle Zahlen $i \cdot j + 1$ in eine 2×4-Matrix $\begin{pmatrix} 2 & 3 & 4 & 5 \\ 3 & 5 & 7 & 9 \end{pmatrix}$

schreiben und alle Elemente dieser Matrix addieren.

Lösungen zu Kapitel 4: Funktionen einer Variablen

4

ÜBERBLICK

4.1 Einführung

4.2 Grundlegende Definitionen

[1]

a) Der Nenner muss $\neq 0$ sein und die Quadratwurzelfunktion ist nur für nichtnegative Argumente definiert. Deshalb muss $(5 + x)(3 - x) > 0$ sein. Das Produkt ist 0 für $x = -5$ und $x = 3$. Für $x < -5$ ist das Produkt negativ, für $-5 < x < 3$ ist es positiv und für $x > 3$ ist es negativ. d.h. die Funktion ist definiert für $-5 < x < 3$. d.h. $D = (-5, 3)$.

b) Die Funktion f ist definiert, wenn $\sqrt{4 - x^2}$ definiert ist, d.h. wenn $4 - x^2 \geq 0 \iff x^2 \leq 4 \iff -2 \leq x \leq 2$, d.h. $D = [-2, 2]$.

c) Da $|-2 + x^2| \geq 0$ für alle x, ist die Wurzel definiert für alle x und somit auch f, d.h. $D = \mathbb{R} = (-\infty, \infty)$.

d) f ist definiert, wenn der Nenner ungleich Null ist, d.h. wenn der Radikand (das Argument der Quadratwurzel) größer als Null ist, d.h. wenn $5 - |3 - 8x| > 0 \iff |3 - 8x| < 5 \iff -5 < 3 - 8x < 5 \iff -8 < -8x < 2 \iff 1 > x > -1/4 \iff -1/4 < x < 1$, d.h. $D = (-1/4, 1)$.

e) Der erste Summand $\left[(-x)^3\right]^{1/2} = \sqrt{-x^3}$ ist definiert, wenn $(-x)^3 \geq 0 \iff -x \geq 0 \iff x \leq 0$, während der zweite Summand $3x^{-2} = 3/x^2$ definiert ist, wenn $x \neq 0$. Beide Bedingungen zusammen ergeben: $x < 0$, d.h. $D = (-\infty, 0)$

f) $\dfrac{1}{36x^2 - 9}$ ist definiert, wenn $36x^2 - 9 \neq 0 \iff 36x^2 \neq 9 \iff x^2 \neq \dfrac{9}{36} = \dfrac{1}{4} \iff x \neq \pm\dfrac{1}{2}$, d.h. $D = \mathbb{R} \setminus \left\{\pm\dfrac{1}{2}\right\}$.

g) $1 + x^2 - \dfrac{1}{x^2}$ ist definiert, wenn $x^2 \neq 0 \iff x \neq 0$, d.h. $D = \mathbb{R} \setminus \{0\}$.

h) Der erste Summand $\sqrt{x + 1}$ definiert, wenn $x + 1 \geq 0 \iff x \geq -1$. Der zweite Summand $\dfrac{2}{x^2 - 49}$ ist definiert, wenn der Nenner $x^2 - 49 \neq 0 \iff x \neq \pm 7$, davon liegt -7 nicht im Definitionsbereich des ersten Summanden $\sqrt{x + 1}$. Also ergibt sich $D = [-1, \infty) \setminus \{7\} = [-1, 7) \cup (7, \infty)$.

i) Der Zähler in dem Ausdruck $\dfrac{\sqrt{-2x - 4}}{(x^2 + 1)(x^2 - 4)}$ ist nur definiert, wenn $-2x - 4 \geq 0 \iff -2x \geq 4 \iff x \leq -2$. Der Nenner des Ausdrucks muss gleichzeitig ungleich Null sein, d.h. $(x^2 + 1)(x^2 - 4) \neq 0$. Da $x^2 + 1 \geq 1 > 0$ ist der Nenner genau dann $\neq 0$, wenn $x^2 - 4 \neq 0 \iff x^2 \neq 4$, d.h. $x \neq \pm 2$. Zusammen mit der ersten Bedingung $x \leq -2$ ergibt sich $x < -2$, d.h. $D = (-\infty, -2)$.

[2] $C(x + 1) - C(x) = 25 + 10(x + 1) + (x + 1)^2 - (25 + 10x + x^2) = 25 + 10x + 10 + x^2 + 2x + 1 - 25 - 10x - x^2 = 2x + 11$

4.3 Graphen von Funktionen

[1]

x	-1	0	1	± 2
$y = f(x)$	$-1/2$	-1	$-1/2$	1

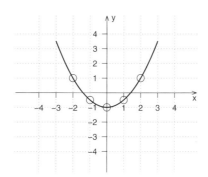

[2] In A steigt die Füllhöhe linear mit der Zeit t, d.h. der mittlere Graph gehört zu A. In C steigt die Füllhöhe zunächst linear mit der Zeit, anschließend nach der Verengung des Gefäßes schneller als die entsprechende lineare Funktion, d.h. der dritte Graph gehört zu C. Das Gefäß B ist unten enger als A, d.h. das Gefäß steigt zunächst stärker als die entsprechende lineare Funktion. Mit breiter werdendem Gefäß steigt die Füllhöhe langsamer, d.h. der erste Graph gehört zu B.

4.4 Lineare Funktionen

[1]

a) Nach der Zwei-Punkte-Formel der Geradengleichung gilt: $y - y_1 = \dfrac{y_2 - y_1}{x_2 - x_1}(x - x_1)$,

d.h. mit $(x_1, y_1) = (2, 3)$ und $(x_2, y_2) = (4, 0)$ gilt: $y - 3 = \dfrac{0 - 3}{4 - 2}(x - 2) = -\dfrac{3}{2}(x - 2) =$

$-\dfrac{3}{2}x + 3 \iff y = -\dfrac{3}{2}x + 6$

b) Nach der Punkt-Steigungs-Formel gilt: $y - y_1 = a(x - x_1)$, d.h. mit $(x_1, y_1) = (1, 1)$ und $a = 2$ folgt: $y - 1 = 2(x - 1) = 2x - 2 \iff y = 2x - 1$

c) Die Steigung ist $a = \dfrac{y_2 - y_1}{x_2 - x_1} = \dfrac{14 - 10}{5 - 3} = \dfrac{4}{2} = 2$. Damit gilt nach der Punkt-Steigungsformel $y - y_1 = a(x - x_1) \iff y - 10 = 2(x - 3) \iff y = 2x - 6 + 10 = 2x + 4$.

d) Beide Punkte habe die x-Koordinate 3. Es handelt sich also um eine vertikale Gerade mit der Gleichung $x = 3$.

e) Es ist die Punkt-Steigungsformel für die Gleichung einer Geraden zu verwenden:
$y - y_1 = a(x - x_1) \iff y - 9 = 0.1(x - 4) \iff y = 0.1x - 0.4 + 9 = 0.1x + 8.6$

[2]

a) $5 = 3x + 7y - 6 \iff 7y = -3x + 11 \iff y = -\frac{3}{7}x + \frac{11}{7}$, d.h. $a = -\frac{3}{7}$.

b) Die Steigung der Geraden durch zwei verschiedene Punkte (x_1, y_1) und (x_2, y_2) ist

    gegeben durch $a = \dfrac{y_2 - y_1}{x_2 - x_1} = \dfrac{-c - 2c}{c - 3c} = \dfrac{-3c}{-2c} = \dfrac{3}{2} = 1.5$.

c) Die Gerade verläuft durch die Punkte $(-2.5, 0)$ (Schnittpunkt mit der x-Achse) und $(0, 2)$ (Schnittpunkt mit der y-Achse). Wie in b) folgt dann für die Steigung

    $a = \dfrac{2 - 0}{0 - (-2.5)} = \dfrac{2}{2.5} = \dfrac{4}{5} = 0.8$.

d) Die Steigung ist $a = \dfrac{y_2 - y_1}{x_2 - x_1} = \dfrac{9 - (-1)}{-6 - (-4)} = \dfrac{9 + 1}{-6 + 4} = \dfrac{-10}{2} = -5$.

[3]

a) Nach der Punkt-Steigungs-Formel gilt $y - 2 = 3(x - 2) = 3x - 6 \iff y = 3x - 6 + 2 = 3x - 4$. Damit gilt $b = -4$.

b) Nach der Punkt-Steigungs-Formel gilt $y - 5 = 3(x - 13) \iff y = 3x - 39 + 5 = 3x - 34$, d.h. $b = -34$.

c) Die Steigung $a = \dfrac{y_2 - y_1}{x_2 - x_1} = \dfrac{14 - 10}{5 - 3} = \dfrac{4}{2} = 2$. Damit gilt dann nach der Punkt-Steigungsformel $y - y_1 = a(x - x_1) \iff y - 10 = 2(x - 3) \iff y = 2x - 6 + 10 = 2x + 4$, d.h. $b = 4$.

[4]

a) $120x - 60y - 120 \geq 0 \iff 2x - y - 2 \geq 0 \iff 2x - 2 \geq y \iff y \leq 2x - 2$, d.h. der gesuchte Bereich M liegt auf oder unterhalb der Geraden $y = 2x - 2$.

b) $17y - 34x \geq 68 \iff y \geq 2x + 4$, d.h. der gesuchte Bereich M liegt auf bzw. oberhalb der Geraden $y = 2x + 4$.

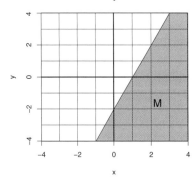 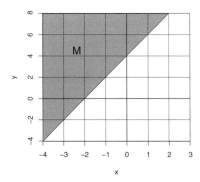

[5] Wir lösen die beiden Ungleichungen jeweils nach y auf und erhalten: $y + x \geq 4 \iff y \geq -x + 4$, d.h. die Ungleichung gilt auf und oberhalb der Geraden $y = -x + 4$. Und $y - x \leq -2 \iff y \leq x - 2$, d.h. die Ungleichung gilt auf unterhalb der Geraden $y = x - 2$.

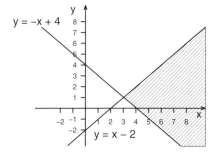

[6]

a) Löst man die beiden Gleichungen jeweils nach y auf, so erhält man $y = -x + 4$ bzw. $y = x - 2$. Die beiden Geraden sind in die Grafik einzuzeichnen. Die Lösung liegt im Schnittpunkt der Geraden (linke Abbildung).

b) Auflösen nach y ergibt: $y = 2x - 1$ und $y = -\dfrac{1}{2}x + 2$. Man zeichne die erste Gerade mit Achsenabschnitt -1 und Steigung 2, sowie die zweite Gerade mit Achsenabschnitt 2 und Steigung $-1/2$. Die Lösung liegt im Schnittpunkt der Geraden (rechte Abbildung).

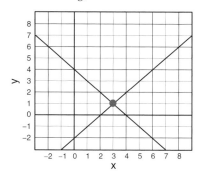
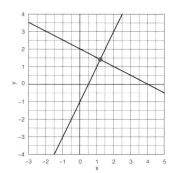

c) Auflösen nach y ergibt $y = -x + 5$ bzw. $y = -x - 3$. Dies kann nicht gleichzeitig erfüllt sein, d.h. es gibt **keine** Lösung. Die Geraden sind parallel.

d) Die erste Gleichung ist das Dreifache der zweiten Gleichung. Auflösen nach y ergibt: $y = -\dfrac{1}{6}x - \dfrac{-1}{2}$. Beide Gleichungen bedeuten dasselbe, d.h. stellen dieselbe Gerade dar und es existieren unendlich viele Lösungen.

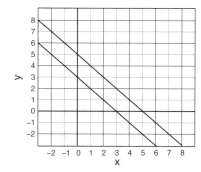
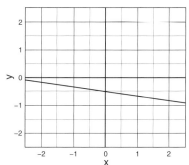

4.5   Lineare Modelle

[1]

a) $p_d(500) = 450/500 = 0.9$ und $p_d(2\,000) = 900/2\,000 = 0.45$

b) Gesucht ist die Gleichung einer Geraden, von der die beiden Punkte $(500, 450)$ und $(2\,000, 900)$ bekannt sind. Die Steigung ist dann $\dfrac{900 - 450}{2\,000 - 500} = \dfrac{450}{1\,500} = \dfrac{3}{10} = 0.3$. Nach der Punktsteigungsformel gilt dann $y - 450 = 0.3(x - 500) = 0.3x - 150 \iff y = P(x) = 0.3x + 300$.

c) $P(2\,500) = 0.3 \cdot 2\,500 + 300 = 750 + 300 = 1\,050$

[2]

a) Im Gleichgewicht muss gelten: $45 - 3P^* = 10 + 2P^*$, d.h. $5P^* = 35$, also $P^* = 7$. Einsetzen von $P^* = 7$ in die Angebotsfunktion ergibt $Q^* = 10 + 2 \cdot 7 = 24$. Genauso gut, kann man $P^* = 7$ in die Nachfragefunktion einsetzen und erhält $Q^* = 45 - 3 \cdot 7 = 24$.

b) Im Gleichgewicht muss gelten $D = S \iff 117 - 4.5P^* = 19 + 2.5P^* \iff 117 - 19 = 2.5P^* + 4.5P \iff 7P^* = 98 \iff P^* = 14$. Einsetzen von $P^* = 14$ in die Nachfragefunktion ergibt $Q^* = 117 - 4.5 \cdot 14 = 117 - 63 = 54$.

c) Im Gleichgewicht gilt: $D = S \iff 200 - 3P^* = 25 + 5P^* \iff -8P^* = -175 \iff P^* = 175/8 = 21.875$. Wir erhalten Q^*, indem wir P^* z.B. in die Nachfragefunktion (Angebotsfunktion auch möglich) einsetzen: $Q^* = 200 - 3P^* = 200 - 3 \cdot 175/8 = 134.375$

[3] Wenn $Q^* = 50$, so folgt aus der Angebotsfunktion $19 + 2.5P^* = 50 \iff 2.5P^* = 31 \iff P^* = 12.4$. Einsetzen in die Nachfragefunktion ergibt $a - 4.5P^* = 50 \iff a = 50 + 4.5P^e = 50 + 4.5 \cdot 12.4 = 105.8$

[4] Das Existenzminimum ergibt sich für $Y = 0$, d.h. es ist 120. Die Grenzneigung zum Konsum ist die Steigung, also 0.6.

[5] Für Maschine M_1 gilt $0.25Q + 60 = 150 \iff 0.25Q = 90 \iff Q = 90/0.25 = 360$, für Maschine M_2 gilt $0.4Q + 30 = 150 \iff 0.4Q = 120 \iff Q = 120/0.4 = 300$. Mit Maschine M_1 kann also die größere Menge $Q_{max} = 360$ produziert werden.

[6] Da hier eine lineare Kostenfunktion vorliegt und zwei Punte $P_1 = (5, 6)$ und $P_2 = (25, 25)$ auf der Geraden gegeben sind, wird die Zwei-Punkte-Formel der Gerandengleichung verwendet. Die Steigung a der Geraden ist: $a = \dfrac{25 - 6}{25 - 5} = \dfrac{19}{20}$. Einsetzen in die Punkt-Steigungs-Formel ergibt: $y - 6 = \dfrac{19}{20}(x - 5) \iff y = \dfrac{19}{20}x - \dfrac{19}{4} + 6 \iff y = \dfrac{19}{20}x + \dfrac{5}{4}$

[7]

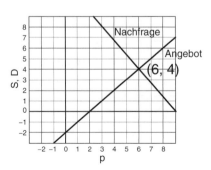

4.6 Quadratische Funktionen

[1] Nach (4.6.2) gilt $f(x) = ax^2 + bx + c = a\left(x + \dfrac{b}{2a}\right)^2 - \dfrac{b^2 - 4ac}{4a}$. Mit $a = -7$; $b = 42$

und $c = -50$ folgt $f(x) = -7\left(x + \dfrac{42}{-14}\right)^2 - \dfrac{42^2 - 4 \cdot (-7) \cdot (-50)}{4 \cdot (-7)} = -7(x - 3) + 13$.

Alternativ und (vermutlich) einfacher geht es auch so: $f(x) = -7x^2 + 42x - 50 = -7(x^2 - 6x) - 50$. Die quadratische Ergänzung zu $x^2 - 6x$ ist 9, d.h. $-7(x^2 - 6x) - 50 = -7(x^2 - 6x + 9) + 7 \cdot 9 - 50 = -7(x - 3)^2 + 63 - 50) = -7(x - 3)^2 + 13$. Es ist $(x_s, y_s) = (3, 13)$.

[2]

a) Für den ersten Term der Gewinnfunktion gilt $-\dfrac{1}{100} \cdot (x - 1000)^2 \leq 0$, d.h. der Gewinn wird maximal, wenn dieser Term Null ist, d.h. für $x^* = 1\,000$. Der maximale Gewinn ist dann 500.

b) Die Gewinnfunktion ist

$G(x) = 25x - K(x) \iff K(x) = 25x - G(x) = 25x + \dfrac{1}{100} \cdot (x - 1\,000)^2 - 500 =$

$25x + \dfrac{1}{100}(x^2 - 2\,000x + 1\,000\,000) - 500 = 25x + \dfrac{1}{100}x^2 - 20x + 10\,000 - 500 =$

$\dfrac{1}{100}x^2 + 5x + 9\,500$.

[3] Einsetzen von $x = 0$ und $y = 0$ in $y = ax^2 + bx + c$ ergibt $0 = a \cdot 0^2 + b \cdot 0 + c$, d.h. $c = 0$. Einsetzen von $x = 1$ und $y = 1$ in $y = ax^2 + bx$ ergibt $1 = a + b$. Einsetzen von $x = -1$ und $y = 1$ in $y = ax^2 + bx$ ergibt $1 = a - b$. Also $a + b = a - b$, d.h. $b = 0$ und $a = 1$.

[4] Die Gewinnfunktion ist $\pi(Q) = P \cdot Q - C(Q) = 860Q - 20Q^2 - (20Q + Q^2) = -21Q^2 + 840Q$, eine quadratische Funktion $ax^2 + bx$, deren Maximalwert nach (4.6.5) gleich $-b^2/(4a) = (840)^2/84 = 8\,400$ ist und nach (4.6.4) an der Stelle $-b/2a = 840/42 = 20$ angenommen wird.

[5] Die Lösungen der quadratischen Gleichung $4x^2 + 8x + a = 0 \iff x^2 + 2x + a/4 = 0$ sind nach (2.3.4) $x_{1,2} = -1 \pm \sqrt{1 - a/4}$. Es gibt genau eine Lösung wenn $\sqrt{1 - a/4} = 0 \iff 1 - a/4 = 0 \iff a = 4$. Es gibt zwei Lösungen, wenn $1 - a/4 > 0 \iff a/4 < 1 \iff a < 4$ und es gibt keine Lösung, wenn $1 - a/4 < 0 \iff a/4 > 1 \iff a > 4$.

[6] $\pi(x) = ax^2 + bx + c$. Wenn nichts produziert wird, sind die Kosten 15 Euro, d.h. $\pi(0) = -15$. Andererseits ist $\pi(0) = a \cdot 0^2 + b \cdot 0 + c = c \iff c = -15$. Wenn eine Einheit produziert wird, ist der Gewinn 0, d.h. $\pi(1) = 0$ und andererseits ist $\pi(1) = a \cdot 1^2 + b \cdot 1 + c = a + b - 15 = 0 \iff b = 15 - a$. Nach (4.6.4) nimmt eine quadratische Funktion ihr Maximum an der Stelle $x = -\dfrac{b}{2a}$ an, d.h. $-\dfrac{b}{2a} = 8 \iff b = -16a$. Zusammen mit der obigen Gleichung ergibt sich $b = 15 - a = -16a \iff 15a = -15 \iff a = -1$. Für b ergibt sich dann $b = 15 - a = 16$.

[7] Nach (2.3.5) kann eine quadratische Funktion in der Form $a(x - x_1)(x - x_2)$ geschrieben werden, wobei a der Koeffizient von x^2, also 3 und $x_{1,2}$ die Lösungen der quadratischen Gleichung sind. Diese erhält man nach (2.3.4) als $x_1 = 2$ und $x_2 = 3$. Damit gilt $y = 3x^2 - 15x + 18 = 3(x - 2)(x - 3)$.

[8] Für $x = 0$ ist $y = 4$, d.h. $4 = 0^2 + b \cdot 0 + c \iff c = 4$. Für $x = -2$ ist $y = 0$, d.h. $0 = (-2)^2 + b \cdot (-2) + 4 = -2b + 8 \iff 2b = 8 \iff b = 4$.

4.7 Polynome

[1] $q(x) = 3(x - 3)(x + 5)(x - 1) = 3(x - 3)(x^2 + 5x - x - 5) = 3(x - 3)(x^2 + 4x - 5) =$
$3(x^3 - 3x^2 + 4x^2 - 12x - 5x + 15) = 3(x^3 + x^2 - 17x + 15) = 3x^3 + 3x^2 - 51x + 45$
Die Nullstellen sind $x = 3, -5$ und 1, denn ein Produkt ist Null, wenn einer der Faktoren Null ist.

[2] $(x^3 - 7x^2 + 2x + k) \div (x + 1) = x^2 - 8x + 10$

$$
\begin{array}{r}
\underline{x^3 + x^2} \\
-8x^2 + 2x \\
\underline{-8x^2 - 8x} \\
10x + k \\
10x + 10
\end{array}
$$

Der Rest ist Null, wenn $k = 10$.

[3]

a) Nach Anmerkung 2 in Kap. 4.7 müssen alle ganzzahligen Nullstellen Faktoren des konstanten Terms 6 sein. Teiler von 6 sind $\pm 1; \pm 2; \pm 3; \pm 6$. Man setze alle Werte in die Gleichung für $q(x)$ ein und überprüfe, ob $q(x) = 0$. Das ist der Fall für $x = -1$, $x = 1$ und $x = 2$. Man beachte, dass $q(x)$ als Polynom dritten Grades höchstens drei Nullstellen haben kann, d.h. sobald man drei Nullstellen gefunden hat, braucht man die weiteren Werte nicht mehr zu überprüfen. Damit gilt $q(x) = 3(x + 1)(x - 1)(x - 2)$. Machen Sie die Probe.

b) Alle ganzzahligen Nullstellen müssen Faktoren des konstanten Terms 6 sein. Teiler von 6 sind $\pm 1; \pm 2; \pm 3; \pm 6$. Durch Einsetzen findet man die Nullstellen: -1, 2 und -3. Damit ist $q(x) = (x + 1)(x - 2)(x + 3)$. Probe!

c) In Frage kommen $\pm 1, \pm 2, \pm 3$ und ± 6. Durch Probieren ergibt sich $q(\pm 1) = q(2) = q(3) = 0$. Damit ist $q(x) = (x + 1)(x - 1)(x - 2)(x - 3)$. Probe!

[4]

a) $(x^3 - 7x^2 + 15x - 9) \div (x - 1) = x^2 - 6x + 9$

$$
\begin{array}{r}
\underline{x^3 - x^2} \\
-6x^2 + 15x \\
\underline{-6x^2 + 6x} \\
9x - 9 \\
\underline{9x - 9} \\
0
\end{array}
$$

Die Polynomdivision ergibt keinen Rest. Somit ist $x = 1$ nach (4.7.5) eine Nullstelle. Da $x^2 - 6x + 9 = (x - 3)^2$ ist $x = 3$ eine weitere (doppelte) Nullstelle.

b) $(x^4 - x^3 - 4x^2 + 4x) \div (x^2 + x - 2) = x^2 - 2x$

$$
\begin{array}{r}
\underline{x^4 + x^3 - 2x^2} \\
-2x^3 - 2x^2 + 4x \\
\underline{-2x^3 - 2x^2 + 4x} \\
0
\end{array}
$$

Die Polynomdivision ergibt keinen Rest, d.h. es gilt $(x^4 - x^3 - 4x^2 + 4x) = (x^2 + x - 2) \cdot (x^2 - 2x) = (x^2 + x - 2) \cdot x \cdot (x - 2) = 0 \iff x^2 + x - 2 =$

0 oder $x = 0$ oder $x = 2$. Nun gilt z.B. mit (2.3.3) $x^2 + x - 2 = 0 \iff x_{1,2} = -\dfrac{1}{2} \pm \sqrt{\dfrac{1}{4} + 2} = -\dfrac{1}{2} \pm \dfrac{3}{2}$, d.h. $x_1 = -2$ und $x_2 = 1$. Somit sind die Nullstellen des Polynoms $-2, 0, 1$ und 2.

c) $(x^3 + 2x^2 + 10x - 36) \div (x - 2) = x^2 + 4x + 18$

$$
\begin{array}{l}
\underline{x^3 - 2x^2} \\
\quad 4x^2 + 10x \\
\quad \underline{4x^2 - \ 8x} \\
\qquad 18x - 36 \\
\qquad \underline{18x - 36} \\
\qquad\qquad 0
\end{array}
$$

$x^2 + 4x + 18$ hat keine Nullstelle. Denn nach der p, q-Formel (2.3.3) ergibt sich $x_{1,2} = -2 \pm \sqrt{4 - 18} = -2 \pm \sqrt{-14}$, was nicht definiert ist. Also ist $x = 2$ die einzige Nullstelle der kubischen Funktion.

[5] Polynomdivsion ergibt:

$$
\begin{array}{l}
(-34x^3 \qquad\quad + 136x) \div (x + 2) = -34x^2 + 68x \\
\underline{-34x^3 - 68x^2} \\
\qquad\ 68x^2 + 136x \\
\qquad \underline{-68x^2 + 136x} \\
\qquad\qquad\quad 0
\end{array}
$$

Somit ist $g(x) = -34x^2 + 68x$.

4.8 Potenzfunktionen

[1] $C(2x) = 5(2x)^3 = 5 \cdot 2^3 x^3 = 8 \cdot (5x^3) = 8C(x)$, d.h. $k = 8$.

4.9 Exponentialfunktionen

[1]

a) $3^{2x} = \left(3^2\right)^x = 9^x$ und $9^2 = 81$, d.h. $x = 2$.

b) Da $4^2 = 16$, muss gelten $4^{x^2 - 2x + 2} = 4^2$, d.h. $x^2 - 2x + 2 = 2 \iff x^2 - 2x = x(x - 2) = 0 \iff x = 0$ oder $x = 2$.

c) $2^{3x} 4^x = 2^{3x} \left(2^2\right)^x = 2^{3x} 2^{2x} = 2^{5x}$ und $2^5 = 32$, d.h. $5x = 5$, d.h. $x = 1$.

d) $2^{3x} = \left(2^3\right)^x = 8^x$ und $8^2 = 64$, d.h. $x = 2$.

e) $e^{4x - 8} = 1 \iff 4x - 8 = 0$, d.h. $x = 2$, denn die e-Funktion nimmt nur an der Stelle 0 den Wert 1 an.

f) $e^{3x - 9} = 1 \iff 3x - 9 = 0 \iff x = 3$.

[2] Es ist $f(0) = Aa^0 = A \cdot 1 = A = 10$ und $f(1) = A \cdot a^1 = 10 \cdot a = 30 \iff a = 3$. Damit ist $f(4) = 10 \cdot 3^4 = 10 \cdot 81 = 810$.

[3] Es ist $f(0) = 2$ und $x^2 \geq 0 \Rightarrow e^{x^2} \geq e^0 \geq 1 \Rightarrow 3 \cdot e^{x^2} - 1 \geq 3 \cdot 1 - 1 = 2$ und $e^{x^2} \to \infty$, wenn $x \to \pm\infty$. Daraus folgt $R_f = [2, \infty)$.

[4] In 100 Jahren ist die Bevölkerung angewachsen auf $2.4 \cdot 10^6 \cdot 1.05^{100}$. Die Fläche in m² ist: $24\,000 \cdot 10^6$. Die Fläche pro Einwohner in 100 Jahren ist dann $\dfrac{24\,000}{2.4 \cdot 1.05^{100}} = \dfrac{10\,000}{1.05^{100}} = 76.0449 \approx 76.04$.

4.10 Logarithmusfunktionen

[1]

a) $e^{-2t} = 1/2 \iff -2t = \ln(1/2) = -\ln 2 \iff t = \ln(2)/2$

b) $\ln(4t) = 3 \iff 4t = e^3 \iff t = \dfrac{1}{4}e^3$

c) $\ln(4t - 13) = 1 \iff 4t - 13 = e^1 = e \iff 4t = e + 13 \iff t = \dfrac{e + 13}{4}$

d) $2e^t - e^{-2t} = 0 \iff 2e^t = e^{-2t} \iff \ln 2 + t = -2t \iff 3t = -\ln 2 \iff t = -(\ln 2)/3$

[2]

a) Nach (4.10.2) ist $\ln e^2 = 2\ln e = 2 \cdot 1 = 2$.

b) Nach (4.10.2) und (4.10.6) ist $\ln 1 + \log_{10} 1 = 0 + 0 = 0$.

c) Nach (4.10.5) und (4.10.2) ist $\log_9 27 = \dfrac{\ln 27}{\ln 9} = \dfrac{\ln 3^3}{\ln 3^2} = \dfrac{3\ln 3}{2\ln 3} = \dfrac{3}{2}$.

d) Nach (4.10.5) ist $\log_2 70 + \log_3 18 = \dfrac{\ln 70}{\ln 2} + \dfrac{\ln 18}{\ln 3} = 8.760213 \approx 8.76$.

e) Nach (4.10.6) ist $\log_2 32 + \log_3 3 + \log_4 1 = \log_2 2^5 + 1 + 0 = 5 + 1 = 6$.

f) $5^{3\log_5(2)} = 5^{\log_5(2^3)} = 5^{\log_5(8)} = 8$

g) $\log_3(81) = 4$, da $3^4 = 81$

h) $\log_2\left(2^3 \cdot 2^4\right) = \log_2\left(2^7\right) = 7$

[3]

a) Die Logarithmusfunktion ist nur für positive Argumente definiert, d.h. nur wenn $x - 5 > 0 \iff x > 5$. Der Nenner darf nicht Null sein, d.h. es muss gelten (siehe (4.10.2)) $\ln(x - 5) \neq 0$, d.h $x - 5 \neq 1 \iff x \neq 6$. Damit ist $D = \{x : x > 5,\ x \neq 6\}$.

b) Der Logarithmus ist nur dann definiert, wenn das Argument größer als Null ist. Damit $\ln(1/\ln x)$ definiert ist muss gelten: $\dfrac{1}{\ln x} > 0 \iff \ln x > 0 \iff x > 1$. Dabei wurde benutzt, dass $\ln x$ strikt monoton steigend ist und $\ln 1 = 0$ ist.

c) Die Wurzel ist definiert, wenn das Argument ≥ 0 ist, d.h. wenn $\ln x - 1 \geq 0 \iff \ln x \geq 1 \iff x \geq e^1 = e \approx 2.718$. Damit ist $D = [e, \infty)$.

[4] Der Quotient $\dfrac{x + 1}{x + 2}$ ist monoton wachsend mit Werten im Intervall $[1/2, 1)$. Da die ln-Funktion monoton wachsend ist, liegt $\ln\left(\dfrac{x + 1}{x + 2}\right)$ zwischen $\ln(1/2) = -\ln(2)$ und $\ln 1 = 0$, wobei der Wert $-\ln(2)$ angenommen wird und 0 nicht angenommen wird, d.h. $R_f = [-\ln(2), 0)$.

[5] Für die Verdopplungszeit gilt nach Fußnote 5 in Kap. 4.9 $t^* = \ln 2/\ln 1.02 = 35.00279 \approx 35$

[6] $C_n = (1 + i)^n \iff \ln C_n = n\ln(1 + i) \iff n = \dfrac{\ln C_n}{\ln(1 + i)}$

[7]

a) $e^{2\ln x} + \ln x - \ln x^3 = e^{\ln x^2} + \ln x - 3\ln x = x^2 - 2\ln x$

b) $\exp\left[4\ln x + \ln y - 2\ln(xy)\right] = \dfrac{e^{4\ln x + \ln y}}{e^{2\ln(xy)}} = \dfrac{e^{\ln x^4} \cdot e^{\ln y}}{e^{\ln(x^2 y^2)}} = \dfrac{x^4 y}{x^2 y^2} = \dfrac{x^2}{y}$

c) $\left[\ln(e^{2x})^2\right]^2 = \left[2\ln e^{2x}\right]^2 = \left[2 \cdot 2x\right]^2 = [4x]^2 = 16x^2$

d) Nach (4.10.2(d)) ist $\ln\left(e^{\ln(2x+1)} - 2x\right) = \ln(2x + 1 - 2x) = \ln 1 = 0$

[8]

a) $\ln(x^2 - 4x + 5) = 0 \iff x^2 - 4x + 5 = 1 \iff x^2 - 4x + 4 = 0 \iff (x - 2)^2 = 0 \iff x = 2$

b) $4^x - 4^{x-1} = 2^{x+1} - 2^x \iff 4^{x-1} \cdot (4 - 1) = 2^x \cdot (2 - 1) \iff 4^{x-1} \cdot 3 = 2^x \iff$
$(x - 1)\ln 4 + \ln 3 = x\ln 2 \iff x\ln 4 - x\ln 2 = \ln 4 - \ln 3 \iff x(\ln 4 - \ln 2) =$
$\ln 4 - \ln 3 \iff x\ln(4/2) = \ln(4/3) \iff x = \dfrac{\ln(4/3)}{\ln 2} = 0.4150375 \approx 0.415$

c) $\ln x + \ln x^2 = 5 \iff \ln x + 2\ln x = 5 \iff 3\ln x = 5 \iff \ln x = 5/3 \iff x = e^{5/3} = 5.29449 \approx 5.294$

[9]

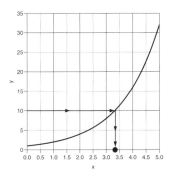

[10] Nach der Fußnote 5 in Kap. 4.9 oder nach Beispiel 4.10.2 gilt für die Verdopplungszeit t^* die Formel $t^* = \ln 2/\ln a$ mit $a = 1 + p/100$. Hier ist $t^* = 10$ und damit $\ln(1 + p/100) = (\ln 2)/10 \iff 1 + p/100 = \exp((\ln 2)/10) = 1.071773 \iff p/100 = 0.071773 \iff p = 7.1773 \approx 7.2$

Alternativ kann man so vorgehen: Sei U_{10} der Umsatz nach 10 Jahren und U_0 der Umsatz zur Zeit 0, d.h. zu Beginn der 10 Jahre. Dann gilt $U_{10} = U_0(1 + p/100)^{10}$, d.h. hier gilt $2 = (1 + p/100)^{10} \iff \ln 2 = 10\ln(1 + p/100)$. Und damit sind wir wieder bei der obigen Formel $\ln(1 + p/100) = (\ln 2)/10$.

Lösungen zu den weiteren Aufgaben zu Kapitel 4

[1] $C(x + 1) - C(x) = 50 + 20(x + 1) + (x + 1)^2 - (50 + 20x + x^2) = 50 + 20x + 20 + x^2 + 2x + 1 - 50 - 20x - x^2 = 2x + 21$

[2] Die Funktion ln ist nur für positive Argumente definiert, daher muss $e^x - 1 > 0$ sein, d.h. $e^x > 1$. Die e-Funktion ist monoton steigend und $e^0 = 1$, d.h. $e^x > 1$ für alle $x > 0$, d.h. $D = (0, \infty)$.

[3] Der Graph A wird der Funktion $y = -ax^4 + bx^2 - c$ zugeordnet, da es sich um eine Potenzfunktion 4. Ordnung handelt, die vier Nullstellen, drei Extremstellen und zwei Wendepunkte aufweisen kann. Sie ist im Gegensatz zur zweiten Funktion symmetrisch zur y-Achse. Außerdem handelt es sich um eine nach unten geöffnete Funktion, da der Koeffizient von x^4 ein negatives Vorzeichen aufweist. Der Graph B wird der Funktion $y = Ax^r$ mit $0 < r < 1$ zugeordnet, da es sich um den Graphen einer Wurzelfunktion handelt. Die Funktion $(\ln(x))^2$ kommt nicht in Frage, da sich für $x = 1$ Null ergeben müsste.

[4] (Vergleiche Beispiel 4.9.1). Nach t Jahren ist die Bevölkerung gewachsen auf $1\,800\,000 \cdot 1.05^t$. Die Bevölkerungsdichte ist dann $\dfrac{1\,800\,000 \cdot 1.05^t}{18\,000} = 100 \cdot 1.05^t$. Gesucht ist dasjenige t, für das gilt: $100 \cdot 1.05^t = 500 \iff 1.05^t = 5 \iff t \cdot \ln(1.05) = \ln 5 \iff t = \dfrac{\ln 5}{\ln(1.05)} = 32.98693 \approx 32.99$.

[5] Wenn die Anzahl der Haustiere mit einer Rate von 7% fällt, dann ist die Anzahl der Haustiere $N(t)$ zur Zeit t durch folgende Formel gegeben (siehe Definition der allgemeinen Exponentialfunktion in Kap. 4.9 oder auch Beispiel 1.2.3): $N(t) = N(0) \cdot (1 - 7/100)^t$. Für die Halbierungszeit gilt demnach (vgl. Beispiel 4.9.2): $N(0)/2 = N(0) \cdot 0.93^t \iff 1/2 = 0.93^t \iff \ln(1/2) = t \cdot \ln 0.93$. Für t ergibt sich somit: $t = \dfrac{\ln(1/2)}{\ln 0.93} = 9.55$.

[6] Beispiel 4.10.2 zeigt, dass die Verdopplungszeit t^* die Gleichung $1.03^{t^*} = 2$ erfüllen muss. Dies gilt genau dann, wenn $t^* \ln 1.03 = \ln 2 \iff t^* = \ln 2 / \ln 1.03 = 23.44977$. Nach 24 Jahren sind also erstmals mehr als $2\,000$ Euro auf dem Konto.

[7]

a) Zu lösen ist die Gleichung $x^2 = -2x + 3$, d.h. $x^2 + 2x - 3 = 0$. Die Lösungen sind nach (2.3.3) oder (2.3.4) $x = -3$ und $x = 1$.

b) $x^2 - x - 2 = 0 \iff x^2 = x + 2$, d.h. die Lösungen der Gleichung sind die x-Koordinaten der Schnittpunkte der Geraden $y = x + 2$ mit dem Graphen der Normalparabel.

[8] Die Gerade geht durch den Punkt $(0, 4)$, d.h. der y-Achsenabschnitt ist $b = 4$. Die Steigung ist $a = \dfrac{2 - 4}{1 - 0} = -2$, d.h. die Gleichung der Geraden ist $y = -2x + 4$. Im Schnittpunkt mit der x-Achse ist $y = 0$, d.h. es muss gelten $0 = -2x_0 + 4 \iff 2x_0 = 4 \iff x_0 = 2$.

[9]

a) Der Nenner ist für alle $x > 0$, so dass der Bruch definiert ist, falls der Zähler definiert ist. Der Bruch ist genau dann Null, wenn der Zähler Null ist. Da $e^{x+1} > 0$ für alle x, kann der Bruch nur dann Null sein, wenn $\ln(x+2) = 0 \iff x+2 = 1 \iff x = -1$.

b) Die natürliche Exponentialfunktion nimmt genau dann den Wert 1 an, wenn der Exponent Null ist. Daher gilt $e^{x^2 - 6x + 9} = 1 \iff (x^2 - 6x + 9) = 0 \iff (x - 3)^2 = 0 \iff x = 3$.

c) Es gilt $\ln x = 0 \iff x = 1$, d.h. $\ln(x^3 - 7) = 0 \iff x^3 - 7 = 1 \iff x^3 = 8 \iff x = 2$.

d) $x^3 = 64 \iff x = \sqrt[3]{64} = 4$

Lösungen zu Kapitel 5: Eigenschaften von Funktionen

5

ÜBERBLICK

5.1 Verschiebung von Graphen

[1]

a) Entweder verwendet man die allgemeinen Formeln aus Beispiel 4.5.4. oder man setzt die beiden Funktionen gleich: $150 - P^*/2 = 20 + 2P^*$. Auflösen nach P^* ergibt: $5P^*/2 = 130 \iff P^* = 130 \cdot 2/5 = 52$. Die zugehörige Menge Q^* erhält man, indem man den Wert für P^* z.B. in die Angebotsfunktion einsetzt: $Q^* = 20 + 2P^* = 20 + 2 \cdot 52 = 124$.

b) Die Angebotsfunktion ist jetzt $S = 20 + 2(P - 2)$, da der Produzent die Steuer von 2 Euro entrichten muss. Gleichsetzen der beiden Funktionen ergibt jetzt $150 - \hat{P}/2 = 20 + 2(\hat{P} - 2) = 20 + 2\hat{P} - 4 = 16 + 2\hat{P} \iff 5\hat{P}/2 = 134 \iff \hat{P} = 134 \cdot 2/5 = 53.6$. Die zugehörige Menge ist $\hat{Q} = 150 - \hat{P}/2 = 150 - 26.8 = 123.2$, wobei wir dieses Mal die Nachfragefunktion verwendet haben.

c) Der Einnahmeverlust ist $124 \cdot 52 - 123.2 \cdot (53.6 - 2) = 90.88$.

[2] $x^2 + 4x - y = -1 \iff x^2 + 4x + 4 = y - 1 + 4 \iff (x+2)^2 = y + 3 \iff y = (x+2)^2 - 3$. Zunächst wird $f(x)$ durch $f(x + 2)$ ersetzt. Das bedeutet eine Verschiebung um 2 Einheiten nach links. Dann wird $f(x + 2)$ ersetzt durch $f(x + 2) - 3$. Das bedeutet eine Verschiebung um 3 Einheiten nach unten.

[3] Nach den Sätzen aus Kapitel 5.1 über die Verschiebung von Graphen entsteht der Graph von y_1, indem man den Graphen der Normalparabel $y = x^2$ um eine Einheit nach links und dann um zwei Einheiten nach oben verschiebt. Der Graph von y_2 entsteht ebenfalls aus einer Verschiebung der Normalparabel um eine Einheit nach rechts, anschließende Spiegelung an der x-Achse und Verschiebung um zwei Einheiten nach oben. Dadurch ergibt sich die folgende Grafik. Der Schnittpunkt ist ablesbar als $(1, 2)$, d.h. die Gleichung ist erfüllt für $x = 1$, beide Seiten haben dann den Wert 2.

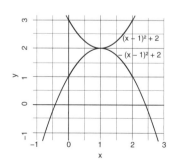

[4] Der Graph der Funktion f wird an der x-Achse gespiegelt, um zwei Einheiten nach links verschoben und dann um drei Einheiten nach oben.

5.2 Verknüpfung von Funktionen

[1]

a) $\ln[\ln(e^2) - 1] = \ln[2 - 1] = \ln(1) = 0$ **b)** $[\ln(e)]^2 = 1^2 = 1$

[2] $f(g(x)) = (f \circ g)(x) = \sqrt{2g(x)} = \sqrt{2 \cdot \dfrac{2}{x^2}} = \sqrt{\dfrac{4}{x^2}} = \dfrac{2}{|x|}$. Dabei ist $g(x)$ definiert für

$x \neq 0$. Da $2g(x) = 4/x^2 > 0$ für alle $x \neq 0$ ist $f(g(x)) = \sqrt{4x^2}$ für alle $x \neq 0$ definiert, d.h. $D_{f \circ g} = \{x \in \mathbb{R} : x \neq 0\}$.

$(g \circ f)(x) = g(f(x)) = g\left(\sqrt{2x}\right) = \dfrac{2}{\left(\sqrt{2x}\right)^2} = \dfrac{2}{2x} = \dfrac{1}{x}$. Dabei ist $f(x) = \sqrt{2x}$ definiert für

$x \geq 0$. Da $g(x) = 2/x^2$ für $x = 0$ nicht definiert ist und $f(0) = 0$, ist $g(f(x)) = 1/x$ nicht definiert für $x = 0$. Also ist $D_{g \circ f} = \{x \in \mathbb{R} : x > 0\}$.

[3]
a) Es ist $f(f(x)) = f(3x + 7) = 3(3x + 7) + 7 = 9x + 21 + 7 = 9x + 28$. Nun gilt: $9x + 28 = 55 \iff 9x = 55 - 28 = 27 \iff x = 3$.

b) Es ist $(f(x))^2 = (3x + 7)^2$ und es gilt $(3x + 7)^2 = 64 \iff 3x + 7 = 8$ oder $3x + 7 = -8 \iff x = 1/3$ oder $x = -5$.

[4]
a) $(f + g + h)(x) = x^2 - 1 + x(1 - x) + x^3 - x^2 - x + 1 = x^3 - x^2$ und $f(g(h(2))) = f(g(2^3 - 2^2 - 2 + 1)) = f(g(3)) = f(3(1 - 3)) = f(-6) = (-6)^2 - 1 = 36 - 1 = 35$

b) $f(g(9)) = f(\sqrt{9} - 2) = f(3 - 2) = f(1) = 1^3 + 2 \cdot 1 + 3 = 6$ und $(g \circ f)(3) = g(f(3)) = g(3^3 + 2 \cdot 3 + 3) = g(27 + 6 + 3) = g(36) = 6 - 2 = 4$

c) $(f \circ g)(z) = e^{\ln z} + e^{-\ln z} = z + \dfrac{1}{e^{\ln z}} = z + \dfrac{1}{z}$ und $f(g(1)) = (f \circ g)(1) = 1 + \dfrac{1}{1} = 2$ oder $g(1) = \ln 1 = 0$ und damit $f(g(1)) = e^0 + e^{-0} = 2e^0 = 2$.

d) $f(g(-1)) = f(\log_2(-1 + 2)) = f(\log_2 1) = f(0) = 0$ und $(g \circ f)(-1) = g(f(-1)) = g(16) = \log_2(18) = 4.1699$

e) $(f + g)(8) = f(8) + g(8) = 8^2 + 1 + \sqrt[3]{8} = 64 + 1 + 2 = 67$
   $(f \cdot g)(-1) = f(-1) \cdot g(-1) = [(-1)^2 + 1] \cdot \sqrt[3]{-1} = 2 \cdot (-1) = -2$
   $f(g(27)) = f\left(\sqrt[3]{27}\right) = f(3) = 3^2 + 1 = 9 + 1 = 10$
   $(g \circ f)(\sqrt{7}) = g\left(f(\sqrt{7})\right) = g\left([\sqrt{7}]^2 + 1\right) = g(7 + 1) = g(8) = \sqrt[3]{8} = 2$

f) $f(8) \cdot g(8) = (8 + 1)^3 \cdot (\sqrt[3]{8} - 1) = 9^3 \cdot (2 - 1) = 9^3 = 729$ und $(f \circ g)(8) = f(g(8)) = f(\sqrt[3]{8} - 1) = f(2 - 1) = f(1) = 2^3 = 8$.

[5] $f(f(x)) = -4(-4x + 3) + 3 = 0 \iff 16x - 12 + 3 = 0 \iff 16x - 9 = 0 \iff x_0 = \dfrac{9}{16} = 0.5625$

5.3 Inverse Funktionen
[1]
a) $y = 3x^2 + 9 \iff 3x^2 = y - 9 \iff x^2 = y/3 - 3$. Da laut Aufgabenstellung $x \geq 0$ ist $x = \sqrt{y/3 - 3}$. Jetzt ist nur noch y durch x zu ersetzen, um die Inverse zu bekommen, d.h. $g(x) = \sqrt{x/3 - 3}$.

Es ist $y = 3x^2 + 9 \geq 9$. Außerdem ist y monoton wachsend, also ist der Wertebereich von f die Menge $\{y \in \mathbb{R} : y \geq 9\}$. Der Wertebereich von f ist der Definitionsbereich der Inversen, wobein zu beachten ist, dass wir wieder x als Variable verwenden, d.h. $D_g = \{x \in \mathbb{R} : x \geq 9\}$.

b) $f(x) = \ln(x - 3)$ ist definiert für $x - 3 > 0$, d.h. für $x > 3$ und die Funktion $f(x)$ ist monoton steigend von $-\infty$ bis ∞, d.h. der Wertebereich von f und der Definitionsbereich der Inversen ist $(-\infty, \infty)$.

$y = \ln(x - 3) - 3 \iff \ln(x - 3) = y + 3 \iff x - 3 = e^{y+3} \iff x = e^{y+3} + 3$,

wobei (4.10.2) verwendet wurde. Da in der Inversen wieder x als freie Variable verwendet werden soll, sind wieder x und y zu vertauschen, d.h. $g(x) = e^{x+3} + 3$.

c) $f(x) = \sqrt{\ln(x) - 1}$ ist nur definiert, wenn $\ln(x) - 1 \geq 0 \iff \ln(x) \geq 1 \iff x \geq e^1 = e$. Also ist $D_f = [e, \infty)$. Dann nimmt $y = f(x)$ alle Werte an, die ≥ 0 sind. Also ist $R_f = D_g = [0, \infty)$. Es gilt $y = \sqrt{\ln(x) - 1} \iff y^2 = \ln(x) - 1 \iff \ln(x) = y^2 + 1 \iff x = e^{y^2+1}$, d.h. $g(x) = e^{x^2+1}$.

d) $\dfrac{x}{x+1}$ nimmt für $x > 0$ alle Werte im offenen Intervall $(0, 1)$ an, dann nimmt $y = \ln\left(\dfrac{x}{x+1}\right)$ alle Werte im Intervall $(-\infty, 0)$ an, d.h. $D_g = (-\infty, 0)$. Nun gilt unter Verwendung von (4.10.2) $y = \ln\left(\dfrac{x}{x+1}\right) \iff e^y = \dfrac{x}{x+1} \iff e^y(x+1) = x \iff$

$e^y x - x = -e^y \iff x(e^y - 1) = -e^y \iff x = e^y/(1 - e^y)$, d.h. $g(x) = e^x/(1 - e^x)$.

e) $\sqrt[4]{2x}$ ist definiert für $x \geq 0$ und nimmt alle Werte $y \geq 0$ an. Die Funktion ist strikt monoton steigend und somit invertierbar. Es gilt $D_{f^{-1}} = [0, \infty)$. Es gilt $y = \sqrt[4]{2x} \iff y^4 = 2x \iff x = \dfrac{y^4}{2}$, so dass $f^{-1}(x) = x^4/2$.

f) Für $x \neq 1$ gilt $y = f(x) = \dfrac{2x - 4}{x - 1} \iff y(x - 1) = 2x - 4 \iff yx - y = 2x - 4 \iff yx - 2x = y - 4 \iff x(y - 2) = y - 4$. Für $y \neq 2$ folgt $x = \dfrac{y - 4}{y - 2}$. (Es ist offensichtlich, dass $y = \dfrac{2x - 4}{x - 1} \neq 2$ für alle $x \neq 1$.) Damit ist $f^{-1}(x) = \dfrac{x - 4}{x - 2}$ und $D_{f^{-1}} = \mathbb{R} \setminus \{2\} = \{x \in \mathbb{R} : x \neq 2\}$.

[2] Wenn f die Inverse von g, so ist auch g die Inverse von f und nach (5.3.2) gilt dann $f(g(x)) + g(f(x)) = x + x = 3 + 3 = 6$ für $x = 3$.

[3] Man erhält den Graphen durch Spiegelung an der Winkelhalbierenden $y = x$. Die zweite Funktion hat keine Inverse, da sie nicht eineindeutig ist, denn z.B. die waagerechte Gerade $y = 1$ hat zwei Schnittpunkte mit dem Graphen der Funktion.

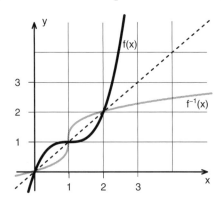

[4] Man entimmt der Abbildung, dass $x_0 = g(0.35) \approx 5$.

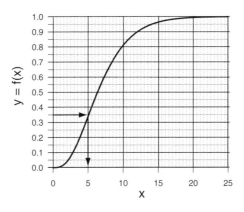

[5]

a) Gesucht ist der Wert der Inversen von f an der Stelle 8. Die Frage lautet also: Für welches x ist $f(x) = 8$. Offensichtlich ist $2^3 = 8$. Damit muss $x + 1 = 2$ sein, d.h. $x = 1$.

b) $(f(1))^{-1} = (2^3)^{-1} = 1/2^3 = 1/8 = 0.125$.

5.4 Graphen von Gleichungen

[1] Es gilt $y^2 = x \iff y \pm \sqrt{x}$, d.h. zu jedem x-Wert gibt es zwei y-Werte, d.h. es handelt sich nicht um eine Funktion. Die Gleichung ist definiert, wenn $x \geq 0$. Für $x = 0, 1, 4, 9, 16$ ist $y = 0, \pm 1, \pm 2, \pm 3, \pm 4$. Es gilt $y^2 = 4x \iff y \pm 2\sqrt{x}$. Für $x = 0, 1, 4, 9, 16$ ist $y = 0, \pm 2, \pm 4, \pm 6, \pm 8$

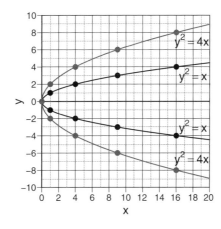

5.5   Abstand in der Ebene, Kreise

[1]

a) Nach (5.5.1) ist $d = \sqrt{(5-2)^2 + (7-3)^2} = \sqrt{9+16} = \sqrt{25} = 5$.

b) Nach (5.5.1) ist $d = \sqrt{(-t-s)^2 + (s-t)^2} = \sqrt{t^2 + 2st + s^2 + s^2 - 2st + t^2} = \sqrt{2(s^2 + t^2)} = \sqrt{2 \cdot 8} = \sqrt{16} = 4$.

c) Nach (5.5.1) ist $d = \sqrt{(3+a-a)^2 + (2-(-6))^2} = \sqrt{3^2 + 8^2} = \sqrt{73} \approx 8.544$.

[2]

a) Für die Gleichung des Kreises (5.5.2) wird der Mittelpunkt (hier gegeben durch $(1, 1)$) und r^2, das Quadrat des Abstandes der Punkte auf dem Kreis vom Mittelpunkt benötigt. Also ist das Quadrat des Abstandes des Punktes $(3, 2)$ vom Mittelpunkt zu bestimmen. Dies ist $r^2 = (3-1)^2 + (2-1)^2 = 2^2 + 1^2 = 5$. Daraus folgt für die Gleichung des Kreises $(x-1)^2 + (y-1)^2 = 5$.

b) Wie in a) bestimmen wir zunächst das Quadrat des Abstandes des Punktes $(3, 3)$ vom Mittelpunkt $(1, 0)$. Dies ist $r^2 = (3-1)^2 + (3-0)^2 = 2^2 + 3^2 = 13$. Daraus folgt mit (5.2.2) die Gleichung des Kreises $(x-1)^2 + y^2 = 13$.

c) Das Quadrat des Abstandes des Punktes $(4, 3)$ vom Mittelpunkt $(1, 2)$ ist $r^2 = (4-1)^2 + (3-2)^2 = 3^2 + 1^2 = 9 + 1 = 10$. Daraus folgt für die Gleichung des Kreises $(x-1)^2 + (y-2)^2 = 10$ (vgl. a) und b)).

[3] Wir rechnen hier mit dem Quadrat des Abstandes. Dieses ist für den Abstand zwischen P und Q gleich: $(5-2)^2 + (6-4)^2 = 9 + 4 = 13$. Für P und R ist es $(5-2)^2 + (y-4)^2 = 9 + (y-4)^2$ und dieses soll auch 13 sein, d.h. $(y-4)^2 = 13 - 9 = 4 \iff y - 4 = 2$ oder $y - 4 = -2 \iff y = 6$ oder $y = 2$. Es kommt nur $y = 2$ in Frage, da wir für $y = 6$ wieder den Punkt Q erhalten und Q und R verschieden sein sollten.

[4] Damit der Punkt $(5, y)$ auf dem angegebenen Kreis liegt, muss nach (5.5.2) gelten $5^2 = (5-1)^2 + (y-2)^2 \iff 25 = 16 + (y-2)^2 \iff (y-2)^2 = 9 \iff y - 2 = \pm 3 \iff y = 5$ oder -1.

[5] Es gilt $x^2 + y^2 - 8x + 6y = -16 \iff x^2 - 8x + 16 + y^2 + 6y + 9 = -16 + 16 + 9 \iff (x-4)^2 + (y+3)^2 = 9$, wobei wir die Methode der quadratischen Ergänzung (siehe Kap. 2.3) verwendet haben. Der Mittelpunkt des Kreises ist $(4, -3)$. Der Radius ist $r = 3$.

5.6   Allgemeine Funktionen

[1] a), c) und **e)** sind Funktionen, **b)** und **d)** nicht, da es mehrere Supermärkte in der Nähe bzw. mehrere Gäste geben kann, mit der ein Gast sich unterhält. Die Funktion in **e)** ist umkehrbar eindeutig.

Lösungen zu den weiteren Aufgaben zu Kapitel 5

[1] $f(g(x)) = f(3x - 2) = 4(3x - 2) = 12x - 8$ und $g(f(x)) = g(4x) = 3(4x) - 2 = 12x - 2$,
d.h. $f(g(x)) - g(f(x)) = 12x - 8 - (12x - 2) = 12x - 8 - 12x + 2 = -6$.

[2] $y = \ln x^2 + \ln x^3 = 2 \ln x + 3 \ln x = 5 \ln x \iff \ln x = y/5 \iff x = e^{y/5}$

[3] Der Abstand d_1 zwischen R und S ist nach (5.5.1) $d_1 = \sqrt{(1 - 2)^2 + (8 - 5)^2} = \sqrt{(-1)^2 + 3^2} = \sqrt{1 + 9} = \sqrt{10}$.
Der Abstand zwischen R und T ist $d_2 = \sqrt{(a - 2)^2 + (2 - 5)^2} = \sqrt{a^2 - 4a + 4 + (-3)^2} = \sqrt{a^2 - 4a + 13}$.
Damit gilt: $d_1 = d_2 \iff \sqrt{10} = \sqrt{a^2 - 4a + 13} \iff 10 = a^2 - 4a + 13 \iff a^2 - 4a + 3 = 0$. Diese quadratische Gleichung hat die Lösungen $2 \pm \sqrt{4 - 3}$, d. h. 1 und 3.

[4] $f(x + 1) = (x + 1)^2 + (x + 1) - 1 = x^2 + 2x + 1 + x + 1 - 1 = x^2 + 3x + 1$

[5] a) $y = \dfrac{e^x}{1 - e^x} \iff y(1 - e^x) = e^x \iff e^x + ye^x = y \iff e^x(1 + y) = y \iff e^x = \dfrac{y}{1 + y} \iff x = \ln\left(y/(1 + y)\right) = \ln y - \ln(1 + y)$.

b) $y = \ln x - \ln(x + 2) = \ln\left(\dfrac{x}{x + 2}\right) \iff e^y = \dfrac{x}{x + 2} \iff (x + 2)e^y = x \iff x - xe^y = 2e^y \iff x(1 - e^y) = 2e^y \iff x = \dfrac{2e^y}{1 - e^y}$

Lösungen zu Kapitel 6: Differentialrechnung

6

ÜBERBLICK

6.1 Steigung von Kurven

[1] Von den fünf gegebenen Punkten ist die Steigung nur in A negativ. Daher ist $f'(x) = -1$ in A. In den Punkten B und D verläuft die Tangente waagerecht, d.h. dort gilt $f'(x) = 0$. In den Punkten C und E ist die Steigung positiv, d.h. $f'(x) = 2$ in den Punkten C und E.

[2] Geht man vom Punkt $(3, 1)$ eine Einheit in x-Richtung nach rechts, steigt die Tangente um 2 Einheiten, d.h. die Steigung ist 2.

[3] Es ist $f'(1)$ gleich der Steigung der Tangente. Die Punkte $(2, 4)$ und $(1, 1)$ liegen auf der Tangente. Damit ist nach Kap. 4.4 die Steigung $\dfrac{4 - 1}{2 - 1} = 3$.

6.2 Ableitung, Tangenten

[1] Da $\Delta x > 0$ folgt aus der Ungleichung $f(x) \leq \dfrac{g(x + \Delta x) - g(x)}{\Delta x} \leq f(x + \Delta x)$. In der Mitte steht der Differenzen- oder Newton-Quotient. Lässt man $\Delta x \to 0$ gehen, so strebt der Differenzenquotient gegen die Ableitung und der rechte Ausdruck wegen der Stetigkeit von f gegen $f(x)$, d.h. wir haben $f(x) \leq g'(x) \leq f(x)$, d.h. $g'(x) = f(x)$.

[2]

a) Es ist $f(x) = x(4x - 3) = 4x^2 - 3x$. Damit ist der Differenzenquotient

$$\frac{f(x + \Delta x) - f(x)}{\Delta x} = \frac{4(x + \Delta x)^2 - 3(x + \Delta x) - (4x^2 - 3x)}{\Delta x} =$$

$$\frac{4x^2 + 8x\Delta x + 4\Delta x^2 - 3x - 3\Delta x - 4x^2 + 3x}{\Delta x} = \frac{8x\Delta x + 4\Delta x^2 - 3\Delta x}{\Delta x} = 8x + 4\Delta x - 3$$

b) $\dfrac{f(2 + \Delta x) - f(2)}{\Delta x} = \dfrac{0.2(2 + \Delta x)^2 - 0.2 \cdot 2^2}{\Delta x} = \dfrac{0.2(4 + 4\Delta x + \Delta x^2) - 0.8}{\Delta x} =$

$$\frac{0.8 + 0.8\Delta x + 0.2\Delta x^2 - 0.8}{\Delta x} = \frac{0.8\Delta x + 0.2\Delta x^2}{\Delta x} = 0.8 + 0.2\Delta x.$$

c) $\dfrac{f(2 + \Delta x) - f(2)}{\Delta x} = \dfrac{3(2 + \Delta x)^2 + 2(2 + \Delta x) - 3 \cdot 2^2 - 2 \cdot 2}{\Delta x} =$

$$\frac{3(4 + 4\Delta x + (\Delta x)^2) + 2\Delta x - 12}{\Delta x} = \frac{12 + 12\Delta x + 3(\Delta x)^2 + 2\Delta x - 12}{\Delta x} =$$

$$\frac{14\Delta x + 3(\Delta x)^2}{\Delta x} = 14 + 3\Delta x$$

[3]

a) Der Differenzenquotient ist:

$$\frac{f(x_0 + \Delta x) - f(x_0)}{\Delta x} = \frac{(x_0 + \Delta x)^3 - 2(x_0 + \Delta x)^2 - (x_0^3 - 2x_0^2)}{\Delta x} =$$

$$\frac{x_0^3 + 3x_0^2\Delta x + 3x_0(\Delta x)^2 + (\Delta x)^3 - 2x_0^2 - 4x_0\Delta x - 2(\Delta x)^2 - x_0^3 + 2x_0^2}{\Delta x} =$$

$$\frac{3x_0^2\Delta x + 3x_0(\Delta x)^2 + (\Delta x)^3 - 4x_0\Delta x - 2(\Delta x)^2}{\Delta x} = 3x_0^2 + 3x_0\Delta x + (\Delta x)^2 - 4x_0 - 2\Delta x.$$

b) Für $\Delta x \to 0$ ergibt sich als Grenzwert des Differenzenquotienten $3x_0^2 - 4x_0$, so dass man für $x_0 = 3$ den Wert $3 \cdot 3^2 - 4 \cdot 3 = 27 - 12 = 15$ als Steigung der Tangente an der Stelle 3 erhält.

[4] Die Tangente hat offensichtlich die Steigung -2, d.h. $a = -2$. Nach (6.2.2) gilt dann: $y - 1 = -2(x - 5) \iff y = -2x + 10 + 1 = -2x + 11$.

[5] $f'(4) = \lim\limits_{\Delta x \to 0} \dfrac{f(4 + \Delta x) - f(4)}{\Delta x} = \lim\limits_{\Delta x \to 0} \dfrac{1}{\sqrt{4 + \Delta x} + \sqrt{4}} = \dfrac{1}{\sqrt{4} + \sqrt{4}} = \dfrac{1}{2\sqrt{4}} = \dfrac{1}{4}$.

[6] Nach (6.2.2) gilt für die Gleichung der Tangente im Punkt $(x_0, f(x_0))$ die Gleichung $y - f(x_0) = f'(x_0)(x - x_0)$. Hier ist $x_0 = 1$ und $f(x_0) = f(1) = 1$ und $f'(x) = 3x^2$, d. h. $f'(x_0) = f'(1) = 3$. Damit ist dann $y - 1 = 3(x - 1) = 3x - 3 \iff y = 3x - 2$.

6.3 Monoton wachsende und fallende Funktionen

[1]
a) Es ist $f'(x) = 6x^2 + 6x - 36 = 6(x^2 + x - 6)$. Die Nullstellen von $x^2 + x - 6$ sind nach (2.3.3) oder (2.3.4) $x_1 = -3$ und $x_2 = 2$, so dass nach (2.3.5) $f'(x) = 6(x - 2)(x + 3)$. Daraus sieht man, dass für $f'(x) \geq 0$ für $x \leq -3$. Für $-3 \leq x \leq 2$ ist $f'(x) \leq 0$ und für $x \geq 2$ ist $f'(x) \geq 0$, d.h. f ist nach (6.3.1) monoton steigend in $(-\infty, -3]$ und $[2, \infty)$. Im Intervall $[-3, 2]$ ist f nach (6.3.2) monoton fallend. Alternativ hätte man auch so argumentieren können: $f'(x) = 6x^2 + 6x - 36$ ist eine nach oben geöffnete Parabel, die zwischen den Nullstellen, wenn sie welche hat, kleiner ist als Null, während sie links von der ersten und rechts von der zeiten Nullstelle größer ist als Null. (Siehe Abb. 4.6.1).
b) Es gilt $f'(x) = -2x^2 - 2x + 12 = -2(x^2 + x - 6)$. Die Nullstellen sind wie in a) -3 und 2. Die Ableitung $f'(x) = -2x^2 - 2x + 12$ ist eine nach unten geöffnete Parabel, die zwischen den beiden Nullstellen positiv, links von der ersten und rechts von der zweiten Nullstelle negativ ist (siehe Abb. 4.6.1), so dass die Funktion f monoton fallend ist in $(-\infty, -3]$ und $[2, \infty)$, während sie im Intervall $[-3, 2]$ monoton wachsend ist.
c) Es ist $f(x) = -|x| = x$ für $x < -2$. Damit ist $f'(x) = 1 > 0$ für $x < -2$. Also ist f monoton steigend für $x \in (-\infty, -2)$.
Für $x > -2$ ist $f'(x) = 2(x^2 - 3)2x = 4x(x^2 - 3)$ und dies ist genau dann ≥ 0, wenn beide Faktoren entweder ≥ 0 oder beide ≤ 0 sind, d.h. genau dann wenn $x \in [-\sqrt{3}, 0]$ oder $x \in [\sqrt{3}, \infty)$. In allen anderen Fällen, d.h. wenn $x \in [-2, -\sqrt{3}]$ oder $[0, \sqrt{3}]$, ist $f'(x) \leq 0$, d.h. f ist monoton fallend.

[2] Nach (6.3.1) gilt: f ist monoton wachsend auf $I \iff f'(x) \geq 0$ für alle x im Intervall I. In der Abbildung ist der Graph der ersten Ableitung mit allen Nullstellen gegeben, so dass $f'(x) \geq 0$ für $x \in [-3, 0]$ und $x \in [4, \infty)$. Nach (6.3.2) gilt: f ist monoton fallend auf $I \iff f'(x) \leq 0$ für alle x im Intervall I, d.h. f ist monoton fallend, wenn $x \in (-\infty, -3]$ und $x \in [0, 4]$.

6.4 Änderungsraten

[1] $\dot{B}(t)$ ist die Ableitung von B bezüglich der Zeit t. Hier ist $\dot{B}(t) = 2t + 10$, also $\dot{B}(1) = 2 + 10 = 12$. Ferner ist $B(1) = 1^2 + 10 + 10 = 21$, also $\dot{B}(1)/B(1) = 12/21 = 4/7$.

[2] Die Grenzkosten sind $C'(Q) = 3Q^2 - 30Q + 900$. Dies ist eine quadratische Funktion der Gestalt $y = ax^2 + bx + c$, die für $a > 0$ nach (4.6.3) ein Minimum an der Stelle $x = -\dfrac{b}{2a}$ hat. Hier ist $a = 3 > 0$ und $-\dfrac{b}{2a} = -\dfrac{-30}{6} = 5$.

[3]

a) $C'(Q) = Q^2 - 12Q + 160$.

b) Es ist $C'(Q) = Q^2 - 12Q + 160 = (Q^2 - 2 \cdot 6Q + 36) - 36 + 160 = (Q - 6)^2 + 124 \geq 124$.

c) Die angenäherten Mehrkosten sind $C'(3) = 3^2 - 12 \cdot 3 + 160 = 9 - 36 + 160 = 133$. Die exakten Mehrkosten sind $C(4) - C(3) = 4^3/3 - 6 \cdot 4^2 + 160 \cdot 4 + 15 - (3^3/3 - 6 \cdot 3^2 + 160 \cdot 3 + 15) = 64/3 - 6 \cdot 16 + 160 \cdot 4 + 15 - (27/3 - 6 \cdot 9 + 160 \cdot 3 + 15) = (64 - 27)/3 - 6 \cdot (16 - 9) + 160 \cdot (4 - 3) = 130.333\ldots$

[4]

a) Die momentane Änderungsrate der Kostenfunktion ist die Ableitung der Kostenfunktion und es gilt $C'(x) = 12(2x - 2) = 24x - 24 = 24(x - 1)$. Die relative Änderungsrate ist $\dfrac{C'(x)}{C(x)} = \dfrac{24(x - 1)}{12\,(x^2 - 2x - 2)} = \dfrac{2(x - 1)}{x^2 - 2x - 2}$.

b) Die Frage, in Formeln übersetzt, ist: Wann ist $\dfrac{C'(x)}{C(x)} = C'(x)$? Dies ist genau dann der Fall, wenn $C'(x) = 0$ oder $C(x) = 1$. Nun gilt $C'(x) = 24(x - 1) = 0 \iff x = 1$ und $C(x) = 12\,(x^2 - 2x - 2) = 1 \iff x^2 - 2x - 2 = 1/12 \iff x^2 - 2x - 25/12 = 0 \iff x_{1,2} = 1 \pm \sqrt{1 + 25/12} = 1 \pm \sqrt{37/12}$. Es kommt nur $1 + \sqrt{37/12} \approx 1 + 1.756 = 2.756$ in Frage, da die andere Lösung $1 - 1.756$ negativ ist.

[5] Die durchschnittliche Änderungsrate auf dem Intervall von 3 bis $3 + \Delta x$ ist $\dfrac{f(3 + \Delta x) - f(3)}{\Delta x}$. Dieser Bruch entspricht dem Newton- oder Differenzenquotienten von K an der Stelle $x_0 = 3$.

$$
\begin{aligned}
\frac{K(3 + \Delta x) - K(3)}{\Delta x} &= \frac{\frac{1}{9}(3 + \Delta x)^3 - \frac{1}{2}(3 + \Delta x)^2 + (3 + \Delta x) + \frac{3}{2} - \left(\frac{1}{9}3^3 - \frac{1}{2}3^2 + 3 + \frac{3}{2}\right)}{\Delta x} \\[2mm]
&= \frac{\frac{1}{9}\left((\Delta x)^3 + 9(\Delta x)^2 + 27\Delta x + 27\right) - \frac{1}{2}\left(9 + 6\Delta x + (\Delta x)^2\right) + (3 + \Delta x) + \frac{3}{2} - 3}{\Delta x} \\[2mm]
&= \frac{\frac{1}{9}(\Delta x)^3 + (\Delta x)^2 + 3\Delta x + 3 - \frac{9}{2} - 3\Delta x - \frac{1}{2}(\Delta x)^2 + 3 + \Delta x + \frac{3}{2} - 3}{\Delta x} \\[2mm]
&= \frac{\frac{1}{9}(\Delta x)^3 + \frac{1}{2}(\Delta x)^2 + \Delta x}{\Delta x} = \frac{\Delta x \left(\frac{1}{9}(\Delta x)^2 + \frac{1}{2}\Delta x + 1\right)}{\Delta x} = \frac{1}{9}(\Delta x)^2 + \frac{1}{2}\Delta x + 1
\end{aligned}
$$

[6] Die relative Änderungsrate an der Stelle x_0 ist $f'(x_0)/f(x_0)$. Man sieht an der Abbildung, dass $f'(1) = 1$ und $f(1) = 2$. Somit ist $f'(1)/f(1) = 1/2$. Ferner ist $f'(4) = 0$ und somit $f'(4)/f(4) = 0$. Für $x = 7$ ist $f'(7) = -1/2$ und $f(7) = 5/2$. Damit ist $f'(7)/f(7) = -1/5$.

Die durchschnittliche Änderungsrate ist für den ersten Fall $\dfrac{f(4) - f(1)}{3} = \dfrac{3 - 2}{3} = \dfrac{1}{3}$
und für den zweiten Fall $\dfrac{f(7) - f(1)}{6} = \dfrac{2.5 - 2}{6} = \dfrac{1}{12}$. Die durchschnittliche Änderungsrate kann als Steigung der Sekante durch die Punkte $(1, 2)$ und $(4, 3)$ bzw. durch
$(1, 2)$ und $(7, 2.5)$ interpretiert werden.

[7] Die durchschnittliche Änderungsrate von f ist gleich dem Differenzenquotienten.
Für $x_0 = 4$ und $\Delta x = 1$ erhalten wir $6 \cdot 4^2 + 6 \cdot 4 \cdot 1 + 2 \cdot 1^2 = 122$, für $\Delta x = 0.5$ erhalten wir
$6 \cdot 4^2 + 6 \cdot 4 \cdot 0.5 + 2 \cdot 0.5^2 = 108.5$ und für $\Delta x = 0.1$ erhalten wir $6 \cdot 4^2 + 6 \cdot 4 \cdot 0.1 + 2 \cdot 0.1^2 = 98.42$.
Die momentane Änderungsrate von f an der Stelle x_0 ist gleich der Ableitung von f
im Punkt x_0, wobei die Ableitung in (6.2.1) als Grenzwert des Differenzenquotienten
gegeben ist, wenn $\Delta x \to 0$, d.h hier ist $f'(x_0) = \lim\limits_{\Delta x \to 0} \dfrac{f(x_0 + \Delta x) - f(x_0)}{\Delta x} = \lim\limits_{\Delta x \to 0} (6x_0^2 +$
$6x_0 \Delta x + 2(\Delta x)^2) = 6x_0^2 \implies f'(4) = 6 \cdot 4^2 = 6 \cdot 16 = 96$.
Die durchschnittliche Änderungsrate nähert sich der momentanen Änderungsrate,
wenn Δx kleiner wird.

6.5   Exkurs über Grenzwerte

[1]
a) Unter Verwendung der Binomischen Formel (3.2.7) für $m = 4$ erhalten wir
$$\dfrac{(x + h)^4 - x^4}{h} = \dfrac{(x^4 + 4x^3h + 6x^2h^2 + 4xh^3 + h^4) - x^4}{h} = 4x^3 + 6x^2h + 4xh^2 + h^3 \to 4x^3$$
für $h \to 0$.

b) Unter Verwendung der dritten binomischen Formel (1.3.3) erhalten wir
$$\dfrac{(c + h)(c - h)}{h^2} = \dfrac{c^2 - h^2}{h^2} = \dfrac{c^2}{h^2} - 1 \to -1 \text{ für } h \to -\infty, \text{ da } \dfrac{c^2}{h^2} \to 0.$$

c) Für $x \to \infty$ gilt $\dfrac{1}{x + 1} \to 0$ und damit $2 - \dfrac{1.5}{x + 1} \to 2$.

d) Der Zähler ist Null für $x = 3$. Also ist $(x - 3)$ ein Faktor von $2x^2 - 4x - 6 = 2(x^2 - 2x - 3)$. Die Nullstellen von $x^2 - 2x - 3$ sind $x = 3$ und $x = -1$, d.h. nach
(2.3.5) ist $2x^2 - 4x - 6 = 2(x - 3)(x + 1)$ und damit ist nach (6.5.3) (siehe auch
Beispiel 6.5.4.): $\lim\limits_{x \to 3} \dfrac{2x^2 - 4x - 6}{x - 3} = \lim\limits_{x \to 3} \dfrac{2(x - 3)(x + 1)}{x - 3} = \lim\limits_{x \to 3} 2(x + 1) = 2 \cdot 4 = 8$.
Eine alternative Lösung zu dieser Aufgabe finden Sie in Kap. 7.12, Aufgabe 3.

e) Für $x = -2$ sind Zähler und Nenner Null. Für den Nenner können wir nach der
dritten binomischen Formel schreiben $x^2 - 4 = (x - 2)(x + 2)$. Da der Zähler für
$x = -2$ Null ist, ist $x + 2$ ein Faktor von $2x^2 + 5x + 2$. Man findet z.B. durch
Polynomdivision $2x^2 + 5x + 1 = (x + 2)(2x + 1)$. Nach (6.5.3) gilt $\lim\limits_{x \to -2} \dfrac{2x^2 + 5x + 2}{x^2 - 4} =$
$\lim\limits_{x \to -2} \dfrac{2x + 1}{x - 2} = \dfrac{-4 + 1}{-4} = \dfrac{3}{4}$. Eine alternative Lösung zu dieser Aufgabe finden Sie in
Kap. 7.12, Aufgabe 3.

f) Beide Nenner sind Null, wenn $x = 3$. Daher ist $x - 3$ ein Faktor von $x^2 - x - 6$.
Indem man Polynomdivision anwendet, findet man den zweiten Faktor $x + 2$. Es
gilt also $x^2 - x - 6 = (x - 3)(x + 2)$. Damit haben wir $\left(\dfrac{1}{x - 3} - \dfrac{5}{x^2 - x - 6} \right) =$

$$\left(\frac{1}{x-3} - \frac{5}{(x-3)(x+2)}\right) = \frac{x+2}{(x-3)(x+2)} - \frac{5}{(x-3)(x+2)} = \frac{x-3}{(x-3)(x+2)} =$$

$$\frac{1}{x+2} \longrightarrow \frac{1}{5} \text{ für } x \to 3. \text{ Dabei wurde das Resultat (6.5.3) verwendet.}$$

g) $\lim\limits_{x\to 0^+} \ln x^2 = \lim\limits_{x\to 0^+} 2\ln x = -\infty$ (siehe Abb. 4.10.2).

h) Unter Beachtung der Regeln (6.5.2) gilt $\lim\limits_{x\to 0} \dfrac{2e^x}{3x + 7e^x} = \dfrac{2\lim\limits_{x\to 0} e^x}{3\lim\limits_{x\to 0} x + 7\lim\limits_{x\to 0} e^x} =$

$$\frac{2\cdot 1}{3\cdot 0 + 7\cdot 1} = \frac{2}{7}.$$

i) Nach der dritten binomischen Formel (1.3.3) erhält man $\dfrac{(2+3x)(2-3x)}{x^2} =$

$\dfrac{4 - 9x^2}{x^2} = \dfrac{4}{x^2} - 9$. Der erste Ausdruck konvergiert für $x \to -\infty$ gegen 0 und der zweite ist konstant gleich -9, d.h. der Gesamtausdruck konvergiert gegen -9.

j) Nach Regel (6.5.2c) gilt $\lim\limits_{x\to -5} \dfrac{10 + 60x}{(x-5)^2} = \dfrac{\lim\limits_{x\to -5}(10 + 60x)}{\lim\limits_{x\to -5}(x-5)^2} = \dfrac{-290}{(-10)^2} = -2.9.$

k) Nach der Formel für die Differenz von Quadraten (1.3.3) gilt $\lim\limits_{x\to -3} \dfrac{x^2 - 9}{x + 3} =$

$\lim\limits_{x\to -3} \dfrac{(x+3)(x-3)}{(x+3)}$. Dies ist nach (6.5.3) gleich $\lim\limits_{x\to -3}(x-3) = -6.$

l) Nach (6.5.2d) gilt $\lim\limits_{x\to 2}(x^2 + 1)^2 = (2^2 + 1)^2 = 5^2 = 25.$

m) Der Zähler ist konstant gleich 2 und für den Nenner gilt $x^2 + 1 \to \infty$, wenn $x \to \infty$. Daraus folgt $\lim\limits_{x\to\infty} \dfrac{2}{x^2 + 1} = 0.$

[2] In A: $\lim\limits_{x\to -\infty} f(x) = 2$; in B: $\lim\limits_{x\to 2^-} f(x) = \infty$; in C: $\lim\limits_{x\to 2^+} f(x) = 2$ und in D: $\lim\limits_{x\to\infty} f(x) = 0$

6.6 Einfache Regeln der Differentiation

[1] Die Gleichung der Tangente im Punkt $(x_0, f(x_0))$ ist nach (6.2.2) gegeben durch $y - f(x_0) = f'(x_0)(x - x_0) \iff y = f(x_0) + f'(x_0)(x - x_0)$.

a) Hier ist $f(2) = -6$, sowie $f'(x) = -4x + 1$ und damit $f'(2) = -8 + 1 = -7$. Damit ist $y = -6 - 7(x - 2) = -7x + 14 - 6 = -7x + 8$.

b) Mit $x_0 = 0$, $f(0) = -4$ und $f'(x) = 8x + 3$, d.h. $f'(0) = 3$ folgt $y = f(0) + f'(0)(x - 0) = -4 + 3x = 3x - 4$.

c) Hier ist $x_0 = -1$; $f(-1) = -1 + 3 - 6 = -4$; $f'(x) = 3x^2 + 6x + 6$, so dass $f'(-1) = 3 - 6 + 6 = 3$. Damit folgt $y = -4 + 3(x + 1) = -4 + 3x + 3 = 3x - 1$.

d) Hier ist $x_0 = 4$; $f(4) = \sqrt{4} = 2$. Ferner ist $f(x) = \sqrt{x} = x^{1/2}$ und damit nach der Potenzregel (6.6.4) $f'(x) = \dfrac{1}{2\sqrt{x}}$ und $f'(4) = \dfrac{1}{2\sqrt{4}} = \dfrac{1}{4}$. Also ist $y = 2 + \dfrac{1}{4}(x - 4) = 2 + \dfrac{1}{4}x - 1 = \dfrac{1}{4}x + 1$.

[2]

a) $f(x) = \sqrt{x} = x^{1/2}$ und mit der Potenzregel (6.6.4) folgt $f'(x) = \dfrac{1}{2}x^{-1/2} = \dfrac{1}{2\sqrt{x}}$.

b) Mit dem Ergebnis aus a) und (6.6.2) und (6.6.3) folgt $f'(x) = 4 \cdot \dfrac{1}{2\sqrt{x}} = \dfrac{2}{\sqrt{x}}$.

c) $f(x) = \dfrac{1}{\sqrt[3]{x}} = \dfrac{1}{x^{1/3}} = x^{-1/3}$, so dass nach der Potenzregel (6.6.4)

$$f'(x) = -\frac{1}{3}x^{-1/3-1} = -\frac{1}{3}x^{-4/3} = -\frac{1}{3x^{4/3}} = -\frac{1}{3\sqrt[3]{x^4}} = -\frac{1}{3x\sqrt[3]{x}}.$$

d) Es ist $f(x) = \dfrac{3}{\sqrt[4]{x}} + 12 = \dfrac{3}{x^{1/4}} + 12 = 3x^{-1/4} + 12$. Mit (6.6.2 - 4) folgt

$$f'(x) = -\frac{3}{4}x^{-1/4-1} = -\frac{3}{4}x^{-5/4} = -\frac{3}{4x^{5/4}} = -\frac{3}{4x \cdot x^{1/4}} = -\frac{3}{4x \cdot \sqrt[4]{x}}.$$

[3] Es ist $f(x) = -\dfrac{2}{x^{3/2}} = -2x^{-3/2}$. Die relative Änderungsrate (siehe Kap. 6.4) ist

dann nach der Potenzregel (6.6.4) $\dfrac{f'(x)}{f(x)} = \dfrac{3x^{-5/2}}{-2x^{-3/2}} = -\dfrac{3x^{-1}}{2} = -\dfrac{3}{2x}$.

6.7   Summen, Produkte und Quotienten

[1]

a) Mit der Summenregel (6.7.1) und der Potenzregel (6.6.4) folgt $f'(t) = 20t^9 + t^4$.

b) Es ist $f(x) = 3x^5 - 2x^3 + x^{-1}$. Nach der Potenzregel (6.6.4) und der Summenregel (6.7.1) ergibt sich $f'(x) = 15x^4 - 6x^2 - 1x^{-2} = 15x^4 - 6x^2 - 1/x^2$.

c) Nach (6.6.4) und (6.7.1) ergibt sich $f'(x) = 3x^2 + 25$.

d) Nach der Quotientenregel (6.7.3) ergibt sich

$$f'(x) = \frac{2x(x^2 - 4) - (x^2 + 4)2x}{(x^2 - 4)^2} = \frac{-16x}{(x^2 - 4)^2}.$$

e) Nach der Quotientenregel (6.7.3) ist

$$g'(x) = \frac{(6x - 5)(x + 1) - (3x^2 - 5x) \cdot 1}{(x + 1)^2} = \frac{6x^2 + 6x - 5x - 5 - 3x^2 + 5x}{(x + 1)^2} =$$

$$\frac{3x^2 + 6x - 5}{(x + 1)^2}.$$

f) Nach der Produktregel (6.7.2) mit $f(x) = \sqrt{x} = x^{1/2}$; $f'(x) = \dfrac{1}{2}x^{-1/2} = \dfrac{1}{2\sqrt{x}}$ und

$g(x) = x^2 + 3x + 4$; $g'(x) = 2x + 3$ ist $h'(x) = \dfrac{1}{2\sqrt{x}}(x^2 + 3x + 4) + \sqrt{x}(2x + 3) =$

$$\frac{x^2 + 3x + 4 + 2x(2x + 3)}{2\sqrt{x}} = \frac{x^2 + 3x + 4 + 4x^2 + 6x}{2\sqrt{x}} = \frac{5x^2 + 9x + 4}{2\sqrt{x}}.$$

g) Nach (6.7.2) ist $h'(x) = 1 \cdot (x^3 + 2x^2 + 4x) + (x - 4)(3x^2 + 4x + 4) = x^3 + 2x^2 + 4x + 3x^3 + 4x^2 + 4x - 12x^2 - 16x - 16 = 4x^3 - 6x^2 - 8x - 16$.

h) Nach der Quotientenregel (6.7.3) mit $f(x) = x^2 + 3x$; $f'(x) = 2x + 3$ und

$g(x) = \sqrt{x} = x^{-1/2}$; $g'(x) = \dfrac{1}{2}x^{-1/2} = \dfrac{1}{2\sqrt{x}}$ ist $h'(x) = \dfrac{(2x+3)\sqrt{x} - \dfrac{1}{2\sqrt{x}}(x^2+3x)}{x} =$

$\dfrac{2x+3}{\sqrt{x}} - \dfrac{1}{2}\sqrt{x}(x^2+3x)$.

6.8 Kettenregel

[1]

a) Nach der Kettenregel (6.8.3) mit $y = f(u) = u^2$; $f'(u) = 2u$ und $u = g(x) = x^3 + 3x^2 + -4$; $g'(x) = 3x^2 + 6x$ ist $h'(x) = 2(x^3 + 3x^2 - 4) \cdot (3x^2 + 6x) = 6(x^3 + 3x^2 - 4) \cdot (x^2 + 2x) = 6(x^5 + 3x^4 - 4x^2 + 2x^4 + 6x^3 - 8x) = 6(x^5 + 5x^4 + 6x^3 - 4x^2 - 8x)$

b) Nach der Kettenregel (6.8.1) oder (6.8.3) und der Potenzregel (6.6.4) folgt $h'(x) = 4(x^3 + 1)^3 \cdot 3x^2 = 12x^2(x^3 + 1)^3$

c) Es ist $f(x) = x\sqrt{9-x} = x(9-x)^{1/2}$. Nach der Produktregel (6.7.2), der Potenzregel (6.6.4) und der Kettenregel (6.8.1) oder (6.8.3) ist

$f'(x) = (9-x)^{1/2} + x \cdot \dfrac{1}{2}(9-x)^{-1/2} \cdot (-1) = (9-x)^{1/2} - \dfrac{x}{2(9-x)^{1/2}} =$

$\dfrac{2(9-x)^{1/2}(9-x)^{1/2} - x}{2(9-x)^{1/2}} = \dfrac{2(9-x) - x}{2(9-x)^{1/2}} = \dfrac{18 - 3x}{2(9-x)^{1/2}}$.

d) Es gilt $h(x) = \sqrt{x^2 + 2x - 8} = (x^2 + 2x - 8)^{1/2}$. Nach (6.8.3) ist

$h'(x) = \dfrac{1}{2}(x^2 + 2x - 8)^{-1/2}(2x + 2) = (x+1)(x^2 + 2x - 8)^{-1/2} = \dfrac{x+1}{\sqrt{x^2 + 2x - 8}}$.

6.9 Ableitungen höherer Ordnung

[1]

a) $f(x) = 2 - \dfrac{1}{x+1} = 2 - (x+1)^{-1} \Longrightarrow f'(x) = -(-1)(x+1)^{-2} = (x+1)^{-2} = \dfrac{1}{(x+1)^2} \Longrightarrow$

$f''(x) = -2(x+1)^{-3} = -\dfrac{2}{(x+1)^3}$

b) Mit (1.3.3) ist: $f(x) = \dfrac{x+1}{x^2 - 1} = \dfrac{x+1}{(x+1)(x-1)} = \dfrac{1}{x-1} = (x-1)^{-1} \Longrightarrow f'(x) =$

$-1(x-1)^{-2} = -\dfrac{1}{(x-1)^2} \Longrightarrow f''(x) = 2(x-1)^{-3} = \dfrac{2}{(x-1)^3}$

[2] Die Ableitung erster Ordnung ist nach Kettenregel (6.8.3) $g'(x) = 6h(x)h'(x)$. Nach der Produktregel (6.7.2) ist $g''(x) = 6h'(x)h'(x) + 6h(x)h''(x)$. Mit $h'(x_0) = 1$ und $h''(x_0) = 0$ ergibt sich $g''(x_0) = 6 \cdot 1 \cdot 1 + 6h(x_0) \cdot 0 = 6$.

[3]

a) $f(x) = 2x^3 + 12x^2 + 4x + 3 \Longrightarrow f'(x) = 6x^2 + 24x + 4 \Longrightarrow f''(x) = 12x + 24 \Longrightarrow f'''(x) = 12 \Longrightarrow f^{(4)}(x) = 0$

b) $f(x) = \sqrt{x} = x^{1/2} \Longrightarrow f'(x) = \dfrac{1}{2}x^{-1/2} \Longrightarrow f''(x) = \dfrac{1}{2} \cdot \left(-\dfrac{1}{2}\right)x^{-3/2} = -\dfrac{1}{4}x^{-3/2} \Longrightarrow$

$f'''(x) = \left(-\dfrac{1}{4}\right) \cdot \left(-\dfrac{3}{2}\right)x^{-5/2} = \dfrac{3}{8}x^{-5/2} \Longrightarrow f^{(4)}(x) = \dfrac{3}{8} \cdot \left(-\dfrac{5}{2}\right)x^{-7/2} = -\dfrac{15}{16}x^{-7/2}$

c) $f(x) = x^3 + x^{-3} \implies f'(x) = 3x^2 - 3x^{-4} \implies f''(x) = 6x + 12x^{-5} \implies f'''(x) = 6 - 60x^{-6} \implies f^{(4)}(x) = 360x^{-7}$

[4] Nach (6.9.3) gilt: f ist genau dann konvex auf einem Intervall I, wenn $f''(x) \geq 0$ für alle $x \in I$ und f ist genau dann konkav auf I, wenn $f''(x) \leq 0$ für alle $x \in I$.

In der linken Abbildung ist $f''(x) \geq 0$ für $x \in (-\infty, -2]$ und $x \in [3, \infty)$, d.h. f ist in diesen beiden Intervallen konvex. Und $f''(x) \leq 0$ für $x \in [-2, 3]$, d.h. in diesem Intervall ist f konkav.

In der rechten Abbildung ist $f''(x) \geq 0$ für $x \in [0, \infty)$, d.h. f ist konvex auf $[0, \infty)$. Und $f''(x) \leq 0$ für $x \in (-\infty, 0]$, d.h. f ist konkav in $(-\infty, 0]$.

[5] Eine Funktion f ist konvex, wenn $f''(x) \geq 0$ ist. Hier ist $f'(x) = 2ax + b$ und $f''(x) = 2a \geq 0 \iff a \geq 0$. Oder: Der Graph von f ist eine Parabel, die konvex ist, wenn sie nach oben geöffnet ist, d.h. wenn $a > 0$. Dann bleibt aber noch der Fall $a = 0$. Dann ist der Graph eine Gerade, die sowohl konvex als auch konkav ist.

[6] Nach (6.9.3) gilt: f ist genau dann konvex auf einem Intervall I, wenn $f''(x) \geq 0$ für alle $x \in I$ und f ist genau dann konkav auf I, wenn $f''(x) \leq 0$ für alle $x \in I$.

a) $f(x) = x^3 + 3x^2 + 6x \implies f'(x) = 3x^2 + 6x + 6 \implies f''(x) = 6x + 6 = 0 \iff 6x = -6 \iff x = -1$. Es gilt $f''(x) \leq 0$ für $x \leq -1$ und $f''(x) \geq 0$ für $x \geq -1$, d.h. f ist konkav in $(-\infty, -1]$ und konvex in $[-1, \infty)$.

b) $f(x) = 4x^5 - \dfrac{10}{3}x^3 + 2x \implies f'(x) = 20x^4 - 10x^2 + 2 \implies f''(x) = 80x^3 - 20x = 20x(4x^2 - 1) = 20x(2x+1)(2x-1)$, wobei (1.3.3) verwendet wurde. Damit hat f'' die Nullstellen $-1/2, 0$ und $1/2$. Für $x \in (-\infty, -1/2]$ ist $f''(x) \leq 0$, d.h. f ist konkav in $(-\infty, -1/2]$. In $[-1/2, 0]$ ist $f''(x) \geq 0$, d.h. f ist konvex in $[-1/2, 0]$. In $[0, 1/2)$ ist $f''(x) \leq 0$, d.h. f ist konkav in $[0, 1/2)$. In $[1/2, \infty)$ ist $f''(x) \geq 0$, d.h. f ist konvex in $[1/2, \infty)$. (Beachten Sie alle drei Faktoren von f'' sind linear, d.h. der zugehörige Graph ist eine Gerade, und wechseln somit an ihren Nullstellen das Vorzeichen jeweils von $-$ auf $+$.)

6.10 Exponentialfunktionen

[1]

a) $f'(x) = 5 - e^{2x-4} \cdot 2 = 5 - 2e^{2x-4}$

b) Nach der Kettenregel (6.8.3) und der Produktregel (6.7.2) bei der inneren Ableitung ist $f'(x) = \dfrac{1}{2\sqrt{(x^2+4)e^{2x}}}\left(2xe^{2x} + (x^2+4)e^{2x} \cdot 2\right) = \dfrac{(x^2+x+4)\,e^{2x}}{\sqrt{(x^2+4)e^{2x}}} = \dfrac{(x^2+x+4)\,e^x}{\sqrt{(x^2+4)}}$. Man beachte: Wenn $f(u) = \sqrt{u}$, dann ist $f'(u) = \dfrac{1}{2\sqrt{u}}$.

c) Es ist $g(x) = 2xe^{(x+3)x} = 2xe^{x^2+3x}$. Nach der Produkt- und Kettenregel ergibt sich $g'(x) = 2e^{x^2+3x} + 2xe^{x^2+3x}(2x+3) = (4x^2 + 6x + 2)e^{x^2+3x}$.

d) Mit (6.10.31), (6.10.3) und der Produktregel folgt: $f'(x) = e^x 2^x + e^x 2^x \ln 2 = e^x 2^x (1 + \ln 2)$.

e) Wir verwenden die Kettenregel (6.8.3) mit $f(u) = 4\sqrt{u} = 4u^{1/2}$; $f'(u) = \dfrac{4}{2}u^{-1/2} = \dfrac{2}{\sqrt{u}}$ und $g(x) = e^x$; $g'(x) = e^x$. Es ist $h'(x) = \dfrac{2}{\sqrt{e^x}} \cdot e^x = 2\sqrt{e^x}$.

Alternative Lösung: Es ist $h(x) = 4(e^x)^{1/2} = 4e^{x/2}$ und damit nach (6.10.2) $h'(x) = 4 \cdot \dfrac{1}{2}e^{x/2} = 2e^{x/2} = 2\sqrt{e^x}$.

f) Nach der Quotientenregel (6.7.3) mit $f(x) = x^2$; $f'(x) = 2x$ und $g(x) = e^x$; $g'(x) = e^x$
ist $h'(x) = \dfrac{2x \cdot e^x - x^2 \cdot e^x}{(e^x)^2} = \dfrac{e^x(2x - x^2)}{(e^x)^2} = \dfrac{2x - x^2}{e^x}$.

[2]

a) Mit der Produkt- und Summenregel folgt: $f(x) = xe^x \Longrightarrow f'(x) = e^x + xe^x \Longrightarrow f''(x) = e^x + e^x + xe^x = 2e^x + xe^x \Longrightarrow f'''(x) = 2e^x + e^x + xe^x = 3e^x + xe^x = (3 + x)e^x$

b) $f(x) = \dfrac{1}{4}e^{2x+1} + 2x^2 \Longrightarrow f'(x) = \dfrac{1}{2}e^{2x+1} + 4x \Longrightarrow f''(x) = e^{2x+1} + 4 \Longrightarrow f'''(x) = 2e^{2x+1}$

[3]

a) Mit (6.10.2), Potenz- und Produktregel erhalten wir: $f(x) = e^{1/x} = e^{x^{-1}} \Longrightarrow f'(x) = -x^{-2}e^{x^{-1}} \Longrightarrow f''(x) = 2x^{-3}e^{x^{-1}} - x^{-2}(-x^{-2})e^{x^{-1}} = 2x^{-3}e^{x^{-1}} + x^{-4}e^{x^{-1}} = (2x^{-3} + x^{-4})e^{x^{-1}} = (2x^{-3} + x^{-4})e^{1/x}$.

b) Nach der Produktregel (6.7.2) und (6.10.1) folgt $h'(x) = 2e^x + 2xe^x \Longrightarrow h''(x) = 2e^x + 2e^x + 2xe^x = (4 + 2x)e^x$.

c) Mit (6.10.2) folgt $f'(x) = 2xe^{x^2}$ und dann mit der Produktregel (6.7.2) $f''(x) = 2e^{x^2} + (2x) \cdot (2x)e^{x^2} = 2e^{x^2} + 4x^2e^{x^2} = (2 + 4x^2)e^{x^2}$.

[4]

a) $f'(x) = -3e^{-3x}$, so dass die relative Änderungsrate (siehe Kap. 6.4) $\dfrac{f'(x)}{f(x)} = \dfrac{-3e^{-3x}}{e^{-3x}} = -3$.

b) $f'(x) = 2(x + e^x)(1 + e^x)$, so dass $\dfrac{f'(x)}{f(x)} = \dfrac{2(x + e^x)(1 + e^x)}{(x + e^x)^2} = \dfrac{2 + 2e^x}{x + e^x}$.

c) Laut Definition in Kapitel 6.4 ist die relative Änderungsrate von h gegeben durch $\dfrac{h'(t)}{h(t)}$. Wir bestimmen $h'(t)$ mit der Produktregel (6.7.2) und der Kettenregel (6.10.2) $h'(t) = f'(t)e^{g(t)} + f(t)e^{g(t)}g'(t)$. Damit ist $\dfrac{h'(t)}{h(t)} = \dfrac{f'(t)e^{g(t)} + f(t)e^{g(t)}g'(t)}{f(t)e^{g(t)}} = \dfrac{e^{g(t)}\left(f'(t) + f(t)g'(t)\right)}{f(t)e^{g(t)}} = \dfrac{f'(t) + f(t)g'(t)}{f(t)} = \dfrac{f'(t)}{f(t)} + g'(t)$.

d) Nach (6.7.4) gilt $\dfrac{F'(x)}{F(x)} = \dfrac{f'(x)}{f(x)} - \dfrac{g'(x)}{g(x)} = \dfrac{2x}{x^2} - \dfrac{e^x}{e^x} = \dfrac{2}{x} - 1$.

[5] Nach (6.10.2) ist $f'(x) = e^{g(x)}g'(x)$. Für die zweite Ableitung müssen wir die Produktregel (6.7.2) in Verbindung mit (6.10.2) verwenden und erhalten $f''(x) = \left(e^{g(x)}g'(x)\right)g'(x) + e^{g(x)}g''(x) = \left[(g'(x))^2 + g''(x)\right]e^{g(x)}$. Damit ist $\dfrac{f''(x)}{f(x)} = \dfrac{f''(x)}{e^{g(x)}} = (g'(x))^2 + g''(x)$.

6.11 Logarithmusfunktionen

[1]

a) Sei $h(x) = \sqrt{x} = x^{1/2}$; $h'(x) = \frac{1}{2}x^{-1/2} = \frac{1}{2\sqrt{x}}$. Dann ist $y = \ln h(x)$ und nach (6.11.2)

gilt $y' = \frac{h'(x)}{h(x)} = \frac{1/(2\sqrt{x})}{\sqrt{x}} = \frac{1}{2\sqrt{x}\sqrt{x}} = \frac{1}{2x}$.

b) Nach der Quotientenregel (6.7.3) mit $f(x) = \ln x^2 = 2\ln x$; $f'(x) = \frac{2}{x}$ und $g(x) = $

x^2; $g'(x) = 2x$ ist $h'(x) = \frac{(2/x)\cdot x^2 - 2x\ln x^2}{x^4} = \frac{2x\left(1-\ln x^2\right)}{x^4} = \frac{2\left(1-\ln x^2\right)}{x^3}$

c) Nach der Produkt- und Kettenregel und noch einmal der Produktregel bei der Ableitung der inneren Funktion $x\sqrt{x^2+1}$ ergibt sich:

$h'(x) = 2\ln\left(x\sqrt{x^2+1}\right) + 2x\cdot\frac{1}{x\sqrt{x^2+1}}\left(\sqrt{x^2+1} + x\frac{2x}{2\sqrt{x^2+1}}\right) =$

$2\ln\left(x\sqrt{x^2+1}\right) + \frac{2}{\sqrt{x^2+1}}\left(\sqrt{x^2+1} + \frac{x^2}{\sqrt{x^2+1}}\right) = 2\ln\left(x\sqrt{x^2+1}\right) + 2 + \frac{2x^2}{x^2+1} =$

$2\left(\ln\left(x\sqrt{x^2+1}\right) + 1 + \frac{x^2}{x^2+1}\right)$

d) Nach der Quotientenregel ist $h'(x) = \dfrac{\frac{1}{x}e^x - \ln x\cdot e^x}{e^{2x}} = \dfrac{\frac{1}{x} - \ln x}{e^x} = \left(\frac{1}{x} - \ln x\right)e^{-x}$.

Alternativ kann man schreiben $f(x) = \ln x\cdot e^{-x}$ und dann die Ableitung nach der

Produktregel bilden: $f'(x) = \frac{1}{x}e^{-x} - \ln(x)\cdot e^{-x}$.

e) Nach der Quotientenregel gilt $f'(x) = \dfrac{(\ln(x) + x/x)(x-1) - x\cdot\ln x}{(x-1)^2}$

$= \dfrac{(\ln(x) + 1)(x-1) - x\ln(x)}{(x-1)^2} = \dfrac{x\ln(x) + x - \ln(x) - 1 - x\ln(x)}{(x-1)^2} = \dfrac{x - \ln(x) - 1}{(x-1)^2}$.

f) Es gilt $g(x) = 2x$, da die Logarithmusfunktion die Umkehrfunktion der Exponential-funktion ist (siehe (4.10.2d)). Damit gilt $g'(x) = 2$.

[2]

a) Es ist $f(x) = \ln\left(\dfrac{5x^3}{3x^2}\right) = \ln\left(\dfrac{5x}{3}\right) = \ln 5 + \ln x - \ln 3$ und damit $f'(x) = \dfrac{1}{x}$.

b) Es ist $f(x) = \ln 5 + \ln x^2 = \ln 5 + 2\ln x$ und damit $f'(x) = \dfrac{2}{x} = 2x^{-1}$.

[3]

a) Nach (6.11.2) ist $f'(x) = \dfrac{2}{2x} = \dfrac{1}{x} = x^{-1} \Longrightarrow f''(x) = -x^{-2}$.

b) Nach (6.11.2) gilt $f'(x) = \dfrac{2x}{x^2+3}$. Nach der Quotientenregel (6.7.3) ist

$f''(x) = \dfrac{2(x^2+3) - 2x\cdot 2x}{(x^2+3)^2} = \dfrac{2x^2+6-4x^2}{(x^2+3)^2} = \dfrac{-2x^2+6}{(x^2+3)^2}$.

c) Nach (6.11.2) ist $y' = \dfrac{h'(x)}{h(x)}$. Nach der Quotientenregel (6.7.3) folgt

$y'' = \dfrac{h''(x)h(x) - (h'(x))^2}{(h(x))^2}$.

[4] Mit der Produktregel und (6.11.1) gilt $f(x) = x \ln x \implies f'(x) = \ln x + x/x = \ln x + 1 \implies f''(x) = 1/x = x^{-1} \implies f'''(x) = -x^{-2} = -1/x^2$.

[5]

a) Es ist $\ln y = e^x \ln x$, wobei (4.10.2c) verwendet wurde. Indem wir dies auf beiden Seiten nach x differenzieren, erhalten wir $\dfrac{y'}{y} = e^x \ln x + \dfrac{e^x}{x}$.

b) Es ist $\ln(y) = g(x) \ln(x)$. Differenzieren auf beiden Seiten der Gleichung ergibt mit der Produktregel (6.7.2) und (6.11.1) $\dfrac{y'}{y} = g'(x) \ln(x) + g(x) \dfrac{1}{x}$.

c) Es ist $\ln y = 2 \ln x + x^{1/3} \ln e = 2 \ln x + x^{1/3}$. Damit folgt, wenn wir auf beiden Seiten der Gleichung nach x differenzieren: $\dfrac{y'}{y} = \dfrac{2}{x} + \dfrac{1}{3} x^{-2/3}$

[6]

a) Wir bilden auf beiden Seiten den natürlichen Logarithmus (siehe Beispiel 6.11.4) und erhalten dadurch $\ln y = 2x \ln(4x)$. Indem wir beide Seiten nach x differenzieren, erhalten wir $\dfrac{y'}{y} = 2 \ln(4x) + 2x \dfrac{1}{4x} \cdot 4 = 2 \ln(4x) + 2$. Indem wir beide Seiten mit $y = (4x)^{2x}$ multiplizieren, folgt $y' = [2 \ln(4x) + 2](4x)^{2x} = 2[\ln(4x) + 1](4x)^{2x}$.

b) Es ist $\ln y = (x^2 + 1) \ln(x^2 + 1)$. Indem wir dies auf beiden Seiten nach x differenzieren, folgt mit der Produktregel und (6.11.2) $\dfrac{y'}{y} = 2x \ln(x^2 + 1) + (x^2 + 1) \dfrac{1}{x^2 + 1} \cdot 2x = 2x(\ln(x^2 + 1) + 1)$. Damit folgt $y' = 2x(\ln(x^2 + 1) + 1)y = 2x(\ln(x^2 + 1) + 1)(x^2 + 1)^{x^2 + 1}$.

c) Es gilt $\ln y = \ln x \cdot \ln x = (\ln x)^2 \implies (\ln y)' = \dfrac{y'}{y} = \dfrac{2 \ln x}{x} \implies y' = \dfrac{2 \ln x}{x} \cdot y = \dfrac{2 \ln x}{x} \cdot x^{\ln x} = 2 \ln x \cdot x^{\ln x - 1}$.

[7] Es gilt $f(x) = 0 \iff \ln x = 0 \iff x = 1$, denn $e^{-x} > 0$ für alle x. Die Gleichung der Tangente an der Stelle $(x_0, f(x_0))$ ist in (6.2.2) gegeben durch $y - f(x_0) = f'(x_0)(x - x_0)$. Hier ist $x_0 = 1$ und $f(x_0) = 0$. Zu bestimmen ist noch $f'(1)$. Es gilt nach der Produktregel $f'(x) = \dfrac{1}{x} e^{-x} - \ln(x) e^{-x} \implies f'(1) = 1 \cdot e^{-1} - 0 = e^{-1}$. Damit gilt für die Gleichung der Tangente in $(1, 0)$: $y - 0 = e^{-1}(x - 1) \iff y = e^{-1}x - e^{-1}$.

Lösungen zu den weiteren Aufgaben zu Kapitel 6

[1] Die Gleichung der Tangente an den Graphen der Funktion $f(x)$ im Punkt $(x_0, f(x_0))$ ist in (6.2.2) gegeben durch $y - f(x_0) = f'(x_0)(x - x_0)$. Hier ist $x_0 = 4$ und $f(x_0) = f(4) = \sqrt{4} = 2$. Nach der Potenzregel (6.6.4) ist $f'(x) = \dfrac{1}{2} x^{-1/2} = \dfrac{1}{2\sqrt{x}}$ und $f'(x_0) = f'(4) = \dfrac{1}{2\sqrt{4}} = \dfrac{1}{4}$. Also ist $y = f(x_0) + f'(x_0)(x - x_0) = 2 + \dfrac{1}{4}(x - 4) = 2 + \dfrac{1}{4}x - 1 = \dfrac{1}{4}x + 1$.

[2]

a) $f(x)$ ist definiert für $x > 0$ und $f'(x) = 3x^2 \ln(x) + x^3 \dfrac{1}{x} = x^2(3 \ln(x) + 1)$. Es gilt $f'(x) < 0 \iff 3 \ln(x) + 1 < 0 \iff \ln(x) < -1/3 \iff x < e^{-1/3}$, d.h. f ist strikt monoton fallend in $(0, e^{-1/3})$. Genauso zeigt man $f'(x) > 0 \iff 3\ln(x) + 1 > 0 \iff \ln(x) > -1/3 \iff x > e^{-1/3}$, d.h. f ist strikt monoton steigend in $(e^{-1/3}, \infty)$.

b) $f(x) = e^{x^2} \cdot e^x = e^{x^2+x} \implies f'(x) = (2x + 1)e^{x^2+x} > 0 \iff 2x + 1 > 0 \iff x > -1/2$ und $f'(x) < 0 \iff 2x + 1 < 0 \iff x < -1/2$, d.h. f ist strikt monoton fallend in $(-\infty, -1/2)$ und strikt monoton steigend in $(-1/2, \infty)$.

c) $f'(x) = 3x^2 - 6x = 3x(x - 2)$. Die Nullstellen der Ableitung sind $x = 0$ und $x = 2$. Der Graph von f' ist eine nach oben geöffnete Parabel, die zwischen den Nullstellen negativ ist, d.h. $f'(x) < 0 \iff x \in (0, 2)$ und $f'(x) > 0$ in $(-\infty, 0)$ und $(2, \infty)$. Damit ist f strikt monoton wachsend in $(-\infty, 0)$ und $(2, \infty)$, strikt monoton fallend in $(0, 2)$.

[3]

a) Es ist $\lim\limits_{h \to 0} \dfrac{\sqrt[3]{27 + h} - 3}{h} = \lim\limits_{h \to 0} \dfrac{\sqrt[3]{27 + h} - \sqrt[3]{27}}{h}$ und dies ist der Differenzenquotient der Funktion $y = \sqrt[3]{x}$ an der Stelle $x = 27$. (Denken Sie sich h durch Δx ersetzt.) Der Grenzwert ist daher gleich der Ableitung der Funktion $y = \sqrt[3]{x}$ an der Stelle $x = 27$. Es ist $y' = \dfrac{1}{3}x^{-2/3} = \dfrac{1}{3\sqrt[3]{x^2}} = \dfrac{1}{3\sqrt[3]{x}\sqrt[3]{x}}$. Für $x = 27$ ergibt sich $\dfrac{1}{3\sqrt[3]{27}\sqrt[3]{27}} = \dfrac{1}{3 \cdot 3 \cdot 3} = \dfrac{1}{27}$.

b) Gegeben ist ein Differenzenquotient für die Funktion $y = f(x) = x^3$ und dieser konvergiert für $h \to 0$ gegen die Ableitung $y' = 3x^2$.

c) Es ist der Differenzenquotient der Funktion $y = x^2$ gegeben, der gegen die Ableitung $y' = 2x$ konvergiert.

d) Es ist $\lim\limits_{h \to 0} \dfrac{\sqrt{25 + h} - 5}{h} = \lim\limits_{h \to 0} \dfrac{\sqrt{25 + h} - \sqrt{25}}{h}$ und dies ist der Differenzenquotient der Funktion $y = \sqrt{x}$ an der Stelle $x = 25$. Der Grenzwert ist daher gleich der Ableitung der Funktion $y = \sqrt{x} = x^{1/2}$ an der Stelle $x = 25$. Es ist $y' = \dfrac{1}{2}x^{-1/2} = \dfrac{1}{2\sqrt{x}}$. Für $x = 25$ ergibt sich $\dfrac{1}{2\sqrt{25}} = \dfrac{1}{2 \cdot 5} = \dfrac{1}{10}$.

[4]

a) Eine Funktion ist nach (6.9.3) genau dann konvex auf einem Intervall I, wenn $f''(x) \geq 0$, während sie genau dann konkav ist, wenn $f''(x) \leq 0$. Hier ist $f'(x) = 4x - 2e^{2x-4}$ und $f''(x) = 4 - 4e^{2x-4}$. Nun gilt $f''(x) \geq 0 \iff 4 - 4e^{2x-4} \geq 0 \iff 1 \geq e^{2x-4} \iff e^{2x-4} \leq 1 \iff 2x - 4 \leq 0 \iff 2x \leq 4 \iff x \leq 2$. Dabei wurde benutzt, dass die e-Funktion strikt monoton steigend ist mit $e^0 = 1$. Damit ist f konvex in $(-\infty, 2]$. Genauso zeigt man $f''(x) \leq 0 \iff 4 - 4e^{2x-4} \leq 0 \iff 1 \leq e^{2x-4} \iff e^{2x-4} \geq 1 \iff 2x - 4 \geq 0 \iff 2x \geq 4 \iff x \geq 2$. Damit ist f konkav in $[2, \infty)$.

b) $f'(x) = 4x^3 - 12x + 6 \implies f''(x) = 12x^2 - 12 = 12(x^2 - 1) \leq 0 \iff x^2 \leq 1 \iff -1 \leq x \leq 1$, d.h. die Funktion ist konvex in $(-\infty, 1]$ und $[1, \infty)$, sie ist konkav in $[-1, 1]$.

[5]

a) Nach (6.7.3) ist $h'(x) = \dfrac{(2x+2)e^x - (x^2+2x)e^x}{(e^x)^2} = \dfrac{2x+2-x^2-2x}{e^x} = \dfrac{2-x^2}{e^x}$.

b) Logarithmisches Differenzieren: $\ln y = e^x \cdot \ln 2 \Rightarrow \dfrac{y'}{y} = e^x \cdot \ln 2 \Rightarrow y' = y \cdot e^x \cdot \ln 2 = $

$2^{e^x} \cdot e^x \cdot \ln 2$.

c) Nach der verallgemeinerten Potenzregel (6.8.2) ist $f'(x) = 4 \cdot \left(e^{2x}\right)^3 \cdot e^{2x} \cdot 2 = 8 \left(e^{2x}\right)^4 = 8e^{8x}$. Alternativ kann man auch schreiben $f(x) = e^{8x}$ und dann folgt nach der Kettenregel $f'(x) = 8e^{8x}$.

d) Nach (6.11.2) ist $(\ln h(x))' = \dfrac{h'(x)}{h(x)}$. Hier ist $h(x) = 2^x$ und $h'(x) = 2^x \ln 2$ und damit

$y' = \dfrac{2^x \ln 2}{2^x} = \ln 2$. Oder: Nach (4.10.2c) ist $y = \ln 2^x = x \ln 2$ und damit $y' = \ln 2$.

e) $f'(x) = 3(2e^x + x^3)^2(2e^x + 3x^2)$

f) Nach (6.10.3) und der Kettenregel ist $f'(x) = a^{x^2} \ln(a) \cdot 2x$.

[6]

a) Nach (6.10.2) ist $f'(x) = e^{x^2} \cdot 2x$, so dass die relative Änderungsrate $\dfrac{f'(x)}{f(x)} = \dfrac{e^{x^2} \cdot 2x}{e^{x^2}} = 2x$.

b) Es ist $f'(x) = \dfrac{2x}{x^2} = \dfrac{2}{x}$. Dann ist $\dfrac{f'(x)}{f(x)} = \dfrac{2/x}{\ln x^2} = \dfrac{2}{x \cdot 2\ln x} = \dfrac{1}{x \ln x}$. Oder $f(x) = $

$2\ln x \Rightarrow f'(x) = 2/x$ und $\dfrac{f'(x)}{f(x)} = \dfrac{2/x}{2\ln x} = \dfrac{1}{x \ln x}$.

c) $f'(x) = 2xe^{x^2}$. Damit ist $\dfrac{f'(x)}{f(x)} = \dfrac{2xe^{x^2}}{e^{x^2}} = 2x$.

[7]

a) $f'(x) = 2x \ln x + x^2/x = 2x \ln x + x \Rightarrow f''(x) = 2\ln x + 2x/x + 1 = 2\ln x + 3$

b) $f'(x) = 2xe^{x^2} \Rightarrow f''(x) = 2e^{x^2} + 2x \cdot \left(2xe^{x^2}\right) = (4x^2 + 2)e^{x^2}$

[8] Es gilt $\dfrac{C(x)}{x} = x + 3 + \dfrac{100}{x} = x + 3 + 100x^{-1} \Rightarrow \left(\dfrac{C(x)}{x}\right)' = 1 - 100x^{-2} = 1 - \dfrac{100}{x^2} = $

$0 \iff x^2 = 100 \iff x = 10$. (Beachten Sie, dass $x \geq 0$.)

[9]

a) Es gilt $f'(x) = \lim\limits_{\Delta x \to 0} \dfrac{f(x + \Delta x) - f(x)}{\Delta x} = \lim\limits_{\Delta x \to 0} (3x^2 + 3x\Delta x + (\Delta x)^2 - 4x - 2\Delta x) = 3x^2 - 4x$.

b) $\dfrac{\Delta y}{\Delta x} = -\dfrac{\Delta x}{x(x + \Delta x)\Delta x} = -\dfrac{1}{x(x + \Delta x)} \to -\dfrac{1}{x^2}$ für $\Delta x \to 0$.

[10] Gesucht ist $\dfrac{f'(1)}{f(1)} = -\dfrac{2}{5} = -0.4$. Man entnimmt der Abbildung, dass die Steigung der Tangente an der Stelle 1 gleich -2 ist. Ferner ist $f(1) = 5$. Die durchschnittliche Änderungsrate ist gleich dem Differenzenquotienten $\dfrac{f(4) - f(2)}{4 - 2} = \dfrac{8 - 4}{2} = \dfrac{4}{2} = 2$. Geometrisch ist es die Steigung der Sekante durch die beiden eingezeichneten Punkte.

Lösungen zu Kapitel 7: Anwendungen der Differentialrechnung

7

ÜBERBLICK

7.1 Implizites Differenzieren

[1]

a) Indem wir beide Seiten nach x differenzieren und dabei beachten, dass y eine Funktion von x ist, erhalten wir unter Verwendung der Kettenregel beim Ableiten von y^3, dass $3x^2 + 3y^2 y' = 3y + 3xy' \iff 3y^2 y' - 3xy' = 3y - 3x^2 \iff y'(y^2 - x) = y - x^2 \iff y' = \dfrac{y - x^2}{y^2 - x}$. Einsetzen von $x = y = 3/2$ ergibt $y' = \dfrac{3/2 - 9/4}{9/4 - 3/2} = -1$.

b) Differenzieren nach x auf beiden Seiten der Gleichung ergibt $4x^3 y + x^4 y' + e^{xy}(y + xy') = 1$. Einsetzen von $x = 1$ und $y = 0$ ergibt $4 \cdot 1^3 \cdot 0 + 1^4 y' + e^{1 \cdot 0}(0 + 1y') = 1 \iff y' + y' = 1 \iff y' = 1/2$.

c) Differenzieren nach x auf beiden Seiten der Gleichung unter Beachtung der Kettenregel beim Ableiten der ln- und e-Funktion ergibt: $3x^2 \ln(xy + 1) + x^3 \dfrac{y + xy'}{xy + 1} + e^{xy}(y + xy') = 1$. Setzt man $x = 1$ und $y = 1$ ein, so folgt: $3 \cdot 1 \cdot 0 + 1 \dfrac{0 + 1y'}{1 \cdot 0 + 1} + 1(0 + 1y') = 1 \iff 2y' = 1 \iff y' = \dfrac{1}{2}$.

d) Wir differenzieren beide Seiten der Gleichung nach x: $4xy^3 + 2x^2 \cdot 3y^2 y' - \dfrac{1}{x} + (y + xy')e^{xy} = y'$. Einsetzen von $x = e$ und $y = 0$ ergibt $-\dfrac{1}{e} + ey' = y' \iff y'(e - 1) = \dfrac{1}{e} \iff y' = \dfrac{1}{e(e - 1)}$.

e) $y' = 2x + 2y + 2xy' + 0.5 \cdot 2yy' + 2 + 4y' \iff y' - 4y' - 2xy' - yy' = 2x + 2y + 2 \iff y'(-3 - 2x - y) = 2(x + y + 1) \iff y' = -2\dfrac{x + y + 1}{3 + 2x + y}$

f) Es ist $6y^2 y' + 18x^2 - 24 + 6y' = 0$. Da in den zu untersuchenden Punkten jeweils $y = 0$ gilt, muss in diesen Punkten gelten $18x^2 - 24 + 6y' = 0 \iff 6y' = 24 - 18x^2 \iff y' = 4 - 3x^2$, so dass $y' = 4$ in $(0, 0)$ und $y' = 4 - 3 \cdot 4 = 4 - 12 = -8$ in $(2, 0)$.

g) $(2x + 3y)^2 + e^{xy} = x + 10 \iff 4x^2 + 12xy + 9y^2 + e^{xy} = x + 10$, so dass Differenzieren auf beiden Seiten $8x + 12y + 12xy' + 18yy' + (y + xy')e^{xy} = 1$ ergibt. Einsetzen von $x = 0$ und $y = 1$ ergibt: $8 \cdot 0 + 12 \cdot 1 + 12 \cdot 0 \cdot y' + 18 \cdot 1 \cdot y' + (1 + 0 \cdot y') \cdot e^{0 \cdot 1} = 1 \iff 12 + 18y' + 1 = 1 \iff 18y' = -12 \iff y' = -\dfrac{12}{18} = -\dfrac{2}{3}$.

h) Differenzieren auf beiden Seiten der Gleichung ergibt $3x^2 y + x^3 y' = 0 \iff x^3 y' = -3x^2 y \iff y' = -3y/x$.

[2]

a) Indem wir die Gleichung des Kreises auf beiden Seiten nach x differenzieren, erhalten wir $2x + 2yy' = 0 \iff 2yy' = -2x \iff y' = -x/y$. Beachten Sie, dass $y \neq 0$ vorausgesetzt war.

b) Nach a) ist die Steigung im Punkt (x, y) gegeben durch $-x/y = -1/3$. Nach der Punkt-Steigungsformel aus Kap. 4.4 ist dann $y - 3 = -\dfrac{1}{3}(x - 1) \iff y = -\dfrac{1}{3}x + \dfrac{10}{3}$.

[3] Implizites Differenzieren ergibt $2yy' = 2p \iff y' = p/y$, d.h. im Punkt $(x, 1)$ gilt $y' = p/1 = p$.

[4]

a) Differenzieren der Gleichung $3y^2 - 2xy = -1$ auf beiden Seiten nach x und Einsetzen von $x = 2$ und $y = 1$ ergibt: $6yy' - 2y - 2xy' = 0 \Rightarrow 6y' - 2 - 4y' = 0 \iff 2y' = 2 \iff y' = 1$. Differenzieren der Gleichung $6yy' - 2y - 2xy' = 0$ auf beiden Seiten nach x und Einsetzen von $x = 2, y = 1$ und $y' = 1$ ergibt: $6y'y' + 6yy'' - 2y' - 2y' - 2xy'' = 0 \Rightarrow 6 + 6y'' - 2 - 2 - 4y'' = 0 \iff 2 + 2y'' = 0 \iff y'' = -1$.

b) Differenzieren der Gleichung $y + \ln y = 1 + x$ auf beiden Seiten nach x ergibt $y' + \dfrac{y'}{y} = 1$. Einsetzen von $x = 0$ und $y = 1$ ergibt $y' + y' = 1 \iff 2y' = 1 \iff y' = \dfrac{1}{2}$.

Nun gilt $y' + \dfrac{y'}{y} = 1 \iff y \cdot y' + y' = y$. Indem wir die letzte Gleichung auf beiden Seiten nach x differenzieren, erhalten wir $y' \cdot y' + y \cdot y'' + y'' = y'$. Einsetzen von $y = 1$ und $y' = \dfrac{1}{2}$ ergibt $\dfrac{1}{4} + 1 \cdot y'' + y'' = \dfrac{1}{2} \iff 2y'' = \dfrac{1}{4} \iff y'' = \dfrac{1}{8}$.

7.2 Ökonomische Beispiele

[1] $Y = C + \bar{I} + X - M \Rightarrow Y(X) = C(Y) + \bar{I} + X - M(Y) = 10 + 0.9 \cdot Y(X) + \bar{I} + X - M(Y)$.
Damit gilt $\dfrac{dY}{dX} = 0 + 0.9\dfrac{dY}{dX} + 0 + 1 - \dfrac{dM}{dY}\dfrac{dY}{dX} \iff \dfrac{dY}{dX} - 0.9\dfrac{dY}{dX} + \dfrac{dM}{dY}\dfrac{dY}{dX} = 1 \iff$
$\dfrac{dY}{dX}\left(1 - 0.9 + \dfrac{dM}{dY}\right) = 1$ und somit $\dfrac{dY}{dX} = \dfrac{1}{0.1 + \dfrac{dM}{dY}}$.

[2] Durch implizites Differenzieren, d.h. durch Differenzieren der gegebenen Gleichung auf beiden Seiten nach K erhalten wir $2K + 2L + 2KL' + 3L^2L' = 0 \iff$
$L'(2K + 3L^2) = -2(K + L) \iff L' = -\dfrac{2(K + L)}{2K + 3L^2}$. Für $K = 2$ und $L = 1$ ergibt sich
$L' = -\dfrac{2(2 + 1)}{4 + 3} = -\dfrac{6}{7}$.

7.3 Ableitung der Inversen

[1]

a) Um Theorem 7.3.1 anzuwenden, bestimmen wir zunächst x_0 mit $f(x_0) = y_0 = 1$.
Es gilt $4x_0^{2/3} = 1 \iff x_0^{2/3} = \dfrac{1}{4} \iff x_0 = \left(\dfrac{1}{4}\right)^{3/2} = \left(\dfrac{1}{2}\right)^3 = \dfrac{1}{8}$. Es gilt $f'(x) = \dfrac{8}{3}x^{-1/3} \Rightarrow f'(x_0) = f'\left(\dfrac{1}{8}\right) = \dfrac{8}{3}\left(\dfrac{1}{8}\right)^{-1/3} = \dfrac{8}{3} \cdot 8^{1/3} = \dfrac{16}{3}$. Nach Theorem 7.3.1 gilt
$g'(y_0) = \dfrac{1}{f'(x_0)} = \dfrac{3}{16}$.
Alternativ kann man hier auch die Umkehrfunktion bestimmmen und dann deren Ableitung an der Stelle $y_0 = 1$ berechnen: $y = 4x^{2/3} \iff x^{2/3} = \dfrac{y}{4} \iff x = \left(\dfrac{y}{4}\right)^{3/2}$. Damit haben wir $x = g(y) = \left(\dfrac{y}{4}\right)^{3/2}$. Es ist $g'(y) = \dfrac{3}{2}\left(\dfrac{y}{4}\right)^{1/2} \cdot \dfrac{1}{4} = \dfrac{3}{8}\left(\dfrac{y}{4}\right)^{1/2} = \dfrac{3}{16}\sqrt{y} \Rightarrow g'(1) = \dfrac{3}{16}\sqrt{1} = \dfrac{3}{16}$.

b) Wir bestimmen x_0, so dass $f(x_0) = 0$ ist: $f(x_0) = \ln(3x_0 + 1/2) = 0 \iff 3x_0 + 1/2 = 1 \iff 3x_0 = 1/2 \iff x_0 = 1/6$. Dabei wurde benutzt, dass die ln-Funktion nur an der Stelle 1 gleich 0 ist. Für die Ableitung der Inversen $g(y)$ an der Stelle $y_0 = f(x_0)$ gilt nach Theorem 7.3.1: $g'(y_0) = \dfrac{1}{f'(x_0)}$, d.h. hier gilt $g'(0) = \dfrac{1}{f'(1/6)}$. Es gilt $f'(x) = \dfrac{1}{3x + 1/2} \cdot 3 \implies f'(1/6) = \dfrac{3}{3 \cdot 1/6 + 1/2} = 3 \implies g'(0) = \dfrac{1}{3}$.

c) Nach (7.3.3) gilt $g'(y_0) = \dfrac{1}{f'(x_0)}$, wobei $y_0 = f(x_0)$. Hier ist $x_0 = 2$ und $y_0 = 1$ und damit gilt $f'(x) = (2x + 2)e^{x^2 + 2x - 8} \implies f'(2) = 6 \cdot e^0 = 6 \implies g'(1) = \dfrac{1}{f'(2)} = \dfrac{1}{6}$.

d) Wir bestimmen zunächst x_0 mit $f(x_0) = y_0 = 3$. Es gilt $5x_0^3 - 2 = 3 \iff 5x_0^3 = 5 \iff x_0^3 = 1 \iff x_0 = 1$. Es ist $f'(x) = 15x^2 \implies f'(x_0) = f'(1) = 15 \cdot 1^2 = 15$. Nach Theorem 7.3.1 gilt $g'(y_0) = \dfrac{1}{f'(x_0)} = \dfrac{1}{15}$.

Alternativ kann man hier auch die Umkehrfunktion bestimmen und dann deren Ableitung an der Stelle $y_0 = 3$ berechnen: $y = 5x^3 - 2 \iff 5x^3 = y + 2 \iff x^3 = \dfrac{y + 2}{5} \iff x = \left(\dfrac{y + 2}{5}\right)^{1/3}$. Damit haben wir $x = g(y) = \left(\dfrac{y + 2}{5}\right)^{1/3}$ und $g'(y) = \dfrac{1}{3}\left(\dfrac{y + 2}{5}\right)^{-2/3} \cdot \dfrac{1}{5} = \dfrac{1}{15}\left(\dfrac{y + 2}{5}\right)^{-2/3} \implies g'(3) = \dfrac{1}{15}\left(\dfrac{3 + 2}{5}\right)^{-2/3} = \dfrac{1}{15} \cdot 1^{-2/3} = \dfrac{1}{15}$.

[2] Da $\Phi(0) = 1/2$ gilt mit $y_0 = 1/2$ und $x_0 = 0$ nach (7.3.3) $(\Phi^{-1})'(1/2) = \dfrac{1}{\Phi'(0)} = \dfrac{\sqrt{2\pi}}{e^{-x_0^2/2}} = \sqrt{2\pi} \approx 2.506628$.

[3] Es gilt nach (7.3.1) $h(x) = x$ und damit $h'(x) = 1$ und somit $h''(x) = 0$.

[4]

a) Nach (7.3.3) gilt $g'(y_0) = 1/f'(x_0)$. Hier ist $(x_0, y_0) = (0, 0.5)$ und $f'(x_0) = 0.4$, d.h. $g'(0.5) = 1/0.4 = 10/4 = 2.5$.

b) Nach (7.3.3) gilt $g'(y_0) = \dfrac{1}{f'(x_0)}$. Hier ist die Steigung der Inversen g für $y_0 = 3$ und $x_0 = \ln 3$ gesucht. Die Steigung der Funktion f an der Stelle $x_0 = \ln 3$ lässt sich in der Grafik ablesen durch $\dfrac{\Delta y}{\Delta x} = 3/1 = 3$. Somit gilt $g'(3) = \dfrac{1}{f'(\ln 3)} = \dfrac{1}{3}$.

7.4 Lineare Approximation

[1]

a) Nach (7.4.1) ist die lineare Approximation um $x = x_0$ gegeben durch $f(x) \approx f(x_0) + f'(x_0)(x - x_0)$. Hier ist $x_0 = 1$ und $f(1) = \sqrt{2}$ und $f'(x) = \dfrac{1}{2\sqrt{1 + x^2}} \cdot 2x = \dfrac{x}{\sqrt{1 + x^2}}$ und damit $f'(1) = \dfrac{1}{\sqrt{2}}$. Die lineare Approximation in der Nähe von 1 ist daher $f(x) \approx \sqrt{2} + \dfrac{x - 1}{\sqrt{2}}$.

b) Hier ist $x_0 = 0$; $f(0) = 0$ und $f'(x) = 2e^{x^2} + 2xe^{x^2} \cdot 2x = 2(1 + 2x^2)e^{x^2} \implies f'(0) = 2(1 + 0)e^0 = 2$. Nach (7.4.1) gilt dann $f(x) \approx 0 + 2 \cdot (x - 0) = 2x$.

c) Nach (7.4.1) gilt für x in der Nähe von $x = x_0$, dass $f(x) \approx f(x_0) + f'(x_0)(x - x_0)$. Hier ist $x_0 = 1$; $f(1) = 2 \cdot 1e^0 = 2$ und $f'(x) = 2e^{1-x} + 2xe^{1-x} \cdot (-1) = 2e^{1-x}(1 - x)$ und $f'(1) = 2e^0(1 - 1) = 0$. In der Nähe von $x = 1$ gilt also $f(x) \approx f(1) + f'(1)(x - 1) = 2 + 0(x - 1) = 2$.

d) $f(0) = 1 - 1 = 0$; $f'(x) = e^x + e^{-x}$; $f'(0) = 1 + 1 = 2$. Nach (7.4.1) gilt dann $f(x) \approx 0 + 2(x - 0) = 2x$.

[2]

a) Nach (7.4.1) gilt $f(x) \approx f(x_0) + f'(x_0)(x - x_0)$. Hier ist $x_0 = 49$ und $f(49) = \sqrt{49} = 7$. Es ist $f'(x) = \dfrac{1}{2\sqrt{x}}$ und damit $f'(49) = \dfrac{1}{14}$. Damit gilt $f(x) \approx 7 + \dfrac{1}{14}(x - 49)$.

b) Nach a) gilt $f(48) \approx 7 + \dfrac{1}{14}(48 - 49) = 7 - \dfrac{1}{14} = 6\dfrac{13}{14} = 6.9285714$. Das exakte Ergebnis ist $f(48) = \sqrt{48} = 6.928203$. Somit ist der Fehler bei dieser Approximation $6.928203 - 6.9285714 = -0.0003684$.

[3]

a) Nach (7.4.2) gilt $dy = f'(x)\,dx$. Hier ist $f(x) = \ln(x^2) + 1$ und $f'(x) = \dfrac{1}{x^2} \cdot 2x = \dfrac{2}{x}$. Damit gilt $d(\ln(x^2) + 1) = \dfrac{2}{x}\,dx$.

b) Nach (7.4.2) ist $d(x^3 + 7x^2 + 8x - 16) = (3x^2 + 14x + 8)\,dx$.

[4] Nach (7.4.2) gilt $df = f'(x)\,dx = \dfrac{4x^3}{2\sqrt{9 + x^4}}\,dx = \dfrac{2x^3}{\sqrt{9 + x^4}}\,dx$. Wenn sich x von 2 auf 2.1 ändert, ist $dx = 0.1$ und $dy = f'(2) \cdot 0.1 = \dfrac{2 \cdot 2^3}{\sqrt{9 + 2^4}} \cdot 0.1 = \dfrac{16}{\sqrt{25}} \cdot 0.1 = \dfrac{16}{5} \cdot 0.1 = 0.32$.

Die tatsächliche Änderung der Funktion ist nach (7.4.3) $\Delta y = f(x + dx) - f(x)$ und kann durch dy approximiert werden, d.h. hier durch 0.32. Die tatsächliche Änderung ist hier $\Delta y = f(2.1) - f(2) = \sqrt{9 + 2.1^4} - \sqrt{9 + 2^4} = \sqrt{28.4481} - \sqrt{25} = 5.333676 - 5 = 0.333676$.

[5]

a) dx und dy sind direkt beschriftet. Die mit (1) gekennzeichnete Strecke entspricht Δy.

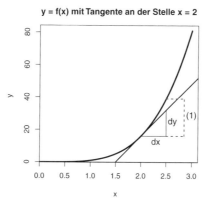

y = f(x) mit Tangente an der Stelle x = 2

b) Es ist $dy = f'(x)\,dx = 4x^3\,dx$. In a) ist $dx = 0.5$ und $x = 2$. Dann ist $dy = 4 \cdot 2^3 \cdot 0.5 = 16$ und $\Delta y = f(2.5) - f(2) = 2.5^4 - 2^4 = 39.0625 - 16 = 23.0625$.

[6]

a) Nach (7.4.2) gilt $df = f'(x)\,dx = \left(3x^2 \cdot \ln(x) + x^3 \frac{1}{x}\right)\,dx = x^2\,(3\ln(x) + 1)\,dx$. Mit $x = 1$ und $dx = 0.1$ ist $dy = 1^2\,(3\ln(1) + 1)\cdot 0.1 = 1(0+1)\cdot 0.1 = 1\cdot 0.1 = 0.1$, während $\Delta y = f(1.1) - f(1) = 1.1^3 \cdot \ln 1.1 - 1^3 \cdot \ln 1 = 1.331 \cdot 0.09531018 - 1 \cdot 0 = 0.1268578$.

b) Nach (7.4.2) und (7.4.3) ist $dy = f'(x)\,dx = \frac{1}{x}\,dx = 1\cdot 0.1 = 0.1$ und $\Delta y = f(x+dx) - f(x) = \ln(1.1) - \ln 1 = 0.09531018 - 0 \approx 0.095$.

c) Nach (7.4.2) ist $dy = f'(x)\,dx = e^x\,dx$. Mit $x = 1$ und $dx = 0.1$ ist $dy = e^1 \cdot 0.1 = 0.271828182 \approx 0.272$. Nach (7.4.3) ist $\Delta y = f(1.1) - f(1) = e^{1.1} - e^1 = 3.004166 - 2.718282 = 0.285884 \approx 0.286$.

7.5 Polynomiale Approximation

[1]

a) Nach (7.5.2) ist die quadratische Approximation der Funktion f um $x = 0$ gegeben durch $f(x) \approx f(0) + f'(0)x + \frac{1}{2}f''(0)x^2$. Hier ist $f(0) = 0$; $f'(x) = 2e^{2x} + 4xe^{2x} \implies f'(0) = 2$ und $f''(x) = 4e^{2x} + 4e^{2x} + 8xe^{2x} = 8e^{2x} + 8xe^{2x} \implies f''(0) = 8$. Damit folgt $f(x) \approx 0 + 2x + \frac{1}{2}8x^2 = 2x + 4x^2$.

b) Um (7.5.2) anwenden zu können, benötigen wir den Funktionswert und die ersten beiden Ableitungen an der Stelle $x = 0$. Es gilt $f(x) = (x^2 + 2x + 6)^2 \implies f(0) = 36$; $f'(x) = 2(x^2 + 2x + 6)(2x + 2) = 4x^3 + 12x^2 + 32x + 24 \implies f'(0) = 24$; $f''(x) = 12x^2 + 24x + 32 \implies f''(0) = 32$. Somit gilt $f(x) \approx 36 + 24x + \frac{1}{2} \cdot 32x^2 = 16x^2 + 24x + 36$.

c) Hier ist $f(x)$ selbst ein Polynom zweiten Grades und die Approximation durch ein Polynom zweiten Grades um $x = 0$ stimmt daher mit $f(x)$ überein (siehe Bemerkung vor Beispiel 7.5.3). Anwendung der Formel (7.5.2) führt zu demselben Ergebnis.

d) Hier ist $x_0 = 3$ und $f(3) = (1+3)^{-1/2} = 4^{-1/2} = \frac{1}{4^{1/2}} = \frac{1}{2}$. Die erste Ableitung ist

$$f'(x) = -\frac{1}{2}(1+x)^{-3/2} \implies f'(3) = -\frac{1}{2} \cdot \frac{1}{4^{3/2}} = -\frac{1}{2\cdot 8} = -\frac{1}{16}.$$ Die zweite Ableitung ist

$$f''(x) = \left(-\frac{1}{2}\right)\left(-\frac{3}{2}\right)(1+x)^{-5/2} = \frac{3}{4}(1+x)^{-5/2} \implies f''(3) = \frac{3}{4} \cdot \frac{1}{4^{5/2}} = \frac{3}{4\cdot 32} = \frac{3}{128}.$$

Nach (7.5.1) folgt $f(x) \approx \frac{1}{2} - \frac{1}{16}(x-3) + \frac{1}{2}\cdot\frac{3}{128}(x-3)^2 = \frac{1}{2} - \frac{1}{16}(x-3) + \frac{3}{256}(x-3)^2$.

[2] Die Approximation einer Funktion durch ein Polynom dritten Grades um $x_0 = 0$ ist gegeben durch das Taylor-Polynom (7.5.4) mit $n = 3$, d.h. $f(x) \approx f(0) + f'(0)x + \frac{f''(0)}{2}x^2 + \frac{f'''(0)}{6}x^3$. Zur Bestimmung des Taylor-Polynoms benötigen wir also den Funktionswert und den Wert der ersten drei Ableitungen von $f(x)$ an der Stelle $x_0 = 0$. Hier gilt $f(x) = e^{2x} \Rightarrow f(0) = 1$; $f'(x) = 2e^{2x} \Rightarrow f'(0) = 2e^0 = 2$; $f''(x) = 4e^{2x} \Rightarrow f''(0) = 4e^0 = 4$; $f'''(x) = 8e^{2x} \Rightarrow f'''(0) = 8e^0 = 8$. Einsetzen ergibt: $f(x) \approx 1 + 2x + \frac{4}{2}x^2 + \frac{8}{6}x^3 = 1 + 2x + 2x^2 + \frac{4}{3}x^3$.

[3] Die lineare Approximation in der Nähe von $x = 0$ ist nach (7.4.1) $\Phi(x) \approx \Phi(0) +$ $\Phi'(0)x = \dfrac{1}{2} + \dfrac{1}{\sqrt{2\pi}} e^{-0^2/2} \cdot x = \dfrac{1}{2} + \dfrac{1}{\sqrt{2\pi}} x$. Die quadratische Approximation in der Nähe von $x = 0$ ist nach (7.5.2) $\Phi(x) \approx \Phi(0) + \Phi'(0)x + \dfrac{1}{2}\Phi''(0)x^2$. Da $\Phi''(x) = \dfrac{1}{\sqrt{2\pi}} e^{-x^2/2}(-x) = 0$ für $x = 0$, stimmt die quadratische Approximation mit der linearen überein.

[4]

a) Das Taylor-Polynom 2. Grades um $x = 1$ ist nach (7.5.1) gegeben durch $f(1) + f'(1)(x - 1) + \dfrac{1}{2}f''(1)(x - 1)^2$. Hier ist $f(1) = 1 \cdot (\ln(1))^2 = 1 \cdot 0^2 = 0$; $f'(x) = 2x \ln(x)(\ln(x) + x/x) = 2x \ln(x)(\ln(x) + 1)) = 2x(\ln(x))^2 + 2x \ln(x) \Longrightarrow f'(1) = 2 \cdot 0^2 + 2 \cdot 0 = 0$. Die 2. Ableitung ist $f''(x) = 2(\ln(x))^2 + 2x \cdot 2 \ln(x) \cdot \dfrac{1}{x} + 2 \ln(x) + 2x \dfrac{1}{x} = 2(\ln(x))^2 + 4 \ln(x) + 2 \ln(x) + 2 = 2(\ln(x))^2 + 6 \ln(x) + 2 \Longrightarrow f''(1) = 2 \cdot 0^2 + 6 \cdot 0 + 2 = 2$. Damit ist dann das Taylorpolynom 2. Grades $0 + 0 + \dfrac{2}{2}(x - 1)^2 = (x - 1)^2$.

b) Für $x = 1.1$ ist $f(1.1) = (1.1 \ln 1.1)^2 = 0.01099168$. Die Approximation ergibt $(1.1 - 1)^2 = 0.1^2 = 0.01$, d.h. der Fehler ist 0.00099168.

c) Die lineare Approximation ergibt $f(x) \approx 0$, da nach a) $f(1) = 0$ und $f'(1) = 0$.

[5]

a) Das Taylor-Polynom 2. Grades um $x = 0$ ist nach (7.5.2) gegeben durch $f(0) + f'(0)x + \dfrac{1}{2}f''(0)x^2$. Hier ist $f(0) = g(0) \ln(g(0)) = 1 \cdot \ln(1) = 1 \cdot 0 = 0$; $f'(x) = g'(x) \ln(g(x)) + g(x) \cdot \dfrac{1}{g(x)} \cdot g'(x) = g'(x) \ln(g(x)) + g'(x) = g'(x)(\ln(g(x)) + 1) \Longrightarrow f'(0) = g'(0)(\ln(g(0) + 1) = 1(\ln(1) + 1) = 1(0 + 1) = 1$ und $f''(x) = g''(x)(\ln(g(x)) + 1) + g'(x) \cdot \dfrac{1}{g(x)} \cdot g'(x) = g''(x)(\ln(g(x)) + 1) + (g'(x))^2 \cdot \dfrac{1}{g(x)} \Longrightarrow f''(0) = g''(0)(\ln(g(0) + 1) + (g'(0))^2 \cdot \dfrac{1}{g(0)} = 1(0 + 1) + 1^2 \cdot \dfrac{1}{1} = 1 + 1 = 2$. Damit ist dann das Taylorpolynom $0 + 1 \cdot x + \dfrac{1}{2} \cdot 2 \cdot x^2 = x + x^2 = x^2 + x$.

b) Hier ist $f(0) = \ln(g(0)) = \ln(1) = 0$; $f'(x) = \dfrac{g'(x)}{g(x)} \Rightarrow f'(0) = \dfrac{g'(0)}{g(0)} = \dfrac{1}{1} = 1$ und $f''(x) = \dfrac{g''(x) \cdot g(x) - g'(x) \cdot g'(x)}{(g(x))^2} \Longrightarrow f''(0) = \dfrac{g''(0) \cdot g(0) - (g'(0))^2}{(g(0))^2} = \dfrac{1 \cdot 1 - 1^2}{1^2} = \dfrac{0}{1} = 0$. Damit ist dann das Taylorpolynom $0 + 1 \cdot x + \dfrac{1}{2} \cdot 0 \cdot x^2 = x$.

7.6 Taylor-Formel

[1]

a) $f(x)$ ist ein Polynom dritten Grades. Daher ist (siehe Bemerkung vor Beispiel 7.5.3) das Taylor-Polynom dritten Grades $x^3 - 1$, d.h. die Approximation ist exakt ohne jeglichen Approximationsfehler.

b) Die Taylor-Formel (7.6.3) für $n = 2$ (mit Entwicklung um $x = 0$) lautet: $f(x) = f(0) + f'(0)x + \dfrac{1}{2}f''(0)x^2 + \dfrac{1}{6}f'''(c)x^3$, wobei c zwischen 0 und x liegt. Zur Bestimmung der Taylor Formel benötigen wir den Funktionswert und die ersten beiden Ableitungen, jeweils an der Stelle $x = 0$ und den Wert der dritten Ableitung an der Stelle $x = c$. Es ist $f(x) = e^x + x^2 \Rightarrow f(0) = 1 + 0 = 1$; $f'(x) = e^x + 2x \Rightarrow f'(0) = 1 + 0 = 1$; $f''(x) = e^x + 2 \Rightarrow f''(0) = 1 + 2 = 3$; $f'''(x) = e^x \Rightarrow f'''(c) = e^c$. Nach der Taylor-Formel ergibt sich dann: $f(x) = 1 + 1 \cdot x + \dfrac{1}{2} \cdot 3x^2 + \dfrac{1}{6} e^c x^3 = 1 + x + \dfrac{3}{2}x^2 + \dfrac{x^3 e^c}{6}$.

[**2**] Für das Restglied eines Taylor-Polynoms gilt nach (7.6.2):

$R_{n+1}(x) = \dfrac{1}{(n+1)!} f^{(n+1)}(c) x^{n+1}$. Für das Restglied $R_3(x)$ mit $n = 2$ wird die dritte Ableitung von $f(x)$ benötigt. $f(x) = \sqrt{x+5} = (x+5)^{1/2}$; $f'(x) = \dfrac{1}{2}(x+5)^{-1/2}$; $f''(x) = -\dfrac{1}{4}(x+5)^{-3/2}$; $f'''(x) = \dfrac{3}{8}(x+5)^{-5/2}$. Demnach ergibt sich für das Restglied: $R_3(x) = \dfrac{1}{3!} f'''(c) x^3 = \dfrac{1}{6} \cdot \dfrac{3}{8}(c+5)^{-5/2} \cdot x^3 = \dfrac{1}{16}(c+5)^{-5/2} \cdot x^3$, wobei c zwischen 0 und x liegt.

[**3**] Nach (7.5.4) gilt $f(x) = \ln x \approx f(1) + f'(1)(x-1) + \dfrac{f''(1)}{2}(x-1)^2$. Hier ist $f(1) = \ln 1 = 0$; $f'(x) = 1/x \Rightarrow f'(1) = 1$; $f''(x) = -1/x^2 \Rightarrow f''(1) = -1$. Damit folgt $\ln x \approx x - 1 - \dfrac{1}{2}(x-1)^2 = x - 1 - \dfrac{1}{2}(x^2 - 2x + 1) = -\dfrac{1}{2}x^2 + 2x - \dfrac{3}{2}$.

Nach (7.6.7) ist $R_3(x) = \dfrac{1}{3!} f'''(c)(x-1)^3$ für $c \in [1, x]$. Es gilt $f'''(x) = \dfrac{2}{x^3} \le 2$ und $(x-1)^3 \le 1$ für $x \in [1, 2]$, d.h. $R_3(x) \le \dfrac{2}{6} = \dfrac{1}{3}$.

7.7 Warum Ökonomen Elastizitäten benutzen

[**1**] Nach Beispiel 7.7.1 ist die Elastizität einer Potenzfunktion gleich dem Exponenten, d.h. hier gleich 0.3, d.h. die Nachfrage steigt um 0.3%, wenn das Einkommen um 1% steigt.

[**2**]

a) Nach Beispiel 7.7.1 ist die Elastizität einer Potenzfunktion $f(x) = Ax^b$ gleich dem Exponenten b. In dem hier gegebenen Fall handelt es sich um eine Potenzfunktion, wie man nach elementaren Umformungen sieht: $f(x) = x\sqrt{x}x^{4/3} = x \cdot x^{1/2} \cdot x^{4/3} = x^{1+1/2+4/3} = x^{(6+3+8)/6} = x^{17/6} \Longrightarrow \text{El}_x f(x) = 17/6$.

b) Auch hier handelt es sich um eine Potenzfunktion, denn $f(x) = \dfrac{x^3}{\sqrt{x}} = x^3 \cdot x^{-1/2} = x^{3-1/2} = x^{5/2} \Longrightarrow \text{El}_x f(x) = 5/2$.

c) Die Elastizität einer Funktion $f(x)$ ist nach (7.7.1)

$$\text{El}_x f(x) = \frac{x}{f(x)} f'(x) = \frac{x(x-1)}{x+1} \cdot \frac{(x-1) \cdot 1 - (x+1) \cdot 1}{(x-1)^2} = \frac{x \cdot (-2)}{(x+1)(x-1)} = \frac{2x}{1 - x^2}.$$

d) $\text{El}_x f(x) = \dfrac{x}{f(x)} f'(x) = \dfrac{x}{e^x \ln x} \left(e^x \ln x + e^x \dfrac{1}{x} \right) = x + 1/\ln x$.

e) Umformen ergibt $L(t) = 100(t\sqrt{t})^{-1} = 100t^{-3/2}$. Bei einer Potenzfunktion ist die Elastizität gleich dem Exponenten (siehe Beispiel 7.7.1), d.h. hier $-3/2$.

f) $\mathrm{El}_x f(x) = \dfrac{x}{f(x)} f'(x) = \dfrac{x}{\ln(x)} \cdot \dfrac{1}{x} = \dfrac{1}{\ln x}$

g) Es gilt $f(x) = \ln(x^2) = 2\ln x$ und damit $f'(x) = \dfrac{2}{x}$, so dass $\mathrm{El}_x f(x) = \dfrac{x}{f(x)} f'(x) =$

$\dfrac{x}{2\ln x} \cdot \dfrac{2}{x} = \dfrac{1}{\ln x}$.

h) Da $f'(x) = 5e^{5x}$, folgt mit (7.7.1) $\mathrm{El}_x f(x) = \dfrac{x}{f(x)} f'(x) = \dfrac{x}{e^{5x}} 5e^{5x} = 5x$.

[3] Die Preiselastizität gibt an, um wieviel sich die Nachfrage des Gutes ungefähr ändert, wenn der Preis um 1% steigt. Hier steigt der Preis um 1%, daher sinkt die Nachfrage um 1.5% von 200, d.h. um 3 auf $200 - 3 = 197$.

7.8 Stetigkeit

[1]

a) Damit $\ln(x)$ definiert ist, muss $x > 0$ sein. Damit $1/\sqrt{x \ln(x)}$ definiert ist, muss $x \ln(x) > 0$ sein. Da $x > 0$ sein muss, muss auch $\ln(x) > 0$ sein, d.h. $x > 1$. Der zweite Summand ist für $x = 2$ nicht definiert, da der Nenner dann Null ist. Alle verwendeten Funktionen sind in ihrem Definitionsbereich stetig und damit nach (7.8.4) auch f. Somit ist f stetig in $D_f = \{x : x > 1 \text{ und } x \neq 2\}$.

b) Nach (7.8.4) ist f überall dort stetig, wo es definiert ist. Der Zähler ist definiert für $x > 0$. Der Nenner darf nicht Null sein, d.h. es muss gelten $x \neq 3$. Somit ist f stetig in $D = \{x : x > 0 \text{ und } x \neq 3\}$.

c) $\ln(x + 1)$ ist definiert für $x > -1$ und $\dfrac{1}{\sqrt{x - 2}}$ ist definiert für $x > 2$. Da $x > 2$ die stärkere Bedingung angibt, ist die gesamte Funktion nur für $x > 2$ definiert. Alle verwendeten Funktionen sind in ihrem Definitionsbereich stetig, so dass nach (7.8.4) auch die Kombination der verwendeten Funktionen, d.h. stetig ist in $(2, \infty)$.

[2]

a) Beide „Teile" der Funktion $\sqrt{x}+2$ und $ax+3$ sind stetig in ihrem Definitionsbereich. Die Funktion f kann also nur am Übergang, d.h. an der Stelle $x = 4$ unstetig sein. Sie ist genau dann stetig an der Stelle $x = 4$, wenn $\sqrt{4} + 2 = a \cdot 4 + 3 \iff 4 = 4a + 3 \iff 4a = 1 \iff a = 1/4$.

b) Unabhängig von a ist die Funktion $f(x)$ stetig für alle $x \neq 1$. Sie ist stetig an der Stelle $x = 1$, wenn $\lim\limits_{x \to 1^-} f(x) = f(1) \iff \lim\limits_{x \to 1^-} \dfrac{x^2 - 1}{x - 1} = \ln(1) + a$. Nach (1.3.3) ist $\dfrac{x^2 - 1}{x - 1} = \dfrac{(x + 1)(x - 1)}{x - 1} = x + 1$, so dass f genau dann stetig ist, wenn $\lim\limits_{x \to 1^-} x + 1 = a \iff a = 2$.

c) Die Funktion f ist für alle a stetig, falls $x \neq 2$ ist. Sie ist stetig in $x = 2$, falls $\lim\limits_{x \to 2^-} x^2 - a = f(2) = 2 + 1 = 3 \iff 2^2 - a = 3 \iff 4 - a = 3 \iff a = 4 - 3 = 1$.

7.9 Mehr über Grenzwerte

[1] Der Zähler strebt in jedem Fall gegen $-e^{-2} < 0$. Der Nenner strebt gegen Null, im ersten Fall von rechts, d.h. der Nenner ist größer als Null, d.h. $f(x)$ strebt gegen $-\infty$, d.h. es gilt $f(x) \to -\infty$, wenn $x \to -1^+$. Im zweiten Fall strebt der Nenner von links gegen Null, ist also kleiner als Null. Daher strebt $f(x)$ gegen ∞, d.h. es gilt $f(x) \to \infty$, wenn $x \to -1^-$.

[2] Es ist $\ln\left(\dfrac{3x}{x+1}\right) = \ln(3) + \ln\left(\dfrac{x}{x+1}\right) = \ln(3) + \ln\left(\dfrac{1}{1+1/x}\right)$. Der Quotient $\dfrac{1}{1+1/x}$ strebt gegen 1, wenn $x \to \infty$ und $\ln(1) = 0$. Daraus folgt, dass der gesuchte Grenzwert gleich $\ln(3)$ ist.

[3] Nach Definition des Absolutbetrages (1.7.1) ist $|x| = \begin{cases} x & x > 0 \\ -x & x < 0 \end{cases}$

Für $x > 0$ gilt $f(x) = \dfrac{x}{\sqrt{x}} = \sqrt{x} \to 0$, wenn $x \to 0^+$ und für $x < 0$ gilt $f(x) = \dfrac{x}{\sqrt{-x}} = -\dfrac{-x}{\sqrt{-x}} = -\sqrt{-x} \to 0$, wenn $x \to 0^-$.

[4] Für $x \to \pm\infty$ gilt $\dfrac{x-2}{(x-1)^2} = \dfrac{x-2}{x^2-2x+1} = \dfrac{1/x - 2/x^2}{1 - 2/x + 1/x^2} \to 0$. Da $1/x \to 0$ und $1/x^2 \to 0$, geht der Zähler gegen Null und der Nenner gegen 1 und damit der Quotient gegen Null. Damit ist $y = 0$ eine horizontale Asymptote für $x \to \pm\infty$. Der Nenner $(x-1)^2$ ist Null für $x = 1$, d.h. $f(x)$ ist für $x = 1$ nicht definiert. Für $x \to 1^-$ und $x \to 1^+$ geht der Zähler jeweils gegen -1 und der Nenner gegen ∞, d.h. $f(x) \to -\infty$. Damit ist $x = 1$ eine vertikale Asymptote für $y \to 1^-$ und $y \to 1^+$.

7.10 Zwischenwertsatz, Newton-Verfahren

[1]

a) Nach (7.10.1) ergibt sich für die durch das Newton-Verfahren erzeugten Punkte die Formel $x_{n+1} = x_n - \dfrac{f(x_n)}{f'(x_n)}$, $n = 0, 1, \ldots$ ($f'(x_n) \neq 0$), d.h. für $n = 1$ ist $x_1 = x_0 - \dfrac{f(x_0)}{f'(x_0)}$.

Hier gilt $f(x) = x^3 + 7x^2 + 8x - 16 \implies f'(x) = 3x^2 + 14x + 8$, so dass $f(2) = 2^3 + 7 \cdot 2^2 + 8 \cdot 2 - 16 = 8 + 28 + 16 - 16 = 36$ und $f'(2) = 3 \cdot 2^2 + 14 \cdot 2 + 8 = 12 + 28 + 8 = 48$.

Damit ergibt sich $x_1 = 2 - \dfrac{36}{48} = \dfrac{5}{4}$.

b) Wie in a) ist $x_1 = x_0 - \dfrac{f(x_0)}{f'(x_0)}$ zu bestimmen. Aus $f(x) = -x^4 + 2x^2 + 3x - 2$ folgt $f'(x) = -4x^3 + 4x + 3$. Mit $f(0) = -2$ und $f'(0) = 3$ folgt $x_1 = 0 - \dfrac{-2}{3} = \dfrac{2}{3}$.

c) Aus $f(x) = x^3 + 3x - 8$ folgt $f'(x) = 3x^2 + 3$. Damit ist $f(1) = 1^3 + 3 \cdot 1 - 8 = -4$ und $f'(1) = 3 \cdot 1^2 + 3 = 6$ und somit $x_1 = 1 - \dfrac{f(1)}{f'(1)} = 1 - \dfrac{-4}{6} = 1 + \dfrac{2}{3} = \dfrac{5}{3}$.

d) Aus $f(x) = e^{-x} + 7x - 10$ folgt $f'(x) = -e^{-x} + 7$ und für $x_0 = 0$ gilt $f(0) = e^0 + 7 \cdot 0 - 10 =$

$1 - 10 = -9$ und $f'(0) = -e^0 + 7 = -1 + 7 = 6$. Damit ist $x_1 = 0 - \dfrac{f(0)}{f'(0)} = 0 - \dfrac{-9}{6} = \dfrac{3}{2}$.

[2]

a) Nach (7.10.1) ergibt sich für die durch das Newton-Verfahren erzeugten Punkte

die Formel $x_{n+1} = x_n - \dfrac{f(x_n)}{f'(x_n)}$, $n = 0, 1, \ldots$ $(f'(x_n) \neq 0)$, d.h. für $n = 1$ ist $x_1 =$

$x_0 - \dfrac{f(x_0)}{f'(x_0)}$ und für $n = 2$ ist $x_2 = x_1 - \dfrac{f(x_1)}{f'(x_1)}$. Aus $f(x) = 2x^3 - 4x^2 - 8x + 6$

folgt $f'(x) = 6x^2 - 8x - 8$. Mit $x_0 = 0$ ist $x_1 = 0 - \dfrac{f(0)}{f'(0)} = 0 - \dfrac{6}{-8} = \dfrac{3}{4}$. Dann ist

$x_2 = \dfrac{3}{4} - \dfrac{f(3/4)}{f'(3/4)} = \dfrac{3}{4} - \dfrac{-45/32}{-85/8} = \dfrac{21}{34} \approx 0.617647$.

b) Aus $f(x) = x^3 + 3x - 6$ folgt $f'(x) = 3x^2 + 3$ und somit ist für $x_0 = 1$ als Startpunkt
$f(x_0) = f(1) = 1 + 3 - 6 = -2$ und $f'(x_0) = f'(1) = 3 + 3 = 6$ und somit $x_1 =$

$1 - \dfrac{f(1)}{f'(1)} = 1 - \dfrac{-2}{6} = \dfrac{4}{3}$. Es ist $f(x_1) = f\left(\dfrac{4}{3}\right) = \dfrac{64}{27} + 4 - 6 = \dfrac{64}{27} - 2 = \dfrac{10}{27}$ und

$f'(x_1) = f'\left(\dfrac{4}{3}\right) = \dfrac{16}{3} + 3 = \dfrac{25}{3}$ und damit $x_2 = 1 - \dfrac{f(1)}{f'(1)} = \dfrac{4}{3} - \dfrac{10/27}{25/3} = \dfrac{4}{3} - \dfrac{10 \cdot 3}{27 \cdot 25} =$

$\dfrac{4}{3} - \dfrac{2}{9 \cdot 5} = \dfrac{60}{45} - \dfrac{2}{45} = \dfrac{58}{45} \approx 1.289$.

c) Aus $f(x) = -e^{2x} - 2x + 3$ folgt $f'(x) = -2e^{2x} - 2$ und damit gilt

$x_1 = 0 - \dfrac{f(0)}{f'(0)} = -\dfrac{-e^{2 \cdot 0} - 2 \cdot 0 + 3}{-2e^{2 \cdot 0} - 2} = 0 - \dfrac{-1 + 3}{-2 - 2} = \dfrac{-2}{-4} = \dfrac{1}{2}$ und $x_2 = \dfrac{1}{2} - \dfrac{f(1/2)}{f'(1/2)} =$

$\dfrac{1}{2} - \dfrac{-e^{2 \cdot 1/2} - 2 \cdot 1/2 + 3}{-2e^{2 \cdot 1/2} - 2} = \dfrac{1}{2} - \dfrac{-e^1 + 2}{-2e^1 - 2} \approx 0.403$.

[3] Aus der Grafik lassen sich der Funktionswert und der Wert der ersten Ableitung
an der Stelle $x_0 = 0$ ablesen. Es gilt $f(0) = -1$ und $f'(0) = 2$. Mit $x_0 = 0$ als Startpunkt

erhalten wir $x_1 = x_0 - \dfrac{f(x_0)}{f'(x_0)} = 0 - \dfrac{-1}{2} = \dfrac{1}{2}$.

[4] Die Gleichung $2^x = 7$ gilt genau dann, wenn $2^x - 7 = 0$. Wir wenden das Newton-
Verfahren auf $f(x) = 2^x - 7$ einmal an. Mit (6.10.3) gilt $f'(x) = 2^x \cdot \ln 2$. Es ist $f(x_0) =$

$f(3) = 2^3 - 7 = 8 - 7 = 1$ und $f'(x_0) = f'(3) = 2^3 \cdot \ln 2 = 8\ln 2$ und damit $x_1 = 3 - \dfrac{f(3)}{f'(3)} =$

$3 - \dfrac{1}{8\ln 2} \approx 2.8197$.

[5] Es gilt $\sqrt[5]{34} = x \iff x^5 = 34 \iff x^5 - 34 = 0$. Man setze hier $f(x) = x^5 - 34$. Dann
ist $f(\sqrt[5]{34}) = 0$. Ferner ist $f'(x) = 5x^4$. Man setze $x_0 = 2$. Es ist $f(x_0) = f(2) = 32 - 34 = -2$
und $f'(x_0) = f'(2) = 5 \cdot 16 = 80$. Dann ist die erste Näherung nach dem Newton-Verfahren

$x_1 = x_0 - \dfrac{f(x_0)}{f'(x_0)} = 2 - \dfrac{-2}{80} = 2 + \dfrac{1}{40} = 2.025$.

7.11 Unendliche Folgen

[1] Indem wir durch n^2 bzw. durch n dividieren, erhalten wir

a) $\lim\limits_{n\to\infty} a_n = \lim\limits_{n\to\infty} \dfrac{n^2 - 3n + 4}{2n^2 - 1} = \lim\limits_{n\to\infty} \dfrac{1 - 3/n + 4/n^2}{2 - 1/n^2} = \dfrac{\lim\limits_{n\to\infty} 1 - \lim\limits_{n\to\infty} 3/n + \lim\limits_{n\to\infty} 4/n^2}{\lim\limits_{n\to\infty} 2 - \lim\limits_{n\to\infty} 1/n^2} =$

$\dfrac{1 - 0 + 0}{2 - 0} = \dfrac{1}{2}$ und

b) $\lim\limits_{n\to\infty} b_n = \lim\limits_{n\to\infty} \dfrac{4 - n}{2n - 1} = \dfrac{\lim\limits_{n\to\infty} 4/n - \lim\limits_{n\to\infty} 1}{\lim\limits_{n\to\infty} 2 - \lim\limits_{n\to\infty} 1/n} = \dfrac{0 - 1}{2 - 0} = -\dfrac{1}{2}.$

Indem wir die Rechenregeln (6.5.2) anwenden, folgt

c) $\lim\limits_{n\to\infty}(a_n + b_n) = \dfrac{1}{2} - \dfrac{1}{2} = 0;$ **d)** $\lim\limits_{n\to\infty}(a_n - b_n) = \dfrac{1}{2} - \left(-\dfrac{1}{2}\right) = 1;$

e) $\lim\limits_{n\to\infty}(a_n b_n) = \dfrac{1}{2}\cdot\left(-\dfrac{1}{2}\right) = -\dfrac{1}{4}$ und **f)** $\lim\limits_{n\to\infty}(a_n/b_n) = \dfrac{1/2}{-1/2} = -1.$

[2]

a) Nach den Regeln für Grenzwerte (6.5.2) ergibt sich: $\lim\limits_{n\to\infty}\left(29 - \dfrac{1}{n^2 - 1} + \dfrac{1}{n^2 + 1}\right) =$

$\lim\limits_{n\to\infty} 29 - \lim\limits_{n\to\infty}\dfrac{1}{n^2 - 1} + \lim\limits_{n\to\infty}\dfrac{1}{n^2 + 1} = 29 - 0 + 0 = 29.$

b) Es gilt $\lim\limits_{n\to\infty}\left(\dfrac{5n - 1}{n}\right)^2 = \lim\limits_{n\to\infty}\left(\dfrac{5n}{n} - \dfrac{1}{n}\right)^2 = \lim\limits_{n\to\infty}\left(5 - \dfrac{1}{n}\right)^2.$ Nach den Regeln für

Grenzwerte (6.5.2) ergibt sich für $\lim\limits_{n\to\infty}\left(5 - \dfrac{1}{n}\right) = 5$ und somit gilt nach (6.5.2(d))

$\lim\limits_{n\to\infty}\left(\dfrac{5n - 1}{n}\right)^2 = 5^2 = 25.$

c) $\dfrac{(2n + 1)^2}{n^2} = \dfrac{4n^2 + 4n + 1}{n^2} = \dfrac{4n^2}{n^2} + \dfrac{4n}{n^2} + \dfrac{1}{n^2} = 4 + \dfrac{4}{n} + \dfrac{1}{n^2} \to 4,$ wenn $n \to \infty.$

d) $\lim\limits_{n\to\infty}\left(\dfrac{n^2 + n}{n^2}\right)^n = \lim\limits_{n\to\infty}\left(\dfrac{n(n + 1)}{n^2}\right)^n = \lim\limits_{n\to\infty}\left(\dfrac{n + 1}{n}\right)^n = \lim\limits_{n\to\infty}\left(1 + \dfrac{1}{n}\right)^n = e$ nach (7.11.1).

7.12 Umbestimmte Formen und Regeln von L´Hôspital

[1]

a) Für $x = 1$ sind Zähler und Nenner gleich 0. Nach der Regel von l'Hôspital (Theorem 7.12.1) ist $\lim\limits_{x\to 1}\dfrac{a^{2x} - a^2}{2x - 2} = \lim\limits_{x\to 1}\dfrac{(a^{2x} - a^2)'}{(2x - 2)'} = \lim\limits_{x\to 1}\dfrac{2a^{2x}\ln a}{2} = a^2 \ln a.$

b) Für $x = 1$ sind Zähler und Nenner gleich 0. Nach der Regel von l'Hôspital (Theorem 7.12.1) ist $\lim\limits_{x\to 1}\dfrac{x^x - x}{1 - x + \ln x} = \lim\limits_{x\to 1}\dfrac{(x^x - x)'}{(1 - x + \ln x)'} = \lim\limits_{x\to 1}\dfrac{x^x(\ln x + 1) - 1}{-1 + 1/x} =$

$= \lim\limits_{x\to 1}\dfrac{(x^x(\ln x + 1) - 1)'}{(-1 + 1/x)'} = \lim\limits_{x\to 1}\dfrac{x^x(\ln x + 1)^2 + x^x\dfrac{1}{x}}{-1/x^2} = -2.$ Hier haben wir die Regel von l'Hôspital zweimal angewendet, da auch im Quotienten der ersten Ableitungen für $x = 1$ Zähler und Nenner gleich 0 sind.

c) Für $x = 1$ sind Zähler und Nenner gleich 0. Nach Theorem 7.12.1 ist $\lim\limits_{x \to 1} \dfrac{x^n - 1}{x - 1} =$
$\lim\limits_{x \to 1} \dfrac{(x^n - 1)'}{(x - 1)'} = \lim\limits_{x \to 1} \dfrac{nx^{n-1}}{1} = n$.

d) Für $x = 1$ sind Zähler und Nenner gleich 0. Nach Theorem 7.12.1 ist $\lim\limits_{x \to 1} \dfrac{\ln x}{e^x - e} =$
$\lim\limits_{x \to 1} \dfrac{(\ln x)'}{(e^x - e)'} = \lim\limits_{x \to 1} \dfrac{1/x}{e^x} = \dfrac{1}{e}$.

e) Für $x = 1$ sind Zähler und Nenner gleich 0. Nach zweimaliger Anwendung von Theorem 7.12.1 erhalten wir
$$\lim\limits_{x \to 1} \frac{x^4 - 2x^2 + 1}{x^4 - 4x + 3} = \lim\limits_{x \to 1} \frac{4x^3 - 4x}{4x^3 - 4} = \lim\limits_{x \to 1} \frac{12x^2 - 4}{12x^2} = \frac{8}{12} = \frac{2}{3}.$$

f) Für $x = 1$ sind Zähler und Nenner gleich 0. Nach zweimaliger Anwendung von Theorem 7.12.1 erhalten wir $\lim\limits_{x \to 1} \dfrac{\ln x - x + 1}{(2x - 2)^2} = \lim\limits_{x \to 1} \dfrac{1/x - 1}{2(2x - 2) \cdot 2} = \lim\limits_{x \to 1} \dfrac{1/x - 1}{8x - 8} =$
$\lim\limits_{x \to 1} \dfrac{-1/x^2}{8} = -1/8$.

[2]

a) Es handelt sich um einen unbestimmten Ausdruck der Form $0/0$. Nach Theorem
7.12.1 ist $\lim\limits_{x \to 0} \dfrac{e^{3x} - e^x}{\ln(1 + x)} = \lim\limits_{x \to 0} \dfrac{3e^{3x} - e^x}{1/(1 + x)} = \dfrac{3 - 1}{1} = 2$

b) Nach Theorem 7.12.1 gilt $\lim\limits_{x \to 0} \dfrac{e^{x^2} - 1}{2x^2} = \lim\limits_{x \to 0} \dfrac{2xe^{x^2}}{4x} = \lim\limits_{x \to 0} \dfrac{1}{2} e^{x^2} = \dfrac{1}{2}$.

c) Es handelt sich um einen unbestimmten Ausdruck der Form $0/0$. Durch zweimalige Anwendung der Regel von L'Hôspital folgt $\lim\limits_{x \to 0} \dfrac{e^{3x} - 3x - 1}{2x^2} = \lim\limits_{x \to 0} \dfrac{3e^{3x} - 3}{4x} =$
$\lim\limits_{x \to 0} \dfrac{9e^{3x}}{4} = \dfrac{9}{4}$.

[3]

a) Für $x = 3$ sind Zähler und Nenner Null. Nach Theorem 7.12.1 ergibt Ableiten des Zählers und des Nenners: $\lim\limits_{x \to 3} \dfrac{2x^2 - 4x - 6}{x - 3} = \lim\limits_{x \to 3} \dfrac{4x - 4}{1} = 4 \cdot 3 - 4 = 8$. Diese Aufgabe wird mit anderen Methoden in Kap. 6.5. Aufg. 1 gelöst.

b) Für $x = -2$ sind Zähler und Nenner Null. Nach Theorem 7.12.1 gilt dann
$\lim\limits_{x \to -2} \dfrac{2x^2 + 5x + 2}{x^2 - 4} = \lim\limits_{x \to -2} \dfrac{4x + 5}{2x} = \dfrac{-8 + 5}{-4} = \dfrac{3}{4}$.

c) Hierbei handelt es sich um einen unbestimmten Ausdruck der Form "∞/∞". Nach zweimaliger Anwendung der Regel von l'Hôspital (Theorem 7.12.1) gilt
$\lim\limits_{x \to \infty} \dfrac{x^2 + 1}{e^x} = \lim\limits_{x \to \infty} \dfrac{2x}{e^x} = \lim\limits_{x \to \infty} \dfrac{2}{e^x} = 0$.

d) Es handelt sich um eine unbestimmte Form der Gestalt "∞/∞". Nach Theorem
7.12.1 gilt $\lim\limits_{x \to \infty} \dfrac{3x + \ln x}{x} = \lim\limits_{x \to \infty} \dfrac{3 + 1/x}{1} = \lim\limits_{x \to \infty} (3 + 1/x) = 3$.

e) Hier gehen Zähler und Nenner jeweils gegen ∞, so dass man die Regel von l'Hôspital anwenden kann. Leitet man jeweils den Zähler und den Nenner ab, erhält man den Quotienten $\dfrac{e^{2x} + xe^{2x}2}{1} = e^{2x}(1 + 2x)$. Für $x \to \infty$ strebt dieser Ausdruck gegen ∞, so dass $\dfrac{xe^{2x}}{x + 1} \to \infty$.

f) Beachten Sie, dass es sich um denselben Ausdruck wie in e) handelt. Jetzt geht jedoch $x \to -\infty$ und damit gehen auch Zähler und Nenner jeweils gegen $-\infty$. Ableiten des Zählers und des Nenners ergibt wie in e) $e^{2x}(1+2x)$. Für $x \to -\infty$ geht der erste Faktor gegen Null und der zweite gegen $-\infty$, so dass wir noch einmal die Regel von l'Hôspital anwenden. Dazu schreiben wir zunächst $e^{2x}(1 + 2x) = \dfrac{1 + 2x}{e^{-2x}}$. Dies ist für $x \to -\infty$ ein Ausdruck der Gestalt "$-\infty/\infty$". Wir bilden im Zähler und Nenner jeweils die Ableitung und erhalten $\dfrac{2}{-2e^{-2x}} = -e^{2x} \to 0$ für $x \to -\infty$. Damit ist der gesuchte Grenzwert 0.

g) Es handelt sich um eine unbestimmte Form der Gestalt „∞/∞". Nach Theorem 7.12.1 gilt $\lim\limits_{x\to\infty} \dfrac{10(x - 4)}{x^2 + 9} = \lim\limits_{x\to\infty} \dfrac{10}{2x} = 0$.

h) Es handelt sich um eine unbestimmte Form der Gestalt „∞/∞". Anwendung der Regel von l'Hôspital ergibt $\lim\limits_{x\to\infty} \dfrac{\ln x}{x} = \lim\limits_{x\to\infty} \dfrac{1/x}{1} = \lim\limits_{x\to\infty} \dfrac{1}{x} = 0$.

i) Es handelt sich um eine unbestimmte Form der Gestalt „∞/∞". Ableiten des Zählers und des Nenners ergibt $\lim\limits_{x\to\infty} \dfrac{x}{\ln x} = \lim\limits_{x\to\infty} \dfrac{1}{1/x} = \lim\limits_{x\to\infty} x = \infty$.

j) Es handelt sich um eine unbestimmte Form der Gestalt „∞/∞". Nach (7.12.3) gilt $\lim\limits_{x\to\infty} \dfrac{x^3}{e^x} = 0$. Alternativ kann man die Regel von l'Hôspital dreimal anwenden und erhält dabei $\lim\limits_{x\to\infty} \dfrac{x^3}{e^x} = \lim\limits_{x\to\infty} \dfrac{3x^2}{e^x} = \lim\limits_{x\to\infty} \dfrac{6x}{e^x} = \lim\limits_{x\to\infty} \dfrac{6}{e^x} = 0$.

Lösungen zu den weiteren Aufgaben zu Kapitel 7

[1]

a) Der natürliche Logarithmus ist definiert, wenn das Argument > 0 ist, d.h. $\ln(2 + x)$ ist definiert, wenn $2 + x > 0 \iff x > -2$. Und $\ln(2 - x)$ ist definiert, wenn $2 - x > 0 \iff x < 2$, d.h. $f(x) = \ln(2 + x) - \ln(2 - x)$ ist definiert, wenn $x \in D_f = (-2, 2)$.

Für $x > -2$ in der Nähe von -2 ist $2 + x > 0$ und in der Nähe von 0, d.h. $\ln(2 + x)$ ist beliebig klein, d.h. $\ln(2 + x) \to -\infty$, wenn $x \to -2$, während $2 - x < 2 + 2 = 4$, so dass $\ln(2 - x) < \ln(4)$, so dass auch $f(x) = \ln(2 + x) - \ln(2 - x) \to -\infty$, wenn $x \to -2$.

Für $x < 2$ in der Nähe von 2 ist $2 - x > 0$ und in der Nähe von 0, d.h. $\ln(2 - x)$ ist beliebig klein, d.h. $\ln(2 - x) \to -\infty$ und $-\ln(2 - x) \to \infty$, wenn $x \to 2$, während $2 + x > 2 > 1$, so dass $\ln(2 + x) > 0$, so dass auch $f(x) = \ln(2 + x) - \ln(2 - x) \to \infty$, wenn $x \to 2$.

Da die Funktion f stetig ist, nimmt sie in Verallgemeinerung des Zwischenwertsatzes jeden Wert zwischen $-\infty$ und ∞ an, d.h. $R_f = (-\infty, \infty)$.

b) $f'(x) = \dfrac{1}{2+x} - \dfrac{1}{2-x} \cdot (-1) = \dfrac{1}{2+x} + \dfrac{1}{2-x} > 0$ für $x \in (-2, 2)$. Damit ist f strikt monoton wachsend und hat daher nach Kap. 5.3 eine Inverse.

c) Da $f(1) = \ln(3)$ ist nach (7.3.3) $g'(\ln 3) = \dfrac{1}{f'(1)}$. Nach b) ist $f'(x) = \dfrac{1}{2+x} + \dfrac{1}{2-x}$ und somit $f'(1) = \dfrac{1}{2+1} + \dfrac{1}{2-1} = \dfrac{1}{3} + 1 = \dfrac{4}{3}$ und damit $g'(\ln 3) = \dfrac{1}{f'(1)} = \dfrac{3}{4}$.

[2] Es gilt $\lim\limits_{x \to \infty} f_i(x) = \infty$ $\quad i = 1, 2$. Es gilt dann

a) $f_1(x) + f_2(x) \to \infty$, wenn $x \to \infty$ und

b) $f_1(x) \cdot f_2(x) \to \infty$, wenn $x \to \infty$ (siehe (6.5.2) und Bemerkung vor Beispiel 7.9.6).

Nach Theorem 7.12.1 gilt

c) $\lim\limits_{x \to \infty} f_1(x)/f_2(x) = \lim\limits_{x \to \infty} f_1'(x)/f_2'(x) = \lim\limits_{x \to \infty} e^x/(1/x) = \lim\limits_{x \to \infty} xe^x = \infty$ und

d) $\lim\limits_{x \to \infty} f_2(x)/f_1(x) = \lim\limits_{x \to \infty} f_2'(x)/f_1'(x) = \lim\limits_{x \to \infty} 1/(xe^x) = 0$.

e) $\lim\limits_{x \to \infty} (f_1(x) - f_2(x)) = \lim\limits_{x \to \infty} (e^x - \ln(x)) = \lim\limits_{x \to \infty} (\ln(e^{e^x}) - \ln(x)) = \lim\limits_{x \to \infty} \ln\left(\dfrac{e^{e^x}}{x}\right)$. Es reicht jetzt zu zeigen, dass das Argument in der ln-Funktion gegen ∞ geht, da dann auch der ln gegen ∞ geht. Nach Theorem 7.12.1 gilt $\lim\limits_{x \to \infty} \dfrac{e^{e^x}}{x} = \lim\limits_{x \to \infty} \dfrac{e^{e^x} e^x}{1} = \infty$.

[3] $2yy' - 1 = 0 \Rightarrow 2y' \cdot y' + 2yy'' = 0 \iff (y')^2 + yy'' = 0$. Für $y = 1$ gilt $2y' - 1 = 0 \iff y' = 1/2$. Damit folgt $(1/2)^2 + y'' = 0 \iff y'' = -1/4$.

[4] Nach (7.4.2) gilt $dy = f'(x)dx$. Hier ist $f'(x) = 2e^{x^2} + 2xe^{x^2} \cdot 2x \Longrightarrow f'(0) = 2$. Mit $dx = 0.25$ folgt $dy = 2 \cdot 0.25 = 0.5$. Die tatsächliche Änderung des Funktionswertes ist $f(0.25) - f(0) = 0.5\, e^{0.25^2} - 0 \approx 0.532$.

[5]

a) Wir dividieren Zähler und Nenner durch n^3 und erhalten: $\lim\limits_{n \to \infty} \dfrac{5n^3 - 3n^2 + 2n + 6}{n^3 - n^2 + n} =$ $\lim\limits_{n \to \infty} \dfrac{5 - 3/n + 2/n^2 + 6/n^3}{1 - 1/n + 1/n^2} = 5$, da $3/n \to 0$; $2/n^2 \to 0$; $6/n^3 \to 0$; $1/n \to 0$ und $1/n^2 \to 0$.

b) Für $x = 1$ sind Zähler und Nenner 0, so dass eine unbestimmte Form vom Typ "0/0" vorliegt. Nach (7.12.1) gilt: $\lim\limits_{x \to 1} \dfrac{x-1}{x^2 - 1} = \lim\limits_{x \to 1} \dfrac{1}{2x} = \dfrac{1}{2} = 0.5$. Andere Möglichkeit: Für $x \ne 1$ ist $\dfrac{x-1}{x^2-1} = \dfrac{x-1}{(x-1)(x+1)} = \dfrac{1}{x+1}$ und dies konvergiert gegen $1/2$, wenn $x \to 1$. Nach (6.5.3) ist dann auch der gesuchte Grenzwert $1/2$.

c) $\lim\limits_{x \to 0^+} x \ln x = \lim\limits_{x \to 0} \dfrac{\ln x}{1/x}$ und dies ist eine unbestimmte Form vom Typ "$-\infty/\infty$". Nach der Regel von L'Hôspital gilt $\lim\limits_{x \to 0^+} \dfrac{\ln x}{1/x} = \lim\limits_{x \to 0^+} \dfrac{1/x}{-1/x^2} = \lim\limits_{x \to 0^+} -\dfrac{x^2}{x} = \lim\limits_{x \to 0^+} (-x) = 0$.

[6]

a) Nach (7.7.1) ist $\mathrm{El}_x f(x) = \dfrac{x}{f(x)} f'(x) = \dfrac{x}{e^{x^2}} \cdot e^{x^2} \cdot 2x = 2x^2$.

b) $\mathrm{El}_x f(x) = \dfrac{x}{f(x)} f'(x) = \dfrac{x}{e^x} e^x = x$

c) Nach (6.7.3) gilt $f'(x) = \dfrac{(1/x) \cdot x - \ln x \cdot 1}{x^2} = \dfrac{1 - \ln x}{x^2}$, so dass nach (7.7.1) $\mathrm{El}_x f(x) =$

$\dfrac{x}{f(x)} f'(x) = \dfrac{x}{\ln x / x} \cdot \dfrac{1 - \ln x}{x^2} = \dfrac{x^2}{\ln x} \cdot \dfrac{1 - \ln x}{x^2} = \dfrac{1 - \ln x}{\ln x} = \dfrac{1}{\ln x} - 1.$

d) $f(x) = \dfrac{x^3}{\sqrt{x}} + x^{3/2} \cdot x^3 \cdot x^{-2} = x^3 \cdot x^{-1/2} + x^{3/2+3-2} = x^{5/2} + x^{5/2} = 2x^{5/2}$, d.h. es

handelt sich um eine Potenzfunktion. Nach (7.7.2) ist die Elastizität gleich dem Exponenten, d.h. $5/2$.

[7]

a) Wir setzen $f(x) = e^x - 2$. Gesucht ist eine angenäherte Lösung x_1 der Gleichung $f(x) = 0$. Nach (7.10.1) ist $x_1 = x_0 - \dfrac{f(x_0)}{f'(x_0)} = 0 - \dfrac{e^0 - 2}{e^0} = -\dfrac{1 - 2}{1} = 1.$

b) $f(x) = x^2 - \ln x - 2$ und $f'(x) = 2x - \dfrac{1}{x}$. Nach (7.10.1) ist $x_1 = 2 - \dfrac{f(2)}{f'(2)} = 2 -$

$\dfrac{4 - \ln 2 - 2}{4 - 1/2} = 2 - \dfrac{2 - \ln 2}{3.5} = 1.626613 \approx 1.627.$

[8] Nach (7.4.1) ist $f(x) \approx f(x_0) + f'(x_0)(x - x_0)$ für x in der Nähe von x_0. Hier ist $f(x_0) = f(0) = 2e^{0^2} = 2$ und $f'(x) = 4xe^{x^2} \Longrightarrow f'(x_0) = f'(0) = 0$. Somit ist $f(x) \approx 2$. (Das Ergebnis ist plausibel. Die Funktion ist symmetrisch um $x_0 = 0$ und hat dort einen Minimumpunkt und somit eine waagerechte Tangente.)

[9] Für das Restglied gilt nach (7.6.2) $R_2(x) = \dfrac{1}{2!} f''(c)x^2 = \dfrac{1}{2} f''(c)x^2$, wobei c eine Zahl zwischen 0 und x. Es ist $f'(x) = 8x + 2$ und $f''(x) = 8$. Damit ist $R_2(x) = \dfrac{1}{2} \cdot 8x^2 = 4x^2$. Es geht auch so: Die lineare Approximation ist nach (7.6.1) $f(x) \approx f(0) + f'(0) \cdot x = 0 + 2 \cdot x = 2x$. Somit ist der Fehler bei der Approximation $R_2(x) = 4x^2 + 2x - 2x = 4x^2$.

[10] $f'(x) = 1/x = x^{-1} \Rightarrow f''(x) = -1x^{-2} \Rightarrow f'''(x) = 2x^{-3}$. Für $x_0 = 1$ gilt $f(1) = 0$; $f'(1) = 1$; $f''(1) = -1$; $f'''(1) = 2$. Nach (7.5.4) gilt $\ln x \approx 0 + 1 \cdot (x - 1) - \dfrac{1}{2!}(x - 1)^2 +$

$\dfrac{2}{3!}(x - 1)^3 = (x - 1) - \dfrac{1}{2}(x - 1)^2 + \dfrac{1}{3}(x - 1)^3.$

[11] Für die lineare bzw. quadratische Approximation um $x = 0$ gilt nach (7.5.5)

$e^x \approx 1 + \dfrac{x}{1!} = 1 + x$ bzw. $e^x \approx 1 + \dfrac{x}{1!} + \dfrac{x^2}{2!} = 1 + x + \dfrac{x^2}{2}$, d.h. $e^{0.2} \approx 1.2$ bzw. ≈ 1.22 und $e^{0.5} \approx 1.5$ bzw. ≈ 1.625. Die exakten Ergebnisse sind $e^{0.2} = 1.221403$ bzw. $e^{0.5} = 1.648721.$

Lösungen zu Kapitel 8: Univariate Optimierung

8

ÜBERBLICK

8.1 Einführung

[1] Es ist $f'(x) = \frac{1}{2}x^2 - \frac{5}{2}x + c$. Damit f einen stationären Punkt an der Stelle $x = 1$ hat, muss gelten $f'(1) = \frac{1}{2} - \frac{5}{2} + c = -2 + c = 0 \iff c = 2$.

[2]

a) Es gilt $f'(x) = 3x^2 - x^3 = 0 \iff x^2(3 - x) = 0 \iff x = 0$ oder $x = 3$, d.h. es gibt zwei stationäre Punkte $x = 0$ und $x = 3$.

b) Es ist $f'(x) = 4x - 2xe^{x^2} = 2x\left(2 - e^{x^2}\right) = 0 \iff x = 0$ oder $2 - e^{x^2} = 0$. Nun gilt
$2 - e^{x^2} = 0 \iff e^{x^2} = 2 \iff x^2 = \ln 2 \iff x = \sqrt{\ln 2}$ oder $x = -\sqrt{\ln 2}$, d.h. die
stationären Punkte sind $0, \pm\sqrt{\ln 2}$.

c) Für $x > 0$ gilt $x = e^{\ln(x)}$ und damit $f(x) = x^x = \left(e^{\ln(x)}\right)^x = e^{x\ln(x)} \implies f'(x) =$
$e^{x\ln(x)}\left(\ln(x) + x \cdot \frac{1}{x}\right) = x^x(\ln(x) + 1)$.

Da $x^x = e^{x\ln(x)} > 0$ ist, gilt $f'(x) = 0 \iff \ln(x) + 1 = 0 \iff \ln(x) = -1 \iff x = e^{-1}$. d.h. es gibt nur einen stationären Punkt $x = e^{-1}$.

[3] Es gilt $f'(x) = (2x + 2)e^{x^2+2x} = 0 \iff 2x + 2 = 0 \iff x = -1$. Die Existenz des Minimums ist in der Aufgabe vorausgesetzt. Nach Theorem 8.1.1 muss dort die erste Ableitung Null sein. Der einzige stationäre Punkt ist $x = -1$, d.h. dort muss das Minimum sein.

8.2 Einfache Tests auf Extrempunkte

[1]

a) $f'(x) = e^{-x} + (x + 1)e^{-x}(-1) = -xe^{-x} = 0 \iff x = 0$. Da $e^{-x} > 0$ für alle $x \in \mathbb{R}$, hängt das Vorzeichen der ersten Ableitung allein von $-x$ ab. Und $-x$ wechselt an der Stelle $x = 0$ das Vorzeichen von $+$ auf $-$, so dass ein Maximumpunkt vorliegt.

b) Nach der Quotientenregel (6.7.3) ist $f'(x) = \dfrac{(x - 1)^2 - (x - 2) \cdot 2 \cdot (x - 1)}{(x - 1)^4} =$
$\dfrac{(x - 1) - 2(x - 2)}{(x - 1)^3} = \dfrac{x - 1 - 2x + 4}{(x - 1)^3} = \dfrac{3 - x}{(x - 1)^3}$. Es gilt: $f'(x) = 0 \iff x = 3$. Damit
ist $x = 3$ ein stationärer Punkt. Da der Nenner im gesamten Definitionsbereich $(x > 1)$ größer als Null ist, wird das Vorzeichen der ersten Ableitung allein vom Zähler, d.h. von $3 - x$ bestimmt. Da $y = 3 - x$ eine Gerade mit negativer Steigung ist, wechselt das Vorzeichen an der Stelle $x = 3$ von $+$ auf $-$, d.h. es liegt ein Maximum vor an der Stelle $x = 3$ (Theorem 8.2.1).

c) Es gilt $f'(x) = 9x^2\ln(x) + 3x^3 \cdot 1/x = 3x^2(3\ln(x) + 1) = 0 \iff x = 0$ oder $3\ln x + 1 = 0 \iff \ln(x) = -1/3 \iff x = e^{-1/3} \approx 0.717$. Beachten Sie dass die Funktion nur für $x > 0$ definiert ist, so dass $x = 0$ als stationärer Punkt nicht in Frage kommt. Das Vorzeichen der Ableitung $f'(x)$ wird allein durch $3\ln x + 1$ bestimmt. Da die Funktion $\ln x$ strikt monoton wachsend ist, ist $3\ln(x) + 1$ und somit auch $f'(x)$ vor der Nullstelle, d.h. für $x < e-1/3$ kleiner als 0 und nach der Nullstelle, d.h. für

$x > e^{-1/3}$ größer als 0. Somit können wir Theorem 8.2.1 anwenden und schließen, dass es sich um ein Minimum handelt.

d) Es gilt $f'(x) = \dfrac{10(x^2 + 9) - 10(x - 4)2x}{\left(x^2 + 9\right)^2} = \dfrac{10x^2 + 90 - 20x^2 + 80x}{\left(x^2 + 9\right)^2} = \dfrac{-10x^2 + 80x + 90}{\left(x^2 + 9\right)^2}$.

Es gilt $f'(x) = 0 \iff -10x^2 + 80x + 90 = 0 \iff x^2 - 8x - 9 = 0 \iff x_{1,2} = 4 \pm \sqrt{16 + 9} = 4 \pm 5$, d.h. die Nullstellen der ersten Ableitung sind $x_1 = -1$ und $x_2 = 9$. Die erste Nullstelle $x_1 = -1$ liegt nicht im Definitionsbereich $(x > 0)$ der Funktion. Es gibt also nur einen stationären Punkt $x = 9$. Das Vorzeichen der ersten Ableitung hängt allein vom Zähler ab, d.h. von $-10x^2 + 80x + 90$. Dies kann man als quadratische Funktion auffassen. Der Graph ist wegen des negativen Koeffizienten von x^2 eine nach unten geöffnete Parabel. An Abb. 4.6.1 erkennt man: Wenn es zwei Nullstellen gibt, wechselt an diesen das Vorzeichen und zwar bei der zweiten Nullstelle $x_2 = 9$ von $+$ auf $-$. Nach Theorem 8.2.1 handelt es sich also um ein Maximum.

e) $f'(x) = (2x + 4)e^{x^2 + 4x + 4} = 0 \iff 2x + 4 = 0$, da $e^{x^2 + 4x + 4} > 0$. Nun gilt $2x + 4 = 0 \iff x = -2$. Die erste Ableitung wechselt an der Stelle $x = -2$ das Vorzeichen, welches allein durch $2x + 4$ bestimmt wird. Da $2x + 4 < 0$ für alle $x < -2$ und $2x + 4 > 0$ für alle $x > -2$, liegt nach Theorem 8.2.1 ein globaler Minimumpunkt vor.

[2] Links: Die 1. Ableitung wechselt an der Stelle 3 das Vorzeichen von $+$ auf $-$, so dass $x = 3$ nach Theorem 8.2.1 ein Maximumpunkt ist. Rechts: Das Vorzeichen der ersten Ableitung wechselt an der Stelle 2 von $-$ auf $+$, so dass $x = 2$ ein Minimumpunkt ist.

8.3   Ökonomische Beispiele

[1] Die Gewinnfunktion ist $\pi(Q) = R(Q) - C(Q) = -0.0012Q^2 + 40Q - 0.0008Q^2 - 4Q - 32\,000 = -0.002Q^2 + 36Q - 32\,000 \Longrightarrow \pi'(Q) = -0.004Q + 36 = 0 \iff -0.004Q + 36 = 0 \iff Q = 9\,000$. Die Ableitung $-0.004Q + 36$ ist eine lineare Funktion in Q mit negativer Steigung und wechselt daher an der Nullstelle das Vorzeichen von $+$ auf $-$, so dass nach Theorem 8.2.1 ein Maximum an der Stelle $Q^* = 9\,000$ vorliegt. Der maximale Gewinn ist $\pi(9\,000) = -0.002 \cdot 9\,000^2 + 36 \cdot 9\,000 - 32\,000 = 130\,000$.

[2] Es gilt $\pi(Q) = PQ - C(Q) = 69Q - (Q^3 - 12Q^2 + 42Q + 240) = -Q^3 + 12Q^2 + 27Q - 240 \Longrightarrow \pi'(Q) = -3Q^2 + 24Q + 27$. Es gilt $\pi'(Q) = 0 \iff 3Q^2 - 24Q - 27 = 0 \iff Q^2 - 8Q - 9 = 0 \Rightarrow Q_{1,2} = 4 \pm \sqrt{16 + 9} = 4 \pm 5$, d.h. $Q_1 = -1$ und $Q_2 = 9$. Es kommt nur die positive Lösung $Q^* = 9$ in Frage, da keine negativen Mengen produziert werden können. Die Ableitung $\pi'(Q) = -3Q^2 + 24Q + 27$ kann als nach unten geöffnete Parabel aufgefasst werden, die (siehe Abb. 4.6.1) nach der ersten Nullstelle positiv und nach der zweiten Nullstelle negativ ist, d.h. die Ableitung wechselt an der Stelle $Q^* = 9$ das Vorzeichen von $+$ auf $-$, so dass an der Stelle Q^* ein Maximum vorliegt.

[3] Es ist $\pi(Q) = 1\,840Q - 2Q^2 - 40Q - 5\,000 = 1\,800Q - 2Q^2 - 5\,000 \Longrightarrow \pi'(Q) = 1\,800 - 4Q = 0 \iff 4Q = 1\,800 \iff Q = 450$. Da $\pi'(Q) > 0$ für $Q < 450$ und $\pi'(Q) < 0$ für $Q > 450$ liegt nach Theorem 8.2.1 tatsächlich ein Maximum vor.

Man kann auch so argumentieren: Der Graph der Gewinnfunktion ist eine nach unten geöffnete Parabel, die in einem stationären Punkt nur ein Maximum haben kann.

[4] Es gilt $k(x) = \dfrac{K(x)}{x} = \sqrt{x} + \dfrac{500}{x} = x^{1/2} + 500x^{-1} \Longrightarrow k'(x) = \dfrac{1}{2}x^{-1/2} - 500x^{-2}$. Es gilt $k'(x) = 0 \Longleftrightarrow \dfrac{1}{2}x^{-1/2}x^2 - 500 = 0 \Longleftrightarrow x^{3/2} = 1000 \Longleftrightarrow x = 100$. Setz man einen beliebigen Wert $0 < x < 100$ in $k'(x)$ einsetzt, so ist $k'(x) < 0$, während $k'(x) > 0$ für ein beliebiges $x > 100$, so dass $k'(x)$ an der Stelle $x_0 = 100$ das Vorzeichen von $-$ auf $+$ wechselt, so dass nach Theorem 8.2.1 ein Minimum vorliegt.

[5] $A(Q) = \dfrac{C(Q)}{Q} = 25Q + 16 + \dfrac{400}{Q} \Longrightarrow A'(Q) = 25 - \dfrac{400}{Q^2} = 0 \Longleftrightarrow 25Q^2 = 400 \Longleftrightarrow Q^2 = 16 \Longleftrightarrow Q = \pm 4$. Da $Q \geq 0$ sein muss, kommt nur $Q^* = 4$ in Betracht. Da $\dfrac{400}{Q^2}$ monoton fallend in Q, gilt $A'(Q) \leq 0$ für $Q \leq 4$ und $A'(Q) \geq 0$ für $Q \geq 4$. Somit liegt nach Theorem 8.2.1 ein Minimumpunkt vor.

[6] Der Gewinn ist $\pi(x) = (45 - 0.02x)x - 25x - 1\,100 = 45x - 0.02x^2 - 25x - 1\,100 = -0.02x^2 + 20x - 1\,100$. Es ist $\pi'(x) = -0.04x + 20 = 0 \Longleftrightarrow 0.04x = 20 \Longleftrightarrow x = 500$. Da die 2. Ableitung $\pi''(x) = -0.04$ überall negativ ist, ist die Funktion konkav, so dass hier tatsächlich ein Maximum vorliegt. Der maximale Gewinn ist $\pi(500) = -0.02 \cdot 500^2 + 20 \cdot 500 - 1\,100 = -5\,000 + 10\,000 - 1\,100 = 3\,900$.

[7] Die Gewinnfunktion lautet $\pi(x) = p \cdot x - C(x) = 50x - (2x^2 + 12x) = -2x^2 + 38x$, so dass $\pi'(x) = -4x + 38 = 0 \Longleftrightarrow x = 38/4 = 9.5$. Der Punkt $x = 9.5$ ist ein stationärer Punkt. Es muss ein Maximum sein, da gilt $\pi''(x) = -4 < 0$ für alle x, d.h. die Funktion ist konkav. Andere Begründung: $\pi(x)$ ist eine nach unten geöffnete Parabel, die nur ein Maximum haben kann. Man kann auch (4.6.4) zur Bestimmung des Maximumpunktes einer quadratischen Funktion verwenden.

[8] Der Gewinn ist $G(y) = P(y) \cdot y - K(y) = 500y - \dfrac{1}{5}y^2 - y^2 + 28y - 48\,000 = -\dfrac{6}{5}y^2 + 528y - 48\,000 \Longrightarrow G'(y) = -\dfrac{12}{5}y + 528 = 0 \Longleftrightarrow \dfrac{12}{5}y = 528 \Longleftrightarrow y = 220$. Es liegt tatsächlich ein Maximum vor, da die Gewinnfunktion eine nach unten geöffnete Parabel ist. Also $y^* = 220$. Damit ist $P^* = 500 - \dfrac{1}{5}y^* = 500 - \dfrac{1}{5}220 = 500 - 44 = 456$. Der maximale Gewinn ist $G^* = 528y^* - \dfrac{6}{5}(y^*)^2 - 48\,000 = 528 \cdot 220 - \dfrac{6}{5}220^2 - 48\,000 = 10\,080$.

8.4 Der Extremwertsatz

[1]

a) Zur Bestimmung der globalen Extrempunkte gehen wir nach dem Rezept in (8.4.1) vor. Zunächst bestimmen wir die stationären Punkte im Innern des Definitionsbereichs $(-4, 4)$. Dazu setzen wir die erste Ableitung gleich Null: $f'(x) = 3x^2 - 9 = 0 \Longleftrightarrow x^2 = 3 \Longleftrightarrow x_1 = -\sqrt{3}$ oder $x_2 = \sqrt{3}$. Als weitere Kandidaten kommen die Randpunkte des Intervalls $[-4; 4]$ in Betracht, d.h. -4 und 4. Die zugehörigen Funktionswerte sind $f(-4) = (-4)^3 - 9 \cdot (-4) = -28$; $f(-\sqrt{3}) = (-\sqrt{3})^3 - 9 \cdot (-\sqrt{3}) \approx$

10.392; $f(\sqrt{3}) = (\sqrt{3})^3 - 9 \cdot (\sqrt{3}) \approx -10.392$ und $f(4) = 4^3 - 9 \cdot 4 = 28$. Somit hat die Funktion ein globales Minimum bei $x = -4$ mit dem Minimalwert -28 und ein globales Maximum bei $x = 4$ mit dem Maximalwert $+28$.

b) Es ist $f'(x) = 3x^2 e^{-x} - x^3 e^{-x} = x^2 e^{-x}(3 - x) = 0 \iff x = 3$, d.h. der einzige stationäre Punkt in $(0, 6)$ ist 3. Weitere Kandidaten für Extrempunkte sind die beiden Randpunkte 0 und 6. Es gilt $f(0) = 0$; $f(3) = 3^3 e^{-3} = 27 e^{-3} \approx 1.344$ und $f(6) = 6^3 e^{-6} \approx 0.535$. Damit wird das Minimum an der Stelle 0 angenommen und das Maximum an der Stelle 3. Der Minimalwert ist 0, der Maximalwert ist ≈ 1.344.

[2] Die Funktion f ist definiert, wenn $\sqrt{4 - x^2}$ definiert ist, d.h. wenn $4 - x^2 \geq 0 \iff x^2 \leq 4 \iff -2 \leq x \leq 2$. Damit ist f eine stetige Funktion auf einem abgeschlossenen beschränkten Intervall und nimmt somit ein Maximum und ein Minimum an. Wir gehen nach dem Rezept (8.4.1) vor. Für $x \in (-2, 2)$ ist

$$f'(x) = x^2\sqrt{4 - x^2} + \frac{1}{3}x^3 \frac{1}{2}\frac{-2x}{\sqrt{4 - x^2}} = x^2\sqrt{4 - x^2} - \frac{x^4}{3\sqrt{4 - x^2}} = \frac{3x^2(4 - x^2) - x^4}{3\sqrt{4 - x^2}} =$$

$$\frac{12x^2 - 3x^4 - x^4}{3\sqrt{4 - x^2}} = \frac{12x^2 - 4x^4}{3\sqrt{4 - x^2}} = \frac{4x^2(3 - x^2)}{3\sqrt{4 - x^2}} = 0 \iff x = 0 \text{ oder } x^2 = 3 \iff$$

$x = \pm\sqrt{3}$. Damit haben wir stationäre Punkte in 0 und $\pm\sqrt{3}$. Kandidaten für Extrempunkte sind die stationären Punkte in 0; $\pm\sqrt{3}$ und die Randpunkte -2 und 2. Die Funktionswerte sind $f(-2) = f(2) = f(0) = 0$; $f(-\sqrt{3}) = \frac{1}{3} \cdot 3 \cdot (-\sqrt{3})\sqrt{4 - 3} = -\sqrt{3}$ und $f(\sqrt{3}) = \frac{1}{3} \cdot 3 \cdot \sqrt{3}\sqrt{4 - 3} = \sqrt{3}$. Somit wird das Minimum für $x = -\sqrt{3}$ und das Maximum für $x = \sqrt{3}$ angenommen.

[3] Da $\lim\limits_{x \to 3^+} 2x^2 - 16x + 32 = 2 = f(3)$, ist die Funktion stetig auf $[0, 6]$, d.h. auf einem abgeschlossenen beschränkten Intervall, so dass sie dort ein Maximum und ein Minimum besitzt. Wir bestimmen zunächst die stationären Punkte im Innern der Intervalle $[0, 3]$ und $[3, 6]$. Man beachte, dass f auch an der Stelle $x = 3$ differenzierbar ist. Es ist

$$f'(x) = \begin{cases} -4x + 8 & \text{für} \quad 0 < x < 3 \\ 4x - 16 & \text{für} \quad 3 < x < 6 \end{cases}$$

Es gilt $f'(x) = 0 \iff -4x + 8 = 0$ oder $4x - 16 = 0$, d.h. genau dann, wenn $x = 2$ oder $x = 4$. In den stationären Punkten werden die folgenden Funktionswerte angenommen: $f(2) = 4$ und $f(4) = 0$. In den Randpunkten gilt $f(0) = -4$; $f(3) = 2$ und $f(6) = 8$. Damit wird das globale Maximum an der Stelle 6 und das globale Minimum an der Stelle 0 angenommen.

8.5 Weitere ökonomische Beispiele

[1]

a) $Q(A)$ ist auf einem abgeschlossenen beschränkten Intervall definiert und dort auch differenzierbar. Nach dem Extremwertsatz 8.4.1 nimmt sie dort ihr Maximum an. In Frage kommen die stationären Punkte im Innern und die Randpunkte des Intervalls $[0, 100]$. Es gilt $Q'(A) = 18A - \frac{3}{16}A^2 = A(18 - \frac{3}{16}A)$ und $Q'(A) = 0 \iff A =$

0 oder $18 - \dfrac{3}{16}A = 0$. Nun ist $A = 0$ kein innerer Punkt, sondern Randpunkt.

Im zweiten Fall ist $\dfrac{3}{16}A = 18 \iff A = 16 \cdot 18/3 = 96$. Kandidaten für ein Maximum sind nach (8.4.1) $A = 0$, $A = 96$ und $A = 100$. Es ist $Q(0) = 0$; $Q(96) = 27\,648$; $Q(100) = 27\,500$, so dass der größte Wert bei $A = 96$ angenommen wird, d.h. $A^* = 96$.

b) Es ist $\dfrac{Q(A)}{A} = 9A - \dfrac{1}{16}A^2 \Longrightarrow \left(\dfrac{Q(A)}{A}\right)' = 9 - \dfrac{1}{8}A = 0 \iff \dfrac{1}{8}A = 9 \iff A = 72$.

Da $\left(\dfrac{Q(A)}{A}\right)'' = -\dfrac{1}{8} < 0$, ist die Funktion konkav und hat daher ein Maximum an der Stelle $A^{**} = 72$.

[2] Aus der Kostenfunktion $C(Q) = 3Q + 280$ und der Erlösfunktion $R(Q) = 12Q$ ergibt sich die Gewinnfunktion $\pi(Q) = R(Q) - C(Q) = 12Q - 3Q - 280 = 9Q - 280$. Damit ist der Stückgewinn $\dfrac{\pi(Q)}{Q} = 9 - \dfrac{280}{Q} \Longrightarrow \left(\dfrac{\pi(Q)}{Q}\right)' = \dfrac{280}{Q^2} > 0$. Die Ableitung hat keine Nullstelle, ist jedoch größer als Null für $Q > 0$, d.h. der Stückgewinn ist monoton steigend auf dem Intervall $(0, 80]$, nimmt also das Maximum am rechten Rand an, d.h. an der Kapazitätsgrenze $Q_{max} = 80$.

[3] Die Gewinnfunktion ist $\pi(Q) = 210Q - C(Q) = 210Q - (2Q^2 + 10Q + 450) = 200Q - 2Q^2 - 450$. Der Gewinn pro Stück ist dann $\dfrac{\pi(Q)}{Q} = 200 - 2Q - \dfrac{450}{Q}$. Die Ableitung ist $\dfrac{d(\pi(Q)/Q)}{dQ} = -2 + \dfrac{450}{Q^2} = 0 \iff 2Q^2 = 450 \iff Q^2 = 225$. Es kommt nur $Q^* = 15$ in Betracht, da Mengen nur ≥ 0 sein können. Die zweite Ableitung ist $-2 \cdot 450/Q^3$, also negativ für $Q \in (0, 40]$, d.h. die Funktion ist konkav und kann damit nur ein Maximum haben. Der Stückgewinn für $Q^* = 15$ ist $\dfrac{\pi(Q^*)}{Q^*} = 200 - 2 \cdot 15 - \dfrac{450}{15} = 200 - 30 - 30 = 140$.

[4] Zur Bestimmung der stationären Punkte im Innern des Intervalls $[0, 20]$ bilden wir die erste Ableitung und setzen diese gleich Null. $C'(x) = 12x - 72 = 0 \iff x = 6$. Nach (8.4.1) sind die Funktionswerte für $x = 6$ und für die Randpunkte $x = 0$ und $x = 20$ zu berechnen $C(0) = 350$; $C(6) = 134$; $C(20) = 1\,310$. Damit sind die Kosten für $x^* = 20$ am Höchsten.

[5] Die Gewinnfunktion ist $\pi(Q) = P(Q) \cdot Q - C(Q) = 40Q - 0.002Q^2 - 0.003Q^2 - 10Q - 6\,800 = -0.005Q^2 + 30Q - 6\,800$. Der Graph ist eine nach unten geöffnete Parabel, die einen Maximumpunkt hat. Um das Gewinnmaximum zu bestimmen, bilden wir die erste Ableitung und setzen diese gleich Null. $\pi'(Q) = -0.01Q + 30 = 0 \iff Q^* = 3\,000$. Der maximale Gewinn ist somit $\pi(Q^*) = \pi(3\,000) = -0.005 \cdot 3\,000^2 + 30 \cdot 3\,000 - 6\,800 = 38\,200$.

[6] Da die Funktion $C(x)$ monoton wachsend ist, wird das Maximum am rechten Rand, also für $x = 30$ angenommen. Die maximalen Kosten sind $C(30) = 2 \cdot 30 + \sqrt{30 + 34} = 60 + 8 = 68$.

8.6 Lokale Extrempunkte

[1]

a) Die erste Ableitung ist $f'(x) = 3x^2 e^{-x} - x^3 e^{-x} = x^2 e^{-x}(3-x) = 0 \iff x = 0$ oder $x = 3$. Man sieht, dass $f'(x)$ an der Stelle $x = 0$ nicht das Vorzeichen wechselt, d.h. die erste Ableitung ist in der Nähe von $x = 0$ auf beiden Seiten positiv, d.h. die Funktion ist links und rechts von 0 steigend. An der Stelle $x = 3$ wechselt jedoch das Vorzeichen von + auf −, d.h. nach Theorem 8.6.1 liegt ein lokales Maximum vor. Der Maximalwert ist $f(3) = 3^3 e^{-3} \approx 1.344$. In diesem Fall ist $x = 3$ nach Theorem 8.2.1 sogar ein globaler Maximumpunkt, da $f'(x) > 0$ für alle $x < 3$ und $f'(x) < 0$ für alle $x > 3$.

b) Die erste Ableitung ist $f'(x) = x^2 - 2x - 3 = 0 \iff x_{1,2} = 1 \pm \sqrt{1+3} = 1 \pm 2$, d.h. f hat stationäre Punkte an den Stellen $x_1 = -1$ und $x_2 = 3$. Die zweite Ableitung ist $f''(x) = 2x - 2 \implies f''(-1) = -4 < 0$ und $f''(3) = 4 > 0$, d.h. an der Stelle -1 liegt ein lokales Maximum und an der Stelle 3 ein lokales Minimum vor (Theorem 8.6.2). Der lokale Minimumwert ist $f(3) = \frac{1}{3}3^3 - 3^2 - 3\cdot3 + 6 = 9 - 9 - 9 + 6 = -3$, der lokale Maximumwert ist $f(-1) = \frac{1}{3}(-1)^3 - (-1)^2 - 3\cdot(-1) + 6 = -\frac{1}{3} - 1 + 3 + 6 = \frac{23}{3} \approx 7.667$.

c) $f'(x) = 3x^2 - 3 = 0 \iff x^2 = 1$, d.h. die stationären Punkte sind ±1. Die zweite Ableitung ist $f''(x) = 6x$, d.h. $f''(-1) = -6 < 0$ und $f''(1) = 6 > 0$. Damit ist nach Theorem 8.6.2 $x = -1$ ein lokaler Maximumpunkt und $f(-1) = -1 + 3 = 2$ und $x = 1$ ein lokaler Minimumpunkt und $f(1) = 1 - 3 = -2$.

[2]

a) Es gilt $f'(x) = e^{x^2}2x + e^{2-x^2}(-2x) = 2x\left(e^{x^2} - e^{2-x^2}\right)$ und damit $f'(x) = 0 \iff x = 0$ oder $e^{x^2} - e^{2-x^2} = 0$. Der letzte Fall kann wegen der strikten Monotonie der e-Funktion nur dann eintreten, wenn $x^2 = 2 - x^2 \iff x^2 = 1 \iff x = \pm1$. Die zweite Ableitung ist $f''(x) = 2\left(e^{x^2} - e^{2-x^2}\right) + 2x\left(e^{x^2}2x + e^{2-x^2}2x\right) = 2\left(e^{x^2} - e^{2-x^2}\right) + 4x^2\left(e^{x^2} + e^{2-x^2}\right)$. Daraus folgt $f''(-1) = f''(1) = 4\left(e^1 + e^1\right) > 0$ und $f''(0) = 2\left(e^0 - e^2\right) = 2\left(1 - e^2\right) < 0$. Daraus folgt nach Theorem 8.6.2, dass $x = \pm1$ lokale Minimumpunkte sind, während $x = 0$ ein lokaler Maximumpunkt ist.

b) $f'(x) = \frac{1}{2}(x-2)^3 + \frac{1}{2}x \cdot 3(x-2)^2 = \frac{1}{2}(x-2)^2[(x-2) + 3x] = \frac{1}{2}(x-2)^2(4x-2)$ und $f'(x) = 0 \iff (x-2)^2 = 0$ oder $(4x-2) = 0 \iff x = 2$ oder $x = \frac{1}{2}$. An der Stelle $x = 2$ ist der erste Faktor $(x-2)^2 = 0$, wechselt jedoch nicht das Vorzeichen, so dass mach Theorem 8.6.1 kein lokaler Extrempunkt vorliegt. An der Stelle $x = \frac{1}{2}$ ist der zweite Faktor $4x - 2 = 0$ und wechselt das Vorzeichen von − auf +, so dass nach Theorem 8.6.1 ein lokaler Minimumpunkt vorliegt. Es ist sogar ein globaler Minumpunkt, da an dieser Stelle der einzige Vorzeichenwechsel der ersten Ableitung stattfindet (Theorem 8.2.1).

c) Es ist $f'(x) = 2xe^{-x} + x^2 \cdot (-e^{-x}) - 0.75e^{-x} = (-x^2 + 2x - 0.75)e^{-x}$ und $f'(x) = 0 \iff$ $x^2 - 2x + 0.75 = 0 \iff x_{1,2} = 1 \pm \sqrt{1 - 0.75} = 1 \pm 0.5$. Die stationären Punkte sind also $x_1 = 1.5$ und $x_2 = 0.5$. Da $e^{-x} > 0$ für alle x, wird das Vorzeichen von $f'(x)$ allein durch $-x^2 + 2x - 0.75$, eine nach unten geöffnete Parabel, bestimmt. Abbildung 4.6.1 zeigt, dass eine nach unten geöffnete Parabel das Vorzeichen von $-$ auf $+$ an der ersten Nullstelle und von $+$ auf $-$ an der zweiten Nullstelle wechselt, d.h. es liegt ein lokales Minimum vor an der Stelle 0.5 und ein lokales Maximum an der Stelle 1.5.

[3] Es gilt $f'(x) = 0 \iff e^x = 1$ oder $e^x = 4 \iff x = 0$ oder $x = \ln 4 \approx 1.386$. Die zweite Ableitung ist $f''(x) = e^x(e^x - 4) + (e^x - 1)e^x \implies f''(0) = 1 \cdot (1 - 4) + 0 = -3 < 0$, d.h. $x = 0$ ist ein lokaler Maximumpunkt nach Theorem 8.6.2. Ferner ist $f''(\ln 4) = e^{\ln 4}(e^{\ln 4} - 4) + (e^{\ln 4} - 1)e^{\ln 4} = 4(4 - 4) + (4 - 1) \cdot 4 = 12 > 0$, d.h. nach Theorem 8.6.2 ist $x = \ln 4$ ein lokaler Minimumpunkt für f.

[4]   Linke Abbildung: Die Funktion hat zwei stationäre Punkte an den Stellen 1 und 3, in denen sie auch das Vorzeichen wechselt. An der Stelle $x = 1$ wechselt das Vorzeichen von $+$ auf $-$, so dass an dieser Stelle nach Theorem 8.6.1 ein lokaler Maximumpunkt vorliegt. An der Stelle $x = 3$ wechselt das Vorzeichen von $-$ auf $+$, so dass $x = 3$ ein lokaler Minimumpunkt ist.
Mittlere Abbildung: Die Funktion hat zwei stationäre Punkte $x_1 = 0$ und $x_2 \approx 1.3$. Das Vorzeichen wechselt bei $x_1 = 0$ von $+$ auf $-$, so dass x_1 ein lokaler Maximumpunkt ist, während x_2 ein lokaler Minimumpunkt ist.
Rechte Abbildung: Die Funktion hat drei stationäre Punkte $x_1 = -3$, $x_2 = 0$ und $x_3 = 4$. In den Punkten $x_1 = -3$ und $x_3 = 4$ wechselt das Vorzeichen der ersten Ableitung von $-$ zu $+$, so dass es sich um lokale Minima handelt. In $x_2 = 0$ wechselt das Vorzeichen von $+$ zu $-$, so dass es sich um ein lokales Maximum handelt.

[5] Die Nullstellen der ersten Ableitung sind $x = -1$ und $x = 2$. Mit Hilfe des Vorzeichen-Diagramms erkennt man, dass das Vorzeichen in $x = -1$ von $+$ zu $-$ wechselt und somit nach Theorem 8.6.1 ein lokaler Maximumpunkt vorliegt. Im Punkt $x = 2$ wechselt das Vorzeichen von $-$ zu $+$ und es handelt sich um einen lokalen Minimumpunkt.

8.7   Wendepunkte

[1]
a) Es gilt $f'(x) = -x \exp(-x^2/2)$ und $f''(x) = -\exp(-x^2/2) + x^2 \exp(-x^2/2) = (x^2 - 1)\exp(-x^2/2)$ und $f''(x) = 0 \iff x^2 - 1 = 0 \iff x^2 = 1 \iff x = \pm 1$. Beachten Sie, dass das Vorzeichen von f'' allein durch $x^2 - 1$ bestimmt wird, da die e-Funktion überall strikt größer ist als 0. Der Graph von $x^2 - 1$ ist eine Parabel, die an den Nullstellen das Vorzeichen wechselt.

b) Es ist $f'(x) = e^{-2x} + \left(x + \dfrac{1}{2}\right) e^{-2x} \cdot (-2) = -2xe^{-2x}$ und $f''(x) = -2e^{-2x} - 2xe^{-2x} \cdot (-2) =$

$-2e^{-2x} + 4xe^{-2x} = (4x - 2)e^{-2x} = 0 \iff x = \dfrac{1}{2}$. Da $e^{-2x} > 0$ für alle x, wechselt $f''(x)$ das Vorzeichen an der Stelle $x = 1/2$, so dass dort nach Theorem 8.7.1 tatsächlich ein Wendepunkt vorliegt.

c) $f'(x) = 4x^3 - 24x$ und $f''(x) = 12x^2 - 24 = 0 \iff x^2 = 2 \iff x_{1,2} = \pm\sqrt{2}$. Der Graph der 2. Ableitung ist eine Parabel mit zwei Nullstellen, an denen sie das Vorzeichen wechselt, so dass tatsächlich zwei Wendepunkte vorliegen.

d) $f'(x) = 3x^2 - 32x + 6 \implies f''(x) = 6x - 32 = 0 \iff x = 32/6 = 16/3$. Da f'' an der Stelle $x = 16/3$ das Vorzeichen wechselt, liegt hier tatsächlich ein Wendepunkt vor.

e) $f'(x) = 15x^4 - 40x^3 \implies f''(x) = 60x^3 - 120x^2 = 60x^2(x - 2) = 0$ für $x = 0$ und $x = 2$. Da $f''(x)$ nur an der Stelle $x = 2$ das Vorzeichen wechselt, ist dies der einzige Wendepunkt.

[2] Die zweite Ableitung ist $f''(x) = \dfrac{2(x + 1)(2x - 3x^2) - (x^2 - x^3) \cdot 2}{4(x + 1)^2} = -\dfrac{x(x^2 + x - 1)}{(x + 1)^2}$

und $f''(x) = 0$, wenn $x = 0$ oder $x^2 + x - 1 = 0 \iff x_{1,2} = -\dfrac{1}{2} \pm \sqrt{\dfrac{1}{4} + 1} = -\dfrac{1}{2} \pm \dfrac{1}{2}\sqrt{5}$. Von den letzten beiden Punkten liegt nur $-\dfrac{1}{2} + \dfrac{1}{2}\sqrt{5} = \dfrac{1}{2}\left(\sqrt{5} - 1\right)$ im Definitionsbereich. Wir haben zwei Kandidaten für Wendepunkte $x = 0$ und $x = \dfrac{1}{2}\left(\sqrt{5} - 1\right)$. Wenn $x = 0$, wechselt der erste Faktor des Zählers, nämlich x das Vorzeichen, so dass $x = 0$ ein Wendepunkt ist. Für $x = \dfrac{1}{2}\left(\sqrt{5} - 1\right)$ ist der zweite Faktor $x^2 + x - 1 = 0$ und an dieser Stelle wechselt das Vorzeichen, da es sich bei $x^2 + x - 1$ um eine Parabel mit zwei verschiedenen Nullstellen handelt (siehe oben). Damit liegt auch hier ein Wendepunkt vor (Theorem 8.7.1).

[3] $f''(x) = (6x + 2)e^{3x^2 + 2x} = 0 \iff (6x + 2) = 0 \iff x = -1/3$. Beachten Sie, dass $e^{3x^2 + 2x} > 0$ für alle x. Das Vorzeichen der 2. Ableitung hängt also allein von $6x + 2$ ab und dieser Ausdruck wechselt das Vorzeichen an der Stelle $x = -1/3$, so dass dort ein Wendepunkt ist.

[4] Damit der Graph der Funktion durch $(1, 1)$ verläuft, muss gelten $f(1) = 1 \iff a \cdot 1^3 + b \cdot 1^2 = 1 \iff a + b = 1$. Damit die Funktion einen Wendepunkt an der Stelle $x = 2$ hat, muss gelten $f''(2) = 0$. Nun ist $f'(x) = 3ax^2 + 2bx$ und $f''(x) = 6ax + 2b$. Es muss also gelten $12a + 2b = 0 \iff b = -6a$. Setzen wir dies in die obige Gleichung $a + b = 1$ ein, folgt $a - 6a = 1 \iff -5a = 1 \iff a = -0.2$ und damit $b = -6 \cdot (-0.2) = 1.2$.

[5]

a) Es ist $f'(x) = 3x^2 - 4x + 4$ und $f''(x) = 6x - 4$ und es gilt: $f''(x) > 0 \iff 6x - 4 > 0 \iff x > 4/6 = 2/3$, d.h. für $x \in (2/3, \infty)$ ist f nach (8.7.3) strikt konvex. Für $x < 2/3$ ist $f''(x) < 0$, also ist sie in $(-\infty, 2/3)$ strikt konkav.

b) $f'(x) = 2x - 3x^2 \implies f''(x) = 2 - 6x$ und $f''(x) = 0 \iff 6x = 2 \iff x = 1/3$ und $f''(x) > 0 \iff x < 1/3$ und $f''(x) < 0 \iff x > 1/3$, d.h. mit (8.7.3) f ist strikt konvex in $(-\infty, 1/3)$ und f ist strikt konkav in $(1/3, \infty)$.

[6] Links: Die 2. Ableitung ist Null und wechselt das Vorzeichen an den Stellen $x = -1; 0$ und 1, so dass dort Wendepunkte sind. Für $x \in (-\infty, -1]$ und $[0, 1]$ ist $f''(x) \leq 0$, so dass f dort nach (6.9.3) konkav ist. In $[-1, 0]$ und $[1, \infty)$ ist $f''(x) \geq 0$, so dass f dort konvex ist. Rechts: Es gilt $f''(x) = 0$ für $x = 0$ und $x = 1$. Die zweite Ableitung wechselt jedoch nur an der Stelle $x = 0$ das Vorzeichen, so dass nach der Definition eines Wendepunktes in (8.7.1) nur dort ein Wendepunkt vorliegt. Es gilt $f''(x) \leq 0$ für alle $x \in (-\infty, 0]$, so dass f dort konkav ist. Für $x \in [0, \infty)$ ist $f''(x) \geq 0$, so dass f dort konvex ist.

[7] Im Intervall $(0, \infty)$ ist $x > 0$, d.h. $|x| = x$ und damit $f(x) = \dfrac{x}{\sqrt{|x|}} = \dfrac{x}{\sqrt{x}} = \sqrt{x} = x^{1/2}$. Entweder kennt man den Graphen der Funktion $f(x) = \sqrt{x}$ und weiß, dass die Funktion strikt konkav ist oder man bildet die zweite Ableitung: $f'(x) = \dfrac{1}{2}x^{-1/2} \implies f''(x) = -\dfrac{1}{4}x^{-3/2} < 0$. Man beachte, dass $x^{-3/2}$ positiv ist. Es folgt nach (8.7.3), dass $f(x)$ strikt konkav ist.

Lösungen zu den weiteren Aufgaben zu Kapitel 8

[1]

a) Die zweite Ableitung wechselt das Vorzeichen an der Stelle $x = 2$, d.h. $x = 2$ ist nach Theorem 8.7.1 ein Wendepunkt. Für $x \in (-\infty, 2)$ ist $f(x) < 0$, d.h. nach (8.7.3) ist f dort strikt konkav. In $(2, \infty)$ ist $f(x) > 0$, d.h. nach (8.7.3) ist f dort strikt konvex.

b) Die Nullstellen der ersten Ableitung sind bei $x = 1$ und $x = 3$. Die zweite Ableitung ist bei $x = 1$ negativ, so dass dort nach Theorem 8.6.2 ein lokales Maximum vorliegt. Bei $x = 3$ ist die zweite Ableitung positiv, so dass dort nach Theorem 8.6.2 ein lokales Minimum vorliegt.

[2] $f'(x) = x^2 - 2x + 1 = (x-1)^2 = 0 \iff x = 1$, d.h. der einzige stationäre Punkt ist an der Stelle $x = 1$. Da $f'(x) = (x-1)^2 \geq 0$ für alle x, kann es nach Theorem 8.6.1(c) kein lokaler Extrempunkt sein. Da $f''(x) = 2x - 2 = 0$ für $x = 1$ und $f''(x)$ das Vorzeichen an der Stelle $x = 1$ wechselt, liegt ein Wendepunkt mit waagerechter Tangente vor.

[3] Links: $f''(x)$ wechselt das Vorzeichen an der Stelle $x = 2$ von $-$ auf $+$, so dass die Funktion vor dem Wendepunkt $x = 2$ (strikt) konkav und danach (strikt) konvex ist. Rechts: $f''(x)$ wechselt das Vorzeichen an der Stelle $x = 1$ von $+$ auf $-$ und an der Stelle $x = 3$ von $-$ auf $+$, so dass die Funktion vor dem ersten Wendepunkt $x = 1$ (strikt) konvex, zwischen den Wendepunkten $x = 1$ und $x = 3$ (strikt) konkav und nach $x = 3$ (strikt) konvex ist.

[4]

a) $f'(x) = (2x - 2)e^{x^2-2x+1} = 2(x - 1)e^{x^2-2x+1} = 0 \iff x - 1 = 0 \iff x = 1$, d. h. es gibt keinen stationären Punkt im Innern des Intervalls. Demnach können die Extrempunkte nur die Punkte 0 und 1 sein. Es ist $f(0) = e^1 = e \approx 2.718$ und $f(1) = e^{1-2+1} = e^0 = 1$. Damit wird das Maximum an der Stelle 0 und das Minimum an der Stelle 1 angenommen.

b) $f'(x) = (2x + 2)e^{x^2+2x+1} = 2(x + 1)e^{x^2+2x+1} = 0 \iff x + 1 = 0 \iff x = -1$. Das Vorzeichen der ersten Ableitung hängt allein von $x + 1$ ab, einer linearen Funktion mit positiver Steigung, d. h. das Vorzeichen wechselt an Stelle -1 von $-$ auf $+$, d. h. nach Theorem 8.2.1 liegt ein Minimumpunkt vor. Oder: $f(x) = e^{x^2+2x+1} = e^{(x+1)^2}$ ist am kleinsten, wenn $(x + 1)^2$ am kleinsten ist, d. h. wenn $x = -1$, wobei benutzt wurde, dass die e-Funktion strikt monoton steigend ist. Es gibt keinen Maximumpunkt, da $e^{x^2+2x+1} \to \infty$, wenn $x \to \pm\infty$.

c) Die natürliche Logarithmusfunktion ist strikt monoton steigend, so dass $f(x)$ genau dann das Minimum annimmt, wenn $x^2 - 6x + 11$ sein Minimum annimmt. Mit der Methode der quadratischen Ergänzung folgt $x^2 - 6x + 11 = x^2 - 6x + 9 + 2 = (x - 3)^2 + 2$ und dies ist am kleinsten, wenn $(x - 3)^2 = 0 \iff x = 3$. Alternativ kann man $x^2 - 6x + 11$ ableiten und erhält $2x - 6 = 0 \iff x = 3$. Es gibt keinen Maximumpunkt, da $x^2 - 6x + 11 \to \infty$ und damit auch $\ln(x^2 - 6x + 11) \to \infty$, wenn $x \to \pm\infty$.

[5] $f'(x) = 0 \iff x^2 - 2x + 2 = 1 \iff x^2 - 2x + 1 = (x - 1)^2 = 0 \iff x = 1$. Da $(x - 1)^2 > 0$ für $x \neq 1$, wechselt das Vorzeichen an der Stelle $x = 1$ nicht, d. h. es liegt kein lokaler Extrempunkt vor. $f''(x) = \dfrac{2x - 2}{x^2 - 2x + 2} = 0 \iff x = 1$. Da $f''(x)$ das Vorzeichen an der Stelle 1 wechselt, ist $x = 1$ ein Wendepunkt.

Lösungen zu Kapitel 9: Integralrechnung

9

ÜBERBLICK

9.1   Unbestimmte Integrale

[1]

a) Mit (9.1.6) ist $\int e^{x/3} + 3e^{3x}\,dx = \dfrac{1}{1/3}e^{x/3} + \dfrac{3}{3}e^{3x} + C = 3e^{x/3} + e^{3x} + C$. Zur Übung sei immer eine Probe empfohlen. Wenn Sie das Ergebnis, hier also $3e^{x/3} + e^{3x} + C$ differenzieren, muss sich nach (9.1.2) der Integrand, also hier $e^{x/3} + 3e^{3x}$ ergeben.

b) Nach der Definition des unbestimmten Integrals (9.1.1) suchen wir eine Funktion, deren Ableitung $\dfrac{4}{2x-3}$ ist. Für $x > 0$ ist $(\ln x)' = \dfrac{1}{x}$ und für $x < 0$ ist $(\ln(-x))' = \dfrac{-1}{-x} = \dfrac{1}{x}$. Es ist $\ln|x| = \ln x$ für $x > 0$ und $\ln|x| = \ln(-x)$ für $x < 0$, d.h. $(\ln|x|)' = 1/x$ $(x \neq 0)$. Und somit ist $(\ln|2x-3|)' = \dfrac{2}{2x-3}$ und damit $(2\ln|2x-3|)' = \dfrac{4}{2x-3}$.
Damit ist $\int \dfrac{4}{2x-3}\,dx = 2\ln|2x-3| + C$. Siehe auch (9.1.5).

c) Nach (9.1.4) ist $\int (7x^2 + 9x^3)\sqrt{x}\,dx = \int 7x^{5/2} + 9x^{7/2}\,dx = \dfrac{7}{7/2}x^{7/2} + \dfrac{9}{9/2}x^{9/2} + C = 2x^3x^{1/2} + 2x^4x^{1/2} + C = 2(x^3 + x^4)\sqrt{x} + C$.

d) Nach Anwendung der binomischen Formel (1.3.2) können wir die Potenzregel für Integrale (9.1.4) anwenden: $\int (x^2 - 1)^2\,dx = \int x^4 - 2x^2 + 1\,dx = \dfrac{1}{5}x^5 - \dfrac{2}{3}x^3 + x + C$.

e) Gesucht sind alle Funktionen $F(x)$ mit $F'(x) = e^{-2x}$. Es gilt: $\left(-\dfrac{1}{2}e^{-2x} + C\right)' = -\dfrac{1}{2}e^{-2x}(-2) = e^{-2x}$. Da sich zwei unbestimmte Integrale nur durch eine Konstante unterscheiden, haben wir alle Lösungen gefunden, d.h. $\int e^{-2x}\,dx = -\dfrac{1}{2}e^{-2x} + C$.

[2]

a) Gesucht ist das unbestimmte Integral von $F'(x)$. Mit (9.1.4) - (9.1.6) folgt $F(x) = \ln x + \dfrac{x^3}{3} + \dfrac{e^{2x}}{2} + C$.

b) Mit (9.1.4 - 9.1.6) folgt $F(x) = \dfrac{2}{5}x^{5/2} - e^{-x} + \ln|x| + C$.

[3] Nach (9.1.1) gilt $f(x) = F'(x) = \dfrac{5}{2}x - \dfrac{1}{2} \cdot 2x\ln x - \dfrac{1}{2}x^2 \cdot \dfrac{1}{x} = \dfrac{5}{2}x - x\ln x - \dfrac{1}{2}x = 2x - x\ln x = x(2 - \ln x)$.

[4] Die Ableitung von $f'(x)$ ist $f''(x)$, d.h. $f'(x)$ ist ein unbestimmtes Integral von $f''(x)$. Wir bestimmen zunächst alle Funktionen, deren Ableitung $f''(x)$ ist, d.h. wir bilden das unbestimmte Integral von $f''(x)$. Es gilt $\int 3x^2 + 2x + 3\,dx = x^3 + x^2 + 3x + C$. Für ein ganz spezielles C gilt $f'(x) = x^3 + x^2 + 3x + C$. Wir wissen $f'(1) = 6$ und andererseits $f'(1) = 1^3 + 1^2 + 3 \cdot 1 + C = 5 + C$. Damit ist $C = 1$, d.h. $f'(x) = x^3 + x^2 + 3x + 1$. Das unbestimmte Integal von $f'(x)$ ist $\int f'(x)\,dx = \int x^3 + x^2 + 3x + 1\,dx = \dfrac{1}{4}x^4 + \dfrac{1}{3}x^3 + \dfrac{3}{2}x^2 + x + C$. Da $f(x)$ ein unbestimmtes Integral von $f'(x)$ ist, gilt $f(x) = \dfrac{1}{4}x^4 + \dfrac{1}{3}x^3 + \dfrac{3}{2}x^2 + x + C$ für einen speziellen Wert von C. Da $f(0) = 0$, muss $C = 0$ sein, d.h. $f(x) = \dfrac{1}{4}x^4 + \dfrac{1}{3}x^3 + \dfrac{3}{2}x^2 + x$.

9.2 Flächen und bestimmte Integrale

[1]

a) Nach (9.2.3) und (9.1.4) ist $\int_0^2 (3t^2 + 2t + 5)\, dt = (t^3 + t^2 + 5t)\Big|_0^2 = 8 + 4 + 10 = 22.$

b) Nach (9.2.3) und (9.1.4) ist $\int_{P_N}^{P_L} (a - bP^{1-\alpha})\, dP = \left[aP - \dfrac{b}{2-\alpha}P^{2-\alpha}\right]_{P_N}^{P_L} = a(P_L - P_N) -$

$\dfrac{b}{2-\alpha}\left(P_L^{2-\alpha} - P_N^{2-\alpha}\right).$

c) Es gilt $x(x-1)(x-2) = (x^2 - x)(x-2) = x^3 - x^2 - 2x^2 + 2x = x^3 - 3x^2 + 2x.$ Damit

folgt $\int_0^1 x(x-1)(x-2)\, dx = \int_0^1 x^3 - 3x^2 + 2x\, dx = \left[\dfrac{1}{4}x^4 - x^3 + x^2\right]_0^1 = \dfrac{1}{4} - 1 + 1 = \dfrac{1}{4}.$

d) Mit (9.1.6) ist $\int_0^t \lambda e^{-\lambda x}\, dx = \left[-e^{-\lambda x}\right]_0^t = -e^{-\lambda t} - (-e^{-\lambda 0}) = 1 - e^{-\lambda t}.$

e) Mit (9.1.5) gilt $\int_3^4 \dfrac{5}{x-2}\, dx = 5\left[\ln(x-2)\right]_3^4 = 5(\ln 2 - \ln 1) = 5\ln 2 \approx 3.466.$

f) Mit (9.1.4) ist $\int_1^2 \dfrac{2}{x^3}\, dx = \int_1^2 2x^{-3}\, dx = \dfrac{2}{-3+1}x^{-3+1}\Big|_1^2 = -x^{-2}\Big|_1^2 = -\dfrac{1}{x^2}\Big|_1^2 = -\dfrac{1}{4} -$

$\left(-\dfrac{1}{1}\right) = -\dfrac{1}{4} + 1 = \dfrac{3}{4}.$

[2]

a) Da $f(x) \geq 0$, ist die gesuchte Fläche $\int_0^1 x^2(1-x)^2\, dx = \int_0^1 x^2(1 - 2x + x^2)\, dx =$

$\int_0^1 (x^2 - 2x^3 + x^4)\, dx = \left[\dfrac{1}{3}x^3 - \dfrac{1}{2}x^4 + \dfrac{1}{5}x^5\right]_0^1 = \dfrac{1}{3} - \dfrac{1}{2} + \dfrac{1}{5} = \dfrac{1}{30}.$ Dabei wurde die

Potenzregel (9.1.4) verwendet.

b) Zunächst ist zu bestimmen, in welchen Bereichen f positiv bzw. negativ ist. Die

Nullstellen sind $x = 3$ und $x = -2$. Es gilt $f(x) \begin{cases} > 0 & \text{für } x < -2 \\ < 0 & \text{für } -2 < x < 3 \\ > 0 & \text{für } x > 3 \end{cases}$

Wenn wir beachten, dass $(x-3)(x+2) = x^2 - x - 6$ ist, ist die gesuchte Flä-

che $\int_{-5}^{-2} f(x)\, dx - \int_{-2}^{3} f(x)\, dx + \int_{3}^{5} f(x)\, dx = 6\int_{-5}^{-2}(x^2 - x - 6)\, dx - 6\int_{-2}^{3}(x^2 - x - 6)\, dx +$

$6\int_{3}^{5}(x^2 - x - 6)\, dx = \left[2x^3 - 3x^2 - 36x\right]_{-5}^{-2} - \left[2x^3 - 3x^2 - 36x\right]_{-2}^{3} + \left[2x^3 - 3x^2 - 36x\right]_{3}^{5} =$

$(-16 - 12 + 72 + 250 + 75 - 180) - (54 - 27 - 108 + 16 + 12 - 72) + (250 - 75 - 180 -$

$54 + 27 + 108) = 189 - (-125) + 76 = 189 + 125 + 76 = 390.$

231

c) Für alle $x \in [-1, 1]$ ist $x^2 - 1 \leq 0$. Daher ist die Fläche gleich $-\int_{-1}^{1} (x^2 - 1)\, dx =$

$$-\left[\frac{1}{3}x^3 - x\right]_{-1}^{1} = -\left(\frac{1}{3} - 1 - \left(-\frac{1}{3} + 1\right)\right) = -\left(\frac{2}{3} - 2\right) = \frac{4}{3}.$$

d) Für $x \in [-2, 3]$ gilt $x^2 \leq 9$ und somit $\frac{1}{2}x^2 - 8 \leq \frac{9}{2} - 8 < 0$. Somit ist die Fläche

$$-\int_{-2}^{3} \left(\frac{1}{2}x^2 - 8\right) dx = -\left[\frac{1}{6}x^3 - 8x\right]_{-2}^{3} = -\left[\frac{1}{6}3^3 - 8 \cdot 3 - \left(\frac{1}{6}(-2)^3 - 8(-2)\right)\right] =$$

$$-\left[\frac{27}{6} - 24 + \frac{4}{3} - 16\right] = -\left[-\frac{205}{6}\right] = \frac{205}{6} = 34\frac{1}{6}.$$

[3]

a) Da die Funktion $f(x)$ in dem Intervall $(-3, 3)$ eine Nullstelle bei $x = 1$ besitzt, ist die gesuchte Fläche $\int_{-3}^{1} f(x)\, dx - \int_{1}^{3} f(x)\, dx$. Nach (9.2.3) ist dies $F(1) - F(-3) - (F(3) - F(1)) = 2F(1) - F(-3) - F(3)$, wobei F ein unbestimmtes Integral von f ist. Zur Bestimmung von $F(x)$ multiplizieren wir zunächst die Klammern von $f(x)$ aus. Es ergibt sich $f(x) = (x^2 - 9)(x - 1) = (x^3 - x^2 - 9x + 9)$ und damit $F(x) = \int f(x)\, dx = \frac{1}{4}x^4 - \frac{1}{3}x^3 - \frac{9}{2}x^2 + 9x$ wobei eine Konstante C bei der Flächenberechnung außer Acht gelassen werden kann (vgl. 9.2.1). Für die Berechnung der Fläche benötigt man die Funktionswerte $F(1) = 53/12$, $F(-3) = -153/4$ und $F(3) = -9/4$. Als Ergebnis ergibt sich für die gesuchte Fläche $2 \cdot 53/12 - (-153/4) - (-9/4) = 148/3 \approx 49.333$.

b) Die Funktion $f(x) = x^3$ schneidet die x-Achse bei $x = 0$. Für $x \in [-2, 0]$ gilt $f(x) \leq 0$ und für $x \in [0, 2]$ gilt $f(x) \geq 0$. Damit ist die gesuchte Fläche $-\int_{-2}^{0} x^3\, dx + \int_{0}^{2} x^3\, dx =$

$$2\int_{0}^{2} x^3\, dx = 2\left[\frac{1}{4}x^4\right]_{0}^{2} = 2 \cdot 4 = 8,$$ wobei wir die Symmetrie benutzt haben. Die Fläche von -2 bis 0 ist genau so groß wie die Fläche von 0 bis 2.

[4]

a) Die graue Fläche ist $4/3$. Die beiden anderen Flächen sind gleich groß. Also ist die Gesamtfläche $3 \cdot 4/3 = 4$.

b) $\int_{-4}^{1} f(x)\, dx = \int_{-4}^{-3} f(x)\, dx + \int_{-3}^{1} f(x)\, dx = 2/3 + 0 = 2/3$, denn das bestimmte Integral von -4 bis -3 ist gleich der Hälfte der grauen Fläche und das bestimmte Integral von -3 bis 1 ist aus Symmetriegründen gleich Null.

[5] Die Fläche ist $F(e) = \ln(e) = 1$ (siehe (4.10.2d)). Nach (9.2.***) ist die Höhe des Graphen an der Stelle t gleich $F'(t) = (\ln(t))' = \frac{1}{t}$ und damit ist die Höhe an der Stelle $t = e$ gleich $\frac{1}{e} = \frac{1}{2.7182818} \approx 0.368$.

[6] Es gilt nach (9.1.1) $f(x) = F'(x) = \frac{5}{2}x - x \ln x - \frac{1}{2}x = 2x - x \ln x = x(2 - \ln x)$.
Das Vorzeichen von f wird allein durch den 2. Faktor $2 - \ln x$ bestimmt. Da $\ln x$ strikt
monton steigend in x, gilt $2 - \ln x \geq 2 - \ln e^2 = 2 - 2 = 0$ für alle $x \in [1, e^2]$. Damit ist die
gesuchte Fläche $\left[\frac{5}{4}x^2 - \frac{1}{2}x^2 \ln x\right]_1^{e^2} = \frac{5}{4}e^4 - \frac{1}{2}e^4 \cdot 2 - \frac{5}{4} = \frac{1}{4}e^4 - \frac{5}{4} \approx 12.39954 \approx 12.40$.

[7]

a) $\displaystyle\int_1^a \frac{1}{2}x \, dx = \left[\frac{1}{4}x^2\right]_1^a = \frac{a^2}{4} - \frac{1}{4} = \frac{3}{4} \iff a^2 = 4$. Da $a > 1$, kommt als Lösung nur

$a = 2$ in Frage.

b) $\displaystyle\int_1^a \frac{1}{x} \, dx = \left[\ln x\right]_1^a = \ln a - \ln 1 = \ln a$. Es gilt $\ln a = 1 \iff a = e$.

c) $\displaystyle\int_0^a 3x^2 \, dx = x^3 \Big|_0^a = a^3 - 0 = a^3 = 64 \iff a = 4$.

[8] Wir erhalten die gesuchte Fläche, indem wir die Fläche unterhalb g von der Fläche
unterhalb f subtrahieren, d.h. $A = \displaystyle\int_0^1 \frac{1}{x+2} \, dx - \int_0^1 \frac{x^2}{3} \, dx = \left[\ln(x+2)\right]_0^1 - \left[\frac{x^3}{9}\right]_0^1 =$
$\ln(3) - \ln(2) - \left[\frac{1}{9} - 0\right] = \ln\left(\frac{3}{2}\right) - \frac{1}{9}$. Dabei wurde (9.1.4) und (9.1.5) verwendet.

[9] Die Funktion $f(x)$ wechselt an der Stelle $x = 1$ das Vorzeichen von $-$ auf $+$. Für
die Fläche von 0 bis $a > 1$ gilt daher $A = -\displaystyle\int_0^1 (x - 1) \, dx + \int_1^a (x - 1) \, dx = 1 \iff$
$-\left[\frac{1}{2}x^2 - x\right]_0^1 + \left[\frac{1}{2}x^2 - x\right]_1^a = 1 \iff -\left(\frac{1}{2} - 1 - 0\right) + \frac{a^2}{2} - a - \left(\frac{1}{2} - 1\right) = 1 \iff$
$-\left(-\frac{1}{2}\right) + \frac{a^2}{2} - a + \frac{1}{2} = 1 \iff \frac{a^2}{2} - a = 0 \iff a^2 - 2a = 0 \iff a(a - 2) = 0 \iff$
$a = 0$ oder $a = 2$. Da $a > 1$, kommt als Lösung nur $a = 2$ in Frage.

9.3 Eigenschaften bestimmter Integrale

[1] Nach (9.3.6) ist die Ableitung nach der oberen Grenze eines Integrals gleich dem
Wert des Integranden an der oberen Grenze, d.h. $F'(x) = \frac{1}{\sqrt{2\pi}}e^{-x^2/2}$.

[2]
a) Nach (9.3.7) ist $\dfrac{d}{dt}\displaystyle\int_t^{10} \ln x^2 \, dx = -\ln t^2 = -2\ln t$.

b) Nach (9.3.8) mit $b(t) = t^2$; $b'(t) = 2t$, $a(t) = 0$; $a'(t) = 0$ ist $\dfrac{d}{dt}\displaystyle\int_0^{t^2} e^x \, dx = e^{t^2} \cdot 2t = 2te^{t^2}$.

c) Nach (9.3.8) mit $b(t) = 2t$; $b'(t) = 2$ und $a(t) = t$; $a'(t) = 1$ ist $\dfrac{d}{dt}\displaystyle\int_t^{2t} x^2\,dx = (2t)^2 \cdot 2 -$

$t^2 = 8t^2 - t^2 = 7t^2$.

9.4 Ökonomische Anwendungen

[1] Im Gleichgewicht ist $200 - 0.2Q^* = 20 + 0.1Q^* \iff 0.3Q^* = 180 \iff Q^* =$ $180 \cdot 10/3 = 600$. Der Preis im Gleichgewicht ist dann $P^* = f(Q^*) = 200 - 0.2 \cdot 600 =$ $200 - 120 = 80$. Die Konsumentenrente ist nach (9.4.8): $CS = \displaystyle\int_0^{Q^*} [f(Q) - P^*]\,dQ =$

$\displaystyle\int_0^{600} [200 - 0.2Q - 80]\,dQ = \int_0^{600} [120 - 0.2Q]\,dQ = (120Q - 0.1Q^2)\Big|_0^{600} = 120 \cdot 600 - 0.1 \cdot 600^2 =$ $72\,000 - 36\,000 = 36\,000$.

[2] Die Änderung von $t = 0$ bis $t = 10$ ist gegeben durch $B(10) - B(0) = \displaystyle\int_0^{10} \dot B(t)\,dt =$

$\displaystyle\int_0^{10} (3t^2 + t + 10)\,dt = (t^3 + \tfrac{1}{2}t^2 + 10t)\Big|_0^{10} = 1\,000 + 50 + 100 = 1\,150.$ (Siehe Kap. 9.4:

Förderung aus einer Ölquelle)

[3] Die Änderung von $t = 0$ bis $t = 2$ ist gegeben durch $K(2) - K(0) = \displaystyle\int_0^2 \dot K(t)\,dt =$

$\displaystyle\int_0^2 (3t^2 + 2t + 5)\,dt = (t^3 + t^2 + 5t)\Big|_0^2 = 8 + 4 + 10 = 22.$

[4] Um die Gleichgewichtsmenge Q^* zu bestimmen, setzen wir $f(Q) = g(Q) \iff$ $500 - 1.3Q = 14 + 0.2Q \iff 1.5Q = 486 \iff Q = 324$. Damit ist $Q^* = 324$. Einsetzen in $f(Q)$ ergibt $P^* = f(Q^*) = f(324) = 500 - 1.3 \cdot 324 = 78.8$. Die Konsumentenrente ist

nach (9.4.8) $CS = \displaystyle\int_0^{Q^*} [f(Q) - P^*]\,dQ = \int_0^{324} [500 - 1.3Q - 78.8]\,dQ = \big[421.2Q - 0.65Q^2\big]_0^{324} =$

$68\,234.4$. Die Produzentenrente ist nach (9.4.9) $PS = \displaystyle\int_0^{Q^*} [P^* - g(Q)]\,dQ = \int_0^{324} [78.8 - 14 -$

$0.2Q]\,dQ = \big[64.8Q - 0.1Q^2\big]_0^{324} = 10\,497.6.$

[5] Der Gleichgewichtspreis ist gegeben durch die Gleichheit der Angebots- und Nachfragefunktion, d.h. durch die Gleichung $g(Q) = f(Q)$, d.h. $0.6Q^2 + 11.25 = 30 -$ $0.15Q^2 \iff 0.75Q^2 = 18.75 \iff Q^2 = 25 \iff Q^* = 5$. Setzt man $Q^* = 5$ in f oder g ein, so ergibt sich der Gleichgewichtspreis $P^* = 26.25$. Die Konsumentenrente

ergibt sich nach (9.4.8) als: $CS = \displaystyle\int_0^{Q^*} [f(Q) - P^*]\,dQ = \int_0^5 [30 - \underbrace{0.15}_{=3/20} Q^2 - 26.25]\,dQ =$

$\left[3.75Q - \dfrac{1}{20}Q^3\right]_0^5 = 18.75 - 6.25 = 12.5$. Die Produzentenrente ergibt sich nach (9.4.9)

als: $PS = \displaystyle\int\limits_0^{Q^*} [P^* - g(Q)]\, dQ = \int\limits_0^5 [26.25 - 0.6Q^2 - 11.25] dQ = \left[15Q - \dfrac{1}{5}Q^3\right]_0^5 = 75 - 25 = 50.$

[6] CS ist die schraffierte Fläche in der linken Abbildung und diese ist $70 \cdot 70/2 = 4\,900/2 = 2\,450$. PS ist die Fläche des rechts schraffierten Dreiecks: $PS = (40 - 10) \cdot 60/2 = 900$.

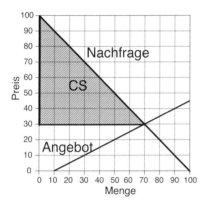
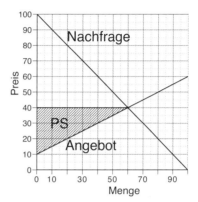

9.5 Partielle Integration

[1]

a) Wir verwenden die Regel der partiellen Integration (9.5.1) und setzen $f(x) = 3x$ und $g'(x) = e^{-x/2}$. Dann ist $f'(x) = 3$ und nach (9.1.6) $g(x) = -2e^{-x/2}$. Damit gilt dann wieder unter Verwendung von (9.1.6) $\displaystyle\int 3xe^{-x/2}\, dx = 3x(-2e^{-x/2}) - \int 3(-2e^{-x/2})\, dx = $
$-6xe^{-x/2} + 6 \displaystyle\int e^{-x/2}\, dx = -6xe^{-x/2} - 12e^{-x/2} + C = -6e^{-x/2}(x + 2) + C.$

b) Man wähle hier $f(x) = x$ und $g'(x) = e^{x-1}$. Dann ist $f'(x) = 1$ und $g(x) = e^{x-1}$. Mit (9.5.1) folgt $\displaystyle\int xe^{x-1}\, dx = xe^{x-1} - \int e^{x-1} dx = xe^{x-1} - e^{x-1} + C = e^{x-1}(x - 1) + C.$

c) Man wähle hier $f(x) = a + bx$ und $g'(x) = e^{-x}$. Damit ist $f'(x) = b$ und $g(x) = -e^{-x}$. Nach (9.5.1) ist dann $\displaystyle\int (a + bx)e^{-x}\, dx = (a + bx)\left(-e^{-x}\right) - \int \left(-be^{-x}\right)\, dx = (a + bx)\left(-e^{-x}\right) - be^{-x} + C = -e^{-x}(a + b + bx) + C.$

d) Es ist $\displaystyle\int \dfrac{x - 1}{e^x}\, dx = \int (x - 1)e^{-x} dx$. Wir verwenden (9.5.1) mit $f(x) = x - 1$ und $g'(x) = e^{-x}$. Dann ist $f'(x) = 1$ und $g(x) = -e^{-x}$, so dass $\displaystyle\int (x - 1)e^{-x} dx = (x - 1)(-e^{-x}) - \int 1 \cdot (-e^{-x}) dx = -xe^{-x} + e^{-x} + \int e^{-x} = -xe^{-x} + e^{-x} - e^{-x} + C = -xe^{-x} + C.$

[2]

a) Nach (9.5.2) mit $f(x) = x$ und $g'(x) = 2^x \Longrightarrow f'(x) = 1$ und $g(x) = \dfrac{2^x}{\ln(2)}$ ist

$$\int_0^2 x2^x\, dx = \left[x\frac{2^x}{\ln(2)}\right]_0^2 - \int_0^2 \frac{2^x}{\ln 2}\, dx = \frac{2\cdot 4}{\ln 2} - \left[\frac{2^x}{(\ln(2))^2}\right]_0^2 = \frac{8}{\ln(2)} - \frac{3}{(\ln(2))^2}.$$

Dabei wurde für die Integration von 2^x zweimal die Formel (9.1.7) verwendet.

b) Wir wählen $f(x) = x^2 + x + 1$ und $g'(x) = e^x$. Dann ist $f'(x) = 2x + 1$ und $g(x) = e^x$. Die Regel der partiellen Integration (9.5.2) ergibt dann $\displaystyle\int_0^2 (x^2 + x + 1)\, e^x dx =$

$$\left[(x^2 + x + 1)\, e^x\right]_0^2 - \int_0^2 (2x + 1)\, e^x dx = \underbrace{(4 + 2 + 1)e^2 - 1}_{=7e^2 - 1} - \int_0^2 (2x + 1)\, e^x\, dx.\ \text{Zur Be-}$$

rechnung des Integrals auf der rechten Seite verwenden wir erneut die Regel der partiellen Integration mit $f(x) = 2x + 1$ und $g'(x) = e^x$. Dann ist $f'(x) = 2$ und $g(x) = e^x$. Es gilt dann $\displaystyle\int_0^2 (2x+1)e^x\, dx = \left[(2x + 1)e^x\right]_0^2 - \int_0^2 2e^x\, dx = 5e^2 - 1 - [2e^x]_0^2 =$

$5e^2 - 1 - 2e^2 + 2 = 3e^2 + 1$. Insgesamt ergibt sich also $7e^2 - 1 - (3e^2 + 1) = 4e^2 - 2 \approx 27.556$.

9.6   Integration durch Substitution

[1]

a) Wir verwenden Formel (9.6.1) und setzen $u = g(x) = x^3$. Dann ist $g'(x) = 3x^2$ und $du = 3x^2 dx$. Es ist $f(u) = e^u$ und damit $\displaystyle\int x^2 e^{x^3}\, dx = \frac{1}{3}\int e^u\, du = \frac{1}{3}e^u = \frac{1}{3}e^{x^3} + C.$

b) Wir setzen $u = g(x) = x^2 + 1 \Longrightarrow du = 2xdx \iff xdx = \dfrac{1}{2}du$. Mit (9.6.1) ergibt sich $\displaystyle\int \frac{x}{\sqrt{x^2 + 1}}\, dx = \int \frac{1}{2\sqrt{u}}\, du = \int \frac{1}{2}\cdot u^{-1/2}\, du = \frac{1/2}{1/2}u^{1/2} = \sqrt{u} = \sqrt{x^2 + 1} + C.$

c) Wir setzen dabei $u = g(x) = -ax^2 \Longrightarrow du = -2ax\, dx$. Nach (9.6.2) erhalten wir
$$\int_0^1 -axe^{-ax^2}\, dx = \frac{1}{2}\int_0^1 -2axe^{-ax^2}\, dx = \frac{1}{2}\int_0^{-a} e^u\, du = \frac{1}{2}e^u\Big|_0^{-a} = \frac{1}{2}\left(e^{-a} - 1\right).$$

[2]

a) Wir setzen $u = x^3 \Longrightarrow du = 3x^2\, dx$. Ferner gilt $x = 0 \Longrightarrow u = 0$ und $x = \sqrt[3]{\ln(5)} \Longrightarrow u = \ln 5$. Damit ist nach (9.6.2): $\displaystyle\int_0^{\sqrt[3]{\ln(5)}} 3x^2 e^{x^3}\, dx = \int_0^{\ln(5)} e^u\, du = e^u\Big|_0^{\ln(5)} = e^{\ln(5)} - e^0 = 5 - 1 = 4.$

b) Wir setzen $u = 2x^2 - 1$. Dann ist $du = 4x\, dx$. Für $x = 0$ ist $u = -1$ und für $x = 1$ ist $u = 1$, d.h. nach (9.6.2) $\displaystyle\int_0^1 4x(2x^2 - 1)^6\, dx = \int_{-1}^1 u^6\, du = \left[\frac{1}{7}u^7\right]_{-1}^{+1} = \frac{1}{7}(1 - (-1)) = \frac{2}{7}.$

c) Wir setzen $u = x^2 + 9 \implies \dfrac{du}{dx} = 2x \implies 7x\,dx = \dfrac{7}{2}\,2x\,dx = \dfrac{7}{2}\,du$. Für die Grenzen

gilt $x = 0 \implies u = 9$ und $x = 4 \implies u = 25$. Also gilt nach (9.6.2) $\displaystyle\int_0^4 7x\sqrt{x^2 + 9}\,dx =$

$$\int_9^{25} \frac{7}{2}u^{1/2}\,du = \left[\frac{7}{2}\cdot\frac{2}{3}u^{3/2}\right]_9^{25} = \frac{7}{3}[125 - 27] = 7\cdot 98/3 = 686/3.$$

9.7 Integration über unendliche Intervalle

[1]

a) Nach (9.7.1) ist $\displaystyle\int_1^\infty \frac{2}{x^3}\,dx = \int_1^\infty 2x^{-3}\,dx = \lim_{b\to\infty}\int_1^b 2x^{-3}\,dx = \lim_{b\to\infty}\frac{2}{-3+1}x^{-3+1}\Big|_1^b =$

$\displaystyle\lim_{b\to\infty} -x^{-2}\Big|_1^b = \lim_{b\to\infty} b^{-2} - (-1) = 0 + 1 = 1.$

b) Nach (9.7.1) ist $\displaystyle\int_0^\infty 2te^{-t}\,dt = 2\lim_{b\to\infty}\int_0^b te^{-t}\,dt$. Wir verwenden partielle Integration

(9.5.1) mit $f(t) = t$; $f'(t) = 1$ und $g'(t) = e^{-t}$; $g(t) = -e^{-t}$. Dann gilt $\displaystyle 2\lim_{b\to\infty}\int_0^b te^{-t}\,dt =$

$\displaystyle 2\lim_{b\to\infty}\left(-te^{-t}\Big|_0^b + \int_0^b e^{-t}dt\right) = 2\lim_{b\to\infty}(-be^{-b}) - 0 - 2\lim_{b\to\infty} e^{-t}\Big|_0^b = 0 - 0 - 2\lim_{b\to\infty} e^{-b} + 2e^0 =$

$2e^0 = 2.$

c) $\displaystyle\int_1^\infty \frac{2}{x^2}\,dx = \int_1^\infty 2x^{-2}\,dx = \lim_{b\to\infty}\int_1^b 2x^{-2}\,dx.$ Nach der Potenzregel (9.1.4) ist

$\displaystyle\int_1^b 2x^{-2}\,dx = \frac{2}{-2+1}x^{-2+1}\Big|_1^b = \frac{-2}{x}\Big|_1^b = -\frac{2}{b} - \left(-\frac{2}{1}\right) \to 2 \text{ für } b \to \infty.$

d) Um (9.7.1) anzuwenden, bestimmen wir zunächst $\displaystyle\int_0^b x^2 e^{-x}\,dx$. Wir verwenden die

Regel der partiellen Integration (9.5.2) und setzen dort $f(x) = x^2$ und $g'(x) = e^{-x}$.

Dann ist $f'(x) = 2x$ und $g(x) = -e^{-x}$. Damit ist $\displaystyle\int_0^b x^2 e^{-x}\,dx = \left[-x^2 e^{-x}\right]_0^b +$

$\displaystyle\int_0^b 2xe^{-x}\,dx = -b^2 e^{-b} + 0 + \int_0^b 2xe^{-x}\,dx.$ Da $-b^2 e^{-b} \to 0$ für $b \to \infty$, bleibt nur

das Integral $\displaystyle\int_0^b 2xe^{-x}\,dx 2\int_0^b xe^{-x}\,dx$ zu betrachten. Wir verwenden zur Berechnung von $\int_0^\infty xe^{-x}\,dx$ noch einmal die Regel der partiellen Integration mit $f(x) = x$

und $g'(x) = e^{-x}$. Dann ist $f'(x) = 1$ und $g(x) = -e^{-x}$. Damit ist $\int_0^b xe^{-x}\,dx =$

$\left[-xe^{-x}\right]_0^b + \int_0^b e^{-x}\,dx = -be^{-b} - 0 + -\left[e^{-x}\right]_0^b = -be^{-b} - e^{-b} - (-1) \to 0 + 0 + 1 = 1$

für $b \to \infty$. (Beachten Sie (7.12.4).)

e) $\displaystyle\int_{-\infty}^t e^x\,dx = \lim_{a\to-\infty}\int_a^t e^x\,dx = \lim_{a\to-\infty}\left[e^x\right]_a^t = \lim_{a\to-\infty}(e^t - e^a) = e^t.$

f) Nach e) ist $\displaystyle\int_{-\infty}^0 e^x\,dx = e^0 = 1.$

g) $\displaystyle\int_0^\infty e^x\,dx = \lim_{b\to\infty}\int_0^b e^x\,dx = \lim_{b\to\infty}\left[e^x\right]_0^b = \lim_{b\to\infty}(e^b - 1) = \infty$, d.h. das Integral divergiert.

h) Für $0 < a < b$ gilt $\displaystyle\int_a^b \frac{1}{x^2}\,dx = \left[-\frac{1}{x}\right]_a^b = -\frac{1}{b} + \frac{1}{a} \to 0 + \infty$, wenn $a \to 0$ und $b \to \infty$,

d.h. das Integral divergiert.

i) $\displaystyle\int_0^\infty \frac{1}{1+t}\,dt = \lim_{a\to\infty}\int_0^a \frac{1}{1+t}\,dt = \lim_{a\to\infty}\left[\ln(1+t)\right]_0^a = \lim_{a\to\infty}(\ln(1+a) - \ln(1+0)) =$

$\displaystyle\lim_{a\to\infty}\ln(1+a) = \infty$, d.h. das Integral divergiert.

j) $\displaystyle\int_{-\infty}^0 e^{2x}\,dx = \lim_{a\to-\infty}\int_a^0 e^{2x}\,dx = \lim_{a\to-\infty}\left[\frac{1}{2}e^{2x}\right]_a^0 = \lim_{a\to-\infty}\left(\frac{1}{2}e^{2\cdot0} - \frac{1}{2}e^{2a}\right) =$

$\displaystyle\lim_{a\to-\infty}\left(\frac{1}{2} - \frac{1}{2}e^{2a}\right) = \frac{1}{2}.$

k) $\displaystyle\int_0^\infty \exp(-x^4)x^3\,dx = \lim_{b\to\infty}\int_0^b \exp(-x^4)x^3\,dx.$ Das Integral kann mit Hilfe der Inte-

gration durch Substitution gelöst werden. Wir setzen $g(x) = u = x^4$ und erhalten $du = 4x^3\,dx$. Für die neuen Grenzen ergibt sich $g(0) = 0$ und $g(b) = b^4 \to \infty$ für

$b \to \infty$. Damit gilt $\displaystyle\int_0^b \exp(-x^4)x^3\,dx = \int_0^b \exp(-x^4)x^3\,dx = \int_0^{b^4} \frac{1}{4}\exp(-u)\,du =$

$\left[-\frac{1}{4}\exp(-u)\right]_0^{b^4} = \left[-\frac{1}{4}\exp(-b^4) - \left(-\frac{1}{4}\exp(0)\right)\right] = \left[-\frac{1}{4}\exp(-b^4) + 1/4\right] \to$

$1/4$ für $b \to \infty$. Damit folgt $\displaystyle\int_0^\infty \exp(-x^4)x^3\,dx = 1/4.$

9.8 Ein flüchtiger Blick auf Differentialgleichungen

[1]

a) Mit $k = 0.006$ und $t = 5$ ergibt sich $P(2010) = P(2005) \cdot e^{kt} = 1\,302 \cdot e^{0.006 \cdot 5} = 1\,341.6518 \approx 1\,342$.

b) Nach (9.8.3) gilt $P(t) = 1\,302 \cdot e^{0.006t}$. Gesucht ist diejenige Zeit t, für die $P(t) = 2\,000$ gilt. Es muss also gelten $2\,000 = 1\,302 \cdot e^{0.006t} \iff \ln\left(\dfrac{2\,000}{1\,302}\right) = 0.006t \iff t =$

$\dfrac{\ln\left(\dfrac{2\,000}{1\,302}\right)}{0.006} = 71.54 \approx 72$.

c) Sei t^* die Verdopplungszeit. Dann gilt $P(t^*) = 2P_0$ und nach (9.8.3) gilt $P(t^*) = 2P_0 =$

$P_0 e^{0.006 \cdot t^*} \iff 2 = e^{0.006 \cdot t^*} \iff \ln 2 = 0.006 \cdot t^* \iff t^* = \dfrac{\ln 2}{0.006} = 115.5245 \approx$

116.

[2] Die Einwohnerzahl im Jahr 2000 betrug $1\,095 - 81 = 1\,014$ Millionen. Nimmt man dies als Ausgangszahl P_0, kann k aus (9.8.3) berechnet werden $1\,095 = 1\,014 e^{k \cdot 5} \implies$

$\ln\left(\dfrac{1\,095}{1\,014}\right) = 5k \implies k = 0.01537029 \approx 0.01537$. Die Prognose für 2015, d.h. für

$t = 10$, wenn wir als Startjahr 2005 verwenden, kann nun nach (9.8.3) berechnet werden $P(2015) = P(2005)e^{0.01537 \cdot 10} = 1\,095 e^{0.1537} = 1\,276.9 \approx 1\,277$. Es gilt auch $P(2015) = P(2000)e^{0.01537 \cdot 15} = 1\,014 e^{0.01537 \cdot 15} = 1\,276.9 \approx 1\,277$.

[3] Nach (9.8.4) gilt $x(t) = K - (K - x_0)e^{-at}$. Hier ist $a = 0.25$; $K = 1$; $x_0 = \dfrac{1}{3}$ und

$t = 4$. Daraus ergibt sich $x(4) = 1 - \left(1 - \dfrac{1}{3}\right)e^{-0.25 \cdot 4} = 1 - \dfrac{2}{3}e^{-1} = 0.754747 \approx 0.755$.

[4]

a) Es gilt nach (9.8.3) $x(t) = x(0)e^{-rt} = 10\,000 e^{-0.05t}$ und damit $x(10) = 10\,000 e^{-0.05 \cdot 10} = 10\,000 e^{-0.5} = 6\,065.307$.

b) Es muss nach (9.8.3) gelten $x(t) = 10\,000 e^{-0.05t} = 1\,000 \iff e^{-0.05t} = 1/10 \iff -0.05t = \ln(1/10) = -\ln 10 \iff t = 20\ln(10) = 46.0517$.

9.9 Separierbare und lineare Differentialgleichungen

[1] Es handelt sich um eine lineare Differentialgleichung vom Typ $\dot{x} + ax = b(t)$ mit $a = 3$ und $b(t) = t^2$, so dass (9.9.5) anwendbar ist, d.h. die Lösung ist $x = Ce^{-3t} +$

$e^{-3t} \displaystyle\int e^{3t}t^2 \, dt$. Das Integral $\displaystyle\int e^{3t}t^2 \, dt$ lösen wir durch zweimalige Anwendung der

partiellen Integration (9.5.1) mit jeweils $g'(t) = e^{3t} \implies g(t) = \dfrac{1}{3}e^{3t}$ und zunächst

$f(t) = t^2 \implies f'(t) = 2t$ und dann $f(t) = t \implies f'(t) = 1$. Wir erhalten $\displaystyle\int e^{3t}t^2 \, dt =$

$\displaystyle\int t^2 e^{3t} \, dt = t^2 \cdot \dfrac{1}{3}e^{3t} - \int 2t \cdot \dfrac{1}{3}e^{3t} \, dt = \dfrac{1}{3}t^2 e^{3t} - \dfrac{2}{3}\int te^{3t} \, dt = \dfrac{1}{3}t^2 e^{3t} - \dfrac{2}{9}te^{3t} + \dfrac{2}{9}\int e^{3t} \, dt =$

$\dfrac{1}{3}t^2 e^{3t} - \dfrac{2}{9}te^{3t} + \dfrac{2}{27}e^{3t}$. Damit ist die Lösung $x = Ce^{-3t} + e^{-3t}\displaystyle\int e^{3t}t^2 \, dt = Ce^{-3t} +$

$$e^{-3t} \left(\frac{1}{3}t^2 e^{3t} - \frac{2}{9}t e^{3t} + \frac{2}{27} e^{3t} \right) = Ce^{-3t} + \left(\frac{1}{3}t^2 - \frac{2}{9}t + \frac{2}{27} \right), \text{ da } e^{-3t}e^{3t} = e^{-3t+3t} = e^0 = 1.$$

Die Lösung ist also $x = Ce^{-3t} + \frac{1}{3}t^2 - \frac{2}{9}t + \frac{2}{27}$. Damit $x = 0$ für $t = 0$, muss gelten

$$0 = Ce^{-3\cdot 0} + \frac{1}{3}\cdot 0^2 - \frac{2}{9}\cdot 0 + \frac{2}{27} \iff 0 = C + \frac{2}{27} \iff C = -\frac{2}{27}.$$

[2] Es handelt sich nach (9.9.1) um eine separierbare Differentialgleichung der Gestalt $\dot{x} = f(t)g(x)$ mit $f(t) = t$ und $g(x) = (x-1)^2$. Wir wenden die in Kap. 9.9 beschriebene Methode zur Lösung solcher Gleichungen an.

A. Wir schreiben die Gleichung als $\frac{dx}{dt} = t(x-1)^2$.

B. Wir trennen die Variablen: $\frac{dx}{(x-1)^2} = t\, dt$

C. Wir integrieren beide Seiten: $\int \frac{dx}{(x-1)^2} = \int t\, dt$

D. Wir berechnen die beiden Integrale: $\int \frac{dx}{(x-1)^2} = \int (x-1)^{-2}\, dx = -(x-1)^{-1} =$

$\int t\, dt = \frac{1}{2}t^2 + C$, d.h. wir haben die Gleichung $-(x-1)^{-1} = \frac{1}{2}t^2 + C$, die wir nach

x auflösen müssen. Die Gleichung ist äquivalent zu $x - 1 = -\left(\frac{1}{2}t^2 + C \right)^{-1} \iff$

$x = 1 - \left(\frac{t^2 + 2C}{2} \right)^{-1} = 1 - \frac{2}{t^2 + 2C}$. Damit $x(0) = 3$, muss gelten $3 = 1 - \frac{2}{2C} =$

$1 - \frac{1}{C} \iff \frac{1}{C} = -2 \iff C = -\frac{1}{2}$, d.h. die Lösungskurve mit $x(0) = 3$ ist gegeben

durch $x(t) = 1 - \frac{2}{t^2 - 1}$.

[3] Es handelt sich nach (9.9.1) um eine separierbare Differentialgleichung der Gestalt $\dot{x} = f(t)g(x)$ mit $f(t) = 1$ und $g(x) = x^2 + 2x + 1 = (x+1)^2$. Wir wenden die in Kap. 9.9 beschriebene Methode zur Lösung solcher Gleichungen an.

A. Wir schreiben die Gleichung als $\frac{dx}{dt} = (x+1)^2$.

B. Wir trennen die Variablen: $\frac{dx}{(x+1)^2} = dt$

C. Wir integrieren beide Seiten: $\int \frac{dx}{(x+1)^2} = \int 1\, dt$

D. Wir berechnen die beiden Integrale: $\int \frac{dx}{(x+1)^2} = \int (x+1)^{-2}\, dx = -(x+1)^{-1} =$

$\int 1\, dt = t + C$, d.h. wir haben die Gleichung $-(x+1)^{-1} = t + C$, die wir nach x auflösen

müssen. Die Gleichung ist äquivalent zu $x + 1 = -\frac{1}{t+C} \iff x = -1 - \frac{1}{t+C}$. Damit

$x(1) = 1$, muss gelten $1 = -1 - \frac{1}{1+C} \iff \frac{1}{1+C} = -2 \iff 1 + C = -\frac{1}{2} \iff$

$C = -\frac{3}{2}$, d.h. die Lösungskurve mit $x(1) = 1$ ist gegeben durch $x(t) = -1 - \frac{1}{t - 3/2}$.

Lösungen zu den weiteren Aufgaben zu Kapitel 9

[1] Da $f(x)$ auf dem Intervall $[2, 5]$ positiv ist, folgt $A = \int\limits_{2}^{5} (x^3+1)^2 3x^2 \, dx$. Wir verwenden Integration durch Substitution (9.6.2) mit $u = g(x) = x^3 + 1$ und $du = 3x^2 dx$. Für die neuen Grenzen ergeben sich $g(2) = 9$ und $g(5) = 126$, so dass $\int\limits_{2}^{5} (x^3 + 1)^2 3x^2 \, dx =$

$$\int\limits_{9}^{126} u^2 \, du = \left[\frac{u^3}{3}\right]_{9}^{126} = \frac{126^3 - 9^3}{3} = 666\,549.$$

[2]

a) Wir verwenden partielle Integration (9.5.1) mit $f(x) = x^2 \Rightarrow f'(x) = 2x$ und $g'(x) = e^{-x} \Rightarrow g(x) = -e^{-x}$, so dass $\int x^2 e^{-x} \, dx = x^2(-e^{-x}) - \int 2x(-e^{-x}) \, dx = -x^2 e^{-x} + 2\int xe^{-x} \, dx$. Für das Integral $\int xe^{-x} \, dx$ muss man erneut die Formel für die partielle Integration anwenden mit $f(x) = x \Rightarrow f'(x) = 1$ und $g'(x) = e^{-x} \Rightarrow g(x) = -e^{-x}$. Insgesamt ergibt sich somit $\int x^2 e^{-x} \, dx = -x^2 e^{-x} + 2\int xe^{-x} \, dx = -x^2 e^{-x} + 2\left[-xe^{-x} - \int(-e^{-x}) \, dx\right] = -x^2 e^{-x} - 2xe^{-x} + 2\int e^{-x} \, dx = -x^2 e^{-x} - 2xe^{-x} - 2e^{-x} + C = -(x^2 + 2x + 2)e^{-x} + C.$

b) Wir verwenden Integration durch Substitution mit $u = g(x) = x^2 + 2x \Longrightarrow du = (2x+2)dx$; $g(1) = 3$; $g(2) = 8$. Mit (9.6.2) folgt $\int\limits_{1}^{2} (2x+2)\ln(x^2+2x) \, dx = \int\limits_{3}^{8} \ln u \, du$.

Mit dem Hinweis in der Aufgabe ist $\int\limits_{3}^{8} \ln u \, du = [u\ln u - u]_{3}^{8} = 8\ln 8 - 8 - (3\ln 3 - 3) = 8\ln 8 - 3\ln 3 - 5 = 8.339695467 \approx 8.34$.

c) Wir verwenden die Formel der partiellen Integration (9.5.1) mit $f(x) = \ln x$ und $g'(x) = 3x^2$. Dann ist $f'(x) = \dfrac{1}{x}$ und $g(x) = x^3$ und damit $\int 3x^2 \ln x \, dx = x^3 \ln x - \int \dfrac{x^3}{x} \, dx = x^3 \ln x - \int x^2 \, dx = x^3 \ln x - \dfrac{x^3}{3} + C.$

d) Wir verwenden Integration durch Substitution (9.6.2) mit $u = g(x) = \ln(x^2) \Longrightarrow du = \dfrac{2x}{x^2} \, dx = \dfrac{2}{x} \, dx$; $g(1) = \ln(1^2) = \ln 1 = 0$; $g(e) = \ln(e^2) = 2 \Longrightarrow \int\limits_{1}^{e} \dfrac{2\ln(x^2)}{x} \, dx =$

$$\int\limits_{0}^{2} u \, du = \dfrac{u^2}{2}\Big|_{0}^{2} = 2.$$

Alternativ geht es auch so: Zunächst ist $\int\limits_{1}^{e} \dfrac{2\ln(x^2)}{x} \, dx = \int\limits_{1}^{e} \dfrac{4\ln x}{x} \, dx$. Wir setzen

$$u = g(x) = \ln x \implies du = \frac{1}{x}\,dx;\ g(1) = \ln 1 = 0;\ g(e) = \ln e = 1 \implies \int_1^e \frac{4\ln x}{x}\,dx =$$

$$\int_0^1 4u\,du = \frac{4u^2}{2}\Big|_0^1 = 2.$$

e) Wir setzen $u = g(x) = x^2 + 4x$. Dann ist $du = (2x + 4)\,dx$. Nach (9.6.1) ist dann mit

$$(9.1.7) \int 2^{x^2+4x}(2x + 4)\,dx = \int 2^u\,du = \frac{1}{\ln 2}2^u + C = \frac{2^{x^2+4x}}{\ln 2} + C.$$

f) $\int (x - 3)(x + 3)(x - a)\,dx = \int (x^2 - 9)(x - a)\,dx = \int x^3 - ax^2 - 9x + 9a\,dx =$

$$\frac{1}{4}x^4 - \frac{a}{3}x^3 - \frac{9}{2}x^2 + 9ax + C \text{ nach (9.1.4).}$$

g) $\int_0^1 axe^x\,dx = a\int_0^1 xe^x\,dx$. Mit der partieller Integration (siehe Beispiel 9.5.1) ergibt

sich $a\int_0^1 xe^x\,dx = a\left[xe^x - e^x\right]_0^1 = a\left[e^1 - e^1 - 0 + e^0\right] = a.$

h) Mit (9.1.7): $\int_1^{e^3} \frac{1}{x}\,dx = \left[\ln x\right]_1^{e^3} = \ln\left(e^3\right) - \ln 1 = 3$

i) Sei $u = g(x) = x^2 + 2x + 1$. Dann ist $du = g'(x)\,dx = (2x + 2)\,dx = 2(x + 1)\,dx$, d.h. $(x + 1)\,dx = \frac{1}{2}\,du$. Nach (9.6.1) ist $\int (x + 1)e^{x^2+2x+1}\,dx = \frac{1}{2}\int e^u\,du = \frac{1}{2}e^u + C = \frac{1}{2}e^{x^2+2x+1} + C.$

j) Nach (9.7.1) und (9.1.6) ist $\int_0^\infty e^{-x/4}\,dx = \lim_{b\to\infty}\int_0^b e^{-x/4}\,dx = \lim_{b\to\infty}\left[-4e^{-x/4}\right]_0^b =$

$\lim_{b\to\infty}(-4e^{-b/4} + 4e^0) = 4$, da $\lim_{b\to\infty} e^{-b/4} = 0.$

k) Wir verwenden (9.5.1) und setzen $f(x) = \ln x$ und $g'(x) = 9x^2$. Dann ist $f'(x) = x^{-1}$ und $g(x) = 3x^3$, so dass $\int 9x^2 \cdot \ln x\,dx = 3x^3 \cdot \ln x - \int 3x^3 \cdot x^{-1}\,dx = 3x^3 \cdot \ln x -$

$\int 3x^2\,dx = 3x^3 \cdot \ln x - x^3 + C.$

l) Wir setzen $u = g(x) = e^x + 1$. Dann ist $du = g'(x)dx = e^x dx$ und nach (9.6.1) ist

$$\int \frac{e^x}{e^x + 1}\,dx = \int \frac{1}{u}\,du = \ln u + C = \ln(e^x + 1) + C.$$

m) Polynomdivision ergibt $\frac{x^2 + 3x}{x + 1} = x + 2 - \frac{2}{x + 1}$, so dass $\int \frac{x^2 + 3x}{x + 1}\,dx = \frac{x^2}{2} + 2x + 2\ln|x + 1| + C.$

n) Polynomdivision ergibt $\frac{x^4 + x^3 - 2x^2 + 5x + 4}{x^2 + 2x} = x^2 - x + \frac{5x + 4}{x^2 + 2x}$. Nun ist $\frac{5x + 4}{x^2 + 2x} = \frac{5x + 4}{x(x + 2)}$. Analog zu Beispiel 9.6.6 setzen wir $\frac{5x + 4}{x(x + 2)} = \frac{A}{x} + \frac{B}{x + 2}$. Um die Konstanten A und B zu bestimmen, multiplizieren wir jede Seite der Gleichung mit dem gemeinsamen Nenner $x(x+2)$ und erhalten: $5x+4 = A(x+2)+Bx = (A+B)x+2A \iff$

$A = 2$ und $A + B = 5$, d.h. $B = 3$. Somit ist $\displaystyle\int \frac{x^4 + x^3 - 2x^2 + 5x + 4}{x^2 + 2x}\, dx =$

$\displaystyle\int x^2 - x\, dx + \int \frac{2}{x}\, dx + \int \frac{3}{x+2}\, dx = \frac{1}{3}x^3 - \frac{1}{2}x^2 + 2\ln|x| + 3\ln|x+2| + C$

[3] $x^3 + x^2$ hat die Ableitung $3x^2 + 2x$, d.h. $f(x) = x^3 + x^2 + C$ für eine geeignete Konstante C. Es ist $f(0) = C$. Da $f(0) = 2$, folgt $C = 2$, so dass $f(x) = x^3 + x^2 + 2$.

[4]

a) Nach (9.3.6) ist $\displaystyle\frac{d}{dt}\int_1^t \frac{1}{x}\, dx = \frac{1}{t}$. Oder: $\displaystyle\int_1^t \frac{1}{x}\, dx = \ln t - \ln 1 = \ln t$ und $\displaystyle\frac{d}{dt}\ln t = \frac{1}{t}$.

b) Nach (9.3.8) gilt $\displaystyle\frac{d}{dt}\int_t^{2t} \frac{1}{x}\, dx = \frac{1}{2t}\cdot(2t)' - \frac{1}{t}\cdot(t)' = \frac{2}{2t} - \frac{1}{t} = \frac{1}{t} - \frac{1}{t} = 0$. Oder:

$\displaystyle\int_t^{2t} \frac{1}{x}\, dx = \Big[\ln x\Big]_t^{2t} = \ln(2t) - \ln t = \ln 2 + \ln t - \ln t = \ln 2$ und $\displaystyle\frac{d}{dt}\ln 2 = 0$.

[5]

a) $\displaystyle\int_{\ln 2}^{\ln 5} e^x\, dx = e^x\Big|_{\ln 2}^{\ln 5} = e^{\ln 5} - e^{\ln 2} = 5 - 2 = 3$

b) Zunächst ist zu prüfen, in welchen Bereichen die Funktion positiv bzw. negativ ist. Es handelt sich um eine Parabel. Man kann sich den Graphen vorstellen als Verschiebung der Normalparabel $y = x^2$ um 4 Einheiten nach unten. Der Graph ist symmetrisch zur y-Achse, d.h. es reicht, wenn wir die Fläche von $x = 0$ bis $x = 3$ berechnen und diese verdoppeln. Die Nullstellen sind $x = \pm 2$. Es gilt $x^2 - 4 \leq 0$ für $0 \leq x \leq 2$ und $x^2 - 4 \geq 0$ für $2 \leq x \leq 3$. Daher ist die gesuchte Fläche

$$F = -2\int_0^2 (x^2 - 4)\, dx + 2\int_2^3 (x^2 - 4)\, dx = -2\Big[\frac{1}{3}x^3 - 4x\Big]_0^2 + 2\Big[\frac{1}{3}x^3 - 4x\Big]_2^3 =$$

$$-2\Big[\frac{8}{3} - 8\Big] + 2\Big[9 - 12 - \frac{8}{3} + 8\Big] = -\frac{16}{3} + 16 + 10 - \frac{16}{3} = \frac{46}{3} \approx 15.333$$

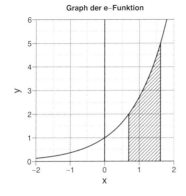

Graph der e–Funktion

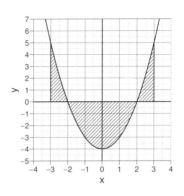

Lösungen zu Kapitel 10: Themen aus der Finanzmathematik

10

ÜBERBLICK

10.1   Zinsperioden und effektive Raten

[1] Bei jährlicher Zinsgutschrift (Bank A) wächst das Kapital in einem Jahr nach (10.1.1) mit $r = 0.06$; $n = 1$ und $t = 1$ auf $1\,000(1 + 0.06) = 1\,060$ an. Bei monatlicher Zinsgutschrift (Bank B) wächst das Kapital in einem Jahr nach (10.1.1) mit $r = 0.06$; $n = 12$ und $t = 1$ auf $1\,000(1 + 0.06/12)^{12} = 1061.678 \approx 1061.68$ an. Der Mehrbetrag ist $1\,061.68 - 1\,060.00 = 1.68$.

[2]

a) Nach (10.1.2) ist die effektive jährliche Zinsrate $R = \left(1 + \dfrac{r}{n}\right)^n - 1$, wobei hier $r = 15/100 = 0.15$ und $n = 2$, d.h. $R = \left(1 + \dfrac{0.15}{2}\right)^2 - 1 \approx 0.155625$, d.h. der effektive jährliche Zinssatz ist $0.155625 \cdot 100 \approx 15.56\%$.

b) Nach (10.1.2) ist die effektive jährliche Zinsrate bei vierteljährlicher Zinsgutschrift $R = (1 + 0.065/4)^4 - 1 = 0.06660161$. Dies entspricht einem effektiven jährlichen Zinssatz von $\approx 6.66\%$.

c) Bei jährlicher Zinsgutschrift entspricht der effektive jährliche Zinssatz dem nominalen jährlichen Zinssatz, d.h. hier 9.9%.

d) Nach (10.1.2) ist mit $r = 0.095$ und $n = 12$ die effektive jährliche Zinsrate $R = \left(1 + \dfrac{0.095}{12}\right)^{12} - 1 \approx 0.09924758 \approx 9.925\%$.

[3]

a) Nach (10.1.1) ist $S_t = S_0 \left(1 + \dfrac{r}{n}\right)^{nt}$. Hier ist $n = 4$, $t = 5$, $r = 0.05$ und $S_0 = 20\,000$ und somit $S_5 = 20\,000 \left(1 + \dfrac{0.05}{4}\right)^{20} = 25\,640.74$.

b) Nach (10.1.2) gilt für die effektive jährliche Zinsrate $R = \left(1 + \dfrac{r}{n}\right)^n - 1$. Hier ist $n = 4$ und $r = 0.05$ und damit $R = \left(1 + \dfrac{0.05}{4}\right)^4 - 1 = 0.05094534 \approx 0.0509$. Bei monatlicher Zinsgutschrift zum selben nominalen jährlichen Zinssatz ist $n = 12$ und $r = 0.05$ und damit $R = \left(1 + \dfrac{0.05}{12}\right)^{12} - 1 = 0.0511619 \approx 0.0511$.

[4]

a) Da er nur am Ende des Jahres auf das Guthaben schaut, können wir mit dem effektiven jährlichen Zinssatz rechnen. Die effektive Zinsrate ist $R = 17/100 = 0.17$. Das Kapital hat sich nach (10.1.1) verdoppelt, wenn $2S_0 = S_0(1 + R)^t \iff 2 = (1 + 0.17)^t \iff \ln 2 = t \ln(1.17) \iff t = \ln 2 / \ln(1.17) = 4.414845$, d.h. nach 5 Jahren stellt der Anleger erstmals fest, dass mehr als das Doppelte auf dem Konto ist.

b) Nach (10.1.2) ist der Zusammenhang zwischen der nominalen jährlichen Zinsrate r und der effektiven jährlichen Zinsrate bei n Zinsgutschriften pro Jahr $R = \left(1 + \dfrac{r}{n}\right)^n - 1$. Hier ist $n = 4$ und $R = 0.17$. Gesucht ist r, d.h. die Gleichung $0.17 = \left(1 + \dfrac{r}{4}\right)^4 - 1$ ist nach r aufzulösen. Die Gleichung gilt genau dann, wenn

$$1.17 = \left(1 + \frac{r}{4}\right)^4 \iff \sqrt[4]{1.17} = 1 + \frac{r}{4} \iff \frac{r}{4} = \sqrt[4]{1.17} - 1 \iff r = 4(\sqrt[4]{1.17} - 1) =$$

0.1601257, d.h. der nominale jährliche Zinssatz ist ungefähr 16.01%.

[5]

a) Nach (10.1.1) sind 200 Euro nach N Perioden angewachsen auf $200 \cdot (1.03)^N$. Es muss gelten $200 \cdot (1.03)^N > 1\,000 \iff (1.03)^N > 5 \iff N \cdot \ln(1.03) > \ln 5 \iff N > \ln 5 / \ln(1.03) = 54.44869$. Damit ist der Betrag von $1\,000$ Euro zum ersten Mal nach 55 Perioden überschritten.

b) Nach N Perioden sind $1\,000$ Euro nach (10.1.1) angewachsen auf $1\,000(1.03)^N$. Es gilt $1\,000(1.03)^N = 1\,500 \iff 1.03^N = \dfrac{1\,500}{1\,000} = 1.5 \iff N \cdot \ln 1.03 = \ln 1.5 \iff$

$N = \dfrac{\ln 1.5}{\ln 1.03} = 13.71724$, d. h. nach 14 Perioden ist erstmals ein Betrag von mehr als $1\,500$ Euro auf dem Konto.

10.2 Stetige Verzinsung

[1]

a) Hier ist $r = p/100 = 0.1$. Die effektive Zinsrate bei stetiger Verzinsung ist nach (10.2.3) $e^r - 1 = e^{0.1} - 1 = 0.1051709$. Damit ist der effektive jährliche Zinssatz $100 \cdot 0.1051709\% \approx 10.517\%$.

b) Mit $r = 0.06$ ist die effektive Zinsrate nach (10.2.3) $e^r - 1 = e^{0.06} - 1 = 0.06183655$, d.h. der entsprechende effektive Zinssatz ist $100 \cdot 0.06183655 \approx 6.18\%$.

[2] Bei stetiger Verzinsung gilt bei einem Anfangskapital S_0 für das Kapital zur Zeit t nach (10.2.2) $S(t) = S_0 e^{rt}$. Bei Verdopplung des Kapitals gilt $2S_0 = S_0 e^{rt} \iff 2 = e^{rt} \iff \ln(2) = rt \iff t = \ln(2)/r$. Hier ist $r = 0.05$ und $t = \ln(2)/0.05 = 13.86294 \approx 13.86$. Das Ergebnis hängt nicht vom Anfangsbetrag ab.

[3] Für den Wert $S(t)$ zur Zeit t gilt mit dem Anfangswert S_0 gilt nach (10.2.2) $S(t) = S_0 e^{rt}$. Hier ist $r = -0.1$ und $S(t)$ soll $S_0/2$ sein, d.h. es muss gelten $1/2 = e^{-0.1t} \iff \ln(1/2) = -\ln(2) = -0.1t \iff t = 10\ln(2) \iff t = 6.931472 \approx 6.93$.

[4]

a) Nach (10.2.2) mit $r = 0.06$ und $t = 10$ gilt $S(10) = S_0 e^{r \cdot 10} = 10\,000 e^{0.06 \cdot 10} = 10\,000 e^{0.6} = 18221.19$.

b) Nach (10.2.2) muss für die gesuchte Zeit t gelten $18\,000 = 10\,000 e^{0.06t} \iff 1.8 = e^{0.06t} \iff \ln 1.8 = 0.06t \iff t = \dfrac{\ln 1.8}{0.06} = 9.796444 \approx 9.796$.

[5] Nach (10.2.2) gilt bei stetiger Verzinsung für das Kapital nach t Jahren bei einer jährlichen Zinsrate $r = p/100$, dass $S(t) = S_0 e^{rt}$. Hier ist $S(15) = 3S_0$ und damit $3S_0 = S_0 e^{15r} \iff 3 = e^{15r} \iff \ln 3 = \ln(e^{15r}) = 15r \iff r = \dfrac{\ln 3}{15} = 0.07324082 \approx 0.0732$, d.h. $p \approx 7.32\%$.

[6] Nach (10.2.3) ist die effektive jährliche Zinsrate $e^{0.04} - 1 = 0.04081077 \approx 0.0408$.

[7] Nach (10.2.2) gilt $S_t = S_0 \cdot e^{rt}$. Hier ist $r = 2/100 = 0.02$; $S_0 = 5\,000$ und $S_t = 3S_0 = 15\,000$, d.h. es gilt $3 \cdot 5\,000 = 5\,000 e^{0.02t} \iff 3 = e^{0.02 \cdot t} \iff \ln(3) = 0.02t \iff$

$$t = \frac{\ln(3)}{0.02} \approx 54.930614 \approx 54.93.$$

Die relative Wachstumsrate bei stetiger Verzinsung zur Zinsrate r ist $S'(t)/S(t) = r$ (siehe Bemerkung in Kap. 10.2 nach Beispiel 1).

[8] Nach (10.2.2) mit $S_0 = 100$; $r = 6/100 = 0.06$ und $t = 100$ ist der Endbetrag $100 \cdot e^{0.06 \cdot 100} = 100 \cdot e^6 = 40\,342.879349 \approx 40\,342.88$.

10.3   Barwert

[1]

a) Nach (10.3.1) mit $K = 200$; $r = 4/100 = 0.04$ und $t = 10$ ist der gegenwärtige Wert bei jährlicher Verzinsung $200(1 + 0.04)^{-10} = 135.1128 \approx 135.11$.

b) Bei stetiger Verzinsung ist der gegenwärtige Wert nach (10.3.1) $200e^{-0.04 \cdot 10} = 200e^{-0.4} = 134.064 \approx 134.06$

[2] Gesucht ist der Barwert oder gegenwärtige Wert, der mit $r = 3/100 = 0.03$ und $t = 4$ nach (10.3.1) gegeben ist durch $2\,000e^{-0.03 \cdot 4} = 2\,000e^{-0.12} = 1\,773.841 \approx 1\,773.84$.

[3] Mit $K = 10$; $r = p/100 = 5/100 = 0.05$ und $t = 2$ ist der Barwert nach (10.3.1) $10e^{-0.05 \cdot 2} = 10e^{-0.1} = 9.048374 \approx 9.05$.

10.4   Geometrische Reihen

[1]

a) Es handelt sich um eine geometrische Reihe mit $a = 32$ und $k = 1/2 = 0.5$. Daher ist nach (10.4.3) $s_{10} = 32 \dfrac{0.5^{10} - 1}{0.5 - 1} = 63.9375 \approx 63.94$.

b) Für die Summe der uendlichen geometrischen Reihe mit $a = 32$ und $k = 1/2$ gilt nach (10.4.5) $S = \dfrac{a}{1 - k} = \dfrac{32}{1 - 0.5} = 64$.

[2] Es liegt hier eine unendliche geometrische Reihe vor mit dem Anfangswert a und dem Quotienten $k = 1/2$. Die Summe darf nicht größer als $2\,000$ sein. Die Summe ist andererseits gleich $a/(1 - k) = a/(1/2) = 2a$, d.h. a darf nicht größer als $1\,000$ sein. a darf gleich $1\,000$ sein, weil der Rest niemals Null wird, denn die Elemente der Folge $1, 1/2, 1/4, 1/8, \ldots$ werden niemals 0. Es bleibt immer noch was übrig.

[3] Es handelt sich um eine unendliche geometrische Reihe mit dem Anfangsglied $a = 300$ und dem Quotienten $k = 0.97$, so dass die Summe nach (10.4.5) gleich $a/(1 - k) = 300/(1 - 0.97) = 300/0.03 = 10\,000$ ist.

[4]

a) Es liegt eine geometrische Reihe mit $a = 2$ und $k = \dfrac{1.5}{2} = 0.75 = 3/4$ vor. Damit ergibt sich nach (10.4.3): $s_6 = 2\dfrac{0.75^6 - 1}{0.75 - 1} = 6.576171875 \approx 6.58$ und nach (10.4.5)

$$s = \lim_{n \to \infty} s_n = \frac{2}{1 - 0.75} = \frac{2}{0.25} = 8.$$

b) Es liegt eine unendliche geometrische Reihe mit $a = 2$ und $k = \dfrac{2/5}{2} = \dfrac{1}{5} = 0.2$ vor.

Nach (10.4.3) ist $s_4 = 2\dfrac{0.2^4 - 1}{0.2 - 1} = 2.496$ und nach (10.4.5) $s = \lim\limits_{n\to\infty} s_n = \dfrac{2}{1 - 0.2} = $

$\dfrac{2}{0.8} = 2.5$

c) Es ist eine geometrische Reihe mit $a = 2$ und $k = 2 > 1$, so dass die unendliche

Reihe nicht konvergiert. Nach (10.4.3) gilt $s_{10} = 2\dfrac{2^{10} - 1}{2 - 1} = 2(2^{10} - 1) = 2\,046$.

d) $a = 3$ und $k = 1/4 < 1$, so dass $s_{10} = 3 \cdot \dfrac{(1/4)^{10} - 1}{1/4 - 1} = 3.999996$ und $s = \dfrac{3}{1 - 1/4} = 4$.

[5]

a) Dies ist eine geometrische Reihe, da der Quotient zweier aufeinander folgender
Summanden konstant gleich $k = -1/3$ ist. Das Anfangsglied ist $a = b$. Nach (10.4.5)
ist dann die Summe gleich $\dfrac{a}{1 - k} = \dfrac{b}{1 + 1/3} = \dfrac{3b}{4}$.

b) In diesem Fall ist $a = 1$ und der Quotient zweier aufeinander folgender Glieder ist
$k = 3$, d.h. es handelt sich um eine unendliche geometrische Reihe. Da $k > 1$, ist
die Reihe divergent.

c) In diesem Fall ist der Quotient zweier aufeinander folgender Glieder nicht konstant, denn z.B. ist $(1/4)/1 = 1/4 \neq (-1/9)/(1/4) = -4/9$, d.h. die Reihe ist nicht
geometrisch.

d) Hier ist $a = 1$ und $k = 1/9$ und $|k| = 1/9 < 1$. Nach (10.4.5) ist die Summe
$\dfrac{a}{1 - k} = \dfrac{1}{1 - 1/9} = \dfrac{9}{8} = 1.125$.

e) Die Reihe ist geometrisch mit $a = 2^{1/4}$ und $k = 2^{-1/4} = 1/2^{1/4} = 1/\sqrt[4]{2} < 1$, da die
vierte Wurzel aus 2 (diejenige Zahl, die viermal mit sich selbst multipliziert gleich
2 ist) größer als 1 sein muss. Damit ist $0 < k < 1$ und somit $|k| < 1$. Die Sum-
menformel (10.4.5) für die unendliche geometrische Reihe kann also angewendet
werden: $\dfrac{a}{1 - k} = \dfrac{2^{1/4}}{1 - 2^{-1/4}} \approx 7.4744 \approx 7.474$.

f) Dies ist eine unendliche geometrische Reihe mit dem Quotienten $k = -3/4$ und
dem Anfangsglied $a = 2$. Die Summe ist daher nach (10.4.5) gleich $\dfrac{2}{1 + 3/4} = \dfrac{8}{7}$.

g) Hier ist $a = 5$ und $k = -1/2$. Somit ergibt sich für die Summe $\dfrac{a}{1 - k} = \dfrac{5}{1 - (-1/2)} = $

$\dfrac{5}{3/2} = \dfrac{10}{3}$.

h) Die Reihe ist nicht geometrisch, da der Quotient k zwischen aufeinander folgenden
Summengliedern nicht konstant ist, denn z.B. ist $(3/2)/3 = 1/2 \neq (3/4)/1 = 3/4$.

i) Die Reihe ist geometrisch, denn der Quotient zweier aufeinander folgender Glieder
ist konstant gleich $k = e^{-1} = 1/e$. Da $1/e < 1$ ist die Reihe konvergent. Das Anfangsglied ist $a = e$. Nach (10.4.5) ist die Summe gegeben duch $\dfrac{a}{1 - k} = \dfrac{e}{1 - e^{-1}} \approx$
$4.300259 \approx 4.300$.

10.5 Gesamtbarwert

[1] Hier ist $a = 100$, $r = 0.05$, $n = 10$. Der Barwert ist dann nach (10.5.2) $P_{10} = \dfrac{100}{0.05}\left[1 - \dfrac{1}{(1 + 0.05)^{10}}\right] = 772.1735 \approx 772.17$. Der zukünftige Wert ist nach (10.5.3)

$$F_{10} = \frac{100}{0.05}\left[(1 + 0.05)^{10} - 1\right] = 1\,257.789 \approx 1\,257.79.$$

[2] Mit $f(t) = 100$; $r = p/100 = 0.05$ und $T = 10$ ist der gegenwärtige Wert nach

$$(10.5.5) \int_0^{10} 100 e^{-0.05t}\, dt = -\frac{100}{0.05} e^{-0.05t}\Big|_0^{10} = -2\,000[e^{-0.5} - 1] = 786.9387 \approx 786.94.$$

Der zukünftige Wert ist nach (10.5.6) $\displaystyle\int_0^{10} 100 e^{0.05(10-t)}\, dt = 100 e^{0.5} \int_0^{10} e^{-0.05t}\, dt =$

$$-\frac{100}{0.05} e^{0.5}\left[e^{-0.05t}\right]_0^{10} = -2\,000 e^{0.5}[e^{-0.5} - 1] = 1\,297.443.$$

[3] Nach (10.5.2) mit $P_{10} = 120\,000$; $r = 7.5/100 = 0.075$ und $n = 10$ muss gelten

$$P_{10} = \frac{a}{0.075}\left(1 - \frac{1}{(1 + 0.075)^{10}}\right) = 120\,000 \iff a\left(1 - \frac{1}{1.075^{10}}\right) = 120\,000 \cdot 0.075 =$$

$$9\,000 \iff a = \frac{9000}{1 - 1/1.075^{10}} \iff a = 17\,482.31129 \approx 17\,482.31.$$

[4] Nach (10.5.2) ist $P_n = \dfrac{5\,000}{0.1}\left(1 - \dfrac{1}{1.1^n}\right) = 40\,000 \iff 50\,000 - \dfrac{50\,000}{1.1^n} =$

$40\,000 \iff 10\,000 = \dfrac{50\,000}{1.1^n} \iff 1.1^n = 5 \iff n\ln(1.1) = \ln 5 \iff n = \dfrac{\ln 5}{\ln 1.1} =$
$16.88631703 \approx 16.89$.

[5] Hier ist $a = 50$, $r = 0.03$, $n = 5$. Der Barwert ist nach (10.5.2)

$$P_5 = \frac{50}{0.03}\left[1 - \frac{1}{(1 + 0.03)^5}\right] = 228.9854 \approx 229.$$

[6] Nach (10.5.3) mit $n = 10$, $a = 100$ und $r = 0.0399$ gilt

$$F_{10} = \frac{100}{0.0399}(1.0399^{10} - 1) = 1\,200.054 \approx 1\,200.05.$$

10.6 Hypothekenrückzahlungen

[1] Der Rückzahlungsbetrag ist nach (10.6.2) $a = \dfrac{rK}{1 - (1 + r)^{-n}}$ mit $r = 0.06$, $K = 1\,000$, $n = 5$, d.h. $a = \dfrac{0.06 \cdot 1\,000}{1 - 1.06^{-5}} = 237.3964 \approx 237.40$.

[2]

a) Hier ist $n = 3$; $K = 5\,000$; $r = 6/100 = 0.06$. Nach (10.6.2) gilt für den jährlichen Zahlungsbetrag $a = \dfrac{rK}{1 - (1 + r)^{-n}} = \dfrac{5\,000 \cdot 0.06}{1 - 1.06^{-3}} \approx 1870.55$.

b) Die Zinsen für das erste Jahr betragen $5\,000 \cdot 0.06 = 300$. Gezahlt wird $a = 1\,870.55$ Euro. Also werden $1870.55 - 300 = 1570.55$ Euro getilgt.

[3] Nach (10.6.1) gilt für die Höhe des Kredits $K = \dfrac{a}{r}\left[1 - (1+r)^{-n}\right]$. Hier ist $r = 0.05$, $a = 115\,762.50$ und $n = 3$, d.h. hier gilt $K = \dfrac{115\,762.50}{0.05}\left[1 - (1.05)^{-3}\right] = 315\,250$.

10.7 Interne Ertragsrate

[1] Der gegenwärtige Nettowert ist (siehe die linke Seite der Gleichung (10.7.1))
$$-50 + \frac{30}{1.05} + \frac{40}{(1.05)^2} = 14.85261 \approx 14.85.$$

[2] Nach (10.7.1) ist die interne Ertragsrate r bestimmt durch die Gleichung
$$-20\,000 + \frac{15\,000}{1+r} + \frac{15\,000}{(1+r)^2} = 0.$$ Wir substituieren $(1+r)^{-1} = s$ und erhalten $15\,000s^2 +$
$15\,000s - 20\,000 = 0 \iff s^2 + s - \dfrac{4}{3} = 0 \iff s_{1,2} = -\dfrac{1}{2} \pm \sqrt{\dfrac{1}{4} + \dfrac{4}{3}} = -\dfrac{1}{2} \pm \sqrt{\dfrac{19}{12}}$.
Es ergibt sich $s_1 = 0.7583057$ und $s_2 = -1.758306$. Es kommt nur die positive Lösung $s = s_1$ in Frage. Dann ist $(1+r)^{-1} = s \iff 1+r = 1/s \iff r = 1/s - 1 = 1.318729 - 1 = 0.318729 \approx 0.32$.

[3] Die interne Ertragsrate wird nach (10.7.1) berechnet. Hier ist $a_0 = -600\,000$ und $a_1 = a_2 = 400\,000$. Damit ergibt ergibt sich $-600\,000 + \dfrac{400\,000}{1+r} + \dfrac{400\,000}{(1+r)^2} = 0$. Um die Gleichung nach r aufzulösen, setzen wir $s = (1+r)^{-1}$. Es ergibt sich $400\,000s^2 + 400\,000s - 600\,000 = 0 \iff s^2 + s - 3/2 = 0$. Auflösen der quadratischen Gleichung mit Hilfe der p/q-Formel ergibt $s = -1/2 \pm \sqrt{\dfrac{1}{4} + \dfrac{6}{4}}$. Für die interne Zinsrate kommt nur die positive Lösung $s = 0.8228757$ in Frage. Einsetzen von s in den Ausdruck $s = (1+r)^{-1} \iff r = 1/s - 1$ ergibt $r \approx 0.21525 = 21.53\%$.

[4] Nach (10.7.1) gilt hier mit $n = 2$ für die interne Ertragsrate $a_0 + \dfrac{a_1}{1+r} + \dfrac{a_2}{(1+r)^2} = 0$.

Hier ist $a_0 = -100\,000$; $a_1 = 50\,000$; $a_2 = 80\,000$. Einsetzen ergibt $-100\,000 + \dfrac{50\,000}{1+r} + \dfrac{80\,000}{(1+r)^2} = 0$. Um die Gleichung nach r aufzulösen, setzen wir $s = \dfrac{1}{1+r}$. Es ergibt sich $80\,000s^2 + 50\,000s - 100\,000 = 0 \iff s^2 + \dfrac{5}{8}s - \dfrac{5}{4} = 0 \iff s = -5/16 \pm \sqrt{\dfrac{25}{256} + \dfrac{5}{4}}$.

Für die interne Zinsrate kommt nur die positive Lösung $s = -\dfrac{5}{16} + \sqrt{\dfrac{345}{256}}$ in Frage.
Nun gilt $s = \dfrac{1}{1+r} \iff r = \dfrac{1}{s} - 1 \approx 0.1787088 \approx 0.18 = 18\%$.

10.8 Ein flüchtiger Blick auf Differenzengleichungen

[1]
a) $x_1 = 3x_0 = 3 \cdot 1 = 3 \implies x_2 = 3x_1 = 3 \cdot 3 = 9$. Die allgemeine Lösung ist nach (10.8.2) $x_t = x_0 a^t$, wobei hier $x_0 = 1$ und $a = 3$, so dass $x_t = 3^t$ für $t = 0, 1, \ldots$ und $x_5 = 3^5 = 243$. Es gilt $x_t \to \infty$ für $t \to \infty$.

b) $x_1 = \dfrac{x_0}{3} = \dfrac{1}{3} \implies x_2 = \dfrac{x_1}{3} = \dfrac{1}{9}$. Mit $x_0 = 1$ und $a = \dfrac{1}{3}$ gilt nach (10.8.2) $x_t = \left(\dfrac{1}{3}\right)^t$, so

dass $x_5 = \left(\dfrac{1}{3}\right)^5 = \dfrac{1}{3^5} = \dfrac{1}{243}$. Es gilt $x_t \to 0$ für $t \to \infty$.

c) $2x_{t+1} = 3x_t \iff x_{t+1} = \dfrac{3}{2}x_t$, so dass $x_1 = \dfrac{3}{2}x_0 = \dfrac{3}{2} \cdot \dfrac{2}{3} = 1$ und $x_2 = \dfrac{3}{2}x_1 = \dfrac{3}{2}$. Mit

$x_0 = \dfrac{2}{3}$ und $a = \dfrac{3}{2}$ gilt $x_t = \dfrac{2}{3} \cdot \left(\dfrac{3}{2}\right)^t = \left(\dfrac{3}{2}\right)^{t-1}$, so dass $x_5 = \left(\dfrac{3}{2}\right)^4 = \dfrac{81}{16}$. Es gilt

$x_t \to \infty$ für $t \to \infty$.

d) $3x_{t+1} = 2x_t \iff x_{t+1} = \dfrac{2}{3}x_t$, so dass $x_1 = \dfrac{2}{3}x_0 = \dfrac{2}{3} \cdot \dfrac{3}{2} = 1$ und $x_2 = \dfrac{2}{3}x_1 = \dfrac{2}{3}$. Mit

$x_0 = \dfrac{3}{2}$ und $a = \dfrac{2}{3}$ gilt $x_t = \dfrac{3}{2} \cdot \left(\dfrac{2}{3}\right)^t = \left(\dfrac{2}{3}\right)^{t-1}$, so dass $x_5 = \left(\dfrac{2}{3}\right)^4 = \dfrac{16}{81}$. Es gilt

$x_t \to 0$ für $t \to \infty$.

e) $x_1 = -x_0 = -1$ und $x_2 = -x_1 = -(-1) = 1$. Mit $x_0 = 1$ und $a = -1$ gilt nach (10.8.2)

$x_t = 1 \cdot (-1)^t = (-1)^t$, so dass $x_5 = (-1)^5 = -1$. Allgemein ist $x_t = 1$, wenn t eine

gerade Zahl und $x_t = -1$, wenn t eine ungerade Zahl ist. Für $t \to \infty$ ist die Reihe

nicht konvergent, es ist eine sogenannte alternierende Reihe.

[2]

a) Für $x_0 = 1$ gilt $x_1 = 3x_0 - 1 = 3 \cdot 1 - 1 = 3 - 1 = 2$ und $x_2 = 3x_1 - 1 = 3 \cdot 2 - 1 = 6 - 1 = 5$.

Nach (10.8.4) gilt mit $a = 3$ und $b = -1$, dass $x_t = a^t \left(x_0 - \dfrac{b}{1-a}\right) + \dfrac{b}{1-a} = $

$3^t \left(1 - \dfrac{-1}{1-3}\right) + \dfrac{-1}{1-3} = 3^t \left(1 - \dfrac{1}{2}\right) + \dfrac{1}{2} = \dfrac{1}{2}(3^t + 1)$, so dass $x_5 = \dfrac{1}{2}\left(3^5 + 1\right) = $

$\dfrac{1}{2}(243 + 1) = 122$. Es gilt $x_t \to \infty$ für $t \to \infty$.

Für $x_0 = -1$ gilt $x_1 = 3x_0 - 1 = 3 \cdot 1 - 1 = 3 - 1 = 2$ und $x_2 = 3x_1 - 1 = 3 \cdot 2 - 1 = 6 - 1 = 5$.

Nach (10.8.4) gilt mit $a = 3$ und $b = -1$, dass $x_t = a^t \left(x_0 - \dfrac{b}{1-a}\right) + \dfrac{b}{1-a} = $

$3^t \left(1 - \dfrac{-1}{1-3}\right) + \dfrac{-1}{1-3} = 3^t \left(1 - \dfrac{1}{2}\right) + \dfrac{1}{2} = \dfrac{1}{2}(3^t + 1)$, so dass $x_5 = \dfrac{1}{2}\left(3^5 + 1\right) = $

$\dfrac{1}{2}(243 + 1) = 122$. Es gilt $x_t \to \infty$ für $t \to \infty$.

b) Für $x_0 = 21$ gilt $x_1 = \dfrac{1}{3}x_0 + 2 = \dfrac{1}{3} \cdot 21 + 2 = 7 + 2 = 9$ und $x_2 = \dfrac{1}{3}x_1 + 2 = \dfrac{1}{3} \cdot 9 + 2 = $

$3 + 2 = 5$. Nach (10.8.4) gilt mit $a = \dfrac{1}{3}$ und $b = 2$, dass $x_t = a^t \left(x_0 - \dfrac{b}{1-a}\right) + \dfrac{b}{1-a} = $

$\left(\dfrac{1}{3}\right)^t \left(21 - \dfrac{2}{1-1/3}\right) + \dfrac{2}{1-1/3} = \dfrac{1}{3^t}(21 - 3) + 3 = \dfrac{18}{3^t} + 3 = \dfrac{2 \cdot 9}{3^t} + 3 = \dfrac{2 \cdot 3^2}{3^t} + 3 = $

$\dfrac{2}{3^{t-2}} + 3$, so dass $x_5 = \dfrac{2}{3^{5-2}} + 3 = \dfrac{2}{3^3} + 3 = \dfrac{2}{27} + 3 = 3\dfrac{2}{27} \approx 3.074$. Für $t \to \infty$ gilt

$\dfrac{2}{3^{t-2}} \to 0$, so dass $\dfrac{2}{3^{t-2}} + 3 \to 3$ für $t \to \infty$.

Für $x_0 = -24$ gilt $x_1 = \dfrac{1}{3}x_0 + 2 = \dfrac{1}{3} \cdot (-24) + 2 = -8 + 2 = -6$ und $x_2 = \dfrac{1}{3}x_1 + $

$2 = \dfrac{1}{3} \cdot (-6) + 2 = -2 + 2 = 0$. Nach (10.8.4) gilt mit $a = \dfrac{1}{3}$ und $b = 2$, dass

$$x_t = a^t \left(x_0 - \frac{b}{1-a} \right) + \frac{b}{1-a} = \frac{1}{3^t}(-24 - 3) + 3 = -\frac{27}{3^t} + 3 = -\frac{3^3}{3^t} + 3 = -\frac{1}{3^{t-3}} + 3,$$

so dass $x_5 = -\dfrac{1}{3^{5-3}} + 3 = -\dfrac{1}{3^2} + 3 = -\dfrac{1}{9} + 3 = 2\dfrac{8}{9} \approx 2.889$. Für $t \to \infty$ gilt $\dfrac{1}{3^{t-3}} \to 0$,

so dass $\dfrac{1}{3^{t-3}} + 3 \to 3$ für $t \to \infty$.

[3]

a) Nach Beispiel 10.8.6 erfüllt die Restschuld b_t die Differenzengleichung $b_{t+1} = (1 + r)b_t - A$ mit $b_0 = K$. Dabei ist r die Zinsrate pro Periode, d.h. hier ist $r = \dfrac{p}{4 \cdot 100} = \dfrac{4}{400} = 0.01$. Nach (10.8.4) ergibt sich als Lösung $b_t = (1+r)^t(K - A/r) + A/r = 1.01^t(40\,000 - 1\,000/0.01) + 1\,000/0.01 = 1.01^t(40\,000 - 100\,000) + 100\,000 = 100\,000 - 60\,000 \cdot 1.01^t$. Damit folgt $b_4 = 100\,000 - 60\,000 \cdot 1.01^4 = 37\,563.76$; $b_8 = 100\,000 - 60\,000 \cdot 1.01^8 = 35\,028.60$; $b_{20} = 100\,000 - 60\,000 \cdot 1.01^{20} = 26\,788.60$ und $b_{40} = 100\,000 - 60\,000 \cdot 1.01^{40} = 10\,668.18$.

b) Der Gleichgewichtszustand einer Reihe $x_t = ax_t + b$ ergibt sich, wenn $x_0 = b/(1-a)$, d.h. hier wenn $K = -A/(1 - (1 + r)) \iff K = A/r$, d.h. hier, wenn $40\,000 = A/0.01 \iff A = 40\,000 \cdot 0.01 = 400$. Im Gleichgewichtszustand gilt $x_t = x_0$, d.h. hier $b_t = b_0 = K$, d.h. die Schulden bleiben konstant gleich dem Anfangskredit von $40\,000$ Euro, d.h. es müssen pro Periode mehr als 400 Euro gezahlt werden.

Lösungen zu den weiteren Aufgaben zu Kapitel 10

[1] Sei A das eingesetzte Kapital. Bei jährlicher Verzinsung wächst das Kapital in 10 Jahren nach (10.1.1) auf: $2A = A(1+r)^{10} \iff \sqrt[10]{2} = 1+r \iff r = \sqrt[10]{2} - 1 \approx 0.07177$. Dabei ist $r = p/100$ und somit $p = r \cdot 100 = 7.177 \approx 7.2$.
Bei stetiger Verzinsung wächst das Kapital in 10 Jahren nach (10.2.2) auf: $2A = Ae^{r \cdot 10} \iff 2 = e^{10r} \iff \ln 2 = 10r \iff r = \ln(2)/10 \approx 0.06931$. Damit folgt $p = r \cdot 100 = 6.931 \approx 6.9$.

[2] Nach (10.6.3) gilt mit $a = 100, r = 0.05$ und $K = 500$, dass $n = \dfrac{\ln(100) - \ln(100 - 0.05 \cdot 500)}{\ln(1.05)} = 5.896313$. Der letzte Teilbetrag ist in der 6. Periode zu zahlen. Um die Höhe der letzten Zahlung zu berechnen gehen wir so vor wie in Beispiel 10.6.4. Nach (10.5.3) ist der zukünftige Wert der fünf Zahlungen von 100 Euro nach fünf Perioden $\dfrac{100}{0.05}(1.05^5 - 1) = 552.5631$. Der zukünftige Wert von 500 Euro nach 5 Perioden ist $500 \cdot 1.05^5 = 638.1408$, so dass eine Restschuld von $638.1408 - 552.5631 = 85.5777 \approx 85.58$ Euro verbleibt, die nach 6 Perioden zu zahlen sind.

[3] Gesucht ist der Gesamtbarwert dieser drei Zahlungen. Nach (10.3.1) ist der Barwert von 1 000 Euro in 5 Jahren $1\,000(1.05)^{-5} = 783.5262$; von 2 000 Euro in 10 Jahren $2\,000(1.05)^{-10} = 1\,227.827$ und von 3 000 Euro in 15 Jahren $3\,000(1.05)^{-15} = 1\,443.051$. Der Gesamtbarwert ist $K = 783.5262 + 1\,227.827 + 1\,443.051 = 3\,454.404 \approx 3\,454.40$, die heute anzulegen sind. Nach 5 Jahren ist K nach (10.1.1) angewachsen auf $3\,454.40 \cdot 1.05^5 = 4\,408.787 \approx 4\,408.79$. Nach der Zahlung von 1 000 Euro sind nach

5 Jahren also noch 3 408.79 Euro auf dem Konto, die in weiteren 5 Jahren anwachsen auf $3\,408.79 \cdot 1.05^5 = 4\,350.576 \approx 4\,350.58$. Nach der Zahlung von 2 000 Euro sind also nach 10 Jahren 2 350.58 Euro auf dem Konto. Diese wachsen in weiteren 5 Jahren an auf $2\,350.58 \cdot 1.05^5 = 3\,000.002 \approx 3\,000$.

[4]

a) Zunächst wird aus dem effektiven jährlichen Zinssatz der Zinssatz pro Periode berechnet, d.h. die Formel $R = \left(1 + \dfrac{r}{n}\right)^n - 1$ muss nach r/n aufgelöst werden. Hier ist $0.06 = \left(1 + \dfrac{r}{12}\right)^{12} - 1 \iff \left(1 + \dfrac{r}{12}\right)^{12} = 1.06 \iff \dfrac{r}{12} = 1.06^{1/12} - 1 = 0.004867551$. Jetzt kann Formel (10.6.2) angewendet werden:
$$a = \frac{0.004867551 \cdot 450}{1 - (1.004867551)^{-24}} = 19.91206 \approx 19.91.$$

b) Nach (10.5.2) ergibt sich $\dfrac{19.9126}{0.004867551} \cdot \left[1 - \dfrac{1}{1.004867551^{24}}\right] = 450.0121$.

c) Nach (10.5.3) ergibt sich $\dfrac{19.9126}{0.004867551} \cdot (1.004867551^{24} - 1) = 505.6337 \approx 505.63$.

d) Nach (10.1.1) ergibt sich $450 \cdot 1.06^2 = 505.62$.

Lösungen zu Kapitel 11: Funktionen mehrerer Variablen

11

ÜBERBLICK

11.1 Funktionen von zwei Variablen

[1]

a) Die Funktion ist (siehe Beispiel 11.1.4) homogen vom Grad $1.5 + 0.5 = 2$. Daher gilt $F(2x_0, 2y_0) = 2^2 \cdot F(x_0, y_0) = 4 \cdot 3 = 12$.

b) Die Funktion ist homogen vom Grad $2+3 = 5$. Daher gilt $F(2x_0, 2y_0) = 2^5 \cdot F(x_0, y_0) = 32 \cdot 3 = 96$.

c) Die Funktion ist homogen vom Grad $1.5 + 2.5 = 4$. Daher gilt $F(2x_0, 2y_0) = 2^{1.5+2.5} \cdot F(x_0, y_0) = 2^4 \cdot 10 = 16 \cdot 10 = 160$.

d) $F(2x_0, 2y_0) = \sqrt{2x_0 \cdot 2y_0} = \sqrt{4x_0 y_0} = \sqrt{4}\sqrt{x_0 y_0} = 2 \cdot 6 = 12$. Oder: Die Funktion ist homogen vom Grad 1.

[2]

a) $\ln(x)$ ist definiert für $x > 0$ und $\sqrt{x-1}$ ist definiert für $x - 1 \geq 0 \iff x \geq 1$, so dass $x \geq 1$ gelten muss. $\sqrt{y-2}$ ist definiert für $y - 2 \geq 0 \iff y \geq 2$. Für $y \geq 2$ ist $\ln(y-1)$ definiert. Da wir durch $\ln(y-1)$ teilen, darf dieser Ausdruck nicht Null sein. Es ist $\ln(2-1) = 0$. Daher muss $y > 2$ sein. Zusammen ergibt sich $D_F = \{(x, y): x \geq 1 \text{ und } y > 2\}$.

b) Der Zähler ist nur definiert, wenn $9 - x^2 \geq 0 \iff x^2 \leq 9 \iff -3 \leq x \leq 3$. Der Quotient ist nur definiert, wenn $y - x - 2 \neq 0 \iff y \neq x + 2$. Damit ist $D_f = \{(x, y): -3 \leq x \leq 3 \text{ und } y \neq x + 2\}$.

c) Damit die Wurzel im Nenner definiert ist, muss $\ln y > 0$ sein, d.h. es muss gelten $y > 1$. Dann ist $y^2 > 1$ und $x^2 + y^2 > 1$ und somit $1 - x^2 - y^2 < 0$. Dann ist jedoch $\sqrt{1 - x^2 - y^2}$ nicht definiert, d.h. der gesamte Ausdruck ist nicht definiert, d.h. $D_f = \emptyset$.

d) Zunächst darf der Nenner nicht Null werden, d.h. $xy \neq 0 \iff x \neq 0 \text{ und } y \neq 0$. Damit $\ln(\sqrt{x})$ definiert ist, muss $\sqrt{x} > 0$ dein, d.h. es muss gelten $x > 0$. Damit $\sqrt{y+1}$ definiert ist, muss gelten $y + 1 \geq 0 \iff y \geq -1$. Alles zusammen ergibt $D_f = \{(x, y): x > 0; y \geq -1; y \neq 0\}$.

e) Zunächst ist $\sqrt{x^2 + y^2 - 9}$ nur definiert, wenn $x^2 + y^2 \geq 9$. Da wir nicht durch Null dividieren dürfen, muss $x^2 + y^2 > 9$ sein. Die zweite Quadratwurzel ist nur definiert, wenn $25 - x^2 - y^2 \geq 0 \iff x^2 + y^2 \leq 25$, d.h. $D_g = \{(x, y): 9 < x^2 + y^2 \leq 25\}$.

f) Der Zähler ist definiert, wenn $16 - x^2 - y^2 > 0 \iff x^2 + y^2 < 16$. Der Nenner ist in diesem Fall $\neq 0$, d.h. $D_f = \{(x, y) \mid x^2 + y^2 < 16\}$.

[3] $f(2, 1) = 2^3 + 7 \cdot 2^3 \cdot 1 + 1^5 = 8 + 7 \cdot 8 + 1 = 65$.
$f(1, 2) = 1^3 + 7 \cdot 1^3 \cdot 2 + 2^5 = 1 + 7 \cdot 2 + 32 = 47$.
$f(k, 2) = k^3 + 7 \cdot k^3 \cdot 2 + 2^5 = k^3 + 14k^3 + 32 = 15k^3 + 32$.

[4] Die Funktion ist definiert, wenn das Produkt $x \cdot y \geq 0$ ist, d.h. wenn $x \geq 0$ und gleichzeitig $y \geq 0$ oder $x \leq 0$ und gleichzeitig $y \leq 0$, d.h. f ist im ersten und dritten Quadranten definiert, jeweils einschließlich der Achsen.

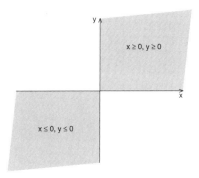

[5] Es gilt $f(x, 4) = 2 \iff \sqrt{25 - x^2 - 4^2} = 2 \iff \sqrt{9 - x^2} = 2 \implies 9 - x^2 = 4 \iff x^2 = 5$. Nun gilt $x^2 = 5 \iff x = \pm\sqrt{5}$. Einsetzen der Werte $x = \sqrt{5}$ und $x = -\sqrt{5}$ zeigt, dass die Gleichung $f(x, 4) = 2$ erfüllt ist. (Hier ist eine Probe erforderlich!)

[6] Zunächst nimmt das Produkt xy alle Werte in $[0, \infty)$ an, damit $\sqrt{xy}$ auch alle Werte in $[0, \infty)$ und $-\sqrt{xy}$ alle Werte in $(-\infty, 0]$. Daraus folgt $R_f = (-\infty, 3]$.

[7] Damit $\ln(9 - x^2 - y^2)$ definiert ist, muss das Argument größer als Null sein, d.h. $9 - x^2 - y^2 > 0 \iff x^2 + y^2 < 9$, d.h. $D_f = \{(x, y): x^2 + y^2 < 9\}$. Dies ist das Innere eines Kreises mit dem Radius $r = \sqrt{9} = 3$. Zu beachten ist, dass der Rand des Kreises nicht zum Definitionsbereich gehört. Dies ist in der Abbildung mit einer gestrichelten Linie gekennzeichnet.

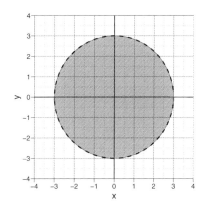

[8] Damit $\ln(x^2 + y^2 - 4)$ definiert ist, muss $x^2 + y^2 - 4 > 0$ sein, d.h. $x^2 + y^2 > 4$. Dies ist das Äußere eines Kreises um den Urspung mit dem Radius 2. Damit $\sqrt{x + 1}$ definiert ist, muss $x + 1 \geq 0$ sein, wobei $x + 1 = 0$ nicht erlaubt ist, da man sonst durch Null dividieren würde. Also muss $x + 1 > 0$, d.h. $x > -1$ sein, d.h. (x, y) muss rechts von der senkrechten Geraden $x = -1$ liegen. Zusammen mit der ersten Bedingung ergibt sich: (x, y) muss rechts von der senkrechten Geraden $x = -1$ und außerhalb des Kreises um den Ursprung mit Radius 2 sein.

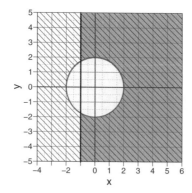

11.2   Partielle Ableitungen bei zwei Variablen

[1]

a) Indem wir y wie eine Konstante behandeln (multiplikative Konstanten bleiben erhalten, additive Konstanten verschwinden beim Ableiten) und nach x ableiten, erhalten wir $\frac{\partial}{\partial x}(x^3y^2 + e^{2x}) = 3x^2y^2 + 2e^{2x}$.

b) Es ist x als Konstante zu betrachten und zweimal nach y zu differenzieren. Es gilt
$$\frac{\partial}{\partial y}\left(x^3y^2 + \ln(x^2)\right) = 2x^3y \text{ und } \frac{\partial}{\partial y}2x^3y = 2x^3 \text{ und damit } \frac{\partial^2}{\partial y^2}\left(x^3y^2 + \ln(x^2)\right) = 2x^3.$$

c) Wir differenzieren zunächst nach y und betrachten dabei x als Konstante $\frac{\partial}{\partial y}\left(x^3y^2 + \exp(x+y)\right) = 2x^3y + \exp(x+y)$. Jetzt differenzieren wir nach x und betrachten y als Konstante $\frac{\partial}{\partial x}(2x^3y + \exp(x+y)) = 6x^2y + \exp(x+y)$. Damit gilt
$$\frac{\partial^2}{\partial x \partial y}\left(x^3y^2 + \exp(x+y)\right) = 6x^2y + \exp(x+y).$$

d) $f(x,y) = x^{1/2}y^{1/2} + 2 \Longrightarrow f_1'(x,y) = \frac{1}{2}x^{-1/2}y^{1/2} = \frac{\sqrt{y}}{2\sqrt{x}} = \frac{1}{2}\sqrt{\frac{y}{x}}$.

e) $f_x'(x,y) = 3\left(xy\right)^2 y + y^2 = 3x^2y^3 + y^2$ und $f_y'(x,y) = 3\left(xy\right)^2 x + 2xy = 3x^3y^2 + 2xy$.

f) $f_1'(x,y) = 2(x-3) + 2y^2 + 2xe^{7y} = 2x + 2xe^{7y} + 2y^2 - 6$ und $f_2'(x,y) = 4xy + 7x^2e^{7y}$.

g) $K_1'(x_1,x_2) = \dfrac{5}{x_2} = 5x_2^{-1}$ und $K_{12}''(x_1,x_2) = -5x_2^{-2} = -\dfrac{5}{x_2^2}$. Nach Youngs Theorem (11.2.7) stimmen die beiden gemischten Ableitungen überein.

h) $f_x'(x,y) = ye^{xy} + 2xy^2 - 7$ und $f_y'(x,y) = xe^{xy} + 2x^2y$.

i) $\dfrac{\partial z}{\partial y} = x + x(-y^{-2})e^{1/y} = x - xy^{-2}e^{1/y} \Longrightarrow \dfrac{\partial^2 z}{\partial y^2} = 2xy^{-3}e^{1/y} - xy^{-2}(-y^{-2})e^{1/y} = 2xy^{-3}e^{1/y} + xy^{-4}e^{1/y} = \left(2xy^{-3} + xy^{-4}\right)e^{1/y}$

j) $f_1'(K,L) = 2KL + 2Le^{2KL} \Longrightarrow f_{12}''(K,L) = 2K + 2e^{2KL} + 2L \cdot 2K \cdot e^{2KL} = 2K + 2e^{2KL} + 4KLe^{2KL}$.

[2] Die partiellen Ableitungen erster Ordnung sind $x_A' = 102A^{-0.15}K^{0.3}$ und $x_K' = 36A^{0.85}K^{-0.7}$. Daraus folgt für die partiellen Ableitungen zweiter Ordnung $x_{AA}'' = -15.3A^{-1.15}K^{0.3}$; $x_{KK}'' = -25.2A^{0.85}K^{-1.7}$; $x_{AK}'' = x_{KA}'' = 30.6A^{-0.15}K^{-0.7}$.

[3] $\dfrac{f(x + \Delta x, y) - f(x, y)}{\Delta x} = \dfrac{(x + \Delta x)^3 y^2 - x^3 y^2}{\Delta x} =$

$\dfrac{\left(x^3 + 3x^2 \Delta x + 3x(\Delta x)^2 + (\Delta x)^3\right) y^2 - x^3 y^2}{\Delta x} = \dfrac{3x^2 \Delta x \cdot y^2 + 3x(\Delta x)^2 y^2 + (\Delta x)^3 y^2}{\Delta x} =$

$3x^2 y^2 + 3x\Delta x \cdot y^2 + (\Delta x)^2 y^2.$

$\dfrac{f(x, y + \Delta y) - f(x, y)}{\Delta y} = \dfrac{x^3 (y + \Delta y)^2 - x^3 y^2}{\Delta y} = \dfrac{x^3 (y^2 + 2y\Delta y + (\Delta y)^2) - x^3 y^2}{\Delta y} =$

$\dfrac{2x^3 y\Delta y + x^3 (\Delta y)^2}{\Delta y} = 2x^3 y + x^3 \Delta y.$

[4] $f'_x = ye^{xy} + xy^2 e^{xy} = e^{xy}(y + xy^2) \implies f''_{xy} = (f'_x)'_y = xe^{xy}(y + xy^2) + e^{xy}(1 + 2xy) =$

$e^{xy}(xy + x^2 y^2 + 1 + 2xy) = e^{xy}(3xy + x^2 y^2 + 1) \implies f'''_{xyx} = (f''_{xy})'_x = ye^{xy}(3xy + x^2 y^2 + 1) +$

$e^{xy}(3y + 2xy^2) = e^{xy}(x^2 y^3 + 5xy^2 + 4y).$ Man erhält dasselbe Ergebnis für f'''_{yxx} und f'''_{xxy}.

Siehe Youngs Theorem, Theorem 11.6.1. Alle Ableitungen, bei denen zweimal nach x und einmal nach y differenziert wird, stimmen überein.

11.3   Geometrische Darstellung

[1] Für $xy = 2$ ist $f(x, y) = \dfrac{3(2 + 2)^2}{(xy)^2 - 1} = \dfrac{3 \cdot 16}{2^2 - 1} = \dfrac{48}{3} = 16$, d.h. alle (x, y) mit $xy = 2$

liegen auf der Höhenlinie $f(x, y) = 16$.

[2] Für $c = 0$ ist die Höhenlinie gegeben durch $f(x, y) = 0 \iff 4 - 4x - 2y = 0 \iff$ $2y = -4x + 4 \iff y = -2x + 2$, d.h. durch eine Gerade mit der Steigung -2 und dem Achsenabschnitt 2. Für $c = 4$ ist die Höhenlinie gegeben durch $f(x, y) = 4 \iff$ $4 - 4x - 2y = 4 \iff 2y = -4x \iff y = -2x$, d.h. durch eine Gerade durch den Ursprung mit der Steigung -2.

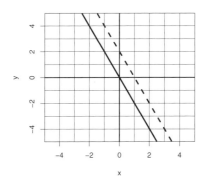

[3] Der Funktionswert an der Stelle $(5, 0)$ ist $f(5, 0) = \ln((5 - 3)(0 + 4)) = \ln 8$, d.h. wir betrachten die Höhenlinie zum Niveau $\ln 8$. Für den Schnittpunkt dieser Höhenlinie mit der y-Achse gilt $x = 0$ und $f(0, y_0) = \ln(-3(y_0 + 4)) = \ln 8 \iff -3(y_0 + 4) = 8 \iff$ $-3y_0 - 12 = 8 \iff 3y_0 = -20 \iff y_0 = -20/3$.

[4] Da der Punkt $(40, 10)$ auf der Höhenlinie liegt, ist das Niveau der Höhenlinie $c = f(40, 10) = 3\sqrt{40} \cdot \sqrt{10} = 3\sqrt{400} = 3 \cdot 20 = 60$. Für den gesuchten Punkt auf dieser Höhenlinie mit $x = y$ muss gelten $3\sqrt{x}\sqrt{x} = 60 \iff 3x = 60 \iff x = 20$, d.h. $P = (20, 20)$.

[5] Es muss gelten $3 \cdot 10^{1/2}L^{1/2} = 60 \iff L^{1/2} = \dfrac{20}{10^{1/2}} \iff L = \dfrac{400}{10} = 40$.

11.4   Flächen und Abstand

[1]

a) Der Abstand zwischen den zwei Punkten ist nach (11.4.3)
$$d = \sqrt{(2-2)^2 + (-2-2)^2 + (1-(-2))^2} = \sqrt{0 + 16 + 9} = \sqrt{25} = 5.$$

b) Der Abstand ist nach (11.4.3) $d = \sqrt{(3-2)^2 + (4-2)^2 + (5-3)^2} = \sqrt{1+4+4} = \sqrt{9} = 3$.

c) Nach (11.4.3) ist $d = \sqrt{(6-10)^2 + (y+7-y)^2 + (9-5)^2} = \sqrt{16 + 49 + 16} = \sqrt{81} = 9$.

d) Nach (11.4.3) gilt $d = \sqrt{(4-2)^2 + (-2-3)^2 + (7-6)^2} = \sqrt{4 + 25 + 1} = \sqrt{30}$.

[2]

a) Zunächst ist der Radius der Kugel zu bestimmen. Dieser ist gleich dem Abstand zwischen dem Mittelpunkt M der Kugel und dem gegebenen Punkt P, d.h. nach (11.4.3) $r = \sqrt{(-2-2)^2 + (-2-(-2))^2 + (-2-(-2))^2} = \sqrt{(-4)^2 + 0^2 + 0^2} = \sqrt{16} = 4$. Damit ist die Gleichung der Kugel nach (11.4.4) $(x-(-2))^2 + (y-(-2))^2 + (z-(-2))^2 = (x+2)^2 + (y+2)^2 + (z+2)^2 = 16$.

b) Der Radius der Kugel gleich dem Abstand zwischen M und P, d.h. nach (11.4.3) $r = \sqrt{(1-2)^2 + (0-2)^2 + (2-0)^2} = \sqrt{1+4+4} = \sqrt{9} = 3$. Damit ist die Gleichung der Kugel nach (11.4.4) $(x-1)^2 + (y-0)^2 + (z-2)^2 = (x-1)^2 + y^2 + (z-2)^2 = 9$.

[3] Der Punkt P muss auf der Kugeloberfläche liegen, da er den Abstand $d = 5$ vom Mittelpunkt der Kugel haben soll und der Radius der Kugel $\sqrt{25} = 5$ ist, d.h. er muss die Gleichung der Kugel erfüllen $(x-1)^2 + (-2+2)^2 + (6-3)^2 = 25 \iff (x-1)^2 + 9 = 25 \iff (x-1)^2 = 16 \iff x-1 = \pm 4$. Daraus folgt $x = 5$ oder $x = -3$.

[4] Der Mittelpunkt der Kugel sei $M = (a, b, c)$. Aus der Gleichung der Kugel (11.4.4) folgt dann

(1) $(-a)^2 + (-b)^2 + (-c)^2 = \dfrac{1}{2}$, da P_1 auf der Kugeloberfläche liegt.

(2) $(1-a)^2 + (-b)^2 + (-c)^2 = \dfrac{1}{2}$, da P_2 auf der Kugeloberfläche liegt.

(3) $(-a)^2 + (1-b)^2 + (-c)^2 = \dfrac{1}{2}$, da P_3 auf der Kugeloberfläche liegt.

Auf den rechten Seiten der drei Gleichungen steht jeweils $\dfrac{1}{2}$. Daher müssen auch die linken Seiten aller drei Gleichungen übereinstimmen. Gleichsetzen der beiden ersten Gleichungen ergibt $a^2 = (1-a)^2 \iff a^2 = 1 - 2a + a^2 \iff 1 - 2a = 0 \iff a = \dfrac{1}{2}$. Gleichsetzen der ersten und dritten Gleichung ergibt $b^2 = (1-b)^2 \iff b^2 = 1 - 2b +$

$b^2 \iff 1 - 2b = 0 \iff b = \dfrac{1}{2}$. Einsetzen der Werte für a und b in die erste Gleichung

ergibt $\dfrac{1}{4} + \dfrac{1}{4} + c^2 = \dfrac{1}{2} \iff c = 0$. Damit ist $M = \left(\dfrac{1}{2}, \dfrac{1}{2}, 0\right)$.

[5] Nach (11.4.3) muss gelten $7 = \sqrt{(8-6)^2 + (1-(-4))^2 + (a-0)^2} \iff 7 = \sqrt{2^2 + 5^2 + a^2} \iff 7 = \sqrt{29 + a^2} \iff 49 = 29 + a^2 \iff 20 = a^2 \iff a = \pm\sqrt{20}$.

[6] Nach (11.4.4) gilt für die Kugel mit dem Mittelpunkt (a, b, c) und dem Radius r die Gleichung $(x-a)^2 + (y-b)^2 + (z-c)^2 = r^2$, d.h. hier $(x+5)^2 + (y-\sqrt{2})^2 + (z-3)^2 = 4$. Nach (11.4.3) gilt für den Abstand zweier Punkte $d = \sqrt{(x_2 - x_1)^2 + (y_2 - y_1)^2 + (z_2 - z_1)^2}$. Der Abstand zwischen dem Kugelmittelpunkt $(-5, \sqrt{2}, 3)$ und dem Ursprung $(0, 0, 0)$ ist somit $d = \sqrt{(-5-0)^2 + (\sqrt{2}-0)^2 + (3-0)^2} = \sqrt{25 + 2 + 9} = \sqrt{36} = 6$.

[7] Der Abstand d der Punkte ist nach (11.4.3) $d = \sqrt{(-3-(-1))^2 + (-1-0)^2 + (a-2)^2} = \sqrt{4 + 1 + a^2 - 4a + 4} = \sqrt{a^2 - 4a + 9}$. Dieser Abstand soll kleiner sein als $\sqrt{14}$, d.h. $\sqrt{14} > \sqrt{a^2 - 4a + 9} \iff 14 > a^2 - 4a + 9 \iff 0 > a^2 - 4a - 5$. Die rechte Seite $a^2 - 4a - 5$ ist eine nach oben geöffnete Parabel. Also gilt $0 > a^2 - 4a - 5$ zwischen den Nullstellen der Parabel. Diese finden wir z.B. mit (2.3.3) oder (2.3.4) und erhalten $a_1 = 5$ und $a_2 = -1$. Die Lösung ist damit $-1 < a < 5$.

[8] Nach (11.4.4) ist die Gleichung einer Kugel mit Mittelpunkt (a, b, c) und Radius r gegeben durch $(x-a)^2 + (y-b)^2 + (z-c)^2 = r^2$. Um den Mittelpunkt und den Radius zu bestimmen, müssen wir die gegebene Gleichung in diese Gestalt bringen, d.h. $x^2 + y^2 + z^2 + 4(x + y + z) = 4 \iff x^2 + 4x + 4 + y^2 + 4y + 4 + z^2 + 4z + 4 = 4 + 12 = 16$. Die letzte Gleichung ist äquivalent zu $(x+2)^2 + (y+2)^2 + (z+2)^2 = 4^2$. Aus dieser Gleichung kann der Mittelpunkt $(-2, -2, -2)$ und der Radius $r = 4$ unmittelbar abgelesen werden.

[9] Der Abstand zwischen zwei Punkten im Raum ist gegeben durch (11.4.3). Es gilt $d = \sqrt{(x_2 - x_1)^2 + (y_2 - y_1)^2 + (z_2 - z_1)^2}$. Hier ist die eine Ecke des Raumes gegeben durch den Punkt $(0, 0, 0)$ und die andere Ecke durch $(5, 2.3, 4.5)$. Der Abstand zwischen den beiden Ecken ist demnach $d = \sqrt{(5-0)^2 + (2.3-0)^2 + (4.5-0)^2} = \sqrt{25 + 2.3^2 + 4.5^2} = \sqrt{50.54} = 7.109149 \approx 7.109$.

[10] Der gesuchte Punkt muss (11.4.4) erfüllen, d.h. $(\sqrt{8}-0)^2 + (\sqrt{8}-0)^2 + (z-0)^2 = 25 \iff 8 + 8 + z^2 = 25 \iff z^2 = 25 - 16 = 9 \Rightarrow z = 3$. Beachten Sie, dass $z > 0$ vorausgesetzt war.

11.5 Funktionen von mehreren Variablen

[1]
a) Die gegebene Funktion ist als Potenzfunktion homogen, wobei der Homogenitätsgrad gleich der Summe der Exponenten ist: $k = 0.9 + 0.7 + 0.8 + 0.6 = 3$, d.h. $f(3x_1, 3x_2, 3x_3, 3x_4) = 3^3 f(x_1, x_2, x_3, x_4)$. Ausführlich sieht man das so:
$f(3x_1, 3x_2, 3x_3, 3x_4) = 1.7(3x_1)^{0.9}(3x_2)^{0.7}(3x_3)^{0.8}(3x_4)^{0.6} = 1.7 \cdot \left(3^{0.9}x_1^{0.9}\right) \cdot \left(3^{0.7}x_2^{0.7}\right) \cdot$

$$\left(3^{0.8}x_3^{0.8}\right) \cdot \left(3^{0.6}x_4^{0.6}\right) = 3^{0.9+0.7+0.8+0.6} \cdot \underbrace{1.7x_1^{0.9}x_2^{0.7}x_3^{0.8}x_4^{0.6}}_{=f(x_1,x_2,x_3,x_4)} = 3^3 \cdot f(x_1, x_2, x_3, x_4) =$$

$27f(x_1, x_2, x_3, x_4)$.

b) Bilden wir den natürlichen Logarithmus auf beiden Seiten, so erhalten wir (siehe auch (11.5.4)): $\ln(y) = \ln(1.7) + 0.9\ln(x_1) + 0.7\ln(x_2) + 0.8\ln(x_3) + 0.6\ln(x_4)$.

[2] Es ist $f(2w_0, 2x_0, 2y_0, 2z_0) = 2w_0 \cdot 2x_0 + 2x_0 \cdot 2y_0 + 2y_0 \cdot 2z_0 = 4w_0x_0 + 4x_0y_0 + 4y_0z_0 = 4(w_0x_0 + x_0y_0 + y_0z_0) = 4f(w_0, x_0, y_0, z_0) = 4 \cdot 3 = 12$.

11.6   Partielle Ableitungen bei mehreren Variablen

[1] $f_x' = 2xy + y^3 + \dfrac{y}{x}$; $f_y' = x^2 + 3xy^2 + \ln x + \dfrac{2y}{z}$; $f_z' = -\dfrac{y^2}{z^2}$

[2]

a) Die Elemente der Hesse-Matrix sind die partiellen Ableitungen zweiter Ordnung. Es ist $\dfrac{\partial f}{\partial x} = ye^z$; $\dfrac{\partial f}{\partial y} = xe^z$; $\dfrac{\partial f}{\partial z} = xye^z$. Damit ist nach (11.6.3) die Hesse-Matrix

$$\begin{pmatrix} \dfrac{\partial^2 f}{\partial x^2} = \dfrac{\partial ye^z}{\partial x} = 0 & \dfrac{\partial^2 f}{\partial y \partial x} = \dfrac{\partial ye^z}{\partial y} = e^z & \dfrac{\partial^2 f}{\partial z \partial x} = \dfrac{\partial ye^z}{\partial z} = ye^z \\[2mm] \dfrac{\partial^2 f}{\partial x \partial y} = \dfrac{\partial xe^z}{\partial x} = e^z & \dfrac{\partial^2 f}{\partial y^2} = \dfrac{\partial xe^z}{\partial y} = 0 & \dfrac{\partial^2 f}{\partial z \partial y} = \dfrac{\partial xe^z}{\partial z} = xe^z \\[2mm] \dfrac{\partial^2 f}{\partial x \partial z} = \dfrac{\partial xye^z}{\partial x} = ye^z & \dfrac{\partial^2 f}{\partial y \partial z} = \dfrac{\partial xye^z}{\partial y} = xe^z & \dfrac{\partial^2 f}{\partial z^2} = \dfrac{\partial xye^z}{\partial z} = xye^z \end{pmatrix}$$

b) $f_x'(x, y) = 2xe^{x^2}e^y$ und $f_y'(x, y) = e^{x^2}e^y$, so dass $f_{xx}''(x, y) = (2e^{x^2} + 4x^2e^{x^2})e^y = (1 + 2x^2)2e^{x^2}e^y$; $f_{yy}''(x, y) = e^{x^2}e^y$; $f_{xy}''(x, y) = f_{yx}''(x, y) = 2xe^{x^2}e^y$. Damit ist die Hesse-Matrix nach (11.6.3) $f''(x, y) = \begin{pmatrix} (1 + 2x^2)2e^{x^2}e^y & 2xe^{x^2}e^y \\ 2xe^{x^2}e^y & e^{x^2}e^y \end{pmatrix}$

c) $f_1'(x, y) = 2xy + ye^{xy}$ und $f_2'(x, y) = x^2 + xe^{xy}$, so dass nach (11.6.3)

$$f''(x, y) = \begin{pmatrix} 2y + y^2e^{xy} & 2x + xye^{xy} + e^{xy} \\ 2x + xye^{xy} + e^{xy} & x^2e^{xy} \end{pmatrix}$$

d) Für die partiellen Ableitungen erster Ordnung ergibt sich $f_1'(x, y, z) = \dfrac{1}{2}(x + 2y)^{-1/2}$; $f_2'(x, y, z) = \dfrac{1}{2}(x + 2y)^{-1/2} \cdot 2 + 2yz = (x + 2y)^{-1/2} + 2yz$; $f_3'(x, y, z) = 3z^2 + y^2$.

Für die partiellen Ableitungen zweiter Ordnung folgt

$$f_{11}''(x, y, z) = \frac{1}{2} \cdot \left(-\frac{1}{2}\right)(x + 2y)^{-3/2} = -\frac{1}{4}(x + 2y)^{-3/2}$$

$$f_{22}''(x, y, z) = -\frac{1}{2}(x + 2y)^{-3/2} \cdot 2 + 2z = -(x + 2y)^{-3/2} + 2z \quad f_{33}''(x, y, z) = 6z$$

$$f_{12}''(x, y, z) = f_{21}''(x, y, z) = \frac{1}{2} \cdot \left(-\frac{1}{2}\right)(x + 2y)^{-3/2} \cdot 2 = -\frac{1}{2}(x + 2y)^{-3/2}$$

$f''_{13}(x, y, z) = f''_{31}(x, y, z) = 0 \quad f''_{23}(x, y, z) = f''_{32}(x, y, z) = 2y$

Nach (11.6.3) ist dann $f''(x, y, z) = \begin{pmatrix} -\dfrac{1}{4}(x+2y)^{-3/2} & -\dfrac{1}{2}(x+2y)^{-3/2} & 0 \\ -\dfrac{1}{2}(x+2y)^{-3/2} & -(x+2y)^{-3/2}+2z & 2y \\ 0 & 2y & 6z \end{pmatrix}$

e) $\dfrac{\partial f}{\partial x_i} = 2x_i \Longrightarrow \dfrac{\partial^2 f}{\partial x_i^2} = 2$ und $\dfrac{\partial^2 f}{\partial x_i \partial x_j} = 0$ für $i \neq j$.

Damit ist $f''(\mathbf{x}) = \begin{pmatrix} 2 & 0 & 0 \\ 0 & 2 & 0 \\ 0 & 0 & 2 \end{pmatrix}$

f) Die partiellen Ableitungen erster Ordnung sind $f'_1(x, y) = 3x^2 \ln y$ und $f'_2(x, y) = x^3/y$. Die partiellen Ableitungen zweiter Ordnung sind dann

$$\begin{pmatrix} f''_{11}(x, y) = 6x \ln y & f''_{12}(x, y) = 3x^2/y \\ f''_{21}(x, y) = 3x^2/y & f''_{22}(x, y) = -x^3/y^2 \end{pmatrix}$$

g) Die partiellen Ableitungen erster Ordnung sind: $f'_1(x_1, x_2, x_3) = 2x_1x_2$; $f'_2(x_1, x_2, x_3) = x_1^2 + 2x_2x_3$; $f'_3(x_1, x_2, x_3) = x_2^2$. Die partiellen Ableitungen zweiter Ordnung sind dann

$f''_{11}(x_1, x_2, x_3) = 2x_2 \quad f''_{12}(x_1, x_2, x_3) = 2x_1 \quad f''_{13}(x_1, x_2, x_3) = 0$

$f''_{21}(x_1, x_2, x_3) = 2x_1 \quad f''_{22}(x_1, x_2, x_3) = 2x_3 \quad f''_{23}(x_1, x_2, x_3) = 2x_2$

$f''_{31}(x_1, x_2, x_3) = 0 \quad f''_{32}(x_1, x_2, x_3) = 2x_2 \quad f''_{33}(x_1, x_2, x_3) = 0$

Damit ist die Hesse-Matrix $f''(\mathbf{x}) = \begin{pmatrix} 2x_2 & 2x_1 & 0 \\ 2x_1 & 2x_3 & 2x_2 \\ 0 & 2x_2 & 0 \end{pmatrix}$

h) $f'_x(x, y) = 2xy^3 \Rightarrow f''_{xx}(x, y) = 2y^3$ und $f''_{xy}(x, y) = f''_{yx}(x, y) = 6xy^2$; $f'_y(x, y) = 3x^2y^2 \Rightarrow f''_{yy}(x, y) = 6x^2y$, d.h. $f''(x, y) = \begin{pmatrix} 2y^3 & 6xy^2 \\ 6xy^2 & 6x^2y \end{pmatrix}$

i) $f'_x(x, y) = 2x \Rightarrow f''_{xx}(x, y) = 2$ und $f''_{xy}(x, y) = f''_{yx}(x, y) = 0$; $f'_y(x, y) = 3y^2 \Rightarrow f''_{yy}(x, y) = 6y$, d.h. $f''(x, y) = \begin{pmatrix} 2 & 0 \\ 0 & 6y \end{pmatrix}$

11.7 Ökonomische Anwendungen

[1] Gesucht ist $F''_{KK} = \dfrac{\partial^2 AK^a L^b}{\partial K^2} = \dfrac{\partial AaK^{a-1}L^b}{\partial K} = Aa(a-1)K^{a-2}L^b$.

[2] Die partiellen Ableitungen erster Ordnung sind $Y'_1 = F'_A = -9A^2 + 4A + 50 - 6AK + 2K^2$ und $Y'_2 = -3A^2 + 4AK - 9K^2 + 10K$. Damit folgt für die partiellen Ableitungen zweiter Ordnung

$$Y''_{11} = F''_{AA} = -18A + 4 - 6K \implies Y''_{11}(2,5) = -62$$

$$Y''_{12} = F''_{AK} = -6A + 4K \implies Y''_{12}(2,5) = 8;\ Y''_{21} = Y''_{12}$$

$$Y''_{22} = F''_{KK} = 4A - 18K + 10 \implies Y''_{22}(2,5) = -72$$

[3] $\dfrac{\partial Y}{\partial A} = 18 + K + \sqrt{K} \cdot \dfrac{1}{2\sqrt{A}} = 18 + K + \dfrac{\sqrt{K}}{2\sqrt{A}}$ und $\dfrac{\partial Y}{\partial K} = 30 + A + \sqrt{A} \cdot \dfrac{1}{2\sqrt{K}} = 30 + A + \dfrac{\sqrt{A}}{2\sqrt{K}}.$

11.8 Partielle Elastizitäten

[1]

a) Nach (11.8.1) ist $\mathrm{El}_x z = \dfrac{x}{z}\dfrac{\partial z}{\partial x} = \dfrac{x}{z}\left(2xy^2 \exp(a_1 x + a_2 y) + x^2 y^2 \exp(a_1 x + a_2 y)a_1\right) = \dfrac{2z + a_1 xz}{z} = 2 + a_1 x.$

b) Nach (11.8.1) ist $\mathrm{El}_x f = \dfrac{x}{f} \cdot \dfrac{\partial f}{\partial x} = \dfrac{x}{\dfrac{x^2 y}{1 + x^2}} \cdot \dfrac{(1 + x^2)2xy - 2xx^2 y}{(1 + x^2)^2} = \dfrac{x}{x^2 y} \cdot$

$\dfrac{(1 + x^2)2xy - 2x^3 y}{(1 + x^2)} = \dfrac{x(1 + x^2)2xy - 2x^4 y}{x^2 y(1 + x^2)} = \dfrac{2x^2 y}{x^2 y(1 + x^2)} = \dfrac{2}{1 + x^2}$ und $\mathrm{El}_y z =$

$\dfrac{y}{z}\dfrac{\partial z}{\partial y} = \dfrac{y}{\dfrac{x^2 y}{1 + x^2}} \cdot \dfrac{x^2}{1 + x^2} = 1.$ Dabei kann man das letzte Resultat einfacher so er-

halten. Gesucht ist die partielle Elastizität von z bezüglich y, wobei x konstant gehalten wird. Bei konstanten x ist die gegebene Funktion eine Potenzfunktion in y, genauer $c \cdot y$ für eine Konstante c. Die Elastizität einer Potenzfunktion ist nach Beispiel 7.7.1 und 11.8.1 gleich dem Exponenten, d.h. hier gleich 1.

c) Es ist $\dfrac{\partial z}{\partial x} = 6xy + y$ und $\dfrac{\partial z}{\partial y} = 3x^2 + x.$ Nach (11.8.1) ist $\mathrm{El}_x z = \dfrac{x}{z}\dfrac{\partial z}{\partial x} = \dfrac{x(6xy + y)}{3x^2 y + xy} =$

$\dfrac{xy(6x + 1)}{xy(3x + 1)} = \dfrac{6x + 1}{3x + 1}$ und $\mathrm{El}_y z = \dfrac{y}{z}\dfrac{\partial z}{\partial y} = \dfrac{y(3x^2 + x)}{3x^2 y + xy} = \dfrac{3x^2 y + xy}{3x^2 y + xy} = 1.$ Dabei hätte

man das letzte Ergebnis wieder einfacher erhalten können. Bei festem x ist $f(x,y) = 3x^2 y + xy = (3x^2 + x)y$ eine Potenzfunktion in y mit dem Exponenten 1 und somit ist die Elastizität gleich dem Exponenten.

d) Bei konstantem x handelt es sich um eine Potenzfunktion in y mit dem Exponenten $1/2$. Die Elastizität einer Potenzfunktion ist gleich dem Exponenten (Beispiel 7.7.1 und 11.8.1).

e) $\mathrm{El}_y z = \dfrac{y}{x - y} : (-1) = -\dfrac{y}{x - y} = \dfrac{y}{y - x}.$

f) $z = f(x,y) = \sqrt{xy} = x^{1/2} y^{1/2}$ und die Elastizität einer Potenzfunktion ist gleich dem Exponenten (siehe Beispiel 11.8.1 und 7.7.1). Damit sind hier beide partiellen Elastizitäten gleich $1/2$.

g) $\mathrm{El}_x z = \dfrac{x}{z}\dfrac{\partial z}{\partial x} = \dfrac{x}{x^3 + y^3} \cdot 3x^2 = \dfrac{3x^3}{x^3 + y^3}.$

h) $\mathrm{El}_x z = \dfrac{x}{z}\dfrac{\partial z}{\partial x} = \dfrac{x}{xy^2 e^{x^2}}(y^2 e^{x^2} + xy^2 2xe^{x^2}) = \dfrac{x}{xy^2 e^{x^2}} y^2 e^{x^2}(1 + 2x^2) = 1 + 2x^2$ und

$\mathrm{El}_y z = \dfrac{y}{z}\dfrac{\partial z}{\partial y} = \dfrac{y}{xy^2 e^{x^2}} x \cdot 2ye^{x^2} = 2.$ Das zweite Ergebnis folgt auch unmittelbar aus der Tatsache, dass die gegebene Funktion bei konstantem x eine Potenzfunktion in y ist. Somit ist die Elastizität nach Beispiel 7.7.1und 11.8.1 gleich dem Exponenten von y, d.h. 2.

[2] Nach (11.8.1) ist die gesuchte partielle Elastizität $\mathrm{El}_K\, Y = \dfrac{K}{Y}\dfrac{\partial Y}{\partial K}$.

Hier ist $\dfrac{\partial Y}{\partial K} = 2.5(10A^{0.4} + 15K^{0.4})^{1.5}6K^{-0.6}$. Damit folgt mit der obigen Formel

$$
\begin{aligned}
\mathrm{El}_K\, Y &= \frac{K}{\left(10A^{0.4} + 15K^{0.4}\right)^{2.5}} \cdot 15K^{-0.6} \cdot \left(10A^{0.4} + 15K^{0.4}\right)^{1.5} = \frac{15K^{0.4}}{\left(10A^{0.4} + 15K^{0.4}\right)^{1}} \\
&= \frac{3K^{0.4}}{2A^{0.4} + 3K^{0.4}}.
\end{aligned}
$$

[3] Die ungefähre prozentuale Änderung der Nachfrage wird über die partielle Elastizität der Nachfrage bezüglich p_2 angegeben. Nach (11.8.1) wird diese wie folgt berechnet: $\mathrm{El}_{p_2} D(p_1, p_2) = \dfrac{p_2}{D(p_1, p_2)}\dfrac{\partial D(p_1, p_2)}{\partial p_2} = \dfrac{p_2}{200 - p_1 + p_2^2}2p_2 = \dfrac{2p_2^2}{200 - p_1 + p_2^2}.$

Lösungen zu den weiteren Aufgaben zu Kapitel 11

[1] Analog zu der Budget-Menge aus Kap. 11.4 berechnen wir zuerst die Schnittpunkte mit den drei Koordinatenachsen. Der Schnittpunkt mit der z-Achse ergibt sich aus $x = 0$ und $y = 0 \implies z = 6$. Analog folgt für den Schnittpunkt mit der y-Achse $x = 0$ und $z = 0 \implies y = 6$ und mit der x-Achse $y = 0$ und $z = 0 \implies x = 3$. Diese tragen wir in das Koordinatensystem ein. Da wir lineare Zusammenhänge haben, verbinden wir die Punkte nun mit Geraden und erhalten einen Ausschnitt unserer gegebenen Ebene. Für die Höhenlinien setzen wir für z den konstanten Wert c ein. Wir erhalten durch Umformen eine Geradengleichung und zeichnen diese ein. Für $c = 2 \implies 2 = 6 - 2x - y \iff y = 4 - 2x$, für $c = 4 \implies 4 = 6 - 2x - y \iff y = 2 - 2x$ und für $c = 6 \implies 6 = 6 - 2x - y \iff y = 0 - 2x = -2x$.

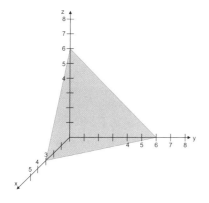
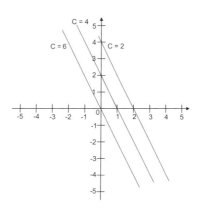

[2]

a) $f_x'(x, y) = ye^{xy} + \dfrac{y}{xy} = ye^{xy} + \dfrac{1}{x} \Longrightarrow f_{xy}''(x, y) = e^{xy} + xye^{xy}$

$f_1'(x, y) = f_x'(x, y) = ye^{xy} + x^{-1} \Longrightarrow f_{11}''(x, y) = y^2e^{xy} - x^{-2} = y^2e^{xy} - \dfrac{1}{x^2}$

b) $f(x, y) = 4\sqrt{xy} = 4x^{1/2}y^{1/2} \Longrightarrow f_1'(x, y) = 2x^{-1/2}y^{1/2} \Longrightarrow f_{11}''(x, y) = -x^{-3/2}y^{1/2}$ und
$f_{12}''(x, y) = x^{-1/2}y^{-1/2}$

c) $f_1'(x, y) = 2xe^{x^2+y^2} \Longrightarrow f_{11}''(x, y) = 2e^{x^2+y^2} + 2x \cdot 2xe^{x^2+y^2} = (4x^2+2)e^{x^2+y^2}$ und $f_{12}''(x, y) = 2x \cdot 2ye^{x^2+y^2} = 4xye^{x^2+y^2}$

d) $\dfrac{\partial z}{\partial x} + \dfrac{\partial z}{\partial y} = 2xe^y + x^2e^y.$

e) $f_x'(x, y, z) = y^2z^3 + 2xy^3z + 3x^2yz^2 \Rightarrow f_{xy}''(x, y, z) = 2yz^3 + 6xy^2z + 3x^2z^2 \Rightarrow f_{xyz}'''(x, y, z) = 6yz^2 + 6xy^2 + 6x^2z$

[3] $\ln y = \ln 3 + 2\ln x_1 + 4\ln x_2 + 3\ln x_3$ (Vergleiche (11.5.4).)

[4]

a) Nach (11.8.1) ist $\text{El}_xz = \dfrac{x}{e^{x^2+y^2}} \cdot 2xe^{x^2+y^2} = 2x^2.$

b) Nach Aufg. 11.8.1.g) ist $\text{El}_xz = \dfrac{3x^3}{x^3 + y^3}$ und analog ist $\text{El}_yz = \dfrac{3y^3}{x^3 + y^3}$. Damit gilt

$\text{El}_xz + \text{El}_yz = \dfrac{3x^3 + 3y^3}{x^3 + y^3} = 3.$ Einfacher folgt das Resultat mit (12.7.3), denn die gegebene Funktion ist homogen vom Grad 3. Daher ist die Summe der partiellen Elastizitäten nach (12.7.3) gleich dem Grad der Homogenität.

[5] Da die e-Funktion umkehrbar eindeutig ist, gilt $e^{x^2+y^2} = e^4 \iff x^2 + y^2 = 4$, d.h. die Höhenlinie ist gegeben durch den Kreis mit Mittelpunkt im Ursprung $(0, 0)$ und dem Radius $r = 2$.

[6] $Q = F(K_0, 20) = 100 \iff 2\sqrt{K_0 \cdot 20} = 100 \iff \sqrt{20K_0} = 50 \iff 20K_0 = 2\,500 \iff K_0 = 125$

Lösungen zu Kapitel 12: Handwerkszeug für komparativ statische Analysen

12

ÜBERBLICK

12.1 Eine einfache Kettenregel

[1] Es ist $E(p, m) = \dfrac{Am}{p} = Ap^{-1}m$ und $E(t) = \dfrac{Am(t)}{p(t)}$. Daher ist $\dot{E}(t) = \dfrac{\partial E}{\partial p}\dot{p}(t) +$

$\dfrac{\partial E}{\partial m}\dot{m}(t) = -\dfrac{Am(t)\dot{p}(t)}{(p(t))^2} + \dfrac{A\dot{m}(t)}{p(t)}$. Dann ist $\dfrac{\dot{E}}{E} = \dfrac{-Am\dot{p}/p^2}{Am/p} + \dfrac{A\dot{m}/p}{Am/p} = -\dfrac{\dot{p}}{p} + \dfrac{\dot{m}}{m}$.

[2] Nach (12.1.1) gilt: $\dfrac{dz}{dt} = F_1'(x, y)\dfrac{dx}{dt} + F_2'(x, y)\dfrac{dy}{dt}$. Hier ist $F_1'(x, y) = \dfrac{2}{2x} + 3^x \ln 3 =$

$\dfrac{1}{x} + 3^x \ln 3$; $F_2'(x, y) = 15y^2$; $\dfrac{dx}{dt} = 2$; $\dfrac{dy}{dt} = 4t$. Durch Einsetzen in die obige Formel

erhält man $\dfrac{dz}{dt} = \left(\dfrac{1}{x} + 3^x \ln 3\right) \cdot 2 + 15y^2 \cdot 4t = 2\left(\dfrac{1}{2t + 1} + 3^{2t+1}\ln 3\right) + 240t^5$.

[3] Nach der Kettenregel (12.1.1) gilt $\dfrac{dw}{dt} = \dfrac{\partial w}{\partial x}\dfrac{dx}{dt} + \dfrac{\partial w}{\partial y}\dfrac{dy}{dt}$. Hier ist $\dfrac{\partial w}{\partial x} =$

$\dfrac{2}{3}ye^{xy}$; $\dfrac{\partial w}{\partial y} = \dfrac{2}{3}xe^{xy}$; $\dfrac{dx}{dt} = \dfrac{3}{2}t^{1/2}$; $\dfrac{dy}{dt} = \dfrac{1}{2}t^{-1/2}$. Somit ergibt sich $\dfrac{dw}{dt} = \dfrac{2}{3}ye^{xy} \cdot$

$\dfrac{3}{2}t^{1/2} + \dfrac{2}{3}xe^{xy} \cdot \dfrac{1}{2}t^{-1/2}$. Durch Einsetzen von $x = t^{3/2}$ und $y = t^{1/2}$ erhalten wir:

$\dfrac{dw}{dt} = \dfrac{2}{3}t^{1/2}e^{t^{3/2}t^{1/2}}\dfrac{3}{2}t^{1/2} + \dfrac{2}{3}t^{3/2}e^{t^{3/2}t^{1/2}}\dfrac{1}{2}t^{-1/2} = te^{t^2} + \dfrac{1}{3}te^{t^2} = \dfrac{4}{3}te^{t^2}$. Einsetzen von $x = t^{3/2}$

und $y = t^{1/2}$ in $w = \dfrac{2}{3}e^{xy}$ ergibt $w = \dfrac{2}{3}e^{t^{3/2}\cdot t^{1/2}} = \dfrac{2}{3}e^{t^2}$ und dann $\dfrac{dw}{dt} = \dfrac{2}{3}e^{t^2} \cdot 2t = \dfrac{4}{3}te^{t^2}$.

[4] Nach (12.1.1) gilt $\dfrac{dz}{dt} = F_1'(x, y)\dfrac{dx}{dt} + F_2'(x, y)\dfrac{dy}{dt}$. Hier ist $F_1'(x, y) = e^x \cdot$

$\ln y$; $F_2'(x, y) = \dfrac{e^x}{y}$; $\dfrac{dx}{dt} = \dfrac{1}{t}$; $\dfrac{dy}{dt} = e^{t^2+2t} \cdot (2t + 2)$, so dass $\dfrac{dz}{dt} = e^x \cdot \ln y \cdot$

$\dfrac{1}{t} + \dfrac{e^x}{y} \cdot e^{t^2+2t}(2t + 2)$. Setzt man jetzt $x = \ln t$ und $y = e^{t^2+2t}$ für x und y ein

und beachtet noch, dass $e^x = e^{\ln t} = t$ und $\ln y = \ln(e^{t^2+2t}) = t^2 + 2t$, so folgt

$\dfrac{dz}{dt} = t \cdot (t^2 + 2t) \cdot \dfrac{1}{t} + \dfrac{t}{e^{t^2+2t}} \cdot e^{t^2+2t} \cdot (2t + 2) = t^2 + 2t + t(2t + 2) = t^2 + 2t + 2t^2 + 2t = 3t^2 + 4t$.

Für $t = 2$ ist $3t^2 + 4t = 3 \cdot 4 + 4 \cdot 2 = 12 + 8 = 20$.

12.2 Kettenregel für n Variablen

[1] Es ist nach (12.2.1) $\dfrac{\partial z}{\partial t} = F_1'(x, y)\dfrac{\partial x}{\partial t} + F_2'(x, y)\dfrac{\partial y}{\partial t} = 2x \cdot 2 + (\ln(y) + y/y)s =$

$4x + (\ln(y) + 1)s$. Für $t = s = 1$ ist $x = 3$ und $y = 1$. Damit ist $\dfrac{\partial z}{\partial t}(1, 1) = 4 \cdot 3 + (0 + 1) \cdot 1 =$

$12 + 1 = 13$. Entsprechend ist $\dfrac{\partial z}{\partial s} = F_1'(x, y)\dfrac{\partial x}{\partial s} + F_2'(x, y)\dfrac{\partial y}{\partial s} = 2x \cdot 1 + (\ln(y) + 1)t$. Für

$t = s = 1$ und somit $x = 3$ und $y = 1$ ergibt sich $\dfrac{\partial z}{\partial s}(1, 1) = 2 \cdot 3 + (0 + 1) \cdot 1 = 6 + 1 = 7$.

[2]

a) Nach der allgemeinen Kettenregel (12.2.3) gilt: $\dfrac{\partial w}{\partial t} = \dfrac{\partial w}{\partial x}\dfrac{\partial x}{\partial t} + \dfrac{\partial w}{\partial y}\dfrac{\partial y}{\partial t} + \dfrac{\partial w}{\partial z}\dfrac{\partial z}{\partial t}$, d.h.

hier $\dfrac{\partial w}{\partial t} = (2x + yz^2) \cdot 1 + xz^2 \cdot s + 2xyz \cdot 0 = 2t + sts^2 + ts^2 s = 2t + 2s^3 t$.

b) Wie in (a) gilt $\dfrac{\partial w}{\partial t} = \dfrac{\partial w}{\partial x}\dfrac{\partial x}{\partial t} + \dfrac{\partial w}{\partial y}\dfrac{\partial y}{\partial t} + \dfrac{\partial w}{\partial z}\dfrac{\partial z}{\partial t}$, d.h. hier

$\dfrac{\partial w}{\partial t} = (y + z)\dfrac{2}{e^s} + (x + z) \cdot 0 + (x + y) \cdot 0 = (s^2 - e^s + (-s^2))\dfrac{2}{e^s} = -2$.

c) Nach (12.2.3) gilt $\dfrac{\partial v}{\partial t} = \dfrac{\partial v}{\partial x}\dfrac{\partial x}{\partial t} + \dfrac{\partial v}{\partial y}\dfrac{\partial y}{\partial t} + \dfrac{\partial v}{\partial z}\dfrac{\partial z}{\partial t}$. Hier ist $\dfrac{\partial v}{\partial x} = 2xy$; $\dfrac{\partial v}{\partial y} = x^2$; $\dfrac{\partial v}{\partial z} =$

$2z$; $\dfrac{\partial x}{\partial t} = 2t$; $\dfrac{\partial y}{\partial t} = 0$; $\dfrac{\partial z}{\partial t} = \dfrac{1}{2\sqrt{t + s}}$. Einsetzen ergibt $\dfrac{\partial v}{\partial t} = 2xy \cdot 2t + x^2 \cdot 0 + 2z \cdot$

$\dfrac{1}{2\sqrt{t + s}} = 2t^2 s^3 \cdot 2t + 2\sqrt{t + s}\,\dfrac{1}{2\sqrt{t + s}} = 4t^3 s^3 + 1$.

d) Nach (12.2.1) ist $\dfrac{\partial z}{\partial t} = f_1'(x, y)\dfrac{\partial x}{\partial t} + f_2'(x, y)\dfrac{\partial y}{\partial t}$. Hier ist $f_1'(x, y) = 14x$; $f_2'(x, y) =$

2; $\dfrac{\partial x}{\partial t} = 2$; $\dfrac{\partial y}{\partial t} = re^{rt}$. Durch Einsetzen erhält man: $\dfrac{\partial z}{\partial t} = 14x \cdot 2 + 2re^{rt} = 28x + 2re^{rt}$.

Mit $x = 2t + 3r$ folgt $\dfrac{\partial z}{\partial t} = 28 \cdot (2t + 3r) + 2re^{rt} = 56t + 84r + 2re^{rt}$.

[3] Nach (12.2.3) gilt $\dfrac{df}{dt} = \dfrac{\partial f}{\partial x}\dfrac{dx}{dt} + \dfrac{\partial f}{\partial y}\dfrac{dy}{dt} + \dfrac{\partial f}{\partial z}\dfrac{dz}{dt}$, d.h. hier $\dfrac{df}{dt} = (2x + 2y)2 + (2x -$

$z^2)2t - 2yz \cdot 1 = 4x + 4y + 4xt - 2tz^2 - 2yz = 4(2t + 1) + 4(t^2 - 1) + 4(2t + 1)t - 2t(t - 2)^2 - 2(t^2 -$

$1)(t - 2) = 8t + 4 + 4t^2 - 4 + 8t^2 + 4t - 2t^3 + 8t^2 - 8t - 2t^3 + 4t^2 + 2t - 4 = -4t^3 + 24t^2 + 6t - 4$.

[4] $x \cdot \dfrac{\partial u}{\partial x} + y \cdot \dfrac{\partial u}{\partial y} + z \cdot \dfrac{\partial u}{\partial z} = \dfrac{x \cdot 3x^2}{x^3 + y^3 + z^3} + \dfrac{y \cdot 3y^2}{x^3 + y^3 + z^3} + \dfrac{z \cdot 3z^2}{x^3 + y^3 + z^3} = 3 \cdot \dfrac{x^3 + y^3 + z^3}{x^3 + y^3 + z^3} = 3$

und $x \cdot \dfrac{\partial v}{\partial x} + y \cdot \dfrac{\partial v}{\partial y} + z \cdot \dfrac{\partial v}{\partial z} = \dfrac{x \cdot 3yz}{3xyz} + \dfrac{y \cdot 3xz}{3xyz} + \dfrac{z \cdot 3xy}{3xyz} = 1 + 1 + 1 = 3$, so dass

$\left(x \cdot \dfrac{\partial u}{\partial x} + y \cdot \dfrac{\partial u}{\partial y} + z \cdot \dfrac{\partial u}{\partial z}\right) - \left(x \cdot \dfrac{\partial v}{\partial x} + y \cdot \dfrac{\partial v}{\partial y} + z \cdot \dfrac{\partial v}{\partial z}\right) = 3 - 3 = 0$.

12.3 Implizites Differenzieren entlang einer Höhenlinie

[1]

a) Differentiation der Gleichung $3xe^{xy^2} - 2y = 3x^2 + y^2$ auf beiden Seiten nach x ergibt $3e^{xy^2} + 3xe^{xy^2}\left(y^2 + x \cdot 2y \cdot y'\right) - 2y' = 6x + 2yy'$. An der Stelle $(x^*, y^*) = (1, 0)$ ergibt sich $3 + 0 - 2y' = 6 + 0 \iff 2y' = -3 \iff y' = -3/2$. Diese Aufgabe kann auch mit (12.3.1) gelöst werden. Dazu sei $F(x, y) = 3xe^{xy^2} - 2y - 3x^2 - y^2$. Es ist die Steigung der Höhenlinie $F(x, y) = 0$ zu bestimmen. Nach (12.3.1) ist

$y' = -\dfrac{F_1'(x, y)}{F_2'(x, y)} = -\dfrac{3e^{xy^2} + 3xy^2 e^{xy^2} - 6x}{3x \cdot 2xye^{xy^2} - 2 - 2y}$. Für $x^* = 1$ und $y^* = 0$ ergibt sich

$y' = -\dfrac{3 + 0 - 6}{0 - 2 - 0} = -\dfrac{3}{2}$.

b) Nach (7.4.1) ist $y \approx y^* + y'(x^*, y^*)(x - x^*) = 0 - \dfrac{3}{2}(x - 1) = -\dfrac{3}{2}x + \dfrac{3}{2}$.

[2]

a) Wir definieren $F(x, y) = xe^{x^2y} + 3x^2 - 2y$. Dann ist die gegebene Gleichung äquivalent zu $F(x, y) = 4$. Dies ist eine Höhenlinie von $F(x, y)$, deren Steigung nach (12.3.1) durch $y' = -\dfrac{F_1'(x, y)}{F_2'(x, y)}$ gegeben ist. Hier ergibt sich

$$y' = -\frac{e^{x^2y} + 2x^2ye^{x^2y} + 6x}{x^3e^{x^2y} - 2} = -\frac{1+6}{-1} = 7.$$

b) Sei $F(x, y) = x^2y^3 + (y + 1)e^{-x} - x$. Dann ist die obige Gleichung äquivalent zu $F(x, y) = 2$ und es gilt nach (12.3.1) $y' = -\dfrac{F_1'(x, y)}{F_2'(x, y)}$, d.h. hier

$$y' = -\frac{2xy^3 - (y + 1)e^{-x} - 1}{3x^2y^2 + e^{-x}} = -\frac{-2 - 1}{1} = 3.$$

[3] Leiten wir die obige Gleichung auf beiden Seiten nach x ab, so ergibt sich $y +$ $xy' + 2yy' + 2 + 2y' = 0 \iff y'(x + 2y + 2) = -y - 2 \iff y' = -\dfrac{y + 2}{x + 2y + 2}$. Alternativ nach (12.3.1) ergibt sich $y' = -\dfrac{F_1'(x, y)}{F_2'(x, y)}$, wobei hier $F(x, y) = xy + y^2 + 2x + 2y \implies$ $F_1'(x, y) = y + 2$; $F_2'(x, y) = x + 2y + 2$, so dass $y' = -\dfrac{y + 2}{x + 2y + 2}$.

[4]

a) Nach Formel (12.3.1) gilt für die Steigung einer Höhenlinie $\dfrac{dv}{du} = -\dfrac{F_u'}{F_v'}$. Hier ergibt sich $\dfrac{dv}{du} = -\dfrac{e^v + v^2e^{-u} + v}{ue^v - 2ve^{-u} + u + 1}$. Für $u = 0$ und $v = 1$ ergibt sich

$$-\frac{e^1 + 1^2e^0 + 1}{0e^1 - 2e^0 + 0 + 1} = -\frac{e + 2}{-1} = e + 2 = 4.718282 \approx 4.718.$$

b) Nach (12.3.1) gilt $y' = -\dfrac{F_1'(x, y)}{F_2'(x, y)}$. Hier ist $F_1'(x, y) = 12xy + 2y^2 + 4y$ und $F_2'(x, y) = 6x^2 + 4xy + 4x$ und damit $y' = -\dfrac{12xy + 2y^2 + 4y}{6x^2 + 4xy + 4x} = -\dfrac{2y \cdot (6x + y + 2)}{2x \cdot (3x + 2y + 2)} =$ $-\dfrac{y \cdot (6x + y + 2)}{x \cdot (3x + 2y + 2)}$. Für $x = 1$ und $y = 1$ ergibt sich $y' = -\dfrac{9}{7}$.

c) Nach (12.3.2) ist $x' = \dfrac{dx}{dy} = -\dfrac{F_y'(x, y)}{F_x'(x, y)}$. Hier ist $F_x'(x, y) = 4xy^3 + ye^{xy}(1 + x) + e^{xy} \implies$ $F_x'(1, 0) = 0 + 0 + e^0 = 1$ und $F_y'(x, y) = 6x^2y^2 + xe^{xy}(1 + x) \implies F_y'(1, 0) = 0 + e^0(1 + 1) = 2$. Damit folgt $y' = -\dfrac{F_y'(1, 0)}{F_x'(1, 0)} = -\dfrac{2}{1} = -2$.

d) Nach (12.3.1) gilt $y' = -\dfrac{F_1'(x, y)}{F_2'(x, y)}$. Hier ist $F_1'(x, y) = 12 - 2x \implies F_1'(2, 4) = 12 - 4 = 8$ und $F_2'(x, y) = -2y + 12 \implies F_2'(2, 4) = -8 + 12 = 4$ und damit $y' = -\dfrac{8}{4} = -2$.

e) Nach (12.3.1) gilt $y' = -\dfrac{F_1'(x, y)}{F_2'(x, y)} = -\dfrac{2xy}{x^2} = -\dfrac{2y}{x} = -2$ für $(x, y) = (1, 1)$.

[5] Die 2. Ableitung einer Höhenlinie $F(x, y) = c$ ist nach (12.3.3) gegeben durch:

$y'' = -\dfrac{1}{\left(F_2'\right)^3}\left[F_{11}''\left(F_2'\right)^2 - 2F_{12}''F_1'F_2' + F_{22}''\left(F_1'\right)^2\right]$. Hier ist $F(x, y) = \ln x + 2xy + e^y - 1 \Longrightarrow$

$F_1' = \dfrac{1}{x} + 2y;\; F_2' = 2x + e^y;\; F_{11}'' = -\dfrac{1}{x^2};\; F_{12}'' = 2;\; F_{22}'' = e^y$. Mit $x = 1$ und $y = 0$ ergibt

sich $F_1' = 1;\; F_2' = 3;\; F_{11}'' = -1;\; F_{12}'' = 2;\; F_{22}'' = 1$. Eingesetzt in obige Formel für y'' ergibt

sich $y'' = -\dfrac{1}{3^3}\left[-1 \cdot 3^2 - 2 \cdot 2 \cdot 1 \cdot 3 + 1 \cdot 1^2\right] = \dfrac{20}{27}$.

Alternativ kann man y' nach (12.3.1) berechnen $y' = -\dfrac{F_1'(x, y)}{F_2'(x, y)} = -\dfrac{1/x + 2y}{2x + e^y}$. Indem

man dies auf beiden Seiten nach x differenziert und beachtet, dass y eine Funktion

von x ist, erhält man $y'' = -\dfrac{(2x + e^y)(-1/x^2 + 2y') - (2 + e^y y')(1/x + 2y)}{(2x + e^y)^2}$. Jetzt setzen

wir $x = 1$ und $y = 0$, berechnen zunächst y' an dieser Stelle und dann y''. Es ist

$y' = -\dfrac{1 + 0}{2 + 1} = -\dfrac{1}{3} \Longrightarrow y'' = -\dfrac{(2 + 1)(-1 - 2/3) - (2 - 1/3)(1 + 0)}{(2 + 1)^2} = -\dfrac{-5 - 5/3}{9} = \dfrac{20}{27}$.

[6] Es gilt: $F(1, -1) = 2 \iff 3a \cdot 1 + 6 \cdot 1 \cdot (-1) + b(-1) + 8 = 2 \iff 3a - b = 0 \iff$

$3a = b$. Nach (12.3.1) gilt für die Steigung der Höhenlinie $y' = -\dfrac{F_1'(x, y)}{F_2'(x, y)} = -\dfrac{3a + 6y}{6x + b}$.

Im Punkt $(1, 1)$ gilt also $\dfrac{1}{2} = -\dfrac{F_1'(1, -1)}{F_2'(1, -1)} = -\dfrac{3a + 6(-1)}{6 \cdot 1 + b} = -\dfrac{3a - 6}{6 + b} \iff \dfrac{1}{2}(6 + b) =$

$-3a + 6 = \dfrac{6 - 3a}{6 + b}$. Setzen wir das obige Resultat $b = 3a$ ein, ergibt sich $\dfrac{1}{2} = \dfrac{6 - 3a}{6 + 3a} =$

$\dfrac{2 - a}{2 + a} \iff 2 + a = 4 - 2a \iff 3a = 2 \iff a = \dfrac{2}{3}$. Damit ist $b = 3 \cdot \dfrac{2}{3} = 2$.

12.4 Allgemeinere Fälle

[1] Wir definieren $F(K, L, x) = \ln x + 2(\ln x)^2 - \dfrac{1}{2}\ln K - \dfrac{1}{3}\ln L$. Dann ist die

obige Gleichung äquivalent zu $F(K, L, x) = 0$ und nach (12.4.1) gilt dann $\dfrac{\partial x}{\partial K} =$

$-\dfrac{F_K'}{F_x'} = -\dfrac{-1/(2K)}{\dfrac{1}{x} + 4\ln x \cdot \dfrac{1}{x}} = \dfrac{x}{2K(1 + 4\ln x)}$. Wir erhalten $\dfrac{\partial^2 x}{\partial K \partial L}$, indem wir $\dfrac{\partial x}{\partial K}$ parti-

ell nach L differenzieren $\dfrac{\partial^2 x}{\partial K \partial L} = \dfrac{2K(1 + 4\ln x)\dfrac{\partial x}{\partial L} - x 2K \dfrac{4}{x}\dfrac{\partial x}{\partial L}}{4K^2(1 + 4\ln x)^2} = \dfrac{(4\ln x - 3)\dfrac{\partial x}{\partial L}}{2K(1 + 4\ln x)^2} =$

$\dfrac{x(4\ln x - 3)}{6KL(1 + 4\ln x)^3}$. Für den letzten Schritt wird die partielle Ableitung $\dfrac{\partial x}{\partial L} = -\dfrac{F_L'}{F_x'} =$

$-\dfrac{-1/(3L)}{\dfrac{1}{x} + 4\ln x \cdot \dfrac{1}{x}} = \dfrac{x}{3L(1 + 4\ln x)}$ benötigt.

[2] Nach (12.4.1) ist $z'_x = -\dfrac{F'_x}{F'_z} = -\dfrac{yz + z^2}{xy + 2xz} = -\dfrac{2}{3}$ für $x = y = z = 1$.

[3] Nach (12.4.1) ist $z'_x = -\dfrac{F'_x}{F'_z} = -\dfrac{yz + z^3 - y^2 z^5}{xy + 3xz^2 - 5xy^2 z^4}$ und $z'_y = -\dfrac{F'_y}{F'_z} =$

$-\dfrac{xz - 2xyz^5}{xy + 3xz^2 - 5xy^2 z^4} = -\dfrac{z - 2yz^5}{y + 3z^2 - 5y^2 z^4}$.

[4] Nach (12.4.1) gilt: $F(x, y, z) = c \Longrightarrow z'_x = -\dfrac{F'_x}{F'_z}$; $z'_y = -\dfrac{F'_y}{F'_z}$, falls $F'_z \neq 0$. Somit ergibt

sich: $z'_x = -\dfrac{2x - 3y}{3 + 6y}$; $z'_y = -\dfrac{-3x + 6z}{3 + 6y}$. Einsetzen für den Punkt $(x, y, z) = (1, 1, 1)$

ergibt $z'_x = -\dfrac{2 - 3}{3 + 6} = \dfrac{1}{9}$ und $z'_y = -\dfrac{-3 + 6}{3 + 6} = -\dfrac{3}{9} = -\dfrac{1}{3}$.

12.5 Substitutionselastizität

[1]

a) Die Grenzrate der Substitution (12.5.1) ist $R_{yx} = \dfrac{F'_1(x, y)}{F'_2(x, y)} = \dfrac{3x^2}{3y^2} = \dfrac{x^2}{y^2}$. Gesucht

ist die Elastizität von $\dfrac{y}{x}$ bezüglich R_{yx} (siehe 12.5.2). Hier ist $\dfrac{y^2}{x^2} = \dfrac{1}{R_{yx}} \Rightarrow \dfrac{y}{x} =$

$\dfrac{1}{\sqrt{R_{yx}}} = R_{yx}^{-1/2}$. Die Elastizität einer Potenzfunktion ist nach Beispiel 7.7.1 gleich

dem Exponenten, also hier $-1/2$.

b) Die Grenzrate der Substitution R_{yx} von y bezüglich x ist nach (12.5.1) $R_{yx} =$

$\dfrac{F'_1(x, y)}{F'_2(x, y)} = \dfrac{ax^{a-1} y^a}{ax^a y^{a-1}} = \dfrac{x^{-1}}{y^{-1}} = \dfrac{y}{x}$. Die Substitutionselastizität σ_{yx} ist nach (12.5.2)

die Elastizität von $\dfrac{y}{x}$ bezüglich R_{yx}. Hier ist $\dfrac{y}{x} = R_{yx}$, d.h. die Elastizität ist nach

Beispiel 7.7.1 gleich dem Exponenten von R_{yx}, d.h. gleich 1.

c) Zunächst ist $F(x, y) = F(x, y) = \dfrac{3x^3 y - 4xy^3}{xy} = 3x^2 - 4y^2$. Die Grenzrate der Sub-

stitution von y bezüglich x ist nach (12.5.1) $R_{yx} = \dfrac{F'_1(x, y)}{F'_2(x, y)} = \dfrac{6x}{-8y} = -\dfrac{3}{4}\dfrac{x}{y} \Longleftrightarrow$

$\dfrac{y}{x} = -\dfrac{3}{4} R_{yx}^{-1}$. Damit ist nach (12.5.2) $\sigma_{yx} = \mathrm{El}_{R_{yx}}\left(\dfrac{y}{x}\right) = -1$. Man beachte, dass die

Elastizität einer Potenzfunktion nach Beispiel 7.7.1 gleich dem Exponenten ist.

d) Nach (12.5.1) ist $R_{yx} = \dfrac{F'_1(x, y)}{F'_2(x, y)} = \dfrac{4x}{6y} = \dfrac{2x}{3y} \Longrightarrow \dfrac{y}{x} = \dfrac{2}{3} R_{yx}^{-1}$. Die Elastizität einer

Potenzfunktion ist gleich dem Exponenten, also hier -1.

e) $F(x, y) = \sqrt{\dfrac{x}{y}} = x^{1/2} y^{-1/2} \Longrightarrow F'_1(x, y) = \dfrac{1}{2} x^{-1/2} y^{-1/2} = \dfrac{1}{2x^{1/2} y^{1/2}}$ und $F'_2(x, y) =$

$-\dfrac{1}{2} x^{1/2} y^{-3/2} = -\dfrac{x^{1/2}}{2y^{3/2}}$, so dass $R_{yx} = \dfrac{F'_1(x, y)}{F'_2(x, y)} = \dfrac{1}{2x^{1/2} y^{1/2}} \cdot \left(-\dfrac{2y^{3/2}}{x^{1/2}}\right) = -\dfrac{y}{x} \Longrightarrow$

$\dfrac{y}{x} = -R_{yx} \implies \sigma_{yx} = 1$ (Elastizität einer Potenzfunktion ist gleich dem Exponenten). Einfacher geht es auch so: Nach Beispiel 12.5.2 ist für eine Cobb-Douglas-Funktion die Substitutionselastizität gleich 1 und $x^{1/2}y^{-1/2}$ ist eine Cobb-Douglas-Funktion.

f) Nach (12.5.1) ist $R_{yx} = \dfrac{F_1'(x, y)}{F_2'(x, y)}$. Mit $F(x, y) = e^{x^2}e^{y^2}$ folgt $F_1'(x, y) = 2xe^{x^2}e^{y^2} = 2x \cdot F(x, y)$ und $F_2'(x, y) = 2ye^{x^2}e^{y^2} = 2y \cdot F(x, y)$, so dass $R_{yx} = \dfrac{2xF(x, y)}{2yF(x, y)} = \dfrac{x}{y} \implies \dfrac{y}{x} = (R_{yx})^{-1} \implies \sigma_{yx} = -1$.

[2] Zunächst ist die Grenzrate der Substitution (12.5.1) $R_{ts} = \dfrac{F_s'(s, t)}{F_t'(s, t)}$ zu bestimmen, das ist in diesem Fall $R_{ts} = \dfrac{bs^{b-1}}{bt^{b-1}} = \left(\dfrac{s}{t}\right)^{b-1}$. Gesucht ist nach (12.4.2) die Elastizität von $\dfrac{t}{s}$ bezüglich R_{ts}, d.h. es ist zunächst $\dfrac{t}{s}$ in Abhängigkeit von R_{ts} zu schreiben. Es ist $\dfrac{s}{t} = R_{ts}^{1/(b-1)} \iff \dfrac{t}{s} = R_{ts}^{-1/(b-1)}$. Die Elastizität einer Potenzfunktion ist nach Beispiel 7.7.1 gleich dem Exponenten, also gleich $-\dfrac{1}{b-1} = \dfrac{1}{1-b}$.

[3]

a) Nach (12.5.1) ist $R_{KL} = \dfrac{F_L'}{F_K'} = \dfrac{A(-2/5)(aK^4 - bL^4)^{-7/5}(-4bL^3)}{A(-2/5)(aK^4 - bL^4)^{-7/5}(4aK^3)} = -\dfrac{b}{a}\left(\dfrac{L}{K}\right)^3$. Nach (12.5.2) ist die Substitutionselastizität σ_{KL} zwischen K und L gegeben durch $\sigma_{KL} = \text{El}_{R_{KL}}\left(\dfrac{K}{L}\right)$. Die Substitutionselastizität ist also die Elastizität des Quotienten K/L bezüglich der Grenzrate der Substitution R_{KL}. Hier ist $R_{KL} = -\dfrac{b}{a}\left(\dfrac{L}{K}\right)^3 \iff \left(\dfrac{K}{L}\right)^3 = -\dfrac{b}{a}R_{KL}^{-1} \iff \dfrac{K}{L} = -\left(\dfrac{b}{a}\right)^{1/3}R_{KL}^{-1/3}$. Die Elastizität einer Potenzfunktion ist gleich dem Exponenten (siehe Beispiel 7.7.1), hier also $-1/3$.

b) Die Grenzrate der Substitution von K bezüglich L ist hier $R_{KL} = \dfrac{F_L'(K, L)}{F_K'(K, L)} = \dfrac{(1-\alpha)AK^\alpha L^{-\alpha}}{\alpha AK^{\alpha-1}L^{1-\alpha}} = \dfrac{1-\alpha}{\alpha} \cdot \dfrac{K}{L}$. Die Funktion $F(K, L) = AK^\alpha L^{1-\alpha}$ ist eine Cobb-Douglas-Funktion, so dass nach Beispiel 12.5.2 $\sigma_{KL} = 1$ ist.

c) $R_{KL} = \dfrac{F_L'}{F_K'} = \dfrac{(3/4)AK^{1/4}L^{-1/4}}{(1/4)AK^{-3/4}L^{3/4}} = 3\dfrac{K}{L}$ und $\sigma_{KL} = 1$ (siehe b)).

[4] Nach (12.5.1) ist die Grenzrate der Substitution $R_{x_2x_1} = \dfrac{F_1'(x_1, x_2)}{F_2'(x_1, x_2)} = \dfrac{1.6x_1^{-0.2}x_2^{0.6}}{1.2x_1^{0.8}x_2^{-0.4}} = \dfrac{4x_2}{3x_1} = \dfrac{4 \cdot 32}{3 \cdot 24} = \dfrac{16}{9}$.

[5]

a) Nach (12.5.1) gilt $R_{yx} = \dfrac{F_1'(x, y)}{F_2'(x, y)} = \dfrac{2xy}{x^2} = \dfrac{2y}{x} = 2$ für $(x, y) = (10, 10)$. Das Niveau der Höhenlinie ist $F(10, 10) = 10^2 \cdot 10 = 1\,000$. Die Steigung ist $-R_{yx} = -2$.

b) Nach (12.3.1) gilt $y' = -\dfrac{F_1'(x,y)}{F_2'(x,y)} = -\dfrac{2x}{2y} = -\dfrac{6}{8} = -\dfrac{3}{4}$. Nach Definition (12.5.1) ist

die Grenzrate der Substitution die mit -1 multiplizierte Steigung der Höhenlinie,

d.h. $R_{yx} = -y' = \dfrac{F_1'(x,y)}{F_2'(x,y)} = \dfrac{3}{4}$. Das Niveau der Höhenlinie durch $(3, 4)$ ist $F(3, 4) =$

$3^2 + 4^2 = 9 + 16 = 25$.

[6]

a) Es ist K/L als Funktion von R_{KL} zu schreiben. Hier gilt $R_{KL} = \dfrac{2}{3}\left(\dfrac{K}{L}\right)^2 \Longleftrightarrow \left(\dfrac{K}{L}\right)^2 =$

$\dfrac{3}{2}R_{KL} \Longleftrightarrow \dfrac{K}{L} = \left(\dfrac{3}{2}\right)^{1/2}(R_{KL})^{1/2}$. Gesucht ist die Elastizität von K/L bezüglich R_{KL}.

Da die Elastizität einer Potenzfunktion (siehe Beispiel 7.7.1) gleich dem Exponenten ist, folgt $\sigma_{KL} = 1/2$.

b) Die gesuchte Elastizität ist die Elasitizität von K/L bezüglich R_{KL}. Hier gilt $\dfrac{K}{L} =$

$(R_{KL})^{3/4}$. Es handelt sich um eine Potenzfunktion und die gesuchte Elastizität ist gleich dem Exponenten, d.h. hier $3/4$.

[7] Die Steigung der Isoquante (siehe (12.5.1)) ist gleich $-R_{KL} = -K/L = -10/40 = -1/4$.

12.6   Homogene Funktionen von zwei Variablen

[1] In beiden Summanden ist die Summe der Exponenten 4, also ist nach der Bemerkung im Anschluss an Beispiel 12.6.1 der Grad $k = 4$. Nach Eulers Theorem (12.6.2) gilt für eine homogene Funktion vom Grade k, dass $xf_1'(x,y) + yf_2'(x,y) = kf(x,y) = 4 \cdot f(x,y)$.

[2] $F(3x_0, 3y_0) = a(3x_0)^b(3y_0)^c = a3^b x_0^b 3^c y_0^c = 3^{b+c}ax_0^b y_0^c = 3^2 F(x_0, y_0) = 9 \cdot 1 = 9$. Oder: Nach einer Bemerkung im Anschluss an Beispiel 12.6.1 ist F homogen vom Grad $b + c = 2$ und daher gilt nach (12.6.1) $F(3x_0, 3y_0) = 3^2 F(x_0, y_0) = 9 \cdot 1 = 9$.

[3]

a) Es handelt sich um ein Polynom in a und b und die Summe der Exponenten in jedem Summanden ist 7.

b) Die Summe der Exponenten ist 1, d.h. $k = 1$.

c) Es gilt $f(x,y) = \sqrt{xy} \cdot e^{x/\ln 2^x} = \sqrt{xy} \cdot e^{x/(x\ln 2)} = \sqrt{xy} \cdot e^{1/\ln 2} = e^{1/\ln 2}x^{1/2}y^{1/2}$, so dass die Summe der Exponenten von x und y gleich 1, d.h. f ist homogen vom Grad $k = 1$.

d) Wir verwenden (12.6.1), um den Homogenitätsgrad zu bestimmen:

$$f(tx, ty) = \frac{(tx)^2 + txty + (ty)^2}{tx + ty} = \frac{t^2x^2 + t^2xy + t^2y^2}{t(x + y)} = \frac{t^2(x^2 + xy + y^2)}{t(x + y)} = t\frac{x^2 + xy + y^2}{x + y} =$$

$tf(x, y)$, d.h. die Funktion ist homogen vom Grad $k = 1$. Alternativ erkennt man (vgl. die Bemerkung nach Beispiel 12.6.1) sofort, dass der Zähler homogen vom Grad 2 und der Nenner homogen vom Grad 1 ist, denn die Summe der Exponenten aller Terme im Zähler bzw. im Nenner ist 2 bzw. 1. Der Quotient ist somit homogen vom Grad 1.

e) Die Summe der Exponenten in allen Termen des Zählers ist 4, so dass der Zähler homogen vom Grad 4 ist. Die Summe der Exponenten im Nenner ist 2, so dass der Nenner homogen vom Grad 2 ist. Der Quotient ist dann homogen vom Grad $4 - 2 = 2$.

[4] Die gegebene Funktion ist homogen vom Grade 1. Nach Eulers Theorem (12.6.2) gilt dann die gegebene Gleichung mit $c = 1$.

[5] In beiden Summanden ist die Summe der Exponenten 6, also ist die Funktion homogen vom Grade $k = 6$. Nach (12.6.2) folgt $c = k = 6$ (Eulersches Theorem).

[6] Es gilt $F(x, y) = \dfrac{6x^3 y^2}{x^{1.5} y^{0.5}} = 6x^{1.5} y^{1.5}$. Die Funktion ist homogen vom Grade $1.5 +$
$1.5 = 3$. Daher gilt $F(2x_0, 2y_0) = 2^3 \cdot F(x_0, y_0) = 8 \cdot 3 = 24$.

[7] Nach Eulers Theorem (12.6.2) gilt $2f_1'(2, 4) + 4f_2'(2, 4) = 3f(2, 4) = 3 \cdot 20 = 60$.

12.7 Allgemeine homogene und homothetische Funktionen

[1] Es ist $f(tx, ty, tz) = (tx)^3 (ty)^2 (tz)^2 \exp\left(\dfrac{tx + ty}{ty + tz}\right) = t^3 x^3 t^2 y^2 t^2 z^2 \exp\left(\dfrac{t(x + y)}{t(y + z)}\right) =$
$t^7 \left[x^3 y^2 z^2 \exp\left(\dfrac{x + y}{y + z}\right)\right] = t^7 f(x, y, z)$, d.h. die Funktion ist homogen vom Grad $k = 7$.

[2]
a) Ein Polynom (siehe Beispiel 12.6.1 und die folgende Bemerkung) ist homogen, wenn die Summe der Exponenten in jedem Summanden konstant ist. Hier gibt es nur einen Sumanden und die Summe der Exponenten ist $k = -2.5 + 3.0 + 1.08 = 1.58$.

b) Es handelt sich um ein Polynom und in jedem Summanden ist die Summe der Exponenten gleich 3. Daher ist die Funktion homogen vom Grad $k = 3$.

[3]
a) Aufgrund des zweiten Summanden z^6 kann der Grad der Homogenität nur 6 sein. Bleibt zu zeigen, dass auch der erste Summand homogen vom Grade 6 ist. Der Faktor $e^{x/y}$ ist homogen vom Grad 0, denn $tx/ty = x/y$. Der Ausdruck $x^2 + y^2$ ist homogen vom Grad 2 und damit ist $(x^2 + y^2)^3$ homogen vom Grade 6 und somit auch f.

b) Nach (12.7.4) gilt: Wenn eine Funktion $f(\mathbf{x})$ homogen vom Grad k ist, dann gilt: $f_i'(\mathbf{x})$ ist homogen vom Grad $k - 1$. Demnach gilt $f_i'(x, y, z)$ ist homogen vom Grad $k - 1 = 6 - 1 = 5$.

[4] Die Funktion ist homogen und nach (12.7.3) ist die Summe der partiellen Elastizitäten gleich dem Grad der Homogenität. Die gegebene Funktion ist also homogen vom Grad 2. Damit ist also $f(3x_1^0, 3x_2^0, \ldots, 3x_n^0) = 3^2 f(x_1^0, x_2^0, \ldots, x_n^0) = 9 \cdot 1 = 9$.

[5] Wenn f homogen vom Grad $k = 1$ ist, gilt $\varphi(t) = \dfrac{f(t\mathbf{v})}{t} = \dfrac{tf(\mathbf{v})}{t} = f(\mathbf{v})$.

[6]   Nach (12.7.1) gilt für eine homogene Funktion vom Grad k $f(tx, ty, tz) = t^k f(x, y, z)$. Hier ist $k = 2$ und $f(x_0, y_0, z_0) = 4$, so dass $f(3x_0, 3y_0, 3z_0) = 3^2 f(x_0, y_0, z_0) = 9 \cdot 4 = 36$.

12.8   Lineare Approximation

[1]

a) Es gilt nach (12.8.1) $f(x, y) \approx f(x_0, y_0) + f_1'(x_0, y_0)(x - x_0) + f_2'(x_0, y_0)(y - y_0)$. Hier ist $(x_0, y_0) = (0, 1)$ und $f(x_0, y_0) = f(0, 1) = e^0 \ln(1) = 0$. Ferner ist $f_1'(x, y) = e^x \ln(y)$ und $f_2'(x, y) = e^x \dfrac{1}{y}$. Damit ist $f_1'(0, 1) = 0$ und $f_2'(0, 1) = 1$ und somit $f(x, y) \approx 0 + 0 + 1(y - 1) = y - 1$.

b) Nach (12.8.1) gilt $f(x, y) \approx f(x_0, y_0) + f_1'(x_0, y_0)(x - x_0) + f_2'(x_0, y_0)(y - y_0)$. Hier ist $(x_0, y_0) = (4, 4)$ und $f(4, 4) = \sqrt{4} + \sqrt{4} = 2 + 2 = 4$. Für die Ableitungen gilt $f_1'(x, y) = \dfrac{1}{2\sqrt{x}} \implies f_1'(4, 4) = \dfrac{1}{2\sqrt{4}} = \dfrac{1}{4}$ und $f_2'(x, y) = \dfrac{1}{2\sqrt{y}} \implies f_2'(4, 4) = \dfrac{1}{2\sqrt{4}} = \dfrac{1}{4}$. Damit gilt $f(x, y) \approx 4 + \dfrac{1}{4}(x - 4) + \dfrac{1}{4}(y - 4) = 4 + \dfrac{1}{4}x - 1 + \dfrac{1}{4}y - 1 = \dfrac{x}{4} + \dfrac{y}{4} + 2$.

c) Nach (12.8.2) ist $f(x, y, z) \approx f(x_0, y_0, z_0) + f_1'(x_0, y_0, z_0)(x - x_0) + f_2'(x_0, y_0, z_0)(y - y_0) + f_3'(x_0, y_0, z_0)(z - z_0)$. Hier gilt $f(x_0, y_0, z_0) = f(2, 0.5, 1) = (2 - 0.5)^2 + (0.5 + 1)^2 = 1.5^2 + 1.5^2 = 4.5$. Die Ableitungen sind $f_1'(x, y, z) = 2(x - y) = 2x - 2y \implies f_1'(2, 0.5, 1) = 4 - 1 = 3$. $\quad f_2'(x, y, z) = 2(x - y)(-1) + 2(y + z) = -2x + 4y + 2z \implies f_2'(2, 0.5, 1) = -4 + 2 + 2 = 0$ und $f_3'(x, y, z) = 2(y + z) = 2y + 2z \implies f_3'(2, 0.5, 1) = 1 + 2 = 3$. Damit folgt nach obiger Formel $f(x, y, z) \approx 4.5 + 3(x - 2) + 0 \cdot (y - 0.5) + 3(z - 1) = 4.5 + 3x - 6 + 3z - 3 = -4.5 + 3x + 3z$.

d) Es gilt nach (12.8.2) $f(x, y, z) \approx f(0, 0, 0) + f_1'(0, 0, 0)(x - 0) + f_2'(0, 0, 0)(y - 0) + f_3'(0, 0, 0)(z - 0)$. Es ist $f(0, 0, 0) = e^0 = 1$ und $f_1'(x, y, z) = f_2'(x, y, z) = f_3'(x, y, z) = e^{x+y+z} = 1$ für $(x, y, z) = (0, 0, 0)$. Damit folgt $f(x, y, z) \approx 1 + 1 \cdot x + 1 \cdot y + 1 \cdot z = 1 + x + y + z$.

e) $f(0, 1) = e^0 + \ln 1 = 1 + 0 = 1$; $f_x'(x, y) = e^x$; $f_y'(x, y) = \dfrac{1}{y}$; $f_x'(0, 1) = 1$; $f_y'(0, 1) = 1$, so dass mit (12.8.2): $f(x, y) \approx 1 + 1 \cdot (x - 0) + 1 \cdot (y - 1) = 1 + x + y - 1 = x + y$.

[2]

a) Nach (12.8.3) ist $z - z_0 = f_1'(x_0, y_0)(x - x_0) + f_2'(x_0, y_0)(y - y_0)$. Hier ist $x_0 = 1$; $y_0 = 2$ und $z_0 = f(x_0, y_0) = f(1, 2) = 1^3 + 2^3 = 9$. Ferner ist $f_1'(x, y) = 3x^2 \implies f_1'(1, 2) = 3$ und $f_2'(x, y) = 3y^2 \implies f_2'(1, 2) = 3 \cdot 4 = 12$. Damit ist die Gleichung der Tangentialebene $z - 9 = 3(x - 1) + 12(y - 2) \iff z = 3x - 3 + 12y - 24 + 9 = 3x + 12y - 18$.

b) Die Gleichung der Tangentialebene ist gegeben in (12.8.3) $z - f(x_0, y_0) = f_1'(x_0, y_0)(x - x_0) + f_2'(x_0, y_0)(y - y_0)$. Wir benötigen den Funktionswert und die Werte der ersten partiellen Ableitungen im Punkt $(x, y) = (0, 0)$. Es ist $f(x, y) = 3e^{2x+4y} \implies f(0, 0) = 3e^0 = 3$. Für die Ableitungen gilt $f_1'(x, y) = 3e^{2x+4y} \cdot 2 \implies f_1'(0, 0) = 6e^0 = 6$ und $f_2'(x, y) = 3e^{2x+4y} \cdot 4 \implies f_2'(0, 0) = 12e^0 = 12$. Somit ergibt sich: $z - 3 = 6(x - 0) + 12(y - 0) \iff z = 3 + 6x + 12y$.

c) Nach (12.8.3) ist $z - z_0 = f'_1(x_0, y_0)(x - x_0) + f'_2(x_0, y_0)(y - y_0)$. Hier gilt $z_0 = f(1, 1) = 1$. Die Ableitungen sind $f'_1(x, y) = 30x + 2y \implies f'_1(1, 1) = 32$ und $f'_2(x, y) = -32y + 2x \implies f'_2(1, 1) = -30$. Daraus folgt $z - 1 = 32(x - 1) + (-30)(y - 1) = 32x - 32 - 30y + 30 = 32x - 30y - 2 \iff z = 32x - 30y - 1$.

[3]

a) $V(3.1, 3.9, 5.2) = 3.1 \cdot 3.9 \cdot 5.2 = 62.868$

b) Es gilt $V(a, b, c) = abc$. Mit (12.8.2) erhält man $V(a, b, c) \approx V(a_0, b_0, c_0) + V'_1(a_0, b_0, c_0)(a - a_0) + V'_2(a_0, b_0, c_0)(b - b_0) + V'_3(a_0, b_0, c_0)(c - c_0)$. Für die partiellen Ableitungen gilt $V'_1(a, b, c) = bc$; $V'_2(a, b, c) = ac$; $V'_3(a, b, c) = ab$. Damit folgt $V(3.1, 3.9, 5.2) \approx V(3, 4, 5) + V'_1(3, 4, 5)(3.1 - 3) + V'_2(3, 4, 5)(3.9 - 4) + V'_3(3, 4, 5)(5.2 - 5) = 60 + 4 \cdot 5 \cdot 0.1 + 3 \cdot 5 \cdot (-0.1) + 3 \cdot 4 \cdot 0.2 = 60 + 2 - 1.5 + 2.4 = 62.9$.

12.9 Differentiale

[1]

a) Nach (12.9.1) gilt $dz = F'_1 dx_1 + F'_2 dx_2$ und damit hier $dz = \left(x_2 - \dfrac{2x_1}{x_1^2 + x_2^2} \right) dx_1 + \left(x_1 - \dfrac{2x_2}{x_1^2 + x_2^2} \right) dx_2$.

b) Nach (12.9.1) ist $dz = f'_1(x, y)dx + f'_2(x, y)dy$ und hier gilt $f'_1(x, y) = \dfrac{1}{2}x^{-1/2} \cdot y^2 + 7 = \dfrac{y^2}{2\sqrt{x}} + 7$ und $f'_2(x, y) = 2\sqrt{x}y$, so dass $dz = \left(\dfrac{y^2}{2\sqrt{x}} + 7 \right) dx + \left(2\sqrt{x}y \right) dy$.

c) Hier ist $\dfrac{\partial z}{\partial x} = \dfrac{y}{xy} + x^{-1/2} = \dfrac{1}{x} + \dfrac{1}{\sqrt{x}}$ und $\dfrac{\partial z}{\partial y} = \dfrac{x}{xy} = \dfrac{1}{y}$, so dass mit (12.9.1) folgt

$$dz = f'_1(x, y)\, dx + f'_2(x, y)\, dy = \frac{\partial z}{\partial x}\, dx + \frac{\partial z}{\partial y}\, dy = \left(\frac{1}{x} + \frac{1}{\sqrt{x}} \right) dx + \frac{1}{y}\, dy.$$

d) Hier ist $\dfrac{\partial z}{\partial x} = ye^{xy} + x^{-1/2}$ und $\dfrac{\partial z}{\partial y} = xe^{xy}$. Nach (12.9.1) ist dann $dz = f'_1(x, y)\, dx + f'_2(x, y)\, dy = \dfrac{\partial z}{\partial x}\, dx + \dfrac{\partial z}{\partial y}\, dy = (ye^{xy} + x^{-1/2})\, dx + xe^{xy}\, dy$.

[2] Es ist $z = g(f(x, y))$ mit $g(u) = \ln u$. Nach der Kettenregel für Differentiale (12.9.5) ist $dz = g'(f(x, y))df$. Hier ist $g'(u) = \dfrac{1}{u}$ und $df = f'_x(x, y)\, dx + f'_y(x, y)\, dy$ und damit

$$dz = \frac{1}{f(x, y)} \left[f'_x(x, y))dx + (f'_y(x, y))dy \right] = \frac{f'_x(x, y)}{f(x, y)}\, dx + \frac{f'_y(x, y)}{f(x, y)}\, dy.$$ Die Koeffizienten

von dx und dy sind die relativen partiellen Änderungsraten von f.

[3] Nach (12.9.1) ist das Differential $dz = f'_1(x, y)\, dx + f'_2(x, y)\, dy = \dfrac{2x}{1 + x^2 + y^2}\, dx + \dfrac{2y}{1 + x^2 + y^2}\, dy$. Einsetzen von $x = y = 2$ und $dx = dy = 0.1$ in die gerade bestimmte Formel ergibt $dz = \dfrac{4}{1 + 4 + 4} \cdot 0.1 + \dfrac{4}{1 + 4 + 4} \cdot 0.1 = 4/45 \approx 0.089$, d.h. die approximative

Änderung von z ist $4/45 \approx 0.089$. Die tatsächliche Änderung ist $\Delta z = f(2.1, 2.1) - f(2, 2) = \ln(1 + 2.1^2 + 2.1^2) - \ln(1 + 2^2 + 2^2) = \ln(9.82) - \ln(9) = 0.08719655 \approx 0.087$.

[4] $\Delta z = f(4.41, 4.41) - f(4, 4) = \sqrt{4.41} + \sqrt{4.41} - \sqrt{4} - \sqrt{4} = 2.1 + 2.1 - 2 - 2 = 0.2$. Nach

(12.9.1) ist das Differential $dz = f_1'(x, y)\, dx + f_2'(x, y)\, dy = \dfrac{1}{2\sqrt{x}}\, dx + \dfrac{1}{2\sqrt{y}}\, dy$. Hier ist

$x = y = 4$ und $dx = dy = 0.41$, so dass $dz = \dfrac{1}{2\sqrt{4}} \cdot 0.41 + \dfrac{1}{2\sqrt{4}} \cdot 0.41 = \dfrac{1}{4} \cdot 0.41 + \dfrac{1}{4} \cdot 0.41 =$

$\dfrac{1}{2} \cdot 0.41 = 0.205$.

[5] Nach (12.9.1) ist $dY = F_K'(K, L)dK + F_L'(K, L)dL = 6K^{-1/2}L^{2/3}\, dK + 8K^{1/2}L^{-1/3}\, dL$.

[6]

a) Es ist $dz = \dfrac{\partial z}{\partial x}\, dx + \dfrac{\partial z}{\partial y}\, dy$. Hier ist $\dfrac{\partial z}{\partial x} = \dfrac{y^2}{1 + y^2}$ und $\dfrac{\partial z}{\partial y} = \dfrac{(1 + y^2)2xy - xy^2 2y}{(1 + y^2)^2} =$

$\dfrac{2xy}{(1 + y^2)^2}$, so dass $\dfrac{y^2}{1 + y^2}\, dx + \dfrac{2xy}{(1 + y^2)^2}\, dy$.

b) Es ist $x = 3, y = 2, dx = dy = 2$ und damit ist die approximative Änderung des

Outputs $dz = \dfrac{y^2}{1 + y^2}\, dx + \dfrac{2xy}{(1 + y^2)^2}\, dy = \dfrac{4}{5} \cdot 2 + \dfrac{2 \cdot 3 \cdot 2}{25} \cdot 2 = \dfrac{8}{5} + \dfrac{24}{25} = \dfrac{64}{25} = 2.56$.

c) Es ist $\Delta z = f(x + dx, y + dy) - f(x, y) = f(5, 4) - f(3, 2) = \dfrac{5 \cdot 16}{1 + 16} - \dfrac{3 \cdot 4}{1 + 4} = \dfrac{80}{17} - \dfrac{12}{5} =$ 2.305882.

[7] Nach (12.9.1) (siehe auch Beispiel 12.9.2) ist $dY = F_L'\, dL + F_K'\, dK = 1.3 \cdot 0.2 + 1.2 \cdot 0.1 = 0.26 + 0.12 = 0.38$.

[8] $\Delta Y = F(11, 41) - F(10, 40) = 3\sqrt{11 \cdot 41} - 60 = 63.71028 - 60 \approx 3.710$ und $dY = F_K'\, dK + F_L'\, dL$, wobei $dK = dL = 1$, $F_K'(K, L) = \dfrac{3}{2}K^{-1/2}L^{1/2} = \dfrac{3}{2}\sqrt{L/K} = \dfrac{3}{2}\sqrt{4} = 3$

für $K = 10$ und $L = 40$; $F_L'(K, L) = \dfrac{3}{2}K^{1/2}L^{-1/2} = \dfrac{3}{2}\sqrt{K/L} = \dfrac{3}{2}\sqrt{1/4} = 3/4$ für $K = 10$ und $L = 40$. Damit folgt $dY = 3 + 3/4 = 3.75$

[9] Nach (12.9.1) ist $dY = F_A'\, dA + F_K'\, dK$. Hier ergibt sich $dY = 0.4A^{-0.8}K^{0.8}\, dA + 1.6A^{0.2}K^{-0.2}\, dK$ und somit für die vorgegebene Faktorinputkombination $dY = 0.4 \cdot 20^{-0.8}10^{0.8}\, dA + 1.6 \cdot 20^{0.2}10^{-0.2}\, dK = 0.2297\, dA + 1.8379\, dK$. Für $dA = -0.3$ und $dK = 0.1$ ergibt sich $dY_A = 0.2997 \cdot (-0.3) = -0.06891 \approx -0.069$; $dY_K = 1.8379 \cdot 0.1 = 0.18379 \approx 0.184$ und $dY = -0.06891 + 0.18379 = 0.11480 \approx 0.115$.

[10] Mit den Regeln für Differentiale (12.9.4) erhalten wir $d\left(\dfrac{RT}{V - b}\right) =$

$\dfrac{(V - b)d(RT) - (RT)d(V - b)}{(V - b)^2} = \dfrac{(V - b)RdT - (RT)dV}{(V - b)^2} = \dfrac{R}{V - b}dT - \dfrac{RT}{(V - b)^2}dV,$

wobei zu beachten ist, dass b und R konstant sind. Alternativ kann man auch die Definition (12.9.1) des Differentials verwenden und die partiellen Ableitungen nach T und V berechnen. Diese sind gerade die Ausdrücke vor dT bzw. dV.

12.10 Gleichungssysteme

[1]

a) Das Gleichungssystem enthält drei Gleichungen und vier Variablen x, y, z und w. Die Gleichungen sind jedoch nicht unabhängig. Multipliziert man Gleichung (3) mit $\sqrt{2}$, so ergibt sich Gleichung (1). Nach der Abzählregel (12.10.2) hat das System daher zwei Freiheitsgrade.

b) Das Gleichungssystem enthält drei Gleichungen und sechs Variablen a, b, c, d, e und f. Die Gleichungen sind jedoch nicht unabhängig. Multipliziert man Gleichung (2) mit $(a+d)$ und multipliziert die Klammer aus, so ergibt sich Gleichung (1). Das Gleichungssystem hat $m = 2$ unabhängige Gleichungen und $n = 6$ Variablen. Nach der Abzählregel (12.10.2) hat das System daher $n - m = 4$ Freiheitsgrade.

[2] Die 5. Gleichung ist unabhängig von den anderen. Durch die 2. und 4. Gleichung sind die Variablen x_3 und x_4 eindeutig bestimmt. ($x_3 = 12$ und $x_4 = 2$). Ist eine der beiden Variablen x_1 und x_2 gegeben, so ist die andere durch die 1. Gleichung eindeutig bestimmt. Gleichung 3 ist keine weitere Einschränkung, denn durch Multiplikation mit 2 erhält man die 1. Gleichung, d.h. von den 5 Gleichungen sind nur 4 unabhängig. Das System hat $10 - 4 = 6$ Freiheitsgrade.

12.11 Differenzieren von Gleichungssystemen

[1] Subtraktion der zweiten Gleichung von der ersten ergibt: $4u = 4x + 12y \iff u = x + 3y \implies \dfrac{\partial u}{\partial x} = 1$ und $\dfrac{\partial u}{\partial y} = 3$.

[2] Differenzieren des Gleichungssystems ergibt

$$5\,du - 2\,dv = 2\,dy + 3\,dx$$
$$10\,du - 3\,dv = dy - dx$$

Wir subtrahieren das Zweifache der ersten Gleichung von der zweiten und erhalten $-7dv = -3\,dy - 7\,dx \iff dv = \dfrac{3}{7}\,dy + dx$. Einsetzen in die erste Gleichung ergibt

$5\,du + \dfrac{6}{7}\,dy + 2\,dx = 2\,dy + 3\,dx \iff 5\,du = \dfrac{8}{7}\,dy + dx \iff du = \dfrac{8}{35}\,dy + \dfrac{1}{5}\,dx$.

[3] Es gilt

$$dY = dC + dI + dG$$
$$dC = b \cdot dY - b \cdot dT$$

Durch Einsetzen der zweiten Gleichung in die erste folgt $dY = b \cdot dY - b \cdot dT + dI + dG \iff dY = \dfrac{-b \cdot dT + dI + dG}{1 - b}$. Für $dT = -1$, $dI = dG = 0$ ist $dY = \dfrac{b}{1 - b}$. Für $dG = +1$, $dI = dT = 0$ ist $dY = \dfrac{1}{1 - b}$. Da $b < 1$ ist $\dfrac{b}{1 - b} < \dfrac{1}{1 - b}$. Also wird die größere Erhöhung von Y durch die Änderung von G erreicht.

Lösungen zu den weiteren Aufgaben zu Kapitel 12

[1] Wir differenzieren die Gleichung $F(W, P) = g(P)$ auf beiden Seiten nach W und erhalten $f'_W(W, P) + f'_P(W, P) \dfrac{dP}{dW} = g'(P) \dfrac{dP}{dW} \iff (g'(P) - f'_P(W, P)) \dfrac{dP}{dW} = f'_W(W, P) \implies \dfrac{dP}{dW} = \dfrac{f'_W(W, P)}{g'(P) - f'_P(W, P)}$.

[2]

a) Nach (12.2.3) ist $\dfrac{\partial z}{\partial r} = \dfrac{\partial z}{\partial x_1} \dfrac{\partial x_1}{\partial r} + \dfrac{\partial z}{\partial x_2} \dfrac{\partial x_2}{\partial r} + \dfrac{\partial z}{\partial x_3} \dfrac{\partial x_3}{\partial r} = x_2 x_3 \cdot t + x_1 x_3 \cdot 0 + x_1 x_2 \cdot s =$

$(s + t)rst + rt(s + t)s = 2(s + t)rst = 2rs^2 t + 2rst^2$.

b) Nach (12.1.1) ist $h'(t) = F'_1(x, y) \dfrac{dx}{dt} + F'_2(x, y) \dfrac{dy}{dt} = yF(x, y) \cdot 2 + xF(x, y) \cdot 2t = 2yF(x, y) + 2txF(x, y)$. Indem wir $x = f(t)$ und $y = g(t)$ in diese Gleichung einsetzen, erhalten wir $h'(t) = 2t^2 h(t) + 4t^2 h(t) = 6t^2 h(t) \implies \dfrac{h'(t)}{h(t)} = 6t^2$. Eventuell ist folgende Lösung einfacher: $z = h(t) = e^{f(t) \cdot g(t)} = e^{2t \cdot t^2} = e^{2t^3}$ und $h'(t) = e^{2t^3} \cdot 6t^2$ und $\dfrac{h'(t)}{h(t)} = \dfrac{e^{2t^3} \cdot 6t^2}{e^{2t^3}} = 6t^2$.

[3]

a) Nach (12.3.1) gilt $y' = -\dfrac{F'_1(x, y)}{F'_2(x, y)} = -\dfrac{2x + 2y}{2x + 2y} = -1$. Es geht auch so: Nach der binomischen Formel (1.3.1) ist $F(x, y) = x^2 + 2xy + y^2 = (x + y)^2$ und $(x + y)^2 = 16 \iff x + y = \pm 4 \iff y = -x \pm 4$, d.h. die Beziehung zwischen y und x ist linear mit der Steigung -1.

b) $y' = -\dfrac{F'_1(x, y)}{F'_2(x, y)} = -\dfrac{2xe^{x^2 + y}}{e^{x^2 + y}} = -2x$

[4]

a) $F(x, y) = e^{2x + y - 10} = 1 \iff 2x + y - 10 = 0 \iff y = -2x + 10$, d.h. die Höhenlinie ist eine Gerade mit dem Achsenabschnitt 10 und der Steigung -2. Die Grenzrate der Substitution von y bezüglich x ist dann 2.

b) Nach (12.5.1) ist $R_{yx} = \dfrac{F'_x(x, y)}{F'_y(x, y)} = \dfrac{2x/(x^2 + y^2 - 4)}{2y/(x^2 + y^2 - 4)} = \dfrac{x}{y}$. Alternativ geht es auch so: $F(x, y) = \ln(x^2 + y^2 - 4) = 0 \iff x^2 + y^2 - 4 = 1 \iff x^2 + y^2 = 5$, d.h. die gegebene Höhenlinie kann auch als Höhenlinie von $G(x, y) = x^2 + y^2$ aufgefasst werden. In diesem Fall gilt $R_{yx} = \dfrac{G'_x(x, y)}{G'_y(x, y)} = \dfrac{2x}{2y} = \dfrac{x}{y}$.

c) $R_{yx} = \dfrac{F'_x(x, y)}{F'_y(x, y)} = \dfrac{3x^2 y^2}{2x^3 y} = \dfrac{3y}{2x}$

[5]

a) Nach (12.8.3) gilt für die Tangentialebene im Punkt (x_0, y_0, z_0) mit $z_0 = f(x_0, y_0)$ die Gleichung $z - z_0 = f_1'(x_0, y_0)(x - x_0) + f_2'(x_0, y_0)(y - y_0)$. Hier ist $(x_0, y_0) = (1, 1)$ und $f(1, 1) = 1$ und $f_1'(x, y) = 2xy^2; f_2'(x, y) = 2x^2y \implies f_1'(1, 1) = f_2'(1, 1) = 2$. Damit gilt $z - 1 = 2(x - 1) + 2(y - 1) = 2x - 2 + 2y - 2 \iff z = 2x + 2y - 3$.

b) $f(0.5, 0.5) = \ln(0.5 + 0.5) = \ln 1 = 0$; $f_x'(x, y) = f_y'(x, y) = \dfrac{1}{x + y} \implies f_x'(0.5, 0.5) =$

$f_y'(0.5, 0.5) = \dfrac{1}{0.5 + 0.5} = 1$, so dass nach (12.8.3): $z - 0 = 1(x - 0.5) + 1(y - 0.5) \iff$ $z = x - 0.5 + y - 0.5 = x + y - 1$

[6]

a) Nach (12.9.1) ist die approximative Änderung $dz = f_x'(x_0, y_0)dx + f_y'(x_0, y_0)dy = 3 \cdot 0.1 + 2 \cdot 0.1 = 0.3 + 0.2 = 0.5$.

b) Tatsächlich: $\Delta z = 4.8 \cdot 4.3 - 4 \cdot 4 = 20.64 - 16 = 4.64$. Approximativ: $dz = ydx + xdy = 4 \cdot 0.8 + 4 \cdot 0.3 = 3.2 + 1.2 = 4.4$. Siehe auch Beispiel 12.9.1.

c) $F(35, 35) = 70$, so dass die tatsächliche Änderung $\Delta Y = F(35, 35) - F(30, 30) = 70 - 60 = 10$. Die approximative Änderung ist gleich dem Differential $dY = F_K' dK + F_L' dL$, wobei $dK = dL = 5$ und $F_K'(K, L) = 2 \cdot \dfrac{1}{2}K^{-1/2}L^{1/2} = \sqrt{\dfrac{L}{K}}$. Analog ist $F_L'(K, L) = 2 \cdot \dfrac{1}{2}K^{1/2}L^{-1/2} = \sqrt{\dfrac{K}{L}}$. Damit ist $dY = F_K'(30, 30)dK + F_L'(30, 30)dL = 1 \cdot 5 + 1 \cdot 5 = 10$.

[7]

a) Der Zähler ist homogen vom Grad $k_Z = 2$, da $(x + y)^2 = x^2 + 2xy + y^2$ ein Polynom in x und y. Die Summe der Exponenten in jedem Term ist 2 (Siehe Bemerkung nach Beispiel 12.6.1). Der Nenner ist homogen vom Grad $k_N = 0$, da $e^{tx/(ty)} = e^{x/y}$. Damit ist der Quotient homogen vom Grad $k_Z - k_N = 2 - 0 = 2$.

b) Der Zähler ist homogen vom Grad 4, denn die Summe der Exponenten in jedem Term ist 4. Für den Nenner gilt $(x + y)^2 = x^2 + 2xy + y^2$. Die Summe der Exponenten in jedem Term ist 2. Somit ist f homogen vom Grad $k = 4 - 2 = 2$.

Lösungen zu Kapitel 13: Multivariate Optimierung

13

ÜBERBLICK

13.1 Zwei Variablen: Notwendige Bedingungen

[1]

a) Zur Bestimmung der möglichen Extrempunkte benutzen wir Theorem 13.1.1 und suchen die stationären Punkte der Funktion $f(x, y)$. Es ergeben sich die beiden Gleichungen $f'_1(x, y) = -4x + 48 = 0 \iff x = 12$, d.h. $x_0 = 12$ und $f'_2(x, y) = 2y - 36 = 0 \iff y = 18$, d.h. $y_0 = 18$.

b) $f'_1(x, y) = 4x - 48 = 0 \iff 4x = 48 \iff x = 12$ und $f'_2(x, y) = 2y - 16 = 0 \iff 2y = 16 \iff y = 8$, d.h. $(x_0, y_0) = (12, 8)$.

[2] Die Gewinnfunktion ist $\pi(x, y) = 24x + 12y - 2x^2 + 4xy - 4y^2 + 40x + 20y - 14 = 64x + 32y - 2x^2 + 4xy - 4y^2 - 14$. Es ist gegeben, dass diese Funktion ein Maximum hat. Das Maximum kann nach Theorem 13.1.1 nur in einem stationären Punkt sein, d.h. die ersten partiellen Ableitungen müssen Null sein: $\dfrac{\partial \pi}{\partial x} = 64 - 4x + 4y = 0$ und $\dfrac{\partial \pi}{\partial y} = 32 + 4x - 8y = 0$. Addition der beiden Gleichungen ergibt $96 - 4y = 0 \iff y = 24$. Einsetzen von $y = 24$ in die erste Gleichung ergibt $64 - 4x + 96 = 0 \iff 4x = 160 \iff x = 40$.

[3] Die Gewinnfunktion ist $\pi(x, y) = 120x + 60y - 6x^2 + 24x - 12xy + 120y - 12y^2 - 344 = 144x - 6x^2 - 12xy + 180y - 12y^2 - 344$. Es ist gegeben, dass diese Funktion ein Maximum hat. Dieses kann nach Theroem 13.1.1 nur in einem stationären Punkt sein, d.h. die ersten partiellen Ableitungen müssen Null sein: $\dfrac{\partial \pi}{\partial x} = 144 - 12x - 12y = 0$ und $\dfrac{\partial \pi}{\partial y} = 180 - 12x - 24y = 0$. Subtraktion der ersten von der zweiten Gleichung ergibt $36 - 12y = 0 \iff y = 3$. Einsetzen in die erste Gleichung ergibt $144 - 12x + 12 \cdot 3 = 108 - 12x = 0 \iff x = 9$.

[4] Es gilt $f'_1(x, y) = 2x + y - 18 = 0 \iff 2x + y = 18$ und $f'_2(x, y) = x + 2y - 21 = 0 \iff x + 2y = 21$. Wir ziehen das Doppelte der zweiten Gleichung von der ersten ab und erhalten $-3y = -24 \iff y = 8$, d.h. $y_0 = 8$. Wir setzen dies in die zweite Gleichung ein und erhalten $x + 16 = 21 \iff x = 21 - 16 = 5$, d.h. $x_0 = 5$. Es gilt $f(5, 8) = 5^2 + 5 \cdot 8 + 8^2 - 18 \cdot 5 - 21 \cdot 8 = 25 + 40 + 64 - 90 - 168 = -129$.

[5]

a) Die Gewinnfunktion lautet $\pi(K, L) = P \cdot (K^{1/2} L^{1/4}) - rK - wL$. Ableiten nach K bzw. L und Nullsetzen ergibt die notwendigen Bedingungen für ein Gewinnmaximum $\dfrac{\partial \pi}{\partial K} = \dfrac{1}{2} PK^{-1/2} L^{1/4} - r = 0$ und $\dfrac{\partial \pi}{\partial L} = \dfrac{1}{4} PK^{1/2} L^{-3/4} - w = 0$.

b) Einsetzen der gegebenen Werte für P, r, w und K^* in die beiden notwendigen Bedingungen ergibt $\dfrac{1}{2} \cdot 8 \cdot (8)^{-1/2} L^{1/4} - 2 = 0$ und $\dfrac{1}{4} \cdot 8 \cdot (8)^{1/2} L^{-3/4} - 2 = 0$. Auflösen der ersten Gleichung ergibt $L^{1/4} = \dfrac{2 \cdot 2}{8} \cdot \sqrt{8} = \dfrac{1}{2} \cdot \sqrt{4} \cdot \sqrt{2} = \sqrt{2} \iff L^* = 4$. Dieser Zusammenhang ergibt sich ebenfalls für die zweite Gleichung: $L^{-3/4} = \dfrac{2 \cdot 4}{8 \cdot \sqrt{8}} = \dfrac{1}{\sqrt{8}} \iff L^{3/4} = \sqrt{8} = 8^{1/2} \iff L = \left(8^{1/2}\right)^{4/3} = 8^{2/3} = \left(\sqrt[3]{8}\right)^2 = 2^2 = 4$, d.h. $L^* = 4$.

13.2 Zwei Variablen: Hinreichende Bedingungen

[1] Es ist $f_1'(x, y) = ye^{xy}$ und $f_2'(x, y) = xe^{xy}$ und damit $f_{11}''(x, y) = y^2 e^{xy}$; $f_{22}''(x, y) = x^2 e^{xy}$; $f_{12}''(x, y) = e^{xy} + xye^{xy}$. Damit f konvex ist, muss gelten $f_{11}''(x, y) \geq 0$; $f_{22}''(x, y) \geq 0$ und $f_{11}''(x, y)f_{22}''(x, y) - \left(f_{12}''(x, y)\right)^2 \geq 0$. Die beiden ersten Bedingungen sind offensichtlich erfüllt, da die Exponentialfunktion nur Werte größer als 0 annimmt und Quadrate stets ≥ 0 sind. Die linke Seite der dritten Bedingung ist $y^2 e^{xy} x^2 e^{xy} - \left((1 + xy)e^{xy}\right)^2 = x^2 y^2 e^{2xy} - (1 + xy)^2 e^{2xy} = e^{2xy}(x^2 y^2 - 1 - 2xy - x^2 y^2) = e^{2xy}(-1 - 2xy)$. Dies ist genau dann ≥ 0, wenn $-1 - 2xy \geq 0 \iff 2xy \leq -1 \iff xy \leq -1/2$, d.h. die Funktion f ist konvex für alle (x, y) mit $xy \leq -1/2$.

[2]

a) Nach Theorem 13.2.1 ist eine Funktion konkav, wenn $f_{xx}''(x, y) \leq 0$; $f_{yy}''(x, y) \leq 0$ und $f_{xx}''(x, y)f_{yy}''(x, y) - \left(f_{xy}''(x, y)\right)^2 \geq 0$. Sie ist konvex, wenn $f_{xx}''(x, y) \geq 0$; $f_{yy}''(x, y) \geq 0$ und $f_{xx}''(x, y)f_{yy}''(x, y) - \left(f_{xy}''(x, y)\right)^2 \geq 0$. Hier ergibt sich $f_x'(x, y) = 4x + 4y - 16$ und $f_y'(x, y) = 12y + 4x + 8$. Für die partiellen Ableitungen zweiter Ordnung folgt dann $f_{xx}''(x, y) = 4 > 0$; $f_{yy}''(x, y) = 12 > 0$ und $f_{xy}''(x, y) = 4$. Für die dritte Bedingung ergibt sich somit $f_{xx}''(x, y)f_{yy}''(x, y) - \left(f_{xy}''(x, y)\right)^2 = 48 - 16 = 32 > 0$. Alle drei Bedingungen für Konvexität sind erfüllt.

b) Um den stationären Punkt zu bestimmen, setzen wir die partiellen Ableitungen erster Ordnung gleich Null, d.h. $4x + 4y - 16 = 0 \iff x + y = 4$ und $12y + 4x + 8 = 0 \iff x + 3y = -2$. Indem wir die erste Gleichung von der zweiten abziehen, ergibt sich $-2y = 6 \iff y = -3$. Einsetzen in die erste Gleichung ergibt $x - 3 = 4 \iff x = 7$, d.h. der einzige stationäre Punkt ist $(7, -3)$. Da die Funktion konvex ist, kann dies nur ein Minimumpunkt sein.

[3] Die Gewinnfunktion ist $\pi(x, y) = (1\,000x + 800y) - C(x, y) = 1\,000x + 800y - (150x^2 - 100xy + 60y^2 - 600x - 400y + 10\,000) = -150x^2 + 100xy - 60y^2 + 1\,600x + 1\,200y - 10\,000$. Notwendige Bedingung für ein Maximum ist nach Theorem 13.1.1, dass die beiden ersten Ableitungen Null sind, d.h. $\frac{\partial \pi}{\partial x} = -300x + 100y + 1\,600 = 0 \iff 3x - y = 16$ und $\frac{\partial \pi}{\partial y} = -120y + 100x + 1\,200 = 0 \iff x - 1.2y = -12$. Wir sutrahieren das Dreifache der zweiten Gleichung von der ersten Gleichung und erhalten $2.6y = 52 = 0 \iff y = 20$. Einsetzen in die zweite Gleichung ergibt $x = 1.2 \cdot 20 - 12 = 24 - 12 = 12$. Nach Theorem 13.2.1 ist $x = 12$, $y = 20$ ein Maximumpunkt, da $\frac{\partial^2 \pi}{\partial x^2} = -300 \leq 0$; $\frac{\partial^2 \pi}{\partial y^2} = -120 \leq 0$ und $\frac{\partial^2 \pi}{\partial x^2} \cdot \frac{\partial^2 \pi}{\partial y^2} - \left(\frac{\partial^2 \pi}{\partial x \partial y}\right)^2 = (-300)(-120) - 100^2 = 26\,000 \geq 0$.

13.3 Lokale Extrempunkte

[1] Man erhält die stationären Punkte, indem man die partiellen Ableitungen erster Ordnung gleich Null setzt, also $f_1'(x, y) = x^3 - 9x^2 = x^2(x - 9) = 0 \iff x = 0$ oder $x = 9$

und $f_2'(x, y) = -2y = 0 \iff y = 0$, d.h. die stationären Punkte sind $(0, 0)$ und $(9, 0)$. Die zweiten partiellen Ableitungen sind $f_{11}''(x, y) = 3x^2 - 18x$; $f_{12}(x, y) = 0$ und $f_{22}(x, y) = -2$. Für $(x_0, y_0) = (0, 0)$ ist $A = f_{11}''(0, 0) = 0$; $B = f_{12}''(0, 0) = 0$; $C = f_{22}''(0, 0) = -2$. Damit ist $AC - B^2 = 0$ und es kann keine Aussage getroffen werden (siehe Theorem 13.3.1). Für $(x_0, y_0) = (9, 0)$ ist $A = f_{11}''(9, 0) = 3 \cdot 81 - 18 \cdot 9 = 81 > 0$; $B = f_{12}''(9, 0) = 0$; $C = f_{22}''(0, 0) = -2$. Damit ist $AC - B^2 = AC = -2 \cdot 81 < 0$, d.h. es liegt nach Theorem 13.3.1 ein Sattelpunkt vor.

[2] Nullsetzen der partiellen Ableitungen erster Ordnung ergibt $f_1'(x, y) = 2(x + y - 2) + 2(x^2 + y - 2)2x = 0 \iff x + y - 2 = -(x^2 + y - 2)2x$ und $f_2'(x, y) = 2(x + y - 2) + 2(x^2 + y - 2) \iff x + y - 2 = -(x^2 + y - 2)$. Da die beiden linken Seiten gleich sind, müssen auch die rechten Seiten gleich sein, d.h. $(x^2 + y - 2)2x = (x^2 + y - 2)$. Dies ist nur möglich, wenn $2x = 1 \iff x = \dfrac{1}{2}$ oder $x^2 + y - 2 = 0$. Ein Blick auf f_1' zeigt, dass in letzterem Fall f_1' nur dann Null sein kann, wenn $x + y - 2 = 0$ ist, d.h. es ist gleichzeitig $x^2 = 2 - y$ und $x = 2 - y$, d.h. $x = x^2$ und das gilt nur, wenn $x = 0$ oder $x = 1$. Für $x = 0$ erhält man aus $x + y - 2 = 0 \iff y = 2 - x$, dass $y = 2 - 0 = 2$ und für $x = 1$, dass $y = 2 - 1 = 1$, d.h. $(0, 2)$ und $(1, 1)$ sind stationäre Punkte. Für $x = \dfrac{1}{2}$ erhält man y, indem man $x = 1/2$ in die Gleichung $f_1' = 0$ oder $f_2' = 0$ einsetzt. Einsetzen in $f_1' = 0$ ergibt $2\left(\dfrac{1}{2} + y - 2\right) + 2\left(\dfrac{1}{4} + y - 2\right) \cdot 1 = 1 + 2y - 4 + \dfrac{1}{2} + 2y - 4 = 4y - \dfrac{13}{2} = 0 \iff y = \dfrac{13}{8}$, d.h. $\left(\dfrac{1}{2}, \dfrac{13}{8}\right)$ ist ein weiterer stationärer Punkt. Zur Klassifizierung der stationären Punkte nach Theorem 13.3.1 benötigen wir die zweiten Ableitungen. $f_{11}''(x, y) = 12x^2 + 4y - 6$; $f_{22}''(x, y) = 4$ und $f_{12}''(x, y) = 4x + 2$.

In $(0, 2)$ ist $A = f_{11}''(0, 2) = 2 > 0$ und $AC - B^2 = f_{11}''(0, 2)f_{22}''(0, 2) - \left(f_{12}''(0, 2)\right)^2 = 2 \cdot 4 - 2^2 = 8 - 4 > 0$, d.h. es handelt sich um ein lokales Minimum. Da f an dieser Stelle den Wert -8 annimmt und dies wegen der Quadrate in der Definition von f der kleinstmögliche Wert von f ist, ist es auch ein globales Minimum.

In $(1, 1)$ ist $f_{11}''(1, 1) = 12 + 4 - 6 = 10 > 0$ und $AC - B^2 = f_{11}''(1, 1) \cdot f_{22}''(1, 1) - \left(f_{12}''(1, 1)\right)^2 = 10 \cdot 4 - 6^2 = 40 - 36 = 4 > 0$, d.h. es handelt sich um ein lokales Minimum. Da f an dieser Stelle wieder den Wert -8 annimmt, folgt wie oben, dass es sich um ein globales Minimum handelt.

In $\left(\dfrac{1}{2}, \dfrac{13}{8}\right)$ ist $AC - B^2 = f_{11}''\left(\dfrac{1}{2}, \dfrac{13}{8}\right) \cdot f_{22}''\left(\dfrac{1}{2}, \dfrac{13}{8}\right) - \left(f_{12}''\left(\dfrac{1}{2}, \dfrac{13}{8}\right)\right)^2 = (12/4 + 13/2 - 6) \cdot 4 - (4 \cdot 1/2 + 2)^2 = 14 - 16 = -2 < 0$, d.h. es handelt sich um einen Sattelpunkt.

[3]

a) Die Bedingungen erster Ordnung (Theorem 13.1.1) sind $f_x'(x, y) = 3x^2 + 2y = 0$ und $f_y'(x, y) = 2x - 12y = 0$. Aus der ersten Gleichung folgt $2y = -3x^2$. Einsetzen in die zweite Gleichung ergibt $2x + 18x^2 = 0 \iff 2x(1 + 9x) = 0 \iff x = 0$ oder $x = -\dfrac{1}{9}$.

1. Fall: $x = 0 \implies y = 0$, d.h. $(0, 0)$ ist ein stationärer Punkt.

2. Fall: $x = -\dfrac{1}{9} \implies y = -\dfrac{3x^2}{2} = -\dfrac{3}{(9^2 \cdot 2)} = -\dfrac{1}{54}$, d.h. $\left(-\dfrac{1}{9}, -\dfrac{1}{54}\right)$ ist ein stationärer Punkt.

Zur Klassifizierung der stationären Punkte nach Theorem 13.3.1 benötigen wir die zweiten Ableitungen $f''_{xx}(x, y) = 6x$; $f''_{yy}(x, y) = -12$ und $f''_{xy}(x, y) = 2$.

1. Fall: $f''_{xx}(0, 0) \cdot f''_{yy}(0, 0) - \left(f''_{xy}(0, 0)\right)^2 = 0 \cdot (-12) - 2^2 = -4 < 0 \implies (0, 0)$ ist ein Sattelpunkt.

2. Fall: $f''_{xx}\left(-\dfrac{1}{9}, -\dfrac{1}{54}\right) = -\dfrac{6}{9} = -\dfrac{2}{3} < 0$; $f''_{yy}\left(-\dfrac{1}{9}, -\dfrac{1}{54}\right) = -\dfrac{6}{9} = -12 < 0$ und

$f''_{xx}\left(-\dfrac{1}{9}, -\dfrac{1}{54}\right) \cdot f''_{yy}\left(-\dfrac{1}{9}, -\dfrac{1}{54}\right) - \left(f''_{xy}\left(-\dfrac{1}{9}, -\dfrac{1}{54}\right)\right)^2 = \left(-\dfrac{2}{3}\right) \cdot (-12) - 2^2 = 8 - 4 =$

$4 > 0$. Damit ist $\left(-\dfrac{1}{9}, -\dfrac{1}{54}\right)$ ein lokaler Maximumpunkt.

b) Um die stationären Punkte zu bestimmen, setzen wir die partiellen Ableitungen gleich Null (Theorem 13.1.1) $f'_1(x, y) = 30x^2 - 15y = 0 \iff y = 2x^2$ und $f'_2(x, y) = -15x + 3y^2 = 0$. Einsetzen von $y = 2x^2$ in die zweite Gleichung ergibt $-15x + 3(2x^2)^2 = 0 \iff -15x + 12x^4 = 0 \iff x(12x^3 - 15) = 0 \iff x = 0$ oder $12x^3 = 15$. Die letzte Gleichung gilt genau dann, wenn $x^3 = \dfrac{15}{12} = \dfrac{5}{4} \iff x = \sqrt[3]{\dfrac{5}{4}} = \sqrt[3]{\dfrac{10}{8}} = \dfrac{1}{2}\sqrt[3]{10}$. Mit $y = 2x^2$ ergeben sich die beiden stationären Punkte $(x_1, y_1) = (0, 0)$ und $(x_2, y_2) = \left(\dfrac{1}{2}\sqrt[3]{10}, \dfrac{1}{2}\sqrt[3]{100}\right)$. Zur Bestimmung der Art der stationären Punkte verwenden wir Theorem 13.3.1 und bilden dazu zunächst die partiellen Ableitungen zweiter Ordnung $f''_{11} = 60x$; $f''_{12} = -15$ und $f''_{22} = 6y$.

Für $(x_1, y_1) = (0, 0)$ ist $A = f''_{11}(0, 0) = 0$; $B = f''_{12}(0, 0) = -15$ und $C = f''_{22}(0, 0) = 0$. Da $AC - B^2 = 0 - 225 < 0$, ist $(0, 0)$ nach Theorem 13.3.1(iii) ein Sattelpunkt.

Für $(x_2, y_2) = \left(\dfrac{1}{2}\sqrt[3]{10}, \dfrac{1}{2}\sqrt[3]{100}\right)$ ist $A = f''_{11}(x_2, y_2) = 30 \cdot \sqrt[3]{10}$; $B = f''_{12}(x_2, y_2) = -15$

und $C = f''_{22}(x_2, y_2) = 3 \cdot \sqrt[3]{100}$. Da $A > 0$ und $AC - B^2 = 90\sqrt[3]{10 \cdot 100} - (-15)^2 = 90 \cdot 10 - 225 = 675 > 0$ ist (x_2, y_2) ein lokaler Minimumpunkt.

c) Es gilt $f'_1(x, y) = -x^2 + x = -x(x - 1) = 0 \iff x = 0$ oder $x = 1$ und $f'_2(x, y) = 2y = 0 \iff y = 0$, d.h. die stationären Punkte sind $(0, 0)$ und $(1, 0)$. Die partiellen Ableitungen zweiter Ordnung sind $f''_{11}(x, y) = -2x + 1$; $f''_{12}(x, y) = 0$ und $f''_{22} = 2$.

An der Stelle $(0, 0)$ gilt $f''_{11}(0, 0) = 1 > 0$ und $f''_{11}(0, 0) \cdot f''_{22}(0, 0) - (f''_{12}(0, 0))^2 = 1 \cdot 2 - 0^2 = 2 > 0$, so dass $(0, 0)$ ein lokaler Minimumpunkt ist (Theorem 13.3.1).

An der Stelle $(1, 0)$ ist $f''_{11}(1, 0) \cdot f''_{22}(1, 0) - (f''_{12}(1, 0))^2 = -1 \cdot 2 - 0^2 = -2 < 0$, so dass $(1, 0)$ ein Sattelpunkt ist (Theorem 13.3.1).

d) $f'_1(x, y) = x^2 - 1 = 0 \iff x_1 = 1$ oder $x_2 = -1$ und $f'_2(x, y) = 2y = 0 \iff y = 0$. Somit sind die stationären Punkte $(-1, 0)$ und $(1, 0)$. Die Klassifizierung der gefundenen stationären Punkte erfolgt nach Theorem 13.3.1. Zunächst benötigt man die partiellen Ableitungen zweiter Ordnung, d.h. $f''_{11}(x, y) = 2x$; $f''_{12}(x, y) = 0$ und $f''_{22}(x, y) = 2$. Für den Punkt $(-1, 0)$ ergibt sich $A = -2 < 0$ und $AC - B^2 = -2 \cdot 2 - 0^2 = -4 < 0$, so dass der Punkt $(-1, 0)$ ein Sattelpunkt ist. Für den Punkt $(1, 0)$ ergibt sich $A = 2 > 0$ und $AC - B^2 = 2 \cdot 2 - 0^2 = 4 > 0$, so dass der Punkt $(1, 0)$ nach Theorem 13.3.1(ii) ein lokaler Minimumpunkt ist.

13.4   Lineare Modelle mit quadratischer Zielfunktion

[1] Die Gewinnfunktion ist $\pi(Q_1, Q_2) = P_1 Q_1 + P_2 Q_2 - C(Q_1, Q_2) = (100 - Q_1)Q_1 + (90 - 2Q_2)Q_2 - 10(Q_1 + Q_2) = 100Q_1 - Q_1^2 + 90Q_2 - 2Q_2^2 - 10Q_1 - 10Q_2 = 90Q_1 + 80Q_2 - Q_1^2 - 2Q_2^2$.
Die partiellen Ableitungen sind: $\pi_1'(Q_1, Q_2) = 90 - 2Q_1$ und $\pi_2'(Q_1, Q_2) = 80 - 4Q_2$.
Nullsetzen ergibt $Q_1^* = 45$ und $Q_2^* = 20$. Einsetzen in die Preis-Mengen-Gleichungen
ergibt $P_1^* = 55$ und $P_2^* = 50$. Einsetzen in die Gewinnfunktion ergibt
$\pi(45, 20) = 90 \cdot 45 + 80 \cdot 20 - 45^2 - 2 \cdot 20^2 = 4\,050 + 1\,600 - 2\,025 - 800 = 2\,835$.

[2]

a) Die Gewinnfunktion ist $\pi(Q_1, Q_2) = (150 - 2Q_1)Q_1 + (79 - Q_2)Q_2 - (2Q_1 + Q_2) = 150Q_1 - 2Q_1^2 + 79Q_2 - Q_2^2 - 2Q_1 - Q_2$. Nach Theorem 13.1.1 müssen die partiellen Ableitungen erster Ordnung im Maximum verschwinden. $\pi_1'(Q_1, Q_2) = 150 - 4Q_1 - 2 = 0 \iff 4Q_1 = 148 \iff Q_1 = 37 \iff P_1 = 150 - 74 = 76$ und $\pi_2'(Q_1, Q_2) = 79 - 2Q_2 - 1 = 0 \iff 2Q_2 = 78 \iff Q_2 = 39 \iff P_2 = 79 - 39 = 40$.

b) Wenn die Preise auf beiden Märkten gleich sein müssen, muss gelten $150 - 2Q_1 = 79 - Q_2 \iff Q_2 = 2Q_1 - 71$. Wir setzen diesen Ausdruck für Q_2 in die Gewinnfunktion aus a) ein und erhalten $\pi(Q_1) = 150Q_1 - 2Q_1^2 + 79(2Q_1 - 71) - (2Q_1 - 71)^2 - 2Q_1 - (2Q_1 - 71)$. Im Maximumpunkt muss die erste Ableitung Null sein: $\pi'(Q_1) = 150 - 4Q_1 + 158 - 2(2Q_1 - 71) \cdot 2 - 2 - 2 = -4Q_1 - 8Q_1 + 150 + 158 + 284 - 4 = -12Q_1 + 588 = 0 \iff Q_1 = 588/12 = 49 \iff P = 150 - 2 \cdot 49 = 52$. Die erste Ableitung $\pi'(Q_1) = -12Q_1 + 588$ wechselt an der Stelle $Q_1 = 49$ das Vorzeichen von $+$ auf $-$, so dass nach Theorem 8.2.1 ein Maximumpunkt vorliegt.

13.5   Der Extremwertsatz

[1] Die Funktion ist differenzierbar und auf einem abgeschlossenen, beschränkten Bereich definiert. Daher nimmt sie ihr Maximum und Minimum an. Diese sind unter den stationären Punkten im Innern und den Randpunkten zu suchen.

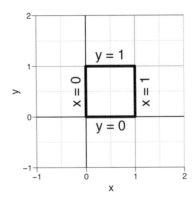

Die stationären Punkte findet man, indem man die ersten partiellen Ableitungen Null setzt: $f_1'(x, y) = 2x = 0 \iff x = 0$ und $f_2'(x, y) = 2y + 1 = 0 \iff y = -\dfrac{1}{2}$. Der Punkt $\left(0, -\dfrac{1}{2}\right)$ liegt nicht im Definitionsbereich, d.h. Maximum und Minimum liegen auf dem Rande des positiven Einheitsquadrats. Der Rand besteht aus den vier Seiten des Quadrats.

x	y	$f(x, y)$	Maximum	Minimum
0	$0 \le y \le 1$	$y^2 + y - 2$	$= 0$ in $(0, 1)$	$= -2$ in $(0, 0)$
1	$0 \le y \le 1$	$y^2 + y - 1$	$= 1$ in $(1, 1)$	$= -1$ in $(1, 0)$
$0 \le x \le 1$	0	$x^2 - 2$	$= -1$ in $(1, 0)$	$= -2$ in $(0, 0)$
$0 \le x \le 1$	1	x^2	$= 1$ in $(1, 1)$	$= 0$ in $(0, 1)$

Das Maximum wird also in $(1, 1)$, das Minimum in $(0, 0)$ angenommen.

[2] Da man laut Aufgabenstellung davon ausgehen kann, dass es keine stationären Punkte im Innern des Definitonsbereiches gibt, sind für die Bestimmung der Extremstellen nur die Ränder des Definitionsbereiches zu untersuchen. Bei dem Rand des Definitionsbereiches handelt es sich um ein Quadrat mit den Seiten $x = 0$, $x = 2$, $y = 0$ und $y = 2$ (siehe Abbildung).

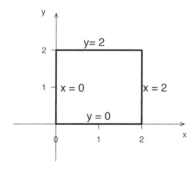

Für die Untersuchung der Ränder ergeben sich folgende Funktionen:
(1) $x = 0 \implies f(0, y) = y^4$ für $0 \le y \le 2$, monoton steigend, d.h. Minimum 0 an der Stelle $(0, 0)$ und Maximum 16 an der Stelle $(0, 2)$.
(2) $x = 2 \implies f(2, y) = 16 + y^4$ für $0 \le y \le 2$, monoton steigend, d.h. Minimum 16 an der Stelle $(2, 0)$ und Maximum 32 an der Stelle $(2, 2)$.
(3) $y = 0 \implies f(x, 0) = x^4$ für $0 \le x \le 2$, monoton steigend, d.h. Minimum 0 an der Stelle $(0, 0)$ und Maximum 16 an der Stelle $(2, 0)$.
(4) $y = 2 \implies f(x, 2) = x^4 + 16$ für $0 \le x \le 2$, monoton steigend, d.h. Minimum 16 an der Stelle $(0, 2)$ und Maximum 32 an der Stelle $(2, 2)$.
Die Funktion hat ihr Maximum bei $(2, 2)$ und ihr Minimum bei $(0, 0)$.

[3] Die Funktion ist stetig auf dem abgeschlossenen beschränkten Bereich D.

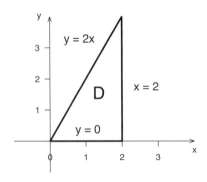

Nach dem Extremwertsatz (Theorem 13.5.1) nimmt sie auf D ihr Maximum und ihr Minimum an. Wir gehen nach (13.5.1) vor:

(I)   Bestimmung der stationären Punkte im Innern des Definitionsbereiches: $f'_x(x, y) = 4x + 1 = 0 \iff x = -\frac{1}{4}$ und $f'_y(x, y) = 6y + 6 = 0 \iff y = -1$. Der Punkt $\left(-\frac{1}{4}, -1\right)$ liegt nicht im Definitionsbereich, daher gibt es keine stationären Punkte im Innern von D.

(II)   Bestimmung des größten und kleinsten Wertes auf dem Rand von D: Der Rand (siehe Bild) besteht aus drei Bereichen:

    1.) $\{(x, y): 0 \leq x \leq 2, y = 0\}$. Für $y = 0$ ist $f(x, y) = f(x, 0) = 2x^2 + x + 3 \implies f'_x(x, 0) = 4x + 1 = 0 \iff x = -1/4 \notin D$. Es gibt keinen stationären Punkt im Innern von $\{(x, y): 0 \leq x \leq 2, y = 0\}$. Als Kandidaten für Extrempunkte kommen die beiden Eckpunkte $(0, 0)$ und $(2, 0)$ in Frage.

    2.) $\{(x, y): x = 2, 0 \leq y \leq 4\}$. Für $x = 2$ ist $f(2, y) = 3y^2 + 6y + 13 \implies f'_y(2, y) = 6y + 6 = 0 \iff y = -1 \notin D$. Es gibt keinen stationären Punkt im Innern von $\{(x, y): x = 2, 0 \leq y \leq 4\}$. Als Kandidaten für Extrempunkte kommen die beiden Eckpunkte $(2, 0)$ und $(2, 4)$ in Frage.

    3.) $\{x, y): y = 2x\}$. Für $y = 2x$ ist $f(x, 2x) = 14x^2 + 13x + 3 \implies f'_x(x, 2x) = 28x + 13 = 0 \iff x = -13/28 \notin D$. Es gibt keinen stationären Punkt im Innern von $\{(x, y): y = 2x\}$. Als Kandidaten für Extrempunkte kommen die beiden Eckpunkte $(0, 0)$ und $(2, 4)$ in Frage.

(III) Untersuchung der Funktionswerte in den in (I) und (II) gefundenen Punkten: $f(0, 0) = 3$; $f(2, 0) = 13$ und $f(2, 4) = 85$. Die Funktion nimmt ihr Minimum in $(0, 0)$ und ihr Maximum in $(2, 4)$ an.

[4] Die Funktion ist stetig auf einer abgeschlossenen beschränkten Menge. Sie besitzt daher nach dem Extremwertsatz 13.5.1 ein Maximum und ein Minimum. Um die stationären Punkte im Innern von K zu bestimmen, bilden wir die partiellen Ableitungen und setzen diese gleich Null: $f'_1(x, y) = 2x = 0 \iff x = 0$ und $f'_2(x, y) = 2y + 1 = 0 \iff y = -1/2$. Als einziger stationärer Punkt im Innern des Kreises ergibt sich $(x, y) = (0, -1/2)$ mit $f(0, -1/2) = -1/4$.

Auf dem Rand des Kreises ist $x^2 + y^2 = 1$ und damit $f(x, y) = 1 + y$ für $-1 \leq y \leq 1$. Es handelt sich um eine monoton steigende lineare Funktion, die ihren kleinsten Wert für $y = -1$ und ihren größten Wert für $y = 1$ annimmt. Dort ist jeweils $x = 0$ und $f(0, -1) = 1 - 1 = 0$ und $f(0, 1) = 1 + 1 = 2$. Damit nimmt f den kleinsten Wert an der Stelle $(0, -1/2)$ und den größten an der Stelle $(0, 1)$ an. Der Minimalwert ist $f(0, -1/2) = -1/4$, der Maximalwert $f(0, 1) = 2$.

[5] Das Vorgehen zum Auffinden von globalen Maxima und Minima ist in (13.5.1) beschrieben. Zunächst bestimmen wir die stationären Punkte im Innern des Definitionsbereichs. $f_1'(x, y) = 3x^2 - 2x = 0 \iff x(3x - 2) = 0 \iff x_1 = 0$ oder $x_2 = 2/3$ und $f_2'(x, y) = -2y = 0 \iff y = 0$. Wir haben zwei stationäre Punkte gefunden $(0, 0)$ und $(2/3, 0)$. Als nächstes bestimmen wir den größten bzw. kleinsten Wert von f auf dem Rand des Defintionsbereiches. Dort gilt $x^2 + y^2 = 9$. Wir setzen dies in die Funktionsgleichung ein: $f(x, y) = x^3 - (x^2 + y^2) + 9 = x^3 - 9 + 9 = x^3$. Auf dem Rand ist $f(x, y) = x^3$ eine strikt monoton steigende Funktion von x allein. Der kleinste Wert wird daher für $x = -3$ angenommen und der größte Wert für $x = 3$. Die zugehörigen $y-$Werte sind wegen $x^2 + y^2 = (\pm 3)^2 + y = 9 + y = 9$ jeweils Null, so dass zwei weitere Kandidaten als globale Extrempunkte in Frage kommen $(-3, 0)$ und $(3, 0)$. Abschließend berechnen wir die Funktionswerte aller vier Kandidaten und bestimmen den größten bzw. kleinsten Wert. $f(-3, 0) = (-3)^3 - (-3)^2 - 0^2 + 9 = -27$; $f(0, 0) = 0^3 - 0^2 - 0^2 + 9 = 9$; $f(2/3, 0) = (2/3)^3 - (2/3)^2 - 0^2 + 9 = 9 - 4/27 \approx 8.852$ und $f(3, 0) = 3^3 - 3^2 - 0^2 + 9 = 27$. Der globale Maximumpunkt ist somit $(3, 0)$ mit dem zugehörigen Maximalwert 27. Der globale Minimumpunkt ist $(-3, 0)$ mit dem zugehörigen Minimalwert -27.

[6] Die Berechnung der globalen Extrempunkte erfolgt nach dem Rezept (13.5.1). Nullsetzen der partiellen Ableitungen ergibt $f_1'(x, y) = 9 - 12(x + y) = 0 \iff 12x + 12y = 9$ und $f_2'(x, y) = 8 - 12(x + y) \iff 12x + 12y = 8$. Da $12x + 12y$ nicht gleichzeitig 9 und 8 sein kann, gibt es keine stationären Punkte.
Eine Skizze des Definitionsbereichs erleichtert die Bestimmung der Randstücke.

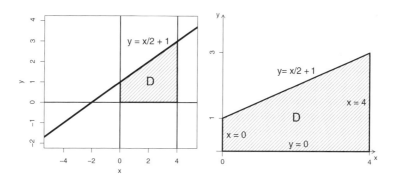

Anhand der Skizze kann man erkennen, dass man vier Teilstücke des Randes untersuchen muss.

1. $y = 0 \Longrightarrow f(x, 0) = 9x - 6x^2 = g(x)\ (0 \le x \le 4) \Longrightarrow g'(x) = 9 - 12x = 0 \iff x = 3/4$. Ein möglicher Kandidat ist daher $(3/4, 0)$ mit $f(3/4, 0) = 9 \cdot 3/4 - 6 \cdot (3/4)^2 = 27/8$.

2. $x = 0 \Longrightarrow f(0, y) = 8y - 6y^2 = h(y)\ (0 \le y \le 1) \Longrightarrow h'(y) = 8 - 12y = 0 \iff y = 2/3$. Ein weiterer Kandidat ist daher $(0, 2/3)$ mit $f(0, 2/3) = 8 \cdot 2/3 - 6 \cdot (2/3)^2 = 8/3$.

3. $x = 4 \Longrightarrow f(4, y) = 36 + 8y - 6(4 + y)^2 = g(y) \Longrightarrow g'(y) = 8 - 12(4 + y) = -40 - 12y = 0 \iff y = -40/12 < 0 \Longrightarrow (4, -40/12) \notin D$.

4. $y = \dfrac{1}{2}x + 1 \Longrightarrow f\left(x, \dfrac{1}{2}x + 1\right) = 9x + 8\left(\dfrac{1}{2}x + 1\right) - 6\left(x + \dfrac{1}{2}x + 1\right)^2 = 13x + 8 - 6\left(\dfrac{3}{2}x + 1\right)^2 = h(x) \Longrightarrow h'(x) = 13 - 12\left(\dfrac{3}{2}x + 1\right)\dfrac{3}{2} = 13 - 18\left(\dfrac{3}{2}x + 1\right) = -27x - 5 = 0 \iff x = -\dfrac{5}{27} < 0$, d.h. der zugehörige Punkt liegt nicht in D.

Die Funktionswerte der in (I)–(IV) gefundenden Punkte sind noch mit den Funktionswerten der vier Eckpunkte zu vergleichen: $f(0, 0) = 0$; $f(4, 0) = 36 - 6 \cdot (4)^2 = -60$; $f(4, 3) = 36 + 24 - 6 \cdot (7)^2 = -234$ und $f(0, 1) = 8 - 6 \cdot 1^2 = 2$. Das globale Maximum ist demnach bei $(3/4, 0)$ und das globale Minimum ist bei $(4, 3)$.

13.6 Drei oder mehr Variablen

[1]

a) Wir bilden die partiellen Ableitungen und setzen diese gleich Null:

(1) $\dfrac{\partial f}{\partial x_1} = 2x_1 x_2 = 0 \Longrightarrow x_1 = 0$, da nach (3) $x_2 \ne 0$

(2) $\dfrac{\partial f}{\partial x_2} = x_1^2 + 2x_2 x_3 = 0 \Longrightarrow x_3 = 0$, da nach (1) $x_1 = 0$ und nach (3) $x_2 \ne 0$

(3) $\dfrac{\partial f}{\partial x_3} = x_2^2 - 1 = 0 \iff x_2 = \pm 1$

Demnach gibt es zwei stationäre Punkte $(0, 1, 0)$ und $(0, -1, 0)$.

b) Die stationären Punkte erhält man durch Nullsetzen der partiellen Ableitungen erster Ordnung

(1) $\dfrac{\partial f}{\partial x_1} = 4x_1^3 - 4x_1 x_2 + 2(x_1 - 1) = 4x_1(x_1^2 - x_2) + 2(x_1 - 1)$

(2) $\dfrac{\partial f}{\partial x_2} = -2x_1^2 + 2x_2 = 0 \iff x_2 = x_1^2$

(3) $\dfrac{\partial f}{\partial x_3} = 4x_3^3 = 0 \iff x_3 = 0$

Setzt man das Resultat aus (2) in (1) ein, so ergibt sich $\dfrac{\partial f}{\partial x_1} = 0 \iff 4x_1 \cdot 0 + 2(x_1 - 1) = 0 \iff x_1 = 1$. Setzt man dies in (2) ein, ergibt sich $x_2 = 1^2 = 1$. Somit gibt es einen stationären Punkt $(1, 1, 0)$.

c) Nullsetzen der partiellen Ableitungen ergibt

(1) $f_1'(x, y, z) = 3x^2 + y = 0 \iff y = -3x^2$

(2) $f_2'(x, y, z) = x + 4 = 0 \iff x = -4$

(3) $f_3'(x, y, z) = 4z^3 = 0 \iff z = 0$

Einsetzen von $x = -4$ in $y = -3x^2$ ergibt $y = -3 \cdot (-4)^2 = -48$. Der einzige stationäre Punkt ist somit $(-4, -48, 0)$.

[2] Über die Gewinnfunktion $G(A, B, C) = 40A + 50B + 80C - (A^2 + 2B^2 + 3C^2 + AB + BC + 100)$ erhält man die notwendigen Extremwertbedingungen, durch Nullsetzen der partiellen Ableitungen erster Ordnung

(1) $\dfrac{\partial G}{\partial A} = 40 - 2A - B = 0 \iff 2A = 40 - B \iff A = 20 - \dfrac{1}{2}B$

(2) $\dfrac{\partial G}{\partial B} = 50 - A - 4B - C = 0$

(3) $\dfrac{\partial G}{\partial C} = 80 - B - 6C = 0 \iff 6C = 80 - B \iff C = \dfrac{40}{3} - \dfrac{1}{6}B$

Einsetzen von (1) und (3) in (2) ergibt: $50 - 20 + \dfrac{1}{2}B - 4B - \dfrac{40}{3} + \dfrac{1}{6}B = 0 \iff$

$\dfrac{3 - 24 + 1}{6}B = \dfrac{-90 + 40}{3} \iff -\dfrac{20}{6}B = -\dfrac{50}{3} \iff B = 5$. Einsetzen in (1) und

(3) ergibt $A = 17.5$ und $C = 12.5$. Damit wird maximaler Gewinn erreicht, wenn $(A, B, C) = (17.5, 5, 12.5)$.

[3] Die Gesamtkostenfunktion ist $C(x, y, z) = 500 + \dfrac{1}{2}x^2 + \dfrac{1}{4}y^2 + \dfrac{1}{8}z^2$. Damit ist die Gewinnfunktion $G(x, y, z) = 50x + 50y + 50z - C(x, y, z) = 50x + 50y + 50z - \left(500 + \dfrac{1}{2}x^2 + \dfrac{1}{4}y^2 + \dfrac{1}{8}z^2\right)$. Nullsetzen der partiellen Ableitungen ergibt $G_x'(x, y, z) = 50 - x = 0 \iff x = 50$; $50 - \dfrac{1}{2}y = 0 \iff y = 100$; $50 - \dfrac{1}{4}z = 0 \iff z = 200$. Die gewinnmaximierende Angebotsmenge ist also $(x^*, y^*, z^*) = (50, 100, 200)$.

[4] Wir setzen $u = f(x, y) = x^2 - 4x + 4 + y^2$ und definieren $F(u) = e^u$. Dann ist $g(x, y) = F(f(x, y))$ und $F(u)$ ist strikt monoton steigend. Nach Theorem 13.6.3 ist dann die Maximierung (Minimierung) von $g(x, y)$ äquivalent zur Maximierung (Minimierung) von $f(x, y) = x^2 - 4x + 4 + y^2$. Nullsetzen der partiellen Ableitungen erster Ordnung ergibt $f_1'(x, y) = 2x - 4 = 0 \iff x = 2$ und $f_2'(x, y) = 2y = 0 \iff y = 0$. Die Funktion hat also genau einen stationären Punkt $(2, 0)$. Um zu klären, ob es sich um ein Maximum oder Minimum handelt, sind die zweiten Ableitungen zu untersuchen: $f_{11}''(x, y) = 2 > 0$; $f_{22}''(x, y) = 2 > 0$; $f_{12}''(x, y) = 0$, so dass $f_{11}''(x, y)f_{22}''(x, y) - (f_{12}''(x, y))^2 = 4 > 0$. Nach Theorem 13.2.1(b) liegt deshalb ein Minimum vor.

[5] Nach Theorem 13.6.3 ist es ausreichend den Maximumpunkt der Funktion $g(x, y, z) = -x^2 - y^2 - z^2 + 20x + 30y + 26z$ zu finden. Die notwendige Bedingungen für einen Extrempunkt liefert Theorem 13.6.1: Die partiellen Ableitungen müssen gleich Null sein, d.h. $g_x'(x, y, z) = -2x + 20 = 0 \Longrightarrow x = 10$; $g_y'(x, y, z) = -2y + 30 = 0 \Longrightarrow y = 15$; $g_z'(x, y, z) = -2z + 26 = 0 \Longrightarrow z = 13$. Da vorausgesetzt wird, dass ein Maximumpunkt existiert, muss dies der gefundene stationäre Punkt $(10, 15, 13)$ sein.

[6] Die Funktion $h(x, y)$ hat genau dann einen Extrempunkt, wenn $f(x, y) = x^3 - 3xy + y^3 + 2$ einen Extrempunkt hat, wobei wegen der ln-Funktion auf den Definitionsbereich

von $h(x, y)$ zu achten ist. Wir suchen die stationären Punkte von f: $f_1'(x, y) = 3x^2 - 3y = 0 \iff x^2 = y$ und $f_2'(x, y) = -3x + 3y^2 = 0 \iff x = y^2$. Es muss gelten $y = x^2 = y^4$ und $x = y^2 = x^4$. Dies ist nur möglich für $(x, y) = (0, 0)$ und $(x, y) = (1, 1)$. Beachten Sie, dass $h(x, y)$ an den Stellen $(0, 0)$ und $(1, 1)$ definiert ist. Jetzt sind die Bedingungen zweiter Ordnung zu überprüfen. Es ist $f_{11}''(x, y) = 6x$; $f_{12}''(x, y) = -3$; $f_{22}''(x, y) = 6y$. Für $(x, y) = (0, 0)$ ist $f_{11}''(0, 0) = 0$; $f_{22}''(0, 0) = 0$; $f_{11}''(0, 0)f_{22}''(0, 0) - (f_{12}''(0, 0))^2 = 0 - (-3)^2 = -9 < 0$, d.h. der Punkt $(0, 0)$ ist ein Sattelpunkt. Für $(x, y) = (1, 1)$ ist $f_{11}''(1, 1) = 6 > 0$; $f_{22}''(1, 1) = 6 > 0$; $f_{11}''(1, 1)f_{22}''(1, 1) - (f_{12}''(1, 1))^2 = 6 \cdot 6 - (-3)^2 = 36 - 9 = 27 > 0$, d.h. der Punkt $(1, 1)$ ist ein lokaler Minimumpunkt.

13.7   Komparative Statik und das Envelope-Theorem

[1]

a) Die Gewinnfunktion ist $\pi(x, p) = px - \left(\dfrac{x^2}{2} - 2x\right) = (p + 2)x - \dfrac{x^2}{2}$. Damit ist $\pi_1'(x, p) = p + 2 - x = 0 \iff x^* = p + 2$. Da die zweite Ableitung bezüglich x negativ ist, liegt tatsächlich ein Maximum vor. Die Optimalwertfunktion ist damit $\pi^*(p) = \pi(p + 2, p) = (p + 2)(p + 2) - \dfrac{1}{2}(p + 2)^2 = \dfrac{1}{2}(p + 2)^2$. Die Änderungsrate ist $\dfrac{d\pi^*(p)}{dp} = \dfrac{1}{2} \cdot 2(p + 2) = p + 2$. Alternativ kann man so vorgehen: Nach (13.7.1) ist $\dfrac{d\pi^*(p)}{dp} = [\pi_2'(x, p)]_{x=x^*(p)} = [x]_{x=x^*(p)} = x^*(p) = p + 2$.

b) Die Gewinnfunktion ist $\pi(x, p) = px - (4x + x^2 + 2x) = (p - 6)x - x^2$. Damit ist $\pi_1'(x, p) = p - 6 - 2x = 0 \iff 2x = p - 6 \iff x = x^* = (p - 6)/2$. Da die 2. Ableitung bezüglich x negativ ist, liegt tatsächlich ein Maximum vor. Die Opimalwertfunktion ist $\pi^*(p) = \pi((p-6)/2, p) = (p-6)^2/2 - (p-6)^2/4 = (p-6)^2/4$. Die Änderungsrate ist $\dfrac{d\pi^*(p)}{dp} = 2(p - 6)/4 = (p - 6)/2 = x^*$. Das Resultat erhält man auch mit dem Envelope-Theorem, hier speziell mit (13.7.1). Es ist $\pi_p'(x, p) = x$ und damit $[\pi_p'(x, p)]_{x=x^*(p)} = x^*(p) = (p - 6)/2$.

c) Die Gewinnfunktion ist $\pi(x, p) = px - 2x^2 - 20x - 500$. Ableiten der Gewinnfunktion nach x und Nullsetzen ergibt $\pi_1'(x, p) = p - 4x - 20 = 0 \iff 4x = p - 20 \iff x = \dfrac{p}{4} - 5$. Da $\pi''(x, p) = -4 < 0$, liegt tatsächlich ein Maximum vor. Einsetzen der gewinnmaximalen Menge in die Gewinnfunktion ergibt die Optimalwertfunktion:

$$\pi^*(p) = p\left(\frac{p}{4} - 5\right) - 2\left(\frac{p}{4} - 5\right)^2 - 20\left(\frac{p}{4} - 5\right) - 500 = \frac{p^2}{4} - 5p - 2\left(\frac{p^2}{16} - \frac{10p}{4} + 25\right) -$$

$$\frac{20p}{4} + 100 - 500 = \frac{p^2}{4} - \frac{p^2}{8} - 5p + 5p - 5p - 50 + 100 - 500 = \frac{p^2}{8} - 5p - 450. \text{ Es ist}$$

$\pi_p'(x, p) = x$. Damit ist nach (13.7.1) $\dfrac{d\pi^*(p)}{dp} = [\pi_2'(x, p)]_{x=x^*(p)} = [x]_{x=x^*(p)} = x^*(p) = \dfrac{p}{4} + 5$.

[2] Die Optimalwertfunktion ist gegeben durch $\pi^*(k) = \pi^*(Q^*(k), k)) = Q^*P(Q^*) - kQ^*$. Nach (13.7.1) gilt: $\dfrac{d\pi^*}{dk} = \left[\pi'_2(Q, k)\right]_{Q=Q^*(k)} = -Q^* = -145$. Da die Ableitung einer Funktion der Grenzwert des Differenzenquotienten ist, gilt $\pi^*(k+1) - \pi^*(k) \approx \dfrac{d\pi^*(k)}{dk} = -Q^* = -145$, d.h. der maximale Gewinn verringert sich um ungefähr 145 Euro.

[3] Die Optimalwertfunktion ist $\pi^*(x^*, y^*, P_A, P_B) = P_A \cdot x^* + P_B \cdot y^* - C(x^*, y^*)$. Nach dem Envelope-Theroem (13.7.2) gilt $\dfrac{\partial \pi^*(P_A, P_B)}{\partial P_A} = x^* = 50$, $\dfrac{\partial \pi^*(P_A, P_B)}{\partial P_B} = y^* = 75$. Mit $dP_A = -1$ und $dP_B = 1$ gilt nach (12.9.2) $\Delta \pi^* \approx d\pi^* = \dfrac{\partial \pi^*(P_A, P_B)}{\partial P_A} dP_A + \dfrac{\partial \pi^*(P_A, P_B)}{\partial P_B} dP_B = 50 \cdot (-1) + 75 \cdot 1 = 25$.

Lösungen zu den weiteren Aufgaben zu Kapitel 13

[1]

a)

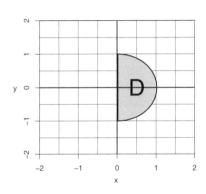

b) $g'_x(x, y) = 3x^2 - 2x = x(3x - 2) = 0 \iff x = 0$ oder $x = 2/3$ und $g'_y(x, y) = -2y = 0 \iff y = 0$. Der Punkt $(0, 0)$ liegt nicht im Innern von D. Damit $(2/3, 0)$ der einzige stationäre Punkt von D. Die zweiten partiellen Ableitungen sind $g''_{11}(x, y) = 6x - 2$; $g_{22}(x, y) = -2$ und $g_{12}(x, y) = 0$. In $(2/3, 0)$ ist $g''_{11}(x, y)g_{22}(x, y) - \left(g_{12}(x, y)\right)^2 = -4 < 0$, d.h. es liegt ein Sattelpunkt vor.

c) Die stationären Punkte im Innern sind bereits gefunden. Der einzige stationäre Punkt im Innern kommt als Sattelpunkt nicht als globaler Extrempunkt in Frage. Zu untersuchen ist das Verhalten der Funktion auf dem Rand von D. Dort ist auf dem Kreisbogen $x^2 + y^2 = 1$, also $g(x, y) = 3 + x^3 - 1 = 2 + x^3$ für $x \geq 0$. Der Funktionswert ist minimal ($= 2$) für $x = 0$, d.h. $(x, y) = (0, 1)$ oder $(0, -1)$ (da auf dem Kreisbogen $x^2 + y^2 = 1$) und maximal ($= 3$) für $x = 1$, d.h. $(x, y) = (1, 0)$. Zu untersuchen ist noch der linke Rand von D. Dort ist $x = 0$. Dann ist $g(x, y) = g(0, y) = 3 - y^2$. Dies ist maximal ($= 3$) für $y = 0$, d.h. $(x, y) = (0, 0)$ und minimal ($= 2$) für $y = \pm 1$, d.h. für $(x, y) = (0, -1)$ und $(x, y) = (0, 1)$.

Der Maximalwert ist also 3 und wird in $(0, 0)$ und $(1, 0)$ angenommen. Der Minimalwert ist 2 und wird in $(0, 1)$ und $(0, -1)$ angenommen.

[2] Die Gewinnfunktion ist $\pi(L) = Q \cdot P - w \cdot L = a\ln(L) \cdot P - wL \Rightarrow \pi'(L) = \dfrac{aP}{L} - w$.
Damit ist die Optimalwertfunktion $\pi^*(a, P, w) = a\ln(L^*) \cdot P - wL^*$. Nach dem Envelope-
Theroem (13.7.2) ist dann $\dfrac{\partial \pi^*}{\partial a} = \ln L^* \cdot P$; $\dfrac{\partial \pi^*}{\partial P} = a\ln L^*$ und $\dfrac{\partial \pi^*}{\partial w} = -L^*$.

Ökonomische Interpretationen:

$\dfrac{\partial \pi^*}{\partial a} = \ln L^* \cdot P$: Wenn a um eins steigt, ändert sich der maximale Gewinn um ungefähr

$\ln L^* \cdot P$. Das ist plausibel: Wenn a um 1 steigt, werden $\ln L^*$ Einheiten mehr produziert,
jede Einheit erzielt den Preis P. Die Mehreinnahmen sind $\ln L^* \cdot P$. Die Kosten ändern
sich nicht.

$\dfrac{\partial \pi^*}{\partial P} = a\ln L^*$: Wenn der Preis P um eine Einheit steigt, ändert sich der maximale

Gewinn ungefähr um $a\ln L*$, d.h. um die Anzahl der produzierten Einheiten. Das ist
plausibel, da es für jede Einheit eine Geldeinheit mehr gibt.

$\dfrac{\partial \pi^*}{\partial w} = -L^*$: Wenn die Kosten w pro Einheit Arbeit um 1 steigen, ändert sich der maxi-

male Gewinn um $-L^*$. Dies sind gerade die Mehrkosten. Der Erlös bleibt unverändert.

[3]

a) Notwendige Bedingungen erster Ordnung sind (i) $F'_x = -2ax + y + 1 = 0$ und (ii)
$F'_y = x - y = 0$. Aus (ii) folgt sofort $x = y$. Setzt man das in (i) ein, erhält man
$-2ax + x + 1 = 0 \iff x \cdot (1 - 2a) + 1 = 0$ und somit den einzigen stationären Punkt
$x^* = y^* = \dfrac{1}{2a - 1}$. Beachten Sie, dass $2a - 1 \neq 0$, da $a \neq 1/2$.

b) Die partiellen Ableitungen zweiter Ordnung sind $F''_{xx} = -2a$; $F''_{yy} = -1 \leq 0$; $F''_{xy} = 1$. Nach Theorem 13.2.1(a) verlangen die hinreichenden Bedingungen für einen
globalen Maximumpunkt, dass $F''_{xx}(x, y) \leq 0$, d.h. es muss gelten $-2a \leq 0 \iff$
$a \geq 0$. Außerdem verlangen die hinreichenden Bedingungen, dass $F''_{xx} \cdot F''_{yy} - (F''_{xy})^2 =$
$(-2a)(-1) - 1^2 = 2a - 1 \geq 0 \iff a \geq \dfrac{1}{2}$. Da aber $a \neq \dfrac{1}{2}$ vorausgesetzt wurde, muss
$a > \dfrac{1}{2} > 0$ gelten.

c) Nach dem Envelope-Theorem gilt $\dfrac{\mathrm{d}F^*(a)}{\mathrm{d}a} = \left[\dfrac{\partial F(x, y, a)}{\partial a}\right]_{x=x^*(a), y=y^*(a)} = -(x^*)^2 =$
$-\dfrac{1}{(2a - 1)^2}$ Wird a ausgehend von 1 um eine Einheit erhöht, ändert sich der

Optimalwert um ungefähr -1, denn mit $a = 1$ folgt $\dfrac{\mathrm{d}F^*(a)}{\mathrm{d}a} = -\dfrac{1}{(2a - 1)^2} =$
$-\dfrac{1}{(2 \cdot 1 - 1)^2} = -1$.

[4]

a) $f'_1(x, y) = 8x - 48 = 0 \iff x = 6$ und $f'_2(x, y) = 4y - 16 = \iff y = 4$, d.h. der
einzige stationäre Punkt ist $(6, 4)$. Die partiellen Ableitungen zweiter Ordnung sind:
$f''_{11}(x, y) = 8 \geq 0$; $f''_{12}(x, y) = 0$ und $f''_{22}(x, y) = 4 \geq 0$. Ferner ist $f''_{11}(x, y)f''_{22}(x, y) - (f''_{12}(x, y))^2 = 8 \cdot 4 = 32 \geq 0$, so dass $(6, 4)$ nach Theorem 13.2.1b ein Minimumpunkt
ist.

b) $f_1'(x, y) = 3x^2 - 3 = 3(x^2 - 1) = 0 \iff x^2 = 1 \iff x = 1$, da $x > 0$. $f_2'(x, y) = 3y^2 - 12 = 3(y^2 - 4) = 0 \iff y^2 = 4 \iff y = 2$, da $y > 0$. Damit ist $(1, 2)$ der einzige stationäre Punkt. $f_{11}''(x, y) = 6x \geq 0$ für $x > 0$; $f_{22}''(x, y) = 6y \geq 0$ für $y > 0$ und $f_{12}''(x, y) = 0$. Damit ist $f_{11}''(x, y)f_{22}''(x, y) - (f_{12}''(x, y))^2 = 6x \cdot 6y - 0^2 = 36xy \geq 0$ für $x > 0, y > 0$. Somit sind die hinreichenden Bedingungen aus Theorem 13.2.1(b) für einen Minimumpunkt von f erfüllt.

c) $f_x'(x, y) = 3x^2 + 2x + y^2$ und $f_y'(x, y) = 2y(x + 1) = \iff x = -1$ oder $y = 0$. Für $x = -1$ ist $f_x'(-1, y) = 3 - 2 + y^2 = 1 + y^2 \geq 1 > 0$, d.h. es gibt keinen stationären Punkt mit $x = -1$. Für $y = 0$ ist $f_x'(x, 0) = 3x^2 + 2x = x(3x + 2) = 0 \iff x = 0$ oder $x = -2/3$, d.h. die stationären Punkte sind $(0, 0)$ und $(-2/3, 0)$. Beide Punkte liegen nicht in D. Die Funktion ist stetig auf einer abgeschlossenen beschränkten Menge. Wenn die Funktion keinen stationären Punkt im Innern von D hat, muss sie die Extremwerte auf dem Rand von D annehmen. Der Rand besteht aus den beiden Teilen $R_1 = \{(x, y): x^2 + y^2 = 1\}$ und $R_2 = \{(x, y): x^2 + y^2 = 4\}$. Auf R_1 gilt $z = f(x, y) = 1(x + 1) = x + 1$ für $-1 \leq x \leq 1$. Auf R_1 wird der kleinste Wert 0 an der Stelle $x = -1$ angenommen, wobei $y = 0$ ist. Der größte Wert 2 wird an der Stelle $x = 1$ angenommen, wobei $y = 0$ ist. Auf R_2 gilt $z = f(x, y) = 4(x + 1)$ für $-2 \leq x \leq 2$. Auf R_2 wird der kleinste Wert -4 an der Stelle $x = -2$ angenommen, wobei $y = 0$ ist. Der größte Wert 12 wird an der Stelle $x = 2$ angenommen, wobei $y = 0$ ist. Der Minimalwert ist somit -4 und er wird an der Stelle $(-2, 0)$ angenommen. Der Maximalwert ist 12 und er wird an der Stelle $(2, 0)$ angenommen.

d) $f_1'(x, y) = \dfrac{2x}{x^2 + y^2 + 1} = 0 \iff x = 0$ und $f_2'(x, y) = \dfrac{2y}{x^2 + y^2 + 1} = 0 \iff y = 0$, d.h. der einzige mögliche Extrempunkt ist $(0, 0)$. Die ln-Funktion ist strikt monoton steigend. Daher ist $\ln(x^2 + y^2 + 1)$ minimal, wenn $x^2 + y^2 = 0$, d.h. wenn $x = y = 0$.

e) $f(x, y) = e^{(x+y)^2} = e^{x^2 + 2xy + y^2} \Rightarrow f_1'(x, y) = (2x + 2y)e^{x^2 + 2xy + y^2} = f_2'(x, y)$. Es gilt $f_1'(x, y) = f_2'(x, y) = 0 \iff 2x + 2y = 0 \iff x + y = 0 \iff x = -y$. Wenn $x = -y$ ist $e^{(x+y)^2} = e^0$. Für $x \neq -y$ ist $(x + y)^2 > 0$ und somit $e^{(x+y)^2} > e^0$, d.h. alle (x, y) mit $x = -y$ sind Minimumpunkte.

[5] Es ist $f_1'(x, y) = 2x + 2y = 0 \iff x = -y$ und $f_2'(x, y) = 2x = 0 \iff x = 0$, so dass $(0, 0)$ der einzige Kandidat für einen lokalen Extrempunkt ist. Für die partiellen Ableitungen 2. Ordnung gilt: $f_{11}''(x, y) = f_{12}''(x, y) = 2$ und $f_{22}''(x, y) = 0$. Damit ist $AC - B^2 = f_{11}''(0, 0)f_{22}''(0, 0) - (f_{12}''(0, 0))^2 = 2 \cdot 0 - 2^2 = -4 < 0$, so dass der Punkt $(0, 0)$ nach Theorem 13.3.1(iii) ein Sattelpunkt ist.

[6] Wir verwenden Theorem 13.2.1(b): $f_1'(x, y) = e^x + xe^x \Rightarrow f_{11}''(x, y) = e^x + e^x + xe^x = (x + 2)e^x$; $f_{12}''(x, y) = 0$ und $f_2'(x, y) = e^y + ye^y \Rightarrow f_{22}''(x, y) = e^y + e^y + ye^y = (y + 2)e^y$. Es gilt $f_{11}''(x, y) \leq 0 \iff x + 2 \leq 0 \iff x \leq -2$ und $f_{22}''(x, y) \leq 0 \iff y + 2 \leq 0 \iff y \leq -2$. $f_{11}''(x, y) \cdot f_{22}''(x, y) - (f_{12}''(x, y))^2 = (x + 2)(y + 2)e^x e^y \geq 0$ für $x \leq -2$ und $y \leq -2$, d.h. die Funktion ist konkav für $x \leq -2, y \leq -2$.

[7] Die Optimalwertfunktion ist $\pi^*(x^*, y^*, p, q) = px^* + qy^* - C(x^*, y^*)$. Nach dem Envelope-Theorem (13.7.2) gilt $\dfrac{\partial \pi^*(p, q)}{\partial p} = x^* = 100$ $\dfrac{\partial \pi^*(p, q)}{\partial q} = y^* = 200$. Mit $dp = -0.5$ und $dq = 1$ gilt nach (12.9.2) $\Delta \pi^* \approx d\pi^* = \dfrac{\partial \pi^*(p, q)}{\partial p} dp + \dfrac{\partial \pi^*(p, q)}{\partial q} dq = 100 \cdot (-0.5) + 200 \cdot 1 = -50 + 200 = 150$.

Lösungen zu Kapitel 14: Optimierung unter Nebenbedingungen

14

ÜBERBLICK

14.1 Die Methode der Lagrange-Multiplikatoren

[1]

a) Die Lagrange-Funktion ist nach (14.1.2) $\mathscr{L} = -xy - \lambda(x - y - 2)$. Dann ist $\mathscr{L}_1' = -y - \lambda = 0 \iff y = -\lambda$ und $\mathscr{L}_2' = -x + \lambda = 0 \iff x = \lambda$. Es folgt $y = -x$. Einsetzen in die Nebenbedingung $x - y = 2$ ergibt $x + x = 2 \iff x = 1$. Daraus folgt $y = -x = -1$ und $\lambda = x = 1$.

b) Für die Lagrange-Funktion $\mathscr{L}(x, y) = 10xy - \lambda(x + 2y - 8)$ ergibt sich $\dfrac{\partial \mathscr{L}}{\partial x} = 10y - \lambda = 0 \iff \lambda = 10y$ sowie $\dfrac{\partial \mathscr{L}}{\partial y} = 10x - 2\lambda = 0 \iff \lambda = 5x$. Aus beiden Gleichungen folgt $10y = 5x \iff 2y = x$ und nach dem Einsetzen in die Nebenbedingung: $x + 2y = 2y + 2y = 4y = 8 \implies y = 2$ und damit $x = 2y = 4$ und $\lambda = 10y = 20$.

c) Die Lagrange Funktion ist nach (14.1.2) $\mathscr{L}(x, y) = 4x + 2y - \lambda(2x^2 + y^2 - 12)$. Die Bedingungen erster Ordnung sind dann:

(1) $\dfrac{\partial \mathscr{L}}{\partial x} = 4 - 4\lambda x = 0 \iff 4\lambda x = 4 \iff \lambda = 1/x$

(2) $\dfrac{\partial \mathscr{L}}{\partial y} = 2 - 2\lambda y = 0 \iff 2\lambda y = 2 \iff \lambda = 1/y$

(3) $2x^2 + y^2 = 12$ (Nebenbedingung)

Aus (1) und (2) folgt: $1/x = 1/y \iff x = y$. Einsetzen in die Nebenbedingung ergibt $2y^2 + y^2 = 12 \iff y^2 = 4 \iff y = \pm 2$. Alle möglichen Lösungskandidaten sind somit $(2, 2)$ mit $\lambda = 1/2$ und $(-2, -2)$ mit $\lambda = 1/(-2) = -1/2$.

[2] Die Lagrange-Funktion ist $\mathscr{L} = 4r_1 + 3r_2 + 50 - \lambda(r_1 r_2^3 - 64)$. Zusammen mit der Nebenbedingung $r_1 r_2^3 = 64$ sind die notwendigen Bedingungen $\dfrac{\partial \mathscr{L}}{\partial r_1} = 4 - \lambda r_2^3 = 0$ und $\dfrac{\partial \mathscr{L}}{\partial r_2} = 3 - \lambda \cdot 3 r_1 r_2^2 = 0$. Auflösen beider Gleichungen nach λ und anschließendes Gleichsetzen ergibt $\lambda = \dfrac{4}{r_2^3} = \dfrac{1}{r_1 r_2^2}$. Daraus folgt $4r_1 = r_2 \iff r_1 = \dfrac{r_2}{4}$. Einsetzen in die Nebenbedingung ergibt $r_1 r_2^3 = \dfrac{r_2}{4} r_2^3 = 64 \iff r_2^4 = 4 \cdot 64 = 4 \cdot 4^3 = 4^4$. Daraus ergibt sich $r_2 = 4$, denn ein negativer Wert für r_2 ergibt keinen Sinn. Dann ist $r_1 = \dfrac{r_2}{4} = 1$ und $\lambda = \dfrac{4}{r_2^3} = \dfrac{4}{4^3} = \dfrac{1}{4^2} = \dfrac{1}{16}$.

[3] Wir rechnen alle Geldbeträge in Millionen Euro. Ein Arbeiter verdient 50 000 Euro also 0.05 Millionen Euro. Die Nebenbedingung ist dann $L \cdot \dfrac{5}{100} + K \cdot \dfrac{8}{100} = 1$. Die Lagrangefunktion ist $\mathscr{L} = L^{1/2}K^{1/2} - \lambda\left(L \cdot \dfrac{5}{100} + K \cdot \dfrac{8}{100} - 1\right)$. Außer der Nebenbedingung haben wir dann die beiden Gleichungen $\mathscr{L}_L' = \dfrac{1}{2}L^{-1/2}K^{1/2} - \lambda \cdot \dfrac{5}{100} = 0$ und $\mathscr{L}_K' = \dfrac{1}{2}L^{1/2}K^{-1/2} - \lambda \cdot \dfrac{8}{100} = 0$. Wir lösen beide Gleichungen nach $K^{1/2}$ auf und erhalten

$$K^{1/2} = \dfrac{\lambda}{10}L^{1/2} \quad \text{und} \quad K^{1/2} = \dfrac{100}{16\lambda}L^{1/2} \qquad (*)$$

Daraus folgt $\dfrac{\lambda}{10} = \dfrac{100}{16\lambda} \Longleftrightarrow \lambda^2 = \dfrac{1000}{16}$. Aus der ersten Gleichung in (*) folgt

$K = \dfrac{\lambda^2}{100}L = \dfrac{1000}{1600}L = \dfrac{5}{8}L$. Indem wir dies in die Nebenbedingung einsetzen, erhalten

wir $L \cdot \dfrac{5}{100} + \dfrac{5 \cdot 8}{8 \cdot 100}L = \dfrac{1}{10}L = 1 \Longleftrightarrow L = 10$. Damit folgt $K = \dfrac{5}{8}L = \dfrac{5}{8}10 = 6.25$. Aus

der ersten Gleichung in (*) folgt $\lambda = 10\dfrac{\sqrt{K}}{\sqrt{L}} = 10 \cdot \dfrac{\sqrt{6.25}}{\sqrt{10}} = 7.905694 \approx 7.906$.

[4] Da die vorliegende Funktion eine Cobb-Douglas Funktion in der Form $Ax^a y^b$ ist und die Nebenbedingung in der Form $px + qy = m$ gegeben ist, gilt für den Maximierungsfall nach (**) in Beispiel 14.1.3 $x = x(p, q, m) = \dfrac{a}{a+b}\dfrac{m}{p}$ und $y = y(p, q, m) =$

$\dfrac{b}{a+b}\dfrac{m}{q}$. Hier ist $A = 3$; $a = 1/3$; $b = 2/3$; $p = 10$; $q = 20$ und $m = 3\,000$. Damit folgt:

$x = \dfrac{1/3}{1/3 + 2/3} \cdot \dfrac{3\,000}{10} = 100$ und $y = \dfrac{2/3}{1/3 + 2/3} \cdot \dfrac{3\,000}{20} = 100$.

[5] Die Lagrange-Funktion ist nach (14.1.2) $\mathscr{L}(x, y) = \ln x + y - \lambda(x^2 + xy + y^2 - 3)$. Die Bedingungen erster Ordnung sind dann:

(1) $\dfrac{\partial \mathscr{L}}{\partial x} = \dfrac{1}{x} - 2\lambda x - \lambda y = 0$

(2) $\dfrac{\partial \mathscr{L}}{\partial y} = 1 - \lambda x - 2\lambda y = 0$

(3) $x^2 + xy + y^2 = 3$ (Nebenbedingung)

Einsetzen von $(x_0, y_0) = (1, 1)$ in die Bedingungen (1) oder (2) ergibt $\lambda = \dfrac{1}{3}$. Einsetzen

von $(x, y, \lambda) = (1, 1, 1/3)$ ergibt in (1): $\dfrac{1}{1} - \dfrac{2}{3} - \dfrac{1}{3} = 0$, in (2): $1 - \dfrac{1}{3} - \dfrac{2}{3} = 0$ und

in (3): $1^2 + 1 \cdot 1 + 1^2 = 1 + 1 + 1 = 3$, d.h. alle notwendigen Bedingungen sind für $(x, y, \lambda) = (1, 1, 1/3)$ erfüllt.

[6] Da in dieser Aufgabe eine Cobb-Douglas Funktion $Ax^a y^b$ unter einer Nebenbedingung $px + qy = m$ maximiert werden soll, gilt nach Beispiel 14.1.3 $x = x(p, q, m) = \dfrac{a}{a+b}\dfrac{m}{p}$ und $y = y(p, q, m) = \dfrac{b}{a+b}\dfrac{m}{q}$. Hier ist $a = 3$; $b = 5$; $p = 2$; $q = 1/5$ und $m = 8$.

Damit folgt $x = \dfrac{3}{3+5} \cdot \dfrac{8}{2} = \dfrac{3}{2}$ und $y = \dfrac{5}{8} \cdot \dfrac{8}{1/5} = \dfrac{5}{1/5} = 25$.

[7] Umformen der Nebenbedingung $g(x, y) = 8$ ergibt $y^{2/3} = 8 - x^{1/3}$ und Einsetzen in die Funktion $f(x, y)$ ergibt $h(x) := x^{1/3}\left(8 - x^{1/3}\right) = 8x^{1/3} - x^{2/3}$. Nullsetzen der

Ableitung von $h(x)$ ergibt $h'(x) = \dfrac{8}{3}x^{-2/3} - \dfrac{2}{3}x^{-1/3} = 0 \Longleftrightarrow x^{-1/3}\left(8x^{-1/3} - 2\right) = 0$.

Da $x^{-1/3} = \dfrac{1}{\sqrt[3]{x}} > 0$ für $x > 0$, muss der zweite Faktor Null sein, d.h. $8x^{-1/3} - 2 =$

$0 \Longleftrightarrow 8x^{-1/3} = 2 \Longleftrightarrow x^{-1/3} = 1/4 \Longleftrightarrow x^{1/3} = 4 \Longleftrightarrow x = 4^3 = 64$. Einsetzen in die umgeformte Nebenbedingung ergibt $y^{2/3} = 8 - 4 = 4 \Longleftrightarrow y = 4^{3/2} = 8$, d.h. $(x, y) = (64, 8)$ ist ein Lösungskandidat.

[8] Es gilt $20x^{5/2} \cdot \sqrt{y} = 20x^{5/2}y^{1/2}$, d.h. es handelt sich um eine Cobb-Douglas-Funktion. Nach (**) in Beispiel 14.1.3 wird eine Funktion der Form $Ax^a y^b$ unter der

Nebenbedingung $px + qy = m$ durch $x^* = \dfrac{a}{a+b} \cdot \dfrac{m}{p}$ und $y^* = \dfrac{b}{a+b} \cdot \dfrac{m}{q}$ maximiert.

Hier ist $a = 5/2$; $b = 1/2$; $m = 35$; $p = 50$ und $q = 7$, so dass $x^* = \dfrac{5/2}{5/2+1/2} \cdot \dfrac{35}{50} = \dfrac{7}{12}$

und $y^* = \dfrac{1/2}{5/2+1/2} \cdot \dfrac{35}{7} = \dfrac{5}{6}$.

14.2   Interpretation des Lagrange-Multiplikators

[1] Der Schattenpreis ist gleich dem Wert des Lagrangeschen Multiplikators λ. Hier ist $\mathcal{L}(K, L) = 60KL - \lambda(3K + 6L - 120)$. Nullsetzen der Ableitungen ergibt $\mathcal{L}'_1 = 60L - 3\lambda = 0 \iff \lambda = 20L$ und $\mathcal{L}'_2 = 60K - 6\lambda = 0 \iff \lambda = 10K$. Daraus folgt $10K = 20L \iff K = 2L$. Einsetzen in die Nebenbedingung ergibt $3K + 6L = 6L + 6L = 12L = 120$. Daraus folgt $L = 10$ und $\lambda = 20L = 200$.

[2] Nach (14.2.2) gilt $\lambda(c) = \dfrac{df^*(c)}{dc} = \dfrac{d(3c^{4/3})}{dc} = 3 \cdot \dfrac{4}{3} c^{1/3} = 4c^{1/3}$.

[3] Nach (14.2.3) ist diese Änderung gleich λ, dem Schattenpreis, d.h. wir müssen λ bestimmen. Die Lagrange-Funktion ist $\mathcal{L}(x, y) = xy - \lambda(2x + 4y - 2\,000)$. Nullsetzen der partiellen Ableitung nach x ergibt $\mathcal{L}'_x(x, y) = y - 2\lambda = 0 \iff \lambda = \dfrac{y}{2}$. Da $y = 250$, folgt $\lambda = 125$, d.h. die approximative Erhöhung des Nutzens ist 125.

[4]

a) Die Nebenbedingung ist $5x_1 + 10x_2 = 1000$. Damit ist die Lagrangefunktion $\mathcal{L} = x_1x_2 + x_1 + 2x_2 + 2 - \lambda(5x_1 + 10x_2 - 1000)$. Die Bedingungen erster Ordnung sind abgesehen von der Nebenbedingung $\dfrac{\partial \mathcal{L}}{\partial x_1} = x_2 + 1 - 5\lambda = 0 \iff \lambda = \dfrac{1}{5}x_2 + \dfrac{1}{5}$ und

$\dfrac{\partial \mathcal{L}}{\partial x_2} = x_1 + 2 - 10\lambda = 0 \iff \lambda = \dfrac{1}{10}x_1 + \dfrac{1}{5}$. Gleichsetzen der beiden Werte für λ

ergibt $\dfrac{1}{5}x_2 + \dfrac{1}{5} = \dfrac{1}{10}x_1 + \dfrac{1}{5} \iff x_1 = 2x_2$. Einsetzen in die Nebenbedingung ergibt

$10x_2 + 10x_2 = 1000 \iff 20x_2 = 1000 \iff x_2 = 50$ und damit $x_1 = 2 \cdot 50 = 100$

und $\lambda = \dfrac{1}{5}x_2 + \dfrac{1}{5} = 10 + 0.2 = 10.2$. Die Lösung ist also $(x_1^*, x_2^*) = (100, 50)$ mit $\lambda = 10.2$.

b) $U^* = U(x_1^*, x_2^*) = U(100, 50) = 100 \cdot 50 + 100 + 2 \cdot 50 + 2 = 5\,202$.

c) Nach (14.2.3) ist $dU^* \approx \lambda \cdot dc = 10.2 \cdot 5 = 51$.

[5] Die Lagrange Funktion ist nach (14.1.2): $\mathcal{L}(x, y) = \dfrac{1}{3}x^3 + xy^2 - x + 1 - \lambda\left(x^2 + y^2 - a\right)$. Die Bedingungen erster Ordnung sind:

(1) $\dfrac{\partial \mathcal{L}}{\partial x} = x^2 + y^2 - 1 - 2\lambda x = 0$

(2) $\dfrac{\partial \mathcal{L}}{\partial y} = 2xy - 2\lambda y = 0 \iff y \cdot (2x - 2\lambda) = 0 \iff y = 0$ oder $2x = 2\lambda$

(3) $x^2 + y^2 = a$ (Nebenbedingung)

Da laut Aufgabenstellung davon ausgegangen werden kann, dass $y = 0$ ist, ist die Gleichung (2) durch $y = 0$ gelöst. Einsetzen in die Nebenbedingung ergibt $x^2 = a \iff$

$x = \pm\sqrt{a}$. Die Lösung $x = -\sqrt{a}$ entfällt, da laut Aufgabenstellung $x > 0$ ist. Somit ergibt sich als Lösungskandidat $(x, y) = (\sqrt{a}, 0)$. Einsetzen in (1) ergibt $a + 0 - 1 - 2\lambda\sqrt{a} = 0 \iff 2\lambda\sqrt{a} = a - 1 \iff \lambda = \dfrac{a-1}{2\sqrt{a}}$. Die Ableitung der Optimalwertfunktion nach der Konstanten in der Nebenbedingung ist nach (14.2.2) gleich λ, d.h. $\dfrac{df^*(a)}{da} = \lambda(a)$.

Alternative Lösung: Die Optimalwertfunktion ist $f^*(a) = f^*(x^*(a), y^*(a)) = \dfrac{1}{3}a^{(3/2)} - \sqrt{a} + 1$. Die Ableitung der Optimalwertfunktion ergibt $\dfrac{df^*(a)}{da} = \dfrac{\sqrt{a}}{2} - \dfrac{1}{2\sqrt{a}} = \dfrac{a-1}{2\sqrt{a}}$.

[6] Der gesuchte Zuwachs ist nach (14.2.3) gleich dem Lagrange-Multiplikator λ. Die Lagrangefunktion ist nach (14.1.2) $\mathcal{L} = 120KL - \lambda(2K + 5L - 120)$. Die partiellen Ableitungen der Lagrange-Funktion nach K und L müssen 0 sein. Hier reicht eine Gleichung aus, um λ zu bestimmen. $\dfrac{\partial\mathcal{L}}{\partial K} = 120L - 2\lambda = 0 \iff 2\lambda = 120L \iff \lambda = 60L = 60 \cdot 12 = 720$.

[7] Nach Gleichung (14.2.3) ist die Änderung der Optimalwertfunktion $f^*(c + dc) - f^*(c) \approx \lambda(c)dc$. Hier ist c die Konstante in der Nebenbedingung, also $c = 8$, die um 25% auf 10 geändert werden soll, d.h. $dc = 2$. Das Maximum ergab sich für $\lambda = \dfrac{3}{2}$. Also ist $f^*(8 + 2) - f^*(8) \approx \dfrac{3}{2} \cdot 2 = 3$.

14.3 Mehrere Lösungskandidaten

[1] Die Lagrangefunktion ist $\mathcal{L}(x, y) = x^3 - x^2 - y^2 - \lambda(x^2 + y^2 - 16)$. Nullsetzen der partiellen Ableitung ergibt zusammen mit der Nebenbedingung ein Gleichungssystem mit drei Gleichungen und drei Unbekannten

(i) $\mathcal{L}_1' = 3x^2 - 2x - 2\lambda x = 0 \iff x(3x - 2 - 2\lambda) = 0$

(ii) $\mathcal{L}_2' = -2y - 2\lambda y = 0 \iff -2y(1 + \lambda) = 0$

(iii) $x^2 + y^2 = 16$

Aus der ersten Gleichung schließen wir, dass entweder $x = 0$ ist oder $3x - 2 - 2\lambda = 0$. Aus der zweiten Gleichung schließen wir, dass entweder $-2y = 0 \iff y = 0$ ist oder $1 + \lambda = 0 \iff \lambda = -1$. Insgesamt lassen sich daraus vier Kombinationen finden.

1.) $x = 0$ und $y = 0$. Diese Kombination hat keine Lösung, da $0^2 + 0^2 \neq 16$, d.h. die Nebenbedingung ist nicht erfüllt.

2.) $x = 0$ und $\lambda = -1$. Durch Einsetzen von $x = 0$ in die Nebenbedingung ergibt sich $y^2 = 16 \iff y = \pm 4$, so dass wir zwei Lösungskandidaten gefunden haben $(0, 4, -1)$ und $(0, -4, -1)$.

3.) $y = 0$ und $3x - 2 - 2\lambda = 0$. Durch Einsetzen von $y = 0$ in die Nebenbedingung ergibt sich $x^2 = 16 \iff x = \pm 4$. Mit den beiden x−Werten können nun die zugehörigen λ Werte bestimmt werden. Es gilt: $2\lambda = 3x - 2 \iff \lambda = \dfrac{3}{2}x - 1 \Rightarrow$

$\lambda_1 = \dfrac{3}{2} \cdot 4 - 1 = 5$ oder $\lambda_2 = \dfrac{3}{2} \cdot (-4) - 1 = -7$. Die zwei Lösungskandidaten lauten $(4, 0, 5)$ und $(-4, 0, -7)$

4.) $\lambda = -1$ und $(3x - 2 - 2\lambda) = 0 \iff 3x = 2 + 2\lambda \iff x = \dfrac{2}{3} + \dfrac{2}{3}\lambda = \dfrac{2}{3} - \dfrac{2}{3} = 0$.

Einsetzen in die Nebenbedingung liefert $y^2 = 16 \iff y = \pm 4$. Die Lösungen des vierten Falles stimmen mit den Lösungen des zweiten Falles überein.

14.4 Warum die Methode der Lagrange-Multiplikatoren funktioniert

[1]

a) Es gilt $x + y = 3 \iff x = 3 - y$. Einsetzen ergibt für die Zielfunktion $12(3 - y)\sqrt{y} = 36\sqrt{y} - 12y\sqrt{y} = 36y^{1/2} - 12y^{3/2}$. Ableiten ergibt $18y^{-1/2} - 18y^{1/2} = \dfrac{18}{\sqrt{y}} - 18\sqrt{y} = 18 \cdot \dfrac{1-y}{\sqrt{y}} = 0 \iff y = 1$. Dann ist $x = 3 - y = 2$. Das Vorzeichen der 1. Ableitung wechselt an der Stelle 1 von $+$ auf $-$, so dass nach Theorem 8.2.1 ein Maximum vorliegt.

b) Es gilt $x + 2y = 4 \iff x = 4 - 2y$. Einsetzen in die Zielfunktion ergibt $(4 - 2y)^2 + y^2 = 16 - 16y + 4y^2 + y^2 = 5y^2 - 16y + 16$ mit der Ableitung $10y - 16 = 0 \iff y = 16/10 = 1.6 = 8/5$. Dann ist $x = 4 - 2 \cdot 1.6 = 0.8 = 4/5$. Die 2. Ableitung ist $10 > 0$, so dass nach Theorem 8.2.2 ein Minimum vorliegt (die Funktion ist konvex).

c) Es gilt $y = 12 - x$. Einsetzen in die Zielfunktion ergibt $x^2 + 2(12 - x)^2 = x^2 + 2(144 - 24x + x^2) = 3x^2 - 48x + 288$. Ableiten ergibt $6x - 48 = 0 \iff x = 8$ und damit $y = 12 - 8 = 4$. Die Ableitung $6x - 48$ wechselt an der Stelle 8 das Vorzeichen von $-$ auf $+$, so dass nach Theorem 8.2.1 ein Minimum vorliegt.

d) Es gilt $y = 100 - x$. Einsetzen in die Zielfunktion ergibt $x^2 + 3x(100 - x) + (100 - x)^2 = x^2 + 300x - 3x^2 + 10\,000 - 200x + x^2 = -x^2 + 100x + 10\,000$. Ableiten ergibt $-2x + 100 = 0 \iff x = 50$ und damit $y = 100 - 50 = 50$. Die Ableitung $-2x + 50$ wechselt an der Stelle 50 das Vorzeichen von $+$ auf $-$, so dass nach Theorem 8.2.1 ein Maximum vorliegt.

14.5 Hinreichende Bedingungen

[1] Die Lagrange-Funktion ist nach (14.1.2) $\mathscr{L}(x, y) = x^2 + y^2 - \lambda(x + 2y - 8)$. Die Bedingungen erster Ordnung sind dann:

(1) $\dfrac{\partial \mathscr{L}}{\partial x} = 2x - \lambda = 0 \iff x = \dfrac{1}{2}\lambda$

(2) $\dfrac{\partial \mathscr{L}}{\partial y} = 2y - 2\lambda = 0 \iff y = \lambda$

(3) $x + 2y - 8 = 0$ (Nebenbedingung)

Einsetzen von (1) und (2) in (3) ergibt: $\frac{1}{2}\lambda + 2\lambda - 8 = \frac{5}{2}\lambda - 8 = 0 \iff \lambda = 3.2$. Einsetzen in (1) und (2) ergibt $x = 1.6$ und $y = 3.2$. Es ist tatsächlich das Minimum gefunden, denn die Nebenbedingung stellt eine Gerade dar und es wird der minimale quadrierte Abstand dieser Geraden vom Ursprung $(0, 0)$ gesucht.

[2] Die Lagrangefunktion ist $\mathcal{L} = x^2 + y^2 - \lambda \cdot (x + y - 1)$. Die notwendigen Bedingungen sind:

1.) $\mathcal{L}'_1 = 2x - \lambda = 0 \iff \lambda = 2x$

2.) $\mathcal{L}'_2 = 2y - \lambda = 0 \iff \lambda = 2y$

3.) $x + y = 1$

Aus den beiden ersten Gleichungen folgt $x = y$. Einsetzen in die dritte Gleichung ergibt $x + x = 1 \iff x = \frac{1}{2}$ und damit $y = \frac{1}{2}$ und $\lambda = 2 \cdot \frac{1}{2} = 1$. Die Nebenbedingung stellt die Gerade $y = -x + 1$ mit der Steigung -1 und dem y-Achsenabschnitt 1 dar. Die Zielfunktion $x^2 + y^2$ ist das Quadrat des Abstandes eines Punktes (x, y) vom Ursprung $(0, 0)$. Gesucht ist also der maximale oder minimale quadrierte Abstand eines Punktes auf der Geraden vom Ursprung. Es ist klar, dass es kein Maximum, sondern nur ein Minimum gibt. Der minimale Abstand ist mit der gestrichelten Linie eingezeichnet.

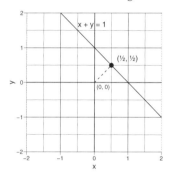

[3] Die Lagrange-Funktion ergibt sich nach (14.1.2) als $\mathcal{L}(x, y) = 6x^{1/4}y^{1/2} - \lambda(3x + 2y - m)$. Die drei Bedingungen für Konkavität ergeben sich aus Theorem 14.5.1 und Theorem 13.2.1: $\mathcal{L}''_{xx}(x, y) \leq 0$; $\mathcal{L}''_{yy}(x, y) \leq 0$ und $\mathcal{L}''_{xx}(x, y) \cdot \mathcal{L}''_{yy}(x, y) - \left(\mathcal{L}''_{xy}(x, y)\right)^2 \geq 0$. Hierfür benötigen wir zunächst die beiden partiellen Ableitungen erster Ordnung. $\mathcal{L}'_x(x, y) = \frac{3}{2}x^{-3/4}y^{1/2} - 3\lambda$ und $\mathcal{L}'_y(x, y) = 3x^{1/4}y^{-1/2} - 2\lambda$. Danach benötigen wir sämtliche partiellen Ableitungen zweiter Ordnung. $\mathcal{L}''_{xx}(x, y) = -\frac{9}{8}x^{-7/4}y^{1/2} \leq 0$ für $x \geq 0$ und $y \geq 0$; $\mathcal{L}''_{yy}(x, y) = -\frac{3}{2}x^{1/4}y^{-3/2} \leq 0$ für $x \geq 0$ und $y \geq 0$ und $\mathcal{L}''_{xy}(x, y) = \mathcal{L}''_{yx}(x, y) = \frac{3}{4}x^{-3/4}y^{-1/2}$. Die ersten beiden Bedingungen sind erfüllt. Einsetzen in die dritte Bedingung mit $x \geq 0$ und $y \geq 0$ ergibt: $\left(-\frac{9}{8}x^{-7/4}y^{1/2}\right) \cdot \left(-\frac{3}{2}x^{1/4}y^{-3/2}\right) - \left(\frac{3}{4}x^{-3/4}y^{-1/2}\right)^2 = \frac{27}{16}x^{-3/2}y^{-1} - \frac{9}{16}x^{-3/2}y^{-1} = \frac{9}{8}x^{-3/2}y^{-1} \geq 0$. Daraus folgt: Die Funktion ist konkav.

[4]

a) Als Lösungen ergeben sich die Schnittpunkte der Geraden, die durch den Mittelpunkt des Kreises und den gegebenen Punkt verläuft, mit dem Kreis (also der Nebenbedingung).

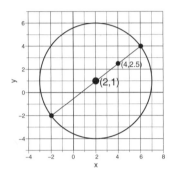

Wir lesen ab: Der Minimumpunkt ist $x^* = 6$, $y^* = 4$ mit dem Minimalwert $(x^* - 4)^2 + (y^* - 2.5)^2 = (6 - 4)^2 + (4 - 2.5)^2 = 6.25 = (2.5)^2$ und der Maximumpunkt ist $x^* = -2$, $y^* = -2$ mit dem Maximalwert $(x^* - 4)^2 + (y^* - 2.5)^2 = (-2 - 4)^2 + (-2 - 2.5)^2 = 56.25 = (7.5)^2$.

b) Die Lagrange-Funktion ist $\mathcal{L}(x, y, \lambda) = (x - 4)^2 + (y - 2.5)^2 - \lambda \cdot ((x - 2)^2 + (y - 1)^2 - 25)$. Die notwendigen Bedingungen sind

(1) $\mathcal{L}'_x = 2(x - 4) - 2\lambda(x - 2) = 0$

(2) $\mathcal{L}'_y = 2(y - 2.5) - 2\lambda(y - 1) = 0$

(3) $(x - 2)^2 + (y - 1)^2 = 25$

Für den Lagrange-Multiplikator muss entsprechend (1) und (2) gelten $\lambda = \dfrac{x^* - 4}{x^* - 2} = \dfrac{y^* - 2.5}{y^* - 1}$.

Einsetzen der Lösungen aus a) ergibt für $x^* = 6$, $y^* = 4$ den Lagrange-Multiplikator $\lambda = \dfrac{6 - 4}{6 - 2} = \dfrac{4 - 2.5}{4 - 1} = \dfrac{1}{2}$. Einsetzen in (1) liefert $2(x^* - 4) - 2\lambda(x^* - 2) = 2(6 - 4) - 2\dfrac{1}{2}(6 - 2) = 0$. Einsetzen in (2) liefert $2(y^* - 2.5) - 2\lambda(y^* - 1) = 2(4 - 2.5) - 2\dfrac{1}{2}(4 - 1) = 0$.

Für den Punkt $x^* = -2$, $y^* = -2$ erhalten wir $\lambda = \dfrac{-2 - 4}{-2 - 2} = \dfrac{-2 - 2.5}{-2 - 1} = \dfrac{3}{2}$.

Einsetzen in (1) liefert $2(x^* - 4) - 2\lambda(x^* - 2) = 2(-2 - 4) - 2\dfrac{3}{2}(-2 - 2) = 0$ und

Einsetzen in (2) ergibt $2(y^* - 2.5) - 2\lambda(y^* - 1) = 2(-2 - 2.5) - 2\dfrac{3}{2}(-2 - 1) = 0$. Damit sind die notwendigen Bedingungen erfüllt.

c) Der Extremwertsatz kann angewendet werden, denn die zulässige Menge ist abgeschlossen und beschränkt, so dass die stetige Zielfunktion ihr globales Maximum und Minimum annimmt. Da nur zwei stationäre Punkte existieren, haben wir die globalen Extrempunkte gefunden.

14.6 Zusätzliche Variablen und zusätzliche Nebenbedingungen

[1] Die Lagrange-Funktion ist nach (14.6.8) $\mathscr{L} = x^2 + y^2 + z^2 - \lambda_1(x + y + z) - \lambda_2(2x - y + z - 14)$. Nullsetzen der partiellen Ableitungen (14.6.9) ergibt:

$$\mathscr{L}'_1 = 2x - \lambda_1 - 2\lambda_2 = 0$$
$$\mathscr{L}'_2 = 2y - \lambda_1 + \lambda_2 = 0$$
$$\mathscr{L}'_3 = 2z - \lambda_1 - \lambda_2 = 0$$

Addition bzw. Subtraktion der zweiten und dritten Gleichung ergibt $2y + 2z - 2\lambda_1 = 0 \iff \lambda_1 = y + z = -5 + 1 = -4$ bzw. $2y - 2z + 2\lambda_2 = 0 \iff \lambda_2 = z - y = 1 + 5 = 6$.

[2] Die Lagrange-Funktion ist $\mathscr{L} = x + 2z - \lambda_1(x + y + z - 1) - \lambda_2(y^2 + z - 1/2)$. Die notwendigen Bedingungen sind nach (14.6.3)

1.) $\mathscr{L}'_x = 1 - \lambda_1 = 0 \iff \lambda_1 = 1$

2.) $\mathscr{L}'_y = -\lambda_1 - 2y\lambda_2 = 0$. Mit 1.) folgt $y = \dfrac{-1}{2\lambda_2}$. Beachten Sie, dass λ_2 nicht 0 sein kann.

3.) $\mathscr{L}'_z = 2 - \lambda_1 - \lambda_2 = 0$. Mit 1.) folgt $\lambda_2 = 2 - 1 = 1$. Mit 2.) folgt dann $y = -\dfrac{1}{2}$.

4.) $x + y + z = 1$

5.) $y^2 + z = 1/2$. Da $y = -\dfrac{1}{2}$, folgt $\dfrac{1}{4} + z = \dfrac{1}{2}$ und somit $z = \dfrac{1}{4}$. Einsetzen in 4.) ergibt $x - \dfrac{1}{2} + \dfrac{1}{4} = 1$ und damit $x = \dfrac{5}{4}$.

Die Lösung ist also $(x^*, y^*, z^*) = \left(\dfrac{5}{4}, -\dfrac{1}{2}, \dfrac{1}{4}\right)$ mit $\lambda_1 = \lambda_2 = 1$.

[3] Die Lagrange-Funktion ist $\mathscr{L}(x, y, z) = x + y + z^2 - \lambda(x^2 + y^2 + z^2 - 1)$. Außer der Nebenbedingung $x^2 + y^2 + z^2 = 1$ sind die folgenden drei Bedingungen zu erfüllen:

(1) $\dfrac{\partial \mathscr{L}}{\partial x} = 1 - 2\lambda x = 0 \iff \lambda = \dfrac{1}{2x}$, denn $x = 0$ ist wegen $2\lambda x = 1$ unmöglich.

(2) $\dfrac{\partial \mathscr{L}}{\partial y} = 1 - 2\lambda y = 0 \iff \lambda = \dfrac{1}{2y}$, denn $y = 0$ ist wegen $2\lambda y = 1$ unmöglich.

(3) $\dfrac{\partial \mathscr{L}}{\partial z} = 2z - 2\lambda z = 2z(1 - \lambda) = 0 \iff z = 0$ oder $\lambda = 1$.

Aus (1) und (2) folgt $x = y$. Ausgehend von Gleichung (3) untersuchen wir die Fälle $z = 0$ und $\lambda = 1$.

1. Fall: $z = 0$. Einsetzen in die Nebenbedingung ergibt unter Beachtung von $x = y$, dass $x^2 + x^2 + 0^2 = 1 \iff 2x^2 = 1 \iff x^2 = \dfrac{1}{2} \iff x = 1/\sqrt{2}$ oder $x = -1/\sqrt{2}$.

Für $x = 1/\sqrt{2}$ ist $y = x = 1/\sqrt{2}$ und $\lambda = \dfrac{1}{2x} = \dfrac{1}{2/\sqrt{2}} = \dfrac{\sqrt{2}}{2} = \dfrac{1}{\sqrt{2}}$, d.h. der erste Kandidat ist $(x, y, z, \lambda) = \left(\dfrac{1}{\sqrt{2}}, \dfrac{1}{\sqrt{2}}, 0, \dfrac{1}{\sqrt{2}}\right)$. Für $x = -1/\sqrt{2}$ ist $y = x = -1/\sqrt{2}$ und $\lambda = \dfrac{1}{2x} = -\dfrac{1}{\sqrt{2}}$, d.h. der zweite Kandidat ist $(x, y, z, \lambda) = \left(-\dfrac{1}{\sqrt{2}}, -\dfrac{1}{\sqrt{2}}, 0, -\dfrac{1}{\sqrt{2}}\right)$.

2. Fall: $\lambda = 1$. Wie oben folgt aus (1) und (2) $\lambda = \dfrac{1}{2x} = \dfrac{1}{2y} \iff x = y = \dfrac{\lambda}{2} = \dfrac{1}{2}$.

Wegen der Nebenbedingung muss $x^2 + y^2 + z^2 = \dfrac{1}{4} + \dfrac{1}{4} + z^2 = 1$ gelten, d.h. $z^2 = \dfrac{1}{2}$, d.h.

$z = \dfrac{1}{\sqrt{2}}$ oder $z = -\dfrac{1}{\sqrt{2}}$, d.h. die weiteren Kandidaten sind $(x, y, z, \lambda) = \left(\dfrac{1}{2}, \dfrac{1}{2}, \dfrac{1}{\sqrt{2}}, 1\right)$

und $(x, y, z, \lambda) = \left(\dfrac{1}{2}, \dfrac{1}{2}, -\dfrac{1}{\sqrt{2}}, 1\right)$.

[4] Die Lagrangefunktion ist $\mathscr{L} = x^2 + y^2 + z^2 - \lambda_1(x + y + z - 30) + \lambda_2(x - y - z - 10)$.
Nullsetzen der partiellen Ableitungen der Lagrangefunktion ergibt:

$\mathscr{L}_1'(x, y, z) = 2x - \lambda_1 - \lambda_2 = 0 \iff 2x = \lambda_1 + \lambda_2$ (i)

$\mathscr{L}_2'(x, y, z) = 2y - \lambda_1 + \lambda_2 = 0 \iff 2y = \lambda_1 - \lambda_2$ (ii)

$\mathscr{L}_3'(x, y, z) = 2z - \lambda_1 + \lambda_2 = 0 \iff 2z = \lambda_1 - \lambda_2$ (iii)

Aus (ii) und (iii) folgt $y = z$. Einsetzen in die Nebenbedingungen $x + y + z = 30$ und $x - y - z = 10$ ergibt $x + 2y = 30$ (iv) und $x - 2y = 10$ (v). Addition von (iv) und (v) ergibt: $2x = 40 \iff x = 20$. Aus (iv) folgt dann $2y = 30 - x = 10 \iff y = 5$. Damit ist auch $z = y = 5$. Einsetzen in (i) und (ii) ergibt $\lambda_1 + \lambda_2 = 40$ (vi) und $\lambda_1 - \lambda_2 = 10$ (vii). Addition von (vi) und (vii) ergibt $2\lambda_1 = 50 \iff \lambda_1 = 25$. Einsetzen in (vi) oder (vii) ergibt $\lambda_2 = 15$. Damit ist die Lösung $(x^*, y^*, z^*, \lambda_1, \lambda_2) = (20, 5, 5, 25, 15)$. Wie in Beispiel 14.6.4 sieht man, dass man die Lösung des Minimierungsproblems gefunden hat: Die beiden Nebenbedingungen stellen jeweils eine Ebene dar, die eine Schnittgerade gemeinsam haben. Gesucht ist der minimale oder maximale Abstand dieser Geraden vom Ursprung. Es gibt kein Maximum, sondern nur ein Minimum.

[5] Die Lagrangefunktion ist $\mathscr{L} = x^2 + x + y^2 + z^2 - \lambda(x^2 + 2y^2 + 2z^2 - 16)$. Außer der Nebenbedingung $x^2 + 2y^2 + 2z^2 = 16$ sind die folgenden Gleichungen zu erfüllen:

(1) $\dfrac{\partial \mathscr{L}}{\partial x} = 2x + 1 - 2\lambda x = 0 \iff 2x(1 - \lambda) + 1 = 0$

(2) $\dfrac{\partial \mathscr{L}}{\partial y} = 2y - 4\lambda y = 0 \iff 2y(1 - 2\lambda) = 0$

(3) $\dfrac{\partial \mathscr{L}}{\partial z} = 2z - 4\lambda z = 0 \iff 2z(1 - 2\lambda) = 0$

Damit die beiden letzten Gleichungen (2) und (3) erfüllt sind, muss entweder $\lambda = \dfrac{1}{2}$ sein oder $y = z = 0$.

1. Fall: Wenn $\lambda = \dfrac{1}{2}$, so folgt aus Gleichung (1), dass $2x \cdot \dfrac{1}{2} + 1 = x + 1 = 0 \iff x = -1$. Aus der Nebenbedingung folgt, dass $1 + 2y^2 + 2z^2 = 16$, also $y^2 + z^2 = \dfrac{15}{2} = 7.5$ sein muss. In diesem Fall sind also die Koordinaten nicht eindeutig bestimmt. Alle Punkte $(x, y, z) = (-1, y, z)$ mit $y^2 + z^2 = 7.5$ kommen als Kandidaten in Frage. Der Funktionswert für diese Punkte ist $f(-1, y, z) = (-1)^2 - 1 + y^2 + z^2 = 1 - 1 + 7.5 = 7.5$.

2. Fall: Wenn $y = z = 0$, folgt aus der Nebenbedingung $x^2 + 2 \cdot 0^2 + 2 \cdot 0^2 = x^2 = 16 \iff x = \pm 4$. Für $x = 4$ und $y = z = 0$ ist $f(4, 0, 0) = 16 + 4 = 20$, während $f(-4, 0, 0) = 16 - 4 = 12$. Vergleicht man alle Funktionswerte (siehe auch im 1. Fall), so ist $(4, 0, 0)$ der eindeutige Maximumpunkt.

[6] Einsetzen der Nebenbedingung $x = 2y$ in die Funktion $f(x, y, z) = x^2 + xy + z^2$ und in die andere Nebenbedingung $x + y + z = 10$ ergibt das Problem max(min) $6y^2 + z^2$ unter der Nebenbedingung $3y + z = 10$. Die Lagrange-Funktion ist nach (14.1.2) $\mathscr{L}(y, z) = 6y^2 + z^2 - \lambda(3y + z - 10)$. Die Bedingungen erster Ordnung sind dann:

(1) $\dfrac{\partial \mathscr{L}}{\partial y} = 12y - 3\lambda = 0 \iff \lambda = 4y$

(2) $\dfrac{\partial \mathscr{L}}{\partial z} = 2z - \lambda = 0 \iff \lambda = 2z$

(3) $3y + z = 10$ (Nebenbedingung)

Aus (1) und (2) folgt: $4y = 2z \iff z = 2y$ (4). Einsetzen in die Nebenbedingung ergibt: $3y + 2y = 10 \iff y = 2$. Aus (4) folgt $z = 2y = 4$, d.h. der Lösungskandidat ist $(y, z) = (2, 4)$. Der Funktionswert ist dann $6y^2 + z^2 = 6 \cdot 4 + 4^2 = 24 + 16 = 40$. Der Punkt $(y, z) = (3, 1)$ erfüllt die Nebenbedingung $3y + z = 10$, denn $3 \cdot 3 + 1 = 9 + 1 = 10$. Der Funktionswert ist $6y^2 + z^2 = 6 \cdot 3^2 + 1^2 = 55 > 40$, so dass der Lösungskandidat nur das Minimierungsproblem lösen kann. Die Lösung des ursprünglichen Probelms ist wegen der ursprünglichen zweiten Nebenbedingung $x = 2y = 4$ gegeben durch $(x, y, z) = (4, 2, 4)$.

[7] Hier ist $\mathscr{L}(x, y, z) = 4x^2 + 2y^2 + z^2 - \lambda_1(x + 2y + 2z - 100) - \lambda_2(x - y + z - 80)$. Nullsetzen der partiellen Ableitungen und die Nebenbedingungen ergeben die folgenden fünf Gleichungen:

(1) $\mathscr{L}_1' = 8x - \lambda_1 - \lambda_2 = 0 \iff \lambda_1 = 8x - \lambda_2$

(2) $\mathscr{L}_2' = 4y - 2\lambda_1 + \lambda_2 = 0 \iff \lambda_2 = -4y + 2\lambda_1$

(3) $\mathscr{L}_3' = 2z - 2\lambda_1 - \lambda_2 = 0 \iff \lambda_2 = 2z - 2\lambda_1$

(4) $x + 2y + 2z = 100$

(5) $x - y + z = 80$

Addition von (2) und (3) ergibt $2\lambda_2 = -4y + 2z \iff \lambda_2 = -2y + z$. Setzen wir dies in (1) ein, folgt $\lambda_1 = 8x - (-2y + z) = 8x + 2y - z$. Setzen wir die Werte für λ_1 und λ_2 in (3) ein, ergibt sich $2z - 2(8x + 2y - z) - (-2y + z) = 2z - 16x - 4y + 2z + 2y - z = -16x - 2y + 3z = 0 \iff 16x + 2y - 3z = 0$, d.h. als dritte Gleichung in x, y und z haben wir

(6) $16x + 2y - 3z = 0$

Addition der drei Gleichungen (4), (5) und (6) ergibt $18x + 3y = 180 \iff 6x + y = 60$. Indem wir das Doppelte von (5) von (4) abziehen, erhalten wir $-x + 4y = -60 \iff -6x + 24y = -360$, d.h. wir haben

(7) $\quad 6x + \quad y = \quad 60$

(8) $-6x + 24y = -360$

Addition von (7) und (8) ergibt $25y = -300 \iff y = -12$. Einsetzen in (7) ergibt $6x - 12 = 60 \iff 6x = 72 \iff x = 12$. Einsetzen in (5) ergibt $12 - (-12) + z = 80 \iff z = 80 - 24 = 56$. Damit ist (siehe oben) $\lambda_1 = 8x + 2y - z = 8 \cdot 12 + 2 \cdot (-12) - 56 = 96 - 24 - 56 = 16$ und $\lambda_2 = -2y + z = 24 + 56 = 80$. Der Lösungskandidat ist also $(12, -12, 56)$ mit $\lambda_1 = 16$ und $\lambda_2 = 80$.

Beide Nebenbedingungen beschreiben eine Ebene im Raum, die eine Schnittgerade gemeinsam haben. Für alle Punkte auf dieser Geraden soll der Ausdruck $4x^2 + y^2 + z^2$ maximiert oder minimiert werden. Da dieser Ausdruck beliebig groß werden kann, löst der Kandidat das Minimierungsproblem.

[8] Die Lagrangefunktion ist nach (14.6.2) $\mathcal{L}(x, y, z) = -\dfrac{1}{300}x^2 + 8x - \dfrac{3}{125}y^2 + 48y + 24z - 5\,000 - \lambda(x + 4y + 6z - 3\,300)$. Die Bedingung erster Ordnung sind:

(1) $\dfrac{\partial \mathcal{L}}{\partial x} = -\dfrac{1}{150}x + 8 - \lambda = 0$

(2) $\dfrac{\partial \mathcal{L}}{\partial y} = -\dfrac{6}{125}y + 48 - 4\lambda = 0$

(3) $\dfrac{\partial \mathcal{L}}{\partial z} = 24 - 6\lambda = 0 \iff \lambda = 4$

(4) $x + 4y + 6z = 3\,300$

Einsetzten von (3) in (1) bzw. (2) ergibt $-\dfrac{1}{150}x + 8 - \lambda = -\dfrac{1}{150}x + 8 - 4 = -\dfrac{1}{150}x + 4 = 0 \iff x = 600$ bzw. $-\dfrac{6}{125}y + 48 - 4\lambda = -\dfrac{6}{125}y + 48 - 4 \cdot 4 = -\dfrac{6}{125}y + 32 = 0 \iff y = 32 \cdot \dfrac{125}{6} = \dfrac{16 \cdot 125}{3} = \dfrac{2\,000}{3} \approx 666.667$. Einsetzen in die Nebenbedingung ergibt $600 + 4 \cdot \dfrac{2\,000}{3} + 6z = 3\,300 \iff 6z = 3\,300 - 600 - \dfrac{8\,000}{3} = \dfrac{9\,900 - 1\,800 - 8\,000}{3} = \dfrac{100}{3} \iff z = \dfrac{100}{18} = \dfrac{50}{9} \approx 5.556$. Damit ist der Kandidat $(x, y, z, \lambda) = (600, 2000/3, 50/9, 4)$.

14.7 Komparative Statik

[1] Die Lagrange-Funktion ist nach (14.1.2) $\mathcal{L} = rK + wL - \lambda(F(K, L) - Q)$. Nach dem Envelope-Theorem (14.7.6) ist die partielle Ableitung der Minimal-Kostenfunktion nach Q gleich der partiellen Ableitung der Lagrange-Funktion $\mathcal{L}(K^*, L^*, r, w, Q)$ nach Q und diese ist λ. Alternativ folgt das Resultat auch aus (14.7.3).

[2]

a) Nach (14.6.2) ist die Lagrangefunktion $\mathcal{L} = x^2 + y^2 + z - \lambda(x^2 + 2y^2 + 4z^2 - 1)$. Außer der Nebenbedingung $x^2 + 2y^2 + 4z^2 = 1$ sind also die folgenden Gleichungen zu erfüllen:

(1) $\dfrac{\partial \mathcal{L}}{\partial x} = 2x - 2\lambda x = 0 \iff 2x(1 - \lambda) = 0 \iff x = 0$ oder $\lambda = 1$

(2) $\dfrac{\partial \mathcal{L}}{\partial y} = 2y - 4\lambda y = 0 \iff 2y(1 - 2\lambda) = 0 \iff y = 0$ oder $\lambda = \dfrac{1}{2}$

(3) $\dfrac{\partial \mathcal{L}}{\partial z} = 1 - 8\lambda z = 0 \iff 8\lambda z = 1$

Wegen (1) und (2) sind die Fälle (A): $x = 0$ und $y = 0$; (B): $x = 0$ und $\lambda = \dfrac{1}{2}$ sowie (C): $y = 0$ und $\lambda = 1$ zu unterscheiden:

Fall (A): $x = 0$ und $y = 0$. Aus der Nebenbedingung folgt $0^2 + 2 \cdot 0^2 + 4z^2 = 1 \iff 4z^2 = 1 \iff z^2 = \frac{1}{4} \iff z_{1,2} = \pm\frac{1}{2}$. Für $z_1 = \frac{1}{2}$ folgt aus (3), dass $\lambda = \frac{1}{8z} = \frac{2}{8} = \frac{1}{4}$. Für $z_2 = -\frac{1}{2}$ folgt aus (3), dass $\lambda = -\frac{1}{8z} = -\frac{2}{8} = -\frac{1}{4}$. Somit haben wir zwei Kandidaten $\left(0, 0, \frac{1}{2}\right)$ mit $\lambda = \frac{1}{4}$ und $\left(0, 0, -\frac{1}{2}\right)$ mit $\lambda = -\frac{1}{4}$. Die Funktionswerte sind $f\left(0, 0, \frac{1}{2}\right) = 0 + 0 + \frac{1}{2} = \frac{1}{2}$ bzw. $f\left(0, 0, -\frac{1}{2}\right) = 0 + 0 - \frac{1}{2} = -\frac{1}{2}$.

Fall (B): $x = 0$ und $\lambda = \frac{1}{2}$. Aus (3) folgt $z = \frac{1}{8\lambda} = \frac{1}{4}$. Aus der Nebenbedingung $0^2 + 2y^2 + 4\left(\frac{1}{4}\right)^2 = 2y^2 + \frac{1}{4} = 1$ folgt $y^2 = \frac{3}{8} = \frac{6}{16} \iff y = \pm\frac{\sqrt{6}}{4}$. Dies führt zu den Kandidaten $\left(0, \pm\frac{\sqrt{6}}{4}, \frac{1}{4}\right)$ mit $\lambda = \frac{1}{2}$. Es gilt $f\left(0, \pm\frac{\sqrt{6}}{4}, \frac{1}{4}\right) = 0 + \frac{3}{8} + \frac{1}{4} = \frac{5}{8}$.

Fall (C): $y = 0$ und $\lambda = 1$. Aus (3) folgt $z = \frac{1}{8\lambda} = \frac{1}{8}$. Aus der Nebenbedingung folgt $x^2 + 2 \cdot 0^2 + 4\left(\frac{1}{8}\right)^2 = x^2 + \frac{1}{16} = 1 \iff x^2 = \frac{15}{16} \iff x_{1,2} = \pm\frac{\sqrt{15}}{4}$. Somit haben wir zwei weitere Kandidaten $\left(\frac{\sqrt{15}}{4}, 0, \frac{1}{8}\right)$ und $\left(-\frac{\sqrt{15}}{4}, 0, \frac{1}{8}\right)$, jeweils mit $\lambda = 1$. Die Funktionswerte sind $f\left(\frac{\sqrt{15}}{4}, 0, \frac{1}{8}\right) = \frac{15}{16} + 2 \cdot 0^2 + \frac{1}{8} = \frac{17}{16}$ und $f\left(-\frac{\sqrt{15}}{4}, 0, \frac{1}{8}\right) = \frac{15}{16} + 2 \cdot 0^2 + \frac{1}{8} = \frac{17}{16}$. Ein Vergleich mit Fall (A) und Fall (B) zeigt, dass das Maximum in diesen beiden Punkten angenommen wird, während das Minimum in $\left(0, 0, -\frac{1}{2}\right)$ mit $\lambda = -\frac{1}{4}$ angenommen wird.

b) Die Änderung des Maximalwertes ist nach (14.7.4) ungefähr $\lambda \cdot dc = 1 \cdot 0.02 = 0.02$, während die Änderung des Minimalwertes ungefähr $\lambda \cdot dc = -\frac{1}{4} \cdot 0.02 = -0.25 \cdot 0.02 = 0.005$ ist.

[3] Die Änderung des Maximalwertes ist nach (14.7.4) mit $dc_1 = 0.02$ und $dc_2 = -0.02$ ungefähr $\lambda_1 \cdot (0.02) + \lambda_2 \cdot (-0.02)$. Wir benötigen also die Werte der Lagrange-Multiplikatoren im Maximum. Die Lagrange-Funktion ist nach (14.6.8) $\mathscr{L} = e^x + y + z - \lambda_1(x + y + z - 1) - \lambda_2(x^2 + y^2 + z^2 - 1)$. Außen den Nebenbedingungen sind also die folgenden Gleichungen zu erfüllen:

(1) $\quad \dfrac{\partial \mathscr{L}}{\partial x} = e^x - \lambda_1 - 2\lambda_2 x = 0$

(2) $\quad \dfrac{\partial \mathscr{L}}{\partial y} = 1 - \lambda_1 - 2\lambda_2 y = 0$

(3) $\dfrac{\partial \mathscr{L}}{\partial z} = 1 - \lambda_1 - 2\lambda_2 z = 0$

Da $y^* = 0$, folgt aus Gleichung (2), dass $1 - \lambda_1 = 0 \Longleftrightarrow \lambda_1 = 1$ und damit aus (1), dass $e^1 - 1 - 2\lambda_2 \cdot 1 = 0 \Longleftrightarrow \lambda_2 = \dfrac{e-1}{2}$. Mit diesen Werten ergibt sich (siehe oben) für die ungefähre Änderung des Maximalwertes $1 \cdot (0.02) + \dfrac{e-1}{2} \cdot (-0.02) = 0.01(2 - e + 1) = 0.01(3 - e) = 0.002817182 \approx 0.0028$.

[**4**] Nach (14.7.4) gilt $f^*(c_1 + 1, c_2 + 1) - f^*(c_1, c_2) = \lambda_1(c_1, c_2) \cdot 1 + \lambda_2(c_1, c_2) \cdot 1 = 25 + 15 = 40$.

[**5**]

a) Nach (14.6.2) ist die Lagrange-Funktion $\mathscr{L}(x_1, x_2, x_3) = \ln(x_1 - 6) + 2\ln(x_2 - 5) + \ln(x_3 - 4) - \lambda(x_1 + x_2 + x_3 - 36)$. Nullsetzen der partiellen Ableitung ergibt zusammen mit der Nebenbedingung ein Gleichungssystem mit vier Gleichungen und vier Unbekannten

(i) $\mathscr{L}'_1 = 1/(x_1 - 6) - \lambda = 0 \Longleftrightarrow \lambda = 1/(x_1 - 6) \Longleftrightarrow x_1 = 1/\lambda + 6$

(ii) $\mathscr{L}'_2 = 2/(x_2 - 5) - \lambda = 0 \Longleftrightarrow \lambda = 2/(x_2 - 5) \Longleftrightarrow x_2 = 2/\lambda + 5$

(iii) $\mathscr{L}'_3 = 1/(x_3 - 4) - \lambda = 0 \Longleftrightarrow \lambda = 1/(x_3 - 4) \Longleftrightarrow x_3 = 1/\lambda + 4$

(iv) $x_1 + x_2 + x_3 = 36$

Einsetzen der ersten drei Gleichungen in die Nebenbedingung (iv) ergibt $1/\lambda + 6 + 2/\lambda + 5 + 1/\lambda + 4 = 36 \Longleftrightarrow 4\lambda = 21 \Longleftrightarrow \lambda = 4/21$. Mit diesem Wert können die entsprechenden Werte $x_1^* = 45/4$, $x_2^* = 31/2$ und $x_3^* = 37/4$ aus den Gleichungen (i–iii) bestimmt werden.

b) Die Änderung des Maximalwertes ist nach (14.7.3) ungefähr $\lambda(c)\,dc = (4/21) \cdot 1 = 4/21$.

14.8 Nichtlineare Programmierung: Ein einfacher Fall

[**1**] Die Lagrange-Funktion ist $\mathscr{L} = x^2 - y^2 + y - \lambda(x^2 + y^2 - 1)$. Nach (14.8.2 - 4) sind die notwendigen Bedingungen

(1) $\mathscr{L}'_x = 2x - 2\lambda x = 0 \Longleftrightarrow 2x(1 - \lambda) = 0 \Longleftrightarrow x = 0$ oder $\lambda = 1$

(2) $\mathscr{L}'_y = -2y + 1 - 2\lambda y = 0 \Longleftrightarrow 2y(1 + \lambda) = 1 \Longleftrightarrow y = \dfrac{1}{2(1 + \lambda)}$. Falls $y \neq 0$, folgt

$\lambda = \dfrac{1}{2y} - 1$.

(3) $\lambda \geq 0$ $(= 0$, wenn $x^2 + y^2 < 1)$

(4) $x^2 + y^2 \leq 1$

Wir unterscheiden wegen (1) die Fälle (A): $x = 0$ und (B): $\lambda = 1$.

Fall (A): $x = 0$. Wir unterscheiden hier noch einmal zwei Fälle (A1): Die Nebenbedingung ist bindend, d.h. $x^2 + y^2 = 1$ und Fall (A2): Die Nebenbedingung ist nicht bindend, d.h. $x^2 + y^2 < 1$.

Fall (A1): $x^2 + y^2 = 1 \Longrightarrow y^2 = 1$, da $x = 0$. Also gilt $y_{1,2} = \pm 1$. Aus (2) folgt in beiden Fällen ein negativer Wert für λ, was wegen der komplementären Schlupfbedingung (3) nicht sein darf.

Fall (A2): $x^2 + y^2 < 1$. Wegen der komplementären Schlupfbedingung (3) ist $\lambda = 0$. Aus (2) folgt $y = \dfrac{1}{2}$. Bedingung (4) ist erfüllt, so dass $\left(0, \dfrac{1}{2}\right)$ mit $\lambda = 0$ ein Lösungskandidat ist. Der Funktionswert ist $f\left(0, \dfrac{1}{2}\right) = 0^2 - \dfrac{1}{4} + \dfrac{1}{2} = \dfrac{1}{4}$.

Fall (B): $\lambda = 1$. Aus (2) folgt $y = \dfrac{1}{4}$. Da $\lambda = 1$, folgt aus der komplementären Schlupfbedingung $x^2 + y^2 = 1$. Denn: Wäre $x^2 + y^2 < 1$, müsste λ Null sein, was es jedoch nicht ist! Aus $x^2 + y^2 = 1$ und $y = \dfrac{1}{4}$ folgt $x^2 + \dfrac{1}{16} = 1 \iff x^2 = \dfrac{15}{16} \iff x_{1,2} = \pm\dfrac{\sqrt{15}}{4}$. Wir haben zwei weitere Kandidaten $\left(\pm\dfrac{\sqrt{15}}{4}, \dfrac{1}{4}\right)$ jeweils mit $\lambda = 1$ gefunden. Die Funktionswerte sind $f\left(\pm\dfrac{\sqrt{15}}{4}, \dfrac{1}{4}\right) = \dfrac{15}{16} - \dfrac{1}{16} + \dfrac{1}{4} = \dfrac{14}{16} + \dfrac{1}{4} = \dfrac{9}{8}$. Ein Vergleich mit dem Funktionswert in Fall (A2) zeigt, dass wir hier zwei Maximumpunkte und in Fall (A2) einen Minimumpunkt gefunden haben.

[2] Wir schreiben die Nebenbedingung als $x^2 + x + y \leq 10$. Damit ergibt sich für die Lagrange-Funktion $\mathscr{L}(x, y) = 5x + y - \lambda(x^2 + x + y - 10)$. Die Kuhn-Tucker-Bedingungen (14.8.2 - 14.8.3) sind demnach

(1) $\mathscr{L}'_1(x, y) = 5 - 2\lambda x - \lambda = 0$

(2) $\mathscr{L}'_2(x, y) = 1 - \lambda = 0$

(3) $\lambda \geq 0 \quad (= 0, \;\; \text{falls} \;\; x^2 + y + x < 10)$

Außerdem muss die Nebenbedingung erfüllt sein, d.h.

(4) $x^2 + x + y \leq 10$

Aus (2) folgt, dass $\lambda = 1$ ist. Aus (1) folgt dann $5 - 2 \cdot 1 \cdot x - 1 = 0 \iff x = 2$. Da die Bedingungen aus (3) komplementär sind, muss mindestens eine in Gleichheit gelten. Da $\lambda = 1 > 0$, muss gelten $x^2 + x + y = 10$. Mit $x = 2$ ergibt sich $4 + 2 + y = 10 \iff y = 4$. Die einzige Lösung (x^*, y^*) für das Problem ist $(2, 4)$ mit $\lambda = 1$.

[3] Die Lagrangefunktion ist $\mathscr{L}(x, y) = \sqrt{x} + \sqrt{y} - \lambda(10x + 5y - 150)$. Die notwendigen Bedingungen sind

(1) $\mathscr{L}'_1(x, y) = \dfrac{1}{2\sqrt{x}} - 10\lambda = 0 \iff \lambda = \dfrac{1}{20\sqrt{x}}$

(2) $\mathscr{L}'_2(x, y) = \dfrac{1}{2\sqrt{y}} - 5\lambda = 0 \iff \lambda = \dfrac{1}{10\sqrt{y}}$

(3) $\lambda \geq 0$ und $\lambda = 0$, falls $10x + 5y < 150$

(4) $10x + 5y \leq 150$

Wegen (1) und (2) gilt $\lambda > 0$, d.h. wegen (3) muss $10x + 5y = 150$ gelten. (Falls $10x + 5y < 150$ wäre, müsste $\lambda = 0$ sein.) Gleichsetzen der beiden Werte für λ aus (1) und (2) ergibt $20\sqrt{x} = 10\sqrt{y} \iff 2\sqrt{x} = \sqrt{y} \iff 4x = y$. Wir setzen dies in die Nebenbedingung (mit Gleichheit!) ein und erhalten $10x + 20x = 150 \iff 30x = 150 \iff x = 5$. Es folgt $y = 4x = 20$, d.h. die Lösung ist $(x^*, y^*) = (5, 20)$.

[4] Die Lagrange-Funktion ist $\mathcal{L}(x, y) = 8x + 9y - \lambda(4x^2 + 9y^2 - 100)$. Die notwendigen Bedingungen sind dann

(1) $\mathcal{L}'_1(x, y) = 8 - 8\lambda x = 0 \iff 8 = 8\lambda x \iff x = 1/\lambda$

(2) $\mathcal{L}'_2(x, y) = 9 - 18\lambda y = 0 \iff 18\lambda y = 9 \iff y = 1/(2\lambda)$

(3) $\lambda \geq 0$ und $\lambda = 0$, falls $4x^2 + 9y^2 < 100$

(4) $4x^2 + 9y^2 \leq 100$.

Aus (1) oder (2) ist zu sehen, dass $\lambda > 0$ sein muss, d.h. die Nebenbedingung ist mit Gleichheit erfüllt, d.h. $4x^2 + 9y^2 = 100$. Wir setzen die Werte für x und y aus (1) und (2) in die Nebenbedingung ein und erhalten $\dfrac{4}{\lambda^2} + \dfrac{9}{4\lambda^2} = 100 \iff \dfrac{16 + 9}{4\lambda^2} = 100 \iff$ $25 = 400\lambda^2 \iff \lambda^2 = \dfrac{25}{400} = \dfrac{1}{16} \iff \lambda = \dfrac{1}{4}$. Beachten Sie, dass wegen (3) kein negativer Wert für λ in Frage kommt. Einsetzen in (1) und (2) ergibt die Lösungen $x^* = 4$ und $y^* = 2$.

[5] Die Lagrange-Funktion ist $\mathcal{L}(x, y) = 4 - \dfrac{1}{2}x^2 - 4y - \lambda(6x - 4y - 12)$. Nullsetzen der partiellen Ableitungen ergibt

(1) $-x - 6\lambda = 0 \iff x = -6\lambda \implies x^* = -6$ wegen (2)

(2) $-4 + 4\lambda = 0 \iff \lambda = 1$

Die komplementäre Schlupfbedingung (14.8.3) ist

(3) $\lambda \geq 0$ und $\lambda = 0$, falls $6x - 4y < 12$

Da nach (2) $\lambda = 1$ ist, folgt aus (3), dass die Nebenbedingung mit Gleichheit erfüllt sein muss, d.h. $6x - 4y = 12$. Mit $x^* = -6$ ergibt sich $-36 - 4y^* = 12 \iff y^* = -12$.

14.9 Mehrere Nebenbedingungen in Ungleichheitsform

[1] Die erste Nebenbedingung entspricht einem Kreis mit Mittelpunkt $(-2, 3)$ und Radius 1. Die zweite Nebenbedingung ist äquivalent zu $x \leq 0$. Diese Bedingung wird von allen Punkten auf und links von der y-Achse erfüllt, insbesondere also von allen Punkten auf und innerhalb des Kreises. Die zulässige Menge ist in der Abbildung mit Z bezeichnet.

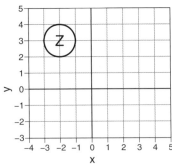

[2] Wir schreiben die Nebenbedingungen als $g_1(a, b) = -1\,950 + 4a + 3b \leq 0$ und $g_2(a, b) = 100 - \left(\dfrac{a}{30}\right)^2 - \left(\dfrac{b}{50}\right)^2 \leq 0$. Dann ist die Lagrange-Funktion

$$\mathcal{L}(a, b) = 40a - 0.02a^2 + 36b - 0.03b^2 - \lambda_1(-1\,950 + 4a + 3b) - \lambda_2\left(100 - \left(\frac{a}{30}\right)^2 - \left(\frac{b}{50}\right)^2\right).$$

Die Kuhn-Tucker-Bedingungen nach dem Rezept in Kap. 14.9 sind dann:

(1) $\mathcal{L}'_1(a, b) = 40 - 0.04a - 4\lambda_1 + \dfrac{1}{450}\lambda_2 a = 0$

(2) $\mathcal{L}'_2(a, b) = 36 - 0.06b - 3\lambda_1 + \dfrac{1}{1\,250}\lambda_2 b = 0$

(3) $\lambda_1 \geq 0$ $(= 0, \ \text{wenn } 4a + 3b < 1\,950)$

(4) $\lambda_2 \geq 0$ $\left(= 0, \ \text{wenn } \left(\dfrac{a}{30}\right)^2 + \left(\dfrac{b}{50}\right)^2 > 100\right)$

Wegen $\left(\dfrac{a}{30}\right)^2 + \left(\dfrac{b}{50}\right)^2 > 100$ gilt, $\lambda_2 = 0$. Eingesetzt in (1) und (2) ergibt sich:

(1) $40 - 0.04a - 4\lambda_1 = 0 \iff 4\,000 - 4a - 400\lambda_1 = 0 \iff a = 1000 - 100\lambda_1$

(2) $36 - 0.06b - 3\lambda_1 = 0 \iff 3\,600 - 6b - 300\lambda_1 \iff b = 600 - 50\lambda_1$

Da $\lambda_1 > 0$, folgt aus (3), dass $4a + 3b - 1\,950 = 0$. Mit (1) und (2) folgt $4(1\,000 - 100\lambda_1) + 3(600 - 50\lambda_1) - 1\,950 = 5\,800 - 550\lambda_1 - 1\,950 = 0 \iff \lambda_1 = 7$. Einsetzen in (i) und (ii) ergibt $a^* = 300$ und $b^* = 250$. Überzeugen Sie sich, dass die zweite Ungleichung für diese Werte, d.h. für $(300, 250)$ wirklich eine echte Ungleichung ist.

[3] Nach (14.9.4) gilt: Wenn $\dfrac{\partial f^*(\mathbf{c})}{\partial c_j}$ existiert, dann ist es gleich $\lambda_j(\mathbf{c})$ für $j = 1, ..., m$. Hier ändert sich die Konstante c_2 der zweiten Nebenbedingung um $\partial c_2 = 0.2$ und $\lambda_2 = 36$, so dass $\lambda_2 \cdot \partial c_2 = 36 \cdot 0.2 = 7.2$ die gesuchte approximative Änderung des Maximalwertes ist.

[4] Wir schreiben die Nebenbedingungen in der üblichen Form $-x + \dfrac{1}{4} \leq 0$ und $x + y - 3 \leq 0$. Damit ist die Lagrange-Funktion $\mathcal{L}(x, y) = 2x + y - \dfrac{1}{3}x^3 - xy - y^2 - \lambda_1(-x + \dfrac{1}{4}) - \lambda_2(x + y - 3)$. Die Kuhn-Tucker-Bedingungen sind dann

(1) $2 - x^2 - y + \lambda_1 - \lambda_2 = 0$

(2) $1 - x - 2y - \lambda_2 = 0$

(3) $\lambda_1 \geq 0$ und $\lambda_1 = 0$, falls $x > 1/4$

(4) $\lambda_2 \geq 0$ und $\lambda_2 = 0$, falls $x + y < 3$

Außerdem müssen die Nebenbedingungen erfüllt sein:

(5) $x \geq 1/4$

(6) $x + y \leq 3$

Da beide Nebenbedingungen nicht bindend sind, ergibt sich aus der (3) bzw. (4), dass $\lambda_1 = 0$ und $\lambda_2 = 0$. Einsetzen in (1) und (2) ergibt

(1) $\quad 2 - x^2 - y = 0 \iff y = 2 - x^2$

(2) $\quad 1 - x - 2y = 0 \iff x = 1 - 2y$

Einsetzen von (1) in (2) ergibt $x = 1 - 2(2 - x^2) \iff 2x^2 - x - 3 = 0$. Diese quadratische Gleichung hat die beiden Lösungen $x_1 = 3/2$ und $x_2 = -1$. Die zweite Lösung kommt nicht in Betracht, da die erste Nebenbedingung (siehe (5)) nicht erfüllt ist. Für $x = 3/2$ ergibt sich durch Einsetzen in (1), dass $y = 2 - (3/2)^2 = -1/4$. Die gesuchte Lösung ist somit $x^* = 3/2$ und $y^* = -1/4$. Beachten Sie, dass beide Nebenbedingungen (siehe (5) und (6)) erfüllt sind.

[5] Wenn man beachtet, dass die Minimierung einer Funktion f äquivalent zur Maximierung von $-f$ ist, ergibt sich für die Lagrange-Funktion $\mathscr{L} = -x^2 - x - y^2 - z^2 - \lambda(x^2 + 2y^2 + 2z^2 - 16)$. Die notwendigen Bedinungen sind nach (14.8.2-4)

(1) $\quad \dfrac{\partial \mathscr{L}}{\partial x} = -2x - 1 - 2\lambda x = 0 \iff 2x(1 + \lambda) + 1 = 0$

(2) $\quad \dfrac{\partial \mathscr{L}}{\partial y} = -2y - 4\lambda y = 0 \iff y(1 + 2\lambda) = 0$

(3) $\quad \dfrac{\partial \mathscr{L}}{\partial z} = -2z - 4\lambda z = 0 \iff z(1 + 2\lambda) = 0$

(4) $\quad \lambda \geq 0$ und $\lambda = 0$, wenn $x^2 + 2y^2 + 2z^2 < 16$

(5) $\quad x^2 + 2y^2 + 2z^2 \leq 16$

Da das Minimum laut Aufgabenstellung im Innern der zulässigen Menge liegt, d.h. $x^2 + 2y^2 + 2z^2 < 16$, muss wegen der komplementären Schlupfbedingung (4) $\lambda = 0$ gelten. Einsetzen von $\lambda = 0$ in (1) ergibt $2x + 1 = 0 \iff x = -\dfrac{1}{2}$, in (2) bzw. (3) $y = 0$ bzw. $z = 0$, d.h. die Lösung ist $(x^*, y^*, z^*) = (-1/2, 0, 0)$.

14.10 Nichtnegativitätsbedingungen

[1] Die Minimierung einer Funktion f ist äquivalent zur Maximierung von $-f$, d.h. unser Problem ist: $\max -(x-3)^2 - (y-3)^2$ unter der Nebenbedingung $\frac{1}{4}x + y \geq 10$ und der Nichtnegativitätsbedingung $x \geq 0$. Wir schreiben die Nebenbedingung als $g(x, y) = -\frac{1}{4}x - y + 10 \leq 0$. Dann ist die Lagrangefunktion $\mathscr{L}(x, y) = -(x-3)^2 - (y-3)^2 - \lambda\left(10 - y - \frac{1}{4}x\right)$. Die Kuhn- Tucker Bedingungen nach (14.10.3) und (14.10.4) sind dann

(i) $\mathscr{L}_1'(x, y) = -2(x-3) + \frac{1}{4}\lambda \leq 0$ $(= 0$, falls $x > 0)$

(ii) $\mathscr{L}_2'(x, y) = -2(y-3) + \lambda = 0 \iff \lambda = 2y - 6$

(iii) $\lambda \geq 0$ $(= 0$, wenn $y + \frac{1}{4}x > 10)$

Wir gehen nach der in Beispiel 14.9.3 empfohlenen Fallunterscheidung vor, d.h. wir unterscheiden, ob die beiden Bedingungen $\frac{1}{4}x + y \geq 10$ und $x \geq 0$ bindend sind oder nicht:

(I)   *Beide Bedingungen sind bindend.* Dann gilt $\frac{1}{4}x + y = 10$ und $x = 0$. Daraus folgt sofort $y = 10$ und aus (ii) folgt $-2(10-3) + \lambda = 0 \iff \lambda = 14 \geq 0$, d.h. wir haben $(x, y, \lambda) = (0, 10, 14)$. Die Bedingungen (i) - (iii) und die Nebenbedingungen sind erfüllt, d.h. wir haben einen Kandidaten gefunden.

(II)   *Bedingung 1 ist bindend, 2 nicht.* Dann gilt $\frac{1}{4}x + y = 10$ und $x > 0$, so dass wegen (i) $-2(x-3) + \frac{1}{4}\lambda = 0 \iff \frac{1}{4}\lambda = 2x - 6 \iff \lambda = 8x - 24$. Mit (ii) folgt $8x - 24 = 2y - 6 \iff 8x - 2y = 18 \iff 4x - y = 9$. Zusammen mit $\frac{1}{4}x + y = 10 \iff x + 4y = 40$ haben wir zwei lineare Gleichungen in x und y, nämlich $4x - y = 9$ und $x + 4y = 40$. Die erste gilt genau dann, wenn $y = 4x - 9$. Indem wir dies in die zweite Gleichung einsetzen, folgt $x + 4(4x - 9) = 40 \iff 17x = 76 \iff x = 76/17$. Einsetzen in $\lambda = -8x + 24$ führt zu einem negativen Wert für λ, was wegen (iii) nicht zulässig ist, so dass dieser Fall zu keinem Lösungskandidaten führt.

(III)   *Bedingung 2 ist bindend, 1 nicht.* Dann gilt $\frac{1}{4}x + y > 10$ und $x = 0$, so dass wegen (iii) $\lambda = 0$ gilt. Aus (ii) folgt dann $2y - 6 = 0 \iff y = 3$. Einsetzen in die linke Seite der Nebenbedingung ergibt $\frac{1}{4}x + y = 3 < 10$, d.h. die Nebenbedingung ist nicht erfüllt, so dass auch dieser Fall zu keinem Lösungskandidaten führt.

(IV)   *Beide Bedingungen sind nicht bindend.* Dann gilt $\frac{1}{4}x + y > 10$ und $x > 0$, so dass wegen (iii) $\lambda = 0$ gilt und wegen (i) dann $-2(x-3) = 0 \iff x = 3$ und wegen (ii) $-2(y-3) = 0 \iff y = 3$. Einsetzen in die linke Seite der Nebenbedingung ergibt $\frac{1}{4}x + y = \frac{3}{4} + 3 < 10$, d.h. die Nebenbedingung ist nicht erfüllt, so dass auch dieser Fall zu keinem Lösungskandidaten führt.

Der einzige Lösungskandidat ist $(0, 10)$ mit $\lambda = 14$.

[2] Zunächst stellt man die Lagrange-Funktion auf.

$\mathcal{L}(x, y) = \dfrac{2}{3}x - \dfrac{1}{2}x^2 + \dfrac{1}{12}y - \lambda_1(x-5) - \lambda_2(-x+y-1)$. Die notwendigen Bedingungen unter Beachtung der Nichtnegativitätsbedingungen für beide Variablen sind nach Kap. 14.10

(I) $\mathcal{L}'_1(x, y) = \dfrac{2}{3} - x - \lambda_1 + \lambda_2 \leq 0 \; (= 0, \text{ falls } x > 0)$

(II) $\mathcal{L}'_2(x, y) = \dfrac{1}{12} - \lambda_2 \leq 0 \; (= 0, \text{ falls } y > 0)$

(III) $\lambda_1 \geq 0$ und $\lambda_1 = 0$, falls $x < 5$

(IV) $\lambda_2 \geq 0$ und $\lambda_2 = 0$, falls $-x + y < 1$

(V) $x \leq 5$ (1. Nebenbedingung)

(VI) $-x + y \leq 1$ (2. Nebenbedingung)

Aus (II) folgt, dass $\lambda_2 \geq \dfrac{1}{12} > 0$ sein muss. Aus (IV) folgt dann $-x + y = 1 \iff$ $y = 1 + x \geq 1 > 0$, da $x \geq 0$. Aus (II) folgt $\lambda_2 = \dfrac{1}{12}$. Für die erste Nebenbedingung unterscheiden wir zwei Fälle A) $x < 5$ und B) $x = 5$.

Fall A) $x < 5 \implies \lambda_1 = 0$ wegen (III). Die erste Gleichung ergibt dann $\dfrac{2}{3} - x - 0 + \dfrac{1}{12} \leq$ $0 \iff x \geq \dfrac{3}{4} > 0$, d.h. (i) gilt mit dem Gleichheitszeichen, d.h. $x = \dfrac{3}{4}$, so dass $y = 1 + \dfrac{3}{4} = \dfrac{7}{4}$. Damit haben wir einen Lösungskandidaten $x^* = \dfrac{3}{4}$; $y^* = \dfrac{7}{4}$; $\lambda_1 = 0$ und $\lambda_2 = \dfrac{1}{12}$.

Fall B) $x = 5$, so dass $y = 1 + 5 = 6$. Gleichung (I) ergibt $\dfrac{2}{3} - 5 - \lambda_1 + \dfrac{1}{12} = 0 \iff$ $\lambda_1 = -\dfrac{17}{4} < 0$. Dies widerspricht Gleichung (III), nach der $\lambda_1 \geq 0$ sein muss, so dass es tatsächlich nur einen Lösungskandidaten gibt.

[3] Die Lagrange-Funktion ist $\mathcal{L}(x, y, z) = xy - y - z^2 - \lambda(x + y^2 + z^2 - 2)$. Die Kuhn-Tucker-Bedingungen sind dann

(i) $\mathcal{L}'_x = y - \lambda \leq 0 \; (= 0 \text{ falls } x > 0)$

(ii) $\mathcal{L}'_y = x - 1 - 2\lambda y = 0$

(iii) $\mathcal{L}'_z = -2z - 2\lambda z = 0 \iff z(1 + \lambda) = 0 \iff z = 0$, da wegen (iv) $\lambda \geq 0$.

(iv) $\lambda \geq 0 \; (= 0 \text{ falls } x + y^2 + z^2 < 2)$

Wir unterscheiden vier Fälle, je nachdem ob die Nebenbedingungen $x + y^2 + z^2 \leq 2$ und $x \geq 0$ bindend sind oder nicht.

Fall A: Beide Nebenbedingungen sind bindend, d.h. $x + y^2 + z^2 = 2$ und $x = 0$. Da $x = z = 0$, folgt aus der ersten Nebenbedingung $y^2 = 2$ und somit $y_{1,2} = \pm\sqrt{2}$.

Fall A1: $y = \sqrt{2}$. Aus (ii) folgt $-1 - 2\lambda\sqrt{2} = 0 \iff \lambda = -\dfrac{1}{4}\sqrt{2} < 0$, was wegen (iv) nicht sein darf, so dass dieser Fall zu keinem Lösungskandidaten führt.

Fall A2: $y = -\sqrt{2}$. Aus (ii) folgt $-1 - 2\lambda(-\sqrt{2}) = 0 \iff \lambda = \dfrac{1}{4}\sqrt{2}$. Damit haben wir als Lösungskandidaten $(x^*, y^*, z^*) = (0, -\sqrt{2}, 0)$ mit $\lambda = \dfrac{1}{4}\sqrt{2}$.

Fall B: Die erste Nebenbedingung ist bindend, die zweite Nebenbedingung ist nicht bindend, d.h. $x + y^2 + z^2 = 2$ und $x > 0$. Aus (i) folgt $y = \lambda$ und mit (ii) erhalten wir $x - 1 - 2y^2 = 0$ und somit $y_{1,2} = \lambda_{1,2} = \pm\sqrt{\dfrac{x-1}{2}}$. Da aber nach (iv) $\lambda \geq 0$, folgt $y = \lambda = \sqrt{\dfrac{x-1}{2}}$. Setzen wir das in die erste Nebenbedingung $x + y^2 = 2$ (beachten Sie, dass $z = 0$ ist) ein, ergibt sich $x + \dfrac{x-1}{2} = 2 \iff 2x + x - 1 = 4 \iff x = \dfrac{5}{3}$ und somit $y = \lambda = \sqrt{\dfrac{5/3 - 1}{2}} = \sqrt{\dfrac{1}{3}} = \dfrac{1}{3}\sqrt{3}$. Wir erhalten den Lösungskandidaten $(x^*, y^*, z^*) = \left(\dfrac{5}{3}, \dfrac{1}{3}\sqrt{3}, 0\right)$ mit $\lambda = \dfrac{1}{3}\sqrt{3}$.

Fall C: Die erste Nebenbedingung ist nicht bindend, die zweite ist bindend, d.h. $x + y^2 + z^2 < 2$ und $x = 0$. Aus (iv) folgt $\lambda = 0$ und mit (ii) ergibt sich der Widerspruch $-1 = 0$, so dass dieser Fall zu keinem Lösungskandidaten führt.

Fall D: Beide Nebenbedingungen sind nicht bindend, d.h. $x + y^2 + z^2 < 2$ und $x > 0$. Aus (iv) folgt $\lambda = 0$ und aus (i) folgt $y = \lambda = 0$. Aus (ii) folgt dann $x - 1 = 0 \iff x = 1$, so dass wir den Lösungskandidaten $(x^*, y^*, z^*) = (1, 0, 0)$ mit $\lambda = 0$ haben.

Einsetzen in die Zielfunktion ergibt für die drei Lösungskandidaten die Funktionswerte $f(0, -\sqrt{2}, 0) = 0 \cdot (-\sqrt{2}) - (-\sqrt{2}) - 0^2 = \sqrt{2} \approx 1.414$; $f\left(\dfrac{5}{3}, \dfrac{1}{3}\sqrt{3}, 0\right) = \dfrac{5}{3} \cdot \dfrac{1}{3}\sqrt{3} - \dfrac{1}{3}\sqrt{3} - 0^2 = \dfrac{2}{9}\sqrt{3} \approx 0.385$ und $f(1, 0, 0) = 1 \cdot 0 - 0 - 0^2 = 0$. Der Maximumpunkt ist demnach $(0, -\sqrt{2}, 0)$.

Lösungen zu den weiteren Aufgaben zu Kapitel 14

[1]

a) Lagrangefunktion: $\mathcal{L}(x, y) = x^2 + y^2 - \lambda(4x^2 + y^2 - 4)$. Notwendige Bedingungen:

(i) $\mathcal{L}_1'(x, y) = 2x - 8x\lambda = 2x(1 - 4\lambda) = 0 \iff x = 0$ oder $\lambda = 1/4$

(ii) $\mathcal{L}_2'(x, y) = 2y - 2y\lambda = 2y(1 - \lambda) = 0 \iff y = 0$ oder $\lambda = 1$

(iii) $4x^2 + y^2 = 4$

Der Fall $x = 0$ und $y = 0$ ist nicht möglich, da die Nebenbedingung dann nicht erfüllt ist.

1. Fall: $x = 0$ und $\lambda = 1$. Aus der Nebenbedingung folgt: $y^2 = 4 \iff y = \pm 2$.

2. Fall: $y = 0$ und $\lambda = 1/4$. Aus der Nebenbedingung folgt: $4x^2 = 4 \iff x^2 = 1 \iff x = \pm 1$.

Lösungskandidaten: $(0, \pm 2)$ mit $\lambda = 1$ und $(\pm 1, 0)$ mit $\lambda = 1/4$

b) Lagrangefunktion: $\mathcal{L}(x, y) = e^{-xy} - \lambda(x + y - 2)$. Notwendige Bedingungen:

(i) $\mathcal{L}_1'(x, y) = -ye^{-xy} - \lambda = 0 \iff \lambda = -ye^{-xy}$

(ii) $\mathcal{L}_2'(x, y) = -xe^{-xy} - \lambda = 0 \iff \lambda = -xe^{-xy}$

(iii) $x + y = 2$

Aus (i) und (ii) folgt $x = y$. Einsetzen in (iii) $2x = 2 \iff x = 1$ und damit auch $y = 1$ und $\lambda = -e^{-1} = -0.3678794$.

c) Beachten Sie, dass x und y symmetrisch in die Zielfunktion und in die Nebenbedingung eingehen, d.h. das Problem ändert sich nicht, wenn man x und y vertauscht. Demnach muss für die Lösungskandidaten gelten $x = y$. Einsetzen in die Nebenbedingung ergibt $2(x - 2)^2 = 2 \iff (x - 2)^2 = 1 \iff x - 2 = \pm 1$, d.h. $x = y = 3$ oder $x = y = 1$. Das Maximum wird offensichtlich für $(x, y) = (3, 3)$ erreicht. Zur Bestimmumg von λ benötigen wir die Lagrange-Funktion: $\mathscr{L} = x^2 + y^2 - \lambda\left[(x - 2)^2 + (y - 2)^2 - 2\right] = x^2 + y^2 - \lambda\left(x^2 - 4x + 4 + y^2 - 4y + 4 - 2\right) = x^2 + y^2 - \lambda(x^2 - 4x + y^2 - 4y + 6) \Rightarrow \mathscr{L}'_x = 2x - 2\lambda x + 4\lambda$. Für $x = 3$ ergibt sich $6 - 6\lambda + 4\lambda = 0 \iff \lambda = 3$.

[2] Das Optimierungsproblem ist $\min 2x + 8y$ unter $10\sqrt{x}\sqrt{y} = 800$. Lagrange-funktion: $\mathscr{L}(x, y) = 2x + 8y - \lambda(10\sqrt{x}\sqrt{y} - 800)$ Notwendige Bedingungen:

(i) $\mathscr{L}'_x(x, y) = 2 - 5\lambda\dfrac{\sqrt{y}}{\sqrt{x}} = 0$

(ii) $\mathscr{L}'_x(x, y) = 8 - 5\lambda\dfrac{\sqrt{x}}{\sqrt{y}} = 0$

(iii) $10\sqrt{x}\sqrt{y} = 800 \iff \sqrt{x}\sqrt{y} = 80$

Gleichung (i) lösen wir nach λ auf und erhalten $\lambda = \dfrac{2}{5} \cdot \dfrac{\sqrt{x}}{\sqrt{y}}$. Diesen Ausdruck für λ setzen wir in (ii) ein und erhalten: $8 - 2\dfrac{x}{y} = 0 \iff 2x = 8y \iff x = 4y$. Dies setzen wir in (iii) ein: $\sqrt{4y} \cdot \sqrt{y} = 2y = 80 \iff y = 40$. Dann ist $x = 4 \cdot 40 = 160$ und $\lambda = \dfrac{2}{5} \cdot \sqrt{\dfrac{x}{y}} = \dfrac{4}{5} = 0.8$.

[3] Lagrange-Funktion: $\mathscr{L}(x, y, z) = xz + yz - \lambda(x^2 + y^2 + z^2 - 1)$ Notwendige Bedingungen:

(I) $\mathscr{L}'_1(x, y, z) = z - 2\lambda x = 0$

(II) $\mathscr{L}'_2(x, y, z) = z - 2\lambda y = 0$

(III) $\mathscr{L}'_3(x, y, z) = x + y - 2\lambda z = 0$

(IV) $\lambda \geq 0$ und $\lambda = 0$, falls $x^2 + y^2 + z^2 < 1$

(V) $x^2 + y^2 + z^2 \leq 1$

Da $\lambda > 0$ laut Aufgabenstellung folgt aus (IV), dass $x^2 + y^2 + z^2 = 1$. Aus (I) und (II) folgt $x = y = \dfrac{z}{2\lambda}$. Einsetzen in (III) ergibt $\dfrac{z}{2\lambda} + \dfrac{z}{2\lambda} - 2\lambda z = 0 \iff \dfrac{2z - 4\lambda^2 z}{2\lambda} = 0 \iff 2z - 4\lambda^2 z = 0 \iff z(2 - 4\lambda^2) = 0 \iff z = 0$ oder $2 - 4\lambda^2 = 0 \iff \lambda^2 = 1/2 \iff \lambda = \pm\sqrt{1/2}$. Die negative Lösung fällt weg, da wir wissen, dass $\lambda > 0$ gilt. Es bleiben zwei Fälle $z = 0$ und $\lambda = +\sqrt{1/2}$. Wenn $z = 0$, folgt aus (I) und (II), dass auch $x = y = 0$. Dann ist aber die Nebenbedingung $x^2 + y^2 + z^2 = 1$ nicht erfüllt. Es bleibt der Fall $\lambda = \sqrt{1/2}$. Wir setzen die Werte für x und y aus (I) und (II) in die Nebenbedingung ein: $\left(\dfrac{z}{2\lambda}\right)^2 + \left(\dfrac{z}{2\lambda}\right)^2 + z^2 = 1 \Rightarrow \dfrac{z^2}{4 \cdot 1/2} + \dfrac{z^2}{4 \cdot 1/2} + z^2 = 1 \iff 2z^2 = 1 \iff z^2 = 1/2 \iff z = \pm\sqrt{1/2} = \pm\dfrac{1}{2}\sqrt{2}$. Mit $\lambda = \sqrt{1/2} = \dfrac{1}{2}\sqrt{2}$ ergibt sich für $x = y = \dfrac{z}{\sqrt{2}}$. Für $z = +\dfrac{1}{2}\sqrt{2}$ gilt $x = y = 1/2$ und für $z = -\dfrac{1}{2}\sqrt{2}$ gilt $x = y = -1/2$.

[**4**] Lagrange-Funktion: $\mathscr{L} = x^2 + y^2 + x^2 y - \lambda(x^2 + y^2 - 1) \Rightarrow \mathscr{L}'_x(x, y) = 2x + 2xy - 2\lambda x$. Wenn die gegebenen Werte das Problem lösen, muss gelten $\mathscr{L}'_x\left(\sqrt{2/3}, \sqrt{1/3}\right) = 0 \iff 2 \cdot \sqrt{2/3} + 2\sqrt{2/3}\sqrt{1/3} - 2\lambda\sqrt{2/3} = 0 \iff 1 + \sqrt{1/3} - \lambda = 0 \iff \lambda = 1 + \sqrt{1/3} = 1 + 1/\sqrt{3} = 1.577350 \approx 1.577$.

[**5**] $x + 2y \leq 600 \iff 2y \leq -x + 600 \iff y \leq -\dfrac{x}{2} + 300$. Die Gerade $y = -\dfrac{x}{2} + 300$ ist in der Abbildung eingezeichnet. Für die Punkte auf oder unterhalb der Geraden ist die Nebenbedingung erfüllt. $x - y \leq 50 \iff y \geq x - 50$. Die Gerade $y = x - 50$ ist in der Abbildung eingezeichnet. Die Punkte auf oder oberhalb der Geraden erfüllen die Nebenbedingung.

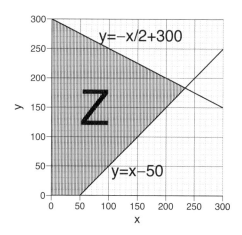

[**6**] Nach (14.7.4) ist die Änderung ungefähr $\lambda_1 \cdot 1 + \lambda_2 \cdot 1 + \lambda_3 \cdot 1 = 13$.

[**7**] Nach Beispiel 14.7.4 gilt $\dfrac{\partial C^*}{\partial r} = K^* = 50$ und $\dfrac{\partial C^*}{\partial w} = L^* = 60$. Nach (12.9.2) ist die approximative Änderung der minimalen Kosten durch das Differential $dC^* = \dfrac{\partial C^*}{\partial r}\, dr + \dfrac{\partial C^*}{\partial w}\, dw = 50 \cdot (-0.6) + 60 \cdot 0.4 = -30 + 24 = -6$ gegeben. Die Kosten fallen also ungefähr um 6 Einheiten.

Lösungen zu Kapitel 15: Matrizen und Vektoralgebra

15

ÜBERBLICK

15.1   Systeme linearer Gleichungen

[1]

a) Die linke Seite der 2. Gleichung ist das Doppelte der linken Seite der 1. Gleichung. Diese Beziehung gilt jedoch nicht für die rechten Seiten, so dass es keine Lösung gibt.

b) Es handelt sich um zwei Gleichungen mit drei Variablen, so dass es nach der Abzählregel aus Kap. 12.10 einen Freiheitsgrad gibt, d.h. eine Variable kann frei gewählt werden. Wir setzen $x_3 = s$. Dann ist nach der zweiten Gleichung $x_2 = 2 - s$. Einsetzen in die 1. Gleichung ergibt $x_1 = 4 - 2x_2 = 4 - 2(2 - s) = 4 - 4 + 2s = 2s$. Die Lösung ist also $(x_1, x_2, x_3) = (2s, 2 - s, s)$ mit $s \in \mathbb{R}$.

c) Subtrahiert man die 2. Gleichung von der 1. Gleichung erhält man $x_2 = 2$. Einsetzen in die 1. Gleichung ergibt: $x_1 + 2 \cdot 2 = x_1 + 4 = 4 \iff x_1 = 0$, d.h. die Lösung ist $(x_1, x_2) = (0, 2)$.

d) Man erhält die erste Gleichung, indem man das Doppelte der zweiten Gleichung von der dritten Gleichung abzieht, d.h. die Gleichung sind nicht unabhängig, die erste Gleichung ist überflüssig. Somit haben wir zwei unabhängige Gleichungen mit drei Variablen und somit nach der Abzählregel aus Kap. 12.10 einen Freiheitsgrad. Subtraktion der zweiten Gleichung von der dritten ergibt $2x = 3 \iff x = 3/2$. Wählen wir $z = s$ mit $s \in \mathbb{R}$ beliebig, erhalten wir aus der zweiten Gleichung $3/2 + y - s = 1 \iff y = s - 1/2$, d.h. die Lösungen sind $(x, y, z) = (3/2, s - 1/2, s)$ mit $s \in \mathbb{R}$.

e) Addieren der beiden ersten Gleichungen ergibt $2x_1 = 6 \iff x_1 = 3$. Subtrahieren der zweiten Gleichung von der dritten ergibt: $2x_3 = 8 \iff x_3 = 4$. Setzt man die Werte für x_1 und x_3 z.B. in die erste Gleichung ein, folgt $3 + x_2 + 4 = 9 \iff x_2 = 2$, d.h. die Lösung ist $(x_1, x_2, x_3) = (3, 2, 4)$.

f) Die erste Gleichung ist das Doppelte der zweiten Gleichung. Daher sind beide Gleichungen erfüllt, wenn eine der beiden Gleichungen erfüllt ist. Aus der zweiten Gleichung folgt $x_1 = 4 - 2x_2$. Alle Paare (x_1, x_2), die diese Gleichung erfüllen, sind Lösungen des Gleichungssystems. Eine der beiden Variablen kann frei in $\boldsymbol{R}$ gewählt werden, z.B. $x_2 = s$. Es folgt dann $x_1 = 4 - 2s$, d.h. die Lösungen sind $(x_1, x_2) = (4 - 2s, s)$ mit $s \in \mathbb{R}$.

[2]

a) $\dfrac{6ab}{b} + \dfrac{c^3 + dc^3}{7c^2} = 6a + \dfrac{c + dc}{7} = 12$ ist nicht linear wegen des Produkts dc.

b) Da $d + c + a + b = (b + c + d + a)^2 \iff a + b + c + d = 1$, ist die Beziehung zwischen den Variablen linear.

c) Linear, da $-\dfrac{a^2 + b^2 - 2ab}{b - a} = \dfrac{(a - b)^2}{a - b} = a - b = 6$.

d) Nicht linear, da multiplikative Verknüpfungen der Variablen vorliegen und nach dem Ausmultiplizieren der Klammern im Ergebnis z.B. a^2 vorkommt.

15.2 Matrizen und Matrizenoperationen

$[1]$ $A + B = \begin{pmatrix} 8-8 & 1+1 & 2+5 \\ 3+3 & 4-4 & 5+5 \\ 0+2 & 4+7 & 9+1 \end{pmatrix} = \begin{pmatrix} 0 & 2 & 7 \\ 6 & 0 & 10 \\ 2 & 11 & 10 \end{pmatrix}$

$A - B = \begin{pmatrix} 8+8 & 1-1 & 2-5 \\ 3-3 & 4+4 & 5-5 \\ 0-2 & 4-7 & 9-1 \end{pmatrix} = \begin{pmatrix} 16 & 0 & -3 \\ 0 & 8 & 0 \\ -2 & -3 & 8 \end{pmatrix}$

$2A + 4B = \begin{pmatrix} 16-32 & 2+4 & 4+20 \\ 6+12 & 8-16 & 10+20 \\ 0+8 & 8+28 & 18+4 \end{pmatrix} = \begin{pmatrix} -16 & 6 & 24 \\ 18 & -8 & 30 \\ 8 & 36 & 22 \end{pmatrix}$

$[2]$ $3A - 2B = 3 \cdot \begin{pmatrix} 1 & 4a \\ 5 & 6 \\ 3 & 3 \end{pmatrix} - 2 \cdot \begin{pmatrix} 0 & -1 \\ 4 & 3a \\ a-2 & 1 \end{pmatrix} =$

$\begin{pmatrix} 3 & 12a \\ 15 & 18 \\ 9 & 9 \end{pmatrix} + \begin{pmatrix} 0 & 2 \\ -8 & -6a \\ 4-2a & -2 \end{pmatrix} = \begin{pmatrix} 3 & 12a+2 \\ 7 & 18-6a \\ 13-2a & 7 \end{pmatrix}$

15.3 Matrizenmultiplikation

$[1]$

a) Das Produkt zweier Matrizen ist nach (15.3.1) nur dann definiert, wenn die Anzahl der Spalten der linken Matrix gleich der Anzahl der Zeilen der rechten Matrix ist. Das ist nur für AB der Fall.

$AB = \begin{pmatrix} 2 & 1 & 0 \\ 0 & 1 & 1 \end{pmatrix} \begin{pmatrix} 1 & 2 & 0 \\ 0 & 1 & 1 \\ 1 & 0 & 1 \end{pmatrix} =$

$\begin{pmatrix} 2 \cdot 1 + 1 \cdot 0 + 0 \cdot 1 & 2 \cdot 2 + 1 \cdot 1 + 0 \cdot 1 & 2 \cdot 0 + 1 \cdot 1 + 0 \cdot 1 \\ 0 \cdot 1 + 1 \cdot 0 + 1 \cdot 1 & 0 \cdot 2 + 1 \cdot 1 + 1 \cdot 0 & 0 \cdot 0 + 1 \cdot 1 + 1 \cdot 1 \end{pmatrix} = \begin{pmatrix} 2 & 5 & 1 \\ 1 & 1 & 2 \end{pmatrix}$

b) $AB = \begin{pmatrix} 2 & 6 & 0 \\ 1 & 7 & 0 \\ 0 & 4 & 0 \end{pmatrix} \begin{pmatrix} 4 & 5 & 1 \\ 1 & 2 & 3 \\ 0 & 0 & 0 \end{pmatrix} =$

$\begin{pmatrix} 2 \cdot 4 + 6 \cdot 1 + 0 \cdot 0 & 2 \cdot 5 + 6 \cdot 2 + 0 \cdot 0 & 2 \cdot 1 + 6 \cdot 3 + 0 \cdot 0 \\ 1 \cdot 4 + 7 \cdot 1 + 0 \cdot 0 & 1 \cdot 5 + 7 \cdot 2 + 0 \cdot 0 & 1 \cdot 1 + 7 \cdot 3 + 0 \cdot 0 \\ 0 \cdot 4 + 4 \cdot 1 + 0 \cdot 0 & 0 \cdot 5 + 4 \cdot 2 + 0 \cdot 0 & 0 \cdot 1 + 4 \cdot 3 + 0 \cdot 0 \end{pmatrix} =$

$\begin{pmatrix} 14 & 22 & 20 \\ 11 & 19 & 22 \\ 4 & 8 & 12 \end{pmatrix}$

$BA = \begin{pmatrix} 4 & 5 & 1 \\ 1 & 2 & 3 \\ 0 & 0 & 0 \end{pmatrix} \begin{pmatrix} 2 & 6 & 0 \\ 1 & 7 & 0 \\ 0 & 4 & 0 \end{pmatrix} =$

$$\begin{pmatrix} 4\cdot2+5\cdot1+1\cdot0 & 4\cdot6+5\cdot7+1\cdot4 & 4\cdot0+5\cdot0+1\cdot0 \\ 1\cdot2+2\cdot1+3\cdot0 & 1\cdot6+2\cdot7+3\cdot4 & 1\cdot0+2\cdot0+3\cdot0 \\ 0\cdot2+0\cdot1+0\cdot0 & 0\cdot6+0\cdot7+0\cdot4 & 0\cdot0+0\cdot0+0\cdot0 \end{pmatrix} =$$

$$\begin{pmatrix} 13 & 63 & 0 \\ 4 & 32 & 0 \\ 0 & 0 & 0 \end{pmatrix}$$

c) Das Produkt zweier Matrizen ist nach (15.3.1) nur dann definiert, wenn die Anzahl der Spalten der linken Matrix gleich der Anzahl der Zeilen der rechten Matrix ist. Das ist nur für **AB** der Fall.

$$\boldsymbol{AB} = \begin{pmatrix} 1 & 2 & 3 \\ 2 & 1 & 0 \\ 1 & 2 & 1 \end{pmatrix} \begin{pmatrix} 1 & 2 \\ 0 & 1 \\ 2 & 0 \end{pmatrix} =$$

$$\begin{pmatrix} 1\cdot1+2\cdot0+3\cdot2 & 1\cdot2+2\cdot1+3\cdot0 \\ 2\cdot1+1\cdot0+0\cdot2 & 2\cdot2+1\cdot1+0\cdot0 \\ 1\cdot1+2\cdot0+1\cdot2 & 1\cdot2+2\cdot1+1\cdot0 \end{pmatrix} = \begin{pmatrix} 7 & 4 \\ 2 & 5 \\ 3 & 4 \end{pmatrix}$$

[2] Die Gleichungen sind $2x_1 + 3x_3 = 4$; $x_1 + 2x_2 + x_3 = 2$ und $x_2 + 2x_3 = 6$.

[3]

a) $\begin{pmatrix} 1 & 2 \\ 1 & 1 \end{pmatrix} \begin{pmatrix} x_1 \\ x_2 \end{pmatrix} = \begin{pmatrix} 4 \\ 2 \end{pmatrix}$.

b) $\begin{pmatrix} 1 & 1 & 1 \\ 1 & -1 & -1 \\ 1 & -1 & 1 \end{pmatrix} \begin{pmatrix} x_1 \\ x_2 \\ x_3 \end{pmatrix} = \begin{pmatrix} 9 \\ -3 \\ 5 \end{pmatrix}$.

15.4   Regeln für die Matrizenmultiplikation

[1] Es ist $\boldsymbol{CD} = \begin{pmatrix} 1 & 3 & -7 \\ 2 & 5 & 1 \\ 1 & 2 & 7 \end{pmatrix} \begin{pmatrix} a & b & c \\ -13 & 14 & -15 \\ -1 & 1 & -1 \end{pmatrix} =$

$\begin{pmatrix} a-32 & b+35 & c-38 \\ 2a-66 & 2b+71 & 2c-76 \\ a-33 & b+35 & c-37 \end{pmatrix}$. Damit dies gleich $\boldsymbol{I}_3 = \begin{pmatrix} 1 & 0 & 0 \\ 0 & 1 & 0 \\ 0 & 0 & 1 \end{pmatrix}$ ist, muss z.B.

für die Elemente in der Diagonalen gelten $a - 32 = 1$; $2b + 71 = 1$ und $c - 37 = 1$. Dies gilt genau dann, wenn $a = 33$; $b = -35$ und $c = 38$. Es bleibt zu überprüfen, dass die Elemente außerhalb der Diagonalen dann 0 sind. Das ist der Fall.

[2] $\boldsymbol{A}^2 = \boldsymbol{AA} = \begin{pmatrix} 0 & 1 & 0 \\ 0 & 1 & 1 \\ 1 & 0 & 1 \end{pmatrix} \begin{pmatrix} 0 & 1 & 0 \\ 0 & 1 & 1 \\ 1 & 0 & 1 \end{pmatrix} = \begin{pmatrix} 0 & 1 & 1 \\ 1 & 1 & 2 \\ 1 & 1 & 1 \end{pmatrix}$

$\boldsymbol{A}^3 = \boldsymbol{AA}^2 = \begin{pmatrix} 0 & 1 & 0 \\ 0 & 1 & 1 \\ 1 & 0 & 1 \end{pmatrix} \begin{pmatrix} 0 & 1 & 1 \\ 1 & 1 & 2 \\ 1 & 1 & 1 \end{pmatrix} = \begin{pmatrix} 1 & 1 & 2 \\ 2 & 2 & 3 \\ 1 & 2 & 2 \end{pmatrix}$

$$A^3 - 2A^2 + A = \begin{pmatrix} 1 & 1 & 2 \\ 2 & 2 & 3 \\ 1 & 2 & 2 \end{pmatrix} - 2 \begin{pmatrix} 0 & 1 & 1 \\ 1 & 1 & 2 \\ 1 & 1 & 1 \end{pmatrix} + \begin{pmatrix} 0 & 1 & 0 \\ 0 & 1 & 1 \\ 1 & 0 & 1 \end{pmatrix} =$$

$$\begin{pmatrix} 1 & 1 & 2 \\ 2 & 2 & 3 \\ 1 & 2 & 2 \end{pmatrix} - \begin{pmatrix} 0 & 2 & 2 \\ 2 & 2 & 4 \\ 2 & 2 & 2 \end{pmatrix} + \begin{pmatrix} 0 & 1 & 0 \\ 0 & 1 & 1 \\ 1 & 0 & 1 \end{pmatrix} = \begin{pmatrix} 1 & 0 & 0 \\ 0 & 1 & 0 \\ 0 & 0 & 1 \end{pmatrix}$$

[3] Es gilt $A = \dfrac{1}{3} \begin{pmatrix} 2 & a & a \\ a & 2 & a \\ a & a & 2 \end{pmatrix} = \begin{pmatrix} 2/3 & a/3 & a/3 \\ a/3 & 2/3 & a/3 \\ a/3 & a/3 & 2/3 \end{pmatrix}$. Um die Werte für a

zu bestimmen werden Gleichungen benötigt, die sich durch Matrizenmultiplikation ergeben. Einerseits ist z.B. $a_{11} = 2/3$. Andererseits ist a_{11} das innere Produkt der ersten Zeile von A mit der ersten Spalte von A, da $A^2 = A$, d.h. es muss gelten $a_{11} = \dfrac{2}{3} = \dfrac{4}{9} + \dfrac{a^2}{9} + \dfrac{a^2}{9} \iff 4 + 2a^2 = 6 \iff a = \pm - 1$. Für a_{21} gilt: Einerseits ist $a_{21} = a/3$. Andererseits ist a_{21} das innere Produkt der zweiten Zeile von A mit der ersten Spalte von A, d.h. es muss gelten $a_{21} = \dfrac{a}{3} = \dfrac{2a}{9} + \dfrac{2a}{9} + \dfrac{a^2}{9} \iff a + a^2 = a(1 + a) = 0 \iff a = 0$ oder $a = -1$. Dass heißt nur für $a = -1$ sind die Bedingungen für a_{11} und a_{21} erfüllt. Es kommt als Lösung nur noch $a = -1$ in Frage. Es ist für alle weiteren Elemente a_{ij} zu überprüfen, ob a_{ij} das innere Produkt der i-ten Zeile von A mit der j-ten Spalte von A ist. Das ist der Fall.

[4] Es gilt $b = Ax = \begin{pmatrix} 2 & 1 & 3 \\ 1 & 3 & 2 \\ 3 & 2 & 1 \\ 2 & 2 & 2 \end{pmatrix} \begin{pmatrix} 3 \\ 4 \\ 5 \end{pmatrix} = \begin{pmatrix} 2 \cdot 3 + 1 \cdot 4 + 3 \cdot 5 \\ 1 \cdot 3 + 3 \cdot 4 + 2 \cdot 5 \\ 3 \cdot 3 + 2 \cdot 4 + 1 \cdot 5 \\ 2 \cdot 3 + 2 \cdot 4 + 2 \cdot 5 \end{pmatrix} = \begin{pmatrix} 25 \\ 25 \\ 22 \\ 24 \end{pmatrix}$

[5] Zur Berechnung der zu wählenden Preise müssen die geplanten Verkaufszahlen mit den Preisen multipliziert werden und mit den Umsatzzielen gleichgesetzt werden, d.h. $V \begin{pmatrix} p_1 \\ p_2 \\ p_3 \end{pmatrix} = z \iff \begin{pmatrix} 1 & 1 & 1 \\ 2 & 1 & 3 \\ 3 & 2 & 1 \end{pmatrix} \begin{pmatrix} p_1 \\ p_2 \\ p_3 \end{pmatrix} = \begin{pmatrix} 60 \\ 120 \\ 120 \end{pmatrix}$, d.h. das

Gleichungssystem ist

$$\begin{aligned} p_1 + p_2 + p_3 &= 60 \\ 2p_1 + p_2 + 3p_3 &= 120 \\ 3p_1 + 2p_2 + p_3 &= 120 \end{aligned}$$

Subtrahieren der zweiten von dem Doppelten der ersten Gleichung und subtrahieren der dritten von dem Dreifachen der ersten Gleichung ergibt:

$$\begin{aligned} p_1 + p_2 + p_3 &= 60 \\ p_2 - p_3 &= 0 \\ p_2 + 2p_3 &= 60 \end{aligned}$$

Subtrahieren der dritten von der zweiten Gleichung ergibt $-3p_3 = -60 \iff p_3 = 20$. Einsetzen von p_3 in die zweite Gleichung ergibt $p_2 - 20 = 0 \iff p_2 = 20$. Einsetzen von p_3 und p_2 in die erste Gleichung ergibt $p_1 + 20 + 20 = 60 \iff p_1 = 20$. Damit ist die Lösung $p_1 = p_2 = p_3 = 20$.

15.5 Die transponierte Matrix

[1] Es ist $AB = \begin{pmatrix} 3 & 2 \\ 1 & 0 \end{pmatrix}\begin{pmatrix} 0 & 2 \\ 2 & 1 \end{pmatrix} = \begin{pmatrix} 3 \cdot 0 + 2 \cdot 2 & 3 \cdot 2 + 2 \cdot 1 \\ 1 \cdot 0 + 0 \cdot 2 & 1 \cdot 2 + 0 \cdot 1 \end{pmatrix} = \begin{pmatrix} 4 & 8 \\ 0 & 2 \end{pmatrix} \Longrightarrow$

$(AB)' = \begin{pmatrix} 4 & 0 \\ 8 & 2 \end{pmatrix}$. Andere Möglichkeit: Es ist $(AB)' = B'A' = \begin{pmatrix} 0 & 2 \\ 2 & 1 \end{pmatrix}\begin{pmatrix} 3 & 1 \\ 2 & 0 \end{pmatrix} =$

$\begin{pmatrix} 0 \cdot 3 + 2 \cdot 2 & 0 \cdot 1 + 2 \cdot 0 \\ 2 \cdot 3 + 1 \cdot 2 & 2 \cdot 1 + 1 \cdot 0 \end{pmatrix} = \begin{pmatrix} 4 & 0 \\ 8 & 2 \end{pmatrix}$.

[2] Es ist $A' = \begin{pmatrix} 2 & 0 \\ 1 & -1 \\ 4 & 3 \end{pmatrix}$. Damit ist $AA' = \begin{pmatrix} 2 & 1 & 4 \\ 0 & -1 & 3 \end{pmatrix}\begin{pmatrix} 2 & 0 \\ 1 & -1 \\ 4 & 3 \end{pmatrix} =$

$\begin{pmatrix} 21 & 11 \\ 11 & 10 \end{pmatrix}$ und $A'A = \begin{pmatrix} 2 & 0 \\ 1 & -1 \\ 4 & 3 \end{pmatrix}\begin{pmatrix} 2 & 1 & 4 \\ 0 & -1 & 3 \end{pmatrix} = \begin{pmatrix} 4 & 2 & 8 \\ 2 & 2 & 1 \\ 8 & 1 & 25 \end{pmatrix}$.

[3] Nach (15.5.2(c)) gilt

$(3A)' = 3A' = 3\begin{pmatrix} 1 & 3-a & a^2+1 \\ a-1 & 7 & a \\ 2a^2-2 & 6-a^2 & 4 \end{pmatrix} = \begin{pmatrix} 3 & 9-3a & 3a^2+3 \\ 3a-3 & 21 & 3a \\ 6a^2-6 & 18-3a^2 & 12 \end{pmatrix}$.

Damit $A = A'$ muss die Matrix symmetrisch sein, also muss z.B. gelten $a_{12} = a_{21} \iff a-1 = 3-a \iff a = 2$. Außerdem muss gelten $a_{13} = a_{31} \iff 2a^2 - 2 = a^2 + 1 \iff a = \pm\sqrt{3}$. Es ist jedoch nicht möglich, dass a gleichzeitig 2 und $\pm\sqrt{3}$ ist, d.h. es gibt kein a, so dass $A = A'$ gilt.

[4] A ist genau dann symmetrisch, wenn

(1) $a^2 + 2 = 4a - 2 \iff a^2 - 4a + 4 = 0 \iff (a-2)^2 = 0 \iff a = 2$

(2) $a - 4b = 6 \implies 2 - 4b = 6 \iff b = -1$, wobei $a = 2$ aus (1) eingesetzt wurde.

(3) $0 = b^2 - 1 \iff b = \pm 1$. Wegen (2) kann b nur -1 sein.

Daraus folgt, dass $a = 2$ und $b = -1$ gelten muss, damit A symmetrisch ist.

[5] Nach (15.5.2(d)) gilt $B'A' = (AB)'$. Hier ist $(AB)' = \begin{pmatrix} 4 & 2 & 1 & 7 \\ 2 & 1 & 0 & 2 \end{pmatrix}$.

15.6 Gauß'sche Elimination

[1]

a) Wir teilen zunächst die erste Gleichung durch -2 und die zweite Gleichung durch 3. In Schritt (2) addieren wir die erste Gleichung zur zweiten. In Schritt (3) multiplizieren wir die 2. Gleichung mit $-\frac{3}{5}$. In Schritt (4) addieren wir das 7-fache der 2. Gleichung zur 3. Gleichung. In Schritt (5) teilen wir die 3. Gleichung durch -3.

$$
\begin{aligned}
-2x + 4y - 2z &= -2 \\
-3x + y + 2z &= -5 \\
-7y + 4z &= 23
\end{aligned}
\quad (1)
\quad
\begin{aligned}
x - 2y + z &= 1 \\
-x + \tfrac{1}{3}y + \tfrac{2}{3}z &= -\tfrac{5}{3} \\
-7y + 4z &= 23
\end{aligned}
\quad (2)
\quad
\begin{aligned}
x - 2y + z &= 1 \\
-\tfrac{5}{3}y + \tfrac{5}{3}z &= -\tfrac{2}{3} \\
-7y + 4z &= 23
\end{aligned}
$$

$$
(3)
\quad
\begin{aligned}
x - 2y + z &= 1 \\
y - z &= \tfrac{2}{5} \\
-7y + 4z &= 23
\end{aligned}
\quad (4)
\quad
\begin{aligned}
x - 2y + z &= 1 \\
y - z &= \tfrac{2}{5} \\
-3z &= \tfrac{129}{5}
\end{aligned}
\quad (5)
\quad
\begin{aligned}
x - 2y + z &= 1 \\
y - z &= \tfrac{2}{5} \\
z &= -\tfrac{43}{5}
\end{aligned}
$$

Das Gleichungssystem in (5) lässt sich schreiben als $\boldsymbol{Ax} = \boldsymbol{b}$ mit

$$
\boldsymbol{A} = \begin{pmatrix} 1 & -2 & 1 \\ 0 & 1 & -1 \\ 0 & 0 & 1 \end{pmatrix}; \quad \boldsymbol{x} = \begin{pmatrix} x \\ y \\ z \end{pmatrix} \quad \text{und } \boldsymbol{b} = \begin{pmatrix} 1 \\ 2/5 \\ -43/5 \end{pmatrix},
$$

d.h.
$$
\begin{pmatrix} 1 & -2 & 1 \\ 0 & 1 & -1 \\ 0 & 0 & 1 \end{pmatrix} \begin{pmatrix} x \\ y \\ z \end{pmatrix} = \begin{pmatrix} 1 \\ 2/5 \\ -43/5 \end{pmatrix}.
$$

Aus (5) liest man sofort ab, dass $z = -\frac{43}{5}$. Einsetzen in die 2. Gleichung in (5) ergibt: $y + \frac{43}{5} = \frac{2}{5} \iff y = -\frac{41}{5}$. Indem wir die Werte für y und z in die 1. Gleichung von (5) einsetzen, folgt: $x - 2 \cdot \left(-\frac{41}{5}\right) - \frac{43}{5} = 1 \iff x = 1 - \frac{82}{5} + \frac{43}{5} = -\frac{34}{5}$, d.h. die Lösung ist $(x, y, z) = \left(-\frac{34}{5}, -\frac{41}{5}, -\frac{43}{5}\right)$.

b) In Schritt (1) subtrahieren wir das 4-fache der 1. Gleichung zur 3. Gleichung. In Schritt (2) addieren wir das 7-fache der 2. Gleichung zur 3. Gleichung. In Schritt (3) dividieren wir die 2. Gleichung durch 2 und die 3. durch -5.

$$
\begin{aligned}
x + 3y - 2z &= 4 \\
2y - z &= -5 \\
4x - 2y - 6z &= 2
\end{aligned}
\quad (1)
\quad
\begin{aligned}
x + 3y - 2z &= 4 \\
2y - z &= -5 \\
-14y + 2z &= -14
\end{aligned}
\quad (2)
\quad
\begin{aligned}
x + 3y - 2z &= 4 \\
2y - z &= -5 \\
-5z &= -49
\end{aligned}
$$

$$
(3)
\quad
\begin{aligned}
x + 3y - 2z &= 4 \\
y - \tfrac{1}{2}z &= -\tfrac{5}{2} \\
z &= \tfrac{49}{5}
\end{aligned}
$$

Das Gleichungssystem in (3) lässt sich schreiben als

$$Ax = b \text{ mit } A = \begin{pmatrix} 1 & 3 & -2 \\ 0 & 1 & -\dfrac{1}{2} \\ 0 & 0 & 1 \end{pmatrix}; \quad x = \begin{pmatrix} x \\ y \\ z \end{pmatrix} \text{ und } b = \begin{pmatrix} 4 \\ -5/2 \\ 49/5 \end{pmatrix}, \text{ d.h.}$$

$$\begin{pmatrix} 1 & 3 & -2 \\ 0 & 1 & -\dfrac{1}{2} \\ 0 & 0 & 1 \end{pmatrix} \begin{pmatrix} x \\ y \\ z \end{pmatrix} = \begin{pmatrix} 4 \\ -5/2 \\ 49/5 \end{pmatrix}.$$

Aus (3) folgt $z = 49/5$. Einsetzen in die 2. Gleichung von (3) ergibt $y = -5/2 + 49/10 = 24/10 = 2.4$. Mit der 1. Gleichung aus (3) folgt $x = 4 - 7.2 + 98/5 = 16.4$.

[2]

a) Wir bilden die erweiterte Koeffizientenmatrix, subtrahieren das 5-fache der 1. Zeile der 2. Zeile und das Doppelte der 1. Zeile von der 3. Zeile, dividieren dann Zeile (i) durch 4, Zeile (ii) durch 3 und Zeile (iii) durch 2 und erhalten damit schon die gewünschte Form:

$$\begin{pmatrix} 4 & 2 & 3 & 9 \\ 20 & 13 & 17 & 50 \\ 8 & 4 & 8 & 20 \end{pmatrix} \begin{matrix} \\ -5(i) \\ -2(i) \end{matrix} \sim \begin{pmatrix} 4 & 2 & 3 & 9 \\ 0 & 3 & 2 & 5 \\ 0 & 0 & 2 & 2 \end{pmatrix} \begin{matrix} /4 \\ /3 \\ /2 \end{matrix} \sim \begin{pmatrix} 1 & 1/2 & 3/4 & 9/4 \\ 0 & 1 & 2/3 & 5/3 \\ 0 & 0 & 1 & 1 \end{pmatrix}$$

Das zugehörige Gleichungssystem ist

$$\begin{aligned} x_1 + \frac{1}{2}x_2 + \frac{3}{4}x_3 &= \frac{9}{4} \\ x_2 + \frac{2}{3}x_3 &= \frac{5}{3} \\ x_3 &= 1 \end{aligned}$$

Es ist $x_3 = 1$. Setzen wir dies in die 2. Gleichung ein, ergibt sich $x_2 + \frac{2}{3} \cdot 1 = \frac{5}{3} \iff x_2 = \frac{5}{3} - \frac{2}{3} = 1$. Setzen wir die Werte für x_2 und x_3 in die 1. Gleichung ein, ergibt sich $x_1 + \frac{1}{2} \cdot + \frac{3}{4} \cdot 1 = \frac{9}{4} \iff x_1 = \frac{9}{4} - \frac{1}{2} - \frac{3}{4} = 1$.

b) Wir bilden die erweiterte Koeffizientenmatrix, subtrahieren das 3-fache der Zeile (i) von Zeile (ii) und addieren das 4-fache der Zeile (i) zu Zeile (iii). Anschließend dividieren wir die 2. Zeile durch -14. Dann subtrahieren wir das 18-fache der 2. Zeile von der 3. Zeile. Zuletzt multiplizieren wir Zeile (iii) mit $7/29$.

$$\begin{pmatrix} 1 & 4 & -5 & 8 \\ 3 & -2 & 3 & 4 \\ -4 & 2 & 1 & 2 \end{pmatrix} \begin{matrix} \\ -3(i) \\ +4(i) \end{matrix} \sim \begin{pmatrix} 1 & 4 & -5 & 8 \\ 0 & -14 & 18 & -20 \\ 0 & 18 & -19 & 34 \end{pmatrix} \begin{matrix} \\ /(-14) \\ \end{matrix} \sim$$

$$\begin{pmatrix} 1 & 4 & -5 & 8 \\ 0 & 1 & -9/7 & 10/7 \\ 0 & 18 & -19 & 34 \end{pmatrix} \begin{matrix} \\ \\ -18(ii) \end{matrix} \sim \begin{pmatrix} 1 & 4 & -5 & 8 \\ 0 & 1 & -9/7 & 10/7 \\ 0 & 0 & 29/7 & 58/7 \end{pmatrix} \begin{matrix} \\ \\ \cdot 7/29 \end{matrix} \sim$$

$$\begin{pmatrix} 1 & 4 & -5 & 8 \\ 0 & 1 & -9/7 & 10/7 \\ 0 & 0 & 1 & 2 \end{pmatrix}$$

$$\begin{aligned} x_1 + 4x_2 - 5x_3 &= 8 \\ x_2 - \frac{9}{7}x_3 &= \frac{10}{7} \\ x_3 &= 2 \end{aligned}$$

Das zugehörige Gleichungssystem ist

Es ist $x_3 = 2$. Einsetzen in die zweite Gleichung ergibt $x_2 - \frac{9}{7} \cdot 2 = \frac{10}{7} \iff$ $x_2 = \frac{28}{7} = 4$. Einsetzen der Werte für x_2 und x_3 in die erste Gleichung ergibt: $x_1 + 4 \cdot 4 - 5 \cdot 2 = 8 \iff x_1 = 8 - 16 + 10 = 2$.

[3]

a) $\begin{pmatrix} 1 & 4 & -5 & 8 & 4 \\ 0 & 1 & -3 & 1 & 6 \\ 0 & 0 & 1 & 4 & 3 \\ 0 & 0 & 0 & 1 & 3 \end{pmatrix} \begin{matrix} -8(\text{iv}) \\ -(\text{iv}) \\ -4(\text{iv}) \\ \\ \end{matrix} \sim \begin{pmatrix} 1 & 4 & -5 & 0 & -20 \\ 0 & 1 & -3 & 0 & 3 \\ 0 & 0 & 1 & 0 & -9 \\ 0 & 0 & 0 & 1 & 3 \end{pmatrix} \begin{matrix} +5(\text{iii}) \\ +3(\text{iii}) \\ \\ \\ \end{matrix} \sim$

$\begin{pmatrix} 1 & 4 & 0 & 0 & -65 \\ 0 & 1 & 0 & 0 & -24 \\ 0 & 0 & 1 & 0 & -9 \\ 0 & 0 & 0 & 1 & 3 \end{pmatrix} \begin{matrix} -4(\text{ii}) \\ \\ \\ \\ \end{matrix} \sim \begin{pmatrix} 1 & 0 & 0 & 0 & 31 \\ 0 & 1 & 0 & 0 & -24 \\ 0 & 0 & 1 & 0 & -9 \\ 0 & 0 & 0 & 1 & 3 \end{pmatrix}$

Die letzte Matrix ist gleichbedeutend mit den Gleichungen $x_1 = 31$; $x_2 = -24$; $x_3 = -9$ und $x_4 = 3$.

b) Aus der dritten Zeile ergibt sich $0 \cdot x_1 + 0 \cdot x_2 + 0 \cdot x_3 = 0 = 3$. Das ist nicht möglich. Daher ist das Gleichungssystem nicht lösbar.

c) Wir gehen nach (16.1. 3) vor und erhalten

$\begin{pmatrix} 1 & 3 & -2 & 4 \\ 0 & 1 & -1 & -5 \end{pmatrix} \begin{matrix} -3(\text{ii}) \\ \\ \end{matrix} \sim \begin{pmatrix} 1 & 0 & 1 & 19 \\ 0 & 1 & -1 & -5 \end{pmatrix}$

Wir haben zwei Gleichungen mit drei Variablen. Die letzte Matrix entspricht den beiden Gleichungen $x_1 + x_3 = 13 \iff x_1 = -x_3 + 13$ und $x_2 - x_3 = -5 \iff x_2 = x_3 - 5$. Die Variable x_3 kann frei gewählt werden. Wir setzen $x_3 = s$. Die Lösungen sind dann $(x_1, x_2, x_3) = (-s + 13, s - 5, s)$.

[4]

a) $\begin{pmatrix} 1 & 0 & -1 & -5 \\ 3 & 1 & -3 & -12 \\ 1 & 2 & -2 & 6 \end{pmatrix} \begin{matrix} \\ -3(\text{i}) \\ -(\text{i}) \end{matrix} \sim \begin{pmatrix} 1 & 0 & -1 & -5 \\ 0 & 1 & 0 & 3 \\ 0 & 2 & -1 & 11 \end{pmatrix} \begin{matrix} \\ \\ -2(\text{ii}) \end{matrix} \sim$

$\begin{pmatrix} 1 & 0 & -1 & -5 \\ 0 & 1 & 0 & 3 \\ 0 & 0 & -1 & 5 \end{pmatrix} \begin{matrix} \\ \\ \cdot(-1) \end{matrix} \sim \begin{pmatrix} 1 & 0 & -1 & -5 \\ 0 & 1 & 0 & 3 \\ 0 & 0 & 1 & -5 \end{pmatrix} \begin{matrix} +(\text{iii}) \\ \\ \\ \end{matrix} \sim$

$\begin{pmatrix} 1 & 0 & 0 & -10 \\ 0 & 1 & 0 & 3 \\ 0 & 0 & 1 & -5 \end{pmatrix}$

Die letzte Matrix ist äquivalent zu den Gleichungen $x = -10$; $y = 3$ und $z = -5$.

b)
$$\begin{pmatrix} 1 & 1 & 1 & 7 \\ 2 & -1 & -1 & -4 \\ 3 & 1 & -1 & 5 \end{pmatrix} \begin{matrix} \\ -2(\mathrm{i}) \\ -3(\mathrm{i}) \end{matrix} \sim \begin{pmatrix} 1 & 1 & 1 & 7 \\ 0 & -3 & -3 & -18 \\ 0 & -2 & -4 & -16 \end{pmatrix} \begin{matrix} \\ /(-3) \\ /(-2) \end{matrix} \sim$$

$$\begin{pmatrix} 1 & 1 & 1 & 7 \\ 0 & 1 & 1 & 6 \\ 0 & 1 & 2 & 8 \end{pmatrix} \begin{matrix} \\ \\ -(\mathrm{ii}) \end{matrix} \sim \begin{pmatrix} 1 & 1 & 1 & 7 \\ 0 & 1 & 1 & 6 \\ 0 & 0 & 1 & 2 \end{pmatrix} \begin{matrix} -(\mathrm{iii}) \\ -(\mathrm{iii}) \\ \\ \end{matrix} \sim$$

$$\begin{pmatrix} 1 & 1 & 0 & 5 \\ 0 & 1 & 0 & 4 \\ 0 & 0 & 1 & 2 \end{pmatrix} \begin{matrix} -(\mathrm{iii}) \\ -(\mathrm{iii}) \\ \\ \end{matrix} \sim \begin{pmatrix} 1 & 0 & 0 & 1 \\ 0 & 1 & 0 & 4 \\ 0 & 0 & 1 & 2 \end{pmatrix}$$

Die letzte Matrix ist äquivalent zu den Gleichungen $x_1 = 1$; $x_2 = 4$ und $x_3 = 2$.

15.7   Vektoren

[1] Das innere Produkt ist $a \cdot b = 1 \cdot 3 + 2 \cdot 2 + 3 \cdot 1 = 3 + 4 + 3 = 10$. Für die

Matrizenprodukte gilt $a'b = \begin{pmatrix} 1 \\ 2 \\ 3 \end{pmatrix} (3, 2, 1) = \begin{pmatrix} 1 \cdot 3 & 1 \cdot 2 & 1 \cdot 1 \\ 2 \cdot 3 & 2 \cdot 2 & 2 \cdot 1 \\ 3 \cdot 3 & 3 \cdot 2 & 3 \cdot 1 \end{pmatrix} = \begin{pmatrix} 3 & 2 & 1 \\ 6 & 4 & 2 \\ 9 & 6 & 3 \end{pmatrix}$

und $ab' = (1, 2, 3) \begin{pmatrix} 3 \\ 2 \\ 1 \end{pmatrix} = 1 \cdot 3 + 2 \cdot 2 + 3 \cdot 1 = 3 + 4 + 3 = 10$. Das innere Produkt stimmt

mit dem Matrizenprodukt ab' überein.

[2] $x \cdot x$ ist das innere Produkt von x mit sich selbst, d.h. $x \cdot x = 3 \cdot 3 + 2 \cdot 2 + 4 \cdot 4 = 9 + 4 + 16 =$

29. Ferner ist $x'x$ das Matrizenprodukt $(3, 2, 4) \begin{pmatrix} 3 \\ 2 \\ 4 \end{pmatrix} = 9 + 4 + 16 = 29$, während xx'

das Matrizenprodukt $\begin{pmatrix} 3 \\ 2 \\ 4 \end{pmatrix} (3, 2, 4) = \begin{pmatrix} 3 \cdot 3 & 3 \cdot 2 & 3 \cdot 4 \\ 2 \cdot 3 & 2 \cdot 2 & 2 \cdot 4 \\ 4 \cdot 3 & 4 \cdot 2 & 4 \cdot 4 \end{pmatrix} = \begin{pmatrix} 9 & 6 & 12 \\ 6 & 4 & 8 \\ 12 & 8 & 16 \end{pmatrix}$ ist.

[3] $3x + 2y = 3(2, 3, 6) + 2(1, -3, -2) = (6, 9, 18) + (2, -6, -4) = (8, 3, 14)$.

15.8   Geometrische Interpretation von Vektoren

[1] Nach (15.8.1) $\|a\| = \sqrt{a \cdot a} = \sqrt{2^2 + 1^2 + 2^2} = \sqrt{9} = 3$; $\|b\| = \sqrt{(-2)^2 + 4^2 + 1^2} = \sqrt{21}$; $\|c\| = \sqrt{5^2 + 3^2 + 2^2} = \sqrt{38}$ und $\|d\| = \sqrt{5^2 + 7^2} = \sqrt{74} \approx 8.602$.

[2] Zur Konstruktion von $a + b$ wird der Vektor b parallel verschoben, so dass er an der Pfeilspitze von a beginnt. Der Vektor $a + b$ verläuft dann vom Usprung zur Pfeilspitze von b (siehe Abb. 15.8.5). Zur Konstruktion von $a - b$, zeichnet man beide Vektoren vom Ursprung aus. Der Vektor $a - b$ verläuft dann von der Pfeilspitze von b zur Pfeilspitze von a (siehe Abb. 15.8.6).

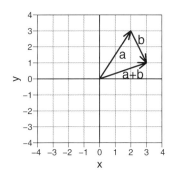 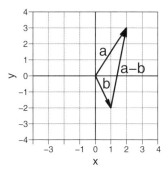

[3] Aus der Abbildung sind die Vektoren $\mathbf{a} = (3, 2)$ und $\mathbf{b} = (-2, 4)$ ablesbar. Somit ergibt sich für $\mathbf{c} = (3, 2) + 0.5(-2, 4) = (3 - 1, 2 + 2) = (2, 4)$ und für $\mathbf{d} = -(3, 2) - (-2, 4) = (-1, -6)$.

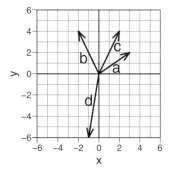

[4] Der Vektor $\boldsymbol{a} - \boldsymbol{b}$ ergibt sich aus der Verbindung der beiden Endpunkte der Vektoren $\boldsymbol{b}$ und $\boldsymbol{a}$ (vgl. Abb. 15.8.6). Man beachte: $\boldsymbol{b} + (\boldsymbol{a} - \boldsymbol{b}) = \boldsymbol{a}$.

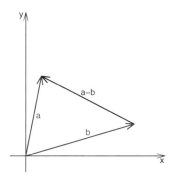

[5] Damit die Vektoren $\boldsymbol{a}$ und $\boldsymbol{b}$ orthogonal sind, muss nach (15.8.3) das innere Produkt $\boldsymbol{a} \cdot \boldsymbol{b} = 0$ sein. Hier ist $\boldsymbol{a} \cdot \boldsymbol{b} = 2 \cdot (-1) + 1 \cdot 2 + 2b_3 = -2 + 2 + 2b_3 = 2b_3 = 0 \iff b_3 = 0$.

[6] Der Kosinus des Winkels θ ist nach (15.8.4) gegeben durch $\cos(\theta) = \dfrac{a \cdot b}{\|a\| \cdot \|b\|}$.

Hier ist $a \cdot b = 3 \cdot 1 + 1 \cdot (-2) + 1 \cdot (-1) = 0$. Das innere Produkt ist Null, d.h. die beiden Vektoren sind nach (15.8.3) orthogonal, stehen also senkrecht aufeinander. Der Winkel ist damit $90°$.

[7] Die Orthogonalität zweier Vektoren ist in (15.8.3) definiert. Demnach sind zwei Vektoren orthogonal, wenn ihr inneres Produkt Null ist. Hier ergibt sich folgendes Gleichungssystem.

$$\begin{aligned} x \cdot y &= 0 &\Longleftrightarrow\quad 1 \cdot 3 + 4a + 2b = 0 &\quad\Longleftrightarrow\quad 4a + 2b = -3 &\text{(i)}\\ u \cdot v &= 0 &\Longleftrightarrow\quad 3b + 5 \cdot 2 + 3a = 0 &\quad\Longleftrightarrow\quad 3a + 3b = -10 &\text{(ii)}\end{aligned}$$

Subtrahieren des Doppelten der Gleichung (ii) von dem Dreifachen der Gleichung (i) ergibt $6a = 11 \iff a = \dfrac{11}{6}$. Einsetzen von a in Gleichung (i) ergibt $4 \cdot \dfrac{11}{6} + 2b = -3 \iff b = -\dfrac{31}{6}$.

[8] Nach (15.8.3) sind zwei Vektoren genau dann orthogonal, wenn ihr inneres Produkt $a \cdot b = 0$ ist. Hier ist das innere Produkt $(3, -t, 1) \cdot (t, -2t, 1) = 3t + (-t)(-2t) + 1 = 3t + 2t^2 + 1 = 0 \iff t = -0.5$ oder $t = -1$. Zur Lösung der quadratischen Gleichung verwende man die (a, b)-Formel (2.3.4) oder auch die (p, q)-Formel (2.3.3).

[9] Die Länge eines Vektors ist nach (15.8.1) $\|x\| = \sqrt{\left(\dfrac{2}{4}\right)^2 + \left(\dfrac{\sqrt{3}}{4}\right)^2 + \left(\dfrac{a}{4}\right)^2} =$

$\sqrt{\dfrac{4}{16} + \dfrac{3}{16} + \dfrac{a^2}{16}} = 1 \iff \dfrac{4}{16} + \dfrac{3}{16} + \dfrac{a^2}{16} = 1 \iff 4 + 3 + a^2 = 16 \iff a^2 = 16 - 4 - 3 = 9 \iff a = \pm 3$.

15.9   Geraden und Ebenen

[1]
a) Die Gleichung der Ebene durch a, die orthogonal zu p ist, ist gegeben durch (15.9.5)
$$p \cdot (x - a) = 1 \cdot (x_1 - 1) + 1 \cdot (x_2 + 1) + 3 \cdot (x_3 - 2) = x_1 + x_2 + 3x_3 - 6 = 0 \iff x_1 + x_2 + 3x_3 = 6.$$

b) Nach (15.9.5) gilt $p \cdot (x - a) = 1 \cdot (x_1 - 1) + 1 \cdot (x_2 - 2) + 0 \cdot (x_3 - 2) = x_1 + x_2 - 3 = 0 \iff x_1 + x_2 = 3$.

[2]
a) Wenn die Gerade die Ebene schneidet, muss gelten $(1 - 2t) + 2(2 - t) + 3(2 + t) = 8 \iff 11 - t = 8 \iff t = 3$, wobei wir die Koordinatengleichungen der Geraden in die Gleichung der Ebene eingesetzt haben. Einsetzen von $t = 3$ in die Gleichungen der Geraden liefert die Koordinaten des Schnittpunktes (s_1, s_2, s_3) mit $s_1 = 1 - 2 \cdot t = 1 - 6 = -5$, $s_2 = 2 - t = 2 - 3 = -1$, $s_3 = 2 + t = 2 + 3 = 5$.

b) Wir setzen die Gleichungen für x_1, x_2 und x_3 in die Gleichung der Ebene ein und erhalten $-5t + 2 + 3t + 3 - 2t + 4 = 9 \iff -4t + 9 = 9 \iff -4t = 0 \iff t = 0$. Einsetzen von $t = 0$ in die Geradengleichung ergibt $s_1 = 2$; $s_2 = 3$ und $s_3 = 4$.

[3]

a) Die Gerade L durch zwei verschiedene Punkte $\boldsymbol{a}$ und $\boldsymbol{b}$ ist gegeben in (15.9.1):
$\boldsymbol{x} = \boldsymbol{b} + t(\boldsymbol{a} - \boldsymbol{b}) = t\boldsymbol{a} + (1 - t)\boldsymbol{b}$. Für die einzelnen Komponenten von $\boldsymbol{x}$ erhalten wir nach (15.9.2)

$$x_1 = ta_1 + (1 - t)b_1 = t \cdot 2 + (1 - t)7 = -5t + 7$$
$$x_2 = ta_2 + (1 - t)b_2 = t \cdot 4 + (1 - t)2 = \quad 2t + 2$$
$$x_3 = ta_3 + (1 - t)b_3 = t \cdot 1 + (1 - t)6 = -5t + 6.$$

b) Die Gleichung der Geraden ist nach dem ersten Teil in (15.9.1) $\boldsymbol{x} = \boldsymbol{b} + t(\boldsymbol{a} - \boldsymbol{b})$. Damit ist $x_1 = 1 + t(-1 - 1) = 1 - 2t$, $x_2 = 2 + t((1 - 2) = 2 - t$, $x_3 = 2 + t(3 - 2) = 2 + t)$.

[4] Nach (15.9.4) ist die Gleichung einer Ebene, die durch den Punkt $\boldsymbol{a}$ geht und den Vektor $\boldsymbol{p} = (p_1, p_2, p_3) \neq (0, 0, 0)$ als Normale hat, gegeben durch $\boldsymbol{p} \cdot (\boldsymbol{x} - \boldsymbol{a}) = 0$. Die Normale ist orthogonal zu allen Vektoren in der Ebene. Vektoren in der Ebene sind z.B. $(2, 3, 4) - (3, 1, 1) = (-1, 2, 3)$ und $(2, 3, 4) - (-5, 2, 5) = (7, 1, -1)$. Die Normale muss orthogonal zu diesen beiden Vektoren sein, d.h. die beiden folgenden inneren Produkte müssen Null sein.

$$(-1, 2, 3)(p_1, p_2, p_3) = -p_1 + 2p_2 + 3p_3 = 0$$
$$(7, 1, -1)(p_1, p_2, p_3) = 7p_1 + p_2 - p_3 = 0$$

Wir haben zwei Gleichungen mit drei Unbekannten. Eine Variable kann frei gewählt werden. Wir setzen z.B. $p_1 = 1$. Dann haben wir die beiden Gleichungen

$$2p_2 + 3p_3 = 1$$
$$p_2 - p_3 = -7$$

Addieren des Dreifachen der 2. Gleichung zur 1. Gleichung ergibt $5p_2 = -20 \iff$ $p_2 = -4$. Einsetzen von p_2 in die 1. Gleichung ergibt $2(-4) + 3p_3 = 1 \iff 3p_3 = 9 \iff$ $p_3 = 3$. Damit ist $\boldsymbol{p} = (1, -4, 3)$ ein Normalenvektor. Die Gleichung der Ebene ergibt sich für $\boldsymbol{a} = (2, 3, 4)$ nach (15.9.4) zu $\boldsymbol{p} \cdot (\boldsymbol{x} - \boldsymbol{a}) = 0 \iff (1, -4, 3) \cdot (x_1 - 2, x_2 - 3, x_3 - 4) = 0 \iff x_1 - 2 - 4x_2 + 12 + 3x_3 - 12 = 0 \iff x_1 - 4x_2 + 3x_3 = 2$.

Lösungen zu den weiteren Aufgaben zu Kapitel 15

$$[\,1\,]\ 3AB = 3 \begin{pmatrix} 2 & 1 \\ 3 & 4 \\ 1 & 2 \end{pmatrix} \begin{pmatrix} 2 & 3 \\ 1 & 2 \end{pmatrix} = 3 \begin{pmatrix} 5 & 8 \\ 10 & 17 \\ 4 & 7 \end{pmatrix} = \begin{pmatrix} 15 & 24 \\ 30 & 51 \\ 12 & 21 \end{pmatrix}$$

$$CD' = \begin{pmatrix} 1 & 2 & 0 \\ 2 & 1 & 2 \\ 0 & 2 & 1 \end{pmatrix} \begin{pmatrix} 1 & 3 \\ 3 & 1 \\ 1 & 3 \end{pmatrix} = \begin{pmatrix} 7 & 5 \\ 7 & 13 \\ 7 & 5 \end{pmatrix}$$

$$(A'C - 2BD)' = \left(\begin{pmatrix} 2 & 3 & 1 \\ 1 & 4 & 2 \end{pmatrix} \begin{pmatrix} 1 & 2 & 0 \\ 2 & 1 & 2 \\ 0 & 2 & 1 \end{pmatrix} - 2 \begin{pmatrix} 2 & 3 \\ 1 & 2 \end{pmatrix} \begin{pmatrix} 1 & 3 & 1 \\ 3 & 1 & 3 \end{pmatrix} \right)' =$$

$$\left(\begin{pmatrix} 8 & 9 & 7 \\ 9 & 10 & 10 \end{pmatrix} - 2 \begin{pmatrix} 11 & 9 & 11 \\ 7 & 5 & 7 \end{pmatrix} \right)' = \left(\begin{pmatrix} 8 & 9 & 7 \\ 9 & 10 & 10 \end{pmatrix} - \begin{pmatrix} 22 & 18 & 22 \\ 14 & 10 & 14 \end{pmatrix} \right)' =$$

$$\begin{pmatrix} -14 & -9 & -15 \\ -5 & 0 & -4 \end{pmatrix}' = \begin{pmatrix} -14 & -5 \\ -9 & 0 \\ -15 & -4 \end{pmatrix}$$

[2] Multiplikation der beiden ersten Matrizen auf der linken Seite ergibt die Matrizengleichung $\begin{pmatrix} a & 2b \\ 2a & 4b \end{pmatrix} \cdot \begin{pmatrix} 3 & 6 \\ 1 & 2 \end{pmatrix} = \begin{pmatrix} 0 & 0 \\ 0 & 0 \end{pmatrix}$. Multiplikation der beiden

Matrizen auf der linken Seite ergibt folgendes Gleichungssystem:

(1) $3a + 2b = 0$

(2) $6a + 4b = 0$

(3) $6a + 4b = 0$

(4) $12a + 8b = 0$

Die Gleichungen (2) - (4) sind Vielfache der Gleichung (1), d.h. alle Gleichungen beschreiben denselben Zusammenhang zwischen den Variablen a und b, d.h. $3a + 2b = 0$. In der Aufgabe war die Bedingung $a + b = -1 \iff a = -b - 1$. gegeben. Indem wir dies in die Gleichung $3a + 2b = 0$ einsetzen, ergibt sich $3a + 2b = -3b - 3 + 2b = 0 \iff b = -3$. Es folgt $a = -b - 1 = 3 - 1 = 2$.

[3] $AB = \begin{pmatrix} 1 & -4 \\ -2 & 5 \\ 3 & -6 \end{pmatrix} \begin{pmatrix} 1 & 3 & 2 \\ 2 & 1 & 3 \end{pmatrix} =$

$\begin{pmatrix} 1 \cdot 1 + (-4) \cdot 2 & 1 \cdot 3 + (-4) \cdot 1 & 1 \cdot 2 + (-4) \cdot 3 \\ (-2) \cdot 1 + 5 \cdot 2 & (-2) \cdot 3 + 5 \cdot 1 & (-2) \cdot 2 + 5 \cdot 3 \\ 3 \cdot 1 + (-6) \cdot 2 & 3 \cdot 3 + (-6) \cdot 1 & 3 \cdot 2 + (-6) \cdot 3 \end{pmatrix} = \begin{pmatrix} -7 & -1 & -10 \\ 8 & -1 & 11 \\ -9 & 3 & -12 \end{pmatrix}$.

Das Produkt $B'A$ ist nicht definiert, denn B' hat die Dimension 3×2 und A hat die Dimension 3×2, so dass die Anzahl der Spalten des ersten Faktors nicht mit der Anzahl der Zeilen des zweiten Faktors übereinstimmt, so dass das Produkt nach Kap. 15.3 nicht definiert ist.

$A' + B = \begin{pmatrix} 1 & -2 & 3 \\ -4 & 5 & -6 \end{pmatrix} + \begin{pmatrix} 1 & 3 & 2 \\ 2 & 1 & 3 \end{pmatrix} =$

$\begin{pmatrix} 1+1 & -2+3 & 3+2 \\ -4+2 & 5+1 & -6+3 \end{pmatrix} = \begin{pmatrix} 2 & 1 & 5 \\ -2 & 6 & -3 \end{pmatrix}$

Die Summe $A + B$ ist nicht definiert, da die beiden Matrizen verschiedene Dimensionen haben.

[4] Beachtet man, dass B symmetrisch ist, d.h. $B' = B$, so folgt

$\alpha \cdot A' = B \iff A' = \frac{1}{\alpha} B \iff A = \frac{1}{\alpha} B' = \frac{1}{\alpha} B = \frac{1}{\sqrt{2}} \begin{pmatrix} 2 & 0 \\ 0 & 2 \end{pmatrix} = \begin{pmatrix} \sqrt{2} & 0 \\ 0 & \sqrt{2} \end{pmatrix}$.

[5] Die Länge des Vektors ist genau dann 1, wenn das Skalarprodukt des Vektors mit sich selbst 1 ist, d.h. wenn $9a^2 + 16a^2 = 25a^2 = 1 \iff a^2 = 1/25 \iff a = 1/5 = 0.2$. Beachten Sie, dass a positiv sein soll.

[6] $(2 \ 1 \ 3) \begin{pmatrix} 2 & 3 & 4 \\ 1 & 3 & 2 \\ 2 & 1 & 1 \end{pmatrix} \begin{pmatrix} 2 \\ 1 \\ 3 \end{pmatrix} = (2 \ 1 \ 3) \begin{pmatrix} 2 \cdot 2 + 3 \cdot 1 + 4 \cdot 3 \\ 1 \cdot 2 + 3 \cdot 1 + 2 \cdot 3 \\ 2 \cdot 2 + 1 \cdot 1 + 1 \cdot 3 \end{pmatrix} =$

$(2 \ 1 \ 3) \begin{pmatrix} 19 \\ 11 \\ 8 \end{pmatrix} = 2 \cdot 19 + 1 \cdot 11 + 3 \cdot 8 = 38 + 11 + 24 = 73.$

[7] $ABC = A \begin{pmatrix} 2 & 1 \\ 1 & 2 \\ 0 & 1 \end{pmatrix} \begin{pmatrix} 1 \\ 2 \end{pmatrix} = A \begin{pmatrix} 2 \cdot 1 + 1 \cdot 2 \\ 1 \cdot 1 + 2 \cdot 2 \\ 0 \cdot 1 + 1 \cdot 2 \end{pmatrix} = A \begin{pmatrix} 4 \\ 5 \\ 2 \end{pmatrix} =$

$\begin{pmatrix} 2 & 0 & 0 \\ 0 & 2 & 0 \\ 0 & 0 & 2 \end{pmatrix} \begin{pmatrix} 4 \\ 5 \\ 2 \end{pmatrix} = \begin{pmatrix} 2 \cdot 4 + 0 \cdot 5 + 0 \cdot 2 \\ 0 \cdot 4 + 2 \cdot 5 + 0 \cdot 2 \\ 0 \cdot 4 + 0 \cdot 5 + 2 \cdot 2 \end{pmatrix} = \begin{pmatrix} 8 \\ 10 \\ 4 \end{pmatrix}$

[8] $(2\boldsymbol{a}) \cdot (3\boldsymbol{b}) = (2 \cdot 3)(2, 1, 3) \cdot (1, 2, 3) = 6(2 \cdot 1 + 1 \cdot 2 + 3 \cdot 3) = 6 \cdot 13 = 78; \; 2\boldsymbol{a} +$

$3\boldsymbol{b} = (4, 2, 6) + (2, 4, 6) = (6, 6, 12); \; (2\boldsymbol{a})(3\boldsymbol{b})' = 6 \cdot (2, 1, 3) \begin{pmatrix} 1 \\ 2 \\ 3 \end{pmatrix} = 78; \; (2\boldsymbol{a}')(3\boldsymbol{b}) =$

$6 \cdot \begin{pmatrix} 2 \\ 1 \\ 3 \end{pmatrix} (1, 2, 3) = 6 \begin{pmatrix} 2 & 4 & 6 \\ 1 & 2 & 3 \\ 3 & 6 & 9 \end{pmatrix} = \begin{pmatrix} 12 & 24 & 36 \\ 6 & 12 & 18 \\ 18 & 36 & 54 \end{pmatrix}$

Lösungen zu Kapitel 16: Determinanten und inverse Matrizen

16

ÜBERBLICK

16.1   Determinanten der Ordnung 2

[1] Nach (16.1.3) ist $\begin{vmatrix} 6 & 5 \\ 2 & 7 \end{vmatrix} = 6 \cdot 7 - 5 \cdot 2 = 42 - 10 = 32$ und $\begin{vmatrix} -1 & 2 \\ 2 & -5 \end{vmatrix} =$ $(-1) \cdot (-5) - 2 \cdot 2 = 5 - 4 = 1$.

[2] Nach (16.1.4) ist die Lösung des Gleichungssystems gegeben durch

$$x = \frac{\begin{vmatrix} -2 & 1 \\ 14 & -3 \end{vmatrix}}{|A|} \qquad y = \frac{\begin{vmatrix} 2 & -2 \\ -2 & 14 \end{vmatrix}}{|A|}, \text{ wobei } A = \begin{pmatrix} 2 & 1 \\ -2 & -3 \end{pmatrix} \text{ die Koeffizien-}$$

tenmatrix ist.

Für die Determinante von A ergibt sich $|A| = 2(-3) - 1(-2) = -4$. Für die bei-

den Variablen ergibt sich die Lösung $x = \dfrac{\begin{vmatrix} -2 & 1 \\ 14 & -3 \end{vmatrix}}{-4} = \dfrac{6 - 14}{-4} = \dfrac{-8}{-4} = 2$,

$y = \dfrac{\begin{vmatrix} 2 & -2 \\ -2 & 14 \end{vmatrix}}{-4} = \dfrac{28 - 4}{-4} = \dfrac{24}{-4} = -6$.

[3] Nach der Cramer'schen Regel steht im Zähler der Lösung für x_2 die Determinante der Matrix, die man erhält, wenn man in der Koeffizientenmatrix die zweite Spalte durch den Vektor der rechten Seiten ersetzt, d.h. der Zähler ist $\begin{vmatrix} 2 & 7 \\ 3 & 6 \end{vmatrix} = 2 \cdot 6 - 3 \cdot 7 = $ $12 - 21 = -9$. Da der Nenner bekannt und gleich 4 ist, folgt $x_2 = -9/4$.

[4] Der schnellste Weg, die Fläche A zu berechnen ist über die geometrische Interpretation einer Determinante (siehe Abbildung 16.1.1) $A = a_{11}a_{22} - a_{12}a_{21} = 4 - 1/2 = 3.5$.

16.2   Determinanten der Ordnung 3

[1] a) Nach (16.2.3) ist $\begin{vmatrix} 0 & 2 & 0 \\ 3 & 4 & 5 \\ 2 & 1 & 6 \end{vmatrix} = 0 \cdot \begin{vmatrix} 4 & 5 \\ 1 & 6 \end{vmatrix} - 2 \cdot \begin{vmatrix} 3 & 5 \\ 2 & 6 \end{vmatrix} + 0 \cdot \begin{vmatrix} 3 & 4 \\ 2 & 1 \end{vmatrix} = $

$-2 \cdot \begin{vmatrix} 3 & 5 \\ 2 & 6 \end{vmatrix} = -2(3 \cdot 6 - 2 \cdot 5) = -2(18 - 10) = -2 \cdot 8 = -16$.

b) Nach (16.2.3) ist $\begin{vmatrix} 3 & 1 & 1 \\ 2 & 1 & 0 \\ 1 & 3 & 3 \end{vmatrix} = 3 \cdot \begin{vmatrix} 1 & 0 \\ 3 & 3 \end{vmatrix} - 1 \cdot \begin{vmatrix} 2 & 0 \\ 1 & 3 \end{vmatrix} + 1 \cdot \begin{vmatrix} 2 & 1 \\ 1 & 3 \end{vmatrix} = $

$3(1 \cdot 3 - 0) - (2 \cdot 3 - 0) + (2 \cdot 3 - 1 \cdot 1) = 9 - 6 + 5 = 8$.

[2]

a) Nach der Regel von Sarrus (16.2.5) werden die beiden ersten Spalten der Matrix rechts neben die Matrix geschrieben:

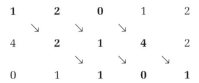

Die Determinante ist die Summe von sechs Termen von Produkten aus drei Elementen, die entlang der nach rechts fallenden bzw. steigenden Linien in diesem Schema zu bilden sind. Die Terme entlang der nach rechts fallenden Linien erhalten ein positives Vorzeichen, d.h. hier ergibt sich $1 \cdot 2 \cdot 1 + 2 \cdot 1 \cdot 0 + 0 \cdot 4 \cdot 1 = 2 + 0 + 0 = 2$.

Die Terme entlang der nach rechts steigenden Linien erhalten ein negatives Vorzeichen, d.h. hier ergibt sich $-0 \cdot 2 \cdot 0 - 1 \cdot 1 \cdot 1 - 1 \cdot 4 \cdot 2 = 0 - 1 - 8 = -9$. Der Wert der Determinante ist dann $2 - 9 = -7$.

b)

1	2	3	1	2		1	2	3	1	2
2	3	1	2	3		2	3	1	2	3
3	1	2	3	1		3	1	2	3	1

$|A| = 1 \cdot 3 \cdot 2 + 2 \cdot 1 \cdot 3 + 3 \cdot 2 \cdot 1 - 3 \cdot 3 \cdot 3 - 1 \cdot 1 \cdot 1 - 2 \cdot 2 \cdot 2 = 18 - 36 = -18$.

[3] Um die Regel von Sarrus (16.2.5) anzuwenden, schreibt man die erste und zweite Spalte noch einmal hinter die Matrix, was wir zweimal machen:

3	2	4	3	2		3	2	4	3	2
2	5	3	2	5		2	5	3	2	5
6	2	4	6	2		6	2	4	6	2

Die Produkte der drei Zahlen der nach rechts unten fallenden Linien erhalten ein positives Vorzeichen, d.h die Summe dieser Produkte ist $3 \cdot 5 \cdot 4 + 2 \cdot 3 \cdot 6 + 4 \cdot 2 \cdot 2 = 60 + 36 + 16 = 112$. Die Produkte der drei Zahlen der nach rechts oben steigenden Linien erhalten ein negatives Vorzeichen, d.h die Summe dieser Produkte ist $-6 \cdot 5 \cdot 4 - 2 \cdot 3 \cdot 3 - 4 \cdot 2 \cdot 2 = -120 - 18 - 16 = -154$. Damit ergibt sich für die Determinante der Wert $112 - 154 = -42$.

[4] Die Determinante wird mithilfe der Regel von Sarrus (16.2.5) berechnet. Das Schema lässt sich vervollständigen, da man bei der Regel von Sarrus die Zahlen der ersten und zweiten Spalte in die vierte und fünfte Spalte schreibt:

4	1	3	4	1
2	**3**	1	**2**	3
0	2	2	0	**2**

Damit lässt sich jetzt die Regel von Sarrus (16.2.5) anwenden: $|A| = 4 \cdot 3 \cdot 2 + 1 \cdot 1 \cdot 0 + 3 \cdot 2 \cdot 2 - 0 \cdot 3 \cdot 3 - 2 \cdot 1 \cdot 4 - 2 \cdot 2 \cdot 1 = 24 + 0 + 12 - 0 - 8 - 4 = 24.$

[5] Die Koeffizientenmatrix ist hier $A = \begin{pmatrix} 1 & 2 & 3 \\ 1 & 3 & 4 \\ 1 & 3 & 5 \end{pmatrix}$, der Vektor der rechten Seite

ist $b = \begin{pmatrix} 14 \\ 19 \\ 22 \end{pmatrix}$. Somit ergibt sich für die Determinante der Koeffizientenmatrix nach der Regel von Sarrus (16.2.5) $|A| = 15 + 8 + 9 - 10 - 12 - 9 = 1$. Mit der Cramer'schen Regel (16.2.4) folgt, wobei wir für die Berechnung der Determinanten im Zähler immer die Regel von Sarrus (16.2.5) verwenden:

$$x_1 = \frac{\begin{vmatrix} 14 & 2 & 3 \\ 19 & 3 & 4 \\ 22 & 3 & 5 \end{vmatrix}}{1} = \frac{210 + 176 + 171 - 190 - 168 - 198}{1} = \frac{1}{1} = 1.$$

$$x_2 = \frac{\begin{vmatrix} 1 & 14 & 3 \\ 1 & 19 & 4 \\ 1 & 22 & 5 \end{vmatrix}}{1} = \frac{95 + 56 + 66 - 70 - 88 - 57}{1} = \frac{2}{1} = 2.$$

$$x_3 = \frac{\begin{vmatrix} 1 & 2 & 14 \\ 1 & 3 & 19 \\ 1 & 3 & 22 \end{vmatrix}}{1} = \frac{66 + 38 + 42 - 44 - 57 - 42}{1} = \frac{3}{1} = 3.$$

Beachten Sie, wie der Vektor der rechten Seite von der ersten über die zweite zur dritten Spalte in der Determinante des Zählers wandert.

Mittlere Gleichung: $A = \begin{pmatrix} 1 & 2 & 3 \\ 2 & 3 & 1 \\ 3 & 1 & 2 \end{pmatrix}$ und $b = \begin{pmatrix} 1 \\ 0 \\ 0 \end{pmatrix}$. $|A| = \begin{vmatrix} 1 & 2 & 3 \\ 2 & 3 & 1 \\ 3 & 1 & 2 \end{vmatrix} =$

$\begin{vmatrix} 6 & 6 & 6 \\ 2 & 3 & 1 \\ 3 & 1 & 2 \end{vmatrix} = 6 \begin{vmatrix} 1 & 1 & 1 \\ 2 & 3 & 1 \\ 3 & 1 & 2 \end{vmatrix} = 6 \begin{vmatrix} 1 & 1 & 1 \\ 0 & 1 & -1 \\ 0 & -2 & -1 \end{vmatrix} = 6(-1 - 2) = -18.$ Dabei haben wir im ersten Schritt die 2. und 3. Zeile zur 1. addiert, 6 ausgeklammert, dann das Doppelte der 1. von der 2. und das Dreifache der 1. von der 3. Zeile subtrahiert. Nach (16.2.4) gilt dann

$$x_1 = \frac{\begin{vmatrix} 1 & 2 & 3 \\ 0 & 3 & 1 \\ 0 & 1 & 2 \end{vmatrix}}{-18} = \frac{1 \cdot \begin{vmatrix} 3 & 1 \\ 1 & 2 \end{vmatrix}}{-18} = \frac{3 \cdot 2 - 1 \cdot 1}{-18} = \frac{-5}{18}$$

$$x_2 = \frac{\begin{vmatrix} 1 & 1 & 3 \\ 2 & 0 & 1 \\ 3 & 0 & 2 \end{vmatrix}}{-18} = \frac{-1 \cdot \begin{vmatrix} 2 & 1 \\ 3 & 2 \end{vmatrix}}{-18} = \frac{2 \cdot 2 - 1 \cdot 3}{18} = \frac{1}{18}$$

$$x_3 = \frac{\begin{vmatrix} 1 & 2 & 1 \\ 2 & 3 & 0 \\ 3 & 1 & 0 \end{vmatrix}}{-18} = \frac{1 \cdot \begin{vmatrix} 2 & 3 \\ 3 & 1 \end{vmatrix}}{-18} = \frac{2 \cdot 1 - 3 \cdot 3}{-18} = \frac{7}{18}$$

Rechte Gleichung: $|A| = \begin{vmatrix} 1 & 1 & 0 \\ 0 & 1 & 1 \\ 1 & 0 & 1 \end{vmatrix} = 1 \cdot (1 \cdot 1 - 1 \cdot 0) + 1 \cdot (1 \cdot 1 - 0 \cdot 1) = 1 + 1 = 2$,

wobei nach der ersten Spalte entwickelt wurde. Nach (16.2.4) gilt $x_1 = \dfrac{\begin{vmatrix} 4 & 1 & 0 \\ 5 & 1 & 1 \\ 6 & 0 & 1 \end{vmatrix}}{2} =$

$\dfrac{4 \cdot 1 - 1(5 - 6)}{2} = \dfrac{5}{2}$; $x_2 = \dfrac{\begin{vmatrix} 1 & 4 & 0 \\ 0 & 5 & 1 \\ 1 & 6 & 1 \end{vmatrix}}{2} = \dfrac{1(5 - 6) + 1 \cdot 4}{2} = \dfrac{3}{2}$; $x_3 = \dfrac{\begin{vmatrix} 1 & 1 & 4 \\ 0 & 1 & 5 \\ 1 & 0 & 6 \end{vmatrix}}{2} =$

$\dfrac{1 \cdot 6 + 1(5 - 4)}{2} = \dfrac{7}{2}$

[6] Nach der Cramer'schen Regel steht im Zähler der Lösung für x_3 die Determinante der Matrix, die man erhält, wenn man in der Koeffizientenmatrix die dritte Spalte durch den Vektor der rechten Seiten ersetzt, d.h. der Zähler ist

$\begin{vmatrix} 2 & 3 & 7 \\ 1 & 1 & 11 \\ 1 & 2 & 2 \end{vmatrix} = 2 \cdot 1 \cdot 2 + 3 \cdot 11 \cdot 1 + 7 \cdot 1 \cdot 2 - 1 \cdot 1 \cdot 7 - 2 \cdot 11 \cdot 2 - 2 \cdot 1 \cdot 3 = 4 + 33 + 14 - 7 - 44 - 6 = -6$.

Dabei wurde die Regel von Sarrus (16.2.5) verwendet. Da der Nenner bekannt und gleich -1 ist, folgt nach der Cramerschen Regel (16.2.4), dass $x_3 = \dfrac{-6}{-1} = 6$.

16.3   Determinanten der Ordnung n

[1] In der ersten Spalte sind nur die 1 und die 2 von Null verschieden. Wählt man die eingerahmte 1 aus der ersten Spalte, so kann aus der zweiten nur die eingerahmte 2 gewählt werden, aus der dritten dann nur noch die eingerahmte 6 und somit aus der vierten Spalte nur die eingerahmte 1. Es gibt also keine weiteren Produkte $\neq 0$, die mit der eingerahmten 1 aus der ersten Spalte beginnen. Demnach muss aus der ersten Spalte die 2 gewählt werden. Dann kann aus der zweiten Zeile und somit auch aus der zweiten Spalte nur die 3 gewählt werden. Für die Wahl der Elemnte aus der dritten und vierten Spalte gibt es jetzt zwei Möglichkeiten: A) 3 und 8 oder B) 6 und 4. Das Vorzeichen ist im Fall A), da es drei aufsteigende Verbindungslinien gibt. Im Fall B) ist es positiv, da es vier aufsteigende Verbindungslinien gibt (siehe Vorzeichenregel in Kap. 16.3). Die weiteren Produkte mit korrektem Vorzeichen sind also $-2\cdot 3\cdot 3\cdot 8 = -144$ und $+2 \cdot 3 \cdot 6 \cdot 4 = 144$, so dass die Determinante den Wert $12 - 144 + 144 = 12$ hat.

[2] Die Anzahl der Summanden ist $4! = 4 \cdot 3 \cdot 2 \cdot 1 = 24$. (Siehe Kap. 16.3; Definition der Determinante.) Nach der Vorzeichenregel (16.3.2) muss man für das Vorzeichen eines solchen Terms die nach rechts oben steigenden Verbindungslinien zählen. In dieser Matrix steigen die zwei Verbindungslinien zur 1, alle anderen fallen. Die Zahl der aufsteigenden Linien ist also gerade, d.h. das Vorzeichen ist positiv. Das Produkt der vier Elemente ist $8 \cdot 3 \cdot 1 \cdot 9 = 216$.

16.4   Grundlegende Regeln für Determinanten

[1] Nach (16.4.1) ist $|C| = |AB| = |A| \cdot |B| = (1 \cdot 4 \cdot 3) \cdot (1 \cdot 1 \cdot 2) = 12 \cdot 2 = 24$, wobei die Regeln (16.3.4) und (16.3.5) für die Berechnung der Determinante einer Dreiecksmatrix verwendet wurden.

[2] Nach (16.4.1) ist $|AB| = |A| \cdot |B| = (-abc) \cdot (-2) = 2abc$. Die Determinanten von A und B erhält man nach (16.2.3) so: $|A| = -b \cdot \begin{vmatrix} a & 0 \\ 0 & c \end{vmatrix} = -abc$ und $|B| = 1 \cdot \begin{vmatrix} 1 & 1 \\ 1 & 0 \end{vmatrix} + 1 \cdot \begin{vmatrix} 0 & 1 \\ 1 & 1 \end{vmatrix} = 1 \cdot (-1) + 1 \cdot (-1) = -2$.

[3] Nach Theorem 16.4.1.B gilt $|A'| = |A|$. Nach der Definition einer Determinante in Kap. 16.3 ist die Determinante eine Summe von Produkten von jeweils 4 Faktoren, wobei aus jeder Zeile und jeder Spalte genau ein Faktor vorkommen muss. Damit keine Nullen als Faktoren auftreten, sind die Elemente der dritten und vierten Zeile mit -5 und 3 eindeutig bestimmt. Damit sind auch die Elemente der zweiten und vierten Spalte festgelegt. In der ersten Spalte kann nur die 1 und in der dritten Spalte nur die 2 gewählt werden. Das einzige Produkt, das nicht Null ist, ist somit: $1 \cdot (-5) \cdot 2 \cdot 3 = -30$. Es bleibt noch das Vorzeichen nach der Vorzeichenregel (16.3.2) zu bestimmen. Es gibt zwei aufsteigende Verbindungslinien, also ist das Vorzeichen + und die Determinante ist -30.

[4] Nach Theorem 16.4.1E ist die Determinante Null, da die erste und dritte Zeile proportional sind, denn die erste Zeile ist das Doppelte der dritten Zeile.

[5] Indem man das Doppelte der ersten Zeile, das Dreifache der zweiten Zeile und das Vierfache der dritten Zeile jeweils von der vierten Zeile subtrahiert, ergeben sich in der vierten Zeile nur Nullen, denn als Element in der vierten Spalte und vierten Zeile hat man $11-4+9-16 = 0$. Der Wert der Determinante bleibt dabei nach Theorem 16.4.1F unverändert und ist somit Null nach Theorem 16.4.1A.

16.5   Entwicklung nach Co-Faktoren

[1] Die Entwicklung der Determinante nach einer Zeile ist in (16.5.1) beschrieben, die Co-Faktoren sind in (16.5.3) definiert. Es gilt, wenn wir nach der ersten Zeile entwickeln:

$$|A| = 2 \cdot \begin{vmatrix} 8 & 0 & 5 & 0 \\ 1 & 2 & 7 & 9 \\ 1 & 0 & 0 & 1 \\ 0 & 2 & 1 & 2 \end{vmatrix} - 8 \begin{vmatrix} 0 & 8 & 0 & 0 \\ 8 & 1 & 2 & 9 \\ 1 & 1 & 0 & 1 \\ 2 & 0 & 2 & 2 \end{vmatrix}$$

Indem wir diese beiden Determinanten wieder nach der ersten Zeile entwickeln, erhalten wir:

$$|A| = 2 \cdot 8 \cdot \begin{vmatrix} 2 & 7 & 9 \\ 0 & 0 & 1 \\ 2 & 1 & 2 \end{vmatrix} + 2 \cdot 5 \cdot \begin{vmatrix} 1 & 2 & 9 \\ 1 & 0 & 1 \\ 0 & 2 & 2 \end{vmatrix} - 8 \cdot (-8) \cdot \begin{vmatrix} 8 & 2 & 9 \\ 1 & 0 & 1 \\ 2 & 2 & 2 \end{vmatrix} = 16 \cdot \begin{vmatrix} 2 & 7 & 9 \\ 0 & 0 & 1 \\ 2 & 1 & 2 \end{vmatrix} +$$

$$10 \cdot \begin{vmatrix} 1 & 2 & 9 \\ 1 & 0 & 1 \\ 0 & 2 & 2 \end{vmatrix} + 64 \cdot \begin{vmatrix} 8 & 2 & 9 \\ 1 & 0 & 1 \\ 2 & 2 & 2 \end{vmatrix}$$

[2]

a) Nach (16.5.3) bestimmt sich der Cofaktor C_{21} durch $C_{21} = (-1)^{2+1} \cdot \begin{vmatrix} 0 & 18 & 20 \\ 10 & 0 & 13 \\ 0 & 8 & 0 \end{vmatrix} =$

$(-1)^3 \cdot 10 \cdot 8 \cdot 20 = -1\,600$. Die zu bestimmende 3×3-Determinante ist eine Summe von Produkten von je 3 Elementen, wobei aus jeder Zeile und jeder Spalte genau ein Element vorkommen muss. Hier gibt es nur eine Möglichkeit, ein Produkt zu erhalten, das nicht Null ist, denn aus der ersten Spalte kann nur die 10 gewählt werden und aus der dritten Zeile nur die 8. Dadurch ist alles bestimmt. Aus der ersten Zeile kann nur die 20 gewählt werden. Die Anzahl der aufsteigenden Verbindungslinien ist 2, d.h. gerade. Nach der Vorzeichenregel (16.3.2) ist das Vorzeichen der Determimante damit positiv, d.h. die Determinate hat den Wert $10 \cdot 8 \cdot 20 = 1\,600$ und damit ist $C_{21} = -1\,600$.

b) Nach (16.5.3) bestimmt sich der Cofaktor C_{23} durch $C_{23} = (-1)^{2+3} \cdot \begin{vmatrix} 0 & 0 & 3 \\ 7 & 18 & 13 \\ 2 & 0 & 0 \end{vmatrix} =$

$(-1)^5 \cdot 3 \cdot \begin{vmatrix} 7 & 18 \\ 2 & 0 \end{vmatrix} = -3 \cdot (-2 \cdot 18) = 108$, wobei die 3×3-Determinante nach der ersten Zeile entwickelt wurde.

c) Nach (16.5.3) ist der Co-Faktor $C_{23} = (-1)^{2+3} \begin{vmatrix} 0 & 3 & 1 \\ 1 & 0 & 2 \\ -2 & 0 & 1 \end{vmatrix} = -1 \cdot (-1)^{1+2} \cdot$

$3 \begin{vmatrix} 1 & 2 \\ -2 & 1 \end{vmatrix} = 3(1 \cdot 1 + 2 \cdot 2) = 15$. Dabei haben wir die 3×3 Determinante nach der zweiten Spalte entwickelt.

d) $C_{21} = (-1)^{2+1} \begin{vmatrix} 2 & 0 & 3 \\ 3 & 0 & 1 \\ 3 & 1 & 4 \end{vmatrix} = -(-1)^{3+2} \begin{vmatrix} 2 & 3 \\ 3 & 1 \end{vmatrix} = -(-1)(2 \cdot 1 - 3 \cdot 3) = -7$. Dabei haben wir die 3×3 Determinante nach der 2. Spalte entwickelt.

[3] Mit Hilfe der Entwicklung nach Co-Faktoren (16.5.2) nach der dritten Spalte von B erhält man: $|\mathbf{B}| = (-1)^{2+3} \cdot a \cdot \begin{vmatrix} 3 & 5 \\ 4 & 5 \end{vmatrix} + (-1)^{3+3} \cdot b \cdot \begin{vmatrix} 3 & 5 \\ 8 & 9 \end{vmatrix} = -a(3 \cdot 5 - 4 \cdot 5) + b \cdot (3 \cdot 9 - 5 \cdot 8) =$
$-a \cdot (-5) + b \cdot (-13) = 5a - 13b$. Nach Theorem 16.4.1.B ist $|\mathbf{C}| = |\mathbf{B}|$, denn es gilt $\mathbf{C} = \mathbf{B}'$.

[4] Wir entwickeln die Determinante nach der dritten Spalte, da sie zwei Nullen enthält: $\begin{vmatrix} 3 & 2 & 0 \\ 3 & 4 & c \\ 2 & 1 & 0 \end{vmatrix} = (-1)^{2+3} \cdot c \cdot \begin{vmatrix} 3 & 2 \\ 2 & 1 \end{vmatrix} = -c \cdot (3 \cdot 1 - 2 \cdot 2) = -c \cdot (3 - 4) = -c \cdot (-1) = c.$

16.6 Die Inverse einer Matrix

[1] $A + BXD - CXD = E \iff BXD - CXD = E - A \iff (B - C)XD = E - A$. Wir multiplizieren von links mit der Inversen von $B - C$ und von rechts mit der Inversen von D (nach Voraussetzung in der Aufgabe existieren beide Inversen) und erhalten $(B - C)^{-1}(B - C)XDD^{-1} = (B - C)^{-1}(E - A)D^{-1} \iff IXI = (B - C)^{-1}(E - A)D^{-1} \iff X = (B - C)^{-1}(E - A)D^{-1}$. Dabei wurde verwendet, dass das Produkt einer Matrix mit ihrer Inversen nach (16.6.1) die Einheitsmatrix ergibt und dass nach (15.4.6) das Produkt einer Matrix A mit der Einheitsmatrix I wieder A ergibt.

[2] Zunächst ist die Matrizengleichung unter Beachtung von Theorem 16.6.2 und der Definition der Inversen nach X aufzulösen

$$B + XA^{-1} = A^{-1} \iff XA^{-1} = A^{-1} - B \iff X = A^{-1}A - BA = I - BA.$$

Nun ist $BA = \begin{pmatrix} 1 & 0 & 0 \\ 0 & 0 & 1 \\ 0 & 1 & 0 \end{pmatrix} \begin{pmatrix} 1 & 0 & 1 \\ 2 & 1 & 1 \\ 0 & 1 & 1 \end{pmatrix} = \begin{pmatrix} 1 & 0 & 1 \\ 0 & 1 & 1 \\ 2 & 1 & 1 \end{pmatrix}$ und somit

$X = I - BA = \begin{pmatrix} 0 & 0 & -1 \\ 0 & 0 & -1 \\ -2 & -1 & 0 \end{pmatrix}.$

[3] Damit A die Inverse von B ist, muss gelten $AB = I$, wobei $I = \begin{pmatrix} 1 & 0 & 0 \\ 0 & 1 & 0 \\ 0 & 0 & 1 \end{pmatrix}$ die

Einheitsmatrix der Ordnung 3 ist. Hier ist $AB = \begin{pmatrix} 1 & 0 & 0 \\ a+b & 2a+\dfrac{1}{4}+3b & 4a+\dfrac{3}{2}+2b \\ 0 & 0 & 1 \end{pmatrix}$.

Damit dies die Einheitsmatrix ist, muss gelten $a + b = 0$; $2a + \dfrac{1}{4} + 3b = 1$ und

$4a + \dfrac{3}{2} + 2b = 0$. Aus der ersten Gleichung folgt $b = -a$. Setzen wir dies in die zweite

Gleichung ein, folgt $2a + \dfrac{1}{4} - 3a = 1 \iff a = -\dfrac{3}{4}$. Damit ist $b = -a = \dfrac{3}{4}$. Die Probe

ergibt, dass für diese Werte auch die dritte Gleichung erfüllt ist.

[4] Eine quadratische Matrix hat nach (16.6.2) genau dann eine Inverse, wenn ihre
Determinante von Null verschieden ist. Wir entwickeln die Determinante von A_t nach

der ersten Zeile $\begin{vmatrix} 1 & 0 & t \\ 2 & 1 & t \\ 0 & 1 & 1 \end{vmatrix} = 1 \cdot \begin{vmatrix} 1 & t \\ 1 & 1 \end{vmatrix} + t \begin{vmatrix} 2 & 1 \\ 0 & 1 \end{vmatrix} = 1 - t + 2t = 1 + t \neq 0 \iff$

$t \neq -1$, d.h. A_t hat genau dann eine Inverse, wenn $t \neq -1$.
Eine Matrix ist genau dann singulär, wenn ihre Determinante Null ist. Hier ist

$BA_t = \begin{pmatrix} 1 & 0 & 0 \\ 0 & 0 & 1 \\ 0 & 1 & 0 \end{pmatrix} \begin{pmatrix} 1 & 0 & t \\ 2 & 1 & t \\ 0 & 1 & 1 \end{pmatrix} = \begin{pmatrix} 1 & 0 & t \\ 0 & 1 & 1 \\ 2 & 1 & t \end{pmatrix}$ und damit

$|I - BA_t| = \left| \begin{pmatrix} 1 & 0 & 0 \\ 0 & 1 & 0 \\ 0 & 0 & 1 \end{pmatrix} - \begin{pmatrix} 1 & 0 & t \\ 0 & 1 & 1 \\ 2 & 1 & t \end{pmatrix} \right| = \begin{vmatrix} 0 & 0 & -t \\ 0 & 0 & -1 \\ -2 & -1 & 1-t \end{vmatrix} = 0$ für alle t. Die

erste Zeile ist das t-fache der zweiten Zeile. Nach Theorem 16.4.1(E) ist die Determinante daher Null und somit ist $I - BA_t$ für alle t singulär.

[5] Es gilt $A^3 - 2A^2 + A - I = 0 \iff A^3 - 2A^2 + A = I \iff A(A^2 - 2A + I) = I$. Aus
(16.6.4) folgt dann $A^{-1} = A^2 - 2A + I = (A - I)^2$.

[6] Es gilt $|A| = -3 \neq 0$, so dass A nach (16.6.2) eine Inverse hat, die nach (16.6.3)

gegeben ist durch $A^{-1} = \dfrac{1}{|A|} \begin{pmatrix} -1 & 0 \\ -2 & 3 \end{pmatrix} = -\dfrac{1}{3} \begin{pmatrix} -1 & 0 \\ -2 & 3 \end{pmatrix} = \begin{pmatrix} 1/3 & 0 \\ 2/3 & -1 \end{pmatrix}$. Die

Inverse der Transponierten ist nach Theorem 16.6.1(c) die Transponierte der Inversen,

d.h. $(A')^{-1} = \begin{pmatrix} 1/3 & 2/3 \\ 0 & -1 \end{pmatrix}$.

[7] Die Matrix ist singulär, wenn ihre Determinante Null ist. Entwicklung nach der

zweiten Zeile ergibt $|A_t| = (-1)^{2+2} \cdot 1 \begin{vmatrix} t & t \\ 2 & t \end{vmatrix} = t^2 - 2t = t(t - 2) = 0 \iff t =$

0 oder $t = 2$, d.h. die Matrix ist für $t = 0$ und für $t = 2$ singulär.

[8] Die Inverse existiert nach (16.6.2) genau dann, wenn die Determinante von Null verschieden ist. Wir entwickeln die Determinante nach der ersten Spalte

$$\begin{vmatrix} 1 & 2 & 3 \\ 0 & a-1 & 1 \\ 1 & 2 & a+1 \end{vmatrix} = 1\left[(a-1)(a+1) - 1\cdot 2\right] + 1\left[2\cdot 1 - 3(a-1)\right] = a^2 - 1 - 2 + 2 - $$

$3a + 3 = a^2 - 3a + 2 = 0 \iff a = 1$ oder $a = 2$. Die Inverse existiert somit, wenn $a \neq 1$ und $a \neq 2$.

[9]

a) Nach (16.6.3) ist die Inverse gegeben durch $A^{-1} = \dfrac{1}{4\cdot 2 - 3\cdot 2}\begin{pmatrix} 2 & -3 \\ -2 & 4 \end{pmatrix} =$

$\dfrac{1}{2}\begin{pmatrix} 2 & -3 \\ -2 & 4 \end{pmatrix} = \begin{pmatrix} 1 & -1.5 \\ -1 & 2 \end{pmatrix}.$

b) Hier ist $|B| = 4\cdot 6 - 3\cdot 8 = 24 - 24 = 0$. Nach (16.6.2) gibt es keine Inverse.

c) Nach (16.6.3) ist C^{-1} gegeben durch $\dfrac{1}{2\cdot 5 - 3\cdot 1}\begin{pmatrix} 5 & -3 \\ -1 & 2 \end{pmatrix} = \dfrac{1}{7}\begin{pmatrix} 5 & -3 \\ -1 & 2 \end{pmatrix} =$

$\begin{pmatrix} \dfrac{5}{7} & -\dfrac{3}{7} \\ -\dfrac{1}{7} & \dfrac{2}{7} \end{pmatrix}.$

[10] Wir verwenden die Formeln (16.6.4) $AX = I \implies X = A^{-1}$ und (16.6.5) $YA = I \implies Y = A^{-1}$. Hier gilt:

$ABC = A(BC) = I \implies A^{-1} = BC$

$ABC = (AB)C = I \implies C^{-1} = AB$

$ABC = I \iff B = A^{-1}C^{-1} \implies B^{-1} = CA$

In der letzten Zeile wurde die Gleichung zunächst von links mit A^{-1} und von rechts mit C^{-1} multipliziert. Anschließend verwendet man Theorem 16.6.1(b) und (a): Die Inverse eines Produkts von Matrizen ist das Produkt der Inversen in umgekehrter Reihenfolge und die Inverse der Inversen ist wieder die Ursprungsmatrix.

[11] Wir multiplizieren die Gleichung von links mit A^{-1} und von rechts mit B^{-1}. Wenn wir beachten, dass $A^{-1}A = I$, $BB^{-1} = I$ und $IX = XI = X$, so folgt $AXB = C \iff \underbrace{A^{-1}A}_{=I} X \underbrace{BB^{-1}}_{=I} = A^{-1}CB^{-1} \iff X = A^{-1}CB^{-1}$.

[12] Die Matrix A ist invertierbar, da $|A| = 2 \neq 0$. Es gilt dann $A^{-1}(AB) = (A^{-1}A)B = IB = B$. Die Inverse von A ist nach (16.6.3) $A^{-1} = \dfrac{1}{|A|}\begin{pmatrix} 4 & -2 \\ -3 & 2 \end{pmatrix} = \dfrac{1}{2}\begin{pmatrix} 4 & -2 \\ -3 & 2 \end{pmatrix}.$

Damit ist

$$B = \dfrac{1}{2}\begin{pmatrix} 4 & -2 \\ -3 & 2 \end{pmatrix}\begin{pmatrix} 2 & 4 & 6 \\ 1 & 0 & 4 \end{pmatrix} = \dfrac{1}{2}\begin{pmatrix} 6 & 16 & 16 \\ -4 & -12 & -10 \end{pmatrix} = \begin{pmatrix} 3 & 8 & 8 \\ -2 & -6 & -5 \end{pmatrix}.$$

[13] Es gilt nach Theorem 16.6.1(b) $(AB)^{-1} = B^{-1}A^{-1}$. Nach (16.6.3) gilt

$$A^{-1} = \frac{1}{|A|}\begin{pmatrix} 4 & -2 \\ -3 & 2 \end{pmatrix} = \frac{1}{2}\begin{pmatrix} 4 & -2 \\ -3 & 2 \end{pmatrix}. \text{ Damit ist}$$

$$(AB)^{-1} = B^{-1}A^{-1} = \frac{1}{2}\begin{pmatrix} 1 & 2 \\ 4 & 6 \end{pmatrix}\begin{pmatrix} 4 & -2 \\ -3 & 2 \end{pmatrix} = \frac{1}{2}\begin{pmatrix} -2 & 2 \\ -2 & 4 \end{pmatrix} = \begin{pmatrix} -1 & 1 \\ -1 & 2 \end{pmatrix}.$$

[14] Nach Theorem 16.6.1(b) ist die Matrizengleichung äquivalent zu $(AB)^{-1}X(AB)^{-1} = I$. Wir multiplizieren diese Gleichung auf beiden Seiten von links und von rechts jeweils mit (AB) und erhalten $(AB)(AB)^{-1}X(AB)^{-1}(AB) = (AB)I(AB) \iff X =$

$$(AB)(AB) = \begin{pmatrix} 4 & 1 \\ 2 & 3 \end{pmatrix}\begin{pmatrix} 4 & 1 \\ 2 & 3 \end{pmatrix} = \begin{pmatrix} 18 & 7 \\ 14 & 11 \end{pmatrix}.$$

(Beachten Sie, dass AB in der Aufgabenstellung gegeben war.)

16.7 Eine allgemeine Formel für die Inverse

[1]

a) Nach Theorem 16.7.1 gilt für die Inverse $A^{-1} = \frac{1}{|A|}\text{adj}(A)$, wobei adj$(A)$ die adjungierte Matrix ist. Die adjungierte Matrix enthält die Kofaktoren in transponierter Ordnung. Bestimmen wir also zunächst die Kofaktoren dieser Matrix:

$$C_{11} = \begin{vmatrix} -1 & 0 \\ 2 & -1 \end{vmatrix} = 1 \quad C_{12} = -\begin{vmatrix} 2 & 0 \\ 0 & -1 \end{vmatrix} = 2 \quad C_{13} = \begin{vmatrix} 2 & -1 \\ 0 & 2 \end{vmatrix} = 4$$

$$C_{21} = -\begin{vmatrix} 0 & 2 \\ 2 & -1 \end{vmatrix} = 4 \quad C_{22} = \begin{vmatrix} 1 & 2 \\ 0 & -1 \end{vmatrix} = -1 \quad C_{23} = -\begin{vmatrix} 1 & 0 \\ 0 & 2 \end{vmatrix} = -2$$

$$C_{31} = \begin{vmatrix} 0 & 2 \\ -1 & 0 \end{vmatrix} = 2 \quad C_{32} = -\begin{vmatrix} 1 & 2 \\ 2 & 0 \end{vmatrix} = 4 \quad C_{33} = \begin{vmatrix} 1 & 0 \\ 2 & -1 \end{vmatrix} = -1$$

Somit ist die adjungierte Matrix adj$(A) = \begin{pmatrix} 1 & 4 & 2 \\ 2 & -1 & 4 \\ 4 & -2 & -1 \end{pmatrix}$. Für die Inverse gilt

also $A^{-1} = \frac{1}{|A|}\text{adj}(A) = \frac{1}{9}\begin{pmatrix} 1 & 4 & 2 \\ 2 & -1 & 4 \\ 4 & -2 & -1 \end{pmatrix}$. Bleibt zu zeigen, dass $|A| = 9$ ist.

Entwickeln von A nach der ersten Zeile ergibt: $|A| = 1(-1)(-1) + 2(2 \cdot 2) = 1 + 8 = 9$.

b) Wir verwenden wieder $\mathbf{A}^{-1} = \dfrac{1}{|\mathbf{A}|} \cdot \text{adj}(\mathbf{A})$, wobei adj $(\mathbf{A})$ die Adjungierte von $\mathbf{A}$ ist. Die Determinante von $\mathbf{A}$ ergibt sich nach der Regel von Sarrus (16.2.5) $|\mathbf{A}| = 1 \cdot 0 \cdot 4 + a \cdot 2 \cdot 4 + 2 \cdot 2 \cdot 3 - 4 \cdot 0 \cdot 2 - 3 \cdot 2 \cdot 1 - 4 \cdot 2 \cdot a = 8a + 12 - 6 - 8a = 6$. Die Adjungierte von $\mathbf{A}$ enthält die Kofaktoren in transponierter Ordnung. Wir ermitteln also zunächst die Kofaktoren.

$$C_{11} = \begin{vmatrix} 0 & 2 \\ 3 & 4 \end{vmatrix} = -6 \quad C_{12} = -\begin{vmatrix} 2 & 2 \\ 4 & 4 \end{vmatrix} = 0 \quad C_{13} = \begin{vmatrix} 2 & 0 \\ 4 & 3 \end{vmatrix} = 6$$

$$C_{21} = -\begin{vmatrix} a & 2 \\ 3 & 4 \end{vmatrix} = 6 - 4a \quad C_{22} = \begin{vmatrix} 1 & 2 \\ 4 & 4 \end{vmatrix} = -4 \quad C_{23} = -\begin{vmatrix} 1 & a \\ 4 & 3 \end{vmatrix} = 4a - 3$$

$$C_{31} = \begin{vmatrix} a & 2 \\ 0 & 2 \end{vmatrix} = 2a \quad C_{32} = -\begin{vmatrix} 1 & 2 \\ 2 & 2 \end{vmatrix} = 2 \quad C_{33} = \begin{vmatrix} 1 & a \\ 2 & 0 \end{vmatrix} = -2a$$

Damit ist die adjungierte Matrix adj $(\mathbf{A}) = \begin{pmatrix} -6 & 6 - 4a & 2a \\ 0 & -4 & 2 \\ 6 & 4a - 3 & -2a \end{pmatrix}$ und dann die

Inverse $\mathbf{A}^{-1} = \dfrac{1}{6}\begin{pmatrix} -6 & 6 - 4a & 2a \\ 0 & -4 & 2 \\ 6 & 4a - 3 & -2a \end{pmatrix}$.

c) Nach Theorem 16.7.1 ist $\boldsymbol{A}^{-1} = \dfrac{1}{|\boldsymbol{A}|} \cdot \text{adj}(\boldsymbol{A})$. Durch Entwickeln nach der ersten Spalte erhalten wir $|\boldsymbol{A}| = (-1)^{3+1} \cdot 1 \cdot \begin{vmatrix} 3 & 4 \\ 1 & 0 \end{vmatrix} = 1 \cdot (3 \cdot 0 - 4 \cdot 1) = -4$. Nach (16.5.3) sind die Co-Faktoren

$$C_{11} = +\begin{vmatrix} 1 & 0 \\ 0 & 0 \end{vmatrix} = 0 \quad C_{12} = -\begin{vmatrix} 0 & 0 \\ 1 & 0 \end{vmatrix} = 0 \quad C_{13} = +\begin{vmatrix} 0 & 1 \\ 1 & 0 \end{vmatrix} = -1$$

$$C_{21} = -\begin{vmatrix} 3 & 4 \\ 0 & 0 \end{vmatrix} = 0 \quad C_{22} = +\begin{vmatrix} 0 & 4 \\ 1 & 0 \end{vmatrix} = -4 \quad C_{23} = -\begin{vmatrix} 0 & 3 \\ 1 & 0 \end{vmatrix} = 3$$

$$C_{31} = +\begin{vmatrix} 3 & 4 \\ 1 & 0 \end{vmatrix} = -4 \quad C_{32} = -\begin{vmatrix} 0 & 4 \\ 0 & 0 \end{vmatrix} = 0 \quad C_{33} = +\begin{vmatrix} 0 & 3 \\ 0 & 1 \end{vmatrix} = 0$$

Die adjungierte Matrix ist die transformierte Matrix der Co-Faktoren adj$(\boldsymbol{A}) = (\boldsymbol{C}^{+})' = \begin{pmatrix} 0 & 0 & -4 \\ 0 & -4 & 0 \\ -1 & 3 & 0 \end{pmatrix}$. Somit ist $\boldsymbol{A}^{-1} = \dfrac{1}{|\boldsymbol{A}|} \cdot \text{adj}(\boldsymbol{A}) = -\dfrac{1}{4}\begin{pmatrix} 0 & 0 & -4 \\ 0 & -4 & 0 \\ -1 & 3 & 0 \end{pmatrix} = \begin{pmatrix} 0 & 0 & 1 \\ 0 & 1 & 0 \\ 1/4 & -3/4 & 0 \end{pmatrix}$.

[2]

a) Wir bestimmen die Inverse durch elementare Zeilenumformungen (siehe Beispiel 16.7.2). Wir schreiben die Einheitsmatrix rechts neben die Matrix A und formen dann mit elementaren Zeilenoperationen so lange um, bis links die Einheitsmatrix steht. Im ersten Schritt subtrahieren wir die 1. Zeile von der 2. und das 4-fache der 1. Zeile von der 3. Zeile, wie hinter der Matrix angedeutet. Die weiteren Schritte sind analog angedeutet.

$$\left(\begin{array}{ccc|ccc} 1 & 1 & 1 & 1 & 0 & 0 \\ 1 & 2 & 1 & 0 & 1 & 0 \\ 4 & 1 & 2 & 0 & 0 & 1 \end{array}\right) \begin{array}{l} \\ -(i) \\ -4(i) \end{array} \sim \left(\begin{array}{ccc|ccc} 1 & 1 & 1 & 1 & 0 & 0 \\ 0 & 1 & 0 & -1 & 1 & 0 \\ 0 & -3 & -2 & -4 & 0 & 1 \end{array}\right) \begin{array}{l} -(ii) \\ \sim \\ +3(ii) \end{array}$$

$$\left(\begin{array}{ccc|ccc} 1 & 0 & 1 & 2 & -1 & 0 \\ 0 & 1 & 0 & -1 & 1 & 0 \\ 0 & 0 & -2 & -7 & 3 & 1 \end{array}\right) \begin{array}{l} +(iii)/2 \\ \\ \cdot(-1/2) \end{array} \sim \left(\begin{array}{ccc|ccc} 1 & 0 & 0 & -3/2 & 1/2 & 1/2 \\ 0 & 1 & 0 & -1 & 1 & 0 \\ 0 & 0 & 1 & 7/2 & -3/2 & -1/2 \end{array}\right).$$

Jetzt können wir rechts die Inverse ablesen, d.h. $A^{-1} = \left(\begin{array}{ccc} -3/2 & 1/2 & 1/2 \\ -1 & 1 & 0 \\ 7/2 & -3/2 & -1/2 \end{array}\right).$

b) Wir schreiben die Einheitsmatrix rechts neben die Matrix A. Hier braucht man nur das 3-fache der ersten Zeile von der zweiten und das 4-fache der ersten von der dritten Zeile abzuziehen. Rechts steht dann die Inverse.

$$\left(\begin{array}{ccc|ccc} 1 & 0 & 0 & 1 & 0 & 0 \\ 3 & 1 & 0 & 0 & 1 & 0 \\ 4 & 0 & 1 & 0 & 0 & 1 \end{array}\right) \begin{array}{l} \\ -3(i) \\ -4(i) \end{array} \sim \left(\begin{array}{ccc|ccc} 1 & 0 & 0 & 1 & 0 & 0 \\ 0 & 1 & 0 & -3 & 1 & 0 \\ 0 & 0 & 1 & -4 & 0 & 1 \end{array}\right)$$

$$\Longrightarrow A^{-1} = \left(\begin{array}{ccc} 1 & 0 & 0 \\ -3 & 1 & 0 \\ -4 & 0 & 1 \end{array}\right)$$

c)
$$\left(\begin{array}{ccc|ccc} 1 & 3 & 3 & 1 & 0 & 0 \\ 0 & 1 & 1 & 0 & 1 & 0 \\ 0 & 1 & 0 & 0 & 0 & 1 \end{array}\right) \begin{array}{l} -3(iii) \\ -(iii) \\ \end{array} \sim \left(\begin{array}{ccc|ccc} 1 & 0 & 3 & 1 & 0 & -3 \\ 0 & 0 & 1 & 0 & 1 & -1 \\ 0 & 1 & 0 & 0 & 0 & 1 \end{array}\right) \begin{array}{l} -3(ii) \\ \\ \sim \end{array}$$

$$\left(\begin{array}{ccc|ccc} 1 & 0 & 0 & 1 & -3 & 0 \\ 0 & 0 & 1 & 0 & 1 & -1 \\ 0 & 1 & 0 & 0 & 0 & 1 \end{array}\right) \sim \left(\begin{array}{ccc|ccc} 1 & 0 & 0 & 1 & -3 & 0 \\ 0 & 1 & 0 & 0 & 0 & 1 \\ 0 & 0 & 1 & 0 & 1 & -1 \end{array}\right)$$

$$\Longrightarrow A^{-1} = \left(\begin{array}{ccc} 1 & -3 & 0 \\ 0 & 0 & 1 \\ 0 & 1 & -1 \end{array}\right).$$

Dabei haben wir im letzten Schritt die zweite und dritte Zeile vertauscht.

[3]

a) Es ist $\text{adj}(A) = (C^+)' = \begin{pmatrix} C_{11} & C_{21} & C_{31} \\ C_{12} & C_{22} & C_{32} \\ C_{13} & C_{23} & C_{33} \end{pmatrix}$ und C_{ij} sind die Co-Faktoren. Hier ist

$$C_{11} = \begin{vmatrix} -1 & 1 \\ 2 & 1 \end{vmatrix} = -3 \quad C_{12} = -\begin{vmatrix} 0 & 1 \\ 1 & 1 \end{vmatrix} = 1 \quad C_{13} = \begin{vmatrix} 0 & -1 \\ 1 & 2 \end{vmatrix} = 1$$

$$C_{21} = -\begin{vmatrix} 2 & 3 \\ 2 & 1 \end{vmatrix} = 4 \quad C_{22} = \begin{vmatrix} 1 & 3 \\ 1 & 1 \end{vmatrix} = -2 \quad C_{23} = -\begin{vmatrix} 1 & 2 \\ 1 & 2 \end{vmatrix} = 0$$

$$C_{31} = \begin{vmatrix} 2 & 3 \\ -1 & 1 \end{vmatrix} = 5 \quad C_{32} = -\begin{vmatrix} 1 & 3 \\ 0 & 1 \end{vmatrix} = -1 \quad C_{33} = \begin{vmatrix} 1 & 2 \\ 0 & -1 \end{vmatrix} = -1$$

$$\text{adj}(A) = \begin{pmatrix} -3 & 4 & 5 \\ 1 & -2 & -1 \\ 1 & 0 & -1 \end{pmatrix}$$

b) Die Co-Faktoren sind nach (16.5.3)

$$C_{11} = \begin{vmatrix} 2 & 4 \\ 1 & b \end{vmatrix} = 2b - 4 \quad C_{12} = -\begin{vmatrix} 3 & 4 \\ 1 & b \end{vmatrix} = -3b + 4 \quad C_{13} = \begin{vmatrix} 3 & 2 \\ 1 & 1 \end{vmatrix} = 1$$

$$C_{21} = -\begin{vmatrix} 3 & 1 \\ 1 & b \end{vmatrix} = -3b + 1 \quad C_{22} = \begin{vmatrix} 2 & 1 \\ 1 & b \end{vmatrix} = 2b - 1 \quad C_{23} = -\begin{vmatrix} 2 & 3 \\ 1 & 1 \end{vmatrix} = 1$$

$$C_{31} = \begin{vmatrix} 3 & 1 \\ 2 & 4 \end{vmatrix} = 10 \quad C_{32} = -\begin{vmatrix} 2 & 1 \\ 3 & 4 \end{vmatrix} = -5 \quad C_{33} = \begin{vmatrix} 2 & 3 \\ 3 & 2 \end{vmatrix} = -5$$

Beachten Sie, dass die adjungierte Matrix die Co-Faktoren in transponierter Anordnung enthält: $\text{adj}(A) = \begin{pmatrix} 2b - 4 & -3b + 1 & 10 \\ -3b + 4 & 2b - 1 & -5 \\ 1 & 1 & -5 \end{pmatrix}$

c) $C_{11} = \begin{vmatrix} 3 & 0 \\ 5 & 6 \end{vmatrix} = 18 \quad C_{12} = -\begin{vmatrix} 2 & 0 \\ 4 & 6 \end{vmatrix} = -12 \quad C_{13} = \begin{vmatrix} 2 & 3 \\ 4 & 5 \end{vmatrix} = 10 - 12 = -2$

$$C_{21} = -\begin{vmatrix} 0 & 0 \\ 5 & 6 \end{vmatrix} = 0 \quad C_{22} = \begin{vmatrix} 1 & 0 \\ 4 & 6 \end{vmatrix} = 6 \quad C_{23} = -\begin{vmatrix} 1 & 0 \\ 4 & 5 \end{vmatrix} = -5$$

$$C_{31} = \begin{vmatrix} 0 & 0 \\ 3 & 0 \end{vmatrix} = 0 \quad C_{32} = -\begin{vmatrix} 1 & 0 \\ 2 & 0 \end{vmatrix} = 0 \quad C_{33} = \begin{vmatrix} 1 & 0 \\ 2 & 3 \end{vmatrix} = 3$$

$$\text{adj}(A) = \begin{pmatrix} 18 & 0 & 0 \\ -12 & 6 & 0 \\ -2 & -5 & 3 \end{pmatrix}$$

16.8 Cramer'sche Regel

[1] Das Gleichungssystem hat nach Theorem 16.8.1 genau dann eine eindeutige Lösung, wenn die Determinante der Koeffizientenmatrix von Null verschieden ist. Die Determinante der Koeffizientenmatrix ist $\begin{vmatrix} 1 & -1 & 1 \\ 1 & 1 & -1 \\ 3 & 1 & t \end{vmatrix}$. Die Determinante ändert sich nicht, wenn wir die erste Zeile zur zweiten und dritten Spalte addieren. Wir erhalten $\begin{vmatrix} 1 & -1 & 1 \\ 2 & 0 & 0 \\ 4 & 0 & t+1 \end{vmatrix} = 2 \cdot (-1)^{2+1} \cdot \begin{vmatrix} -1 & 1 \\ 0 & t+1 \end{vmatrix} = -2 \cdot (-1 \cdot (t+1) = 2(t+1)$, wobei wir die Determinante nach der 2. Zeile entwickelt haben (siehe 16.5.1). Es gilt $2(t+1) = 0 \iff t = -1$, d.h. das Gleichungssystem ist für $t = -1$ nicht eindeutig lösbar.

[2] Die Koeffizientenmatrix stimmt in beiden Gleichungssystem überein. Die Anwort auf die beiden Fragen hängt nach Theorem 16.8.1 und 16.8.2 vom Wert der Determinante der Koeffizientenmatrix ab, d.h. von $|A| = \begin{vmatrix} -2 & 4 & -t \\ -3 & 1 & t \\ t-2 & -7 & 4 \end{vmatrix}$. Entwicklung nach der ersten Spalte ergibt für die Determinante den Wert $-2(4+7t) - 4(-12 - t(t-2)) - t(21 - (t-2)) = 5t^2 - 45t + 40$.

Das erste Gleichungssystem ist homogen und hat nach Theorem 16.8.2 genau dann nichttriviale Lösungen, wenn die Determinante der Koeffizientenmatrix Null ist. Es gilt $|A| = 5t^2 - 45t + 40 = 0 \iff t^2 - 9t + 8 = 0 \iff t = 8$ oder $t = 1$, d.h. für $t = 1$ und $t = 8$ gibt es nichttriviale Lösungen. Das zweite Gleichungssystem hat nach Theorem 16.8.1 genau dann eine eindeutige Lösung, wenn $|A| \neq 0$, d.h. wenn $t \neq 1$ und $t \neq 8$ ist.

16.9 Das Leontief Modell

[1] Es ist $A = \begin{pmatrix} 0 & \beta & 0 \\ 0 & 0 & \gamma \\ \alpha & 0 & 0 \end{pmatrix}$; $x = \begin{pmatrix} x_1 \\ x_2 \\ x_3 \end{pmatrix}$; $b = \begin{pmatrix} d_1 \\ d_2 \\ 0 \end{pmatrix}$.

Dann entspricht (16.9.6) der Gleichung $x = Ax + b = \begin{pmatrix} 0 & \beta & 0 \\ 0 & 0 & \gamma \\ \alpha & 0 & 0 \end{pmatrix} \begin{pmatrix} x_1 \\ x_2 \\ x_3 \end{pmatrix} + \begin{pmatrix} d_1 \\ d_2 \\ 0 \end{pmatrix}$,

während (16.9.7) der Gleichung $(I_3 - A)x = \begin{pmatrix} 1 & -\beta & 0 \\ 0 & 1 & -\gamma \\ -\alpha & 0 & 1 \end{pmatrix} \begin{pmatrix} x_1 \\ x_2 \\ x_3 \end{pmatrix} = \begin{pmatrix} d_1 \\ d_2 \\ 0 \end{pmatrix}$

entspricht. Als Gleichungssystem bedeutet dies
$$\begin{array}{rcrcrcl} x_1 & - & \beta x_2 & & & = & d_1 \\ & & x_2 & - & \gamma x_3 & = & d_2 \\ -\alpha x_1 & & & + & x_3 & = & 0 \end{array}$$

Der Stückgewinn ist nach (16.9.8)

$$v_1 = p_1 - \alpha p_3 \qquad \text{Fisch}$$
$$v_2 = p_2 - \beta p_1 \qquad \text{Holz}$$
$$v_3 = p_3 - \gamma p_2 \qquad \text{Fischerboote}$$

Interpretation der Gleichungen:

Fisch: Für 1 Tonne Fisch wird der Preis p_1 erzielt. Für 1 Tonne Fisch werden α Fischerboote benötigt zum Preis von p_3 pro Boot, so dass der Gewinn $p_1 - \alpha p_3$ ist.

Holz: Für 1 Tonne Holz wird der Preis p_2 erzielt. Für die Produktion von einer Tonne Holz werden β Tonnen Fisch zum Preis von p_1 pro Tonne benötigt, so dass der Gewinn $p_2 - \beta p_1$ ist.

Fischerboote: Für 1 Fischerboot wird der Preis p_3 erzielt. Für 1 Fischerboot werden γ Tonnen Holz zum Preis p_2 pro Tonne benötigt, so dass der Gewinn $p_3 - \gamma p_2$ ist.

Lösungen zu den weiteren Aufgaben zu Kapitel 16

[1]

a) Nach (16.1.3) ist $\begin{vmatrix} 3 & 5 \\ 2 & 4 \end{vmatrix} = 3 \cdot 4 - 5 \cdot 2 = 12 - 10 = 2.$

b) Es handelt sich um eine Dreiecksmatrix, also ist die Determinante nach (16.3.5) das Produkt der Elemente in der Diagonalen, d.h. $1 \cdot 2 \cdot 3 = 6$.

c) Die vierte Zeile ist das Doppelte der ersten Zeile. Deshalb ist die Determinante nach Theorem 16.4.1E gleich 0.

d) Nach Theorem 16.4.1F ändert sich der Wert der Determinante nicht, wenn man ein Vielfaches einer Zeile zu einer anderen Zeile addiert. Wir dürfen daher die vierte Zeile von der ersten subtrahieren, ohne den Wert der Determinante zu ändern. Es gilt

$$\begin{vmatrix} 7 & 0 & 0 & 1 \\ 0 & 2 & 0 & 0 \\ 0 & 0 & 3 & 0 \\ 1 & 0 & 0 & 1 \end{vmatrix} = \begin{vmatrix} 6 & 0 & 0 & 0 \\ 0 & 2 & 0 & 0 \\ 0 & 0 & 3 & 0 \\ 1 & 0 & 0 & 1 \end{vmatrix} = 6 \cdot 2 \cdot 3 \cdot 1 = 36.$$

Man beachte, dass dies das einzige zulässige Produkt von vier Elementen aus der Matrix ist, in dem keine Null vorkommt.

e) Es gibt nur eine Möglichkeit 5 Elemente so auszuwählen, dass kein Faktor 0 ist, d.h. die Determinate ist $1 \cdot 2 \cdot 3 \cdot 4 \cdot 5 = 120$. Das Vorzeichen ergibt sich aus der Vorzeichenregel, denn es gibt zwei nach rechts aufsteigende Linien (siehe Kap. 16.3).

f) Wir entwickeln nach der ersten Zeile: $\begin{vmatrix} 2a & 0 & b & 0 \\ 0 & 3 & 0 & 2 \\ 2 & 0 & 2 & 2 \\ 0 & 1 & 0 & 1 \end{vmatrix} = 2a \begin{vmatrix} 3 & 0 & 2 \\ 0 & 2 & 2 \\ 1 & 0 & 1 \end{vmatrix} +$

$b \begin{vmatrix} 0 & 3 & 2 \\ 2 & 0 & 2 \\ 0 & 1 & 1 \end{vmatrix}$

Wir entwickeln die erste der beiden Determinanten nach der zweiten Spalte und die zweite nach der ersten Spalte: $\begin{vmatrix} 3 & 0 & 2 \\ 0 & 2 & 2 \\ 1 & 0 & 1 \end{vmatrix} = 2 \begin{vmatrix} 3 & 2 \\ 1 & 1 \end{vmatrix} = 2 \cdot (3 \cdot 1 - 2 \cdot 1) = 2 \cdot 1 = 2$

und $\begin{vmatrix} 0 & 3 & 2 \\ 2 & 0 & 2 \\ 0 & 1 & 1 \end{vmatrix} = -2 \cdot \begin{vmatrix} 3 & 2 \\ 1 & 1 \end{vmatrix} = -2 \cdot (3 \cdot 1 - 2 \cdot 1) = -2 \cdot 1 = -2$. Damit ergibt

sich $2a \cdot 2 + b \cdot (-2) = 4a - 2b$.

[2] Die Matrix A ist nach (16.6.2) genau dann invertierbar, wenn ihre Determinante von 0 verschieden ist. Wir entwickeln die Determinante nach der ersten Zeile und

erhalten: $|A| = \begin{vmatrix} a & b & 0 \\ -b & a & b \\ 0 & -b & a \end{vmatrix} = a \begin{vmatrix} a & b \\ -b & a \end{vmatrix} - b \begin{vmatrix} -b & b \\ 0 & a \end{vmatrix} = a(a^2 + b^2) - b(-ab) =$

$a(a^2 + 2b^2)$. Damit $|A| \neq 0$, muss $a \neq 0$ sein. Dann ist $a^2 > 0$ und unabhängig vom Wert b ist dann auch $a^2 + 2b^2 > 0$. Die Matrix ist also genau dann invertierbar, wenn $a \neq 0$ ist.

[3] Nach Kap. 16.6, insbesondere (16.6.3) ist A_t genau dann nichtsingulär, wenn $|A_t| \neq 0$. Nach der Regel von Sarrus (16.3.5) oder nach (16.3.3) ergibt sich $|A_t| = 2t^2 - 2t + 1$. Dies kann man schreiben als $t^2 + (t^2 - 2t + 1) = t^2 + (t - 1)^2$, d.h. als Summe von zwei Quadraten, die stets ≥ 0 sind und nicht gleichzeitig Null sind. (Es folgt auch aus der Lösungsformel für quadratische Gleichungen, dass die Gleichung $2t^2 - 2t + 1 = 0$ keine reelle Lösung hat.) Also ist die Determinante für alle t größer als Null, also A_t für alle t nichtsingulär.

[4] Wir entwickeln die Determinante von A nach der ersten Zeile und erhalten $|A| = (-2) \cdot (-1) = 2$. Nach (16.4.1) ist $|A^3| = |A| \cdot |A| \cdot |A| = 2^3 = 8$. Da $AA^{-1} = I$, folgt nach (16.4.1) $|A| \cdot |A^{-1}| = |I| = 1 \iff |A^{-1}| = 1/|A| = 1/2$. Nach Theorem 16.4.1B gilt $|A'| = |A| = 2$.

[5] Nach Theorem 16.8.2 gibt es genau dann nichttriviale Lösungen, wenn $|A_t| = 0$.

Hier ist $|A_t| = \begin{vmatrix} 1 & 0 & t \\ t & 1 & 2 \\ 0 & 1 & 1 \end{vmatrix} = 1 \begin{vmatrix} 1 & 2 \\ 1 & 1 \end{vmatrix} + t \begin{vmatrix} t & 1 \\ 0 & 1 \end{vmatrix} = (1 - 2) + t(t - 0) = t^2 - 1 = 0 \iff$

$t = \pm 1$.

[6] $|AB| = |A| \cdot |B| = |A| \cdot (6 - 4) = |A| \cdot 2$. Damit folgt $|A| = 18$.

[7] Es gilt $(AB)^{-1} = B^{-1}A^{-1}$ und damit $A^{-1} = BB^{-1}A^{-1} = B(B^{-1}A^{-1}) = B(AB)^{-1}$, d.h.

$A^{-1} = \begin{pmatrix} 1 & 0 \\ 2 & 1 \end{pmatrix} \begin{pmatrix} 1 & 2 \\ 2 & 1 \end{pmatrix} = \begin{pmatrix} 1 \cdot 1 + 0 \cdot 2 & 1 \cdot 2 + 0 \cdot 1 \\ 2 \cdot 1 + 1 \cdot 2 & 2 \cdot 2 + 1 \cdot 1 \end{pmatrix} = \begin{pmatrix} 1 & 2 \\ 4 & 5 \end{pmatrix}.$

[8] Für die Lösung gilt $x = A^{-1}b$, wobei $b' = (1, 2, 3)$ und $A^{-1} = \begin{pmatrix} 1 & -2 & 1 \\ 0 & 1 & -2 \\ 0 & 0 & 1 \end{pmatrix}$,

d.h. $x = \begin{pmatrix} x_1 \\ x_2 \\ x_3 \end{pmatrix} = \begin{pmatrix} 1 & -2 & 1 \\ 0 & 1 & -2 \\ 0 & 0 & 1 \end{pmatrix} \begin{pmatrix} 1 \\ 2 \\ 3 \end{pmatrix} = \begin{pmatrix} 1 \cdot 1 - 2 \cdot 2 + 1 \cdot 3 \\ 1 \cdot 2 - 2 \cdot 3 \\ 1 \cdot 3 \end{pmatrix} = \begin{pmatrix} 0 \\ -4 \\ 3 \end{pmatrix}.$

Lösungen zu Kapitel 17: Lineare Programmierung

17

ÜBERBLICK

17.1   Ein grafischer Ansatz

[1] Wir lösen die drei Nebenbedingungen jeweils nach x_2 auf und erhalten:

$A1:$ $x_1 + 0.5x_2 \leq 10 \iff x_2 \leq -2x_1 + 20$

$A2:$ $2x_1 + 2x_2 \leq 25 \iff x_2 \leq -x_1 + 12.5$

$A3:$ $2x_1 + 4x_2 \leq 40 \iff x_2 \leq -0.5x_1 + 10$

Setzt man in diesen drei Ungleichungen x_2 = statt $x_2 \leq$, so erhält man drei Geraden-gleichungen, deren Steigungen und y-Achsenabschnitte gegeben sind. Die zulässige Menge liegt unterhalb dieser drei Geraden.

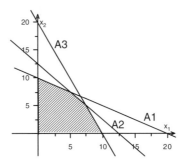

[2] Wir lösen die Nebenbedingungen jeweils nach x_2 auf:

N1: $x_1 + x_2 \geq 1 \iff x_2 \geq -x_1 + 1$

N2: $x_1 - x_2 \geq -\dfrac{1}{2} \iff -x_2 \geq -x_1 - \dfrac{1}{2} \iff x_2 \leq x_1 + \dfrac{1}{2}$

N3: $x_1 + 2x_2 \geq \dfrac{3}{2} \iff 2x_2 \geq -x_1 + \dfrac{3}{2} \iff x_2 \geq -\dfrac{1}{2}x_1 + \dfrac{3}{4}$

N4: $x_1 - x_2 \geq -3 \iff -x_2 \geq -x_1 - 3 \iff x_2 \leq x_1 + 3$

Die zu N1 - N4 gehörigen Geraden sind in der linken Abbildung eingezeichnet. Zuläs-sig sind alle Paare (x_1, x_2) mit $x_1 \geq 0$ und $x_2 \geq 0$, d.h. (x_1, x_2) im ersten Quadranten, die auf oder unterhalb von N2 und N4 liegen, d.h. die auf oder unterhalb von N2 liegen, da N2 und N4 parallel. Außerdem müssen sie auf oder oberhalb von N1 und N3 liegen.

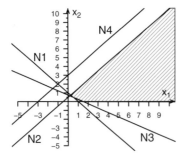 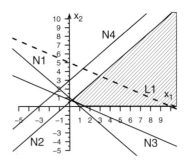

Die zu minimierende Zielfunktion ist $x_1 + 2x_2$. Wir setzen $x_1 + 2x_2 = c$ und lösen nach x_2 auf. $x_1 + 2x_2 = c \iff 2x_2 = -x_1 + c \iff x_2 = -\dfrac{1}{2}x_1 + \dfrac{c}{2}$. Um die Zielfunktion zu minimieren, muss c so klein wie möglich gewählt werden. Wählen wir $c = 10$, ergibt sich die eingezeichnete Gerade L1. Man sieht, dass die Gerade noch weiter nach unten verschoben werden kann. Nun ist L1 parallel zu N3, d.h. alle Punkte auf N3, die zur zulässigen Menge gehören, lösen das Problem. Dies sind alle Punkte (x_1, x_2) mit $0.5 \leq x_1 \leq 1.5$ und $x_2 = -\dfrac{1}{2}x_1 + \dfrac{3}{4}$.

[3] Das Problem ist

$$\min\ 600\,u_1 + 300\,u_2 \ \text{ unter } \ \begin{cases} u_1 + 4\,u_2 \geq 8 \\ u_1 + \ u_2 \geq 4 \\ 3\,u_1 + \ u_2 \geq 6 \\ 4\,u_1 - \ u_2 \geq 0 \end{cases} \ \text{ und } \ u_1, u_2 \geq 0$$

Die folgende Abbildung zeigt den zulässigen Bereich, wobei die Nebenbedingungen mit I - IV durchnumeriert sind. Löst man eine Höhenlinie $600u_1 + 300u_2 = c$ nach u_2 auf, ergibt sich $u_2 = -2u_1 + c/600$, d.h. die Steigung ist -2. Eine Gerade mit der Steigung -2 ist in der Abbildung gestrichelt eingezeichnet. Je kleiner c, desto geringer das Niveau der Höhenlinie, desto kleiner auch der y-Achsenabschnitt. Aus der Abbildung ist ersichtlich, dass die Höhenlinie der Zielfunktion noch weiter nach unten verschoben werden kann, und zwar so weit, bis sie duch den mit u^* gekennzeichneten Punkt verläuft, d.h. durch den Schnittpunkt der Geraden III und II. In diesem Punkt gilt also $3\,u_1^* + u_2^* = 6$ und $u_1^* + u_2^* = 4 \iff u_1^* = 4 - u_2^*$. Setzen wir dies in die erste der beiden Gleichungen ein, ergibt sich $3(4 - u_2^*) + u_2^* = 6 \iff u_2^* = 3$ und somit $u_1^* = 1$. Die minimalen Kosten belaufen sich auf $f_{\min}^* = 600 \cdot 1 + 300 \cdot 3 = 1500$.

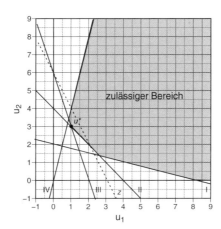

17.2 Einführung in die Dualitätstheorie

[1] Nach (17.2.1) und (17.2.2) ist das duale Problem

$$\min\ u_1 + 2u_2 \ \text{ unter } \ \begin{cases} u_1 + \ u_2 & \geq & 1 \\ u_1 - \ u_2 & \geq & -\dfrac{1}{2} \\ u_1 + 2u_2 & \geq & \dfrac{3}{2} \\ u_1 - \ u_2 & \geq & -3 \end{cases} \ \text{ und } \ u_1 \geq 0, u_2 \geq 0.$$

[2] Das duale Problem ist

$$\min\ ku_1 + 5u_2 \quad \text{unter} \quad \begin{cases} u_1 + u_2 \geq 2 \\ 4u_1 - u_2 \geq 3 \\ 3u_2 \geq 2 \end{cases}, \quad u_1 \geq 0, u_2 \geq 0$$

Für $k = 3$ ist die Zielfunktion $3u_1 + 5u_3$. Lösen wir $3u_1 + 5u_2 = c$ nach u_2 auf, ergibt sich $u_2 = -\dfrac{3}{5}u_1 + \dfrac{c}{5}$, d.h. die Steigung ist $-\dfrac{3}{5}$. Wir zeichnen eine Gerade mit der Steigung $-\dfrac{3}{5}$ ein, z.B. die mit dem y-Achsenabschnitt 1. Sie hat noch keinen Punkt mit dem zulässigen Bereich gemeinsam, d.h. sie muss weiter nach oben verschoben werden, jedoch so wenig wie möglich. Denn: Je weiter wir nach oben verschieben, desto größer wird der Wert der Zielfunktion. Die gestrichelte Linie bringt die Lösung: Sie hat nur einen Punkt mit dem zulässigen Bereich gemeinsam: Es ist der Schnittpunkt der Geraden $u_1 + u_2 = 2$ und $3u_2 = 2 \iff u_2 = 2/3$. Einsetzen in die erste Geradengleichung ergibt $u_1 + 2/3 = 2 \iff u_1 = 4/3$. Der Lösungspunkt ist $u_1^* = 4/3$, $u_2^* = 2/3$. Der Wert der Zielfunktion ist $z^* = 3u_1^* + 5u_2^* = 3 \cdot 4/3 + 5 \cdot 2/3 = 4 + 10/3 = 22/3$.

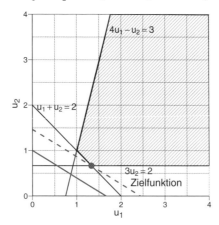

17.3 Das Dualitätstheorem

[1] Das Maximierungsproblem oder das primäre Problem ist

$$\max\ 8x_1 + 4x_2 + 6x_3 \quad \text{unter} \quad \begin{cases} x_1 + x_2 + 3x_3 + 4x_4 \leq 600 \\ 4x_1 + x_2 + x_3 - x_4 \leq 300 \end{cases} \quad \text{und}\ x_1, \ldots, x_4 \geq 0$$

Der Maximalwert ist nach Theorem 17.3.1 nach oben durch den Wert der Zielfunktion des dualen Problems beschränkt, d.h. durch 1 500 (siehe Lösung zu Aufg. 3 in Kap. 17.1).

17.4 Eine allgemeine ökonomische Interpretation

[1] Die Änderung der Zielfunktion ist nach (17.4.1) $\Delta z^* = u_1^* \Delta b_1 + u_2^* \Delta b_2 = \dfrac{4}{3} \cdot 0.1 + \dfrac{2}{3} \cdot 0.1 = \dfrac{4+2}{30} = \dfrac{6}{30} = \dfrac{1}{5} = 0.2$.

17.5 Komplementärer Schlupf

[1] Das Maximierungsproblem oder das primäre Problem ist

$$\max\ 8x_1 + 4x_2 + 6x_3 \quad \text{unter} \quad \begin{cases} x_1 + x_2 + 3x_3 + 4x_4 \leq 600 \\ 4x_1 + x_2 + x_3 - x_4 \leq 300 \end{cases} \quad \text{und}\ x_1, \dots, x_4 \geq 0$$

Das duale Problem ist

$$\min\ 600\,u_1 + 300\,u_2 \quad \text{unter} \quad \begin{cases} u_1 + 4\,u_2 \geq 8 \\ u_1 + u_2 \geq 4 \\ 3\,u_1 + u_2 \geq 6 \\ 4\,u_1 - u_2 \geq 0 \end{cases} \quad \text{und}\ u_1, u_2 \geq 0$$

Das duale Problem wurde grafisch mit Hilfe der folgenden Abbildung gelöst.

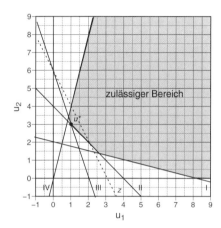

Die zu den Nebenbedingungen gehörenden Geraden sind mit I – IV durchnumeriert. Aus der Grafik ist erkennbar, dass die Nebenbedingungen I und IV im Optimum nicht bindend sind. Damit folgt aus den komplementären Schlupfbedingungen, dass $x_1^* = x_4^* = 0$. Da $u_1^*, u_2^* > 0$, ergibt sich ebenso, dass beide Nebenbedingungen im primären Problem bindend sind, d. h. $x_1^* + x_2^* + 3x_3^* + 4x_4^* = 600$ und $4\,x_1^* + x_2^* + x_3^* - x_4^* = 300$. Mit $x_1^* = x_4^* = 0$ folgt $x_2^* + 3x_3^* = 600$ und $x_2^* + x_3^* = 300$.

Subtraktion der beiden Gleichungen ergibt $2x_3^* = 300 \iff x_3^* = 150$. Einsetzen in die zweite Gleichung ergibt $x_2^* = 150$. Der Maximalwert ist $f_{\max}^* = 8 \cdot 0 + 4 \cdot 150 + 6 \cdot 150 = 1\,500$. Das Ergebnis ist nach dem Dualitätstheorem 17.3.2 nicht überraschend. Der Maximalwert des primären Problems ist gleich dem Mininalwert des dualen Problems.

[2] Das duale Problem ist

$$\min\ 3u_1 + 5u_2 \quad \text{unter} \quad \begin{cases} u_1 + u_2 \geq 2 \\ 4u_1 - u_2 \geq 3 \\ 3u_2 \geq 2 \end{cases} \ ,\quad u_1 \geq 0, u_2 \geq 0$$

Einsetzen der Lösung in die Nebenbedingungen ergibt $u_1^* + u_2^* = \dfrac{4}{3} + \dfrac{2}{3} = \dfrac{6}{3} = 2$, d.h. die erste Nebenbedingung ist bindend; $4u_1^* - u_2^* = 4 \cdot \dfrac{4}{3} - \dfrac{2}{3} = \dfrac{14}{3} > 3$, d.h. die 2. Nebenbedingung ist nicht bindend, während $3u_2^* = 3 \cdot \dfrac{2}{3} = 2$, d.h. die 3. Nebenbedingung ist bindend. Aufgrund der komplementären Schlupfbedingungen (17.5.1) ist daher $x_2^* = 0$. Da $u_1^* > 0$ und $u_2^* > 0$ müssen nach (17.5.2) beide Bedingungen im primären Problem bindend sein, d.h. unter Berücksichtigung von $x_2^* = 0$ ergibt sich $x_1^* = 3$ und $x_1^* + 3x_3^* = 5$. Einsetzen von $x_1^* = 3$ in die zweite Gleichung ergibt $3x_3^* = 2 \iff x_3^* = 2/3$.

[3] Das duale Problem ist

$$\min \; ku_1 + 5u_2 \quad \text{unter} \quad \begin{cases} u_1 \; + \; u_2 \; \geq \; 2 \\ 4u_1 \; - \; u_2 \; \geq \; 3 \\ \qquad\quad 3u_2 \; \geq \; 2 \end{cases}, \quad u_1 \geq 0, u_2 \geq 0$$

Damit $x_1^* > 0$ und $x_3^* > 0$, müssen nach (17.5.1) die erste und dritte Ungleichung im dualen Problem mit Gleichheit erfüllt sein, d.h. $u_1^* + u_2^* = 2$ und $3u_2^* = 2 \iff u_2^* = 2/3$. Einsetzen in die erste Gleichung ergibt $u_1^* = 4/3$. Da $4u_1^* - u_2^* = 14/3 > 3$, gilt nach (17.5.1) $x_2^* = 0$ im primären Problem. Da $u_1^* > 0$ und $u_2^* > 0$, sind nach (17.5.2) beide Nebenbedingungen im primären Problem bindend, d.h. $x_1^* = k$ und $x_1^* + 3x_3^* = 5 \iff x_3^* = (5 - k)/3$. Damit $x_1^* > 0$, muss $k > 0$ sein. Damit $x_3^* > 0$, muss $k < 5$ sein, d.h. es muss gelten $0 < k < 5$.

[4]

a) Wir schreiben die Ungleichungen in den Nebenbedingungen als Gleichungen und lösen nach x_2 auf und erhalten: (I) $\; x_1 + 2x_2 = 8 \iff x_2 = -\dfrac{1}{2}x_1 + 4$; (II) $\; x_1 + x_2 = 6 \iff x_2 = -x_1 + 6$ und (III) $\; -x_1 + x_2 = 2 \iff x_2 = x_1 + 2$. Diese Geraden sind in der Grafik eingezeichnet. Für die Zielfunktion setzen wir $50x_1 + 60x_2 = c \iff 60x_2 = -50x_1 + c \iff x_2 = -\dfrac{5}{6}x_1 + \dfrac{c}{60}$, d.h. die Steigung der Zielfunktion ist $-\dfrac{5}{6}$. Eine Gerade mit dieser Steigung ist in der Abbildung gestrichelt eingezeichnet. Sie kann jedoch noch weiter nach oben verschoben werden, d.h. das Niveau der Höhenlinie kann noch vergrößert werden. Maximal kann sie so weit parallel verschoben werden, bis sie durch x^* verläuft.

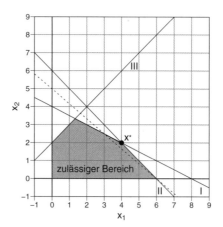

b) Die Lösung liegt im Schnittpunkt der Geraden (I) und (II), d.h. es muss gelten $x_1 + 2x_2 = 8$ und $x_1 + x_2 = 6 \iff x_1 = 6 - x_2$. Einsetzen in die 1. Gleichung ergibt $6 - x_2 + 2x_2 = 8 \iff x_2^* = 2$ und somit $x_1^* = 6 - 2 = 4$. Der zugehörige Optimalwert ist $f_{\max}^* = 50 \cdot 4 + 60 \cdot 2 = 320$.

c) Das duale Problem ist

$$\min \; 8\,u_1 + 6\,u_2 + 2\,u_3 \quad \text{unter} \quad \begin{cases} u_1 + u_2 - u_3 \geq 50 \\ 2u_1 + u_2 + u_3 \geq 60 \end{cases} \quad \text{und} \; u_1, u_2, u_3 \geq 0$$

d) Nach dem Dualitätsprinzip (Kap. 17.3) erwarten wir $f^*_{\min} = f^*_{\max} = 320$. Aus der Grafik ist erkennbar, dass Nebenbedingung (III) im Optimalpunkt nicht bindend ist. Damit folgt aus den komplementären Schlupfbedingungen (17.5.2), dass $u^*_3 = 0$. Da $x^*_1, x^*_2 > 0$, ergibt sich nach (17.5.1), dass beide Nebenbedingungen im dualen Problem bindend sind, d.h. $u^*_1 + u^*_2 - u^*_3 = 50$ und $2u^*_1 + u^*_2 + u^*_3 = 60$. Mit $u^*_3 = 0$ folgt $u^*_1 + u^*_2 = 50$ und $2u^*_1 + u^*_2 = 60$. Subtraktion der 1. Gleichung von der 2. ergibt $u^*_1 = 10$. Indem wir dies in eine der beiden Gleichungen einsetzen, folgt $u^*_2 = 40$. Der Minimalwert ist $f^*_{\min} = 8 \cdot 10 + 6 \cdot 40 + 2 \cdot 0 = 320 = f^*_{\max}$, wie nach dem Dualitätsprinzip erwartet.

17.6 Die Simplexmethode, erklärt an einem einfachen Beispiel

[1] Das Problem ist $\max 20x_1 + 30x_2$ unter den Nebenbedingungen

(1) $4x_1 + 7x_2 \leq 149$

(2) $x_1 + x_2 \leq 26$

und den Nichtnegativitätsbedingungen $x_1 \geq 0, x_2 \geq 0$. Wir führen Schlupfvariablen y_1 und y_2 ein und erhalten (vgl. mit (17.6.4))

(A1) $y_1 + 4x_1 + 7x_2 = 149$

(B1) $y_2 + x_1 + x_2 = 26$

Dabei ist y_1 die Menge Mehl, die nicht verbraucht wird und y_2 die Menge Butter, die nicht verbraucht wird. Die erste zulässige Basislösung ist $x_1 = 0, x_2 = 0, y_1 = 149, y_2 = 26$. Diese Lösung ergibt $z = 0$. Wir sehen, dass wir z vergrößern können, wenn wir x_1 oder x_2 von 0 aus erhöhen. Wir erhöhen x_2, da es den größern Koeffizienten in der Zielfunktion hat. Wir müssen entweder $y_1 = 0$ oder $y_2 = 0$ setzen. Wir halten $x_1 = 0$ fest und betrachten die Gleichungen A1 und B1. Wenn $y_1 = 0$, folgt aus A1, dass $x_1 = 149/4 = 37.25$. Wenn $y_2 = 0$, folgt aus B1, dass $x_1 = 26$. Gleichung B1 ist der kritische Punkt. wenn $x_1 > 26$, wird $y_2 < 0$. Wir dürfen x_1 höchtens auf 26 erhöhen. Die neuen Werte der Variablen sind jetzt $x_1 = 26, x_2 = 0, y_1 = 45, y_2 = 0$ und $z = 30 \cdot 26 = 780$. Analog zu (17.6.5) erhalten wir jetzt

(A2) $x_1 = 26 - x_2 - y_2$

(B2) $y_1 = 45 - 3x_2 + 4y_2$

Für z erhalten wir $z = 20x_1 + 30x_2 = 20(26 - x_2 - y_2) + 30x_2 = 520 - 20x_2 - 20y_2 + 30x_2 = 520 + 10x_2 - 20y_2$. Die erste Iteration ist beendet. Der Wert von z hat sich von 0 auf 780 erhöht. Der Wert von z kann weiter erhöht werden, wenn wir x_2 oder y_2 von 0 aus erhöhen. Die Zielfunktion wird kleiner, wenn wir y_2 erhöhen, während z steigt, wenn wir x_2 erhöhen. Wir halten $y_2 = 0$ und müssen jetzt eine der Variablen x_1 und y_1 gleich Null setzen. Aus (A2) folgt mit $x_1 = 0$ und $y_2 = 0$, dass $x_2 = 26$. Aus (B2) folgt mit $y_1 = 0$ und $y_2 = 0$, dass $3x_2 = 45 \iff x_2 = 15$. Wir dürfen x_2 nicht größer als 15 wählen, da sonst y_1 negativ wird. Die neuen Werte der Variablen sind jetzt

$x_1 = 11$, $x_2 = 15$, $y_1 = 0$, $y_2 = 0$ und $z = 20x_1 + 30x_2 = 220 + 450 = 670$. Statt (17.6.8) erhalten wir jetzt

$$x_1 = 11 + \frac{1}{3}y_1 - \frac{7}{3}y_2$$

$$x_2 = 15 - \frac{1}{3}y_1 + \frac{4}{3}y_2$$

$$z = 20x_1 + 30x_2 = 20\left(11 + \frac{1}{3}y_1 - \frac{7}{3}y_2\right) + 30\left(15 - \frac{1}{3}y_1 + \frac{4}{3}y_2\right) = 220 + 450 - \frac{10}{3}y_1 - $$

$\frac{20}{3}y_2 = 670 - \frac{10}{3}y_1 - \frac{20}{3}y_2$. Wir können z jetzt nicht weiter erhöhen, denn: Wenn $y_1 > 0$ oder $y_2 > 0$, wird z kleiner.

17.7 Mehr über die Simplexmethode

[1] Mit den Schlupfvariablen y_1, y_2 und y_3 bilden wir das Gleichungssystem

$$
\begin{array}{llllllll}
(1) & z & & + & & - & 50x_1 & - & 60x_2 & = & 0 \\
(2) & & y_1 & & + & x_1 & + & 2x_2 & = & 8 \\
(3) & & y_2 & & + & x_1 & + & x_2 & = & 6 \\
(4) & & y_3 & - & x_1 & + & x_2 & = & 2
\end{array}
$$

Von Gleichung (4) addieren wir das 60-fache zu (1), subtrahieren das Doppelte von (2) und subtrahieren (4) von (3).

$$
\begin{array}{lllllll}
(1) & z & & + & 60y_3 & - & 110x_1 & & = & 120 \\
(2) & & y_1 & - & 2y_3 & + & 3x_1 & & = & 4 \\
(3) & & y_2 & - & y_3 & + & 2x_1 & & = & 4 \\
(4) & & y_3 & - & x_1 & + & x_2 & = & 2
\end{array}
$$

Wir dividieren (2) durch 3.

$$
\begin{array}{lllllll}
(1) & z & & + & 60y_3 & - & 110x_1 & & = & 120 \\
(2) & \frac{1}{3}y_1 & & - & \frac{2}{3}y_3 & + & x_1 & & = & \frac{4}{3} \\
(3) & & y_2 & - & y_3 & + & 2x_1 & & = & 4 \\
(4) & & y_3 & - & x_1 & + & x_2 & = & 2
\end{array}
$$

Von (2) addieren wir das 110-fache zu (1), subtrahieren das Doppelte von (3) und addieren (2) zu (4).

$$
\begin{array}{llllll}
(1) & z + \frac{110}{3}y_1 & & - & \frac{40}{3}y_3 & & = & \frac{800}{3} \\
(2) & \frac{1}{3}y_1 & & - & \frac{2}{3}y_3 & + x_1 & = & \frac{4}{3} \\
(3) & -\frac{2}{3}y_1 & + y_2 & + & \frac{1}{3}y_3 & & = & \frac{4}{3} \\
(4) & \frac{1}{3}y_1 & & + & \frac{1}{3}y_3 & + x_2 & = & \frac{10}{3}
\end{array}
$$

Wir multiplizieren (3) mit 3.

$$
\begin{aligned}
&(1) & z &+ \frac{110}{3}y_1 & & & - \frac{40}{3}y_3 & & & &= \frac{800}{3} \\
&(2) & &\frac{1}{3}y_1 & & & - \frac{2}{3}y_3 &+ x_1 & & &= \frac{4}{3} \\
&(3) & &-2y_1 &+ 3y_2 & &+ y_3 & & & &= 4 \\
&(4) & &\frac{1}{3}y_1 & & &+ \frac{1}{3}y_3 & &+ x_2 & &= \frac{10}{3}
\end{aligned}
$$

Wir multiplizieren (3) mit 40/3 und addieren dies zu (1). Wir multiplizieren (3) mit 2/3 und addieren dies zu (2). Wir dividieren (3) durch 3 und subtrahieren dies von (4).

$$
\begin{aligned}
&(1) & z &+ 10y_1 &+ 40y_2 & & & &= 320 \\
&(2) & &-y_1 &+ 2y_2 & &+ x_1 & &= 4 \\
&(3) & &-2y_1 &+ 3y_2 &+ y_3 & & &= 4 \\
&(4) & &y_1 &- y_2 & & &+ x_2 &= 2
\end{aligned}
$$

Jetzt können wir die Lösung ablesen: $y_1 = y_2 = 0$; $y_3 = 4$; $x_1 = 4$; $x_2 = 2$ und $z = 320$.

17.8 Die Simplexmethode im allgemeinen Fall

[1] Einführen von Schlupfvariablen (vgl. (17.8.2)) ergibt

$$
\begin{aligned}
z &\quad -8x_1 - 4x_2 - 6x_3 - 0x_4 &= 0 \\
y_1 &+ 1x_1 + 1x_2 + 3x_3 + 4x_4 &= 600 \\
y_2 &+ 4x_1 + 1x_2 + 1x_3 - 1x_4 &= 300
\end{aligned}
$$

In Matrixschreibweise ergibt sich

$$
\begin{pmatrix}
1 & 0 & 0 & -8 & -4 & -6 & 0 & 0 \\
0 & 1 & 0 & 1 & 1 & 3 & 4 & 600 \\
0 & 0 & 1 & \boxed{4} & 1 & 1 & -1 & 300
\end{pmatrix}
$$

Die 4. Spalte ist die Pivotspalte, da -8 am stärksten negativ ist. Um das Pivotelement zu bestimmen, bilden wir die Verhältnisse $600/1 = 600$ und $300/4 = 75$, was am kleinsten ist, d.h. das Pivotelement ist 4. Wir dividieren die 3. Zeile durch 4, subtrahieren die neue 3. Zeile von der 2. Zeile und addieren das 8-fache der neuen 3. Zeile zur 1. Zeile. (Beachten Sie: Das Ziel dieser Operationen ist, aus der 4. Spalte einen Einheitsvektor zu machen.)

$$
\begin{pmatrix}
1 & 0 & 2 & 0 & -2 & -4 & -2 & 600 \\
0 & 1 & -1/4 & 0 & 3/4 & \boxed{11/4} & 17/4 & 525 \\
0 & 0 & 1/4 & 1 & 1/4 & 1/4 & -1/4 & 75
\end{pmatrix}
$$

Jetzt ist das Element -4 in der ersten Zeile am stärksten negativ, d.h. die 6. Spalte ist die neue Pivotspalte. Wir bilden die Verhältnisse $525/(11/4) = (4 \cdot 525)/11 = 2\,100/11 \approx 191$ und $75/(1/4) = 4 \cdot 75 = 300$. Das erste Verhältnis ist am kleinsten und damit ist das Pivotelement $11/4$. Wir multiplizieren die 2. Zeile mit 4/11, addieren dann das 4-fache der neuen 2. Zeile zur 1. Zeile und subtrahieren 1/4 der neuen 2. Zeile von der 3. Zeile, so dass die 6. Spalte zu einem Einheitsvektor wird.

$$
\begin{pmatrix}
1 & 16/11 & 18/11 & 0 & -10/11 & 0 & 46/11 & 15000/11 \\
0 & 4/11 & -1/11 & 0 & 3/11 & 1 & 17/11 & 2100/11 \\
0 & -1/11 & 3/11 & 1 & \boxed{2/11} & 0 & -7/11 & 300/11
\end{pmatrix}
$$

In der ersten Zeile ist nur das Element $-10/11$ negativ, so dass die 5. Spalte zur Pivotspalte wird. Wir bilden die Verhältnisse $(2\,100/11)/(3/11) = 2\,100/3 = 700$ und $(300/11)/(2/11) = 300/2 = 150$, was am kleinsten ist, so dass $2/11$ das Pivotelement ist. Wir multiplizieren die 3. Zeile mit $11/2$, addieren das $10/11$-fache zur 1. Zeile und subtrahieren das $3/11$-fache von der 2. Zeile.

$$\begin{pmatrix} 1 & 1 & 3 & 5 & 0 & 0 & 1 & 1500 \\ 0 & 1/2 & -1/2 & -3/2 & 0 & 1 & 5/2 & 150 \\ 0 & -1/2 & 3/2 & 11/2 & 1 & 0 & -7/2 & 150 \end{pmatrix}$$

Jetzt sind alle Indikatoren ≥ 0 und wir können die Lösung ablesen. Die Einheitsvektoren in der 5. und 6. Spalte gehören zu x_2 und x_3, d.h. wir können die zugehörigen Werte in der letzten Spalte ablesen: $x_2^* = 150$ und $x_3^* = 150$. Keine Einheitsvektoren stehen in den zu x_1 und x_4 gehörenden Spalten, d.h. $x_1^* = x_4^* = 0$. Den Optimalwert lesen wir in der 1. Zeile und letzten Spalte ab, d.h. $z^* = 1\,500$.

17.9 Dualität mit Hilfe der Simplexmethode

[1] Die Lösungen des dualen Problems sind (siehe 1. Zeile, 2. und 3. Spalte) $u_1^* = 1$ und $u_2^* = 3$ mit dem Optimalwert $1\,500$. Da in der 2. und 3. Spalte keine Einheitsvektoren stehen, sind die Schlupfvariablen $y_1 = 0$ und $y_2 = 0$ und damit sind beide Ungleichungen im primären Problem bindend.

[2] Die Ausgangsmatrix für das Simplexverfahren ist

$$\begin{pmatrix} 1 & 0 & 0 & -2 & \mathbf{-3} & -2 & 0 \\ 0 & 1 & 0 & 1 & \boxed{4} & 0 & 3 \\ 0 & 0 & 1 & 1 & \mathbf{-1} & 3 & 5 \end{pmatrix}$$

Die 5. Spalte ist die Pivotspalte und das eingerahmte Element ist das Pivotelement. Wir dividieren die zweite Zeile durch 4 und erhalten:

$$\begin{pmatrix} 1 & 0 & 0 & -2 & -3 & -2 & 0 \\ 0 & 1/4 & 0 & 1/4 & 1 & 0 & 3/4 \\ 0 & 0 & 1 & 1 & -1 & 3 & 5 \end{pmatrix}$$

Wir addieren die 2. Zeile zur 3. Zeile und das 3-fache der zweiten Zeile zur 1. Zeile und erhalten:

$$\begin{pmatrix} 1 & 3/4 & 0 & -5/4 & 0 & \mathbf{-2} & 9/4 \\ 0 & 1/4 & 0 & 1/4 & 1 & \mathbf{0} & 3/4 \\ 0 & 1/4 & 1 & 5/4 & 0 & \boxed{3} & 23/4 \end{pmatrix}$$

Die vorletzte Spalte ist die Pivotspalte und das eingerahmte Element ist das Pivotelement. Wir dividieren die 3. Zeile durch 3 und erhalten:

$$\begin{pmatrix} 1 & 3/4 & 0 & -5/4 & 0 & -2 & 9/4 \\ 0 & 1/4 & 0 & 1/4 & 1 & 0 & 3/4 \\ 0 & 1/12 & 1/3 & 5/12 & 0 & 1 & 23/12 \end{pmatrix}$$

Wir addieren das 2-fache der 3. Zeile zur 1. Zeile und erhalten:

$$\begin{pmatrix} 1 & 11/12 & 2/3 & \mathbf{-5/12} & 0 & 0 & 73/12 \\ 0 & 1/4 & 0 & \boxed{1/4} & 1 & 0 & 3/4 \\ 0 & 1/12 & 1/3 & \mathbf{5/12} & 0 & 1 & 23/12 \end{pmatrix}$$

Die 4. Spalte ist die Pivotspalte und das eingerahmte Element ist das Pivotelement. Wir multiplizieren die 2. Zeile mit 4 und erhalten:

$$\begin{pmatrix} 1 & 11/12 & 2/3 & -5/12 & 0 & 0 & 73/12 \\ 0 & 1 & 0 & 1 & 4 & 0 & 3 \\ 0 & 1/12 & 1/3 & 5/12 & 0 & 1 & 23/12 \end{pmatrix}$$

Wir bilden das 5/12-fache der 2. Zeile, addieren es zur 1. Zeile und subtrahieren es von der 3. Zeile.

$$\begin{pmatrix} 1 & 16/12 & 2/3 & 0 & 5/3 & 0 & 88/12 \\ 0 & 1 & 0 & 1 & 4 & 0 & 3 \\ 0 & -4/12 & 1/3 & 0 & -20/12 & 1 & 8/12 \end{pmatrix}$$

Wir kürzen so weit wie möglich und erhalten:

$$\begin{pmatrix} 1 & \mathbf{4/3} & \mathbf{2/3} & 0 & 5/3 & 0 & \mathbf{22/3} \\ 0 & 1 & 0 & 1 & 4 & 0 & 3 \\ 0 & -1/3 & 1/3 & 0 & -5/3 & 1 & \mathbf{2/3} \end{pmatrix}$$

Die Lösung ist abzulesen $x_1^* = 3$, $x_2^* = 0$, $x_3^* = 2/3$, $z^* = 22/3$, $y_1 = 0$, $y_2 = 0$.
Die Lösung des dualen Problems ist $u_1^* = 4/3$, $u_2^* = 2/3$.

17.10 Sensitivitätsanalyse

[1]

a) Der Koeffizienten c_3 der Zielfunktion im Maximierungsproblem wird von 6 auf 7 geändert, d.h. $\Delta c_3 = 1$. Nach (17.10.7) ist $\Delta z^* = x_3^* \cdot \Delta c_3 = 150 \cdot 1 = 150$. Die neue optimale Lösung des Minimierungsproblems ist dann (siehe Beispiel 17.10.2) $u_1^* = u_{1,\text{alt}}^* + c_{11} \cdot \Delta c_3 = 1 + \dfrac{1}{2} \cdot 1 = 1.5$ und $u_2^* = u_{2,\text{alt}}^* + c_{12} \cdot \Delta c_3 = 3 - \dfrac{1}{2} \cdot 1 = 2.5$, wobei wir c_{11} und c_{12} die eingerahmten Elemente der folgenden Matrix sind.

$$\begin{pmatrix} 1 & 1 & 3 & 5 & 0 & 0 & 1 & 1\,500 \\ 0 & \boxed{1/2} & \boxed{\text{-}1/2} & -3/2 & 0 & 1 & 5/2 & 150 \\ 0 & -1/2 & 3/2 & 11/2 & 1 & 0 & -7/2 & 150 \end{pmatrix}$$

b) Dies entspricht einer Änderung der rechten Seiten der Nebenbedingungen im Maximierungsproblem, d.h. nach (17.10.3) und der dort anschließenden Folgerung ist $\Delta z^* = u_1^* \cdot \Delta b_1 + u_2^* \cdot \Delta b_2 = 1 \cdot (700 - 600) + 3 \cdot (500 - 300) = 700$.

[2]

a) Die Matrixform des Gleichungssystems ist
$$\begin{pmatrix} 1 & \boxed{10} & \boxed{40} & 0 & 0 & 0 & 320 \\ 0 & -1 & 2 & 0 & 1 & 0 & 4 \\ 0 & -2 & 3 & 1 & 0 & 0 & 4 \\ 0 & 1 & -1 & 0 & 0 & 1 & 2 \end{pmatrix}$$

Die Lösung des primären Problems ist $x_1 = 4$; $x_2 = 2$; $y_1 = y_2 = 0$ und $z = 320$. Die Lösung des dualen Problems ist $u_1 = 10$; $u_2 = 40$ und $u_3 = 0$. Der Minimalwert ist $z = 320$.

b) Nach (17.10.6) ist die Änderung der Zielfunktion $\Delta z^* = x_1^* \cdot \Delta c_1 + x_2^* \cdot \Delta c_2 = 4 \cdot (60 - 50) + 2 \cdot (80 - 60) = 4 \cdot 10 + 2 \cdot 20 = 80$.

Lösungen zu den weiteren Aufgaben zu Kapitel 17

[1]

a) Zu (I) gehört als Begrenzung die Gerade $x_1 + x_2 = 120$. Die Schnittpunkte mit den Achsen sind $(0, 120)$ und $(120, 0)$. Zu (II) gehört die Gerade $x_1 + 2x_2 = 160$ mit den Achsenabschnitten $(0, 80)$ und $(160, 0)$. Die dritte Nebenbedingung wird nach oben durch die waagerechte Gerade $x_2 = 50$ begrenzt. Der zulässige Bereich liegt unter allen drei Geraden und ist in der Abbildung schraffiert. Die Zielfunktion hat die Gestalt $x_2 = -\dfrac{3}{4}x_1 + c$, d.h. es ist eine Gerade mit der Steigung $-3/4$. Es sind drei gestrichelte Geraden mit der Steigung $-3/4$ eingezeichnet. Die obere Gerade hat genau einen Punkt mit dem zulässigen Bereich gemeinsam und hat den höchsten Wert von c. Die Lösung ist also der Schnittpunkt der Geraden

$$x_1 + x_2 = 120$$
$$x_1 + 2x_2 = 160$$

Indem wir die erste Gleichung von der zweiten abziehen, erhalten wir $x_2 = 40$. Aus der ersten Gleichung folgt $x_1 = 120 - x_2 = 120 - 40 = 80$.

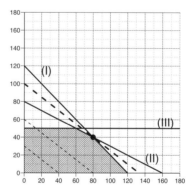

Der Optimalwert der Zielfunktion ist $30x_1^* + 40x_2^* = 30 \cdot 80 + 40 \cdot 40 = 2\,400 + 1\,600 = 4\,000$.

b) Das duale Problem ist

$$\min\ 120u_1 + 160u_2 + 50u_3 \quad \text{unter} \quad \begin{cases} u_1 + u_2 \geq 30 \\ u_1 + 2u_2 + u_3 \geq 40 \end{cases}$$

Nach dem Dualitätstheorem sollte der Optimalwert der Zielfunktion im dualen Problem gleich dem Optimalwert im primären Problem, also $4\,000$ sein.

c) Da $x_1^* > 0$ und $x_2^* > 0$, sind beide Ungleichungen im dualen Problem mit Gleichheit erfüllt. Da $x_2^* = 40 < 50$, ist die dritte Nebenbedingung nicht bindend, d.h. $u_3^* = 0$, d.h. wir haben die beiden Gleichungen

$$u_1 + u_2 = 30$$
$$u_1 + 2u_2 = 40$$

Indem wir die erste Gleichung von der zweiten Gleichung abziehen, erhalten wir $u_2^* = 10$. Aus der ersten Gleichung folgt $u_1^* = 30 - u_2^* = 30 - 10 = 20$.

Der Optimalwert ist $120 \cdot u_1^* + 160 \cdot u_2^* + 50 \cdot u_3^* = 120 \cdot 20 + 160 \cdot 10 + 50 \cdot 0 = 2\,400 + 1\,600 = 4\,000$. So soll es nach dem Dualitätstheorem sein.

d) Die Ausgangsmatrix für das Simplexverfahren ist

$$
\begin{pmatrix}
1 & 0 & 0 & 0 & -30 & \boxed{-40} & 0 \\
0 & 1 & 0 & 0 & 1 & 1 & 120 \\
0 & 0 & 1 & 0 & 1 & 2 & 160 \\
0 & 0 & 0 & 1 & 0 & \boxed{1} & 50
\end{pmatrix}
\tag{1}
$$

Wir wählen die 6. Spalte als Pivotspalte. Das eingerahmte Element ist das Pivotelement.

Wir addieren das 40-fache der vierten Zeile zur ersten Zeile, subtrahieren die vierte Zeile von der zweiten Zeile und subtrahieren das Doppelte der vierten Zeile von der dritten Zeile.

$$
\begin{pmatrix}
1 & 0 & 0 & 40 & -30 & 0 & 2\,000 \\
0 & 1 & 0 & -1 & 1 & 0 & 70 \\
0 & 0 & 1 & -2 & \boxed{1} & 0 & 60 \\
0 & 0 & 0 & 1 & 0 & 1 & 50
\end{pmatrix}
\tag{2}
$$

Die 5. Spalte ist die Pivotspalte und das eingerahmte Element ist das Pivotelement. Wir addieren das 30-fache der dritten Zeile zur ersten Zeile und subtrahieren die dritte Zeile von der zweiten Zeile.

$$
\begin{pmatrix}
1 & 0 & 30 & -20 & 0 & 0 & 3\,800 \\
0 & 1 & -1 & \boxed{1} & 0 & 0 & 10 \\
0 & 0 & 1 & -2 & 1 & 0 & 60 \\
0 & 0 & 0 & 1 & 0 & 1 & 50
\end{pmatrix}
\tag{3}
$$

Die 4. Spalte ist die Pivotspalte und das eingerahmte Element ist das Pivotelement. Wir addieren das 20-fache der zweiten Zeile zur ersten Zeile und das Doppelte der zweiten Zeile zur dritten Zeile. Wir subtrahieren die zweite Zeile von der vierten Zeile.

$$
\begin{pmatrix}
1 & \boxed{20} & \boxed{10} & 0 & 0 & 0 & 4\,000 \\
0 & 1 & -1 & 1 & 0 & 0 & 10 \\
0 & 2 & -1 & 0 & 1 & 0 & 80 \\
0 & -1 & 1 & 0 & 0 & 1 & 40
\end{pmatrix}
\tag{4}
$$

Die Lösung des primären Problems ist $x_1^* = 80, x_2^* = 40, y_1 = y_2 = 0, y_3 = 10$. Die Lösung des dualen Problems ist $u_1^* = 20, u_2^* = 10, u_3^* = 0$.

e) Voraussetzung für (17.10.7) ist, dass sich der Lösungspunkt des primären Problems $(x_1^*, x_2^*) = (80, 40)$ nicht ändert. Der zulässige Bereich bleibt unverändert. Es ändert sich nur die Steigung der Zielfunktion. Die neue Steigung ist $-4/5$ und damit verläuft diese Gerade wie bisher zwischen den Graden (I) und (II). Der Lösungspunkt ändert sich nicht. Die neue Zielfunktion wird durch die gestrichelte Gerade in der folgenden Abbildung dargestellt.

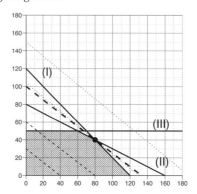

Nach (17.10.7) ist die Änderung des Optimalwertes $\Delta z^* = x_1^* \Delta c_1 + x_2^* \Delta c_2 = 80 \cdot 10 + 40 \cdot 10 = 800 + 400 = 1\,200$.

f) Wenn wir c_1 erhöhen, ändert sich die Steigung der Zielfunktion. Die Steigung ist $\dfrac{30 + \Delta c_1}{40}$ und dies muss < 1 bleiben, d.h. Δc_1 muss kleiner 10 sein. Für $\Delta c_1 = 10$, fällt die Zielfunktion mit der Geraden (I) zusammen und dann ist zwar $(80, 40)$ auch noch Lösung, jedoch auch alle Punkte auf der Geraden (1) mit $80 \leq x_1 \leq 120$.

g) Diese Zahlen werden zur Berechnung der neuen Optimalwerte benötigt, wenn die Konstanten in den Nebenbedingungen geändert werden. Siehe (17.10.3) und (17.10.5).

[2]

a) Das primäre Problem ist

$$\max \ x_1 + x_2 \quad \text{unter} \quad \left\{ \begin{array}{rl} x_1 + 2x_2 \leq \ 8 & \text{(I)} \\ 5x_1 + 2x_2 \leq 20 & \text{(II)} \\ x_2 \leq \ 3 & \text{(III)} \end{array} \right.$$

b) Zu (I) gehört als Begrenzung die Gerade $x_1 + 2x_2 = 8$. Die Schnittpunkte mit den Achsen sind $(0, 4)$ und $(8, 0)$. Zu (II) gehört die Gerade $5x_1 + 2x_2 = 20$ mit den Achsenabschnitten $(0, 10)$ und $(4, 0)$. Die dritte Nebenbedingung wird nach oben durch die waagerechte Gerade $x_2 = 3$ begrenzt. Der zulässige Bereich liegt unter allen drei Geraden und ist in der Abbildung schraffiert. Die Zielfunktion hat die Gestalt $x_2 = -x_1 + c$, d.h. es ist eine Gerade mit der Steigung -1. Es sind zwei gestrichelte Geraden mit der Steigung -1 eingezeichnet. Die untere Gerade hat genau einen Punkt mit dem zulässigen Bereich gemeinsam. Die Lösung ist also der Schnittpunkt der Geraden

$$x_1 + 2x_2 = 8$$

$$5x_1 + 2x_2 = 20$$

Subtraktion der ersten Gleichung von der zweiten ergibt: $4x_1 = 12 \iff x_1 = 3$. Einsetzen in die erste Gleichung ergibt $3 + 2x_2 = 8 \iff 2x_2 = 5 \iff x_2 = 2.5$, d.h. die Lösung ist $(x_1^*, x_2^*) = (3, 2.5)$. Der Optimalwert der Zielfunktion ist $z^* = x_1^* + x_2^* = 3 + 2.5 = 5.5$.

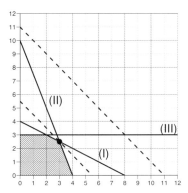

c) Da $x_1^* > 0$ und $x_2^* > 0$, sind beide Ungleichungen im dualen Problem mit Gleichheit erfüllt, d.h.

$$u_1^* + 5u_2^* = 1$$
$$2u_1^* + 2u_2^* + u_3^* = 1$$

Da $x_2^* = 2.5 < 3$, ist die dritte Nebenbedingung im primären Problem eine echte Ungleichung, d.h. im dualen Problem ist $u_3^* = 0$, so dass wir die beiden folgenden Gleichungen haben:

$$u_1^* + 5u_2^* = 1$$
$$2u_1^* + 2u_2^* = 1$$

Indem wir die zweite Gleichung durch 2 dividieren und dies von der ersten Gleichung abziehen, erhalten wir $4u_2^* = 1/2 \iff u_2^* = 1/8$. Einsetzen in die erste Gleichung ergibt $u_1^* + 5/8 = 1 \iff u_1^* = 3/8$. Die Lösung des dualen Problems ist also $(u_1^*, u_2^*, u_3^*) = (3/8, 1/8, 0)$. Der Optimalwert ist $8u_1^* + 20u_2^* + 3u_3^* = 8 \cdot \dfrac{3}{8} + 20 \cdot \dfrac{1}{8} + 3 \cdot 0 = 3 + 2.5 = 5.5$. Dies stimmt mit dem Optimalwert der Zielfunktion im primären Problem überein, wie es nach dem Dualitätstheorem sein muss.

d) Die Ausgangsmatrix für das Simplexverfahren ist

$$\begin{pmatrix} 1 & 0 & 0 & 0 & -1 & -1 & 0 \\ 0 & 1 & 0 & 0 & 1 & 2 & 8 \\ 0 & 0 & 1 & 0 & 5 & 2 & 20 \\ 0 & 0 & 0 & 1 & 0 & \boxed{1} & 3 \end{pmatrix} \tag{1}$$

Wir wählen die 6. Spalte als Pivotspalte. Das eingerahmte Element ist das Pivotelement. (Man könnte auch die 5. Spalte nehmen. Die Rechnungen mit der 6. Spalte erscheinen einfacher!)

Wir addieren die 4. Zeile zur ersten und subtrahieren das Doppelte der 4. Zeile von der 2. und 3. Zeile:

$$\begin{pmatrix} 1 & 0 & 0 & 1 & -1 & 0 & 3 \\ 0 & 1 & 0 & -2 & \boxed{1} & 0 & 2 \\ 0 & 0 & 1 & -2 & 5 & 0 & 14 \\ 0 & 0 & 0 & 1 & \mathbf{0} & 1 & 3 \end{pmatrix} \quad (2)$$

Die 5. Spalte ist die Pivotspalte und das eingerahmte Element ist das Pivotelement. Wir addieren die 2. Zeile zur 1. Zeile und subtrahieren das 5-fache der 2. Zeile von der 3. Zeile:

$$\begin{pmatrix} 1 & 1 & 0 & -1 & 0 & 0 & 5 \\ 0 & 1 & 0 & -2 & 1 & 0 & 2 \\ 0 & -5 & 1 & \boxed{8} & 0 & 0 & 4 \\ 0 & 0 & 0 & 1 & 0 & 1 & 3 \end{pmatrix} \quad (3)$$

Wir dividieren die 3. Zeile durch 8:

$$\begin{pmatrix} 1 & 1 & 0 & -1 & 0 & 0 & 5 \\ 0 & 1 & 0 & -2 & 1 & 0 & 2 \\ 0 & -5/8 & 1/8 & \boxed{1} & 0 & 0 & 1/2 \\ 0 & 0 & 0 & 1 & 0 & 1 & 3 \end{pmatrix} \quad (4)$$

Wir addieren die 3. Zeile zur 1. Zeile, addieren das Doppelte der 3. Zeile zur 2. und subtrahieren die 3. Zeile von der 4. Zeile:

$$\begin{pmatrix} 1 & \boxed{3/8} & \boxed{1/8} & \boxed{0} & 0 & 0 & 5.5 \\ 0 & -1/4 & 1/4 & 0 & 1 & 0 & 3 \\ 0 & -5/8 & 1/8 & 1 & 0 & 0 & 0.5 \\ 0 & 5/8 & -1/8 & 0 & 0 & 1 & 2.5 \end{pmatrix} \quad (5)$$

Die Lösung des primären Problems ist $x_1^* = 3, x_2^* = 2.5, y_1 = y_2 = 0, y_3 = 0.5$. Die Lösung des dualen Problems ist $u_1^* = 3/8, u_2^* = 1/8$ und $u_3^* = 0$.

e) Bei den Änderungen der rechten Seiten ändert sich nur die letzte Spalte der Matrix im Simplexverfahren. Die Pivotoperationen sind genau dieselben wie vorher. Es gibt zwei Möglichkeiten die neue optimale Lösung auszurechnen, wobei die 2. die einfachere ist:

1.) Wir rechnen die letzte Spalte in den obigen Matrizen (1) - (5) jeweils neu aus und erhalten:

$$\begin{pmatrix} 0 \\ 10 \\ 22 \\ 5 \end{pmatrix} (1) \quad \begin{pmatrix} 5 \\ 0 \\ 12 \\ 5 \end{pmatrix} (2) \quad \begin{pmatrix} 5 \\ 0 \\ 12 \\ 5 \end{pmatrix} (3) \quad \begin{pmatrix} 5 \\ 0 \\ 1.5 \\ 5 \end{pmatrix} (4) \quad \begin{pmatrix} 6.5 \\ 3 \\ 1.5 \\ 3.5 \end{pmatrix} (5)$$

Die rechten Seiten sind bei diesen Änderungen ≥ 0 geblieben, so dass wir sicher sein können, dass wir die neuen optimalen Lösungen gefunden haben.

$$z^* = 6.5 \quad x_1^* = 3 \quad y_2 = 1.5 \quad x_2^* = 3.5$$

2.) Nach (17.10.3) gilt für den neuen Wert der Zielfunktion $5.5 + \frac{3}{8} \cdot 2 + \frac{1}{8} \cdot 2 + 0 \cdot 2 = 6.5$.

Für die neue Lösung von x_1^* gilt nach (17.10.4): $3 - \frac{1}{4} \cdot 2 + \frac{1}{4} \cdot 2 + 0 \cdot 2 = 3$.

Für die neue Lösung von y_3 gilt nach (17.10.4): $0.5 - \frac{5}{8} \cdot 2 + \frac{1}{8} \cdot 2 + 1 \cdot 2 = 1.5$.

Für die neue Lösung von x_2^* gilt nach (17.10.4): $2.5 + \frac{5}{8} \cdot 2 - \frac{1}{8} \cdot 2 + 0 \cdot 2 = 3.5$.

Beachten Sie, dass wir in allen Fällen die Zahlen aus den Spalten 2 - 4 der Endmatrix verwenden. Auch hier ist darauf zu achten, dass die neuen Lösungen für x_1^*, x_2^* und y_3 alle ≥ 0 sind.

wi
wirtschaft

WIRTSCHAFT

Jonathan Berk
Peter DeMarzo

**Grundlagen der Finanzwirt-
schaft**
ISBN 978-3-8689-4075-6
49.95 EUR [D], 51.40 EUR [A], 66.00 sFr*
816 Seiten

Grundlagen der Finanzwirtschaft

BESONDERHEITEN

Die Autoren beleuchten alle wichtigen Bereiche der Unternehmensfinanzierung und
Investitionsrechnung aus internationalem und nationalem Blickwinkel. Dafür sorgen
zahlreiche Fallstudien mit Szenarien, die die Thematiken erklären und Entscheidun-
gen nachvollziehbar machen. Der übersichtliche Aufbau mit Darstellungen, Exkursen,
Lernzielen, Zusammenfassungen sowie Übungsaufgaben schlägt eine Brücke zwischen
Theorie und Praxis. Die komplexe Materie des Lehrstoffes öffnet sich dem Leser Schritt
für Schritt. Das Lehr- und das Übungsbuch zu "Grundlagen der Finanzwirtschaft" sind
auch als Value Pack (ISBN 978-3-8689-4140-1) für 69,90 Euro mit einem Preisvorteil
von 10 Euro erhältlich.

KOSTENLOSE ZUSATZMATERIALIEN

Für Dozenten:

- Kapitelfoliensatz zum Einsatz in der Vorlesung
- Alle Grafiken und Tabellen aus dem Buch als Download

Für Studenten:

- Alle Antworten zu den Fragen aus dem Buch
- Glossar

wirtschaft

WIRTSCHAFT

Josef Schira

Statistische Methoden der VWL und BWL
ISBN 978-3-8689-4117-3
39.95 EUR [D], 41.10 EUR [A], 53.20 sFr*
624 Seiten

Statistische Methoden der VWL und BWL

....

BESONDERHEITEN

Der Autor Prof. Josef Schira vermittelt in der vierten Auflage dieses Standarwerkes
Studenten der Wirtschaftswissenschaften grundlegendes Statistikwissen, wie es an den
deutschen Hochschulen gelehrt wird. Auf einzigartige Weise gelingt es ihm, die Theorie mit hochaktuellen Fällen aus Wirtschaft, Staat und Politik zu verbinden. Die neue
Auflage wurde um mehr als zwanzig Beispiele aus dem Bereich Umwelt, Wirtschaft
und Konsumentenverhalten erweitert.

KOSTENLOSE ZUSATZMATERIALIEN

Für Dozenten:

- Kapitelfolien und alle Abbildungen aus dem Buch zum Download

Für Studenten:

- Lösungen zu den Übungsaufgaben im Buch

PEARSON

John Hull

Optionen, Futures und andere Derivate
ISBN 978-3-8689-4118-0
69.95 EUR [D], 72.00 EUR [A], 92.00 sFr*
1040 Seiten

Optionen, Futures und andere Derivate

BESONDERHEITEN

Es gibt nur wenige Management-Bücher, die gleichzeitig als Lehrbuch und Nach-schlagewerk für Praktiker ein weltweit so hohes Renommee genießen wie Optionen, Futures und andere Derivate.

Die neue Auflage widmet sich den Ereignissen, die sich auf den Finanzmärkten seit der Finanzkrise abspielten und zur Kreditkrise wurden. Daneben wird hochaktuell und detailliert der Wandel auf dem Rohstoff- und Energiemarkt betrachtet. Passend zum Lehrbuch ist auch das Übungsbuch (ISBN: 978-3-8689-4119-7) sowie das Value Pack (ISBN: 978-3-8689-4120-3) mit einem Preisvorteil von 10,00 Euro erhältlich.

KOSTENLOSE ZUSATZMATERIALIEN

Für Dozenten
- Foliensatz für den Einsatz in der Lehre in deutscher und englischer Sprache
- Abbildungsfolien

Für Studenten
- Überarbeitete Software DerivaGem for Excel mit Rechenmöglichkeit Kreditderivate
- Excel-Datensätze

wi
wirtschaft

WIRTSCHAFT

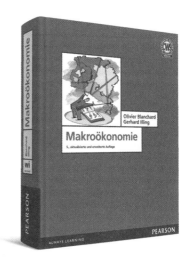

Olivier Blanchard
Gerhard Illing

Makroökonomie
ISBN 978-3-8273-7363-2
49.95 EUR [D], 51.40 EUR [A], 66.00 sFr*
912 Seiten

Makroökonomie

BESONDERHEITEN

Dieser Klassiker der Makroökonomie geht von aktuellen makroökonomischen Frage-
stellungen aus, um die Studenten für die Thematik zu motivieren. Die von Gerhard
Illing adaptierte Fassung geht dabei ausführlich auf deutsche und europäische Aspekte
ein. Die Neuauflage behandelt die Auswirkungen der aktuellen Finanzkrise ausführlich
und beinhaltet ein eigenes Kapitel mit einer umfassenden makroökonomischen Analy-
se der Krise. In Ergänzung zum Lehrbuch ist ein Übungsbuch (ISBN 978-3-8273-7364-
9) erhältlich. Beide Bücher sind zusammen als Value Pack (ISBN 978-3-8273-7365-6)
mit einem Preisvorteil von EUR 10,00 [D] erschienen.

KOSTENLOSE ZUSATZMATERIALIEN

Für Dozenten:

- Alle Abbildungen elektronisch zum Download
- Foliensätze zu den einzelnen Kapiteln mit den Kerninhalten des Buches

Für Studenten:

- ActiveGraph
- Multiple-Choice-Fragen
- Lösungen zu den Verständnistests
- Weiterführende Links und Fachartikel

*unverbindliche Preisempfehlung

st
scientific tools

SCIENTIFIC TOOLS

Matthias Stoetzer

Erfolgreich recherchieren
ISBN 978-3-8689-4166-1
19.95 EUR [D], 20.60 EUR [A], 26.90 sFr*
176 Seiten

Erfolgreich recherchieren

BESONDERHEITEN

Googlest du noch oder schreibst du schon?

Erfolgreich recherchieren - Betriebs- und Volkswirtschaftliche Informationen suchen und finden! Der kleine Ratgeber mit allen wichtigen Tipps für die erfolgreiche Haus-, Seminar-, Bachelor- oder Masterarbeit. Das Buch beinhaltet Anleitungen und Informationen zum Thema Recherche im Netz und in Bibliotheken, Quellenfindung und Informationsgewinnung sowie Lernziele, Übungsaufgaben und Lösungen zum selbst ausprobieren.

KOSTENLOSE ZUSATZMATERIALIEN

Für Dozenten:
- Abbildungsfolien zum Download
- Umfangreicher Foliensatz zu allen Kapiteln

Für Studenten:
- Beispiele und Links zur Online Recherche
- Lösungen zu den Aufgaben im Buch
- Musterbeispiele für gelungene Informationsrecherchen
- Kurzanleitung zum richtigen Zitieren